Corporate Finance

A Focused Approach, second edition

財務管理

Michael C. Ehrhardt・Eugene F. Brigham　著

郭修仁　編譯

財務管理 / Michael C. Ehrhardt, Eugene F.
　　Brigham 著 ; 郭修仁編譯. -- 初版. -- 臺北
市 : 湯姆生, 2007.12
　　　面 ; 公分
　　譯自 : Corporate Finance : A Focused
Approach, 2nd ed.
　　ISBN 978-986-6775-27-7(平裝)

　　1. 財務管理

494.7　　　　　　　　96020203

財務管理

Original: Corporate Finance: A Focused Approach, 2nd edition
　　By Michael C. Ehrhardt, Eugene F. Brigham
　　ISBN:9780324289329

　　1 2 3 4 5 6 7 8 9 0 PHW　2 0 0 9 8 7

出 版 者　新加坡商湯姆生亞洲私人有限公司台灣分公司
　　　　　10349 臺北市鄭州路 87 號 9 樓之 1
　　　　　http://www.thomsonlearning.com.tw
　　　　　電話：(02)2558-0569　　傳眞：(02)2558-0360
原　　著　Michael C. Ehrhardt‧Eugene F. Brigham
編　　譯　郭修仁
企劃編輯　邱筱薇
執行編輯　吳曉芳
編務管理　謝惠婷
發 行 所　全華圖書股份有限公司
　　　　　地址：台北縣土城市忠義路 21 號
　　　　　電話：02-2262-5666　傳眞：02-2262-8333
　　　　　劃撥：0100836-1
　　　　　E-mail: book@ms1.chwa.com.tw
　　　　　http://www.opentech.com.tw
書　　號　18034
出版日期　2007 年 12 月　初版一刷
定　　價　新台幣 660 元

ISBN 978-986-6775-27-7

編譯者序

　　很高興有機會翻譯這本極富盛名與傳統的教科書，說它具傳統是因為在我還是學生時，就念過本書作者早期版本的教科書，直到現在已經升格為教師，也使用過他們進階版本的教科書來教學生。由此可見，它的內容是經過多少時間與經驗的累積與淬煉。這本書是專為EMBA(高階經營管理)研究所學生特別編寫的教科書，內容與章節多經過詳細挑選與編排，我在翻譯時就深深體會到這點。

　　因為大多數EMBA學生都是來自各行各業，具有深厚與豐富工作經驗，對於公司財務管理也許有很多實戰心得，但是他(她)們大多是沒有商學背景，所以本書一開始就由最基本的公司理財概念講起，介紹一家公司的環境，從內部財務經理的角色定位到與外部金融市場的互動。同時也將一些研習財務管理的基礎，包括貨幣時間價值、財務報表分析、現金流量與稅、風險與報酬等觀念，做一個精要的複習，讓學生有一個完整的準備，以利後續相關課題的研習。在此部分，我發現作者非常詳細(甚至繁瑣)以例子說明一些觀念，這是本書重要特色之一，此特點能夠讓這些有實務經驗的EMBA學生迅速具體的掌握到觀念的重點，避免陷於空泛的理論框架。因為這些觀念來自會計、數學與投資等不同學科，對一個完全沒有學過的學生，實際的例子最容易讓他(她)們接受。

　　有了基本的訓練後，本書就進入一些重要的公司財務管理主題的研討，先討論有價證券的評價，包括債券、股票與選擇權等，探討它們的價值是如何決定以及它們是如何被運用公司理財上面，這些有價證券是現代公司重要融資與避險工具，在這些EMBA學生的印象裡，應該早就聽過千萬次，但是本書以理論為根據，讓他(她)們了解的正確的評價觀念，在此我發現作者很用心的以深入淺出的方式，利用前面的基礎，將嚴謹的理論說明的很清楚，這樣的前後呼應的講解方式是本書的另一特色。

　　接下來，本書進入投資計畫的評估，討論公司如何決定一個長期且金額巨

大的資本投資計畫，從資金成本估算、資本預算評估方法、估計現金流量到風險分析，非常詳細且有系統地解說這個公司理財最重要的課題，說它最重要是因為它是所有財務決策中具有「主動攻擊」的特性，公司的成長與股東的財富都是要依賴投資計畫的成功，這項財務決策涉及層面非常廣泛而且複雜，本書作者透過有趣章節順序安排，先勾勒出整體的概念，再進一步講解細部的步驟，由大而小，具體而微，非常完整的將這個主題呈現出來，我翻譯到此部分時，深深覺得作者的做法非常不簡單，學生閱讀時一定有入山見林、一氣呵成的感覺。

很特別的，本書在介紹另外兩個傳統的公司理財主題──資本結構與股利政策之前，將兩個有趣主題優先討論，分別是財務預測與公司價值管理，前者適用於公司財務規劃，計算公司在預估成長率下所需的額外資金需求，後者是強調公司價值決定自由現金流量的創造，這兩章主題在別的作者的財務管理版本是分開或不列入的，本書作者特意納入且併列於公司評價(corporate valuation)主題下，是有其用意，我認為是為EMBA學生客群而設想，因為這兩個課題是實際操作公司財務管理常要面臨的問題，對有實務經驗的人，它們是格外重要的。再一次，我又體會本書的編排是有意義的。

最後，本書探討兩個重要的特殊課題：一是營運資金管理，另一個是國際財務管理，這兩個課題也是身為一個高階經營管理者極需要了解的重要財務管理課題，前者是處理日常財務資金周轉調度的問題，後者是現代企業經營普遍走向國際化涉及的國際財務管理的問題，內容雖然簡要但卻是足夠EMBA學生初階學習。

綜觀整本書的內容與架構，深覺這是一本精彩且成功的教科書，在翻譯的過程，欣賞與欽佩作者用心之餘，自己也順便整理一些心得，將來用於課堂教學，實在是一件很愉快且有意義的經驗。

本書教學資源網址：http://ehrhardt.swlearning.com;

http://ehrhardt-student.swlearning.com

國立中山大學財務管理學系

郭 修 仁

於高雄西子灣

contents 目錄

第二部分　有價證券與它們的評價　171

第6章　債券與債券評價　173

第7章　股票與股票評價　205

第8章　財務選擇權、評價及在公司理財之應用　　239

第11章　現金流量估計與風險分析　　337

第五部分　策略性財務決策　435

第六部分　特別專題　　493

第16章　營運資金管理　　495

第一部分
公司理財的基本觀念

第1章

公司理財與
金融環境

這一章將介紹公司理財的基本概念，包含金融市場的相關知識。

五分鐘的MBA

我們了解你不能在五分鐘得到MBA，但是只要一位藝術家能很快描繪他的作品，我們也能很快的描繪MBA教育的主要因素，概括地說，MBA主要的目標是提供管理者所需要的知識和技能可以管理成功的公司，因此我們先開始描繪成功公司的一些基本特徵，特別是所有成功的公司一定會完成以下兩個目標：

1. 他們所定義、創造和傳送的產品及服務被顧客認為是高價值——因為高價值才會被顧客選擇購買，顧客就不會去買競爭者的產品和服務。

2. 所有成功的公司會把產品和服務價格設定高於成本，以及公司擁有者和債權人暴露的風險。

談論如何滿意顧客和投資者是很容易的，但是這兩個目標不容易完成，如果所有公司都能成功的話，你就不需要讀MBA。

▸▸ 成功所需要的主要特質

第一，成功的公司擁有各方面的人才，包含領導、管理者和有能力的職員。

第二，成功的公司和外部團體有很好的關係。例如，成功的公司會和供應商發展雙贏的關係，還有擅長顧客關係管理。

第三，成功的公司有足夠的資金執行計畫和支撐公司的營運。例如，許多公司需要現金購買土地、建築物、設備和原料，公司可以將一部分的盈餘再投資，但是大部分的公司會從外部募集額外的資金，有一些公司會賣股票和從金融市場籌措資金。

一張椅子需要全部的三隻腳才可以站立，一家成功的公司也需要三個特質：人才、良好的外部關係和充分的資本。

▸▸ MBA、財務學和你的職業

一家公司能成功必須滿足第一個目標——定義、創造和傳送高價值的產品及服務給顧客，這需要公司保有前述的三個主要特質，因此MBA大部分課程和這些特質有主要關聯。例如，經濟學、溝通課程、策略管理、組織行為和人力資源管理，使你可以準備成為領導的角色，還有使你可以有效管理公司的員工；其他課程像是行銷、營運管理和資訊工程增加你的知識，使你能夠發展公司需要的有效率作業程序和良好外部關係。一部分的財務課程會教導你如何募集資金使公司執行計畫，簡單的說，MBA課程培養你有能力幫助公司達成第一個目標——生產顧客需要的產品和服務。

雖然擁有高價值產品和滿足顧客是不夠的，成功的公司必須達成第二個目標，產生足夠現金流量償還投資者提供的資本。要幫忙達到第二個目標你必須評價每個計畫以及和行銷、生產、策略及其他地區的關聯，還有要執行可以增加投資者財富的計畫。因此不管你主修什麼都要有財務方面的專業知識，財務管理在MBA的課程是非常重要並使你完成工作。

 **自我測驗**

1. 成功公司的目標是什麼？
2. 成功公司擁有的三個主要特質為何？
3. 財務管理的專業知識如何幫助公司成功？

公司生命週期

許多一流的公司都從簡陋的情況開始，就像蘋果電腦和Hewlett-Packard，如何在汽車修理廠成長為如此巨大的公司？這兩家公司的發展不完全相同，但以下將介紹公司生命週期的各個典型發展階段。

▶▶ 以獨資開始

許多公司一開始為**獨資(proprietorship)**的形式，個人擁有一家未負債的公司，這個方式是很簡單的——只要取得營業執造就可以開始公司營運，獨資有三個重要的優點：(1)容易和便宜組成公司、(2)較少的法令限制、(3)公司盈餘不適用於公司所得稅，而是用獨資者的個人所得稅。

然而，獨資有三個重要的限制：(1)獨資很難取得公司發展所需的資金、(2)公司擁有者具有無限的清償責任，可能造成的損失超過原本的投資金額、(3)公司擁有者的生命是有限的，代表公司生命有限。基於上述三點，獨資適用在小公司，事實上獨資企業只占全美銷售額的13%，雖然有80%的公司是獨資的形式。

▶▶ 超過一個擁有人：合夥

有些公司一開始就超過一位擁有者，或是一些獨資者在公司發展時會增加合夥人，兩個以上的人為了利益經營一家公司就是合夥。**合夥(partnership)**的運作可以分為不同程度的正式手續，合夥同意書定義利益和損失分配，合夥的優缺點和獨資類似。

合夥人可能有投資以外的損失，根據法規每一位合夥人必須負擔無限清償責任，假如任何一位合夥人無法負擔負債並且破產，剩下的合夥人必須執行未被滿足的請求權。為了避免此種情況發生，**有限合夥(limited partnership)**因而產生，所以合夥分成**一般合夥(general partners)**與**有限合夥(limited partners)**，有限合夥下只要負擔投資金額的清償責任，一般合夥要負擔無限的清償責任。但是有限合夥沒有控制權，相對於一般合夥他們的報酬也是有限的，有限合夥存在不動產、石油和租賃設備等公司，合夥不普遍的原因是沒有人願意當一般合夥承擔公司風險，也不願意當有限合夥放棄公司控制權。

在兩個一般和有限的合夥人裡，至少一位合夥人須對合作的債券負責。不過，在**有限責任合夥(limited liability partnership, LLP)**裡，有時稱為**有限責任公司(limited liability company, LLC)**，全部合夥人的責任是有限責任，他們的潛在損失僅限於對他們的LLP的投資總額。當然，這將增加LLP的借款人、客戶和供應商面臨的風險。

▶▶ 許多擁有者：公司

大部分的合夥公司很難取得穩定的資金，對慢速成長的公司不是問題，但是對需要大量資金去執行機會的公司，則變成很大的缺點，所以成長型的企業到最後轉變為公司的型態。**公司(corporation)**必須依照法令成立，具備所有權和經營權分離的特性，分離特性有三個優點：(1)企業生命無限、(2)所有人的利益容易移轉，利益分為盈餘分享和股票(3)有限責任。

用例子說明有限責任，假如你在合夥公司投資一萬美元，公司破產積欠一百萬美元。如果其他合夥人無法支付負債，那麼你要清償所有積欠的一百萬美元。相反地，你投資一萬美元在公司的股票，如果公司倒閉了，你的損失只有一開始投資的一萬美元。無限生命、容易移轉所有權利益和有限清償責任，使公司容易在金融市場募集資金讓公司得以成長。

公司有很明顯的優點超過獨資和合夥，但是也有兩個缺點：(1)公司盈餘會雙重課稅。(2)建立一家公司包含準備公司章程，寫一套公司法規，並且向州政府和聯邦申請，這比創造一個獨資或合夥複雜及費時。

公司章程(charter)包括下列訊息：(1)公司的名字、(2)營業活動的類型、(3)股本的數量、(4)主管的數量和(5)主管的名稱及位址。當它被批准時，公司正式成立。當公司開始經營，季度及每年雇用、金融和稅務報告必須交給州和聯邦當局。

公司法規(bylaws)是由公司的創始人制定的一套規章。包括：(1)董事是怎樣選舉、(2)現有的股東是否有優先認購權買任何新股份、(3)改變章程的程序與條件。

實際上有幾類不同的公司。專業人士如醫生、律師和會計師經常成立一個**專業公司(professional corporation, PC)**，或一個**專業組織(professional association, PA)**，這提供公司型態的大多數利益，但是不放鬆專業(怠忽職守)責任。的確，在專業公司後面的主要動力將提供一種模式供許多專業人士合併，因此避免某些類型的無限責任。

最後，如果符合某些條件，特別是有關於規模和股東的數量，擁有人能建立一家

公司但是選擇以獨資或合夥課稅。這樣的公司稱為**S公司(S corporations)**。

一旦一家公司已經被建立，它要如何發展呢？

▶▶ 公司的成長與管理

當一家公司成立時，會從個人資源提供財務資金，可能有儲蓄、第二順位抵押和信用卡；隨著公司成長需要工廠、設備、存貨等資源，企業家將轉往外部融資，年輕企業對銀行而言風險太高，所以將股票賣給朋友、家人、私下投資者或冒險資本家。當公司持續成長變得有機會向銀行借款或是**上市公開發行股票(initial public offering, IPO)**，上市之後公司成長的能力和金融市場會互相影響。

獨資、合夥和小公司的擁有者也是經營者，但大公司不會有這種情況，所以大公司的股東也就是擁有者面臨一個問題，如何避免管理者做出自利的行為，這稱為**代理問題(agency problem)**，管理者被僱用成為擁有者的代理人，我們將在第十三、十四章討論代理問題。

✎ 自我測驗

1. 獨資、合夥和公司三者之間主要的不同為何？
2. 合夥和公司有哪些特別的類型，並解釋它們之間的差異？

公司的主要目標：價值極大化

股東是公司的擁有者，他們購買股票是因為想要賺取報酬率，而在不會過度暴露於風險之下，大部分的情況股東選出董事，然後僱用管理者經營公司，管理者為股東工作所以應該提高股東的價值，我們假設管理的主要目標是**股東財富極大化(stock-holder wealth maximization)**。

我們在金融市場觀察到的價格是**股票市價(market price)**，股價決定於投資者所獲得的資訊，如果市價反應所有相關訊息，那麼觀察的價格是**基本的(fundamental)**或是**內生價格(intrinsic price)**，但是投資者很少會有全部的資訊。

令人遺憾，一些經理有意地採取行動，誤導投資者使他們的公司似乎比他們真實地更有價值。有時候這些行動是不合法的，例如安隆(Enron)的經理採取的那些。有

時行動是合法的，但是他們在短時期內推高它的基本價格的現行市價。例如，假定水電公司的股票價格在它每股 50 美元的基本價格。如果公司減少剪樹計畫而沒有告訴投資者？這將暫時降低成本而增加盈餘，但將增加未來支出──淡水位警戒線被樹木破壞。因此如果投資者被告知，市場價格立即降低到 45 美元的新基本價值。但是投資者身處劣勢，他們曲解並期待高的短期收入，市場價格可以上升到 52 美元。公司過後承擔被損壞產品大的費用修理時，投資者最終將理解情勢；價格將回到基本價值的 45 美元。

考慮事件順序。公司的經理欺騙投資者，使股價降到 45 美元時，卻上漲到 52 美元。當然，這對發生詐欺時間擁有股票的那些人是有益，包括有股票選擇權的經理。但是當詐欺顯露出來，股票持有者將遭受顯著的損失，以少於它原先的基本價值的股票出售。在這之前經理將他們的股票選擇兌現，然後只有那些股東被這種騙術傷害了。那些經理被僱用是代表股東的利益行動，他們的詐欺行為是破壞他們忠於受託之事的責任。另外，經理的詐欺損壞公司的可信度，使將來招募資本更艱難。

因此，當我們說管理的目標是使股東財富最大化時，我們真正的意思是使公司的普通股基本的價格最大化，而非現行市價。公司當然有其他目標；尤其做實際決策的那些經理所感興趣的，包括他們自己的個人利益，他們的職工福利方面及與社區和社會的和諧。這在以後的章節內闡述，股票基本價格最大化是最重要目標且適用於大多數公司。

▶▶ 股價最大化和社會福利

使基本股票價格最大化是好的還是有害於社會？通常它是好的。除了不合法的行動，如假帳、利用獨占優勢、違法、破壞環保。就是能達到使基本的股票價格極大化並且對社會有益的行動。這有一些原因：

1. 在相當程度上，股票的擁有人是社會。75年以前這不真實，因為大多數股權集中在社會相對小的部分人手裡，包括最富有的個人。從那之後，退休基金、生命保險公司和共同基金方面有爆炸式發展。這些機構現在擁有超過61%的全部股票，這說明大多數個人在股票交易市場有一個間接下注。另外，超過48%的全部美國家庭直接擁有的股票，與在1989年只有32.5%相比較，社會大多數成員現下在股票交易市場直接或間接投資。因此，當一位經理採取行動使股票價格最大化時，

將改善數百萬位普通市民的生活品質。

2. **消費者利益。**股票價格最大化要求有效率，生產優質貨物和服務，耗費盡可能低的費用與低成本。這表明公司必須發展消費者想要並且需要的產品和服務，導致新技術和新產品的產生。此外，使他們的股票價格最大化的公司必須透過有效率和客氣的服務形式，於銷售方面創造價值的發展，有足夠的商品，以及位置佳的賣場。

有時人們爭辯公司為增加利潤和股票價格，會增加產品價格和欺騙人眾。 在合理具有競爭性的經濟體裡，價格是由市場競爭和消費者所限制。如果增加產品的價格致合理水準之外，它就會產生虧損。像通用汽車那樣的巨大公司，如果公司負擔生產成本再加成「正常」利潤，將會輸日本和德國公司，甚至福特和克萊斯勒，當然公司想要賺得更多，他們就得努力降低成本，發展新產品等等，因此賺取高於正常水準的利潤。如果他們的確是成功，那些利潤將吸引競爭，最終將促使價格下降，如此主要長期的受益人是消費者。

3. **員工福利。**當一家公司宣布一個計畫要解雇雇員時，在一些情況下股票價格會增加。但是長時間觀察，這是例外而不是常規。通常，成功增加股票價格的公司也增加更多雇員，因此社會獲益。全世界的很多政府，包括美國聯邦和州政府，透過出售私有化的一些國有活動。或許不令人吃驚，最近這些私有化公司的銷售和現金流量一般都有改進。而且，研究顯示這些新近私有化的公司有成長且要求更多的雇員，當它們已股價極大化為經營目標。

《財富》雜誌(*Fortune*)評選最受注意企業的關鍵標準之一是一家公司吸引、發展，並且保留有才能的人的能力。結果顯示，公司被注意與使員工滿意和創造股東價值的能力有高度關係。成功公司的員工從工作獲得樂趣，在財務收入也感到滿意。因此成功的公司得以獲得員工的精華貢獻，熟練，激勵的員工是成功的關鍵之一。

▸▸ 使股東財富最大化的管理活動

什麼管理活動費使股東財富最大化？為了回答這個問題，我們首先需要問，「什麼決定公司的價值？」總結來說，現在和將來產生現金流量的能力。

書中將以不同角度說明此點，現在先說明三項基本的事實：(1)任何金融資產，

包括公司的股票，其價值只在它產生現金流量程度上；(2)現金流量的時效很重要——收現時間愈快愈好；而且(3)投資者不樂意冒險。因為這三個事實，經理能增加現金流量的數量，加速他們的收回，和降低風險而提升他們公司的價值。

　　相關的現金流量稱為**自由現金流量(free cash flows, FCFs)**，不是因為它們自由，而是因為它們是投資人可以使用的(或自由的)，包括債權人和股東。如圖1-1所示，自由現金流量的三個主要決定元素：(1)銷售收入，(2)營運費用和稅款，以及(3)需要對營運活動的投資。

　　銷售收入取決於單位銷售量，每單位價格的現時水準和期望將來的成長率。經理能增加單位銷售量與現金流量，透過真正地了解他們的需求者，然後提供需求者想要的這批貨物和服務。一些公司進而創造情勢，迅速增加銷售額，但是不幸的是現實市場飽和競爭將引起單位銷售量成長率下降到被人口增長限制的水準。公司可以努力增加價格，但是在那樣具有競爭性的經濟裡，更高的價格可以只為滿足需求者的需要，比競爭者產出好的產品。因此，經理必須努力創造不容易被競爭者複製的新產品、服務和品牌身分，因此延長高成長和高價格的時期。

圖 1-1　一家公司價值的決定因素

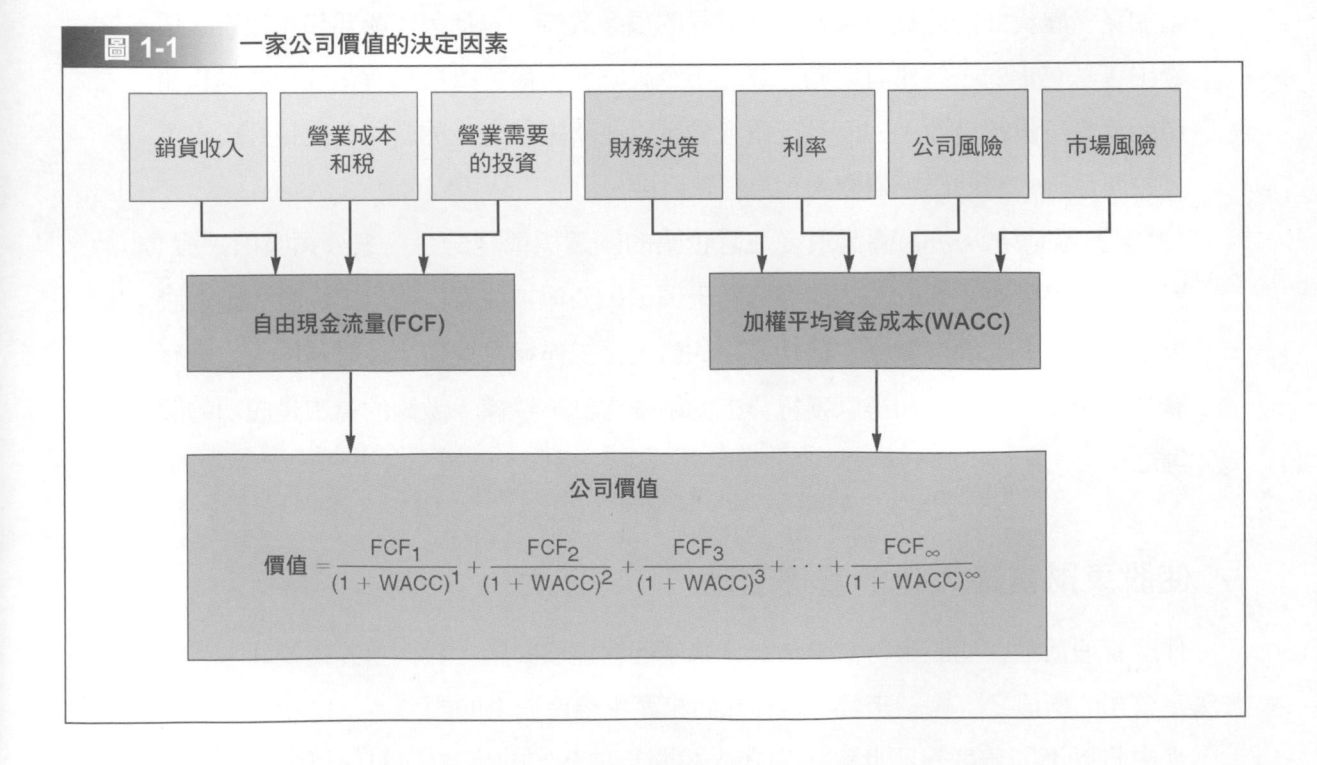

現金流量的第二個因素是營運費用和稅款的影響，這決定對投資者可得的稅後利潤。增加營業利潤的方法是降低勞動和材料的直接費用。不過，有時候公司能創造高利潤是因為更多的花費用在勞動和材料上。例如，選擇低費用的原料可能導致昂貴的生產成本。因此，經理應該了解供應鏈管理，發展與供應者長期的關係。與此類似，如增加雇員訓練將增加花費，增加生產力和降低離職率，這些花費仍是值得的。因此，人力資源人員對營業利潤有巨大的影響。

影響現金流量的第三個因素是，一家公司必須投資於營運的金額(包括工廠、設備、電腦系統和存貨清單)。簡單來說，讓現金創造現金。但是在過程中，投入的每一美元都是投資者不可收回的一美元。因此，降低資產要求會增加現金流量，將增加股票價格。例如，使用及時盤存的存貨制度公司一般會增加他們的現金流量，因為他們把較少的現金積壓在庫存之中。

正如這些例子所表明的，有很多方法改進自由現金流量。這將要求很多部門積極參與，包括銷售、工程和後勤。財務經理的作用之一是讓其他人看到他們的行動將怎樣影響公司產生現金流量的能力。

財務經理也必須做融資決策。尤其，負債和權益的混合使用比例，而且負債和股票的具體類型應該是何種？此外，目前盈餘的多少百分比應該被保留並且再投資，而不是作為股息支付？此外，利率的水準，公司經營的風險，市場投資者對公司預計的報酬率與風險態度。這是來自投資者對報酬的看法，也是來自公司對使用資金成本的觀點。因此，它被叫為**加權平均資金成本(weighted average cost of capital, WACC)**。

圖 1-1 總結這些觀點。一家公司產生銷售，支付它的費用和稅款，並且對資產繼續投資，以支援它的後續成長與發展。結果就是投資者可用的自由現金流量。公司的資本架構和它的營運風險決定那些投資者的自由現金流量的總風險。這風險再與利率水準及投資者風險態度結合，決定投資者要求的報酬率，這是公司的加權平均資金成本。最後，每年的自由現金流量與資金成本決定公司的價值。

成長中的公司需要利用金融市場，像圖 1-1 說明那樣，金融市場對公司的資本成本有顯著影響。後續章節將聚焦於金融市場和利率上。

自我測驗

1. 管理主要目標是什麼？
2. 股票價格最大化如何帶給社會利益？
3. 哪三個基本的因素決定股票價格？
4. 哪三個因素決定現金流量？

金融市場

企業經常需要資本實施發展計畫；政府需要資金投資建築工程；而且個人想要貸款購買汽車、家和教育。他們能在哪裡得到錢？幸好，有一些收入大於其他個人和公司的支出。**金融市場(financial markets)**集合那些有剩餘資金和不足資金的人們和組織在一起。

有很多不同的金融市場，每個市場處理不同類型的交易工具、顧客或地區。以下是一些市場的主要類型：

1. **實體資產市場(physical asset markets)**(也叫「有形」或「真正」資產市場)那些產品像是小麥、汽車、房地產和機器這樣的產品。**金融資產市場(financial asset markets)**處理股票、債券、紙幣、抵押和其他**金融證券(financial instruments)**。所有這些公寓都僅僅是紙的碎片，使他們的擁有人可以得到具體的權利合約條款，並且在實際的資產上有主張權。例如，由IBM所出具的公司債券，使它的擁有人可以得到具體對現金流量的索賠。IBM股票使它的擁有人可以得到一套不同對IBM現金流量的索賠。和這些不同的**衍生性金融商品(derivatives)**則是根據合約條款衍生出來的，不是直接對實際的資產或它們的現金流量的索賠。相反，衍生性金融商品價值來自一些其他資產價格。期貨和選擇權是兩類重要的衍生性金融商品，它們的價值取決於其他資產的價格，譬如說：IBM股票、日圓或豬肚。

2. **現貨市場(spot markets)**和**期貨市場(futures markets)**是資產正被買賣的市場，「現場」交付或「在將來特定的日期」交付，例如6個月或將來的第一年。

3. **貨幣市場(money markets)**是短期，高流動債券證券的市場。**資本市場(capital markets)**是中期或長期的負債和公司股票。 紐約證券交易所是資本市場的例子。

在債券市場,「短期」通常表示不到一年,「中間時期」平均值 1 至 5 年,「長期」表示超過 5 年。

4. **抵押市場(mortgage markets)**處理居住、農業、商業上和工業房地產相關的貸款,而**消費信貸市場(consumer credit markets)**為處理汽車、器具、教育、假期等相關的信用貸款。

5. **世界(world)、國家(national)、地區(regional)和本地市場(local markets)**也存在。因此,取決於組織的規模和經營範圍,它能到世界各地借款或僅限於本地市場。

6. **初級市場(primary markets)**是公司籌集新資本的市場。如果微軟公司出售一個新發行普通股招募資本,這將是一筆初級市場交易。出售新近印製的股票公司收到的收入被視為初級市場交易。

7. **股票初次發行市場(initial public offering market, IPO)**是一個初級市場的子集。這是公司第一次給公眾提供股票。微軟公司在1986年初次發行它的股票。以前,比爾·蓋茨和其他了解內幕者擁有全部股票。在很多股票初次發行內,內部人出售他們的一些股票,和公司出售新近印製的股票籌募額外資金。

8. **次級市場(secondary markets)**供已經存在且流通在外的證券交易的市場,因此,如果你決定買1,000股AT&T國庫券股票,購買將在次級市場發生。紐約證券交易所是次級市場,交易在場外進行,與新發行股票相反。次級市場也為債券、抵押和其他金融資產存在。發行證券的那些公司不涉及次要市場交易,因此沒有得到任何資金。

9. **私人市場(private markets)**交易在二位當事人之間直接完成。不同於**公開市場(public markets)**以標準化合約交易。與保險公司的舉債和銀行債款的私下交易是私人市場交易的例子。因為這些交易是私下的,雙方可能被以任何形式約制住。相比之下,在公開市場(例如,普通股和公司債券)發行的證券最後被許多個人所投資,必須使合約的特徵標準化。私人市場證券是訂做的低流通性,而公開市場證券是高流通性,但是必須經過更大的標準化。

可能還有其他類型,但是上述分類足以顯示金融市場的很多類型。此外,注意到這些區別常變模糊和不重要。舉例來說,公司借款11、12,或13個月,很少造成影響。因此,不管我們有「貨幣」或「資本」市場交易。你應該在市場的類型中認出大

差別，但是不要浪費力氣去區分它們。

　　表 1-1 列出各式各樣金融市場買賣的一些最重要的工具。工具依照到期日和風險的遞升秩序被安排從上到下。注意到當到期日和風險增加時，利率也會增加。在閱讀全書，我們將更了解表1-1列舉的工具細節和它們對公司評估的影響。

自我測驗

1. 區別(1)實體資產市場和金融資產市場、(2)現貨和期貨市場、(3)貨幣和資本市場、(4)初級和次級市場、(5)私人和公開市場。
2. 什麼是衍生性商品？

表 1-1　主要的金融工具

工具	主要參與者	風險	到期日	利率[a]
美國國庫券	美國財政部發行	違約風險	91天到一年	0.94%
銀行承兌匯票	公司經由銀行保證付款	低風險	180天	1.04%
商業票據	財務上保證發行給大的投資者	低違約風險	270天	1.00%
可轉讓存單	銀行發行	發行公司的能力	一年	1.04%
貨幣市場共同基金	個人或公司投資短期負債	低風險	無特定到期日	0.50%
歐洲美元市場定期存款	美國以外的銀行發行	發行公司的能力	一年	1.04%
消費信用貸款	向銀行金融機構貸款	風險會變的	無特定到期日	不一定
商業貸款	公司向銀行貸款	看借款者	七年	固定(4.00%)或浮動(1.11%)[b]
美國政府公債	美國政府發行	無違約風險	二到三十年	4.73%
抵押借款	用財產保證的貸款	風險會變的	三十年	5.08%
市政債券	地方政府發行	可以免稅，風險較大	三十年	4.41%
公司債	公司發行	可以免稅，風險較大	四十年[c]	5.28%
租賃	公司租賃資產	風險類似公司債	三到二十年	類似債券利率
特別股	公司發行	風險高於公司債	無限制	6到9%
普通股[d]	公司發行	風險高於公司債	無限制	9到15%

註：[a] 資料來自《華爾街日報》(http://online.wsj.com)或《聯邦準備局統計資料》(http://www.federalreserve.gov/releases/H15/update)。貨幣市場利率假設 3 個月到期，公司債券利率是指AAA級債券。
[b] 主要利率是美國銀行向好顧客收取的利率，LIBOR(倫敦銀行間利率)是指英國銀行間往來的利率。
[c] 有些公司發行過100年期債券，但是大多數發行低於40年期債券。
[d] 普通股票以股利或資本利得方式提供報酬，而不是以利息，當然，如果你購買股票，實際報酬可能高或低於期望報酬。

金融機構

在儲蓄者和需要資本那些人之間的資金轉移，圖1-2表示有三種不同的模式進行。現金和證券的直接轉移，當一個企業直接把它的股票或債券出售給儲蓄者時，如最高的部分所示，沒有經歷任何類型金融機構。企業把它的證券交付給反過來需要錢的儲蓄者。

像中間顯示部分的那樣，轉移也透過像是美林那樣的**投資銀行(investemt banking house)**，承銷那些證券。公司把它的股票或債券出售給投資銀行，承銷商在把這些相同的證券出售給儲蓄者。因為新證券被發行，公司得到銷售的收入，這是一筆初級市場交易。

轉移也透過一個**金融仲介(financial intermediary)**，例如一家銀行或共同基金。中間人從儲蓄者那裡獲得資金交換它自己的證券。中間人利用這筆錢購買，然後拿生意的證券。例如，一個存戶把美元存到一家銀行，得到一張存款單，然後銀行以貸款的形式借給一個小型企業錢。因此，中間人就創造新形式的資金。

在美國和其他已開發國家，一套專業化、高度有效率的金融中介系統已經逐步形成。不過情勢迅速改變，引起機構區別變模糊。但是，仍有相當程度的區分，以下是中間人主要的種類：

圖 1-2   資金仲介示意圖

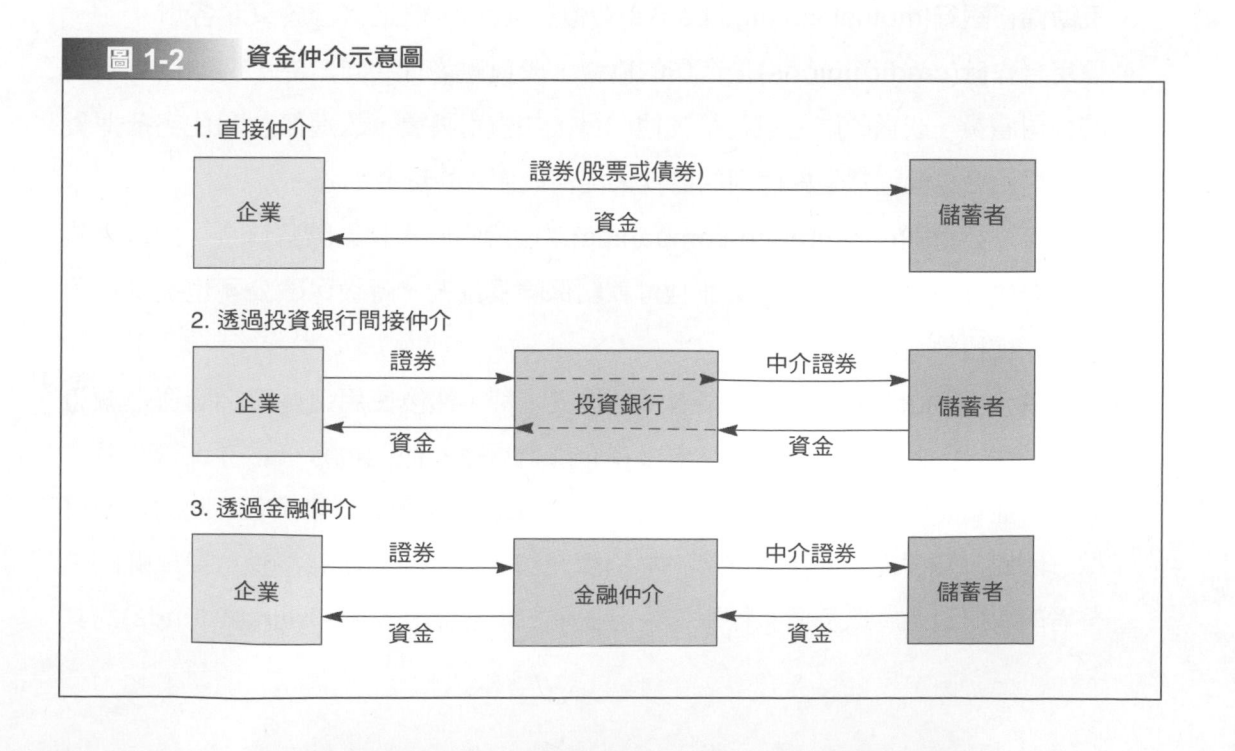

1. **商業銀行(commercial banks)**：傳統「金融百貨公司」服務於多種儲蓄者和借款人。歷史上，商業銀行是借錢的主要機構，辦理支票帳戶，並且提供聯邦儲備系統，擴大或收縮貨幣供給量的一條管道。今天，不過其他機構也提供支票服務影響貨幣供給量。相反地，商業銀行提供不斷增加的服務範圍，包括股票經紀業服務和保險。

   1933年之前在商業銀行提供投資銀行業務，但是葛斯法案在1933年被通過，禁止商業銀行從事投資銀行業務。因此，摩根銀行被分成兩個單獨的組織，其中成為摩根保證信託公司，它是一家商業銀行，而另一個成為摩根‧史丹利，一家較大的投資銀行。注意，日本和歐洲的銀行能同時提供這兩種商業和投資銀行業務服務。這會妨礙美國銀行在全球的競爭，因此在1999年國會基本上廢止葛斯法案。美國商業和投資銀行開始相互合併，創造花旗集團和摩根這樣的巨人。

2. **儲蓄和借款協會(savings and loan associations, S&Ls)**：傳統上服務於個人儲蓄者和居住及商業的抵押借款人，集合很多小的儲蓄者的資金，然後借給借款人的住屋購買者和其他類型借款人。S&Ls最顯著的經濟功能是對儲蓄者「創造流通性」。此外，S&Ls在分析信貸方面有更多的專門技能，建立貸款，因此S&Ls能降低處理債款成本，因此增加房地產債款的可用性的。最後，S&Ls 持有大量、多樣化的債權和其他資產，因此比較能分散風險。因為這些因素，儲蓄者受益於投資更流通，正確管理，以及較少的風險資產上。

3. **互助儲蓄銀行(mutual savings banks)**類似於S&Ls，但是盛行於東北各州。

4. **信用合作社(credit unions)**是合作的協會，成員應該有共同債券，例如作為相同的公司雇員。成員的儲蓄只貸給其他成員，如汽車購買，改進債款和住宅抵押貨款。信用合作社經常是對個別的借款人提供最便宜的資金來源。

5. **壽險保險公司(life insurance companies)**以溢酬的形式收集儲蓄資金；投資這些資金於債券、房地產和抵押；並且付款給保險受益人。壽險保險公司也提供退休金的多種稅款延期存儲金計畫。

6. **共同基金(mutual funds)**從儲蓄者那裡接受金錢，然後使用這些資金購買金融證券的公司。因此這些共同資金透過多樣化降低風險。他們也分析證券，管理投資組合，並買賣證券方面取得規模經濟。不同資金被用於滿足儲蓄者不同的類型目標。因此，想要安全的債券基金，亦給願意懷著高盈利的希望接受重要風險的儲蓄者的股票資金，以及還有被用作生息**貨幣市場基金(money market funds)**的其

他基金。市場充斥著許多不同目標和目的的數千種不同的共同基金。

7. **退休基金(pension funds)**以公司或政府機構給他們員工提供資金，並由商業銀行信託部門或保險機構管理者。主要投資於債券、股票、抵押和房地產方面。

　　金融機構傳統上是被嚴格規範監理。主要目的是保證機構的安全與保護投資者。但是，這些規章採取禁令的形式加諸於全國性分支銀行業上，例如對機構能投資資產的限制，他們能支付的利率的上限，並且對他們能提供的服務傾向的限制等，妨礙自由資金流動，因而傷害資本市場的效率。有鑒於此，國會已經除去大多數這些限制。

　　結果是在不同的類型機構之間的區別變模糊。的確，在美國今天的趨勢是趨於組成巨大的**金融服務公司(financial service corporations)**，擁有銀行、S&Ls，投資銀行、保險公司、退休金計畫經營，以及共同基金，並且有整個國家的分部，和全世界。金融服務公司的例子，大多數從一個地區開始，但是現下已經多樣化且涵蓋大多數金融範圍，包括美林、美國運通、花旗集團、Fidelity和Prudential。

自我測驗

1. 定義三種在儲蓄者和借款人之間資本轉移的方式。
2. 商業銀行和投資銀行之間的差別是什麼？
3. 區別投資銀行和金融中間人。
4. 列舉中間人的主要類型和簡短描述每一個主功能。

次級市場

　　在分配需要額外資金的初級市場交易者，金融機構扮演重要角色，實際上多數交易發生在次級市場。雖然有很多**次級市場(secondary markets)**適合多種證券，我們能運用二種方式把他們交易程序分類。首先，次級市場可能是在一個**實體位置交易所(physical location exchange)**或**一臺電腦/電話網(computer/telephone network)**。例如，美國證券交易所(美國運通公司)、紐約證券交易所、芝加哥貿易部(CBOT國庫券貿易期貨和期權)，與東京股票交易所，全部都是實體位置交易。換句話說，那些商人實際上見面和在一座大樓裡具體的交易。相反，納斯達克交易美國股票是一個連結

的計算機網路。其他例子是美國的國庫券和外匯市場，透過電話和/或計算機網處理。在這些電子市場那些商人從未彼此看見。

第二種方式從賣方和買方那裡配對交易。透過公開喊叫**拍賣(auction)**系統的發生，透過經銷商，或以自動化命令相配。一個喊叫拍賣的例子是 CBOT，交易雙方實際上集合在一起，賣方和買方相互透過呼喊聲和手勢交流。

在**經銷商市場(dealer market)**，有「造市者」持有股票(或其他金融證券)的存貨清單。經銷商列出股票買價和賣價，這是他們願意買或出售的價格。電腦化報價系統價格隨時列示這些報價，但是不撮合買方與賣方。相反，交易者必須與一個具體的經銷商聯繫完成交易。納斯達克(美國股票)是一個這樣的市場，倫敦SEAQ(大不列顛和北愛爾蘭聯合王國股票)以及Neuer市場(小的德國公司股票)也是。

第三種方法，配對委託單的方法是透過一個**電子通訊網路(electronic communications network, ECN)**，交易者將他們的委託下單於 ECN，ECN就自動配對交易。例如，某人訂貨可能買1,000股IBM 股票(這叫「市價單」因為以現行市價買股票)。假定另一個參加者已經訂貨以一個每股91美元的價格出售 IBM 的1,000 股，這是任何預訂最低的價格「出售」。ECN 將自動與這兩項命令相配執行貿易，並且通知兩個參加者交易已經發生。參加者也能下「限價單」說明參加者願意以每股90美元買IBM 的1,000股，如果價格在未來兩個小時期間變為很低。換句話說，關於價格和/或命令的時間持續有限制。如果那些條件被滿足，ECN 將執行限價單。如果某人提議在未來兩個小時期間以一個90或更少美元的價格出售 IBM。貿易美國兩個最大ECNs系統是 Instinet(由路透社擁有)，以及 Island。其他大的ECNs系統包括瑞士——德國的 Eurex，交易期貨合約，與大不列顛和北愛爾蘭聯合王國ECNs系統、SETS、交易股票。

自我測驗

1. 哪些是實體位置交易所和電腦/電話網的主要區別？
2. 公開喊叫拍賣系統、經銷商市場和ECN有什麼不同？

股票市場

因為財務管理的主要目標是使公司的股票價格最大化，股票交易市場知識對涉及管理公司的任何人而言非常重要。兩個主要股票交易市場是紐約證券交易所和納斯達克股票交易市場。

▶▶ 紐約證券交易所

紐約證券交易所(New York Stock Exchange, NYSE)是一個實體位置交易所。它占用自己的大樓，有限的成員，並且選出監理部門——理事會。成員在交易所被稱為有「位子」，雖然每個人是站著的。這些位子可被買賣，給持有者於交易所進行買或賣股票的權利。在紐約證券交易所上目前有1,366個位子，在1999年8月，一個位子的售價是265萬美元。這是在1977年從一個35,000美元價格上升。而2004年一個位子的索價大約是150萬美元。

大多數大型投資銀行經營經紀部，他們在紐約證券交易所上擁有的位子，指定一個或多個他們的官員為成員。紐約證券交易所在全部正常工作日開工，由於成員聚集於一個裝有電子設備的大房間裡，使每名成員能夠與他公司的辦公室聯繫。例如，美林(最大的經紀人事務所)可能從它的亞特蘭大辦公室內一個顧客得到一個委託單，想要買AT＆T國庫券股票。同時，摩爾根‧史丹利的丹佛公司可以從一個客戶得到一個委託貨，希望出售AT&T國庫券的股票。每位經紀人在紐約證券交易所上與公司的代表透過電子交流。整個國家的其他經紀人也正與他們自己的交換成員聯繫。出售股票的賣單與購買股票的賣單就透過交易所成員下單而成交。因此，紐約證券交易所作為一個拍賣市場。

▶▶ 納斯達克股票交易市場

全國證券商協會(National Association of Securities Dealers, NASD)是一自我規範市場，授權經紀人及海外交易。使用自動化報價系統，NASD使用的電腦化網路被稱為Nasdaq。納斯達克以一個報價系統開始，但是它已經漸漸地依自己的需求成為一個有組織的證券市場。納斯達克系統大約有5,000種股票交易，例如Nasdaq交易微軟公司和Intel的股票，而納斯達克SmallCap則交易更小的股票。納斯達克也經營納

斯達克OTC告示榜，就是向註冊證券交易所委員會(證交會)的股票報備，但不會在任何交易所上交易，通常因為公司太小或太沒有利潤。最後，納斯達克經營粉紅清單(Pink Sheets)，提供不向證交會登記的公司股票交易平臺。

「流通性」是以一個實價(在任何佣金之後)迅速交易的能力。在一個經銷商市場，例如納斯達克，股票的流通性取決於市場的經銷商數量和質量。納斯達克有超過400個經銷商，為許多股票製造市場。典型的股票大約有10個市場製造者，但是某些股票有超過50個市場製造者。顯而易見，納斯達克全國市場比SmallCap市場有更多的市場製造者和流通性。在OTC布告牌或粉紅清單上對於股票有極少流通性。

過去十年，紐約證券交易所和納斯達克之間競爭激烈。為與紐約證券交易所競爭並且進入國際市場，NASD和美國運通公司在1998年合併形成一個投資網路。這個投資網路稱為納斯達克，股票繼續上市交易於二個市場。在全球股票交易市場的競爭肯定將導致相似聯盟。

大多數大公司使用紐約證券交易所，紐約證券交易所上市交易股票的市場資本化比納斯達克的股票高(2004年早期，大約11.6兆美元比2.9兆美元)。不過，成交量(股票的交易金額)，納斯達克經常較大，而且較多的公司被列在納斯達克上交易。比較全球交易市場的資本，東京是3兆美元、倫敦有 2.5 兆美元，德國有1.1兆美元。

有趣的是，很多高科技公司像微軟公司和Intel仍留在納斯達克，即使他們符合紐約證券交易所的上市要求。不過，其他高科技公司(例如 2000 通道)，如美國線上和Iomega已經離開納斯達克到紐約證券交易所。儘管這些背叛，過去十年納斯達克的發展令人印象深刻。無疑地在未來的歲月競爭仍是激烈。

✎ 自我測驗

1. 在紐約證券交易所和納斯達克股票交易市場之間的一些主要差別是什麼？

資金成本與利率水準

在自由經濟過程中，來自資金供給者的資本經由價格系統被分發給資金需求者。供給者的供給和需求者的需求相互作用決定費用(或價格)，就是資金付給資金供給者

的代價。對負債來說，我們叫這個價格為**利率(interest rate)**。對權益來說，我們叫這個價格為**權益成本(cost of equity)**，而且它由股息和資本利得組成。

▶▶ 影響資金成本的因素

影響借款利息的四個非常基本的因素是：(1)**生產機會(production opportunities)**、(2)**消費的時間偏好(time preferences for consumption)**、(3)**風險(risk)**和(4)**通貨膨脹(inflation)**。所謂生產機會是指我們能把資金變成利益的能力。如果一家公司招募資本，利益決定於它生產機會的收益率。如果學生貸款投資於教育自己，利益決定於更高的未來薪水。如果一個屋主借款，利益來自從生活在自己家的快樂，與房屋價值的增值。

供給者能消費或保留他們的資金。透過儲蓄為將來更多的消費放棄目前的消費。如果供給者現在非常喜歡消費，就需花費高利率促使他們為將來的消費放棄當今的消費。因此，消費的時間偏愛對債款利息有主要影響。注意消費的時間偏愛因不同的個人，不同的年齡階段和不同的文化而變化。例如與美國相比較，日本的人們有更低的時間偏愛，這解釋日本家庭為什麼儲蓄多於美國家庭，即使日本利率更低。

如果投資獲利的機率是風險的，供給者要求較高報酬期望來補償這額外風險。通貨膨脹也導致高利率。例如，假定你的投資一年賺 10%，但是通貨膨脹引起價格增加20%。這表明你不能消費你當初投資時候一樣的東西。顯而易見，與 10%相比較，如果你期望20%的通貨膨脹，你就會需要一個更高的收益率。

▶▶ 利率水準

圖 1-3 顯示長期和短期利率在過去32年期間的變化。注意到短期利率傾向於在繁榮期間上漲，然後在衰退期間下降(圖表的陰影面積表示衰退)。當經濟擴大時，公司需要資本，而且這個對資本的需求把利率向上推。在衰退時，情勢則相反，例如在2001年開始期間。蕭條的生意降低對信貸的需求，導致利率下降。而且聯邦儲備局在衰退期間有意地降低利率幫助刺激經濟，並且在繁榮期間收緊。

利率反映出投資者對將來通貨膨脹的期望，而實際通貨膨脹率測量過去通貨膨脹。因此，在通貨膨脹下降之前，利率通常下降，雖然偶爾有例外。例如，1980年，通貨膨脹開始下降，但利率繼續上升，投資者擔心通貨膨脹的下降將是暫時的。

從過去經驗得知，我們能確信利率的水準變化將隨著：(1)經濟活動、(2)目前的通貨膨脹率的變化，和(3)對未來通貨膨脹的預計變化。

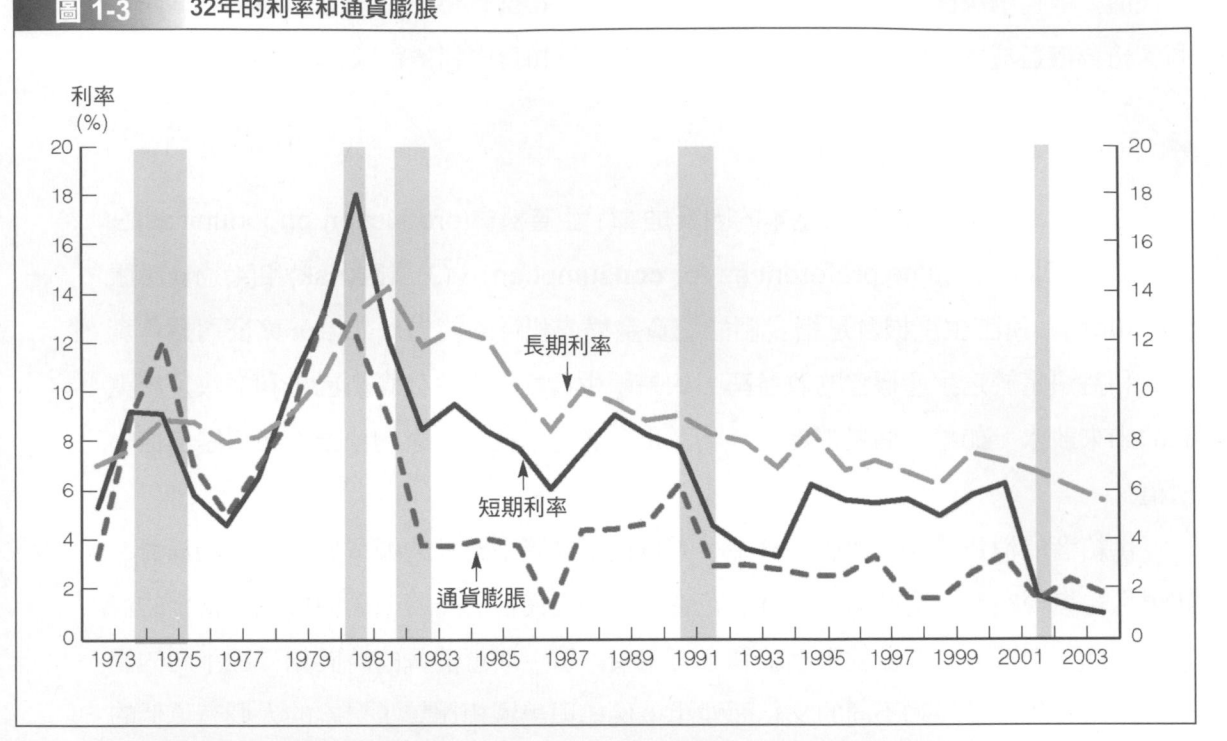

圖 1-3　32年的利率和通貨膨脹

註：
[a] 陰影區域指國家經濟研究院所稱的企業衰退期，見**http://www.nber.org/cycles**. 橫軸標點代表該年度的1月2日。
[b] 短期利率是指3個月非金融商業本票(非常大、強的公司的借款利率)；長期利率是指AAA級公司債券，見**http://www.federalre-serve.gov/releases**.
[c] 通貨膨脹是由消費者物價指數(CPI)年變動率所衡量，見**http://research.stlouisfed.org/fred/**.

 **自我測驗**

1. 哪四種基本的因素影響資金成本？
2. 為什麼資本的價格變化在繁榮和衰退期間？
3. 通貨膨脹怎樣影響利率？

市場利率決定因素

　　通常債券的報價(或名目)利率包含實質無風險利率加上好幾種溢酬，這些溢酬反應通貨膨脹、證券風險和證券的流通性。這些關係可以表達如下：

$$報價利率＝r＝r^*＋IP＋DRP＋LP＋MRP$$ **(1-1)**

其中

r ＝ 證券的報價或名目利率，有不同的證券就會有不同的報價利率。

r^* ＝ 實質無風險利率，此利率存在於風險很小的證券，而且預計無通貨膨脹。

IP ＝ 通貨膨脹溢酬，等於平均預計通貨膨脹率在證券的存續期間。預計未來的通膨率不等於現在的通膨率，所以通貨膨脹溢酬不須等於現在的通貨膨脹。

r_{RF} ＝ $r^*＋IP$，這是債券的報價無風險利率，像是美國國庫券非常具有流動性和風險很小，這裡的無風險包含預計通膨的溢酬。

DRP ＝ 違約風險溢酬，此溢酬反應發行者可能付不出利息和本金，美國國券的違約風險溢酬等於零，它會隨著發行者的風險而提高。

LP ＝ 流通性溢酬，此溢酬由借款者收取，當短期票券在合理價位時，反應有些證券無法兌現國庫券和大公司的證券此溢酬都很低，小公司的很高。

MRP ＝ 到期風險溢酬，長期債券甚至是國庫券都會暴露在很明顯價格下跌的風險，所以借款者會收取到期風險溢酬。

▶▶ 真正的無風險利率，r^*

真正的無風險利率**(real risk-free rate of interest, r*)**，如果沒有通貨膨脹，被定義為無風險證券的利率。它可被視為是沒有通貨膨脹下的美國短期國庫債券利率。真正的無風險利率不是靜態的，它視經濟狀況隨時改變，特別是：(1)公司和其他借款人期望在生產性資產上獲得的報酬率，和(2)它們在目前與將來消費之間的時間偏好。

在1997年美國財政廳開始發行**指數債券(indexed bonds)**，利息支付方式連結通貨膨脹。到目前為止，財政廳已經發行10種指數債券，到期期間從5到31年。在2004年3月，5年期指數債券有0.45%的殖利率。這是對真正的無風險利率，r^*，很不錯的估計，雖然不錯，不過我們更喜歡短期的指數債券。

▶▶ 通貨膨脹溢酬(IP)

通貨膨脹對利率有主要影響，因為它削弱美元的購買力並且降低投資收益的真正利率。為了說明，假定你存 1,000 美元並把它投入在一年內到期，且支付一個5%的利率的短期國庫券。在年底，你得到1,050美元，等於你原先 1,000 美元和 50 美元的利息。假設一年的通貨膨脹率是10%，且它平等地影響全部項目。如果汽油年初每加侖 1 美元；它在年底將花費 1.10 美元。因此，年初你用 1,000 美元將買 $1,000/$1＝1,000加侖，但是年底你將只能買 $1,050/$1.10＝955 加侖汽油。實際上，你經濟期情況變壞了，你得到利息的 50 美元將不足以補償通貨膨脹。如此你年初不如買1,000加侖汽油(或一些像土地那樣其他可儲藏的資產，如木材、公寓大樓、小麥或黃金)。

投資者完全知道這些，因此當他們借出錢時，他們加上一筆**通貨膨脹溢酬(inflation premium, IP)**等於期望的通貨膨脹率。短期無違約風險的美國短期國庫券，其實際利率，$r_{\text{T-bill}}$，將是真正的無風險利率，r^*，加上通貨膨脹溢酬(IP)：

$$r_{\text{T-bill}} = r_{RF} = r^* + IP$$

因此，如果真正的短期無風險利率是 r^*＝0.6%，通貨膨脹預計是1.0%，在明年短期國庫券的利率將是 0.6%＋1.0%＝1.6%。

請注意加入利率的通貨膨脹率是未來通貨膨脹率的預計值。因此，最新的報告的2%通貨膨脹率是過去的一年。如果人們對將來預計6%的通貨膨脹率，6%將被加入當今的利率。也請注意任何證券的報酬率都是加上預計的平均通貨膨脹率。因此，一年期債券的通貨膨脹率是明年被期望的通貨膨脹率，但是30年期債券的通貨膨脹率是在今後30年裡期望的平均通貨膨脹率。例如，在2004年3月，一5年期國庫債利率是2.79%和5年指數債券利率是0.45%。因此，5年的通貨膨脹溢酬 2.79%－0.45%＝2.34%，暗示投資者在今後 5 年裡有平均2.34%通貨膨脹預計。同樣地，27年期國庫債4.77%和28年期指數債券是1.87%。因此，長期的通貨膨脹溢酬大約 4.77%－1.87%的＝2.90%，暗示投資者對未來30年又平均2.9%期望通貨膨脹預計。

對將來通貨膨脹的預計，與其近期經歷的利率緊密相關。因此，上個月通貨膨脹率增加，人們將傾向於引起他們對將來通貨膨脹的預計，並且預計這種變化將引起利率的增加。

與美國相比，德國、日本和瑞士在過去幾年中有較低的通貨膨脹率，因此他們的利率一般比我們低。南非和大多數南美洲國家經歷高通貨膨脹，而且反映在他們的利率上。

▶▶ 名目或報價無風險利率，r_{RF}

名目或報價無風險利率(nominal or quoted risk-free rate, r_{RF})，是真正的無風險利率加上預計的通貨膨脹的溢酬：$r_{RF} = r^* + IP$。為了正確，無風險利率是完全無風險證券的利率，沒有違約風險，沒有到期風險，沒有流通性風險，沒有因通膨而損失的風險，沒有其他型態風險，因此不可能看得見真正的無風險利率。如果使用沒有加上「真正」或是「名目」，一般指的是被引用的(名目)利率，本書將沿用此定義。因此，我們使用「無風險利率，r_{RF}」，我們意指是無風險名目利率。通常，我們使用短期國庫券利率來代表短期無風險利率，以及長期國庫債利率代表長期的無風險利率(即使它也包括一筆到期溢酬)。因此，當你看見「無風險利率」時，我們正引用兩者中任何一個利率。

▶▶ 違約風險溢酬(DRP)

指借款人將不履行償還義務，這表示不支付利息或本金，此風險影響證券在市場的利率：違約風險越大利率越高。國庫債沒有違約風險，因此他們在美國的證券帶最低的利率。對公司債券來說，債券的等級越高它的違約風險越低而它的利率也越低。以下是在2004年3月，一些長期的債券利率：

長期債券	利率		違約風險溢酬	
	2001	2004	2001	2004
美國國庫債	5.5%	4.8%	—	—
AAA	6.5	5.3	1.0	0.5
AA	6.8	5.5	1.3	0.7
A	7.3	5.7	1.8	0.9
BBB	7.9	6.5	2.4	1.7
BB+	10.5	7.8	5.0	3.0

公司債券與相似到期，流通性和其他特徵國庫債上之間的差異是**違約風險溢酬**(default risk premium, DRP)，有時叫**債券價差**(bond spread)。因此，如上所見；違約風險溢酬在2004年將是DRP＝5.3％－4.8％＝0.5％，對應AAA級公司債券，5.5％－4.8％＝0.7％對應AA級公司等等。違約風險溢酬因時間變化，但是上面的數字代表近年水準。

⏭ 流通性溢酬(LP)

「流通性」資產可迅速以「公正的市價」 兌換現金。與實際的資產相比較，金融資產一般是有更多的流通性。因為流通性是重要的，投資者會將**流通性溢酬(liquidity premium, LP)**加到證券的市場利率。雖然準確測量流通性溢酬很難，至少2%到4%或5%存在於最小流通性和最多流通性金融資產。

⏭ 到期風險溢酬(MRP)

美國國庫債沒有違約風險，一個人可以肯定聯邦政府將償付本息。因此，關於國庫債的違約風險溢酬基本上是零。更進一步，活躍的市場為國庫債存在，因此它們的流通性溢酬也接近於零。因此，國庫券上的利率應該是無風險利率，r_{RF}，等於真正的無風險利率，r^*加上一筆通貨膨脹溢酬，IP。不過，長期的國庫券需要小修正。每當利率上漲的時候，長期的債券價格明顯地下降，利率上升時，全部長期國庫券有稍微風險叫**利率風險(interest rae risk)**。通常愈長期的債券有愈多的利率風險。因此一筆**到期風險溢酬(maturity risk premium, MRP)**必須加入被要求的報酬利率。

到期風險溢酬的影響是促使長期債券利率上升。這筆溢酬像其他一樣難測量，但是(1)它因時變化，當利率不穩定和不確定時它提升，當利率穩定時它下降，和(2)在近年，30年的國庫債到期風險溢酬似乎一般在1到3個百分點的範圍內。

長期的債券嚴重暴露於利率風險，但是短期債券則嚴重暴露於**再投資風險(rein-vestment rate risk)**。當短期票據到期和資金再被投資，利率的下降使投資者被迫以更低的利率再投資，這將導致利息收入下降。舉例來說，假定你有100,000 美元投資一年期國庫券，且你靠利息收入生活。在1981年，短期利率大約是15%，因此你的收入本會是大約15,000 美元。不過，1983年你的收入可能下降到大約9,000美元，和到2001年的5,700 美元。如果你投資於長期的國庫債，你的收入(但不是本金)就會穩定多了。因此，雖然「投資短期」保護本金，但利息收入由短期國庫券提供比起長期債券卻是不穩定。

利率期間結構

利率期間結構(term structure of interest rates)描述在長期和短期利率之間的關係。期間結構對公司的財務主管很重要，用以決定是借透過長期還是短期債券借款。對投資人也很重要，用以決定是買長期還是短期債券，故必須了解：(1)長期和短期利率彼此關係、(2)引起它們之間位置變換的原因是什麼。

不同的到期債券的利率可在多種出版物裡發現，包括《華爾街日報》和《聯邦儲備公報》，並且在許多網站上包括布盧姆堡、雅虎和CNN 金融。從這些源頭獲得的利率資料，我們能建構在某一特定時間點的期間結構。例如，在圖 1-4 是3個不同時點，不同到期期間的利率。被繪製在圖上的線叫做**殖利率曲線(yield curve)**。

殖利率曲線隨著時間改變位置與斜度。在1980年3月，全部利率都是比較高的，因為短期利率比長期利率高，殖利率曲線是向下傾斜的。在2004年3月全部利率已經下降，而且因為短期利率比長期利率低，殖利率曲線向上傾斜。在2000年2月這條殖利率曲線是隆起的，中期利率比兩個短期和長期利率高。

圖1-4顯示美國國庫債殖利率曲線，但是我們可畫出由ExxonMobil、達美航空公司、IBM 所出售的公司債券的殖利率曲線，或任何其他公司。這些公司的曲線將位於國庫債曲線的上方，因為有較高的違約風險溢酬。不過，公司殖利率曲線與財政廳曲線有相同形狀。另外，愈高風險的公司，它的殖利率曲線愈高，與ExxonMobil或IBM 相比較，達美航空公司是一個更低的債券等級，因此它有一條更高的殖利率曲線。

歷史上，多數長期利率高於短期利率，殖利率曲線通常向上傾斜。因此，人們經

圖 1-4　美國國庫券在不同時點的利率

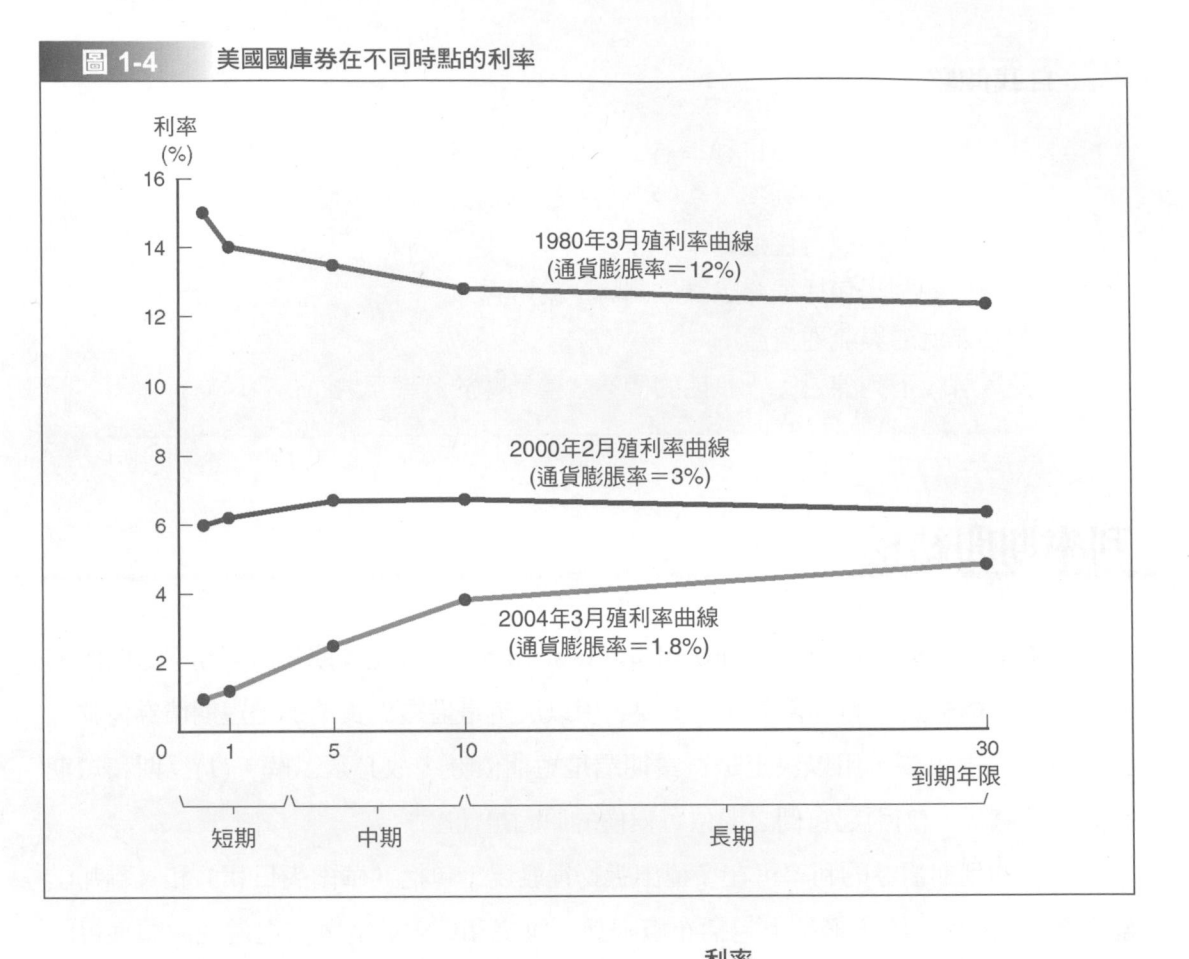

	利率		
到期期間	1980年3月	2000年2月	2004年3月
6 月	15.0%	6.0%	1.0%
1 年	14.0	6.2	1.2
5 年	13.5	6.7	2.7
10 年	12.8	6.7	3.8
30 年[a]	12.3	6.3	4.8

註：
[a] 財政部最新發行30年期債券是在2001年，所以2004年觀察到是有27年才到期。

常叫向上傾斜的殖利率曲線為「正常」殖利率曲線("normal" yield curve)，而殖利率曲線傾斜向下為「倒置」(inverted)或「異常」殖利率曲線("abnormal" curve)。因此，圖1-4 的1980年3月是倒置曲線，而2004年3月是正常的殖利率曲線。不過，這2000年2月駝形曲線(humped)，意指中期利率高於短期和長期利率。我們在下一部分會詳細解釋為什麼一個向上傾斜是正常的，簡要的原因與長期債券相比較，短期

債券有較少的利率風險，進而產生更小的MRPs。因此，短期利率正常比長期利率低。

什麼決定殖利率曲線的斜率

那麼如果其他因素保持不變，與短期債券相比，到期風險溢酬是正的，長期的債券將有高利率。不過，市場利率也取決於期望通貨膨脹、違約風險和流通性這些因素而變化。

期望的通貨膨脹對殖利率曲線的形式有特別重要的影響。為什麼？美國國庫債基本上沒有違約或流通性風險，t 年到期國庫券利率可由下列公式算出：

$$利率＝無風險利率＋通貨膨脹溢酬＋到期風險溢酬$$

真正的無風險利率，r^*，會因為在經濟和人口資料過程中改變，這些變化是隨便而不是可預測的，因此可以假設 r^*「合理的」將保持不變。不過，通貨膨脹溢酬，IP，可以預測的模式變化。記得通貨膨脹溢酬僅僅是為證券有效期間的預計通貨膨脹的平均水準。例如，在衰退期，通貨膨脹期間異常低。投資者預計將來的通貨膨脹更高，為長期的債券導致更高的通貨膨脹溢酬。另一方面，如果預計通貨膨脹將來下降，長期債券將比短期債券有更小的通貨膨脹溢酬。最後，如果投資者認為長期的債券比短期債券風險，到期風險溢酬將隨到期期間增加而增加。

圖1-5的A組顯示當通貨膨脹預計增加時的殖利率曲線。這裡的長期債券由於以下兩個原因所以有高殖利率：(1)通貨膨脹預計將來更高、(2)有正的到期風險溢酬。當通貨膨脹預計下降時，圖1-5的B組顯示其殖利率曲線，殖利率曲線是向下傾斜。向下傾斜的殖利率曲線經常預測經濟下降趨勢，較弱經濟狀況與下降通貨膨脹有關，進而降低長期的利率。

現在讓我們考慮公司債券的殖利率曲線。公司債券包括違約風險溢酬(DRP)以及

圖 1-5 國庫券殖利率曲線

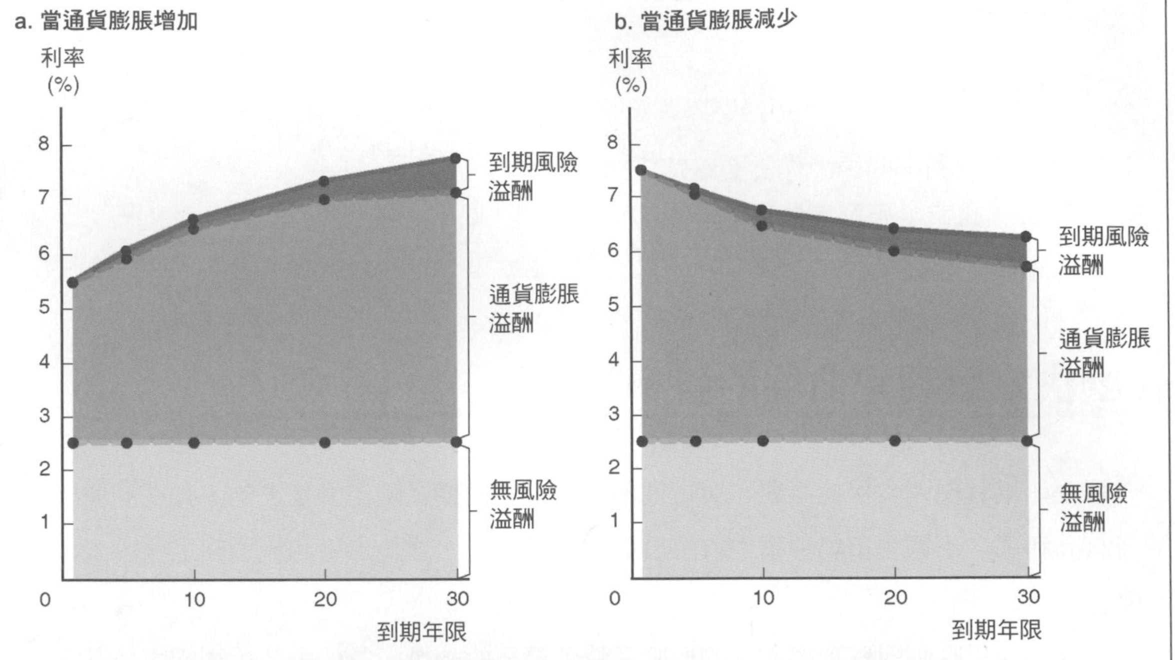

a. 當通貨膨脹增加

利率 (%)

b. 當通貨膨脹減少

利率 (%)

	預期通貨膨脹增加					預期通貨膨脹減少			
到期	r*	IP	MRP	殖利率	到期	r*	IP	MRP	殖利率
1年	2.50%	3.00%	0.00%	5.50%	1年	2.50%	5.00%	0.00%	7.50%
5年	2.50	3.40	0.18	6.08	5年	2.50	4.60	0.18	7.28
10年	2.50	4.00	0.28	6.78	10年	2.50	4.00	0.28	6.78
20年	2.50	4.50	0.42	7.42	20年	2.50	3.50	0.42	6.42
30年	2.50	4.67	0.53	7.70	30年	2.50	3.33	0.53	6.36

流通性溢酬(LP)。因此，在 t 年到期的公司債券殖利率表示如下：

$$公司債利率＝r*＋IP_t＋MRP_t＋DRP_t＋LP_t$$

公司債券的違約和流通性風險被它的到期期間所影響。例如關於可口可樂的短期債券的違約風險非常小，因為可口可樂今後幾年期間破產的機會微乎其微。不過，可口可樂有一些100年期債券，即使這些債券不履行的可能機會不高，但這些債券的違約風險仍比它的短期債券高得多。

與更短期的負債相比，長期公司債券有較少的流通性，當到期期間變長時流通性溢酬上漲。主要原因是短期債券有較少的違約和利率風險，因此一個購買短期債券者

不需要做買長期債券一樣多的信用調查。因此人們更迅速買進和賣出短期債券。結果是短期債券具有更多流通性,因此比同公司的長期債券有更小的流通性溢酬。

　　圖1-6與圖1-5顯示 AA 評價的公司債券有最低的違約風險,而BBB評價債券有較多的違約風險。這裡我們假設通貨膨脹預計增加,因此國庫券殖利率曲線向上傾斜。因為它們額外的違約和流通性風險,公司債券總是比國庫券在較高殖利率市場交易,BBB評價債券又比 AA 評價的債券有高殖利率。最後,注意到在公司債券和國庫券之間的殖利率差價隨到期期間愈長而變愈大。這是因為與短定期債券相比,長期公司債券有更多的違約和流通性風險,而且這兩個風險溢酬在國庫券是不會有的。

　　一些大學教師和實務人士主張,每天買賣不同到期證券的大型證券商主宰市場。

圖 1-6　公司債和國庫券的殖利率曲線

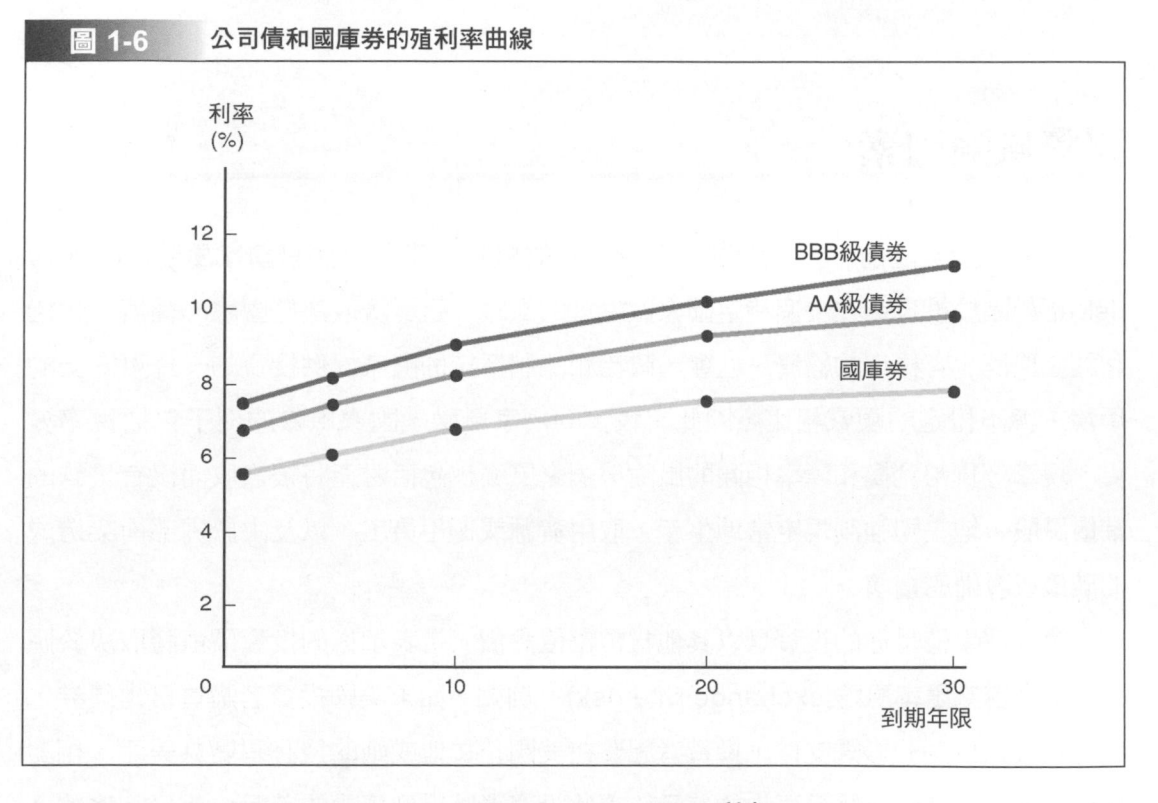

到期期間	利率					
	國庫券	AA級 債券	AA級超過 國庫券利差	BBB級 債券	BBB級超過 國庫券利差	BBB級超過 AA級利差
1 年	5.5%	6.7%	1.2%	7.4%	1.9%	0.7%
5 年	6.1	7.4	1.3	8.1	2.0	0.7
10 年	6.8	8.2	1.4	9.1	2.3	0.9
20 年	7.4	9.2	1.8	10.2	2.8	1.0
30 年	7.7	9.8	2.1	11.1	3.4	1.3

根據這些意見，證券商買30年期債券與買 3 個月債券同樣能獲短期利潤。這意見的反對者則辯稱殖利率曲線的形狀定於市場對將來的利率預計，此論點被叫做**純預期理論(pure expectations theory)**或**預期理論(expectations theory)**。如果這是真實的，到期風險溢酬(MRP)將是零，而且長期利率僅僅是目前利率和預期未來短期利率的加權平均數。

自我測驗

1. 到期日風險溢酬怎樣影響殖利率曲線？
2. 這個通貨膨脹率預計增加，將增加或減少殖利率曲線的斜率嗎？
3. 解釋公司債券的違約和流通性溢酬為什麼很可能隨著到期日增加。

國際風險因素

在海外投資之前，投資者應該考慮另外的風險因素。首先有**國家風險(country risk)**指起因於投資或在一個特定國家做生意的風險。這風險取決於國家的經濟、政治和社會環境。有穩定的經濟、社會、政治和法制系統的國家提供投資的一片更安全的環境，與不穩定的國家相比，因此有較少的國家風險。國家風險的例子包括稅率變更、規章、貨幣兌換和匯率相關的風險。國家風險也包括財產將被沒收而沒有足夠的補償風險，地主國強制規定當地生產，取用資源或僱用員工，以及由於內部衝突造成的破壞或設備的損壞。

第二件事情是你的投資是以其他貨幣幣值評價，這表示你的投資價值將取決於匯率，這被稱為**匯率風險(exchange rate risk)**。例如，如果美國投資者購買日本債券，利息將被以日圓的形式支付，投資者想要在美國花費他或她的錢必須變為美元。相對於美元、日圓疲軟，將換更少的美元，因此投資者將得到更少的美元。或日圓變強，投資者將獲得更多的美元。因此外國投資的報酬取決於外國證券的績效和投資期間的匯率變化。

影饗利率水準的經濟因素

經濟因素影響利率的水準和殖利率曲線的形狀。四個非常重要的因素是：(1)聯邦準備金政策、(2)聯邦預算赤字或盈餘、(3)國際因素，包括外貿平衡和在其他國家的利率、(4)商務活動的水準。

聯邦準備金政策

如你在經濟學課程所學習的，(1)貨幣供給量對經濟活動的水準和通貨膨脹率有主要影響，(2)在美國，美國聯邦儲備委員會控制貨幣供給量。如果聯邦儲備銀行想要刺激經濟，它增加在貨幣供給量方面的增長。最初效應將是引起利率下降。不過一個更大的貨幣供給量可能也導致期望通貨膨脹增加，這將使利率穩步上升。如果聯邦儲備銀行收緊貨幣供給量，相反效果則會發生。在聯邦儲備銀行積極干涉市場的時期，殖利率曲線可能臨時變形。如果聯邦儲備銀行緩和信貸，短期利率將暫時「太低」，如果它正緊縮信貸則「太高」。長期的利率沒有因為聯邦儲備銀行干涉而被同樣影響。

預算赤字或盈餘

如果聯邦政府花費多於從稅收收到的，它就產生赤字，而且赤字必須透過借錢或印錢(增加貨幣供給量)補足。如果政府借錢，將增加資金的需求推升利率。印錢增加未來通貨膨脹使利率升高。因此，聯邦赤字越大，其他事情保持不變量，利率的水準越高。長期或短期利率的變化取決於那些赤字如何被融通，因此我們無法說明赤字將怎樣影響殖利率曲線的斜坡。

國際貿易赤字或盈餘

美國企業和個人與在其他國家公司或個人購買物品並且出售物品。如果我們購買

多於我們出售(如果我們進口多於我們出口)，就產生貿易赤字。當貿易赤字發生時，他們必須被融通，而主要來源是舉債。換句話說，如果我們進口貨物2,000億美元，只出口1,000億美元，我們就有1,000億美元的貿易赤字，我們就借1,000億美元。因此，我們的貿易赤字越大，我們必須借更多；而當我們增加借款，將推升利率。此外，外國人願意持有美國庫債券，如果這債券支付的利率比其他國家利率高。因此，如果聯邦儲備試圖在美國降低利率，使我們的利率低於國外利率，然後外國人將出售債券給美國，那些銷售將壓下美國本身債券價格，反過來將導致美國利率變高。因此，如果貿易赤字大於整體經濟規模，將妨礙聯邦儲備銀行的能力，透過降低利率與衰退戰鬥。

美國從二十世紀70年代中期起每年產生貿易赤字，而且這些赤字的累積使美國已經成為最大的舉債國家。因此，我們的利率受其他國家利率的影響很大，更高的國外利率導致更高的美國利率，反之亦然。因此美國公司財務主管及受利率影響的其他任何人，必須跟上世界經濟發展。

▸▸ 商務活動

前面的圖1-3顯示商業狀況怎樣影響利率。在圖裡的陰影面積代表衰退。消費需求在衰退期間變慢，制止公司增加價格降低價格通膨。公司也減少僱用，降低工資膨脹。較少的可支配所得引起消費者降低他們家庭和汽車的購買，降低借債的消費需求。公司降低對新的投資，降低他們對資金的需求。累積影響是對通貨膨脹和利率向下調整的壓力。聯邦儲備局在衰退期間也活躍地努力刺激經濟。一個方法是購買銀行持有的國庫券。這有兩種影響：因為他們出售一些債券，銀行有更多的現金，這增加他們的可貸資金的供應，反過來使他們願意以更低的利率出借。此外，聯邦儲備局對銀行的債券購買抬高債券價格，減少債券利率。聯邦儲備局與銀行的活動聯合起來影響降低利率。

在衰退期間，短期利率下降得比長期利率更明顯的兩個原因：首先，聯邦儲備局主要經營短期部門，因此它的干涉在那裡有最強大的效果。第二，長期的利率反映出未來 20 到 30 年的通貨膨脹率的平均預計，預計一般不會發生劇烈改變，即使當今的通貨膨脹率是因為衰退變低或因為繁榮變高，因此短期利率比長期利率易變。

1. 哪些經濟因素會影響利率並解釋會如何影響？
2. 聯邦委員會如何促進經濟？如何影響利率？

預習後面的重點

　　管理者最重要的工作是增加公司的價值，圖1-1顯示公司的價值決定因素，也為本書後面提供好預習。第二章顯示怎樣決定未來的現金流量現在價值，一個叫貨幣時間價值的課題。第三章解釋財務報表和怎樣計算自由現金流量，課稅問題和它在評價中的角色。第四章顯示怎樣使用財務報表鑑定公司的力量和風險。第五章討論風險與報酬，這是了解和估計資本成本的關鍵。在第二部分，第六章和第七章集中於債券和股票評價，是資金成本的兩個非常重要的組成部分。第八章討論財務選擇權，經常在經理的補償，代理問題和評價中產生重要作用。第三部分應用圖1-1評價概念套個別計畫，第九章的估計資本成本繼續在第十章和第十一章詳談計畫評價。

　　第四部分討論公司評價決策。第十二章為發展預估財務報表和自由現金流量的技術。第十三章直接使用圖1-1的概念決定公司的價值，包括它的股票價值。另外也討論公司治理，直接影響公司為他們股東創造多少價值。

　　第五部分討論公司財務決策。第十四章檢視資本結構理論或公司應該使用多少負債與權益的問題。第十五章考慮公司的股利政策，多少自由現金流量應該作為股利支付或購回股票。在第六部分，我們處理特殊專題，包括營運資金管理與國際財務管理。

總結

在這一章我們檢視財務管理和財務環境。我們討論公司的價值，金融市場的本質，市場的類型和利率怎樣被決定。核心概念列於下面：

- 企業組織的三個主要形式是獨資、合夥人和公司。

- 雖然每種組織形式有利有弊，但美國公司型態處理大多數生意。

- 管理的主要目標將使股東最大化財富，這表示使股票價格最大化。最大化股票價格通常增加社會福利。

- 公司透過需求者、供應商和雇員造成價值，增加現金流量。自由現金流量(FCFs)是對公司的投資者(股東和債權人)可用於自由分發的現金流量，公司已經支付一切費用之後(包括稅款)，並且支援被要求對未來營運的投資。

- 三個因素決定自由現金流量：(1)銷售收入，(2)營運費用和稅款，和(3)需要對營運的投資。

- 企業總評價取決於公司的自由現金流量大小，流量的時機，以及它們的風險。

- 加權平均資金成本(WACC)指被公司所有的投資者要求平均報酬。決定公司資本結構(公司的負債和權益相對數量)、利率、公司的風險和市場對風險的態度。

- 公司的價值被定義為：

$$價值 = \frac{FCF_1}{(1 + WACC)} + \frac{FCF_2}{(1 + WACC)^2} + \cdots + \frac{FCF_\infty}{(1 + WACC)^\infty}$$

- 有很多不同類型的金融市場 WACC。每個市場服務於不同的地區或處理不同的證券類型。

- 實質資產市場，也叫有形或真正資產市場，交易那些像小麥、汽車和房地產這樣的產品。

- 金融資產市場處理股票、債券、紙幣、抵押和其他實質資產的主張權。

- 現貨市場和期貨市場指資產是買或賣於「現場」或在將來的日期的交付。

- 貨幣市場是指有不到一年到期的債券證券的市場。

- 資本市場是長期的債券和公司股票的市場。

- 初級市場是公司籌措新資金的市場。

- 次級市場是在投資者中交易已經存在流通證券的市場。

- 衍生性商品價值由其他的「基礎」資產的價格衍生而出。

- 在借款人和儲蓄者之間資金進行轉移：(1)透過錢和證券的直接轉換，(2)透過投資銀行擔任中間人轉換，(3)透周轉移也透過金融中間人，製造新證券。

- 主要的中間人包括商業銀行、儲蓄債款協會、互助儲蓄銀行、信用合作社、退休基金、保險公司和共同基金。

- 法規的變化使在不同的金融機構之間區別變得模糊。美國趨勢是提供廣泛金融服務的公司，包括投資銀行業務、經紀業經營、保險和商業銀行業務。

- 股票交易市場是特別重要的市場，因為在那裡股票價格(為經理打分數的)被建立。

- 有兩種股票交易市場：實際位置交易(例如那些紐約證券交易所)以及計算機/電話網(例如納斯達克)。

- 買方與賣方下單撮合的 3 種模式：(1)公開喊叫拍賣，(2)透過經銷商，和(3)自動透過一個電子通訊網路(ECN)。

- 資金透過那些價格系統分發，使用資金必須付出代價。債權人在他們借出的資金上收到利息，而權益投資者讓公司使用他們的錢，得到股息和資本利得。

- 四個基本的因素影響債款利息：(1)生產機會，(2)消費的時間偏愛，(3)風險和(4)通貨膨脹。

- 無風險利率，r_{RF}，作為真正無風險利率，r^* 確定，加一筆通貨膨脹溢酬，IP，因此 $r_{RF} = r^* + IP$。

- 名目(或報價)利率，r，由真正無風險利率，r^*，加上通貨膨脹溢酬(IP)，違約風險溢酬(DRP)，流通性溢酬(LP)，以及到期風險溢酬(MRP)：

$$r = r^* + IP + DRP + LP + MRP$$

- 證券的殖利率和證券的到期期間的關係是利率的期間結構，而且殖利率曲線是此關係的一張圖。

- 殖利率曲線的形狀取決於兩個主要因素：(1)關於將來的通貨膨脹的預計，和(2)不同的到期證券的風險做預期。

- 殖利率曲線正常向上傾斜，叫做一條正常的殖利率曲線。不過，如果通貨膨脹利

率預計下降，曲線傾斜向下(一條倒置的殖利率曲線)。殖利率曲線可以被隆起，這表示中期利率比短期和長期利率高。

問題

(1-1) 定義下列名詞：

    a. 所有權；合作；公司

    b. 限制合作；有限責任合作；專業公司

    c. 股東財富最大化

    d. 金融市場；資本市場；初級市場；二級市場

    e. 私人市場；公開市場；衍生性商品

    f. 投資銀行；財務服務公司；財務仲介

    g. 共同基金；金融市場專款

    h. 實質位置交易所；計算機/電話網

    i. 打開喊叫拍賣；經銷商市場；電子通訊網路(ECN)

    j. 生產機會；消費的時間偏愛

    k. 真正的無風險利率，r^*；名目上的無風險利率，r_{RF}

    l. 通貨膨脹溢酬(IP)；違約風險溢酬(DRP)；流通性；流通性溢酬(LP)

    m. 利率風險；到期風險溢酬(MRP)；再投資風險

    n. 利率的期限；殖利率曲線

    o. 「正常」殖利率曲線；「異常」殖利率曲線

    p. 預計理論

    q. 外國貿易赤字

(1-2) 企業組織的三個主要形式是什麼？每一個的利弊是什麼？

(1-3) 公司現金流量的三個主要決定因素是什麼？

(1-4) 金融中間人是什麼，他們執行什麼經濟功能？

(1-5) 哪個波動較多，長期還是短期的利率？為什麼？

(1-6) 假定Y地區的人口相對年輕，O區域相對老，但是其他一切事情相等。

    a. 在兩個地區利率可能相同還是不同？請解釋。

b. 銀行設立全國分行以及全國性多樣化金融公司的發展趨勢，會影響你對 a題的回答嗎？

(1-7) 假設一個新和更多自由的國會與政府當選，他們的第一個命令將取消聯邦儲備系統的獨立性，並且迫使聯邦儲備銀行大量擴大貨幣供給量。這將有什麼影響？

a. 就在宣布那些之後，殖利率曲線水準和斜度為何？

b. 將來2或3年後，殖利率曲線水準和斜度為何？

自我測驗

(ST-1) 假設現在是1月1日。一年期間通貨膨脹率是 4%。不過，政府赤字與經濟活力預期推升通貨膨脹率。投資者預期通貨膨脹率是在第2年的 5%，第3年的 6%，以及在第4 年的 7%。真正的無風險利率，r^*，預計在今後5年裡保持在 2%。假設沒有到期風險溢酬。5年期的國庫債利率是 8%。

a. 在今後4年裡平均期望的通貨膨脹率是多少？

b. 在4年期國庫債的利率應該是多少？

c. 第5年的預期通貨膨脹率是多少，假使國庫券在那年期末利率是8%？

習題

(1-1) 真正的無風險利率是 3%。通貨膨脹預計今年是 2%，在今後2年都是 4%。到期風險溢酬是零。2年期的國庫債利率是多少？3 年期的國庫債利率是多少？

(1-2) 10 年期的國庫券有 6%的利率。10 年期的公司債券有8%的利率。假設公司債券流通性溢酬是 0.5%。公司債券的違約風險溢酬是多少？

(1-3) 真正的無風險利率是 3%，而且通貨膨脹預計以後2年都是 3%。2 年期的國庫債利率是 6.2%。2 年期的證券到期風險溢酬是多少？

(1-4) 真正的無風險利率是 3%。通貨膨脹預計今年是 3%，明年是 4%，以及

其後每年 3.5%。到期風險溢酬被估計是0.0005 * (t－1)，t ＝ t 年到期。7 年期的國庫債名目利率是多少？

(1-5) 假設真正的無風險利率，r^*，是 3%，通貨膨脹預計在第 1 年是 8%，第2年 5%，以及其後每年 4%。也假設全部國庫債都非常容易變現金和沒有違約風險。如果 2 年期和 5 年期國庫利率都是 10%，這兩種是債券到期風險溢酬(MRPs)的差是多少；即是MRP_5減去MRP_2？

(1-6) 由於衰退，希望來年的通貨膨脹率只是 3%。不過，通貨膨脹率在第 2 年和此後預計固定超過 3%。假設真正的無風險利率$r^* ＝ 2\%$，沒有到期風險溢酬。如果 3 年期國庫債券超過 1 年期國庫債券多2個百分點，在第 1 年之後預期通貨膨脹率是多少？

(1-7) 假設你和大多數其他投資者期望通貨膨脹率明年是 7%，在次年降到 5%，然後以其 3%的利率保持。假設真正的無風險利率，r^*，將保持在 2%，國庫債的到期風險溢酬從零(非常短幾天到期債券)上升到對於一年期 0.2%。而且，債券的到期年限每多一年，到期風險溢酬多增加0.2%。

a. 計算1，2，3，4，5，10，以及20年期債券利率，和畫出殖利率曲線。

b. 現在假設ExxonMobil，一家AAA 評價的公司，有與國庫券相同到期期間的公司債券。繪製ExxonMobil的殖利率曲線。(暗示：考慮ExxonMobil 長期與短期債券違約風險溢酬)

c. 繪製長島公司(一家高風險核能發電公司)的殖利率曲線。

Mini Case

　　曉燕畢業於某國立大學的財務金融碩士，進入證券經紀商工作，被派去輔導一家電子公司上市其股票，該公司老闆提出下列問題，請協助她回答。

1. 股票上市有什麼好處與害處？
2. 集中市場、櫃檯市場和興櫃有何不同？
3. 臺灣金融市場有哪些機構組成？
4. 股票上市過程如何？
5. 什麼是代理問題？臺灣上市公司有哪些代理問題？

第2章

貨幣時間價值

本章介紹貨幣時間價值的觀念，以及如何運用折現與複利的技巧計算現金流量的現值與終值。

在第一章我們看見財務管理的主要目標是使公司的股票價值最大化。我們也看見股票價值依靠未來現金流量的期望值。因此，對貨幣時間價值和它對股票價格的影響須清楚了解。這些概念在本章將被討論，我們顯示現金流量的時間怎樣影響資產價值和報酬率。

時間價值分析的原則有很多應用，從顯示還款時間表到是否獲得新設備的決定。實際上，在財務金融方面使用的全部概念，沒有一個比**貨幣時間價值(time value of money)**更重要，也叫**折現現金流量分析(discounted cash flow (DCF) analysis)**。因為這個概念用在本書其他部分，在你移到其他題目之前，你應該了解本章素材是非常重要的。

時間線

時間價值分析最重要的工具是**時間線(time line)**，圖解：

時間0是今天；時間1是下一個時期；時間2是下兩個時期等等。因此，數字位置時點是期末的價值。常見時期是年，但是其他時間間隔(例如半年的時期、季)、月，或甚至數天也可以被使用。注意到每一時點是一時期的結束和下時期的開始。換句話說，那些時點1表示第1年度末，也描述第2年初。

現金流量置於時點下面，利率顯示於時間線上。問號表明未知現金流量，現在考慮下列時間線：

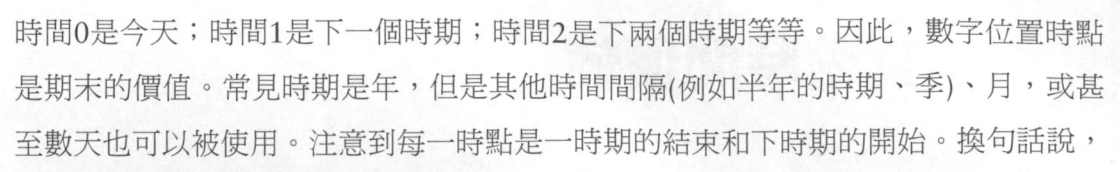

在這裡，3個時期中的每個利率是 5%；現金流出在時點0；而且時點3價值是未知的流入。最初100 美元是流出(投資)，它有負號。時期 3 是流入，它沒有負號，這暗示一個加號。注意到沒有現金流量發生於 1 和 2。我們也注意到現下應考慮不同情勢，100美元現金於今天流出，我們將在時間2結束時得到未知的數量：

這裡在第一個時期的利率是 5%，但是它在第 2 個時期上升到 10%。如果利率在全部時期固定，我們只在第一個時期顯示它；但是如果它改變，我們在時間線上顯示全部相關的利率。

時間線必須先學習，專家使用時間線分析複雜的問題。在本書我們使用時間線，而且你要習慣使用它們。

自我測驗

1. 畫一3 年的時間線說明下列情勢：(1)10,000美元流出發生在時間0。(2) 5,000 美元的流入，在年度末1，2和 3 發生。(3)利率在全部 3 年期間是 10%。

終值

今天一美元不只值將來的一美元，因為你能投資它獲得利息。從今天的現值 (PVs)變成終值(FVs)叫做**複利(compounding)**。為了說明，假設你存 100 美元在每年現金流量 5%利息的一家銀行內。在年底你將有多少？我們開始定義下列名詞：

> PV ＝ 現值＝ 100 美元。
>
> i ＝ 銀行每年現金流量的利率＝ 5%。
>
> INT ＝ 利息＝ 現值×i＝$ 100(0.05)＝$ 5。
>
> FV_n ＝ 終值＝結束在n 年末的金額。
>
> n ＝ 期數，在此＝1。

在上述的例子，n＝1，FV_n計算如下：

$$FV_n＝FV_1＝PV＋INT$$
$$＝PV＋PV(i)$$
$$＝PV(1＋i)$$
$$＝\$ 100(1＋0.05)＝\$100(1.05)＝\$105$$

因此，在 1 年之後你將有105 美元。

如果你的 100 美元投資5 年，你能得到多少？其時間線如下：

	0	5%	1	2	3	4	5
期初投入	−100		FV_1 = ?	FV_2 = ?	FV_3 = ?	FV_4 = ?	FV_5 = ?
所賺利息			5.00	5.25	5.51	5.79	6.08
每期期末金額			105.00	110.25	115.76	121.55	**127.63**

注意到下列問題：(1)你以100 美元在t＝0啟動。(2)你賺$100(0.05)＝$5，因此在年度末1(或t＝1)的金額是$100＋$5＝$105。(3)你用105美元開始於第 2 年，賺 5.25 美元，並且以110.25美元結束於第 2 年。在第 2 年你的利息5.25美元，比第一年的利息 5 美元高，因為你賺$5(0.05)＝$0.25的利息。(4)這個過程繼續，利上滾利。(5)總

共獲利息，27.63美元，在t＝5，127.63美元被乘在最後金額。

注意到價值在年度末2，110.25美元，等於

$$\begin{aligned}
FV_2 &= FV_1(1+i) \\
&= PV(1+i)(1+i) \\
&= PV(1+i)^2 \\
&= \$100(1.05)^2 = \$110.25
\end{aligned}$$

繼續，在年度末3

$$\begin{aligned}
FV_3 &= FV_2(1+i) \\
&= PV(1+i)^2(1+i) \\
&= PV(1+i)^3 \\
&= \$100(1.05)^3 = \$115.76
\end{aligned}$$

且

$$FV_5 = \$100(1.05)^5 = \$127.63$$

通常，終值的總額在n年結束時能使用公式 2-1 算出：

$$FV_n = PV(1+i)^n = PV(FVIF_{i,n}) \qquad \text{(2-1)}$$

公式2-1 最後項稱為**終值利率因子(Future Value Interest Factor for i and n, FVIF$_{i,n}$)**$= (1+i)^n$

公式 2-1 和大多數其他貨幣時間價值公式可以被用 3 種方法來解答：數值解、財務計算機或電子試算表。

數值解

$(1+i)$用一般計算機，計算公式的值，將$(1+i)$自乘 n次或用乘方 y^n 功能鍵，但有些複雜情況，此方法就有困難後面會討論到。

財務計算機

公式 2-1 與其他公式一樣已經被直接編進財務計算機，且這些計算機能算出終值。

注意到計算機有5 個常使用的貨幣時間價值的按鍵：

| N | I | PV | PMT | FV |

N＝期數

I＝利率

PV＝現值

PMT＝一系列同額付款

FV＝終值

解100 美元在5年後的終值，5%利率，大多子數財務計算機用公式 2-2 的版本：

$$PV(1+i)^n + FV_n = 0 \qquad \textbf{(2-2)}$$

公式中有4 個變數，FV_n，PV，i 和n。我們知道3個，PV，i，n；解第 4個 FV_n。

電子試算表

電腦裡的電子試算表如下圖：

	A	B	C	D	E	F	G
1	利率	0.05					
2	時間	0	1	2	3	4	5
3	現金流量	−100					
4	終值		105.00	110.25	115.76	121.55	127.63

軟體內建許多公式，提供貨幣時間價值問題的使用。我們只需將公式的輸入值鍵好，在利用「插入函數」功能，在此是終值FV函數，即可算出需要的值。

▶▶ 比較三種方法

解決問題的第一步是將問題描述在一個時間線上。下一步是挑一種最容易的方法。但是最容易的答案取決於問題的情勢。

學生應該背誦公式 2-1 而且也應該知道怎樣使用一臺財務金融計算機。因此，對

於簡單的問題，例如計算一個整筆支出的終值來說，使用這種數字方法或一臺財務金融計算機或許是最容易和最迅速的。

對於有超過兩個現金流量的問題來說，數字方法通常太費時。在這裡計算機或電子試算表一般常被使用。計算機便於攜帶且迅速可用，比電子試算表更有效率。但是如果問題有很多不規則現金流量，電子試算表確實是最有效率的。重要的事情是你了解各種方法，足以做合理的選擇。

▶▶ 複利過程的圖示：成長

圖 2-1 顯示 1 美元以不同的利率隨時間成長。利率越高成長率越迅速。注意到此概念能被用於銷售、人口、每股利潤或你未來薪水的任何東西。

圖 2-1 終值、成長、利率和時間的關係

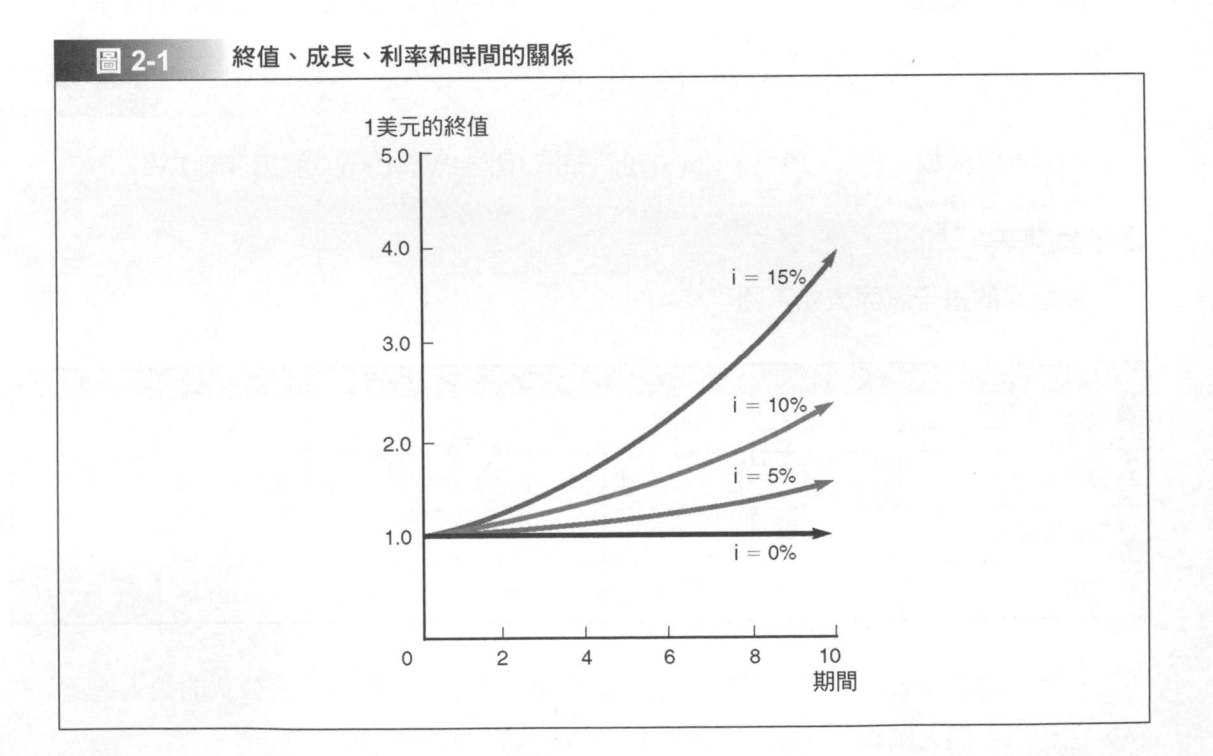

自我測驗

1. 解釋下列陳述意味著什麼：「一美元現值明年被收到不止是一美元。」
2. 什麼是複利？解釋為什麼「利上滾利」被叫「複利」。
3. 解釋下列公式：$FV_1 = PV + INT$。
4. 你把 100 美元存在現金流量5%年息的一個帳戶裡，顯示你在 3 年末將有多少錢的公式。
5. 什麼是一臺財務金融計算機上算貨幣時間價值的五個輸入鍵。

現值

假設你有一些額外的現金，而且你有一個機會買 5 年底現金流量 127.63 美元的低風險的證券。目前你的銀行提供 5 年存款單(CD)的5%利息，而且你認為是證券。5%的利率被定義為你的**機會成本利率(opportunity cost rate)**或是你能承受關於相似風險可選擇所投資賺的報酬率。你認為證券現金流量是多少？

此問題就是將一終值以利率折換成現值，稱為**折現(discounting)**。

時間線：

```
0    5%     1         2         3         4         5
|----+------|---------|---------|---------|---------|
PV = ?                                          127.63
```

公式：

$$FV_n = PV(1+i)^n \tag{2-1}$$

$$PV = \frac{FV_n}{(1+i)^n} = FV_n \left(\frac{1}{1+i} \right)^n = FV_n(PVIF_{i,n}) \tag{2-3}$$

▶▶ 折現過程的圖示

圖 2-2 顯示隨著時間和利率的增加，現值1美元將來變成多少。圖顯示：(1)當現金流量日期被更進一步延長到未來時，價值減少並接近零，且(2)利率越高價值減少得越快。

圖 2-2　　現值、利率和時間的關係

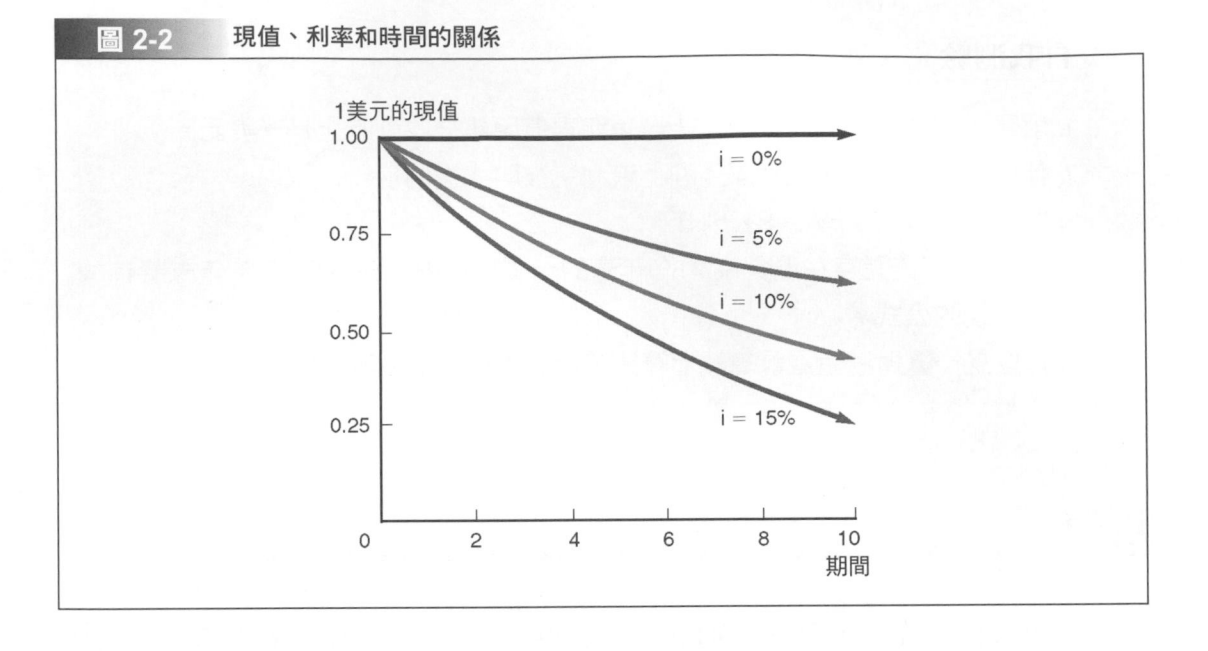

自我測驗

1. 機會成本利率是什麼意思?
2. 什麼是折現?它怎樣與複利有關?
3. 目前價值的數量在未來變化得到時間被延長,利率會增加嗎?

計算利率和時間

複利和折現關係,可由FV和PV的公式呈現:

$$FV_n = PV(1+i)^n \qquad\qquad (2\text{-}1)$$

在公式中,PV,FV,i 和 n 裡有 4 個變數,如果你知道任何 3 個的價值,你就能計算第4 的價值。到目前為止,我們總是給你利率(i)以及年的數量(n),正PV或FV。在很多情勢裡,你需要求出 i 或 n。

▶▶ 求出i

假設你能以一個 78.35 美元的價格買證券，而且它在 5 年之後將付款給你 100 美元。這裡你知道 PV，FV 和 n，你想要計算 i 將獲得的利率。這樣的問題被解決如下：

時間線：

公式：

$$FV_n = PV(1+i)^n$$
$$\$100 = \$78.35(1+i)^5. \text{ 求出 } i \tag{2-1}$$

▶▶ 求出n

假設你以一個每年5%的利率投資 78.35 美元。成長到 100 美元將花費你投資多久的時間？你知道 PV，FV 和 i，但是你不知道 n，時期的數量。以下是情況：

時間線：

```
    0    5%   1        2              n-1      n=?
 ├────┼────┼────────┼──────────┼────────┼
 -78.35                                      100
```

公式：

$$FV_n = PV(1+i)^n$$
$$\$100 = \$78.35(1.05)^n. \text{ 求出 } n \tag{2-1}$$

✎ **自我測驗**

1. 如果給你PV，FV 和期間，n，寫出一個公式能用來確定利率，i。
2. 如果給你PV，FV 和利率，i，寫出一個公式能用來確定時間段，n。

年金終值

年金(annuity)是指一段期間內，在固定的間隔現金流量一系列相等現金流量。例如，在今後 3 年，每年現金流量一筆 100 美元的年金。它們能在期初或期末發生。如果那些現金流量發生在每個時期期末，通常稱它們做**普通年金(ordinary annuity)**或**延遲年金(deferred annuity)**。如抵押汽車債款的現金流量和學生貸款通常被稱為普通年金。如果款項在每個時期出現金流量，則稱**到期年金(annuity due)**。房租、人壽保險費和抽獎付款的現金流量通常稱為到期年金。本書裡使用的通常是普通年金、期末發生，除非特別提到。

▶▶ 普通年金

一筆普通或被延遲的年金是由在每個時期末現金流量的一系列相等的款項所組成。如果你在現金流量的每年利息5%的一個儲蓄帳戶裡 3 年內，在每年期末存100美元，3 年後你將有多少？回答這個問題，我們必須計算年金的終值，FVA_n。

時間線：

```
0     5%      1           2           3
├──────────┼───────────┼───────────┤
          100         100         100
                                 → 105
                         ───────→ 110.25
                      FVA₃ = 315.25
```

這裡我們顯示時間線，但是我們也顯示每筆現金流量怎樣被複利產生終值，並加總成 FVA_n。

公式：

$$
\begin{aligned}
FVA_n &= PMT(1+i)^{n-1} + PMT(1+i)^{n-2} + PMT(1+i)^{n-3} + \cdots + PMT(1+i)^0 \\
&= PMT \sum_{t=1}^{n} (1+i)^{n-t} \\
&= PMT \left(\frac{(1+i)^n - 1}{i} \right) \\
&= PMT(FVIFA_{i,n})
\end{aligned}
$$

(2-4)

公式 2-4 的首行描述對年金的每筆現金流量的公式 2-1 的應用。透過數學運算，最後，第 4 行顯示其年金乘以**年金終值因子(Future Value Interest Factor for an Annuity, FVIFA$_{i,n}$)**。

將變數 PMT＝100，i＝5%，n＝3 帶入公式，得到FVA$_n$＝315.25 的解答：

$$FVA_n = PMT\left(\frac{(1+i)^n - 1}{i}\right)$$

$$= \$100\left(\frac{(1+0.05)^3 - 1}{0.05}\right) = \$100(3.1525) = \$315.25 \tag{2-4}$$

▶▶ 到期年金

如果 100 年金現金流量在每年開始現金流量，年金會是一筆到期的年金。在時間線上，每現金流量將被移動到左側一年，因此每現金流量將被多複利一年。

時間線：

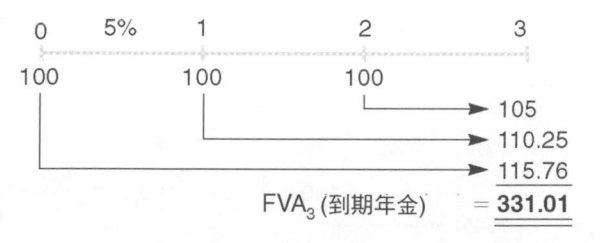

因現金流量較早發生，因此更多的利息將被獲得。所以到期年金的終值會更大，331.01 美元，比普通年金315.25 美元多。

公式：

$$FVA_n(Due) = PMT(1+i)^n + PMT(1+i)^{n-1} + PMT(1+i)^{n-2} + \cdots + PMT(1+i)$$

$$= PMT \sum_{t=1}^{n} (1+i)^{n+1-t}$$

$$= PMT\left(\frac{(1+i)^n - 1}{i}\right)(1+i) \tag{2-4a}$$

$$= PMT(FVIFA_{i,n})(1+i)$$

公式2-4 最後一項 FVIFA$_{i,n}$ 稱為年金終值利率因子。

自我測驗

1. 普通年金和到期年金之間的差別是什麼？
2. 你怎樣修改公式，用普通年金的價值算出一到期年金的價值？
3. 其他事情保持不變，哪筆年金有更巨大的終值：普通年金還是到期年金？
   為什麼？

年金現值

假設有下列選擇：(1)一筆 3 年的年金 100 美元，(2)今日一筆總額現金流量，如果你接受年金，存在現金流量5%利息的一個銀行帳戶裡。總額現金流量必須是多大才相等於年金現金流量？

▶▶ 普通年金

如果年金是一筆普通年金列示如下：

時間線：

0	5%	1	2	3
		100	100	100

95.24 ◀
90.70 ◀
86.38 ◀

$PVA_3 = \underline{\mathbf{272.32}}$

在左欄裡顯示，3年年金的PV，PVA_3是272.32美元。

公式：

$$
\begin{aligned}
PVA_n &= PMT\left(\frac{1}{1+i}\right)^1 + PMT\left(\frac{1}{1+i}\right)^2 + \cdots + PMT\left(\frac{1}{1+i}\right)^n \\
&= PMT\sum_{t=1}^{n}\left(\frac{1}{1+i}\right)^t \\
&= PMT\left(\frac{1-\dfrac{1}{(1+i)^n}}{i}\right) \\
&= PMT(PVIFA_{i,n})
\end{aligned}
$$

(2-5)

公式2-5 最後一項稱為**年金現值利率因子(Present Value Interest Factor of an Annuity for i and n, PVIFA$_{i,n}$)**。

　　年金概念應用於固定的現金流量，例如抵押和汽車債款。這樣的債款，分期償還，借的款項是普通年金的現值，而且每期現金流量形成一系列年金流量。我們在這一章的後面會更深入探討。

▶▶ 到期年金

　　如先前例子的年金是每年期初的現金流量，年金本會是一筆到期年金。每筆現金流量將被移動到左側一年，因此每筆現金流量將被少折現一年。這是時間線：

時間線：

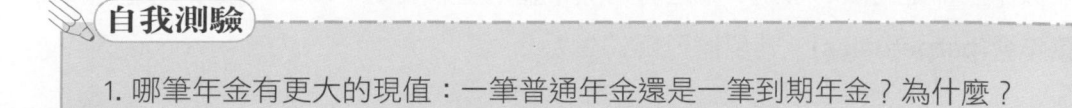

| 0 | 5% | 1 | 2 | 3 |

100　　　　　　100　　　　　　100
95.24 ◀
90.70 ◀

PVA$_3$ (到期年金) ＝ **285.94**

再次，我們算出因為現金流量更早一年發生，到期年金的PV 超過普通年金PV，分別是285.94 美元與272.32 美元。

公式：

　　公式2-5a 顯示到期年金現值是普通年金現值再乘以一期複利而得。

$$
\begin{aligned}
PVA_n(Due) &= PMT\left(\frac{1}{1+i}\right)^0 + PMT\left(\frac{1}{1+i}\right)^1 + \cdots + PMT\left(\frac{1}{1+i}\right)^{n-1} \\
&= PMT \sum_{t=1}^{n}\left(\frac{1}{1+i}\right)^{t-1} \\
&= PMT\left(\frac{1-\dfrac{1}{(1+i)^n}}{i}\right)(1+i) \\
&= PMT(PVIFA_{i,n})(1+i)
\end{aligned}
\tag{2-5a}
$$

✎ **自我測驗**

　　1. 哪筆年金有更大的現值：一筆普通年金還是一筆到期年金？為什麼？

年金：求出利率、時期的數量或現金流量

有時計算利率、現金流量或一筆年金的時期是有用的。例如，假設你能租一臺電腦，每個月付 78 美元分36期付款。另一個選擇，你花 1,988.13 美元買它。無論哪種情況，在36個月後電腦將值零。你想知道商家使用的「利率」。如果哪個利率太高，你應該買計算機而不是租賃它。

或你想退休。如果你以 8%的利率每年存 4,000 美元，你累積100萬美元將需要多久時間？或，以另一種方法檢視問題，如果以8%的利率，20年後累積到100萬美元，你必須每年儲蓄多少？

在解決這些問題時，我們能使用如下公式：

$$PV(1 + i)^n + PMT\left(\frac{(1 + i)^n - 1}{i}\right) + FV = 0 \tag{2-6}$$

有五個變數：n，i，PV，PMT 和FV。在哪三個問題中，你知道哪些變數有給定值，哪些待求解。例如，在租電腦機裡，你知道n＝36，PV＝1,988.13，PMT＝－78，以及FV＝0。將4個變數值代入，求第 5 個變數的值，這裡減的話，是利率 i。一般解法是所謂的試誤法(trial-and-error)，先假設一個值，代入公式，看看等是成立否；如有誤再嘗試減少(或增加)，一直到等式成立，則得其解。此法既繁複又困難。因此，財務計算機與電子試算表在解答此類問題時就顯得有必要了

自我測驗

1. 寫出被建在財務計算機解貨幣時間價值的公式。

永續年金

多數年金都是有限的時期。不過有一些年金則是無限期，或永久繼續，這些叫做為**永續年金(perpetuities)**。其現值用公式 2-7。

$$PV(永續年金) = \frac{現金流量}{利率} = \frac{PMT}{i} \qquad (2\text{-}7)$$

一些英國證券可以說明永續年金。在1815年，英國政府出售一巨大的債券，使用收入還清戰爭現金流量，叫**consols**。每筆consol永續地現金流量每年 100 美元。如果機會成本利率或折現率是5%？每筆consol的現值是多少？答案是 2,000 美元：

$$PV(永續年金) = \frac{\$100}{0.05} = \$2,000 \ if \ i = 5\%$$

假設利息上升到 10%；consol 價值將降低到 1,000 美元。因此，我們看見永續的價值將因利率改變而產生戲劇性的改變。

✎ **自我測驗**

1. 當利率增加時，永續年金的價值會怎樣？當利率減少時，又會怎樣？

不定額的現金流量

　　一筆年金的定義包括固定的現金流量，換句話說，年金在每個時期是相同的現金流量。雖然很多財務金融決策與固定現金流量有關，但其他重要決策則與不定額現金流量有關。例如，普通股隨著時間現金流量產生一連串股息，而且像新設備那樣的固定資產投資，通常產生**不定額的現金流量(uneven cash flow streams)**。因此我們必須討論不定額現金流量的情況。

　　處理不定額現金流量，需要使用「現金流量紀錄」。

▶▶ 不定額現金流量的現值

　　不定額現金流量的現值是個別現金流量現值的總數。假設我們必須計算下列現金流量的PV：

0	6%	1	2	3	4	5	6	7
PV = ?		100	200	200	200	200	0	1,000

PV 將透過這個一般的現值公式計算：

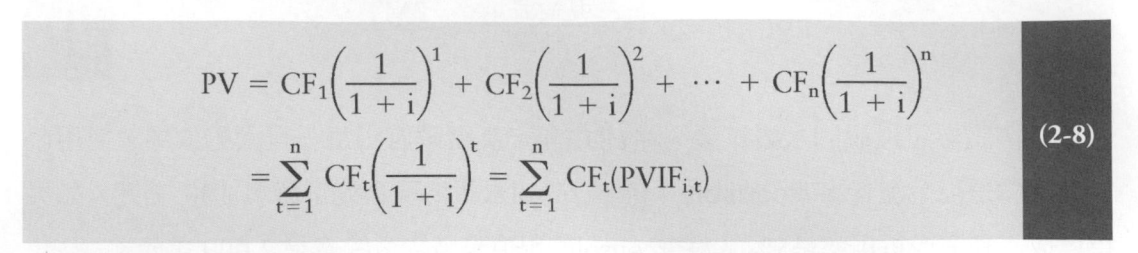

$$PV = CF_1\left(\frac{1}{1+i}\right)^1 + CF_2\left(\frac{1}{1+i}\right)^2 + \cdots + CF_n\left(\frac{1}{1+i}\right)^n$$

$$= \sum_{t=1}^{n} CF_t\left(\frac{1}{1+i}\right)^t = \sum_{t=1}^{n} CF_t(PVIF_{i,t})$$

(2-8)

我們能計算每個現金流量的PV數字再加總。這過程看起來像是：

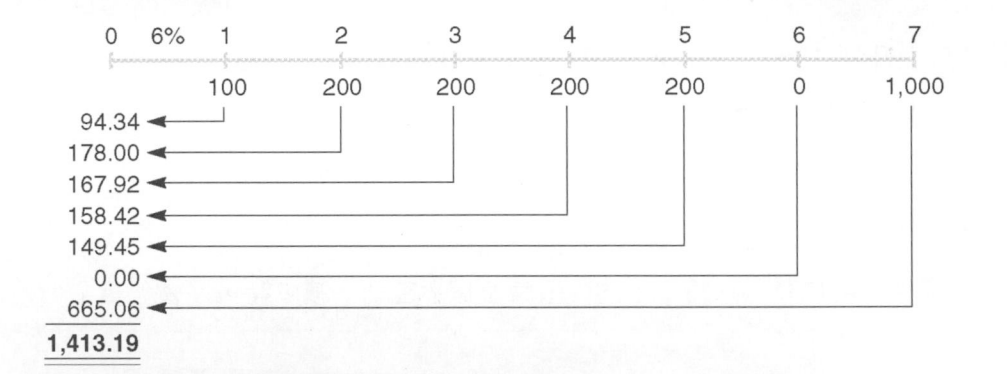

在這個例子當中不定額的現金流量現值是1,413.19美元。

　　一條現金流量序列的現值總額透過如上所示，合計個別的現金流量的現值。不過，在這條序列內的現金流量可以使用快捷模式。例如，在時期2到5的現金流量是一年金。我們能使用這個事實以有點不同模式來解決問題：

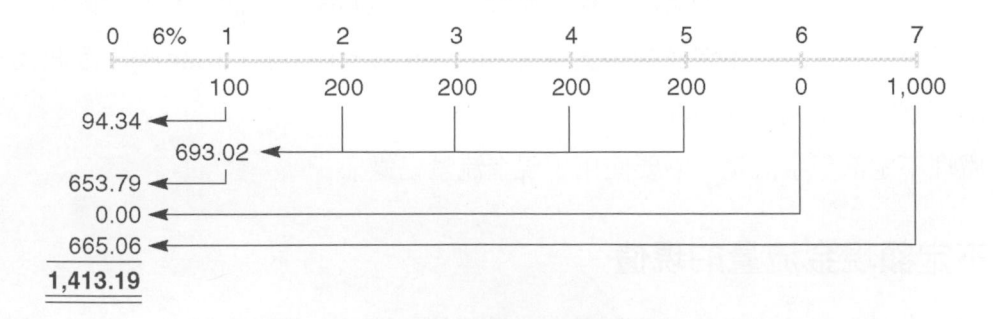

現金流量在2至5年描述一筆普通的年金，且我們在1年(在第一個現金流量之前的一個時期)計算它的PV。然後這PV(693.02 美元)它必須向後折現一個時期得到它的第 0 年價值，653.79 美元。

　　下面的評估公式是第六章提到的公司評價公式，一個不定額的現金流量序列，在

那裡現金流量是自由現金流量(FCF)的現值,且利率是加權平均資本成本(WACC):

$$V = \frac{FCF_1}{(1 + WACC)} + \frac{FCF_2}{(1 + WACC)^2} + \cdots + \frac{FCF_\infty}{(1 + WACC)^\infty}$$

$$= \sum_{t=1}^{\infty} \frac{FCF_t}{(1 + WACC)^t}$$

(2-9)

▶▶ 不定額現金流量的終值

不定額現金流量的終值也是將每筆款項的**終值加總(terminal value)**算出:

$$FV_n = CF_1(1 + i)^{n-1} + CF_2(1 + i)^{n-2} + \cdots + CF_{n-1}(1 + i) + CF_n$$

$$= \sum_{t=1}^{n} CF_t(1 + i)^{n-t} = \sum_{t=1}^{n} CF_t(FVIF_{i,n-t})$$

(2-10)

在這個例子當中不定額,現金流量,終值是2,124.92美元。

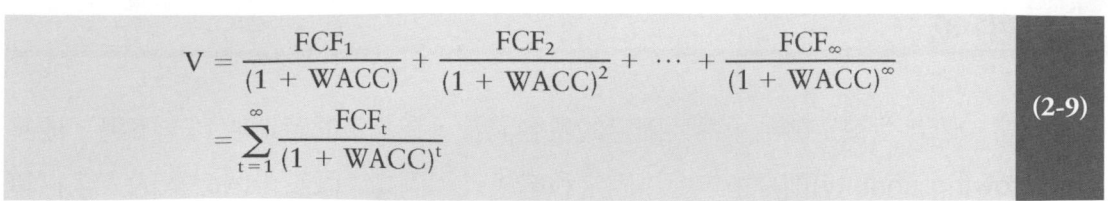

| 0 | 6% | 1 | 2 | 3 | 4 | 5 | 6 | 7 |

100 200 200 200 200 0 1,000

0
224.72
238.20
252.50
267.65
141.85
2,124.92

▶▶ 從不定額現金流量中解 i

當現金流量是總額或年金時,數量上求出i是相對容易的。但是,如果現金流量是不定額的求出i是極其困難的,因為你必須經歷很多乏味的試誤法反覆試驗計算。不過用一個電子試算表或是一臺財務計算機,計算i的值是容易的。

> ✎ **自我測驗**
>
> 1. 舉出定額與不定額的現金流量的兩個例子。(暗示:考慮債券或股票持有五年)

成長年金

　　通常一筆年金被定義為一系列固定的現金流量，在指定的時期收到。不過，**成長年金(growing annuity)**則是指年金以固定利率成長。例如，假設一個65歲的人正打算退休，期望另外 20 年壽命，有投資資金100萬美元，期望每年賺 10%，對每年平均 5%期望通貨膨脹率，且想要每年取出固定的金額。他在每年結束時能取出的最大數量為何？

　　首先計算被期望的真正報酬率，r_r是真正利率和r_{nom}是名目的報酬率：

$$真正利率 = r_f = [(1 + r_{nom})/(1 + 通貨膨脹)] - 1.0$$
$$= [1.10/1.05] - 1.0 = 4.761905\%$$

現在N＝20，I＝4.761905，PV＝－1000000，以及FV＝0，然後求PMT得到答案，78,630.64 美元。因此，一個值100萬美元的投資組合將為以後20年，每年現金流量78,630.64 美元。實際現金流量將以每年5%補償通貨膨脹。

自我測驗

1. 區分「定額」以及「成長型」的年金。

半年和其他複利期間

　　到目前為止，在我們所有的例子，都以一年複利一次，這被叫做**年複利(annual compounding)**。不過假設你把 100 美元放進一家銀行，它每 6 個月計息一次，年利率是 6%。這叫**半年複利(semiannual compounding)**。一年、二年，或更久後，你將收到多少呢？實際上全部債券都是以半年現金流量利息，大多數股票有季股利，以及大多數貸款、學生債款和汽車債款需要按月現金流量。因此，你必須會處理非年複利的情況。

▶▶ 利率的類型

與三種利率有關：名目利率，i_{Nom}；定期利率，i_{PFR}；以及有效的年利率，EAR 或EFF%。

1. **名目或被引用利率(nominal or quoted rate，i_{Nom})**。這是銀行、經紀人和其他財務金融機構引用的利率。引用的名目利率也必須包括複利期數。例如，銀行在 CD 上提供 6%，每季複利，或在共同基金提供 5%，每月複利市場帳戶。

　　名目利率在消費貸款上也叫**年百分比利率(annual percentage rate, APR)**。例如，信用卡公司報價18%的年利率就是年利率。

　　注意名目利率不可用於複利或折現，除非是一年複利一次。如果更頻繁的複利發生，你應該使用下面討論的期間利率。

2 **定期利率(periodic rate，i_{PER})**。這是每個時期現金流量的利率。這可能是每年、每6個月、每季、每月、每天，或任何其他時間間隔。我們計算定期利率如下：

$$定期利率，i_{PER} = i_{Nom}/m \qquad \text{(2-11)}$$

即隱含：

$$名目年利率 = i_{Nom} = (定期利率)(m) \qquad \text{(2-12)}$$

這裡；i_{Nom}是名目上的每年年利率和 m 是複利期間的數量。為了說明，考慮一筆借款，每季3%利息：

$$名目年利率 = i_{Nom} = (定期利率)(m) = (3\%)(4) = 12\%，$$

或

$$定期利率 = i_{Nom}/m = 12\%/4 = 3\% \ 每季$$

每年只有現金流量利息一次，那麼m＝1，則定期利率等於名目上的利率。

　　定期利率一般顯示在時間線上，且在計算過程中使用的利率。進一步說明定期利率，假設你把 100 美元投入現金流量一個12%名目利率的一個帳戶，按季度複利。在兩年之後你將有多少？

複利比每年更經常，我們使用公式 2-1 修改如下：

$$FV_n = PV(1 + i_{PER})^{複利期數} = PV\left(1 + \frac{i_{Nom}}{m}\right)^{mn} \qquad \text{(2-13)}$$

輸入N＝2 x 4＝8，I＝12/4＝3，PV＝－100，得到FV＝$ 126.68。

3.**有效的(或等值)年利率**〔effective(or equivalent)annual rate, EAR〕：也叫有效利率，計算如下：

$$EAR \text{ (or EFF\%)} = \left(1 + \frac{i_{Nom}}{m}\right)^{m} - 1.0 \qquad \text{(2-14)}$$

在EAR公式，i_{Nom}/m是定期利率，且m是每年複利期數。例如，假設你可以使用一張信用卡，每月計息 1%，或借一筆銀行債款，每季複利，12%的名目利率1%。你該選擇哪個？回答這個問題，利率一定以EAR表示：

$$信用卡債款：EAR = (1+0.01)^{12} - 1.0 = (1.01)^{12} - 1.0$$
$$= 1.126825 - 1.0 = 0.126825 = 12.6825\%$$
$$銀行債款：EAR = (1+0.03)^{4} - 1.0 = (1.03)^{4} - 1.0$$
$$= 1.125509 - 1.0 = 0.125509 = 12.5509\%$$

因此，信用卡式債款稍微比銀行債款昂貴。兩個選擇有相同12%的名目利率，但信用卡按月複利與銀行債款按季複利。可見複利期間越短，有效利率越高。

▸▸ 更頻繁的複利結果

假設你計畫在10%的名目年利率投資 100 美元 5 年。如果利息以複利比一年一次更頻繁，你的投資終值上將發生什麼？因為利息更經常被複利，期望終值隨複利的頻率增加而增加。與此類似，期望有效年利率也因更頻繁的複利而增加。如表2-1所示，終值和EAR實際上隨複利的頻率增加而增加。注意到大的增加 FV 和EAR發生於從一年到半年複利，從每月到每天複利則有相對小的影響。表2-1顯示每天作為最小的間隔，但更小期間是可能的。極限是**連續複利(continuous compounding)**。

表 2-1 | 連續複利的影響效果

複利頻率	名目年利率	有效年利率[a]	投資100美元 5年的終值[b]
年	10%	10.000%	$161.05
半年	10	10.250	162.89
季	10	10.381	163.86
月	10	10.471	164.53
日[c]	10	10.516	164.86

[a] EAR是用公式2-14計算的。
[b] 終值是用公式2-13計算的。
[c] 每日複利計算假設一年365天。

自我測驗

1. 定義名目(或引用)利率,期間利率和有效的年利率。
2. 哪個利率應該在時間線上顯示,且在計算過程中使用?
3. 在計算終值的計算過程中,8%半年複利與每年複利有何差異?
4. 半年複利為什麼比每年複利好?借款人的觀點又是怎麼樣?

期間中的現金流量

到目前為止,我們的現金流量發生在期初或期末,但不是在一個時期內。不過,我們經常遇到期中折現的情勢。例如,假設你在銀行內存 100 美元,即使每天複利,且一年360天的名目利率 10%。9個月之後,你的帳戶裡將有多少?答案是107.79 美元:

$$期間利率 = i_{PER} = 0.10/360 = 0.00027778$$

$$天數 = 0.75(360) = 270$$

$$結束金額 = \$100(1.00027778)^{270} = \$107.79$$

現假設你向一家銀行借 100 美元,單利 10%,表示每年複利而不是每天。你270天後將必須付多少利息?這裡我們將計算一個每日的利率,i_{PER},如上,再乘以270:

$$利率欠債＝\$100(0.00027778)(270)＝\$7.50利息收費$$

你在270天之後將欠銀行共 107.50 美元。大多數銀行實際上使用計算的方式，除非他們要求你每月複利而不是270天。

這個問題最重要的事情是小心，有系統的分析模式是畫一個時間線，然後使用合適的公式。

自我測驗

1. 你如何解決時間價值的期中問題?

分期償還債款

複利最重要的應用是在分期付款。包括汽車貸款、抵押貨款、學生貸款且大多數商業短期債款和長期的契約。如果一筆債款被用相等的定期金額償還(每月一次、季度，或每年)，就是一筆**分期攤還債款(amortized loan)**。

表 2-2 說明攤還過程。一家公司借 1,000 美元，債款將在今後3年以每年相等的現金流量攤還。每年期初未償付的債款餘額乘以一個 6%的利率計算利息。第一個任務是確定公司每年必須還的金額，或固定的每年現金流量。計算這數量是算1,000美元現值，未來 3 年的每筆年金價值，以6%折現。

表 2-2　攤還時間表，6%利率

年度	期初餘額 (1)	每期付款 (2)	利息[a] (3)	本金償還部分[b] (2)－(3)＝(4)	期末餘額 (1)－(4)＝(5)
1	$1,000.00	$374.11	$60.00	$314.11	$685.89
2	685.89	374.11	41.15	332.96	352.93
3	352.93	374.11	21.18	352.93	0.00
		$1,122.33	$122.33	$1,000.00	

[a] 利息是年初貸款餘額乘以利率，因此第一年利息是1,000×0.06＝60；第二年是685.59×0.06＝41.15；而第三年是352.93×0.06＝21.18。
[b] 本金償還部分等於374.11減去每年利息。

時間線：

```
   0      6%      1              2              3
 ├────────┼───────────────┼──────────────┼
1,000            PMT            PMT            PMT
```

1. 建造攤還時間表，你怎樣決定定期付款數量？
2. 如何計算每年現金流量的金額中多少付利息和多少還本金？

總結

　　大多數財務金融決策涉及情勢，如在某一時刻付出現金流量，且在以後的某一時間得到錢的問題。在兩個不同的點收到的美元價值不同，被稱為貨幣時間價值(TVM)分析。

- 複利是確定現金流量或一系列現金流量終值(FV)的過程。被複利的金額或終值，等於開始金額和已獲利息。

- 一個整筆現金流量的終值：$FV_n = PV(1+i)^n$。

- 折現是計算將來的現金流量或一系列現金流量現值(PV)的過程；折現複利的反面。

- 一個整筆現金流量的現值：$PV = \dfrac{FV_n}{(1+i)^i}$。

- 一筆年金被定義為在指定的時期內一系列相等的定期付款(PMT)。

- 年金的終值：

$$FVA_n = PMT \sum_{t=1}^{n} (1+i)^{n-t} = PMT\left(\dfrac{(1+i)^n - 1}{i}\right)$$

- 年金的現值：$PVA_n = PMT\left(\dfrac{1 - \dfrac{1}{(1+i)^n}}{i}\right)$

- 現金流量在每個時期末發生的一筆年金叫做普通年金。上面的公式是普通的年金。如果每現金流量在時期開始而不是最後發生，就稱為到期年金。其現金流量的 PV 將更大，因為每現金流量被折現得較少一年，因此年金的PV也將更大。與此類似，年金到期的FV也將因多複利年而變較多。下列公式能用來轉變普通年金與到期年金的 PV 和 FV：

$$\text{PVA(到期年金)} = \text{普通年金} \times (1+i)\text{的PVA}$$
$$\text{FVA(到期年金)} = \text{普通年金} \times (1+i)\text{的FVA}$$

- 永續年金是有無限數量的現金流量的一筆年金。其現值是：

$$\text{永續年金價值} = \frac{\text{PMT}}{i}$$

- 計算不定額的系列現金流量的PV或 FV，是計算每筆個別的現金流量的PV或FV然後合計它們。
- 如果你知道現金流量和PV(或FV)，你能確定利率。
- 當複利發生得比一年一次更頻繁，名目利率必須轉變為一個期間利率，且年的數量必須轉變為期間數量：

$$i_{\text{PER}} = \text{名目利率}/\text{一年內期數}$$
$$\text{期數} = \text{年} \times \text{一年內期數}$$

期間利率和期間數量將用於計算時間線上。

- 如付息次數多於一年一次，應該使用的利率是等值的(或有效的)報酬率，使用這個公式：

$$\text{有效年利率} = \text{EAR (or EFF\%)} = \left(1 + \frac{i_{\text{Nom}}}{m}\right)^m - 1.0$$

- 計算許多複利期間的終值公式是：

$$FV_n = PV\left(1 + \frac{i_{\text{Nom}}}{m}\right)^{mn},$$

$$i_{\text{Nom}} = \text{引用利率}$$

$$m＝一年內複利次數$$

$$n＝年數$$

- 一筆分開攤還的借款是在一個指定的時期期間內，以相等的現金流量分期還清的。攤還時間表顯示每期現金流量付多少利息，多少用來還本金。

問題

(2-1) 定義以下名詞：

    a. PV；i；INT；FV_n；PVA_n；FVA_n；PMT；m；i_{Nom}

    b. $FVIF_{i，n}$；$PVIF_{i，n}$；$FVIFA_{i，n}$；$PVIFA_{i，n}$

    c. 機會成本利率

    d. 年金；總額現金流量；現金流量；不定額的現金流量

    e. 普通(延遲)年金；到期年金；

    f. 永續年金；consol

    g. 現金流出；現金流入；時間線；終值

    h. 複利；折現

    i. 每年、半年、季度、每月一次和每天複利

    j. 有效的年利率(EAR)；名目上(報價)利率；每季；期間利率

    k. 攤還時間表；本金與現金流量的利息組成部分；分期償還債款

(2-2) 機會成本利率是什麼？這個利率怎樣被折現的現金流量分析過程中使用，它顯示在時間線的哪裡？機會利率是適用於全部情況嗎？

(2-3) 一筆年金被定義為一系列固定金額的分期連續付款。因此，每年 100 美元付 10 年是一筆年金，但是第1年 100 美元，第 2 年200美元，在第3到10年 400 美元不形成一筆年金。不過，第 2 系列隱含一筆年金。這個陳述是真實還是錯誤的？

(2-4) 如果公司10 年的每股盈餘，從 1 美元成長到 2 美元，總成長將是100%，但是其年成長率將是少於 10%。是真實還是假的？請解釋。

(2-5) 你寧願有一個儲蓄帳戶付 5%的利息，半年複利還是每日複利？請解釋。

自我測驗

(ST-1) 假設一年後，你將存進 1,000 美元到一個付息 8%的儲蓄帳戶。

　　a. 如果銀行每年複利，4 年後帳戶裡有多少？

　　b. 如果銀行每季複利，4 年後帳戶裡有多少？

　　c. 假設 1,000 美元是以在第1年、第2年、第3年及第4年各存250美元現金流量存入。你在第 4 年的帳戶有多少，基於每年8%複利？

　　d. 假設存入你帳戶內的4筆現金流量相等。假設8%利率，現金流量必須是多大，才能使你獲得的期末餘額與你a部分計算的相同？

(ST-2) 假設未來 4 年後你將需要 1,000 美元。銀行以8%的年利率複利。

　　a. 1年後須存入多少美元，才能使4年後有1,000美元的餘額？

　　b. 如果你想要在1到4年存相等現金流量，累積4年後的 1,000 美元，每個現金流量必須多大？

　　c. 如果你的父親提供兩者中任何一個：4年每年付b部分計算的金額 (221.92 美元)；還是一年後給你750美元的總額，你將選擇哪個？

　　d. 如果你一年後有750美元，多少利率，每年複利，將使你 4 年後有1,000 美元？

　　e. 假設你從第 1 到4年每年只能存 186.29 美元，但是你仍然在第 4 年需要 1,000 美元。什麼利率，每年複利，才能達到你目標？

　　f. 為幫助你達到你的 1,000 美元目標，你的父親一年後給你 400美元。你打算兼一份差且每6個月額外存6筆同樣現金流量。如果所有這些在銀行的錢利息是8%，半年複利一次，這 6 筆現金流量中的每個必須是多大？

　　g. f 題裡銀行的有效年利率是多少？

(ST-3) A銀行付 8%利息，每季複利。B銀行想要它的有效年利率等於銀行A的，但是利息是每月複利。B銀行應該使用什麼名目利率？

習題

(2-1) 使用公式，計算下列數值，然後使用一臺財務金融計算機檢查你的答案。

　　a. 500 美元以 6% 複利 1 年。

　　b. 500 美元以 6% 複利 2 年。

　　c. 1 年後的 500 美元以 6% 折現的現值。

　　d. 2 年後的 500 美元以 6% 折現的現值。

(2-2) 使用公式和一臺財務金融計算機計算下列價值。

　　a. 500 美元以 6% 複利 10 年。

　　b. 500 美元以 12% 複利 10 年。

　　c. 10 年後的 500 美元以 6% 折現的現值。

　　d. 10 年後的 1,552.90 美元以 12% 折現的現值和以 6% 折現的現值。口頭定義現值意義，並且使用時間線與這個問題的數據。解釋現值為什麼倚賴利率。

(2-3) 以下列利率年複利，使 200 美元加倍將需花費多久？

　　a. 7%。

　　b. 10%。

　　c. 18%。

　　d. 100%。

(2-4) 計算下列普通年金的終值。

　　a. 10% 10 年的每年 400 美元。

　　b. 5% 5 年的每年 200 美元。

　　c. 0% 5 年的每年 400 美元。

　　d. 現在重寫 a，b 和 c 部分，假設變成到期年金。

(2-5) 計算出以下普通年金的現值：

　　a. 10% 10 年的每年 400 美元。

　　b. 5% 5 年的每年 200 美元。

　　c. 0% 5 年的每年 400 美元。

　　d. 現在重寫 a，b 和 c 部分；假設變成到期年金。

(2-6) a. 計算下列現金流量序列的現值。適當利率是8%。

年	A現金流量	B現金流量
1	$100	$300
2	400	400
3	400	400
4	400	400
5	300	100

　　 b. 以一個 0%的利率，每條現金流量的價值是多少？

(2-7) 計算利率或報酬率，在如下每個內容上：

　　 a. 你借 700 美元並且許諾在 1 年後償還 749 美元。

　　 b. 你借 700 美元並且得到在1 年後得到現金流量749 美元的一個承諾。

　　 c. 你借 85,000 美元並且許諾在 10 年末償還201,229 美元。

　　 d. 你借9,000 美元並且許諾以每年2,684.80 美元的款項付 5 年。

(2-8) 計算 500 美元在下列條件下成長的金額：

　　 a. 12%每年複利 5 年。

　　 b. 12%半年複利 5 年。

　　 c. 12%每季複利 5 年。

　　 d. 12%每月複利 5 年。

(2-9) 計算在下列條件下到期的500 美元現值：

　　 a. 12%的名目利率，半年複利，向後折現 5 年。

　　 b. 12%的名目利率，複利，向後折現 5 年。

　　 c. 12%的名目利率，每月複利，向後折現 1 年。

(2-10) 計算以下普通年金的終值：

　　 a. 每6個月400 美元持續 5 年 12%，半年複利。

　　 b. 每3個月200 美元持續 5 年 12%，每季複利。

　　 c. 在 a 和 b 部分描述的年金，b部分比 a 部分多贏得101.75美元。為什麼？

(2-11) 聯邦銀行付息7%，每年複利。地區銀行付息6%，按季複利。

　　 a. 基於有效利率，你喜歡在哪家銀行存你的錢？

　　 b. 你銀行的選擇可能受你想要取出你資金的方式，年中取出或年底取出會有影響嗎？

(2-12) a. 提出在今後5年攤還25,000美元債款的時間表。利率是10%。

　　　b. 如果債款是為 50,000 美元，每年現金流量必須是多大？假設利率保持
　　　　　10%，債款5 年被還清。

　　　c. 債款50,000 美元，利率是10%，而且債款在今後10年每年末以相等的
　　　　　分期付款還清，每筆現金流量必須多大？現金流量以多一倍時期展開。
　　　　　但這些現金流量為什麼不是 b 部分現金流量的一半呢？

(2-13) Hanebury公司現在的銷售是1,200萬美元。更早 5 年是 600萬美元。

　　　a. 每年銷售成長率是什麼？

　　　b. 假設某人計算Hanebury的銷售成長率如下：銷售在 5 年內加倍。這在5
　　　　　年內描述100%的成長，因此100%除以5，我們算出成長率是每年20%
　　　　　解釋這次計算出了什麼問題。

(2-14) 華盛頓太平洋投資400萬美元清理一塊土，並且種下一些幼小的松樹。樹
　　　將在 10 年後成熟，到時華盛頓太平洋計畫以一個期望的800萬美元價格出
　　　售森林。華盛頓太平洋期望報酬率是什麼？

(2-15) 一家抵押借貸公司提議借給你 85,000 美元；債款要求每年 8,273.59 美元
　　　的現金流量 30 年。抵押公司在對你收費什麼利率？

(2-16) 為了在商業學校完成你最後一年然後進入法律學校，4 年中你將需要每年
　　　10,000 美元。你富有叔叔想幫助你完成學業，他將在銀行內存一筆錢，
　　　7%利息。

　　　a. 這筆存款必須是多大？

　　　b. 在你做第一筆提款之後，在帳戶裡剩多少？最後一筆提款後呢？

(2-17) 當瑪莉Corens是田納西大學的一個學生時，她以一個9%的年利率借
　　　12,000 美元的學生貸款。如果瑪莉每年還 1,500 美元，要多久她才能付
　　　清債款？

(2-18) 你需要累積10,000 美元。你計畫每年存款 1,250 美元，到 12%年息的一
　　　個銀行帳戶裡。你最後一筆存款將少於 1,250 美元。達到你的10,000美元
　　　目標將花費你多少年，而且最後存款將是多大？

(2-19) 如果貼現率是7%，每年100 美元的永續年金的現值是多少？如果通常利
　　　率加倍且貼現率上升到14%，什麼將發生在永續年金的現值上？

(2-20) 假如你繼承一些錢。你的一位朋友正在一家本地經紀商行實習，而且她的

老闆正出售一些證券要求 4 筆現金流量，在今後3年每年末的 50 美元，以及在4年度末1,050 美元的現金流量。你朋友說她能以900美元賣你這些證券。你知道銀行利率8%但是用季度複利。你認為證券與你的銀行存款有相同變現性與風險。你必須計算證券的現值以決定它們是否是一筆好投資。它們的現值是什麼？

(2-21) 假如你的姑母在12月31日出售她的房子，她接受10,000 美元的借款，名目利率10%，要求每6個月付分期款，在6月30日開始，借款將分期償還10 年。1 年以後，你的姑母利息總收入是多少？

(2-22) 你的公司計畫借1,000,000美元債款，以15%，每年一筆現金流量，5 年分期償還。2年末現金流量有多少是償還本金？

(2-23) a. 現在1月1日。你計畫每6個月存100美元，共存5筆，今天存第一筆。如果銀行的名目利率是12%，但是使用半年的複利，在10年之後你的帳戶裡將有多少？

b. 10 年後你必須有一筆1,432.02美元的款項。為準備這筆現金流量，你將存5筆相等的存款，今天開始和下四個季度，12%名目利率，季度複利。每筆存款必須是多大？

(2-24) 安妮‧洛克伍德，奧克商業區珠寶的經理想要賒銷，給用戶3個月付款期限。不過，安妮必須從銀行借錢支應應付帳款。銀行將收費名目利率15%，每月複利。安妮對她的用戶(所有人預計準時付錢)報價名目利率將正好完全蓋住她的融資成本。她應該對她的信用用戶報價什麼名目年利率？

(2-25) 假設你的父親現下是50歲，他計畫在 10 年後退休，且在他退休之後，他期望活 25 年，直到他85歲，他希望退休時有相當於今天 40,000 美元相同購買力的固定退休收入(他意識到他退休收入真正的價值將逐年下降)，而且他將得到另外24筆的每年現金流量。通貨膨脹預計是 5%；他目前有100,000 美元的儲蓄；他期望每年以8%的儲蓄利率；年複利。他必須在今後10年每年存多少才能達到他的退休目標？

Mini Case

　　威致40歲，最近開始規劃他的退休計畫，他預計55歲退休，活到75歲，他與太太現在生活水準是一個月5萬元，希望退休生活水準也保持一樣，假設他的理財顧問提供他一個保證有每年6%報酬(月複利)的投資帳戶，請替威致回答下列問題：

1. 他退休時必須準備多少資金才能如願退休？
2. 如果他計畫現在起開始每月存一筆錢準備該筆退休基金，每月該存多少？
3. 假設他退休時可以領到一筆勞保退休金約200萬，那他每月又該存多少錢？
4. 承上題，如果威致每月能存20,000元，請問他能於幾歲時存足退休基金？

Note

第 3 章

財務報表、現金流量和稅

本章介紹如何使用公司財務報表來計算自由現金流量。

一個經理的主要目標是使他或她的公司股票價值最大化。價值是基於公司將來產生的現金流量。但是一位投資者怎樣著手估計將來的現金流量,而且一位經理怎樣決定哪個營業活動是很可能增加現金流量?兩個問題的答案在於公開買賣的公司必須為投資者提供的財務報表研究。這裡「投資者」包括兩個機構(銀行、保險公司、養老基金等等)以及個人。因此,本章將從基本財務報表的討論開始,金融訊息客戶需要什麼。

任何營業資產是否是金融資產,例如股票、債券或真正(物質)資產,例如土地、大樓和設備取決於資產預計生產的可用,稅後現金流量。因此,本章除了解釋說明收入和現金流量之間的差別。最後重要的是稅後現金流量,本章提供聯邦所得稅的概述。

財務報表和紀錄

在給股東的各種報告中,**年度報告(annual report)**或許是最重要的。兩類訊息被提供。首先,有一個文字報告描述公司在過去一年的營業成績,然後討論未來的營運

新發展。第二，這份年度報告提出四項財務報表：資產負債表、損益表、保留盈餘表，以及現金流量表。這些報表顯示公司的營運和財務狀況。

數量和文字資訊同樣重要。財務報表報告在過去幾年中資產，盈餘和股息上發生什麼事，文字報表試圖解釋事情為什麼變成如此。

以MicroDrive公司為例說明，MicroDrive在微型電子計算機零件工業已經是贏得最好名聲的公司之一，並穩定地成長。最近幾年，MicroDrive的收入下降一些。管理歸因於3個月的罷工，使公司無法充分利用舉債建造新工廠。但是，管理當局規劃將來更多樂觀的遠景，說明充分的營運已經復出，幾種新產品已經生產，利潤預計會明顯地上漲。當然，利潤增加可能不會發生，分析師應該把過去報表與隨後的結果互相比較。無論如何，投資者使用年度報告裡的訊息對將來的收入和股息的預期做判斷。

自我測驗

1. 年度報告是什麼，它透露哪兩種訊息？
2. 為什麼投資者對年度報告有較大的利息？
3. 哪四類財務報表通常包括在年度報告內？

資產負債表

表3-1顯示最近MicroDrive的**資產負債表(balance sheets)**，呈現每年最後一天它的財務狀況。雖然大多數公司在最後一天報告其資產負債，實際上，它們每日都在變，當銀行償款餘額被增加或即時付現時，固定資產被增加或淘汰。而且相同的公司資產負債表在不同的時間點看起來是十分不同。

資產負債表的左邊列舉資產，它們依「流動性」排序。右側列舉負債，依償還實現排序。例如，供應商有應付帳款30日內到期，銀行有90天內到期的應付票據，債券持有人有20年或更長期的債券。由於上述這兩個原因，股東權益排最後。首先，他們的所有權不用被「清償」。其次，他們只有在支付其他債務後才有「殘餘權益」。在資產負債表上顯示的金額是**帳面價值(book values)**，當資產被購買或負債發生時，帳面價值不同於**市價(market values)**，而在市場決定價值。

以後的章節提供更多關於具體的資產、負債和業主權益的訊息。

表 3-1 | MicroDrive 公司：資產負債表，12月31日，2004-2005年(百萬美元)

資產	2005	2004	負債與業主權益	2005	2004
現金與約當現金	$ 10	$ 15	應付帳款	$ 60	$ 30
短期投資	0	65	應付票據	110	60
應收帳款	375	315	應計負債	140	130
存貨	615	415	總流動負債	$ 310	$ 220
總流動資產	$1,000	$ 810	長期債券	754	580
淨廠房與設備	1,000	870	總負債	$1,064	$ 800
			優先股(400,000股)	40	40
			普通股(50,000,000股)	130	130
			保留盈餘	766	710
			總業主權益	$ 896	$ 840
總資產	$2,000	$1,680	總負債與業主權益	$2,000	$1,680

▶▶ 資產

　　現金、短期的投資、應收帳款和存貨為流動資產，因為 MicroDrive可一年內把它們轉變成現金。有些證券很快到期，以接近於帳面價值的價格轉成現金。這些證券叫做「準現金」被包括在現金科目。其他類型有價證券有更長到期期間，且它們的市價不是那麼可預測。這些是「短期投資」。

　　當MicroDrive把它的產品出售給一個客戶時，但是不要求立即支付，那麼客戶有一種稱為應收帳款的義務。應收帳款顯示3.75億美元是MicroDrive還沒有被支付的銷售額。

　　存貨顯示MicroDrive已經投資原料在製品，以及提供給銷售的製成品。MicroDrive使用「**先進先出法**」(first-in, first-out, FIFO)，在資產負債表(6.15億美元)上顯示存貨價值。它也可以使用「**後進先出法**」(last-in ,first-out, LIFO)。在上漲價格的時期，先進先出將產生較高存貨價值。因為MicroDrive使用先進先出，通貨膨脹一直發生，如它改用LIFO，(1)它的存貨會有變高，(2)銷貨成本會變低和(3)公布的利潤因此變高。因此，如果公司轉用LIFO，它的資產負債表將有5.85億美元的存貨而不是6.15億美元，它的收益(在下一部分討論)將降低1,800萬美元。因此，存貨評價方法能對財務報表有重要影響。

　　長期的資產(例如工廠的設備)的整個購買價，被「分攤」到資產的使用壽命期間作為購貨成本。它們每年分攤的金額叫做「**折舊(depreciation)**」費。一些公司用

「工廠設備毛額」記錄長期資產的總費用，並以另一金額「累積折舊」記錄已經被分攤的折舊總量。一些公司，例如 MicroDrive，只是報告工廠設備淨額，這是工廠設備毛額減累積折舊。第十一章提供折舊更詳細的解釋。

▸▸ 負債

應付帳款、應付票據和應計負債列為流動負債，因為 MicroDrive 預計在一年內付款償還。MicroDrive購買但是不會立即付錢時，稱為應付帳款。與此類似，當MicroDrive借了在一年內需還的債款時，簽發應付票據。MicroDrive的稅款或雇人工資，在付出時間到了之前稱應計負債。長期債券也是債務，因為不是股東持有的權利。

優先股是一種權益和負債混合體。如果發生破產，優先股比負債級別低，但是高於權益。但優先股息是固定。大多數公司使用得不多，甚至不用，因此「業主權益」通常是指「權益業主權益」。

當一家公司出售股份時，收入被紀錄在權益裡。保留盈餘是累積沒被移作為股息支付的收入。權益和保留盈餘的總數被叫做普通業主權益或業主權益。如果公司的資產能被以它們的帳面價值出售，如果負債和優先股價值如同它們的帳面價值，那麼一家公司能出售它的資產，還清它的債務和優先股，那些剩下淨額屬於權益東。因此，普通業主權益有時叫**淨值(net worth)**。

自我測驗

1. 資產負債表是什麼，它提供什麼訊息？
2. 資訊在資產負債表上排列順序如何決定？
3. 一張公司的12月31日資產負債表為什麼不同於它的6月30日資產負債表？

損益表

表 3-2 是MicroDrive的**損益表(income statements)**，顯示在過去兩年它的財務業績。損益表能包括任何時期，但是它們通常是每月、每季和每年。與資產負債表不同，一個時間點的公司的狀況，損益表在反映一段時期的績效。

表 3-2 | MicroDrive 公司：損益表，12月31日，2004-2005年(百萬美元)

	2005	2004
淨銷貨	$3,000.0	$2,850.0
營運成本(折舊和攤銷前)	2,616.2	2,497.0
息前稅前折舊攤銷前盈餘(EBITDA)	$ 383.8	$ 353.0
折舊	100.0	90.0
攤銷	0.0	0.0
折舊和攤銷前	$ 100.0	$ 90.0
息前稅前盈餘(EBIT)	$ 283.8	$ 263.0
減利息	88.0	60.0
稅前盈餘(EBT)	$ 195.8	$ 203.0
稅(40%)	78.3	81.2
優先股息前淨利	$ 117.5	$ 121.8
優先股息	4.0	4.0
淨利	$ 113.5	$ 117.8
普通股股息	$ 57.5	$ 53.0
保留盈餘增加	$ 56.0	$ 64.8
每股資料		
普通股價	$23.00	$26.00
每股盈餘(EPS)[a]	$ 2.27	$ 2.36
每股股息(DPS)[a]	$ 1.15	$ 1.06
每股帳面價值(BVPS)[a]	$17.92	$16.80
每股現金流量(CFPS)[a]	$ 4.27	$ 4.16

[a] 在外流通普通股有50,000,000股，注意EPS是根據扣除優先股股利後的盈餘——可給普通股股東的淨利，最新EPS、DPS、BVPS與CFPS的計算如下所示：

$$每股盈餘＝EPS＝\frac{淨利}{在外流通普通股數}＝\frac{113,500,000}{50,000,000}＝2.27$$

$$每股股利＝DPS＝\frac{普通股股東股利}{在外流通普通股數}＝\frac{57,500,000}{50,000,000}＝1.15$$

$$每股帳面價值＝BVPS＝\frac{總普通股權益}{在外流通普通股數}＝\frac{896,000,000}{50,000,000}＝17.92$$

$$每股現金流量＝CFPS＝\frac{淨利＋折舊＋攤銷}{在外流通普通股數}＝\frac{213,500,000}{50,000,000}＝4.27$$

從淨銷售額中減去營運費用，除了折舊和攤銷，產生**EBITDA**，這代表在扣除利息、稅款、折舊和攤銷之前的盈餘收入。折舊和攤銷是每年資產的估計使用費用。折舊適用於有形資產、工廠設備，而攤銷適用於無形資產(例如專利、版權、商標和友好)。折舊與攤銷不付現金，一些分析師聲稱EBITDA比淨利更能衡量財務強度。但在本章我們展示時，EBITDA沒有自由現金流量重要。

收入減費用、稅款與優先股息(但是在權益利之前)通常稱為**淨利(net income, profitt, earnings)**。用淨利除以已發行的股票數量得到每股淨利(EPS)，常被稱為「底線」。

自我測驗

1. 什麼是損益表，它提供什麼訊息?
2. 為什麼每股盈餘叫「底線」？
3. EBITDA是什麼？
4. 關於報告期時間，損益表為什麼不同於資產負債表？

保留盈餘表

表3-3，**保留盈餘表(statement of retained earnings)**顯示 MicroDrive 2005年保留盈餘7.1億美元，這一年賺了1.135億美元並且支付價值為57.5 美元的股息，它賺得相差值5,600萬美元。這使保留盈餘在2005年末從2004年末的7.1億美元增加到7.66億美元。

須注意「保留盈餘」是資產主張權利，而非一項資產。在2005年MicroDrive的股東再投資5,600萬美元而不是分發作為股息，管理當局在新資產上支出這筆錢。因此，保留盈餘不是現金且不可提供股息或任何事情的支付。

表 3-3 | **MicroDrive公司：保留盈餘表，2005年12月31日(百萬美元)**

期初餘額，2004年12月31日	$710.0
加：淨利，2005年	113.5
減：普通股股利	(57.5)[a]
期末餘額，2005年12月31日	$766.0

[a] 在此以及全書，括號用來指負數

自我測驗

1. 保留盈餘表是什麼，它提供什麼訊息？
2. 為什麼保留盈餘發生變化？

淨現金流量

　　許多財務分析師會留意**淨現金流量(net cash flow)**，企業的淨現金流量不同於它的**會計(accounting)**利潤，因為列在損益表上的一些收入和支出沒被收到或償付現金。關係在淨現金流量和淨利之間可以被表示如下：

淨現金流量＝淨利－非現金收入＋非現金費用	(3-1)

非現金費用的主要例子如折舊和攤銷。這些項目降低淨利但是沒有被用現金支付，因此當計算現金流量時，我們將它們增加回淨利。非現金另一個例子是被延遲的稅款。在一些實例裡，公司被允許在更晚的日期繳交稅款，即使稅被報告為損益表的費用。因此，延遲稅款將被增加到淨利。同時，一些收入可能不是現金，必須從淨利中減去。

　　通常，非現金項目中折舊和攤銷最多，在許多場合，其他非現金項目幾乎等於零。因此，很多分析師假設現金流量等於淨利、折舊和攤銷：

淨現金流量＝淨利＋折舊和攤銷	(3-2)

為了保持事情簡單，我們通常假設那個公式為3-2。不過，你應該記得公式3-2 將不會準確在緩應折舊和攤銷以外的非現金項目在淨現金流量上。

　　我們能用2005年的資料說明公式3-2：

$$淨現金流量＝\$113.5＋\$100.0＝\$213.5(百萬美元)。$$

　　說明折舊的影響，假設一個5年壽命機器，期望殘值為 0，價值 100,000 美元，2004年購買並且在2005年投入服務。這100,000美元的費用不屬於在購買的那年；而是分攤於 5 年。如果折舊費沒被列入，收入將被誇大，而且稅款將太高。因此，從銷售收入中扣除年折舊費用被其他費用一起做為決定淨利。但是，因為100,000 美元實際上是在2004年被用掉的，在2005年和隨後幾年的那些折舊並非現金開支。折舊為非現金項目，因此淨利需加回它，增加淨現金流量。

現金流量表

即使一家公司報告大的淨利，其現金的數量可能低於報表上數字。原因是它的淨利可以用各種形式呈現，不只是以現金保持。例如，公司可以使用它的淨利於增加存貨，投資應收帳款，投資固定資產，降低負債，或購回權益。許多因素影響的公司現金狀況，包括如下內容：

1. **在優先股股息之前淨利**，其他事情保持不變量，正的淨利將導致更多的現金。不過，我們在討論下面因素時，其他事情通常保持變。

2. **對淨利的非現金項目調整**。計算現金流量，必須非現金收入和支出，例如折舊和遞延稅款，如上所示的淨現金流量的計算。

3. **營運資金的變化**。流動資產的增加，除了現金以外的其他，例如存貨和應收帳款將減少現金，而這幾個帳戶的減少將增加現金。例如，如果存貨增加，公司必須使用它的一些現金以獲得存貨。相反地，如果存貨減少通常表示公司出售存貨因此產生現金。另一方面，如果應付帳款增加，公司已經從它的供應商那裡得到信貸，這會節省現金。但是如果應付帳款減少，表示它已經使用現金還清它的供應商。流動負債增加使現金增加，流動負債內減少使現金減少。

4. **固定資產**。如果一家公司投資固定資產，這將降低它的現金。另一方面，如果出售一些固定資產將增加現金。

5. **證券交易和股息支付**。如果公司發行股票或債券，資金籌舉將增加它的現金狀況。另一方面，如果公司使用現金購回股票或給付薪債，或如果它對它的股東付股息，將降低現金。

上述每項因素反映在**現金流量表(statement of cash flows)**，說明公司的現金變化。報表把活動分成三個種類，以及一個摘要部分：

1. **營運活動**：包括淨利、折舊、短期的投資和短期債務，現金以外的其他流動資產和負債方面的變化。

2. **投資活動**：包括對固定資產的投資或變賣。

3. **理財活動**：透過發行短期債務、長期債券或股票，使現金升高。此外支付股息與贖回股票或債券使公司現金降低，這樣的交易被包括在這裡。

　　會計課本解釋怎樣準備現金流量表，但是報表可以幫助回答這樣的問題：公司產生足夠的現金購買資產嗎？公司產生額外的現金能用來付負債或投資新產品嗎？這樣的訊息對經理和投資者有用，因此現金流量表是一個年度報告的重要部分。

　　表3-4顯示MicroDrive的現金流量表，上方部分顯示營運活動現金流量，對MicroDrive來說，營運活動提供負250萬美元的淨現金流量。這由營運活動提供的現金流量，在許多財務報表是最重要的數字。記錄於損益表的利潤可能被太慢折舊資產或不迅速認列壞帳這樣的技術而被修飾，但同時修飾利潤和流動資金就更困難。因此對一家公司來說，宣布破產前仍報告正的淨利是不罕見的。不過，來自營運活動的淨現金流量經常開始惡化得早，因此留心現金流量可預知麻煩。因此，如果你正分析一家公司且缺少時間，先看營運活動現金流量會比任何其他數目告訴你多一點。

　　第二部分顯示長期的固定資產投資活動。MicroDrive 購買固定資產總計2.3億美元；這是它在2005年期間唯一做的長期投資。

　　第三部分，理財活動，包括從銀行舉債(應付票據)，出售新債券，付普通和優先股息。MicroDrive借2.89億美元，賣掉它的短期投資，支付6,150萬美元的優先和權利。因此，它來自投資活動的資金的淨流入是2.275億美元。

　　在摘要裡，現金的所有來源和用途被加總，我們看見MicroDrive的現金流出在2005年期間超過它的現金流入500萬美元；即它的淨現金變動是負的500萬美元。

　　MicroDrive的現金流量表使其經理和分析師煩惱。公司有來自營運的250萬美元現金缺少，它在新固定資產上支出2.3億美元，而且它支付6,150萬美元的股息。透過巨額借款與賣掉短期投資的6,500萬美元支付這些現金開支。顯而易見，這種情勢不能年年持續，因此某些事情必須做。在章節後面我們考慮一些營業活動，MicroDrive的金融人員可以採取以緩和現金流量問題。

表 3-4 | MicroDrive公司：現金流量表，2005年(百萬美元)

	現金提供或使用
營運活動	
優先股息前淨利	$117.5
調整	
非現金調整	
折舊[a]	100.0
營運資金的改變[b]	
應收帳款增加	(60.0)
存貨增加	(200.0)
應付帳款增加	30.0
應計負債增加	10.0
營運活動提供的淨現金	($ 2.5)
長期投資活動	
購置固定資產現金[c]	($230.0)
理財活動	
短期投資銷售	$ 65.0
應付票據增加	50.0
債券增加	174.0
支付優先股和普通股息	(61.5)
理財活動提供的現金	$227.5
摘要	
淨現金改變	($ 5.0)
期初現金	15.0
期末現金	$ 10.0

[a] 折舊是一項計算淨利被扣除的非現金項目，必須加回來以計算來自營運的正確現金流量。

[b] 流動資產的增加會減少現金，流動負債的增加會增加現金，例如存貨增加2億美元，現金就同額減少。

[c] 固定資產的淨增加是1億3千萬美元，此金額是扣除折舊所算得，因此推薦必須加回來找出固定資產的增加毛額。從公司的損益表，可知2005年折舊費用是1億美元，因此，在固定資產上的花費實際上是2億3千萬美元。

自我測驗

1. 現金流量表回答什麼類型的問題？
2. 定義並且解釋在現金流量表上顯示的三個不同種類活動。

為管理決策修正會計資料

到目前為止我們聚焦於年度報告的財務報表。這些報表供債權人和收稅人使用為

多。因此，為公司經理管理決策用，某些修改是需要的。在以後的章節裡我們討論分析師如何結合股票價格和會計資料，使報表更有用。

▶▶ 營運資產和總淨營運資金

不同的公司有不同的金融架構，不同的稅款情勢和不同數額的非營運資產。這些差別影響傳統會計衡量方法，如權益報酬率。它們能讓兩家公司或在一家公司內的兩個部門，有相似的營運但有不同的營運效率。這是重要的，因為如果經理的補償系統正確地發生作用，經理一定不會根據他們無法控制的事情做決策。因此，為了判斷經理的績效，我們需要比較經理的創造營業收入(EBIT)的能力。

第一步是修改傳統的會計框架，將總資產分成兩個種類：**營運資產(operating assets)**由營運生意必要的資產組成；以及**非營運資產(nonoperating assets)**包括現金和短期的投資，對子公司的投資，將來使用的土地等等。而且營運資產更進一步分成**營運流動資產(operating current assets)**如存貨，和**長期營運資產(long-term operating assets)**，如廠房設備。顯而易見，經理能以小額營運資產產生預期利潤，那麼投資者必須支付資金的數量，將降低和增加收益。

大多數資金是由投資人提供股東、債券持有人和債務出借人如銀行。投資人一定要求報酬，如利息、股息和資金利得。因此如果公司買超過實際需要的更多資產，會使用太多資金，然後它的資金成本將太高。

所有資金都必須從投資者那裡獲得嗎？答案不是，因為一些資金可由正常的營業活動中提供。例如，一些資金將來自供應商並被報告為應付帳款，其他資金如應計工資和應計稅款，這等於從工人和稅務機關那裡拿到的短期債款。這樣的資金叫做**營運流動負債(operating current liabilities)**。因此如果資產需要1億美元，可是它有應付帳款的1,000萬美元和應計工資和稅款的1,000萬美元，然後它的投資者提供資金將只是8,000萬美元。

在營運過程中使用的那些流動資產叫做**營運流動資金(operating working capital)**，且營運流動資金減營運流動負債叫做**淨營運資金(net operating working capital)**。因此淨營運資金是投資者提供的。以下公式是上述的定義：

淨營運資金＝營運流動資產－營運流動負債　　**(3-3)**

現在考慮實務上如何使用這些概念。首先，全部公司都必須持有一些現金「潤滑」

它們的營業活動。公司持續收到客戶支票並且寫支票給供應商、雇員等等。因為流入和流出配合得不一致，一家公司必須儲存一些現金。換句話說，一些現金被需要以利進行營業活動。同理可證多數其他流動資產真實，例如存貨和應收帳款。不過短期投資不在主要營業活動裡使用。因此，當計算淨營運資金時，短期投資通常被排除。

在營業活動過程中產生的應付帳款都是公司不必由投資者提供，計算淨營運資金，我們從流動資產中扣除這些流動負債。支付利息的其他流動負債，例如應付票據被看作是投資者提供資金，因此不被扣除。

如果你對一個項目不確定，問你自己這是否是一個營業活動的必然結果，還是它是可以自由變動的選擇，例如融資的某種特別方法。如果它是可以自由變動的，這就不是營運的資產或負債。

我們能把這些定義用於 MicroDrive，使用表 3-1 給的資產負債表數據。這是2005年的淨營運資金：

$$\text{淨營運資金} = (\text{現金} + \text{應收帳款} + \text{存貨}) - (\text{應付的} + \text{應計的})$$
$$= (\$10 + \$375 + \$615) - (\$60 + \$140)$$
$$= \$800 (\text{百萬})$$

MicroDrive在2005年底的總淨營運資金是淨營運資金與長期營運資金的總和：

$$\text{總淨營運資金} = (\text{淨營運的流動資金}) + (\text{營運長期的資產}) \qquad (3\text{-}4)$$
$$= \$800 + \$1,000$$
$$= \$1,800 (\text{百萬})$$

上年度淨營運資金

$$\text{淨營運資金} = (\$15 + \$315 + \$415) - (\$30 + \$130) = \$585 (\text{百萬})$$

加上8.7億美元固定資產，在2004年底的營運資金總數是 $= \$585 + \$870 = \$1,455 (\text{百萬})$。

注意我們定義總淨營運資金是淨營運資金與長期營運資金的總和。但是我們也能把由投資者所提供的資金加總起來計算淨營運資金，例如應付票據、長期債券、優先股和權益。MicroDrive在2004年底的投資者提供$60 + \$580 + \$40 + \$840 = \$1,520 (百萬)$。在這個金額中，650萬美元被用在短期投資，這不直接與MicroDrive

的營業活動有關。因此只有$1,520－$65＝$1,455(百萬)投資者提供的資金。注意到這數值與上面計算的完全相同。這顯示我們能計算總淨營運資金，或從營運流動資金加營運長期資產，或從投資者提供的資金。針對一個部門，我們通常用第一個定義去計算，基於投資者提供的使用資金的定義是不可能的。

我們使用總淨營運資金、營運資金、淨營運資產和資金這些名詞稱呼相同東西。除非我們具體說「投資者提供的資金」，我們都指總淨營運資金。

在2005年期間MicroDrive營運資金從14.55億美元增加到18億美元，或3.45億美元。這中間多數增加到流動資金，從5.85億美元上升到8億美元，或2.15億美元。在淨營運資金增加37%與一個只有5%的銷售增加(從28.5億美元到30億美元)應該在你的腦海裡頭產生警告鈴聲：MicroDrive為什麼在營運資金裡綁住那麼多額外現金？公司正為大的銷售增加做好準備嗎？還是存貨不移動，應收帳款不被收回？當我們談及比率分析時，我們將在第四章詳細講述這些問題。

▸▸ 稅後淨營業利潤(NOPAT)

如果兩家公司有不同數額的負債，不同數額的利息，它們有相同經營績效，可是不同的淨利，有較多負債的公司將有較少的淨利。淨利當然重要，但它並不會反映出公司營運或它營運經理的真實能力。比較經理表現的更好指標是**稅後淨營業利潤(net operating profit after taxes, NOPAT)**，決定如下：

$$NOPAT＝EBIT(1－稅率) \qquad (3-5)$$

使用來自表3-2的2005年損益表的數據，MicroDrive的NOPAT＝$283.8(1－0.4)＝$283.8(0.6)＝$170.3(百萬)。

這表示產生稅後營業利潤 1.703億美元，比它以前NOPAT的$263(0.6)＝$157.8(百萬)好一些。不過，表 3-2 損益表顯示MicroDrive的每股淨利實際上是下跌的。利息費用的增加引起EPS的減少，而不是因為營業利潤的減少。且表 3-1 資產負債表顯示負債增加。但是MicroDrive為什麼增加它的負債？如我們所見，在營運資金方面，它的投資在2005年期間戲劇性增加，且此增加資金主要是由負債所提供。

▸▸ 自由現金流量

在這章前面，我們定義淨現金流量是淨利加非現金調整。不過注意，現金流量不

能隨時保持，除非折舊資產被替換，因此管理當局能完全自由使用淨現金流量。因此，我們定義另一術語**自由現金流量(free cash flow, FCF)**，可向投資者分發的現金流量，在公司已經扣除投資未來營運中需要的資產和流動資金。

當你研究損益表時，重點置於公司的淨利就是它的**會計利潤(accounting profit)**。不過，公司的營業活動價值決定於營業活動現下和將來能產生的現金流量。更具體地說，營運的價值取決於將來期望的自由現金流量(FCF)，定義為稅後營業利潤減去營運資金和固定資產的新投資。實際上自由現金流量描述可向投資者分發的有效現金。因此，經理為他們的公司增加價值就是增加自由現金流量。

▶▶ 計算自由現金流量

就像本章前面更早顯示的，MicroDrive在2004年末營運資金有14.55億美元，但是在2005年有18億美元。因此，在2005年期間，它在**營運資金的淨投資(net investment in operating capital)**＝$1,800－$1,455＝$345(百萬)。MicroDrive的自由現金流量在2005年是：

$$\text{FCF}＝\text{NOPAT}－在營運資金中的淨投資 \qquad (3\text{-}6)$$
$$＝\$170.3－\$345$$
$$＝－\$174.7(百萬)$$

淨固定資產從8.70億美元提升到10億美元，或是1.3億美元。不過，MicroDrive報告折舊1億美元，因此它的總固定資產的投資是$130＋$100＝$230(百萬)。我們發現在**營運資金總投資(gross investment in operating capital)**：

$$總投資＝淨投資＋折舊 \qquad (3\text{-}7)$$
$$＝\$45＋\$100＝\$445(百萬)$$

自由現金流量的公式是：

$$\text{FCF}＝(\text{NOPAT}＋折舊)－在營運資金的總投資 \qquad (3\text{-}6a)$$
$$＝(\$170.3＋\$100)－\$445$$
$$＝－\$174.7(百萬)$$

兩個公式相等，因為折舊被增加到公式3-6的NOPAT和淨投資，變成公式3-6a。我們

通常使用公式3-6，因為它幫我們省略這個步驟。

▶▶ FCF的用途

記得自由現金流量(FCF)是對全部投資者適用於分發的現金數量，包括股東和債權人。FCF有五種好用途：

1. 支付利息。
2. 付給債權人，即還清一些負債。
3. 對股東付股利。
4. 從股東那裡回購股票。
5. 買有價證券或其他非營運資產。

回憶公司不必使用 FCF 獲得營運資產，透過定義，FCF已經考慮過全部營運的資產購買。令人遺憾的是，有證據顯示，有高FCF的一些公司傾向於做不增加價值的不必要投資，例如支付太多購併其他公司。因此高的FCF會引起浪費，使經理不能為股東的最好利益從事營業活動。就像在第一章討論，這稱為代理問題成本。

實際上，大多數公司這五種用途支出總數等於FCF。例如，公司可支付利息和股息，發行新負債，以及出售它的一些有價證券。

▶▶ FCF和公司價值

FCF是用於向投資者分發可提供的現金數量，因此，一家公司的價值取決於它期望將來的FCFs目前價值，以公司的加權平均資金成本(WACC)折現，了解這個基礎概念是重要的：FCF是適用於向投資者分發的現金。因此，企業總評價主要取決於它期望將來的FCFs。

▶▶ 評估FCF、NOPAT和營運資金

即使MicroDrive有正的 NOPAT，它在營運資產方面卻有非常高的投資，導致負的自由現金流量。因為自由現金流量是適用於向投資者分發的，為了使營運保持下去，因此投資者必須提供另外的錢。大多數的資金來自負債。

負的總自由現金流量不好嗎？答案是「不一定」，它取決於自由現金流量為什麼是負的。如果FCF是負的，是因為NOPAT是負的，那是一個壞標誌，因為公司或許

正經歷營運問題。不過，很多高發展公司有正的 NOPAT，但是負自由現金流量，是因為支援營運資產的大投資。獲利性的成長沒問題，即使它引起負的現金流量。

決定成長是否是獲利性的方法是**投入資本的報酬(return on invested capital, ROIC)**，這是NOPAT和營運資金總數的比率。如果 ROIC 超過投資者需要的收益率，然後高的成長引起負的自由現金流量就沒有什麼好擔心。我們在第十三章將詳細討論。

為了計算 ROIC，我們首先計算 NOPAT和營運資金。在投資資金上的報酬(ROIC)是表明NOPAT被營運資金每美元產生多少美元的表現：

$$ROIC = \frac{NOPAT}{營運資金} \qquad (3\text{-}8)$$

ROIC比投資者需要的收益率，加權平均資金成本(WACC)更大，表示公司正增加價值。

MicroDrive在2005年有9.46%的ROIC($ 170.3/$ 1,800＝0.0946)。支付它的資金成本，這樣足夠嗎？我們將在下一部分裡回答這個問題。

自我測驗

1. 什麼是淨營運資金？它為什麼不包括非常短期的投資以及應付票據？
2. 總淨營運資金是什麼？它為什麼比經理計算公司的資金要求還重要？
3. 為什麼NOPAT比淨利有更好的績效衡量？
4. 自由現金流量是什麼？為什麼它是重要的？

附加市場價值和附加經濟價值

傳統的會計資料和先前部分討論的修改數據都不包含股票價格，即使管理的主要目標是使公司的股票價格最大化。財務分析師因此發展另外兩種機效衡量方法：附加市場價值(MVA)以及附加經濟價值(EVA)。這些概念將在這個部分裡討論。

▸▸ 附加市場價值(MVA)

大多數公司的主要目標是使股東的財富最大化。顯而易見這個目標好處是股東，

但是它也幫助保證稀有資源被有效地分發,這對經濟有益。股東財富透過股票的市價和股東權益資金的差別最大化,而被最大化。這個差別叫做**附加市場價值(Market Value Added, MVA)**:

$$MVA = 股票的市場價值 - 由股東提供的權益資金$$
$$= (已發行的股票)(股票價格) - 總權益權益$$

$$(3-9)$$

為了說明,考慮以可口可樂為例子。在2004年3月,它的總市場價值是1,230億美元,而它的資產負債表顯示股東只投入141億美元權益資本。因此,可口可樂的MVA是$123.0 - $14.1 = 1,089億美元。這1,089億美元描述可口可樂的股東創設時所投資公司的錢,包括保留盈餘,如果出售公司可能得到的現金之間的差額。公司的MVA越高,表示管理當局為公司的股東做得越好。

有時MVA被定義為公司的總市價減去投資者提供的資金總量:

$$MVA = 總市價 - 總資金$$
$$= (股票的市場價值 + 負債的市場價值) - 總資金$$

$$(3-9a)$$

對大多數的公司來說,投資者提供的資金總量是業主權益、負債和優先股的總數。我們在財務報表裡能從他們報告的價值直接計算投資者提供的資金總量。一家公司的總市價是普通業主權益、負債和優先股的市價的總數。找到業主權益的市價是容易的,因為股票價格容易提供,但是找到負債的市價就不容易。因此,很多分析師使用財務報表或負債的帳面價值做為對它市價的估計。

對可口可樂來說,公布的債務總量大約是54億美元,可口可樂沒有優先股。使用這做為對負債的市價的估價,可口可樂的總市價是$123.0 + $5.4 = 1,284億美元。投資者提供的資金總量是$14.1 + $5.4 = 195億美元。使用這些總值,MVA是$128.4 - $19.5 = 1,089 億美元。注意到這和我們開始使用MVA以前定義所算的值是相同的答案。如果負債的市價大約等於它的帳面價值,兩種方法將會有相同的結果。

▶▶ 附加經濟價值(EVA)

有鑑於MVA從一家公司開始創設就衡量經理的營業活動的影響,**附加經濟價值(Economic Value Added, EVA)**集中在一年的管理有效性。基本的EVA公式如下:

> EVA＝稅後的淨營業利潤(NOPAT)－稅後用來支援營運的資金成本
> ＝EBIT(1－稅率)－(總淨營運資金)(WACC) **(3-10)**

我們就ROIC來計算EVA：

> EVA＝(營運資金)(ROIC－WACC) **(3-10a)**

如同公式所顯示，如果ROIC比WACC大，公司價值就增加，即有正的EVA。如果WACC 超過ROIC，在營運資金方面的新投資將降低公司的價值。

　　EVA是對公司真實經濟利潤的估計，而且它和會計利潤明顯不同。EVA描述已經扣除全部資金的成本，包括權益資金，之後所殘餘的收入；而會計利潤則沒有考慮權益資金的成本。我們會在第九章討論權益資金有成本，因為股東可能在別處投資資金獲利。當他們提供資金給公司時，股東就放棄在別處投資的機會。他們以相等的風險形式在別處投資。這是機會成本而不是會計成本。

　　注意到當計算EVA時，我們不加回折舊。雖然這不是現金支出，但是因為不堪的資產必須被替換，所以折舊是費用，當決定淨利和EVA時，因此它被扣除。EVA的計算，假設公司固定資產的真實經濟折舊正好等於說明和報稅款目的折舊，如果情況不是如此，必須被調整，以獲得一個EVA更準確的值。

　　EVA衡量公司已經增加股東價值的程度。因此如果經理集中於 EVA，這將保證他們的營運與股東財富最大化一致。注意到EVA也可以被用於部門決策，因此它為經理的表現提供一個有用的衡量基礎。

　　表3-5顯示MicroDrive的 MVA 和EVA如何計算。計算如下股票價格從每股26美元跌至23美元(2005年底)。它的WACC，在2004年是10.8％和在2005年的11.0％，它的稅率是40％。其他數據參見本章開始的基本財務報表。

　　首先注意低股票價格和高業主權益帳面價值合起來降低MVA。2005年MVA仍然是正的，但是$460－$254＝$206(百萬)的股東價值在這年失去。

　　2004年的EVA勉強為正，而且在2005年它是負的。營業收入(NOPAT)提升，但是EVA仍然下降，主要是因為資金數量上漲得比NOPAT更明顯，大約是26％比8％，這個額外資金的成本把EVA拉下。

　　也回憶淨利下降，但是遠不如在EVA方面下降一樣劇烈。淨利並不反映出權益資金的數量，但是EVA會。因此，用於決定公司目標且衡量經理的績效，淨利沒EVA有

表 3-5 | MicroDrive 公司的MVA和EVA

	2005	2004
MVA計算		
每股股價	$ 23.0	$ 26.0
流通股數(百萬)	50.0	50.0
權益市場價值＝股價×股數	$1,150.0	$1,300.0
權益帳面價值	$ 896.0	$ 840.0
MVA＝市場價值－帳面價值	$ 254.0	$ 460.0
EVA計算		
稅前息前盈餘(EBIT)	$ 283.8	$ 263.0
稅率(T)	40%	40%
NOPAT＝EBIT(1－T)	$ 170.3	$ 157.8
投資人提供之總營運資金[a]	$1,800.0	$1,455.0
加權平均成本(WACC)(%)	11.0%	10.8%
資金成本＝營運資金×WACC	$ 198.0	$ 157.1
EVA＝NOPAT－資金成本	($ 27.7)	$ 0.7
ROIC＝NOPAT/營運資金	9.46%	10.85%
ROIC－資金成本率＝ROIC－WACC	(1.54%)	0.05%
EVA＝(營運資金)(ROIC－WACC)	($ 27.7)	$ 0.7

[a] 投資者提供的資金等於下列各項總和：應付票據、長期負債、優先股與普通股，減去短期投資。它也可計算成總負債與權益減去應付帳款，應計負債與短期投資。它也等於總淨營運資金。

用。

關於MVA和 EVA，我們將在本書後面章節詳細討論，但是在此我們有兩點結論。首先，在 MVA 和EVA之間有一種關係，但是這不是直接的關係。如果一家公司有負的EVAs的歷史，它的 MVA 或許將是負的；反之亦然。如果它有正的EVAs的歷史，它的 MVA 或許將是正的。不過，股票價格是 MVA 計算的關鍵成分，更倚賴期望的將來績效。因此，如果將來期望有正報酬的變化，有負EVAs歷史的一家公司也能有正的MVA。

第二點是當EVAs或MVAs被用來評核經理的績效，做為獎勵補償計畫的一部分，通常是EVA。原因是：(1)EVA顯示特定的一年附加價值，MVA反映出公司總壽命績效，和(2)EVA可被用於個別部門的評估；或一家大公司的其他單位，而MVA 必須被用於整家公司。

聯邦稅賦收入

任何金融資產(包括股票、債券和抵押)的價值，除了非常實際的資產，例如工廠或整個公司，取決於資產產生的現金流量。來自資產的現金流量由可用的收入和折舊組成，而可用的收入表示納稅後的收入。下面章節將描述公司和個人的課稅問題。

▶▶ 公司所得稅

公司的稅款制度很簡單，用表 3-6 表示。**邊際稅率(marginal tax rate)**是關於收入的最後一美元支付的比率，而**平均稅率(average tax rate)**是關於全部收入支付的平均收費率。舉例說明，如果公司有須納稅的65,000 美元收入，它的稅款帳單是：

$$稅務＝\$\,7,500＋0.25(\$65,000－\$50,000)$$
$$＝\$\,7,500＋\$3,750＝\$11,250$$

它的邊際稅率將是25%，而且它的平均稅率將是$11,250/$65,000＝17.3%。注意到超過18,333,333 美元的公司收益有一個35%的平均和邊際稅率。

表 3-6　公司稅率，2004年1月

可課稅所得	級距內稅額	級距外所入適用稅率	平均稅率
$50,000 以內	$　　0	15%	15.0%
$50,000–$75,000	7,500	25	18.3
$75,000–$100,000	13,750	34	22.3
$100,000–$335,000	22,250	39	34.0
$335,000–$10,000,000	113,900	34	34.0
$10,000,000–$15,000,000	3,400,000	35	34.3
$15,000,000–$18,333,333	5,150,000	38	35.0
超過 $18,333,333	$6,416,667	35	35.0

公司收到的利息和股息收入 利息收入以一般公司稅率課稅。但是，來自另一家公司收到的股息的70%必須從納稅的收入剔除，剩下的30%在普通稅率被課稅。因此，公司賺超過18,333,333 美元收入中的30%將支付35%的邊際稅率，它的有效稅率將是(0.30)(0.35)＝0.105＝10.5%。如果公司稅前股息收入有 10,000 美元，它的稅後股息收入將是8,950 美元：

$$稅後收入＝稅前收入－稅$$
$$＝稅前的收入－(稅前的收入)(有效的稅率)$$
$$＝稅前的收入(1－有效的稅率)$$
$$＝\$10,000 \ [1－(0.30)(0.35)]$$
$$＝\$10,000(1－0.105)＝\$10,000(0.895)＝\$8,950$$

如果公司把它自己的稅後收入支付給它的股東作為股息，該筆股息收入最後將受三重的課稅影響：(1)首先原先的公司被課稅，(2)第2家公司收到的股息被課稅，和(3)那些得到最後股息的個人再次被課稅。這就是70%公司股息被免稅的原因。

如果一家公司有剩餘資金可被投資於有價證券，稅務因素將使股票投資(有股利收入)比債券投資(有利息收入)有利。例如，假設通用汽車公司有100,000美元投資，且它能買支付7,000美元利息的債券或每年8,000美元股利的優先股。通用汽車公司的稅率是在35%級距。因此，它買債券的利息將是0.35($ 8,000)＝$2,800，它的稅後收入將是5,200美元。如果它買優先股票，它的稅款將是0.35[(0.30)($7,000)]＝$735，和它的稅後收入將是6,265美元。如果投資者是公司，稅務的因素將使他們偏好股票投資。

公司支付利息和股息 公司的營運可以被負債或權益資金融資。如果它使用負債必須對這負債付利息；如果它使用業主權益，預計對權益投資者(股東)付股利。利息支付須從營業收入扣除，股息則不可以。因此，稅前收入需要 1 美元以支付利息的 1 美元，但是如果它在40%稅率，支付股息的 1 美元必須有稅前收入的 1.67 美元：

$$支付 1 美元股息需要的稅前收入＝\frac{\$1}{1－稅率}＝\frac{\$1}{0.60}＝\$1.67$$

如果一公司有 1.67 美元的稅前收入，它必須支付$0.67[(0.4)($1.67)＝$0.67]。稅後收入＝1.00美元。

公司資本利得 在1987年之前，公司的資本利得與公司的普通收入相比較，是

被以較低的稅率課稅。但根據現行法律，公司的資本利得與它們的營業收入以相同的稅率課稅。

公司損失前抵與遞延　公司的損失可被**往前抵減(carry-back)**2年或**往後遞延(carry-forward)**20年，做為那些年須納稅收入的抵減。例如，在2005年的營業損失可被往前帶，用在2003年和2004年降低須納稅的收入，如果有必要，還可被往後帶，在2006年、2007年使用。為了說明，假設公司在2003年和2004年有稅前利潤(須納稅的收入)的200萬美元，然後，在2005年降低1,200萬美元。此外假設稅率是40%。如表3-7中所示，公司將使用往前抵減，為2003年重算它的稅款，使用2005年營業的200萬美元損失，把2003年稅前利潤降低到0。因為在2005年經歷的損失，將允許它追回2003年稅款。因此在2005 年內將得到2003年稅款的退款。損失的1,000萬美元仍然可用在2004年。因此公司將於2005年支付0稅款以及將得到2003、2004年的退稅。未使用的800萬美元損失仍然可遞延於往後20年。這800萬美元可抵減未來的須納稅收入。這樣的損失處理目的是避免處罰那些每年收入波動大量的公司。

不恰當累積盈餘避免股息支付　公司能抑制利潤發放，幫助股東避免個人在股息上的所得稅。為了防止這樣不當的避稅行為，稅法會規定一個**不恰當的盈餘累積條款(improper accumulation)**，如果盈餘累積的目的是使股東能夠避免個人所得稅，就會被課以懲罰稅率。

合併公司稅　如果公司擁有另一家公司股票80%或更多，它可以加總其收入和申報成一合併公司。因此，公司的損失能用於抵減另一個的利潤。從來沒有公司想要招致損失，但是稅款抵減確實幫助公司承擔一個發展時期將遭受損失危險的新企業。

表 3-7　Apex公司損失前抵與遞延

	2003	2004	2005
原始可課稅所得	$2,000,000	$2,000,000	−$12,000,000
前抵額度	2,000,000	2,000,000	
調整後利潤	$ 0	$ 0	
已付稅額(40%)	800,000	800,000	
差項＝應退稅額	$ 800,000	$ 800,000	
收到退回稅額總計			$ 1,600,000
可用遞延之損失			
目前損失			−$12,000,000
已用前抵損失			4,000,000
可用遞延損失			−$ 8,000,000

海外收入的課稅　很多美國的公司有海外子公司，而且那些子公司必須在它們營運的國家納稅。通常外國稅率比美國稅率低。只要外國收入再投資海外，那些收入沒有美國課稅的問題。不過，當外國收入被遣返到美國母公司，它們將適用美國稅率課稅，但享有一筆外國繳稅抵減。因此美國母公司，例如IBM、可口可樂和微軟公司已經能延遲幾十億美元稅款。這個方式已經刺激美國的海外投資跨國商號無限期繼續遞延，只要他們在海外營業活動再投資收入。

▸▸ 小型企業的課稅：S公司

雖是以公司為名，但仍以獨資或合夥方式課稅。

▸▸ 個人稅

個人普通的收入主要由工資組成，或受益於一個獨資、合夥，以及投資收入。常適用於累進稅率，收入越高繳稅越多。

自我測驗

1. 解釋這個敘述是什麼意思：「我們的稅率是累進的。」
2. 解釋邊際稅率和平均稅率之間的差別。
3. 什麼是「市政公債」，這些債券怎樣被課稅？
4. 資金利得和損失是多少，而且它們怎樣被課稅？
5. 聯邦稅賦收入怎樣課徵一家公司收到的股息與個人收到的不同？
6. 一家公司支付利息和股息的稅務處理有何差異？這些因素有利於債券還是權益的投資？
7. 簡短解釋損失遞延和往前抵減的抵稅作用。

總結

這章主要目的是：(1)描述基本的財務報表，(2)關於現金流量提出一些背景資料，和(3)提供聯邦稅賦收入的概述。包括下面列舉的核心概念。

- 包含在年度報告裡的四個基本報表是資產負債表、損益表、保留盈餘表、現金流量表。投資者使用這些報表提供的資訊，預期未來收入和股息的水準，以及關於公司的風險。

- 資產負債表在左邊顯示資產，在右邊顯示負債和權益，或要求資產賠償義務，(有時資產被顯示在資產負債表的上面，而負債和權益在下面)。資產負債表表達在一個特別時間點的公司財務狀況。

- 損益表報告是在一個時期營業活動的結果，而且它顯示每股淨利稱為「底線」。

- 保留盈餘表顯示在結帳日之間的保留盈餘方面的變化。保留盈餘描述向資產索賠的權利，而非資產本身。

- 現金流量表報告營運、投資、理財等活動對現金流量的影響。

- 淨現金流量不同於會計利潤，反映在會計利潤上的一些收入和支出不可能被收到，或當年用現金支付。折舊通常在非現金項目中占最大比例，淨現金流量經常以淨利加折舊表示。投資者對公司計畫淨現金流量感興趣，因為它是現金，並非帳面利潤收入，可以用來支付股息並且再投資促進成長。

- 營運流動資產用於支援營運，例如現金、存貨和應收帳款的流動資產。它們不包括短期投資。

- 營運流動負債是營運的必然結果，例如應付帳款增加。它們不包括應付票據或任何其他收取利息的短期債務。

- 淨營運流動資金是在營運流動資產和營運流動負債之間的差。因此，它是從投資者提供的資金所獲得的營運資金。

- 營運的長期資產是用來支援營業活動，例如工廠設備的長期資產。它們不包括支付利息或股息的任何長期投資。

- 總淨營運資金(與營運資金和淨營運資產相同)是淨營運的流動資金和營運的長期資產的總和。這是公司營運需要的資金總額。

- NOPAT是稅後的淨營業利潤。如果公司沒有負債，沒有對非營運資產的投資，它就是這一家公司將有的稅後利潤。與淨利相比，因為它排除財務決定的影響，這是一個衡量經營績效的更好標準。

- 自由現金流量(FCF)是公司做必要的資產投資支援營運之後，保持的現金流量的數目。換句話說，FCF是用於向投資者分發可提供的現金流量的數量，與產生自由現金流量才能增加公司的價值。它被定義成NOPAT減去在營運資金的淨投資。

- 附加市場價值(MVA)描述在企業的總市場評價和投資者提供資金總量之間的差別。如果負債加優先股市價等於它們的帳面價值，那麼MVA就是企業股票的總市場評價和它的股東已經提供的業主權益之間的差別。

- 附加經濟價值(EVA)是稅後營業利潤和總資金成本之間的差。EVA是對當年度因管理而創造的價值估計，而且它和會計利潤不同，因為使用權益資金的成本並沒有被反映在會計利潤上。

- 任何資產的價值取決它生產稅後現金流量的多寡。

- 一家公司收到的利息收入被做為普通的收入課稅。不過，一家公司收到的股息的70%可免課稅。

- 因為利息費用可以抵稅，股息則否，所以稅制較偏利於權益融資。

- 一般公司的營運損失可以往前2年，和往後20年遞延，來抵減這些年度須納稅的收入。

- S 公司是有限負債但以獨資或合夥課稅的小型企業組織形式。

- 在美國境內，稅率是累進的，收入越高適用的稅率越大。

- 資產例如股票、債券和房地產被定義為資本資產。如果資本資產出售多於它的成本，利潤叫資本利得。如果資產出售產生損失叫資本損失。因為持有超過一年產生長期的資本利得或損失。

- 股息被課稅如同它們是資本利得。

問題

(3-1) 定義以下名詞：

　　a. 年度報告；資產負債表；損益表

　　b. 普通股股東的權益；或淨值；保留盈餘

　　c. 保留盈餘表；現金流量表

　　d. 折舊；攤銷；EBITDA

　　e. 營運流動資產；營運流動負債；淨營運流動資金；總淨營運資金

　　f. 會計利潤；淨現金流量；NOPAT；自由現金流量

　　g. 附加市場價值；附加經濟價值

　　h. 累進稅；須納稅的收入；邊際稅率

　　i. 資金利得或損失；稅款損失拿回和虧損往前抵減

　　j. 不恰當的累積盈餘；S 公司

(3-2) 哪四個報表包含在大多數年度報告裡？

(3-3) 如果一家「典型」的公司在它美元資產負債表上報告的保留盈餘2,000萬美元，它的董事能沒有疑懼地宣布一項2,000萬美元的現金股息嗎？

(3-4) 解釋下列敘述：「資產負債表是一個時點公司的財務狀況，損益表是一個時期營業活動的情況。」

(3-5) 什麼是營運資金，它為什麼重要？

(3-6) 解釋在NOPAT和淨利之間的差別。哪個是衡量公司營運表現較好的方法？

(3-7) 自由現金流量是什麼？為什麼是衡量現金流量最重要的方法？

(3-8) 如果你開始經營一個企業，什麼樣的稅率考量可能引起你喜歡以獨資或合夥形式，而不是以一個公司型態進行？

自我測驗

(ST-1) 去年Rattner Robotics 有5,000,000美元營運收入(EBIT)。公司有
1,000,000 美元的淨折舊費和1,000,000 美元的利息費用；公司稅率是40
％。公司有價值為14,000,000 美元的營運流動資產和價值為4,000,000 美
元的營運流動負債；它在工廠設備裡有15,000,000 美元。它有10％的稅
後資金成本。假設Rattner非現金項目只有折舊：

a. 這一年公司的淨利是多少？

b. 公司的淨現金流量是多少？

c. 公司的稅後淨營業利潤(NOPAT)？

d. 如果在上年度的資金是24,000,000美元，公司這一年的自由現金流量
(FCF)為何？

e. 什麼是公司附加經濟價值(EVA)？

習題

(3-1) 一位投資者最近購買殖利率9％的公司債券。投資者適用36％的課稅級
距。債券的納稅後收益是多少？

(3-2) 由約翰遜公司所出具的公司債券利率8％。相等的風險的市公債目前利率6
％。在什麼稅率一位投資者將在這兩債券之間中立？

(3-3) 塔利公司在扣除全部營運成本之後，有來自營運的365,000 美元須納稅的
收入，但未考慮(1)50,000 美元的利息費用，(2)15,000 美元股息收入，
(3)25,000美元的股息支出和(4)所得稅。公司的收入納稅義務和它的稅後
收入是多少？公司邊際和平均稅率各是多少？

(3-4) 溫特公司有須納稅的收入1,050萬美元。

a. 這一年公司的聯邦所得稅帳單是多少？

b. 假設公司得到額外債利息收入100萬美元。這個利息收入稅款是多少？

c. 現在假設溫特公司未得到利息收入，但是得到另外股息100萬美元。這

　　　股息收入稅款是什麼？

(3-5) 施裡夫斯公司計畫投資有價證券10,000 美元。它正在 AT&T 債券(利率 7.5%)，佛羅里達州的市政債(利率5%)，以及AT&T優先股(帶有6%的股息率)中選擇。施裡夫斯公司稅率35%，得到的股息70%是免稅。假設同樣投資風險和施裡夫斯公司根據稅後報酬選擇，哪一個證券會被選擇？在高利率的證券上稅後收益率是什麼？

(3-6) Klaven公司有營業收入(EBIT)750,000 美元。公司的折舊費是200,000美元。Klaven公司是100%的業主權益投資的，而且它面對一個40%的稅率。公司的淨利是多少？它的淨現金流量是多少？

(3-7) Menendez 公司期望有1,200萬美元的銷售。除了折舊費用之外的成本預計是銷售的75%，而且折舊預計是150萬美元。全部銷售收入將被用現金收取，費用除了折舊之外必須當年支付。Menendez公司的聯邦稅率是40%。

　　　a. 建立一個損益表。Menendez公司期望淨現金流量是什麼？

　　　b. 假設國會改變稅法以便Menendez公司的折舊費用加倍。在營運方面沒有發生變化。公布的利潤和淨現金流量將發生什麼變化？

　　　c. 現在不是使Menendez公司的折舊費用加倍，而是把它減少50%。利潤和淨現金流量怎樣被影響？

　　　d. 如果這是你的公司，你寧願你的折舊費用被加倍還是分成兩半？為什麼？

(3-8) 你剛獲得鮑威爾豹公司過去2年的財務訊息如下。回答下列問題：

　　　a. 2005年稅後淨營業利潤(NOPAT)？

　　　b. 兩年的淨營運流動資金是多少？

　　　c. 兩年的總淨營運資金是多少？

　　　d. 2005年自由現金流量是多少？

　　　e. 在2005年你怎樣解釋在股息方面的大量增加？

鮑威爾豹公司：損益表，12月31日(百萬美元)

	2005	2004
銷貨	$1,200.0	$1,000.0
營運成本(折舊除外)	1,020.0	850.0
折舊	30.0	25.0
稅前息前盈餘	$ 150.0	$ 125.0
減利息	21.7	20.2
稅前盈餘	$ 128.3	$ 104.8
稅(40%)	51.3	41.9
可供普通股股東淨利	$ 77.0	$ 62.9
普通股利	60.5	4.4

鮑威爾豹公司：資產負債表，12月31日(百萬美元)

	2005	2004
資產		
現金與同類	$ 12.0	$ 10.0
短期投資	0.0	0.0
應收帳款	180.0	150.0
存貨	180.0	200.0
總流動資產	$372.0	$360.0
淨廠房與設備	300.0	250.0
總資產	$672.0	$610.0
負債與權益		
應付帳款	$108.0	$ 90.0
應付票據	67.0	51.5
應計負債	72.0	60.0
總流動負債	$247.0	$201.5
長期債券	150.0	150.0
總負債	$397.0	$351.5
普通股(5仟萬股)	50.0	50.0
保留盈餘	225.0	208.5
普通股權益	$275.0	$258.5
總負債與權益	$672.0	$610.0

(3-9) 赫爾曼公司在過去15年期間每年賺 150,000 美元的稅前盈餘，並且它期望將來稅前每年賺 150,000 美元。不過，在2005年公司發生一筆 650,000 美元的損失。公司在那時聲稱稅額減免2005年收入納稅申報單，且收到美國財政廳支票。顯示怎樣計算這筆稅額減免，然後表明公司今後5年每年的納稅義務。假設全部收入以40%的稅率計算。

財 務 管 理

Corporate Finance: A Focused Approach

Mini Case

台積電是臺灣最具代表性的公司，以下是它2004與2005年的簡易財務報表。

資產負債表				金額(百萬元)	
	2004年	2005年		2004年	2005年
資產			**負債**		
現金及約當現金	66,000	85,000	流動負債	60,000	32,000
應收帳款	27,000	36,000	長期負債	24,000	22,000
存貨	14,000	16,000	其他負債	4,000	7,000
其他流動負債	67,000	60,000			
流動資產總額	174,000	197,000	負債總額	88,000	61,000
			權益		
長期投資	73,000	81,000	普通股股本	230,000	246,000
固定資產	228,000	214,000	特別股股本	0	0
其他資產	13,000	15,000	資本公債＋盈餘公債	82,000	94,000
			保留盈餘	88,000	106,000
			股東權益總額	400,000	446,000
資產總額	488,000	507,000	**負債及股東權益總額**	488,000	507,000

2005年損益表

	金額(百萬元)
銷貨淨額	265,000
銷貨成本	149,000
銷貨毛利	116,000
營業費用	22,000
稅前息前利潤EBIT	94,000
利息支出	2,000
稅前淨利EBT	92,000
所得稅費用	200
稅後淨利NI	91,800
折舊	68,000(百萬)
每股盈餘	3.8元/股

1. 請計算2005年的稅後淨營運資金(NOPAT)。

2. 請計算2005年的自由現金流量(FCF)。

3. 請計算台積電2005年的投入資本報酬率(ROIC)，假設它的加權資金成本 (WACC)是 10%。

4. 請估計台積電的經濟附加價值(EVA)，假設稅後資金成本都是10%。

5. 請計算2005年的市場附加價值(MVA)，假設2005年股價＝60。

第4章

財務報表分析

本章告訴你如何使用財務報表評價公司的風險，和公司產生自由現金流量的能力。

　　財務報表分析包含：(1)把公司的表現與在相同產業裡的其他公司做比較，以及 (2)計算在公司財務狀況裡一段時間的趨勢。這個分析幫助經理了解缺點，然後採取 行動改善績效。財務報表的真正價值在於，它們能用來預期將來的收入、股息和自由 現金流量。從一個投資者的觀點，財務報表分析是預言將來；從管理的觀點時，財務 報表分析除了幫助預期未來狀況，更重要的是做為開始為準備計畫行動，改進公司將 來的績效。

比率分析

　　財務比率被設計用在對財務報表的評價。例如，A公司有5,248,760美元的負債 和419,900美元的利息，當B公司有52,647,980美元的負債和3,948,600美元的利息 時。哪家公司更強大？這些負債的負擔，以及公司的還債能力很可能被評價，透過比 較：(1)每家公司在它資產的負債和(2)它必須支付利息由可提供的收入去支付利息。 因為這樣的比較比率分析被製造。

　　我們將為MicroDrive公司計算2005年財務比率，使用表4-1提供資產負債表和損

益表裡的數據，我們還要計算出數值和產業平均數值的關係，注意美元金額單位是百萬美元。

流動性比率

　　流動資產(liquid asset)處理這個問題：當它們的負債大約在明年到期時，公司將能還清它的負債嗎？如表4-1中所示，MicroDrive在未來一年內有必須還清3.1億美元的流動負債。滿足那些義務有困難嗎？一個充分的流動性分析需要使用現金預算，但是透過現金的數量和其他流動資產與流動負債，比率分析提供一個迅速流動性且易於使用的衡量。在這個部分討論常使用兩個**流動性比率(liquidity ratios)**。

▸▸ 短期償債的能力：流動比率

　　流動比率(current ratio)等於流動資產除以流動負債：

$$流動比率 = \frac{流動資產}{流動負債}$$

$$= \frac{\$1,000}{\$310} = 3.2倍$$

產業平均＝4.2 倍

流動資產通常包括現金、有價證券、應收帳款和存貨。流動負債由應付帳款、短期應付票據、到期的長期負債、應計稅款與應計費用(主要是工資)所組成。

　　與資訊技術產業的平均相比較，MicroDrive有更低的流動比率。這是好還是不好的？有時答案取決於是誰問這個問題。例如，假設供應商試圖決定是否給MicroDrive信用債款。通常債權人喜歡看見高的流動比率。如果一家公司正陷入財務困難，它將開始付帳緩慢，向銀行借款等等，因此它的流動負債將增加。如果流動負債提升的比流動資產快，流動比率將下降而且產生麻煩。因為流動比率提供最好的單一指標，迅速兌現的資產支撐住多大的短期債權人的索賠，這是最常使用的短期流動性措施。

　　現在從一名股東的角度考慮流動比率。高的流動比率意味著公司在不能生產的資產裡有許多錢處於停頓狀態，例如過度現金或有價證券。或高的流動比率由大的存貨

表 4-1 | MicroDrive公司：資產負債表與損益表(百萬美元)

資產	2005	2004	負債與業主權益	2005	2004
現金與約當現金	$ 10	$ 15	應付帳款	$ 60	$ 30
短期投資	0	65	應付票據	110	60
應收帳款	375	315	應計負債	140	130
存貨	615	415	總流動負債	$ 310	$ 220
總流動資產	$1,000	$ 810	長期債券	754	580
淨廠房與設備	1,000	870	總負債	$1,064	$ 800
			優先股(400,000股)	40	40
			普通股(5,000,000股)	130	130
			保留盈餘	766	710
			總業主權益	$ 896	$ 840
總資產	$2,000	$1,680	總負債與業主權益	$2,000	$1,680

	2005	2004
淨銷貨	$3,000.0	$2,850.0
營運成本(折舊和攤銷前)	2,616.2	2,497.0
息前稅前折舊攤銷前盈餘(EBITDA)	$ 383.8	$ 353.0
折舊	100.0	90.0
攤銷	0.0	0.0
折舊和攤銷前	$ 100.0	$ 90.0
息前稅前盈餘(EBIT)	$ 283.8	$ 263.0
減利息	88.0	60.0
稅前盈餘(EBT)	$ 195.8	$ 203.0
稅(40%)	78.3	81.2
優先股息前淨利	$ 117.5	$ 121.8
優先股息	4.0	4.0
淨利	$ 113.5	$ 117.8
普通股股息	$ 57.5	$ 53.0
保留盈餘增加	$ 56.0	$ 64.8
每股資料		
普通股價	$ 23.00	$ 26.00
每股盈餘(EPS)	$ 2.27	$ 2.36
每股帳面價值(BVPS)	$ 17.92	$ 16.80
每股現金流量(CFPS)	$ 4.27	$ 4.16

所持有，這在它們可能被出售之前變得過時。因此股東不希望有高的流動比率。

　　一個產業平均數不是所有公司應該保持的數字，當其他公司在它下面時，一些管理非常好的公司將是高於平均。但是，當公司比率遠遠低於產業平均值，這就是一個警訊，且分析師應該擔心發生變化的原因。例如，假設低的流動比率被追蹤到低的存貨。這個原是公司及時存貨管理的競爭優勢，還是公司錯過裝運而失去銷售的弱點呢？比率分析不回答這些問題，而是指向潛在問題的地方。

財務管理
Corporate Finance: A Focused Approach

▸▸ **速動或酸性測驗比率**

速動或酸性測驗比率(quick, or acid test ratio)等於從流動資產中扣除存貨，然後除以流動負債：

$$速動比率 = \frac{流動資產 - 存貨}{流動負債}$$

$$= \frac{\$385}{\$310} = 1.2 次$$

$$產業平均 = 2.1 次$$

存貨通常是公司的流動資產中最不流動，它們很可能是在破產過程中發生流動資產的損失。因此，衡量不倚賴存貨而能償還公司的短期負債的能力是重要的。

產業平均速動比率是 2.1，因此MicroDrive的 1.2 比率在資訊技術產業，與其他公司相比較算是低的。當然，如果應收帳款可以被收回，公司能支付短期負債而不需要清算它的存貨。

自我測驗

1. 哪兩個比率可以代表公司的流動性並寫出方程式？
2. 流動資產的特性是什麼？舉一些例子。
3. 哪個流動資產是最差流動性？

資產管理比率

第二種性質的比率是**資產管理比率(asset management ratios)**，用來衡量公司管理資產的效率性，這些比率被用於回答這個問題：當考慮目前和計畫的銷售水準時，是否每類型資產的總用量是合理的，太高或太低？如果一家公司有過度的資產投資，然後它操作的資產和資本過高，這將降低它的自由現金流量和股票價格。另一方面，如果一家公司沒有足夠的資產，它將失去銷售，這將傷害利潤、自由現金流量和股票價格。因此，投資正確數量的資產是重要的。分析資產不同類型的比率在這個部分裡將被描述。

▶▶ 評價存貨：存貨周轉率

存貨周轉率(inventory turnover ratio)等於銷售除以存貨：

$$存貨周轉率 = \frac{銷售}{存貨}$$

$$= \frac{\$3,000}{\$615} = 4.9\ 倍$$

$$產業平均 = 9.0\ 倍$$

MicroDrive的存貨被賣完且被重新進貨，每年4.9次。此數字代表一年內一筆存貨投資被「轉動」幾次才創造出當年的銷售額，周轉率越高代表存貨投資運用效率越高。

MicroDrive的4.9周轉率比9次的工業平均數低得多。這表示MicroDrive持有太多存貨。過度存貨當然不具生產力，投資報酬率是低的。MicroDrive低存貨周轉率讓我們質疑流動比率。由於這樣低的周轉率，我們懷疑公司持有低價值且過時的貨物。

注意到銷售數字涵蓋整個年度，而存貨數字則是一時點數字。因此如果公司的生意屬於季節性，或有一強大向上或向下銷售趨勢應常調整使用平均存貨數字。

▶▶ 評價應收帳款：應收帳款天數

應收帳款天數(days sales outstanding, DSO)也叫「平均收款期間」(ACP)，用來評價應收帳款，DSO描述公司在銷售之後平均必須等待多久才能收回現金。MicroDrive有46天應收帳款天數，遠遠超過一般產業的36天：

$$DSO = 應收的每日銷售 = \frac{應收帳款}{每日銷售平均} = \frac{應收帳款}{年銷售/365}$$

$$= \frac{\$375}{\$3,000/365} = \frac{\$375}{\$8.219} = 45.6\ 天 \approx 46天$$

$$產業平均 = 36天$$

DSO也能與公司出售條件相比評價。例如，MicroDrive的售貨條款在30天內要求支付，因此45天的銷售不是30天的，表示用戶不準時付帳。這使MicroDrive失去它能用於投資生產性資產資金。而且顧客晚支付的事實代表顧客遇到財務麻煩訊號，在這種情況下MicroDrive可能處境艱難。因此，如果在過去幾年DSO的趨勢一直上

升，但是信貸政策沒被改變，這應該是採取加快應收帳款回收的強大證據。

▶▶ 評價固定資產：固定資產周轉率

固定資產周轉率(fixed assets turnover ratio)衡量多麼有效運用它的工廠設備。它是銷售和淨固定資產的比率：

$$固定資產周轉率 = \frac{銷售}{淨固定資產}$$

$$= \frac{\$3,000}{\$1,000} = 3.0次$$

$$產業平均 = 3.0次$$

MicroDrive的3.0次比率等於工業平均，表示公司和其他公司一樣強烈使用它的固定資產。因此MicroDrive 有正確數額的固定資產。

當解釋固定的資產周轉率時，一個潛在的問題可能存在。記得說明固定資產反映出那些資產的歷史成本。通貨膨脹將嚴重低估資產的價值。因此，如果我們比較一家新公司與一家老公司，我們將發現老公司有更高的固定資產周轉率。財務分析師必須認出這個問題存在並且判斷該如何處理。

▶▶ 評價總資產：總資產周轉率

最後的資產管理比率——**總資產周轉率(total assets turnover ratio)**——衡量全部公司的資產的運用效率；它被計算如下：

$$總資產周轉率 = \frac{銷售}{總資產}$$

$$= \frac{\$3,000}{\$2,000} = 1.5次$$

$$產業平均 = 1.8次$$

MicroDrive的比率在平均產業下面一點，表示公司沒給它的總資產投資一個足夠的銷售額。銷售應該被增加，一些資產應該被出售，或這些步驟的結合應該被採取。

自我測驗

1. 哪四個比率用來衡量一家公司如何有效管理它的資產，請寫出它們的方程式。
2. 迅速的成長怎樣可以扭曲存貨周轉比率？
3. 當比較不同的固定資產周轉率時，什麼樣潛在的問題可能出現？

負債管理比率

財務槓桿(financial leverage)有三個重要的啟示：(1)透過負債籌款，股東能保持控制一家公司而不用增加他們的投資。(2)如果利潤很大，以利息形式支付資金成本，將使股東報酬率放大，但是他們的危險也被放大。(3)債權人注意權益資金視為安全系數，因此由股東提供的資金比例越高，債權人面臨的危險越少。第十四章將解釋前兩點，下列比率從債權人的觀點檢查負債融資。

▶▶ 公司怎樣被融資：總負債/總資產比率

總負債和總資產的比率被叫做**負債比率(debt ratio)**或有時稱為**總負債比率(total debt ratio)**。它衡量除了權益以外其他來源資金的百分比：

$$負債比率 = \frac{總負債}{總資產}$$

$$= \frac{(\$310 + \$754)}{\$2,000} = \frac{\$1,064}{\$2,000} = 53.2\%$$

產業平均 = 40.0%

如果發生清算的話，債權人更喜歡低比率因為負債比率越低，債權人損失越低。另一方面，股東卻要更高負債比率，因為它放大期望的收入。

MicroDrive的負債比率是53.2%，表明它的債權人已經提供超過一半總數的投資。我們將在第十四章決定公司最佳負債比率的各種因素。MicroDrive負債比率超過產業平均是一項警訊，可能使MicroDrive增加負債成本，除非它增加權益資金。如果增加負債比率，債權人可能不願意借更多的錢，管理當局將使公司面對破產的風險。

▶ 支付利息能力：利息保障倍數(TIE)

利息保障倍數比率(times-interest-earned (TIE) ratio)是由息前稅前盈餘(EBIT)除以利息決定：

$$利息保障倍數比率 = \frac{EBIT}{利息}$$

$$= \frac{\$283.8}{\$88} = 3.2倍$$

產業平均 = 6.0倍

TIE衡量當公司不能償付它的每年利息成本之前，營業收入能下降多少。沒有履行這種義務將帶來公司債權人的訴訟，可能導致公司破產。注意到息前稅前盈餘，在分子裡被使用而不是淨利。因為用稅前所得支付利息，公司的支付利息能力不被稅款影響。

MicroDrive的利息被3.2倍的盈餘保障住。因為產業平均數是6倍。MicroDrive的安全系數相對較低。因此，TIE加強我們的負債比率的分析結論，如果它試圖增加負債，MicroDrive勢必將面對困難。

▶ 支付負債利息能力：EBITDA償債能力比率

TIE對評價一家公司償付利息的能力有用，但是這比率有兩個缺點：(1)利息不是唯一的固定融資費用，公司也必須按時償還負債和支付租用資產租金。如果它們不能償還負債或支付租金，它們可能被迫破產。(2)EBIT不代表全部可提供償還負債的現金收支，特別是如果一家公司有高的折舊與攤銷費用時。為了解決這些缺點，銀行家和其他人已經發展**EBITDA償債能力比率(EBITDA coverage ratio)**，定義如下：

$$EBITDA償債能力比率 = \frac{EBITDA + 租金支付}{利息 + 本金支付 + 租金支付}$$

$$= \frac{\$383.8 + \$28}{\$88 + \$20 + \$28} = \frac{\$411.8}{\$136} = 3.0倍$$

產業平均 = 4.3倍

在利息、稅款、折舊和攤還(EBITDA)之前，MicroDrive的收入有3.838億美元，此外，2,800萬美元的租約支付在計算EBITDA時被扣除。那2,800萬美元可提供償付財務費用。因此加回後，可提供保障財務費用的總數是4.118億美元。固定的財務費用由利息的8,800萬美元，償債基金支付的2,000萬美元，以及租約支付2,800萬美元組成，為共1.36億美元。因此，MicroDrive給它固定財務費用3.0倍保障。不過，如果EBITDA下降保障將下降，EBITDA 當然會下降。而且，MicroDrive比率遠遠低於平均產業，如此再次證明，公司好像有比較高負債。

EBITDA償債能力比率對短期出借人像銀行最有用，很少做比 5 年長債款(除房地產債款之外)那麼久。在一個相對短的時期上，折舊產生的資金能用於償付負債。但長時間後，那些資金就必須再投資，以維持工廠設備讓公司繼續營運。因此，相對短期的出借人重視EBITDA償債能力比率，而長期的債券持有人注重TIE。

自我測驗

1. 財務槓桿如何影響現在股東的控制權？
2. 稅款如何影響一家公司使用負債的意願？
3. 使用負債為何是風險與報酬的權衡？
4. 解釋下列陳述：「當評價一種公司的財政狀況時，財務比率分析師如何看資產負債表和損益表比率。」
5. 舉出3個比率，用來衡量公司使用財務槓桿的程度，和寫出它們的方程式。

利潤比率

到目前為止，我們的比率提供檢視公司營運效力有用的線索，但是**利潤比率(profitability ratios)**結合流動性，資產管理和負債總影響於營業結果。

▶▶ 銷售的利潤邊際

銷售的利潤邊際(profit margin on sales)是銷售除以淨利得到每美元銷售利潤：

$$銷售的利潤邊際 = \frac{普通股股東可得到的淨利}{銷售}$$

$$= \frac{\$113.5}{\$3,000} = 3.8\%$$

$$產業平均 = 5.0\%$$

MicroDrive的利潤邊際低於產業平均數的5%。這個結果的發生是因為成本太高。通常無效率的營運行動產生高的成本，不過，MicroDrive的低利潤邊際也是它對負債過度使用的結果。回憶淨利是利息之後收入。因此如果兩家公司有相同的經營、銷售、營運費用和EBIT相同，一家公司比另一家有更多負債，將有更高的利息支出。那些利息將拉低淨利，且因為銷售是固定的，結果是一筆相對低的利潤邊際。但是低的利潤邊際並不表示營運有問題，它可能是不同融資策略的結果。因為低利潤邊際的公司可能使它的股東得到更高的報酬率。在本章後面當我們檢查杜邦模式時，我們將看見利潤邊際和使用負債如何影響股東權益報酬率。

▸▹ 基本的盈餘能力(BEP)

　　基本的盈餘能力比率(basic earning power (BEP) ratio)是由稅前息前盈餘(EBIT)除以總資產：

$$基本的盈餘能力比率(BEP) = \frac{EBIT}{總資產}$$

$$= \frac{\$283.8}{\$2,000} = 14.2\%$$

$$產業平均 = 17.2\%$$

這比率表示公司資產基本的盈餘能力，在考慮稅款和利息之前，處於不同稅率和不同負債公司之間顯得比較更有用。因為低周轉率和低利潤邊際，MicroDrive沒有得到和產業平均一樣高的資產報酬。

▸▸ 資產總額報酬率

淨利除以總資產的比率衡量**資產總額報酬率**(return on total assets, ROA)，在考慮利息和稅款之後：

$$資產總額報酬率＝ROA＝\frac{普通股股東可得到的淨利}{總資產}$$

$$=\frac{\$113.5}{\$2,000}=5.7\%$$

$$產業平均＝9.0\%$$

MicroDrive的5.7%的報酬是遠遠低於產業平均9%。這低的報酬結果來自(1)公司低的基本盈餘能力，(2)高的利息成本，兩者都是引起它淨利相對低的原因。

▸▸ 普通股權益報酬

最後最重要，或是「底線」，會計比率是淨利除以普通股權益的比率，這用報酬率來衡量**普通股權益報酬**(return on common equity, ROE)：

$$普通股權益報酬＝ROE＝\frac{普通股股東可得到的淨利}{普通股權益}$$

$$=\frac{\$113.5}{\$896}=12.7\%$$

$$產業平均＝15.0\%$$

股東投資是為了得到利潤，這比率告訴他們公司做的多好。MicroDrive的12.7%報酬率遠低於15%的產業水準。由於公司對負債的大量使用，這個結果有點好。

自我測驗

1. 寫出四個比率可以顯示流動性、資產管理和負債管理對利潤的影響。
2. 為什麼基本的盈餘能力比率是有用的？
3. 使用負債為什麼降低ROA？
4. ROE衡量什麼？利息費用會降低利潤，使用負債會降低ROE嗎？

市場價值比率

將公司股票的價格與公司盈餘、現金流量,每五帳面價值連結起來的比率。這些比率是一個投資者對公司過去表現和前景的看法。如果流動性、資產管理、負債管理和利潤比率全部都好看,那麼**市場價值比率(market value ratios)**將是高的,股票價格或許如預期一樣高。

▸▸ 股價/盈餘比率

股價/盈餘比率〔price/earnings(P/E)ratio〕,又稱本益比,衡量投資者願意為公布的每一美元利潤支付多少價格。MicroDrive股票售價 23 美元,因此EPS=2.27 美元,它的P/E 比率是在10.1:

$$股價/盈餘(P/E)比率 = \frac{每股價格}{每股利潤}$$

$$= \frac{\$23.00}{\$2.27} = 10.1倍$$

$$產業平均 = 12.5倍$$

其他事情保持不變,有發展前景的公司P/E 比率比較高,但是危險的公司就低。因為MicroDrive的P/E比率是在一般水準下面,這表示公司被認為是稍微危險。

▸▸ 股價/現金流量比率

在一些行業裡,股票價格被更緊密連結到現金流量,而不是淨利。因此投資者經常看到**股價/現金流量比率(price/cash flow ratio)**,在那裡現金流量被定義為淨利加折舊和攤銷:

$$\frac{股價}{現金流量} = \frac{每股價格}{每股現金流量}$$

$$= \frac{\$23.00}{\$4.27} = 5.4倍$$

$$產業平均 = 6.8倍$$

MicroDrive的價格/現金收支比率也是在一般產業水準下面，再一次顯示它的發展前景是在平均以下，它的危險是平均偏上的。

注意一些分析師在股價/盈餘和股價/現金流量比率以外，也看更多其他比率。例如，可能看股價/銷售，每股價格/用戶數或price/EBITDA。

▶▶▶ 市場/帳面比率

一個股票的市場價格和它的帳面價值比率是提供投資者怎樣看公司的另一個指標。報酬比較高的公司一般能以帳面價值的數倍股價出售其股票。首先，我們找到每股MicroDrive的帳面價值：

$$每股帳面價值 = \frac{普通股權益}{在外流通股票}$$

$$= \frac{\$896}{50} = \$17.92$$

現在我們用市場價格除以每股帳面價值得到一個**市場/帳面〔market/book(M/B) ratio〕**1.3倍的比率：

$$\frac{市場}{帳面比率} = \frac{M}{B} = \frac{每股市場價格}{每股帳面價值}$$

$$= \frac{\$23.00}{\$17.92} = 1.3倍$$

$$產業平均 = 1.7倍$$

投資者願意對MicroDrive一美元帳面價值的支付相對少於產業水準。

2004年春天，在標準普爾500指數裡的公司有平均大約4.52的市場/帳面比率。因為M/B比率通常超過1.0，這表示投資者願意為股票支付比它們的帳面價值還要多。帳面價值是一個過去的紀錄片段，顯示股東已經投資的累積金額，或直接透過新近發行股票募得的資金。相反地，市場價格有遠景，考慮投資者對將來現金收支的預期。例如，在2004年春天阿拉斯加航空公司只有1.01的市場/帳面比率，反映出恐怖分子的攻擊引起航空公司工業的危機，反而戴爾電腦的市場/帳面比率是14.11，表示投資者期望戴爾過去的成功會繼續。

表 4-2 總結MicroDrive的財務比率。正如表格所示公司有很多問題。

表 4-2 | MicroDrive公司：財務比率摘要(百萬美元)

比率	計算公式	計算	比率	產業平均	評論
流動性					
流動比率	$\dfrac{流動資產}{流動負債}$	$\dfrac{\$1{,}000}{\$310}$	$= 3.2\times$	$4.2\times$	差
速動比率	$\dfrac{流動資產-存貨}{流動負債}$	$\dfrac{\$385}{\$310}$	$= 1.2\times$	$2.1\times$	差
資產管理					
存貨周轉率	$\dfrac{銷貨}{存貨}$	$\dfrac{\$3{,}000}{\$615}$	$= 4.9\times$	$9.0\times$	差
應收帳款期間	$\dfrac{應付帳款}{年銷售額/365}$	$\dfrac{\$375}{\$8.219}$	$= 46$ 天	36 天	差
固定資產周轉率	$\dfrac{銷貨}{固定資產}$	$\dfrac{\$3{,}000}{\$1{,}000}$	$= 3.0\times$	$3.0\times$	可
總資產周轉率	$\dfrac{銷貨}{總資產}$	$\dfrac{\$3{,}000}{\$2{,}000}$	$= 1.5\times$	$1.8\times$	有點低
負債管理					
負債比率	$\dfrac{總負債}{總資產}$	$\dfrac{\$1{,}064}{\$2{,}000}$	$= 53.2\%$	40.0%	高(有風險)
利息保障倍數比率(TIE)	$\dfrac{息前稅前盈餘(EBIT)}{利息費用}$	$\dfrac{\$283.8}{\$88}$	$= 3.2\times$	$6.0\times$	低(有風險)
EBITDA保障比	$\dfrac{EBITDA+租賃費用}{利息+本金+租賃費用}$	$\dfrac{\$411.8}{\$136}$	$= 3.0\times$	$4.3\times$	低(有風險)
獲利能力					
利潤邊際	$\dfrac{普通股股東淨利}{銷貨}$	$\dfrac{\$113.5}{\$3{,}000}$	$= 3.8\%$	5.0%	差
基本盈餘力	$\dfrac{EBIT}{總資產}$	$\dfrac{\$283.8}{\$2{,}000}$	$= 14.2\%$	17.2%	差
總資產報酬率	$\dfrac{普通股股東淨利}{總資產}$	$\dfrac{\$113.5}{\$2{,}000}$	$= 5.7\%$	9.0%	差
普通股股東權益報酬率	$\dfrac{普通股股東淨利}{普通股股東權益}$	$\dfrac{\$113.5}{\$896}$	$= 12.7\%$	15.0%	差
市場價值					
本益比(P/E)	$\dfrac{每股股價}{每股盈餘}$	$\dfrac{\$23.00}{\$2.27}$	$= 10.1\times$	$12.5\times$	低
股價/現金流量比	$\dfrac{每股股價}{每股現金流量}$	$\dfrac{\$23.00}{\$4.27}$	$= 5.4\times$	$6.8\times$	低
市場/帳面比(M/B)	$\dfrac{每股股價}{每股帳面價值}$	$\dfrac{\$23.00}{\$17.92}$	$= 1.3\times$	$1.7\times$	低

1. 描述三家公司股票價格和盈餘、現金流量、每股帳面價值比率的關聯。
2. 市場價值比率,如何反映出投資者對股票的風險,期望報酬率的看法?
3. 股價/盈餘(P/E)比率顯示什麼?如果一家公司的P/E比率比另一家低,可以解釋差別的因素是什麼嗎?
4. 每股帳面價值怎樣計算?解釋帳面價值為什麼經常背離市價。

趨勢分析、共同比分析和百分比變化分析

分析比率的趨勢和分析比率的值是同樣重要,因為趨勢分析透露公司的財政狀況可能改進或惡化狀況。做**趨勢分析(trend analysis)**只要將比率依時間畫趨勢圖,如圖4-1中所示。這張圖顯示在普通股權益上,MicroDrive的報酬率從2002年起一直下降,即使產業平均數相對穩定。全部其他比率可能被以類似方法分析。

共同比分析(common size analysis)和**百分比變化分析(percent change analysis)**是能用來在財務報表裡鑑定趨勢的兩種其他技術。共同比分析也用於比較分析過程,以及產業資料。

在共同比分析內,全部損益表的項目都除以銷售額,全部資產負債表項目都除以總資產。因此,一個共同比損益表顯示每個項目為一部分銷售,而且一張共同比資產

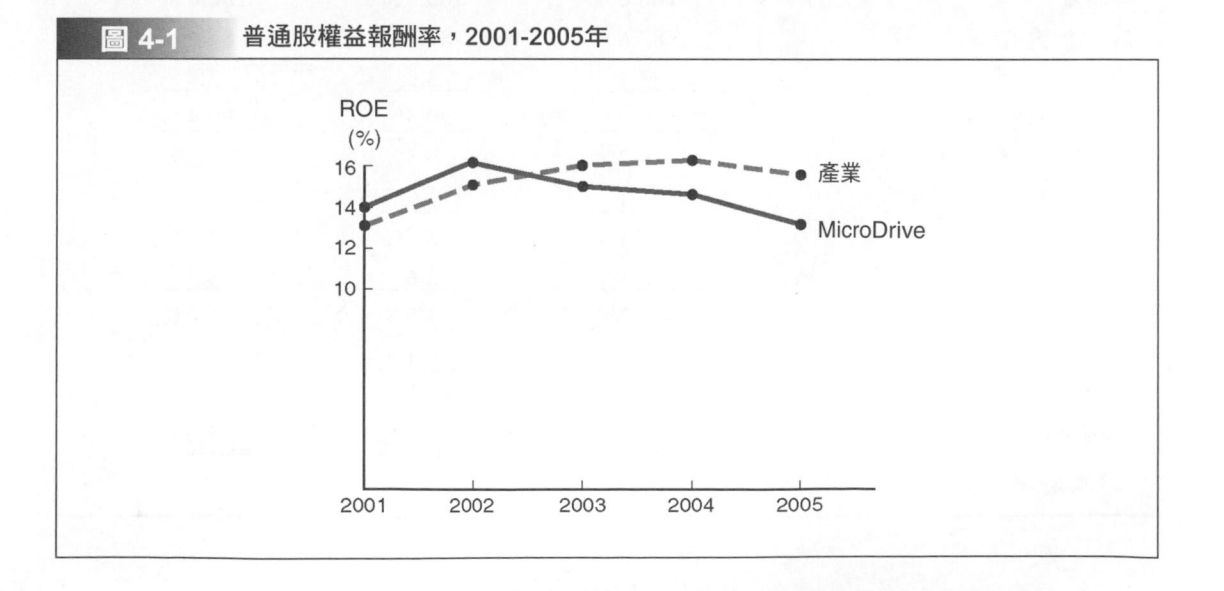

圖 4-1　普通股權益報酬率,2001-2005年

██▌◢▛◣ **財 務 管 理**
Corporate Finance: A Focused Approach

負債表顯示每個項目占總資產的百分比。共同比分析的優勢是使不同時間與不同公司間資產負債表和損益表的比較變得較容易。

表4-3包含MicroDrive 2004年和2005年產業的財務報表一起的共同比損益表。MicroDrive的營運費用有點平均偏上，與它的利息費用一樣，但是因為它的低EBIT，因此它的稅款相對也低。所有這些力量的效果是一相對低的利潤邊際。

表4-4顯示MicroDrive的共同比資產負債表與產業平均。它應收帳款比平均高，顯示它的存貨相當高，而且它比產業平均使用更多的固定費用資金。

用來幫助分析一份公司的財務報表的最後技術是百分比變化分析。在這類分析裡，全部損益表和資產負債表項目都計算其成長率。為了說明，表4-5包含MicroDrive的損益表百分比變化分析。在2005年期間銷售以一個5.3%的比率增加，當總營運費用以一個更慢的5.0%的比率增加，導致在 EBIT 方面7.9%的增長。銷售增加的比營運費用快，但是這「好消息」是被利息費用方面的一個46.7%的增加所抵銷。在利息費用方面顯著的增長引起在稅前盈餘和淨利方面負的成長。因此，百分比變動分析指出，利息費用的增加導致2005年淨利的減少。相同的分析亦適用於資產負債表，資產以19.0%的速度成長，基本上是因為存貨的48.2%的大比率成長。以只有5.3%銷售成長，存貨的大成長值得MicroDrive經理嚴重關切。

表 4-3 | MicroDrive公司：共同比損益表

	2004	2005	2005產業平均
淨銷貨	100.0%	100.0%	100.0%
成本(折舊前)	87.6	87.2	87.6
折舊	3.2	3.3	2.8
總營運成本	90.8%	90.5%	90.4%
息前稅前盈餘(EBIT)	9.2%	9.5%	9.6%
減利息	2.1	2.9	1.3
稅前盈餘(EBT)	7.1%	6.5%	8.3%
稅(40%)	2.8	2.6	3.3
淨利(優先股息前)	4.3%	3.9%	5.0%
優先股利	0.1	0.1	0.0
普通股淨利 (利潤邊際)	4.1%	3.8%	5.0%

註：因為四捨五入、百分比數字可能不精確。

表 4-4 | MicroDrive公司：共同比資產負債表

	2004	2005	2005產業平均
資產			
現金與約當現金	0.9%	0.5%	3.2%
短期投資	3.9	0.0	0.0
應收帳款	18.8	18.8	17.8
存貨	24.7	30.8	19.8
總流動資產	48.2%	50.0%	40.8%
淨廠房設備	51.8	50.0	59.2
總資產	100.0%	100.0%	100.0%
負債與業主權益			
應付帳款	1.8%	3.0%	1.8%
應付票據	3.6	5.5	4.4
應計負債	7.7	7.0	3.6
總流動負債	13.1%	15.5%	9.8%
長期債券	34.5	37.7	30.2
總負債	47.6%	53.2%	40.0%
優先股權益	2.4	2.0	0.0
普通股權益	50.0	44.8	60.0
總負債與業主權益	100.0%	100.0%	100.0%

表 4-5 | MicroDrive公司：損益表百分比變動分析(百萬美元)

	2004	2005	百分比變動
淨銷貨	$2,850	$3,000.0	5.3%
成本(折舊前)	$2,497	$2,616.2	4.8%
折舊	90	100.0	11.1
總營運成本	$2,587	$2,716.2	5.0%
稅前息前盈餘(EBIT)	$ 263	$ 283.8	7.9%
減利息	60	88.0	46.7
稅前盈餘(EBT)	$ 203	$ 195.8	(3.5%)
稅(40%)	81	78.3	(3.3)
淨利(優先股息前)	$ 122	$ 117.5	(3.7%)
優先股利	4	4.0	0
普通股股東淨利	$ 118	$ 113.5	(3.8%)

共同比分析和百分比變動分析的結論與比率分析的結論同樣重要。只用一種分析技術將有嚴重的缺失。通常一般人全部三種都用並且叫管理者參考，採取需要的改正措施。因此，一個徹底的財務報表分析將包括比率、百分比變動和共同比分析，以及下一節描述的杜邦分析。

✎ **自我測驗**

1. 如何做趨勢分析？
2. 一個趨勢分析提供什麼重要的訊息？
3. 共同比分析是什麼？
4. 百分比變化分析是什麼？

把比率繫在一起：杜邦方程式

利潤邊際乘以總資產周轉率被叫做**杜邦方程式(Du Pont equation)**，而且就等於資產報酬率(ROA)：

$$\text{ROA} = \text{利潤邊際} \times \text{總數資產周轉率} \tag{4-1}$$
$$= \frac{淨利}{銷貨} \times \frac{銷售}{總資產}$$
$$= 3.8\% \times 1.5 = 5.7\%$$

MicroDrive在每美元銷售上賺3.8分美元，或 3.8%，而且它的資產一年周轉 1.5 次。因此，公司在它的資產上賺5.7%的利潤。

如果公司只用權益，在資產上的報酬率(ROA)與權益資本利潤(ROE)將相同，因為總資產將等於權益：

$$\text{ROA} = \frac{淨利}{總資產} = \frac{淨利}{普通股權益} = \text{ROE}$$

但是 MicroDrive確實使用負債，因此它的普通股權益是不等於總資產。因此，權益東(ROE)的報酬率一定比5.7%的 ROA 大。為了找到 ROE，在資產報酬率(ROA)乘以權益乘數，就是資產和普通股權益的比率：

$$權益乘數 = \frac{總資產}{普通股權益}$$

使用大量舉債的公司有高權益乘數——負債越多權益越少。例如一家公司有資產 1,000 美元，800美元(或80%)負債，然後它的權益將是 200 美元，它的權益乘數將是$1,000/$200＝5。如果使用負債 200 美元，然後它的權益本會是 800 美元，權益乘數會是$1,000/$800＝1.25。

MicroDrive的權益報酬率取決於它的 ROA 和它對槓桿(負債)的使用。

$$ROE = ROA \times 權益乘數$$
$$= \frac{淨利}{總資產} \times \frac{總資產}{普通股權益}$$

(4-2)

$$= 5.7\% \times \$2,000/\$896$$
$$= 5.7\% \times 2.23$$
$$= 12.7\%$$

現在我們結合公式 4-1和4-2形成延伸的杜邦方程式，用利潤邊際、資產周轉率和權益乘數一起決定ROE：

$$ROE = (利潤邊際)(總資產周轉率)(權益乘數)$$
$$= \frac{淨利}{銷售} \times \frac{銷貨}{總資產} \times \frac{總資產}{普通股權益}$$

(4-3)

對MicroDrive來說，

$$ROE = (3.8\%)(1.5)(2.23)$$
$$= 12.7\%$$

這12.7%的報酬率當然直接計算：在分子分母的銷售和總資產互相取消，留下淨利/普通股權益＝$ 113.5/$896＝12.7%。不過，這杜邦方程式展示怎樣由利潤邊際、總資產周轉率和使用負債相互作用，繼而決定權益報酬。

杜邦模型提供有價值的啟示，它可以迅速估計營業變化如何影響報酬率。例如，如果MicroDrive 能抬高它的銷售/總資產到1.8的比率，它的ROE將改進到(3.8%)(1.8)2.23＝15.25%。

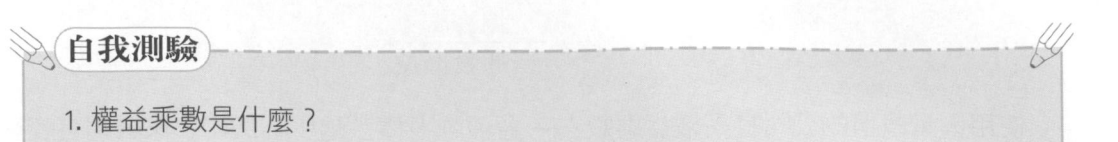

1. 權益乘數是什麼？

比較性比率和指標比較

比率分析涉及相同產業裡的公司比較，即與產業平均水準比較。不過，像大多數公司一樣，MicroDrive的經理更進一步，也把他們的比率與更領先的公司比較。這技術叫做**指標比較(benchmarking)**，用於比較的公司叫**指標公司(benchmark companies)**。例如，MicroDrive將指標比較於五家產業管理最好的其他公司。表4-6為各家公司的比較性比率。

表 4-6　各家比較性比率

比率	Dell電腦	電腦硬體產業[a]	科技部門[b]	S&P 500
本益比(P/E)	34.32	28.13	35.97	24.84
市場/帳面比	14.11	7.86	5.19	4.52
市價/有形資產帳面價值比	14.11	9.11	7.06	8.02
市價/現金流量比	31.23	20.64	25.87	18.07
淨利潤邊際	6.38	5.76	9.81	13.06
速動比率	0.81	1.03	2.55	1.28
流動比率	0.98	1.26	3.03	1.78
長期負債/權益比	0.08	0.38	0.24	0.68
總負債/權益比	0.08	0.52	0.29	0.85
利息保障倍數比[c]	—	11.24	9.95	11.81
資產報酬率	15.53	8.18	5.98	6.42
權益報酬率	47.89	29.43	11.91	18.73
存貨周轉率	105.06	20.94	9.61	10.52
資產周轉率	2.43	1.45	0.76	0.92

[a] 電腦硬體產業由50家廠商組成，包括IBM、Dell電腦、昇陽與日立。
[b] 科技部門包括幾項產業、包含傳輸設備、電腦硬體、電腦通路、半導體與軟體設計。
[c] Dell電腦有較多利息收入超過利息費用。

資料來源：**http://www.reuters.com**, accessed through Yahoo!, on April 7, 2004.

自我測驗

1. 區別趨勢分析和比較性分析的不同?
2. 為什麼做一個比較比率分析是有用的?
3. 什麼是指標比較?

比率分析的使用和限制

比率分析有三群主要使用者:(1)經理:用比率分析、控制,因此改進他們的公司的營運;(2)信貸分析師:包括銀行債款員和債券等級分析師,用財務比率探查一家公司有能力支付它的負債;而且(3)股票分析師:對公司的效率,危險和發展前景感興趣。在後面的章節裡,將更仔細地討論每個比率的基本影響因素,將有助於了解如何詮釋與使用比率分析。不過須注意,當比率分析能提供有用的訊息時,它確實有一些限制,小心和判斷成為必須。在下面列舉一些潛在的問題:

1. 很多大公司在不同的產業裡經營不同的部門,為這樣公司發展一套有意義的產業平均數是很難。因此,與一些大或多種部門的公司相比,比率分析對小或部門集中的公司有用。

2. 大多數公司想要中上等,如此僅取得平均性能不一定好。做為進取的目標,最好能聚焦於產業中帶頭公司的比率。

3. 通貨膨脹可能歪曲公司的資產負債表紀錄,經常偏離真實價值。更進一步,通貨膨脹影響折舊和存貨成本利潤也被影響。因此跨時的比率分析,或不同年齡公司的比較分析,必須加入主觀判斷才解釋。

4. 季節性的因素也能歪曲一個比率分析。例如,食品加工商的存貨周轉比率將不同,因為在罐頭製造季節的結束前,後用的存貨數字相差很大。這個問題可以透過把月平均存貨減到最小。

5. 公司可以用「窗飾」技術使他們的財務報表看起來更好。舉例說明,一個芝加哥建築商在12月末借一個兩年的債。因為債款超過一年,它沒在流動負債揭露。建築商拿債款的收入做為現金。改進流動和速動比率,並使年底資產負債表看起來更好。不過,這種改進純粹只是窗飾效果,一周以後建築商還清債款,資產負債表又回到舊水準。

6. 不同的會計程序能歪曲比較。像更早注意到的那樣，存貨評價和折舊的方法能影響財務報表，也歪曲公司間的比較。此外，如果一家公司大量租借它的設備，它的資產可能相對的低，因為租賃資產經常不出現在資產負債表。同時，與租約相關的負債也不被列為一項負債。因此租賃能改善營業周轉和負債比率。

7. 很難判斷某特定比率是「好」或「壞」。例如，高的流動比可以表示一個強大的流動性位置，這是好的；或也表示過高現金，這個是壞的。與此類似，高固定資產周轉率可能表示它資產的有效運用或已經投資不足，並且買不起足夠的資產。

8. 公司可能有一些比率看起來「好」以及一些看起來「壞」，這使我們很難分辨公司，整體來說，是好還是壞。不過，統計過程能用來分析一套比率的基本效果。很多銀行和其他借款組織使用區別分析這項統計方法，依據公司陷入財務麻煩的可能性，分析公司的財務比率，然後再把公司分類。

9. 有效的使用財務比率要求財務報表是準確的。像世界電信和安隆的假帳被披露後，必須警覺報表數據所透露可能會使人誤解。

比率分析是有用的，但是分析師應該知道這些問題並且根據需要調整它。機械式、不思考地處理比率分析是危險的，但是聰明使用與用好判斷能提供對公司營運有用的了解。

自我測驗

1. 列出比率分析的三種不同使用者？他們強調相同還是不同類型的比率？
2. 列舉使用比率分析幾個潛在的問題。

數字背後的意義

透過本章，希望幫助你了解財務報表並且改進解釋會計數字的能力。當做商業決策評價績效，並預報將來發展時，這些重要和基本的技能是必要的。

成熟的財務分析不僅是計算數目，好的分析要求多種質性因素。這些因素由美國個人投資者協會(AAII)總結的那樣，包括如下內容：

1. 公司的收入被一個關鍵用戶主宰嗎？如果是的話，用戶去別處公司的表現可能劇

烈性下降。

2. 公司的收入依賴一個關鍵產品到什麼程度？倚賴一種產品的公司可能更有效率且更專注，但是缺乏多樣化會增加危險。

3. 公司倚賴一個供應商到什麼程度？只依賴一個供應商可能導致未預料的貨源短缺，因此降低利潤。

4. 公司的生意有多少百分比是由海外產生？有大多數海外生意的公司經常能實現更高的成長和更大的利潤邊際。不過，有大的海外經營的公司也發現他們的經營價值，大部分倚賴當地貨幣的價值。因此，在貨幣市場的波動為公司增加風險。另外，地區的政治穩定也是重要的。

5. 競爭。考慮目前競爭者的可能行動和未來新競爭者加入的可能性是重要的。

6. 前景。公司大量投資研究與開發嗎？如果是的話，它的前景將倚賴研發產品的成功。

7. 法律和管制的環境。考慮管制和可能訴訟的影響是很重要的。

 **自我測驗**

> 1. 當評價公司將來可能的財務績效時，分析師應該考慮什麼質性因素？

總結

本章主要目的是討論投資者和經理使用分析財務報表的技術。包括的核心概念列舉如下：

- 財務報表分析一般用一套財務比率顯示公司的力量和弱點，在相同的產業裡與其他公司相比較，並且顯示它的財務狀況是一直改進還是惡化。

- 流動比率把一家公司的流動資產除以它的流動負債，顯示它短期的償債能力。常使用的是流動比率和速動比率。

- 資產管理比率衡量一家公司正多麼有效管理它的資產。這些比率包括存貨周轉率、應收帳款天數、固定資產周轉率和總資產周轉率。

- 負債管理比率揭示：(1)公司負債融資的程度和(2)它的負債義務拖欠的可能。它

們包括負債比率、利息保障倍數比率和EBITDA償債能力系數。

- 利潤比率關於營業成績顯示被結合的流動性，資產管理和負債管理策略的影響。它們包括銷售的利潤邊際，基本的盈餘能力比率，資產總額報酬率和在普通股權益上的報酬。

- 市價比率使公司的股票價格與它的每股收入、現金收支和帳面價值相結合，如此給投資者對公司過去執行和前景的看法跡象。這些包括價格/收入比率，價格/現金收支比率和市場/帳面比率。

- 趨勢分析，跨時將比率畫趨勢圖是重要的，因為它揭示是一直改進還是惡化的趨勢。

- 杜邦系統被用於顯示利潤邊際、資產周轉比率和使用負債怎樣相互作用決定權益報酬率。公司管理能使用杜邦系統分析改進績效的方法。

- 指標比較是把公司與一組「指標」公司比較的過程。

- ROE是重要的，但是不考慮投資額或風險。

- 比率分析有限制，小心使用和判斷可能會有幫助。

問題

(4-1) 定義以下名詞：

　　a. 流動比率：流動比率；速動比率

　　b. 資產管理比率：存貨周轉比率；DSO；固定資產周轉比率；總資產周轉比率

　　c. 財務槓桿：負債比率；利息保障倍數比率；償債能力系數

　　d. 利潤比率：銷售的利潤邊際；基本的盈餘能力(BEP)比率；資產總額報酬率(ROA)；在普通股權益(ROE)上報酬

　　e. 市價比率；股價/盈餘(P/E)比率；股價/現金流量比率；市場/帳面(M/B)比率；每股帳面價值

　　f. 趨勢分析；比較分析；指標

　　g. 杜邦方程式；「窗飾」；對比率的季節性影響

(4-2) 經理、權益投資者、長期的債權人和短期的債權人使用財務比率分析。在

評價比率時,這些人的主要重點是什麼?

(4-3) 在過去的一年,Ryngaert公司已經意識到它的流動比的增加,以及在它的總資產周轉比率方面的下降。不過,公司的銷售速動比率和修理的資產周轉比率已經保持不變。怎樣解釋這些變化?

(4-4) 利潤邊際和營業額比率從一個行業變化到另一個。你期望在一家食品雜貨連鎖店和一家鋼鐵公司之間發現什麼差別?特別是周轉比率、利潤邊際和杜邦方程式。

(4-5) (a)季節性的因素和(b)不同的成長率如何扭曲一個比較比率分析?舉一些例子。這些問題怎樣可以被減輕?

(4-6) 把公司的財務比率與相同產業的其他公司相比較,為什麼有時使人誤解?

自我測驗

(ST-1) K. Billingsworth公司去年有 4 美元的每股盈餘,它支付 2 美元的股息。當年以1,200萬美元增加保留盈餘,當時帳面價值每股在年底時是 40 美元。Billingsworth沒有優先股,沒有新權益當年被發行。如果Billingsworth的年底負債是1.2億美元,公司的年底負債/資產比率是多少?

(ST-2) 下列數據適用於Kaiser公司(百萬美元計):

現金與市場證券	$100.00
固定資產	$283.50
銷貨收入	$1,000.00
淨利	$50.00
速動比率	2.0×
流動比率	3.0×
銷售天數(DSO)	40.55 天
權益報酬率(ROE)	12%

Kaiser沒有優先股,只有普通股權益、流動負債和長期的負債。

a. 找出Kaiser的(1)應收帳款(A/R)、(2)流動負債、(3)流動資產、(4)總資產、(5)ROA、(6)權益和(7)長期的負債。

b. 在 a 部分,你應該可以找到Kaiser的應收帳款(A/R)=1.111億美元。如

果Kaiser能降低它DSO從40.55天到30.4天而維持其他事情不變，它將產生多少現金？如果這些現金用來購回權益(以帳面價值)，如此降低普通股權益的數量，這將怎樣影響(1)ROE，(2)ROA和(3)總負債/總資產比率嗎？

習題

(4-1) Ace 公司流動資產是3百萬美元，公司的流動比率是1.5，而且它的速動比率是1.0。公司的流動負債的水準是多少？公司的存貨水準是多少？

(4-2) 貝克兄弟有40天的DSO。公司平均每日的銷售是20,000 美元。它的應收帳款水準是多少？假設一年有365天。

(4-3) Bartley Barstools有2.4的權益乘數。公司的資產被長期的負債和權益合併融資。公司的負債比率是多少？

(4-4) Doublewide 經銷商有10%的ROA，2%的利潤邊際和等於15%的權益報酬率。公司的總資產周轉率是多少？公司的權益乘數是什麼？

(4-5) 假設你有布勞爾公司的下列資料：

銷售/總資產	1.5×
ROA	3%
ROE	5%

計算布勞爾的利潤邊際和負債比率。

(4-6) 佩特裡公司有價值 1,312,500美元的流動資產和價值 525,000美元的流動負債。它的最初存貨水準是 375,000美元，另外以應付票據籌款使它們增加存貨。佩特裡公司的短期負債(應付票據)能增加多少，而使它的流動比率不低於2.0？在佩特裡公司已經提升最大數額的短期資金之後，公司的速動比率將是多少？

(4-7) Kretovich 公司有1.4的速動比率，3.0的流動比率，6次的存貨周轉，810,000美元的總流動資產，以及現金和有價證券的120,000美元。Kretovich 公司全年銷售額和它的DSO 是多少，假設一年 365天。

(4-8) 皮克特公司有未償還負債的500,000美元，且它每年支付一個10%的利

率：皮克特公司的全年銷售額是200萬美元，它的平均稅率是30%，而它的淨銷售利潤邊際是5%。如果公司不保持至少5倍的利息保障倍數比率(TIB)，它的銀行將拒絕更新貸款，而且將導致破產。皮克特公司的利息保障倍數比率是多少？

(4-9) Barry電腦公司和資訊技術產業平均數的數據如下：

a. 為Barry計算被註明的比率。

b. 為Barry和產業設立被擴大的杜邦方程式。

c. 透過你的分析，揭示Barry的強處和弱點。

d. 假設Barry已經使它2005年期間的銷售和存貨、應收帳款和普通股權益加倍。這訊息將怎樣影響你的比率分析的正確性？(暗示：如果平均數沒被使用，考慮平均數和迅速的發展對比率的影響。不需要計算)

Barry電腦公司：資產負債表，2005年12月31日

現金	$ 77,500	應付帳款	$129,000
應收帳款	336,000	應付票據	84,000
存貨	241,500	其他流動負債	117,000
總流動資產	$655,000	總流動負債	$330,000
淨固定資產	292,500	長期負債	256,500
		益通股權益	361,000
總負債	$947,500	總負債與權益	$947,500

Barry電腦公司：損益表，2005年12月31日年底

銷貨收入	$1,607,500
銷貨成本	1,392,500
銷售，一般與管理費用	145,000
稅前息前盈餘(EBIT)	$　70,000
利息費用	24,500
稅前盈餘(EBT)	$　45,500
稅(40%)	18,200
淨利	$　27,300

比率	Barry	產業平均
流動資產/流動負債	_____	2.0×
銷售天數	_____	35 天
銷貨收入/存貨	_____	6.7×
銷貨收入/固定資產	_____	12.1×
銷貨收入/總資產	_____	3.0×
淨利/銷貨	_____	1.2%
淨利/總資產	_____	3.6%
淨利/普通股權益	_____	9.0%
總負債/總資產	_____	60.0%

(4-10) 使用以下表裡的財務數據，為Hoffmeister公司完成資產負債表和銷售的訊息：

負債比率：50%
速動比率：0.80×
總資產周轉率：1.5×
傑出天數的銷售：36.5天
總銷售的利潤邊際：(銷售－銷貨成本)／銷售＝25%
存貨周轉比率：5×

資產負債表

現金	_____	應付帳款	_____
應收帳款	_____	長期負債	60,000
存貨	_____	普通股	_____
總負債	_____	保留盈餘	97,500
總資產	$300,000	總負債與業主權益	_____
銷貨收入	_____	銷貨成本	_____

(4-11) 下面是一些Corrigan公司2006年預測的財務報表，與產業平均比率一起。

a. 計算Corrigan公司2006年預測的比率，把它們與那些產業平均比較，以及針對預測的數據評論Corrigan的強處和弱點。

b. 你認為什麼將發生在Corrigan的比率上，如果公司降低成本，允許降低各級存貨且實質上減少銷貨成本？(沒有計算是必要的。考慮哪些比率將因為這兩個帳戶方面的變化受影響。)

Corrigan公司：預測資產負債表，2006年12月31日

現金	$ 72,000
應收帳款	439,000
存貨	894,000
總流動資產	$1,405,000
固定資產	431,000
總資產	$1,836,000
應付帳款與票據	$ 432,000
應計負債	170,000
總流動負債	$ 602,000
長期債券	404,290
普通股	575,000
保留盈餘	254,710
總負債與權益	$1,836,000

Corrigan公司:預測損益表,2006年

銷貨收入	$4,290,000
銷貨成本	3,580,000
銷售、一般與管理費用	370,320
折舊費用	159,000
稅前盈餘(EBT)	$　180,680
稅(40%)	72,272
淨利	$　108,408

每股資料

每股盈餘EPS	$4.71
每股現金股利	$0.95
本益比P/E	5×
市價(平均)	$23.57
在外流通股數	23,000

產業財務比率(2005)

速動比率	1.0×
流動比率	2.7×
存貨周轉率	7.0×
銷售天數	32 天
固定資產周轉率	13.0×
總資產周轉率	2.6×
資產報酬率	9.1%
權益報酬率	18.2%
負債比	50.0%
利潤邊際	3.5%
本益比	6.0×
價格/現金流量比	3.5×

Mini Case

使用下列台積電2004-2005年的財務報表資料：

資產負債表					金額(百萬元)	
	2004年	2005年			2004年	2005年
資產			**負債**			
現金及約當現金	66,000	85,000	流動負債		60,000	32,000
應收帳款	27,000	36,000	長期負債		24,000	22,000
存貨	14,000	16,000	其他負債		4,000	7,000
其他流動負債	67,000	60,000				
流動資產總額	174,000	197,000	總負債總額		88,000	61,000
			權益			
長期投資	73,000	81,000	普通股股本		230,000	246,000
固定資產	228,000	214,000	特別股股本		0	0
其他資產	13,000	15,000	資本公債＋盈餘公債		82,000	94,000
			保留盈餘		88,000	106,000
			股東權益總額		400,000	446,000
資產總額	488,000	507,000	**負債及股東權益總額**		488,000	507,000

2005年損益表

	金額(百萬元)
銷貨淨額	265,000
銷貨成本	149,000
銷貨毛利	116,000
營業費用	22,000
稅前息前利潤EBIT	94,000
利息支出	2,000
稅前淨利EBT	92,000
所得稅費用	200
稅後淨利NI	91,800
折舊	68,000(百萬)
每股盈餘	3.8元/股

1. 計算2005年的速動比率。

2. 計算2005年的負債/權益比。

3. 計算2005年的應收帳款期間。

4. 計算2005年的利潤邊際。

5. 計算2005年的本益比(假設2005年的平均股價是60元)。

6. 驗算台積電的杜邦方程式。

第5章

風險和報酬

本章討論如何衡量公司的風險，以及風險與報酬之間的關係。

在本章，我們假設投資者喜歡報酬並且不喜歡風險。因此，只有人們期望得到高盈利時，才投資更具風險的資產。我們精確地定義風險的意思。我們檢查經理衡量風險使用的程序，討論風險和報酬之間的關係。在後面章節，我們延長這些關係，解釋兩者如何相互作用，決定證券價格。當經理計畫公司的未來行動時，經理必須理解並且執行這些概念。

投資報酬

報酬的概念為投資者提供，表示投資財務績效的一種方便方法。為了說明，假設你買價值1,000美元的股票。股票沒有支付股息，但是在一年後，你出售價值1,100美元的股票。你1,000美元的投資報酬是什麼？金額報酬從投資那裡得到的總金額減去投資金額：

$$金額報酬＝收入金額－投資金額$$
$$＝\$1,100-\$1,000$$
$$＝\$100$$

如果在年底，你出售只值900 美元的股票，你的報酬為負100 美元。

表示金額報酬是容易的，兩個問題出現：(1)為了做有意義的判斷，你需要知道投資規模，100美元賺100美元的投資是很好的投資，但是10,000 美元賺 100 美元的投資將會是不良投資。(2)你也需要知道投資的時間。如果它是在一年之後發生，100美元賺100美元的投資報酬是很好的投資；但如果是在20年之後這將不是非常好的投資。

解決問題的方法是表示投資結果為報酬率，或百分比報酬。例如，投資1,000美元之後得到1,100 美元，報酬率是10％：

$$報酬率 = \frac{收入金額 - 投資金額}{投資金額}$$

$$= \frac{金額報酬}{投資金額} = \frac{\$100}{\$1,000}$$

$$= 0.10 = 10\%$$

報酬率的計算考慮到投資的期間，「標準化」每單位的報酬。雖然這個例子只有一流出和一流入，年度化的報酬率容易在多筆現金收支時使用貨幣時間價值觀念計算。

自我測驗

1. 定義金額報酬和報酬率。
2. 報酬率為什麼優於金額報酬？

獨立風險

風險(risk)被定義為對損失或損害的暴露。因此，風險指一些不利的事件將發生的機會。如果你從事特技跳傘，你正與你的生命一起碰運氣，它是具有風險的。如果你賭馬，你正拿你的錢冒風險。你投資投機性的股票(或任何股票)，你正懷著獲利的希望冒風險。

資產的風險可以被用兩種模式來分析：(1)在一個獨立基礎上，資產被孤立考慮，和(2)在一投資組合基礎上，資產包含在許多資產。因此，資產的**獨立風險(stand-alone risk)**是一位投資者單獨持有該資產將面對的風險。顯而易見，大多數資產以投資組合持有，但是了解獨立風險是必要的。

　　為了說明金融資產的風險，假設一位投資者用5％的期望報酬買短期的短期國庫券100,000 美元。這樣的5％的報酬率是確定的，被定義為無風險。不過，如果100,000 美元投資在大西洋中勘探石油的公司股票，確切投資利潤就不能被估計。一個人可以分析情勢並且斷定期望報酬率是20％，但是投資者應認知真實報酬率，大約是＋1,000％到－100％。實際報酬有可能遠少於期望報酬，股票將相對有風險。

　　除非期望報酬率高得足以假設投資的風險補償投資者，沒有投資應該被執行。在我們的例子裡，很清楚有很少投資者願意買石油公司股票，如果它期望報酬與國庫券相同的話。

　　實際上風險性資產很少達到他們的期望報酬率，不是更多或少於被期望。獲得低或負報酬的可能性越高，投資越具風險。不過，我們在下一節會更確切地定義風險。

▶▶ 機率分配

　　事件可能發生的機會被定義為機率。例如，一名天氣預報員可以說：「今天有40％的機會下雨和60％不下雨的機會。」如果全部可能發生的事件或結果被列舉，並附以發生機率，被叫做**機率分配(probability distribution)**。記住可能發生事件的機率必須合計成 1.0，或100％。

　　考慮你投資10,000美元到Sale.com或Basic Foods 兩家食品股份有限公司的股票，明年可能得到的報酬率。Sale.com是一家網際網路公司，賣一些工廠與倉庫商品。因為激烈競爭，它的新服務可能不在市場內具有競爭性，未來收入不能預言太好。的確，一些新公司能發展好服務與商品而打敗Sale.com。另一方面，Basic Foods，將必要的食品批發給雜貨店，且它的銷售和利潤相對穩定和可預測。

　　兩家公司的報酬率機率分配如表5-1 所示。假設市場有30％的機會產生一個強大需求，在這種情況下兩家公司將有高的收入，支付高的股息，並且享有資本利益。有

表 5-1 ｜ Sale.com 和Basic Foods的機率分配

公司產品的需求	機率	股票報酬率	
		Sale.com	Basic Foods
強烈	0.3	100%	40%
正常	0.4	15	15
衰弱	0.3	(70)	(10)
	1.0		

40%的機率產生正常的需求和適度報酬，有30%的機率產生疲軟的需求，意味低的收入和股息以及資本損失。注意，Sale.com的報酬率變化範圍比Basic Foods的更廣泛。Sale.com的股票價值將有相當高的機率下降，導致一個70%的損失，而Basic Foods則小得多。

▶▶ 期望報酬率

將機率乘以結果並加總，如同表5-2，我們得到加權平均數的結果。權重是機率，而加權平均數是**期望報酬率(expected rate of return, r̂)**，叫"r-hat"。Sale.com和Basic Foods的期望報酬率在表5-2，都是15%。這類表被稱為付款矩陣。

期望報酬率的計算也能以公式表示：

$$期望報酬率 = \hat{r} = P_1 r_1 + P_2 r_2 + \cdots + P_n r_n = \sum_{i=1}^{n} P_i r_i \tag{5-1}$$

這裡r_i是第 i 個結果，P_i是這第 i 結果發生的可能性，而且n是可能結果的數量。因此，r̂是可能的結果(r_i價值)的加權平均數，以每個結果的機率為權重。使用Sale.com的數據，我們獲得它的如下期望報酬率：

$$\hat{r} = P_1(r_1) + P_2(r_2) + P_4(r_3)$$
$$= 0.3(100\%) + 0.4(15\%) + 0.3(-70\%)$$
$$= 15\%$$

表 5-2 | 期望報酬率的計算：付款矩陣

公司產品需求 (1)	發生之機率 (2)	Sale.com 報酬率 (3)	乘積 (2)×(3)=(4)	Basic Foods 報酬率 (5)	乘積 (2)×(5)=(6)
強烈	0.3	100%	30%	40%	12%
正常	0.4	15	6	15	6
衰弱	0.3	(70)	(21)	(10)	(3)
	1.0		r̂=15%		r̂=15%

Basic Foods的期望報酬率也是15%：

$$\hat{r} = 0.3(40\%) + 0.4(15\%) + 0.3(-10\%)$$
$$= 15\%$$

　　我們能用圖畫出報酬率可能結果的變化性；如圖5-1所示。縱軸是機率。Sale.com可能的報酬率範圍是−70%到＋100%，帶有15%的期望報酬。Basic Foods的期望報酬也是15%，但是它的範圍狹窄得多。

　　到目前為止，我們假設只有三種情況：強大，正常和疲軟的需求。實際上，從很深的衰退到很奇妙的繁榮之間，有無限數量的可能結果。假設我們有時間和耐心，把可能發生的結果與機率整理(機率總和仍然等於1.0)，並且為每一需求水準算出一個報酬率。我們將有一張類似表5-1的表，除了它將有更多的欄位。這張表能用來像前面那樣計算期望報酬率，可能發生結果與機率，如圖5-2那樣的連續曲線所近似的描繪。這裡，我們假設Sale.com 報酬有零機率將少於−70%還是超過100%，或Basic Foods報酬將少於−10%或超過40%，但是這些範圍內的任何報酬是可能的。

　　機率分配越集中或越尖峰，實際結果越可能接近期望值，真實報酬低於期望報酬的可能就越少。因此，機率分配越集中股票風險越低。因為Basic Foods有相對集中的機率分配，與Sale.com相比，它的實際報酬很可能更接近於期望的15%報酬。

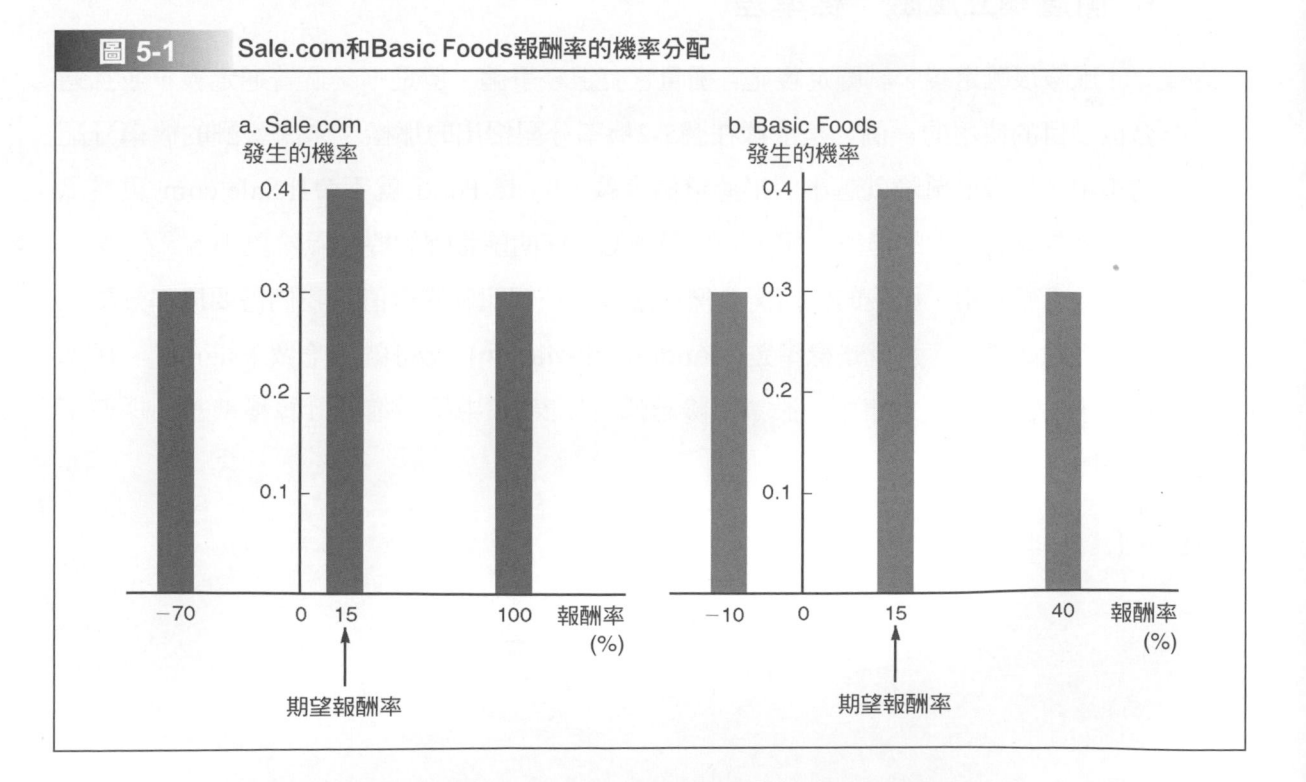

圖 5-1　Sale.com和Basic Foods報酬率的機率分配

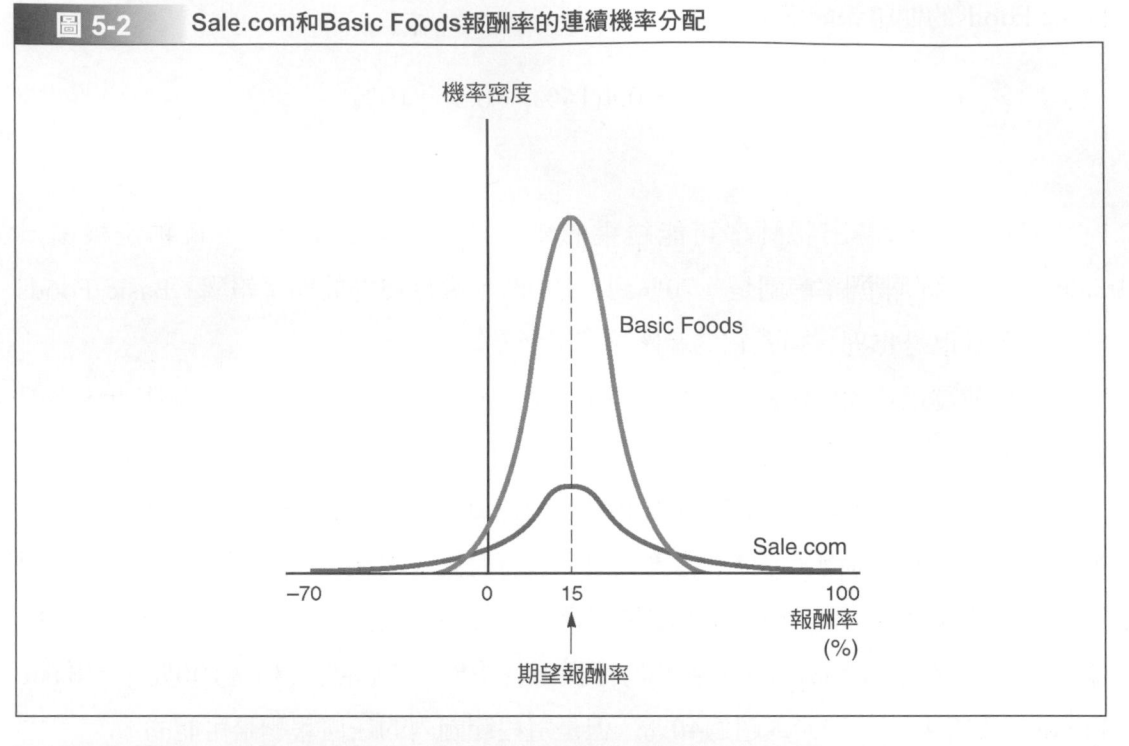

圖 5-2 Sale.com和Basic Foods報酬率的連續機率分配

註：不同結果的機率之假設已改變，在圖5-1，獲15%報酬的機率正是40%，在本圖它變得小多了，因為可能結果變多了，而不只有三個。在連續機率分配下，應問最少獲得某特定報酬率的機率是多少，而不是問獲得該報酬率的機率是多少！此點請參考統計課程。

▶▶ 衡量獨立風險：標準差

　　風險很難定義，試圖定義並且衡量它有很多爭論。但是，一個普通定義，並且適合很多目的使用的一個，是依據在圖5-2機率分配提出的那樣：未來報酬的機率分配越集中，投資的風險就越小。根據這個定義，Basic Foods就不會比Sale.com 更具風險，因為有越集中的機率分配，真實報酬低於它期望報酬的機會風險更小。

　　為求更有用，風險的任何衡量標準應該有一個明確的數值，我們需要機率分配集中程度的衡量值。那就是**標準差(standard deviation)**，σ符號，唸做「sigma」。標準差越小，機率分配越集中，股票風險越低。如表5-3中所示進行計算標準差，採取下列步驟：

1.計算期望報酬率：

$$期望報酬率 = \hat{r} = \sum_{i=1}^{n} P_i r_i$$

對Sale.com來說，我們發現 $\hat{r}=15\%$。

2. 每種可能的結果(r_i)減期望報酬率$(\hat{r})$如表5-3第1欄中所示，獲得一組偏差：

$$偏差 = r_i - \hat{r}$$

3. 將偏差平方，然後乘以它相關的機率得到乘績，以及將這些乘績加總如表中第2和3欄中所示，獲得機率分配的**變異數(variance)**：

$$變異變 = \sigma^2 = \sum_{i=1}^{n} (r_i - \hat{r})^2 P_i$$

(5-2)

4. 最後，取變異數的平方根獲得標準差：

$$標準差 = \sigma = \sqrt{\sum_{i=1}^{n} (r_i - \hat{r})^2 P_i}$$

(5-3)

基本上，標準差是與期望值偏差值的加權平均數，並且提供實際價值高於或低於期望值多遠的估計。在表5-3 Sale.com的標準差為$\sigma=65.84\%$。使用相同的程式，我們發現Basic Foods標準差是19.36。Sale.com有更大的標準差，說明其可能報酬的巨大變動範圍，因此實質報酬比期望報酬更低的機率很高，投資風險也較高。

機率分配如果是常態，真實報酬將介於期望報酬加或減一個標準差的區間內的機率是68.26%。圖5-3說明這點，也說明加減二級三個標準差機率，對Sale.com，$\hat{r}=15\%$ 和$\sigma=65.84\%$來說，Basic Food的 $\hat{r}=15\%$ 和$\sigma=19.36\%$。因此，如果兩種分配是常態的，Sale.com的實際報酬有68.26%的機率，將在15%$\pm$65.84%，或一

表 5-3 | 計算Sale.com的標準差

$r_i - \hat{r}$ (1)	$(r_i - \hat{r})^2$ (2)	$(r_i - \hat{r})^2 P_i$ (3)
$100 - 15 = \quad 85$	7,225	$(7,225)(0.3) = 2,167.5$
$15 - 15 = \quad 0$	0	$(0)(0.4) = \quad 0.0$
$-70 - 15 = -85$	7,225	$(7,225)(0.3) = \underline{2,167.5}$
		變異數 $= \sigma^2 = \underline{4,335.0}$
		標準差 $= \sigma = \sqrt{\sigma^2} = \sqrt{4,335} = 65.84\%$

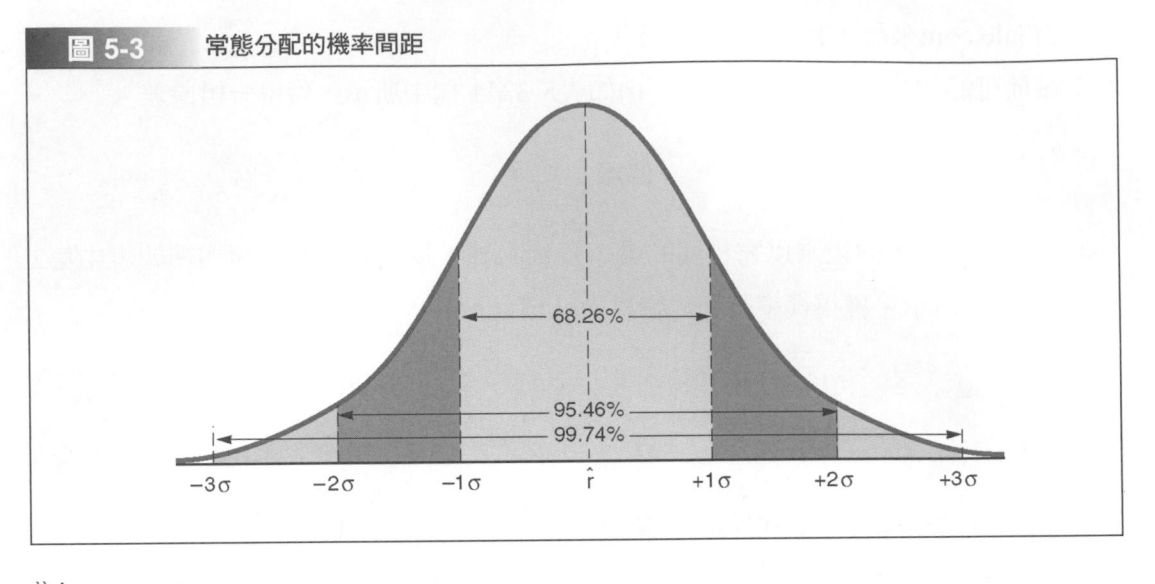

圖 5-3　常態分配的機率間距

68.26%

95.46%
99.74%

-3σ　-2σ　-1σ　$\hat{r}$　$+1\sigma$　$+2\sigma$　$+3\sigma$

註：
a 常態曲線下它的區域面積永遠等於1，或100%，因此，曲線不管是平坦或有峰態，任何一對相同刻度下的區域面積必須相等。

b 常態曲線下區域面積的一半是在任何一對平均值的左邊，意指有50%的機率，實際結果將小於平均值，而在平均值右邊占另一半，意指50%的機率實際結果將大於平均值。

c 曲線下方區域面積，有68.26%是介於平均值加減一個標準差的範圍，意指實際結果將介於$\hat{r}-1\sigma$至$\hat{r}+1\sigma$之間的機率是68.26%。

50.84%到80.84%之間。對Basic Foods來說，68.26%的範圍是15%±19.36%，或−4.36%到34.36%。列在紐約證券交易所上公司，近年平均的σ一般在35%到40%的範圍內。

▶▶ 使用歷史數據衡量風險

在前面的例子，當數據以一種已知的機率分配形式描述時，我們說明找到期望值和標準差方式。假設只有過去時期的歷史數據樣本。第 t 期已經**實現報酬率(realized rate of return)**標示為 $\bar{r}_t$，("r bar t")，並且在過去 n 年的平均年利潤是 $\bar{r}_{Avg}$，報酬的標準差可以用這個公式估計：

$$估計\ \sigma = S = \sqrt{\frac{\sum_{t=1}^{n}(\bar{r}_t - \bar{r}_{Avg})^2}{n-1}} \tag{5-3a}$$

當按照過去數據估計，標準差常標示為 S，這裡有個例子：

年	$\bar{r}_t$
2003	15%
2004	−5
2005	20

$$\bar{r}_{Avg} = \frac{(15 - 5 + 20)}{3} = 10.0\%$$

$$估計 \ \sigma \ (or \ S) = \sqrt{\frac{(15 - 10)^2 + (-5 - 10)^2 + (20 - 10)^2}{3 - 1}}$$

$$= \sqrt{\frac{350}{2}} = 13.2\%$$

歷史的 σ 經常被當做將來 σ 的估計使用。因為過去變化性很可能被重複，S是對將來風險好的估計。不過，使用一些過去時期的 $\bar{r}_{Avg}$ 對 $\hat{r}$，被期望的將來報酬做估計通常是錯誤的。例如，僅僅因為一支股票在過去的一年有75％報酬，沒理由今年期望會有75％的報酬。

▶▶ 衡量獨立風險：變異係數

　　如果必須在相同期望報酬之下，不同的標準差的兩投資之間做選擇，大多數人將選擇更低標準差的那個，因為更低的風險。同樣地，在有相同的風險(標準差)，但是不同期望報酬的兩投資之間做選擇，投資者更喜歡最高期望報酬的那個投資。對大多數人們而言，這是常識，報酬「好」風險「壞」，因此投資者想要更多報酬和盡可能小的風險。但是如果有兩個投資，一個有較高期望報酬但是另一個有較低標準差？我們怎樣選擇呢？幫助回答我們的是另一個衡量風險的標準，**變異係數(coefficient of variation, CV)**，是標準差除以期望報酬：

$$變異係數 = CV = \frac{\sigma}{\hat{r}} \tag{5-4}$$

變異係數衡量每單位報酬的風險，當兩個選擇上期望報酬不相同時，它提供一個更有意義的比較基礎。因為Basic Foods和Sale.com的期望報酬相同，變異係數在這個情況裡不需用。有更大標準差的公司，Sale.com必然有更大的變異係數。實際上Sale.com的變異係數是65.84/15＝4.39 和Basic Foods是19.36/15＝1.29。因此，Sale.com有超過Basic Foods三倍的風險。因為變化捕捉到風險和報酬兩個係數的效應，它在評價不同期望報酬時的兩個投資，或更多投資的獨立風險有較好的效果。

▶▶ 風險規避和必要報酬

　　假設你努力工作並節省下計畫投資的100萬美元。你能買5%的美國國債，在年末你肯定將有105萬美元，這是你的原始投資價值加50,000美元的利息。你也能買 Genetic Advances股票，如果Genetic Advances研究計畫成功，你的股票將增值到210萬美元。但是如果研究失敗，你股票的價值將變成零，你將窮得身無分文。

　　假設Genetic Advances發展成功或失敗的機會為$50-50$，因此股票投資的期望值是$0.5(\$0)+0.5(\$2,100,000)=\$1,050,000$，減去股票的100萬美元的本金，剩下期望利潤50,000美元，或(有風險)期望利潤5%的報酬率：$\$50,000/\$1,000,000=0.05=5\%$。

　　因此，在肯定的50,000美元利潤(5%的報酬率)的國債和風險的50,000美元的期望利潤(也是一個5%的期望報酬率)Genetic Advances的股票。你將選擇哪一個？如果你選擇較少的風險投資，你是規避風險。大多數投資者的確是規避風險，這是一個文獻證明的事實，我們將在整本書的其他部分假設**風險規避(risk aversion)**。

　　風險規避對證券價格和報酬率的暗示是什麼？答案是其他事情保持不變，證券風險越高，其價格越低，它要求的報酬越高。為了看出風險規避怎樣影響證券價格，再次考慮Basic Foods和Sale.com。假設股票預計永遠支付 15 美元的年股息。股票的價格只是永續年金的現值，如在第二章計算的那樣。如果股票有15%的期望報酬，然後每支股票價格將是$P=\$15/0.15=\$100$。投資者不樂意風險的條件下，投資人將偏愛 Basic Foods，因為它有相同期望報酬與較少的風險。投資的人們將爭取Basic Foods 而不是Sale.com股票，且Sale.com 股東將開始出售他們的股票並且買Basic Foods。搶購的壓力將升高Basic Foods股票價格，出售壓力同時將引起Sale.com的價格下降。

　　進一步，這些價格改變將引起兩證券在期望報酬率方面的變化。假設Basic Foods 股票價格從 100 美元上升到 150 美元，Sale.com的股票價格從 100 美元下跌到75 美元。這將引起Basic Foods期望報酬降為10%，而Sale.com期望報酬將上升到20%。這個報酬的差，$20\%-10\%=10\%$，是一筆**風險溢酬(risk premium, RP)**，這描述投資者要求承擔Sale.com 股票額外風險的附加補償。

　　這個例子證明一個非常重要的原則：在一個規避風險市場，更風險的證券必須有更高的期望報酬。如果這種情勢不存在，市場買賣的力量將迫使它發生。在本章後面，我們考慮在風險性證券上需要提供多高報酬的問題，在我們討論多角化怎樣影響風險衡量之後。我們看出風險調整報酬率如何影響投資者決定債券和股票的價格。

1. 什麼是投資風險?
2. 針對一項投資建立其機率分配。
3. 付款矩陣是什麼?
4. 圖5-2的兩支股票中,哪一支不是那麼有風險?為什麼?
5. 怎樣計算標準差?
6. 如果資產有不同期望報酬,哪個是好的風險的衡量值:(1)標準差或(2)變異係數?為什麼?
7. 解釋下列陳述:「大多數投資者是規避風險。」
8. 風險規避怎樣影響報酬率?

投資組合的風險

先前部分,我們在獨立情況下考慮資產的風險。現在我們分析在投資組合方面的資產風險。因為我們將看見投資組合的資產更不具風險。因此,大多數金融資產實際上是以投資組合持有銀行、退休基金、保險公司、共同基金和其他金融機構,根據法律需要採多角化的投資組合。即使個人投資者一般也採取投資組合形成持股,並非只有一家公司股票。因此從一個投資者的觀點,一支股票價格上升或下降沒有非常重要;重要的是在他或她的組合報酬和風險。合乎邏輯地,個別的證券風險和報酬應該被分析,怎樣影響投資組合的風險和報酬。

為了說明,我們以Pay Up股份有限公司為例,它的股票不是很流通,過去它的收入相當波動,且它不支付股息。這些全部顯示Pay Up是高風險的,它的股票報酬率應該是比較高的。不過,在2005年Pay Up被要求報酬率,以及其他幾年比起大多數其他公司它相對來的低。這表明投資者視其為一低風險公司,儘管它的利潤不確定。這個事實的原因,是多角化和它對風險的影響。在衰退期間Pay Up收入上升,大多數其他公司收入傾向於下降。當其他事情不順利時,它非常成功。因此,把它增加到投資組合裡使整個投資組合報酬更穩定,使投資組合不是那麼有風險。

▶▶ 投資組合報酬

一個**投資組合的期望報酬**(expected return on portfolio, $\hat{r}_p$)，是組合中資產期望報酬的加權平均數，權重是每筆資產占總投資的比例：

$$\hat{r}_p = w_1\hat{r}_1 + w_2\hat{r}_2 + \cdots + w_n\hat{r}_n \tag{5-5}$$

$$= \sum_{i=1}^{n} w_i \hat{r}_i$$

$\hat{r}_i$ 是個別資產 i 的期望報酬，那些w_i是權重，在投資組合方面有n個股票。注意到(1) w_i 被投資股票占投資組合價值的部分，且(2) w_i 合計必須是1.0。

2005年8月，一個分析師估計下列 4 家公司的股票期望報酬：

	期望報酬率 , $\hat{r}$
Microsoft	12.0%
General Electric	11.5
Pfizer	10.0
Coca-Cola	9.5

我們組成一個100,000 元投資組合，把 25,000 美元投入到每支股票，將是10.75 %的組合期望報酬：

$$\hat{r}_p = w_1\hat{r}_1 + w_2\hat{r}_2 + w_3\hat{r}_3 + w_4\hat{r}_4$$
$$= 0.25(12\%) + 0.25(11.5\%) + 0.25(10\%) + 0.25(9.5\%)$$
$$= 10.75\%$$

當然，實際實現的報酬率將不等於他們的期望報酬，$\bar{r}_p$。例如，可口可樂股價可能加倍並且提供＋100%的報酬，而微軟公司可能有一個可怕的年，股價明顯地下降，有－75%的報酬。不過注意到，這兩事件的影響會互相抵銷，因此投資組合報酬仍然能接近於它的期望報酬，即使個別股票真實報酬不等於他們的期望報酬。

▶▶ 投資組合風險

如我們所見，組合期望報酬是個別資產期望報酬的加權平均數。不過投資組合的風險，σ_p，卻不是個別資產標準差的加權平均數；經常是比資產標準差的加權平均數小。

為了說明，考慮圖5-4情勢。下方部分是股票W和M，以及一個投資組合(50%投入每支股票)的報酬率與標準差數據。三張圖用時間序列繪製數據。如果他們獨立投資，兩支股票將十分有風險，但是當他們合成投資組合WM時，他們根本無風險。

股票W和M可以被結合形成無風險投資組合，原因是它們的報酬彼此相反，當W報酬下降，M提升，反之亦然。二變數互動的關係稱為**相關(correlation)**，**相關係數(correlation coefficient)**，ρ，衡量這種關係。用統計術語，我們說股票W與M報酬完全負相關，ρ＝－1.0。

完全負相關的相反，是完全正相關 ρ＝＋1.0。兩支股票報酬完全相互關聯(M和M')將上下一同移動，由兩支這樣的股票組成的一個投資組合將像每支個別股票一樣有風險。這點在圖5-5說明，在那裡我們看見投資組合的標準差等於個別的股票。因此，多角化並不能降低任何風險，如果投資組合由完全正相關股票組成。

圖 5-4 兩支完全負相關股票(ρ＝－1.0)和WM投資組合的報酬率

年	W股票 (r_W)	M股票 (r_M)	WM投資組合 (r_p)
2001	40.0%	(10.0%)	15.0%
2002	(10.0)	40.0	15.0
2003	35.0	(5.0)	15.0
2004	(5.0)	35.0	15.0
2005	15.0	15.0	15.0
平均報酬	15.0%	15.0%	15.0%
標準差	22.6%	22.6%	0.0%

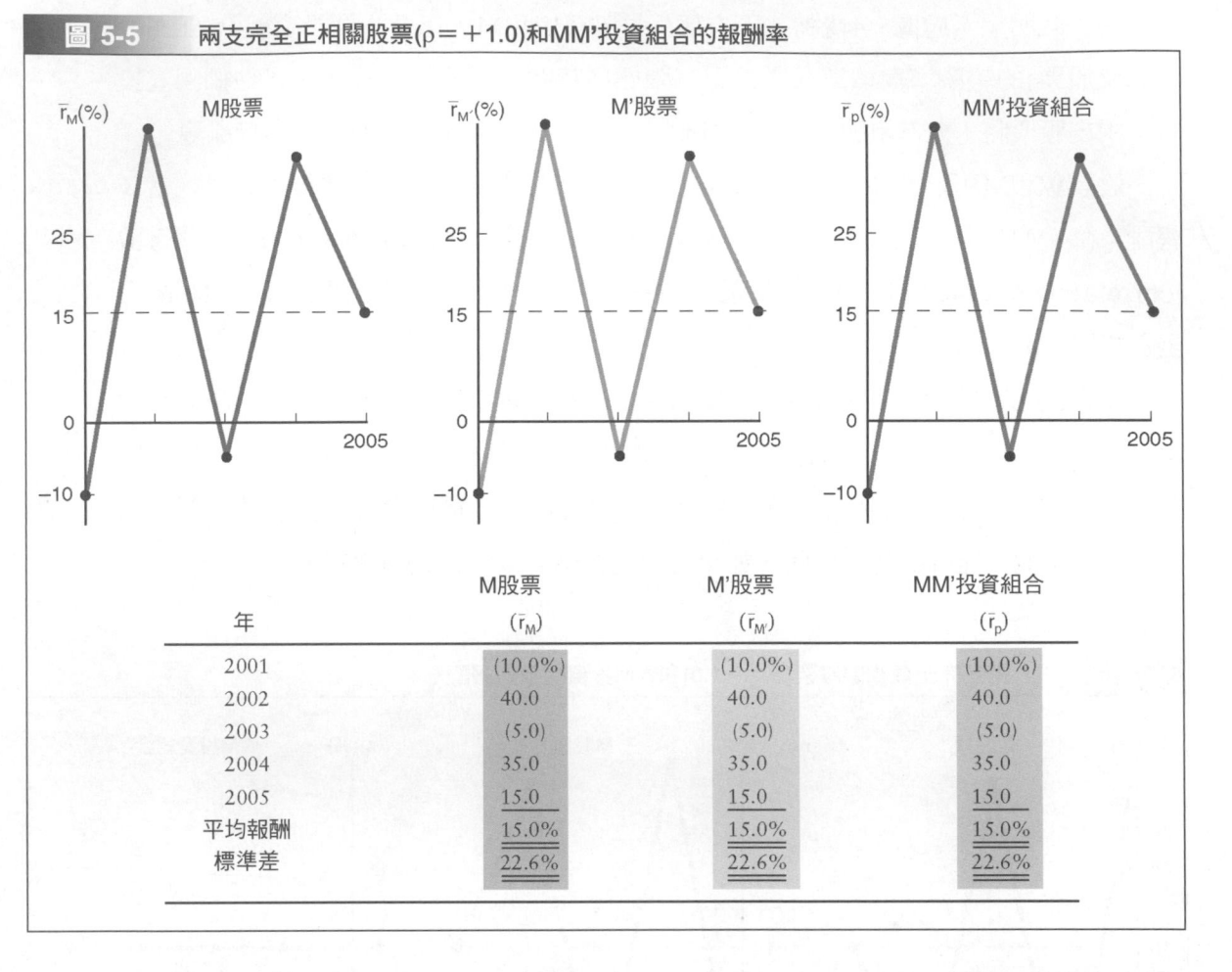

圖 **5-5** 　兩支完全正相關股票(ρ＝＋1.0)和MM'投資組合的報酬率

年	M股票 $(\bar{r}_M)$	M'股票 $(\bar{r}_{M'})$	MM'投資組合 $(\bar{r}_p)$
2001	(10.0%)	(10.0%)	(10.0%)
2002	40.0	40.0	40.0
2003	(5.0)	(5.0)	(5.0)
2004	35.0	35.0	35.0
2005	15.0	15.0	15.0
平均報酬	15.0%	15.0%	15.0%
標準差	22.6%	22.6%	22.6%

　　圖 5-4 和 5-5 證明股票完全負相關(ρ＝－1.0)，當全部風險可以被分散掉，而股票被完全正相關(ρ＝＋1.0)，無論如何多角化都沒有用。實際上，大多數股票正相關，但不是完全正相關。平均而言，兩支隨機選擇的股票報酬相關係數將是大約＋0.6，且大多數配對股票，ρ將在＋0.5到＋0.7的範圍內。在這樣的情況下，將股票合併成投資組合降低風險，但是不完全消除它。圖5-6說明這點，兩支股票相關係數ρ＝＋0.67。投資組合的平均報酬是15%，這與兩支股票中的每個平均報酬完全相同，但是它的標準差是20.6%，這比兩支股票中的任何一支標準差還低。因此投資組合風險不是它的個別股票風險的平均——多角化降低風險，但不是消除風險。

　　從這些兩支證券投資組合例子，我們看見在極端的情況(ρ＝－1.0)內，風險可能被完全消除，而在其他極端例子中(ρ＝＋1.0)多角化沒有作用。現實世界是介於這些極端之間，如此將兩支股票合併成一個投資組合通常會降低，但是不消除個別股票應有的風險。

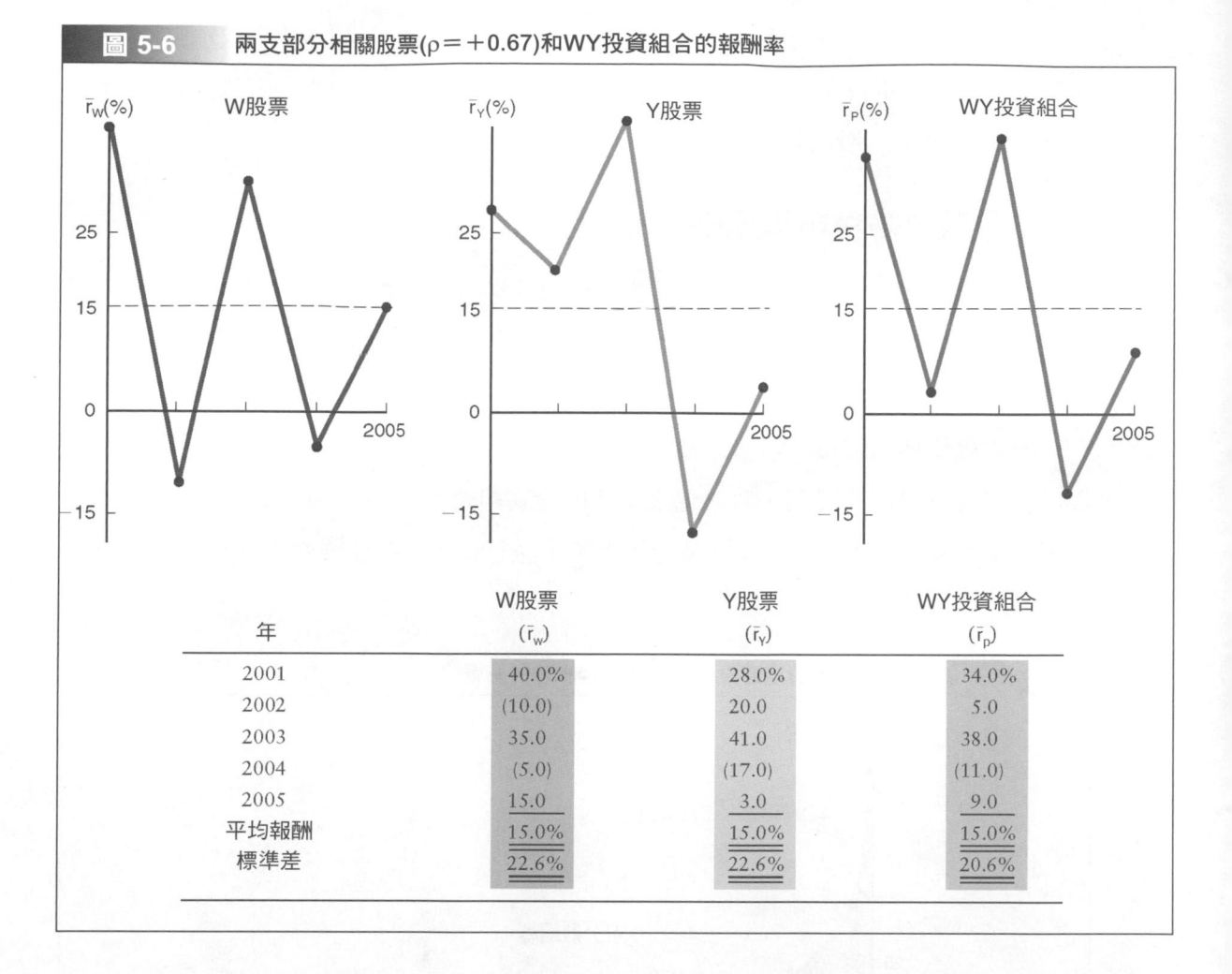

圖 5-6　　兩支部分相關股票(ρ＝＋0.67)和WY投資組合的報酬率

年	W股票 ($\bar{r}_W$)	Y股票 ($\bar{r}_Y$)	WY投資組合 ($\bar{r}_P$)
2001	40.0%	28.0%	34.0%
2002	(10.0)	20.0	5.0
2003	35.0	41.0	38.0
2004	(5.0)	(17.0)	(11.0)
2005	15.0	3.0	9.0
平均報酬	15.0%	15.0%	15.0%
標準差	22.6%	22.6%	20.6%

　　在投資組合裡，如果我們的股票包括超過兩支以上，將會發生什麼事呢？當在組合裡的股票數量增加時，一個投資組合的風險將下降。如果我們加入足夠多部分關聯的股票，我們能完全消除風險嗎？通常答案是不。添加股票時，投資組合降低風險的程度需要視股票間的相互相關程度：相關係數越低，投資組合的風險越低。如果一些股票有－1.0的相互關係，風險可能完全消除。在現實世界個別的股票之間的相關係數是正的，但少於＋1.0一些，但不是全部風險可以被消除。

　　為了測試理解與否，在相同還是在不同的產業內兩家公司間，你期望發現高度相關？福特和通用的股票上報酬的相關係數更高，還是福特或是通用汽車公司和AT&T之間更高呢？那些相關係數將怎樣影響包含他們的組合風險呢？

　　回答：福特和通用汽車公司之間有一個大約0.9的相關係數，因為兩個都被汽車銷售所影響，但是它們與AT&T的相關係數大約只是0.6。

暗示：與兩證券投資組合(由福特或通用汽車公司，加上AT&T組成)相互比較，由福特和通用汽車公司組成的證券投資組合將有較小的多角化效果，因此為了使風險減到最小，投資組合應分散跨越產業。

▶▶ 可分散風險與市場風險

要發現股票的期望報酬為負相關是困難的，當國家經濟穩定，多數的股票傾向做得好；當嚴重時，大多數股票做的不好。因此，即使多數投資組合仍有大量風險，但不會比全部的錢只投資一支股票多。

為更確切地了解投資組合規模怎樣影響投資組合風險，考慮圖5-7，透過隨機選擇紐約證券交易所的股票，形成越來越大的投資組合到2,000股的組合。當投資組合的規模增加時，投資組合的風險傾向於下降，並且接近一些極限水準。根據近年數據

圖 5-7 一般股票投資組合規模對投資組合風險的影響

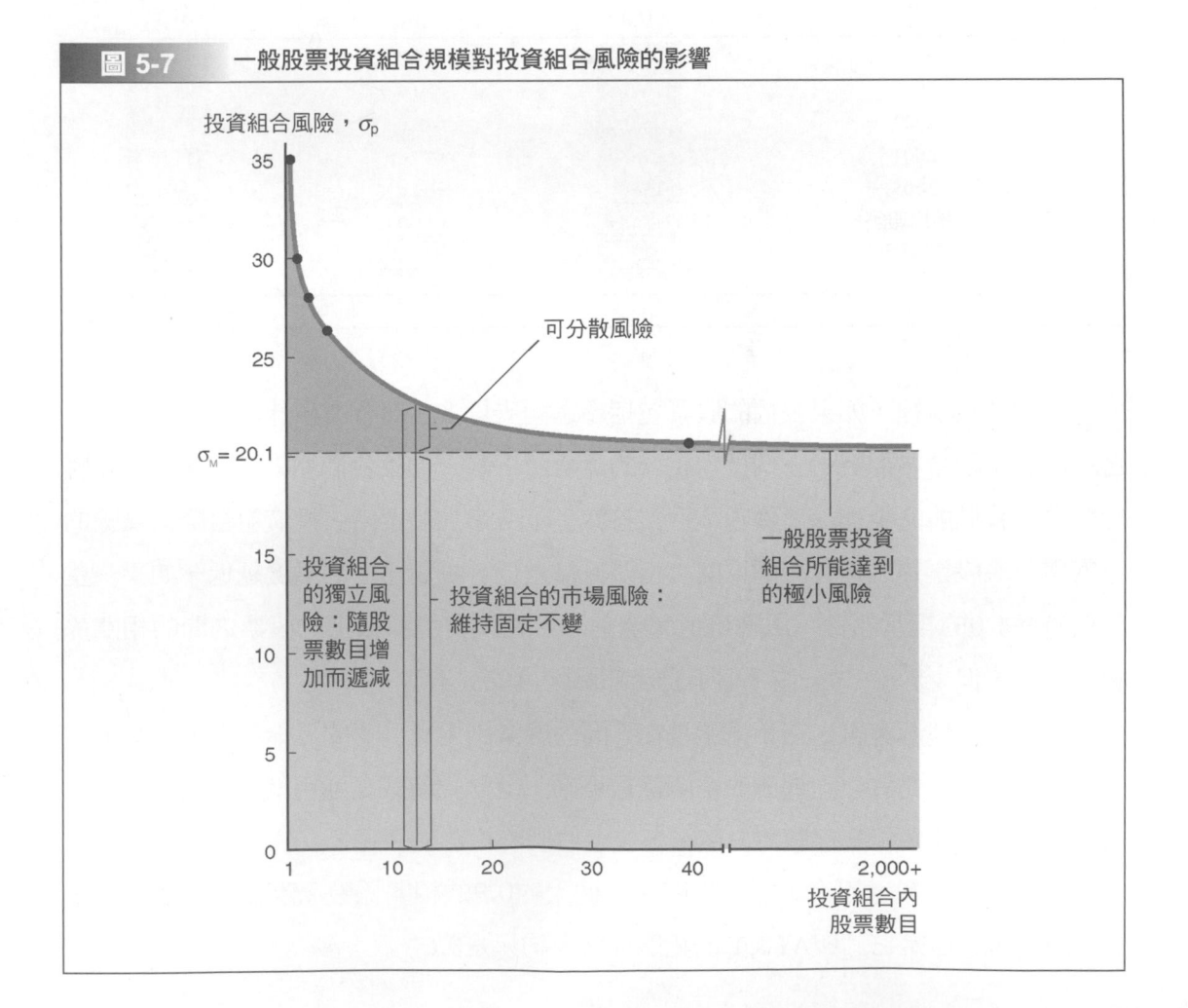

顯示，一支股票的投資組合的標準差大約是35%。一個由全部股票組成的投資組合，叫**市場投資組合(market portfolio)**，其標準差大約是20.1%，這是圖5-7的水平線。

因此，在一個多角化的投資組合裡，一支股票幾乎一半的風險可以被消除。這是一個包含40或更多不同產業的股票組合。但是，總是會留下一些風險。將影響所有股票的風險分散掉，實際上是不可能的。

可以被消除的股票風險部分叫可分散風險，不能消除的部分叫市場風險。大部分股票的個別風險可以被消除，有理性的投資者將消除它，因此使得它不相關。**可分散風險(diversifiable risk)**可能像是訴訟，罷工這樣的隨機事件所引起，或成功和不成功的銷售計畫，或贏得或失去一個主要的合約，以及對一家公司獨特的其他事件。因為這些事件是隨機的，它們將可以多角化消除——一家公司的壞事將被另一家公司的好事抵銷。另一方面，**市場風險(market risk)**歸因於有系統地影響大多數公司的因素：戰爭，通貨膨脹，衰退和高利率。因為這些因素對大多數股票有負作用，市場風險不能因為多角化被消除。

我們知道投資者為承受風險要求一筆溢酬；即證券風險越高，它的期望報酬也越高，如果投資者主要關心的是投資組合的風險而不是個別證券的風險，一支股票的風險應該怎樣被衡量呢？一個答案可由**資本資產定價模型(Capital Asset Pricing Model, CAPM)**提供，它是分析風險和報酬率之間關係的重要工具。CAPM的主要結論是：一支股票的相關風險是它對一個充分多角化投資組合風險的貢獻。如果單獨持有，一支股票可能十分風險，但是它風險的一半可能因為多角化被消除，它的**相關風險(relevant risk)**，就是它對投資組合風險的貢獻，比它的獨立風險小得多。

一個簡單的例子將使這點更清楚。假設你翻擲一枚硬幣。如果出現頭，你贏得20,000 美元，但如果出現是尾，你損失16,000 美元。這一好的賭注，期望報酬在0.5($20,000)＋0.5(－$16,000)＝2,000 美元。不過，它是一項非常風險的建議，因為你有一個損失16,000美元的50%的機會。因此，你可能拒絕賭注。或，假設你有100次的機會，而且你將為每個頭贏得200美元，但是為每個尾損失160美元。理論上你將可能擲出全部是頭並且贏得20,000美元，也可能擲出全部是尾並且損失16,000美元，但是實際上你有非常高機會擲出大約50個頭和大約50個尾巴，贏得淨大約2,000美元。雖然每次翻擲都有風險，但合起來，你有低風險的機會，因為多數風險被多角化了。這就是持有股票組合而不是僅僅一支股票的精神——除了廣泛影響所有股票的風險不能被多角化而被留下外。多數風險將被多角化消除掉。

是不是每支股票對多角化組合風險有相同影響呢？答案不是。不同的股票將影響不同的投資組合，如此不同的證券會有不同程度的相關風險。一支個別的股票的相關風險怎樣能被衡量？如我們所見，除了廣泛的市場風險，所有風險將被多角化消除掉。終究為什麼接受可能容易被消除的風險呢？在多角化後所剩下的是市場風險，可以以一支股票隨市場或上或下的移動程度衡量。在下一小節，我們討論股票的市場風險的衡量方法，然後在更後面，我們介紹計算一支股票報酬率的一個公式，只要給定它的市場風險。

▸▸ β的概念

如同上面所提，CAPM的主要結論是一個別股票的相關風險是它該股票對充分多角化組合的風險貢獻程度。充分多角化投資組合的指標是市場投資組合，那個包含全部股票的投資組合。因此一支股票的相關風險，叫為β係數(beta coefficient)，在CAPM下被定義為該股票對市場投資組合風險的貢獻數量。用CAPM 專有名詞，ρ_{iM}是 i 股票報酬和市場報酬之間的相互關係，σ_i是 i 股票報酬的標準差，而σ_M是市場報酬的標準差。i 股票的β係數，b_i 表示如下：

$$b_i = \left(\frac{\sigma_i}{\sigma_M} \right) \rho_{iM} \tag{5-6}$$

這告訴我們一個高標準差的股票，將傾向於有高的β。這是有意義的，因為如果其他事情是相等的，一支股票有高的獨立風險將貢獻投資組合的許多風險。也要注意到股票與市場高度相關也將有大的β，因此它是高風險的。這也有意義，因為高度相關表示多角化幫助不是很多，因此股票貢獻投資組合許多風險。

電腦和電子試算表能使用公式5-6計算β，但是另有一種方法。假設你在一張圖的y軸畫股票報酬和在x軸上畫投資組合報酬，如圖5-8中所示。一支股票隨市場上下移動的趨勢被反映在它的β變異係數上。一支平均風險的股票被定義為β等於1.0，這樣的股票報酬傾向於與市場幾乎一樣幅度的上下移動，(例如道瓊斯工業指數，標準普爾500指數或紐約證券交易所指數衡量)。這樣的$\beta=1.0$ 股票將與廣泛的市場指數一起上下移動，而且它就像指數一樣風險。一個$\beta=0.5$的投資組合將有市場的一半風險。另一方面，一個$\beta=2.0$的投資組合將有市場的兩倍風險。這樣組合的價值很快地加倍或變一半，如果你持有這樣的投資組合，你能迅速從百萬富翁反過來變成窮人。

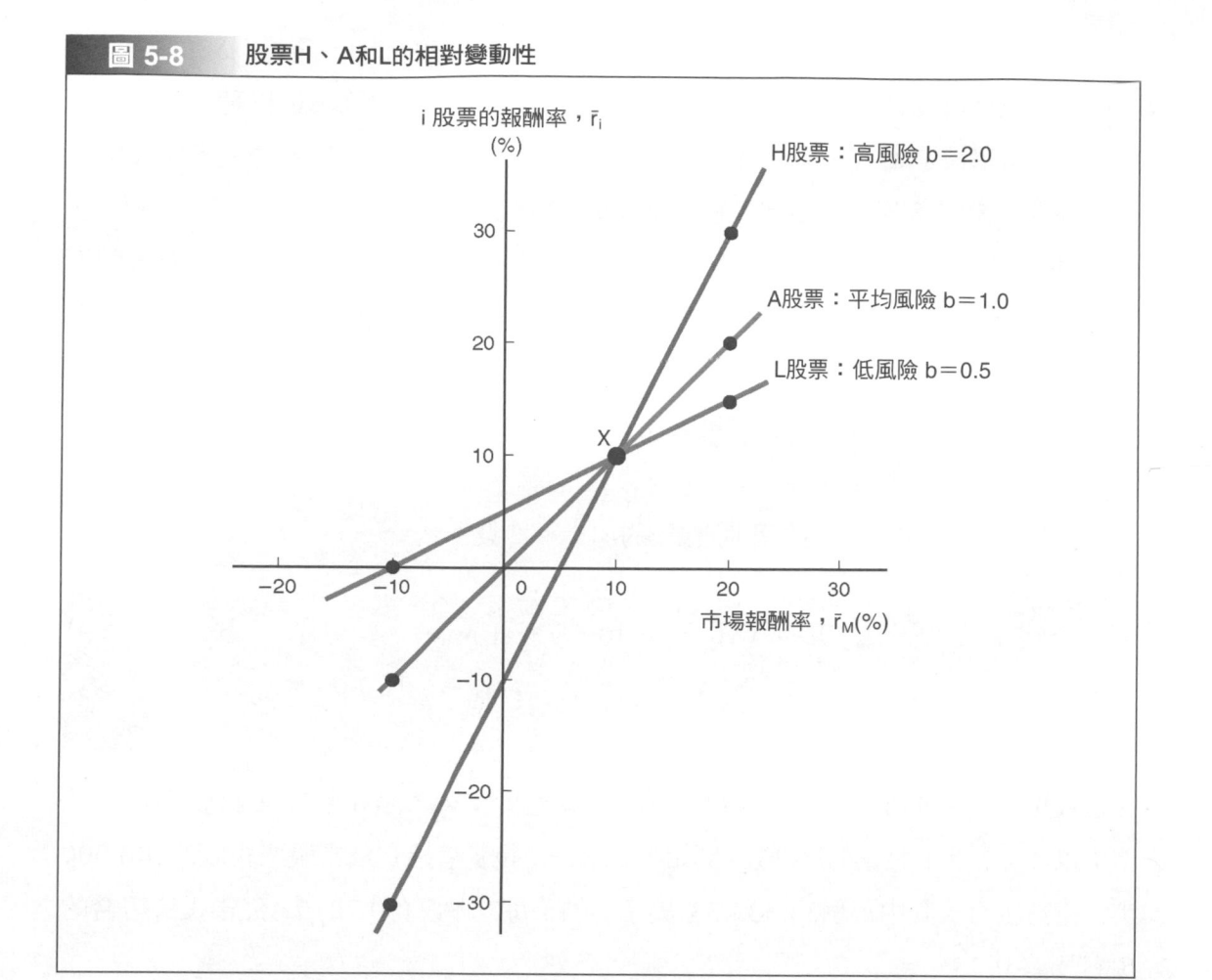

圖 5-8　　股票H、A和L的相對變動性

年	$\bar{r}_H$	$\bar{r}_A$	$\bar{r}_L$	$\bar{r}_M$
2003	10%	10%	10%	10%
2004	30	20	15	20
2005	(30)	(10)	0	(10)

註：這三支股票的報酬剛好落在迴歸線上，表示它們只暴露在市場風險下，投資於β等於
2.0，1.0和0.5的股票的共同基金之報酬型態將類似於本圖所畫。

　　圖5-8畫出三支股票的相對變動性。圖下面的那些數據假設在2003 年市場報酬
$\bar{r}_M$＝10%，以及股票H、A以L(高、平均和低的風險)全部都有10%的報酬。在2004
年市場明顯地起來，市場組合報酬是$\bar{r}_M$＝20%。三支股票報酬也上升：H驟升到30
%；A 20%，與市場相同；且 L 只有15%。但在 2005年市場報酬是$\bar{r}_M$＝－10%。三
股票報酬也下跌，H 陷入到－30%，A下降到－10%，以及L是0%。因此，三支股
票全部與市場朝著相同的方向移動，但是H是最易變的；A市場一樣易變；且L 不是
那麼易變。

β衡量股票相對於市場的變動性，透過定義，市場的$\beta=1.0$。透過圖5-8的那樣的一條線，我們可以計算股票的β。線的斜度顯示每支股票怎樣隨市場移動，這一「迴歸線」的斜率被定義為一個β係數。(實際計算β的程序在這章後面描述)大多數股票的β在0.50到1.50的範圍內，全部股票的平均β，透過定義是1.0。

理論上對於一支股票來說，有負的β是可能的。這樣的話，每當其他股票報酬下跌的時候，這支股票報酬將傾向於上漲。實際上，非常少股票有負的β。記住在一定時期內一支股票可能與市場趨勢相反，即使股票的β是正的。如果一支股票有正的β，當市場上漲，它也上漲。但是如果公司有不利的特別因素，將引起它的實際報酬下降。

一個投資組合的β是它的個別股票β的加權平均數：

$$b_p = w_1b_1 + w_2b_2 + \cdots + w_nb_n$$
$$= \sum_{i=1}^{n} w_ib_i \tag{5-7}$$

在這裡b_p是組合的β，它顯示組合與市場相關程度；w_i，是 i 股票占投資組合的比重；以及b_i，是 i 股票的β係數。例如，如果一位投資者持有三支股票組成的100,000美元投資組合，其中每個33,333.33 美元，如果每支股票有0.7的β，然後投資組合的β將是$b_p=0.7$：

$$b_p=0.3333(0.7)+0.3333(0.7)+0.3333(0.7)=0.7$$

這樣的一個組合風險將不如市場一樣風險，因此它應該經歷相對狹窄的價格波動，並且有相對小的報酬率波動。就圖5-8而言，它的迴歸線斜率將是0.7，少於一個平均投資組合。

如果現在出售其中一支股票並且替換一支$b_i=2.0$股票。這將使β從$b_{p1}=0.7$增加到$b_{p2}=1.13$：

$$b_{p2}=0.3333(0.7)+0.3333(0.7)+0.3333(2.0)$$
$$=1.13$$

如果增加一支$b_i=0.2$的股票，投資組合β可能從0.7下降到0.53。增加一支低β的股票將降低組合的風險。因此，給一個投資組合添加新股份能改變它的風險。因為股票β

衡量貢獻投資組合風險，β理論上是股票風險的正確估計值。

先前在投資組合方面的風險分析是資本資產定價模型(CAPM)的一部分，我們總結討論如下：

1. 股票風險有兩個組成部分：市場風險和可分散風險。

2. 可分散風險可以因為多角化被消除，大多數投資者的確多角化，或透過持有大的投資組合或透過以一項共同基金的形式購買股票。被留下的是市場風險，反映影響大多數股票一起波動的事件，如戰爭、衰退和通貨膨脹一樣的事。市場風險是多角化投資者唯一關心的風險。

3. 投資者一定要求承受更大風險的風險溢酬，股票風險越大被要求的報酬越高。風險溢酬只補償不可多角化而分散的風險。如不然，風險溢酬也補償可分散的風險，充分多角化投資者將開始買那些證券並且推高它們的價格，但股票最後的(均衡)期望報酬將反映出不可分散的市場風險。

4. 一支股票的市場風險被它的β係數衡量，這是股票相對變動的係數。如果β等於1.0，那些股票與市場有同等風險。如果β少於1.0，股票不如市場風險。如果β大於1.0，股票比市場更風險。

5. 一個投資組合的β是個別股票β的加權平均數。

6. 因為股票的β係數決定股票怎樣影響一個多角化投資組合的風險，所以β是任何股票風險的最有關估計值。

自我測驗

1. 解釋下列敘述：「以組合持有股票，比單獨持有的風險比較低」。
2. 完全正相關、完全負相關和零相關意味著什麼相互關係？
3. 通常透過增加投資組合的股票數量，投組風險能被降低到零嗎？請解釋。
4. 與市場一樣風險的一支股票的β是什麼？
5. 為什麼β是股票風險的理論正確衡量標準？
6. 如果你將一支股票過去 5 年的報酬與道瓊指數報酬畫圖，這條迴歸線斜率將表示這支股票的市場風險什麼資訊？

計算β係數

CAPM是個事前模型，表明所有變數是在事實之前被期望的價值。尤其β係數是反映投資者在未來時期期望的股票報酬與市場報酬互動性。不過，人們通常使用過去時期的數據計算β，然後假設股票的變動性未來將與過去相同。

表5-4顯示一些著名公司的β，由兩家不同金融組織提供，Thomson ONE一個商業學校版和雅虎！注意到他們對β的估計通常不同，因為他們用有點不同的模式計算β。有鑑於這些差別，很多分析家選擇計算他們自己的β。

從圖5-8回憶β怎樣被計算。一家公司的實際歷史報酬在y軸上繪製和在x軸上繪製市場組合報酬。然後一個迴歸線被透過這些點畫出，迴歸線的斜率提供對股票β的估計。雖然用一臺計算機計算β係數是可能的，但通常它們被一臺電腦、一個統計軟體程式或用一個電子試算表程式計算。

第一步在迴歸分析內編輯數據。大多數分析家使用4到5年每月一次數據，雖然一些使用52週的每週數據。我們決定使用4年每月一次數據，因此首先我們從雅虎為通用電氣公司下載49個月的股票價格。我們使用標準普爾500指數當市場組合，因為大多數分析家使用這個指數。表5-5顯示這數據的部分；在你的教科書網站內全部數據集合在檔案**CF2 Ch 05 Tool Kit.xls**。

表 5-4　｜　一些實際公司的β係數

股票代碼	Beta：Thomson ONE	Beta：Yahoo！Finance
Cisco Systems (CSCO)	1.74	2.18
Merrill Lynch (MER)	1.49	1.53
Amazon.com (AMZN)	1.41	2.23
Dell Computer (DELL)	1.33	1.64
General Electric (GE)	1.32	1.10
Microsoft Corp. (MSFT)	1.20	1.62
Coca-Cola (KO)	0.46	0.28
Empire District Electric (EDE)	0.44	0.00
Procter & Gamble (PG)	0.44	−0.16
Energen Corp. (EGN)	0.39	0.10
Heinz (HNZ)	0.34	0.28

資料來源：**Thomson ONE—Business School Edition** and **http://finance.yahoo.com.**

| 表 5-5 | 通用電氣公司的股票報酬資料 |

日期	市場指數 (S&P 500)	市場報酬	GE股價	GE報酬
2004年4月	1,128.17	0.2%	30.48	−0.1%
2004年3月	1,126.21	−1.6	30.52	−6.2
2004年2月	1,144.94	1.2	32.52	−2.7
2004年1月	1,131.13	1.7	33.43	8.6
·	·	·	·	·
·	·	·	·	·
·	·	·	·	·
2000年7月	1,430.83	−1.6	47.71	−2.2
2000年6月	1,454.60	2.4	48.79	0.7
2000年5月	1,420.60	−2.2	48.45	0.4
2000年4月	1,452.43	NA	48.26	NA
平均報酬(每年)		−4.6%		−26.3%
標準差(每年)		16.9%		41.5%
通用電氣與市場的相關係數		42.2%		

第二步把股票價格兌換成報酬率。例如,為了找到2004年4月通用電氣公司的報酬,我們從上月找到百分比變動:($30.48−$30.52)/$30.52＝−0.001＝−0.1%。我們也算標準普爾指數的百分比變動,並且使用當做市場報酬。

如表5-5所示,通用電氣公司在這4年期間有−26.3%的平均年報酬,而市場有−4.6%的平均年報酬。因為我們前面有提到,假設未來期望股票報酬將等於它歷史報酬的平均是不合理的。不過我們可以用過去變動性合理估計未來的變動性。注意到通用電氣公司與市場的報酬標準差是41.5%與16.9%。因此,市場的變動性少於通用電氣公司。這是我們所期望的,因為市場是一個充分多角化的投資組合,因此它的大部分風險已經被多角化。通用電氣公司股票報酬和市場報酬相互關係大約在42%。

圖5-9顯示通用電氣公司的報酬對應市場的報酬。圖5-9 顯示通用電氣公司β大約是0.91,以斜率係數顯示在圖表上的迴歸公式。這表明通用電氣公司的β差略小於1.0平均β。因此,通用電氣公司上下移動幅度稍微少於市場。注意到,這些點沒有緊密落在迴歸線周遭。與市場相比較,有時通用電氣公司更好,在另外一些情況它是壞得多。在圖表內顯示的R^2值衡量迴歸線與散布點接近的程度。它衡量被迴歸公式解釋的變化百分比。一個1.0的R^2值表示全部點都落在迴歸線上,因此所有 y 變數的變化都

圖 5-9　計算通用電氣公司β係數

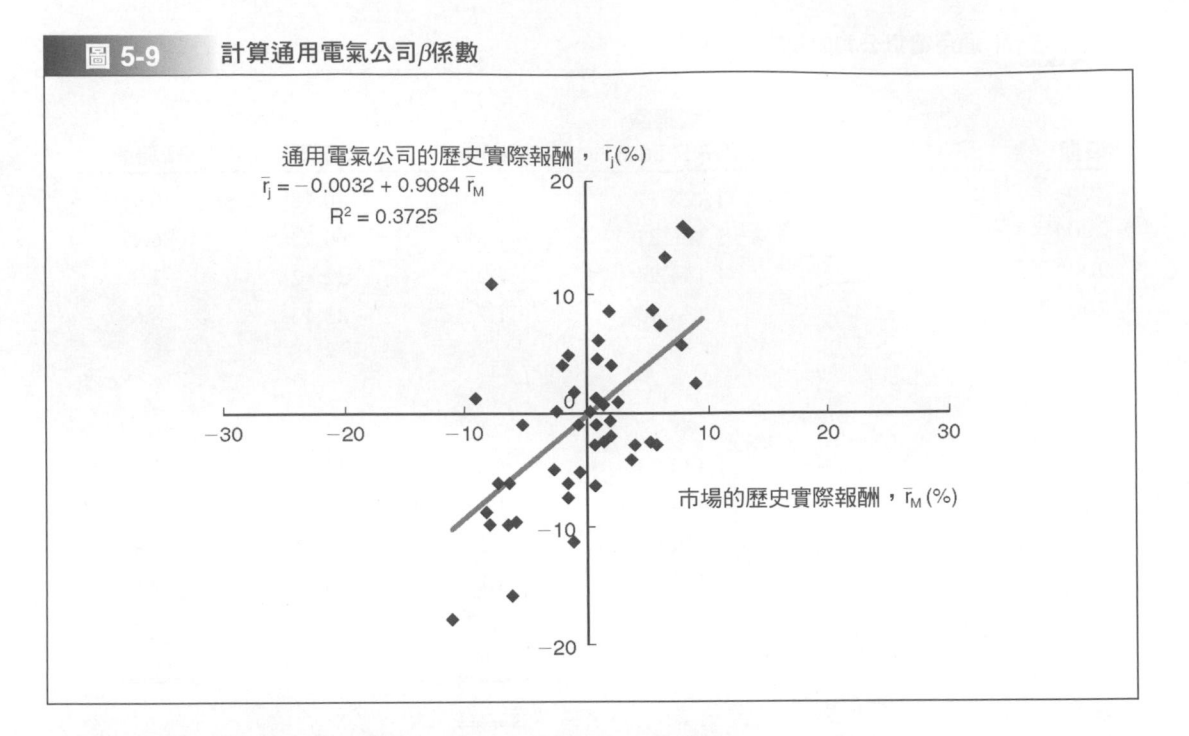

很容易被x 變數解釋。通用電氣公司的R^2大約是0.37，這比多數個別的股票高。表示通用電氣公司報酬方面的變化大約有37被市場解釋報酬。如果我們已經為一個40支隨機選擇的股票投資組合做一個相似的分析，或許散布點將在迴歸線周遭緊緊叢聚，R^2將或許是0.9。

最後，注意到迴歸公式在圖中顯示截距大約是－0.0032。因為迴歸公式基於每月的一次數據，這表示這個時期，由於股票價格的增加通用電氣公司的股票每月比平均少賺0.32%。

　**自我測驗**

1. 計算一個公司的β係數？需要什麼類型數據。
2. R^2衡量什麼?一家典型公司的R^2是多少？

風險和報酬率之間的關係

先前我們看見在 CAPM 理論下，β是股票相關風險的適當衡量值。現在我們必須確定報酬與風險之間的關係。在某特定水準的風險下，以β衡量投資者應該要求補償

多少報酬率？

> $\hat{r}_i$＝ i 股票的期望報酬率
>
> r_i＝ i 股票的要求報酬率，這是最低要求的期望報酬率，以誘使一般投資人願意買該股票
>
> $\bar{r}$＝ 實現的，事後報酬率
>
> r_{RF}＝ 無風險報酬率，r_{RF}通常是由長期美國國庫券期望報酬率所衡量
>
> b_i＝ i 股票的β係數
>
> r_M＝ 市場組合的期望報酬率
>
> RP_M＝ 市場的風險溢酬，$RP_M＝(r_M－r_{RF})$是使一般投資人願意投資市場組合的額外報酬
>
> RP_i＝ i 股票的風險溢酬$RP_i＝(RP_M)b_i$

市場風險溢酬(market risk premium, RP_M)，顯示投資者要求承擔平均風險的溢酬，它取決於投資者一般有的風險規避程度。讓我們假設，國庫券報酬$r_{RF}＝6\%$，市場要求的報酬$r_M＝11\%$。市場風險溢酬是5%：

$$RP_M＝r_M－r_{RF}＝11\%－6\%＝5\%$$

透過β係數，i股票的風險溢酬是：

> i 股票的風險溢酬 $= RP_i = (RP_M)b_i$　　　　　　　　(5-8)

如果我們知道市場風險溢酬，RP_M，以及它的β係數，b_i衡量股票的風險，我們能發現股票的風險溢酬是兩者乘積，例如，如果$b_i＝0.5$和$r_{RF}＝5\%$，然後RP_i是2.5%：

$$RP_i＝(5\%)(0.5)$$
$$＝2.5\%$$

如果一支股票是另一個兩倍風險，它的風險溢酬將是兩倍高，如果它的風險只有一半，它的風險溢酬將是一半。

任何投資要求報酬可以被概括表示當：

> 必要報酬率＝無風險報酬＋風險溢酬

這裡，無風險溢酬包括期望通貨膨脹的溢酬，我們假設資產有相似的到期和流動性。在這些條件下，股票的要求報酬和風險間關係是：

> SML公式：i股票的要求報酬率＝無風險利率＋市場風險溢酬×i股票的β
>
> $$r_i = r_{RF} + (r_M - r_{RF})b_i$$
> $$= r_{RF} + (RP_M)b_i$$
>
> (5-9)

i 股票要求報酬可以被寫成：

$$r_i = 6\% + 5\%(0.5)$$
$$= 8.5\%$$

如果股票 j 比股票 i 有風險，和 $b_j = 2.0$，它要求的報酬將是16%：

$$r_j = 6\% + (5\%)2.0 = 16\% \text{。}$$

一支平均股票，帶有b＝1.0，將有11%的要求報酬，與市場報酬的一樣：

$$r_A = 6\% + (5\%)1.0 = 11\% = r_M$$

像在上面注意到的那樣，公式5-9被叫做**證券市場線(Security Market Line, SML)**公式，如同圖 5-10 以圖形式表示SML，當$r_{RF} = 6\%$ 和$RP_M = 5\%$。注意下列問題：

1. 要求的報酬率顯示在縱軸上，β衡量的風險顯示在橫軸上。這張圖與圖5-8十分不同，圖5-8個別的股票報酬繪製在縱軸上，市場報酬顯示在橫軸上。圖5-8的3 條界線的斜率用來計算三支股票的β，那些β繪製在圖5-10的橫軸上。

2. 無風險證券$b_i = 0$；因此，r_{RF}在圖5-10 縱軸截距出現。我們如果能建造b＝0的投資組合，它的要求報酬等於無風險報酬。

3. SML的斜率(在圖5-10的5%)反映出經濟體的風險規避程度。平均投資者的風險規避越大，(1)這條線就越陡斜，(2)全部股票風險溢酬越大，以及(3)全部股票要求報酬率越高。這些點在後面的部分會更進一步討論。

4. 我們為股票$b_i = 0.5$，$b_i = 1.0$，以及$b_i = 2.0$計算的值，相同於圖上顯示的r_L, r_A與r_H值。

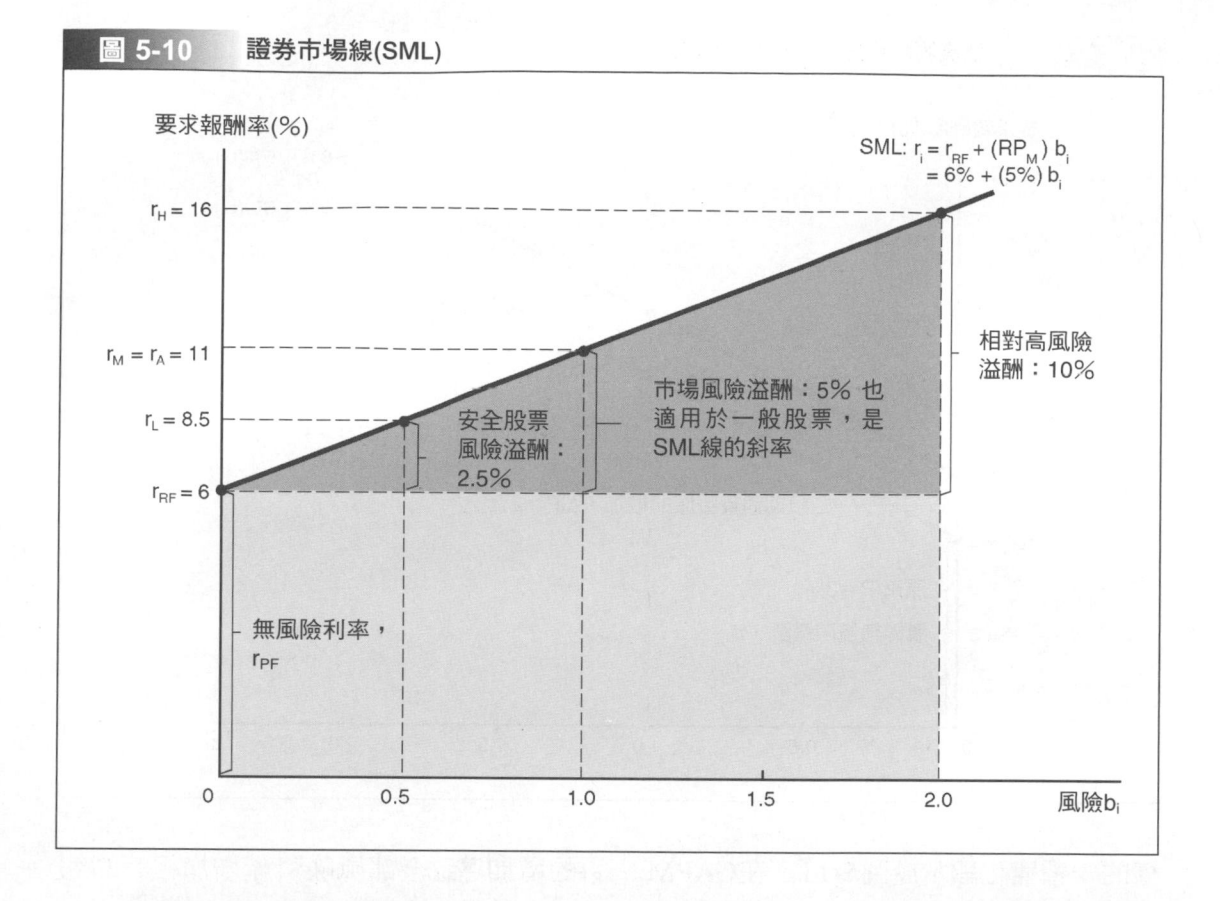

圖 5-10　證券市場線(SML)

利率，投資者的風險規避，以及個別公司β的變化，將使證券市場線會和公司位於它的位置因時間而改變位置，在以後的章節將討論這樣的變化。

▶▶ 通貨膨脹的影響

利息等於借入資金的「租金」，或錢的價格。因此r_{RF}是一個無風險借款人錢的價格。無風險利率以在美國國庫債利率衡量，它是由兩種元素組成：

(1)一個真正的無通貨膨脹報酬率，r^*，和(2)一筆通貨膨脹溢酬，IP，等於被預期的通貨膨脹率。如此，$r_{RF}=r^*+IP$。歷史上長期的國庫券上真正的利率從2％到4％，帶有大約3％的平均值。因此如果通貨膨脹沒有被期望，長期的國庫券將產生大約3％的利息。但是當被期望的通貨膨脹率增加，一筆溢酬必須被增加到真正的無風險溢酬率，補償投資者因為通貨膨脹喪失的購買力。因此，圖5-10顯示6％ r_{RF}可以被假設是由一個3％的真正無風險溢酬率加一筆3％的通貨膨脹溢酬組成：$r_{RF}=r^*+IP=3％+3％=6％$。

如果期望的通貨膨脹率提升2％，到3％＋2％＝5％，這將引起r_{RF}上升到8％。這

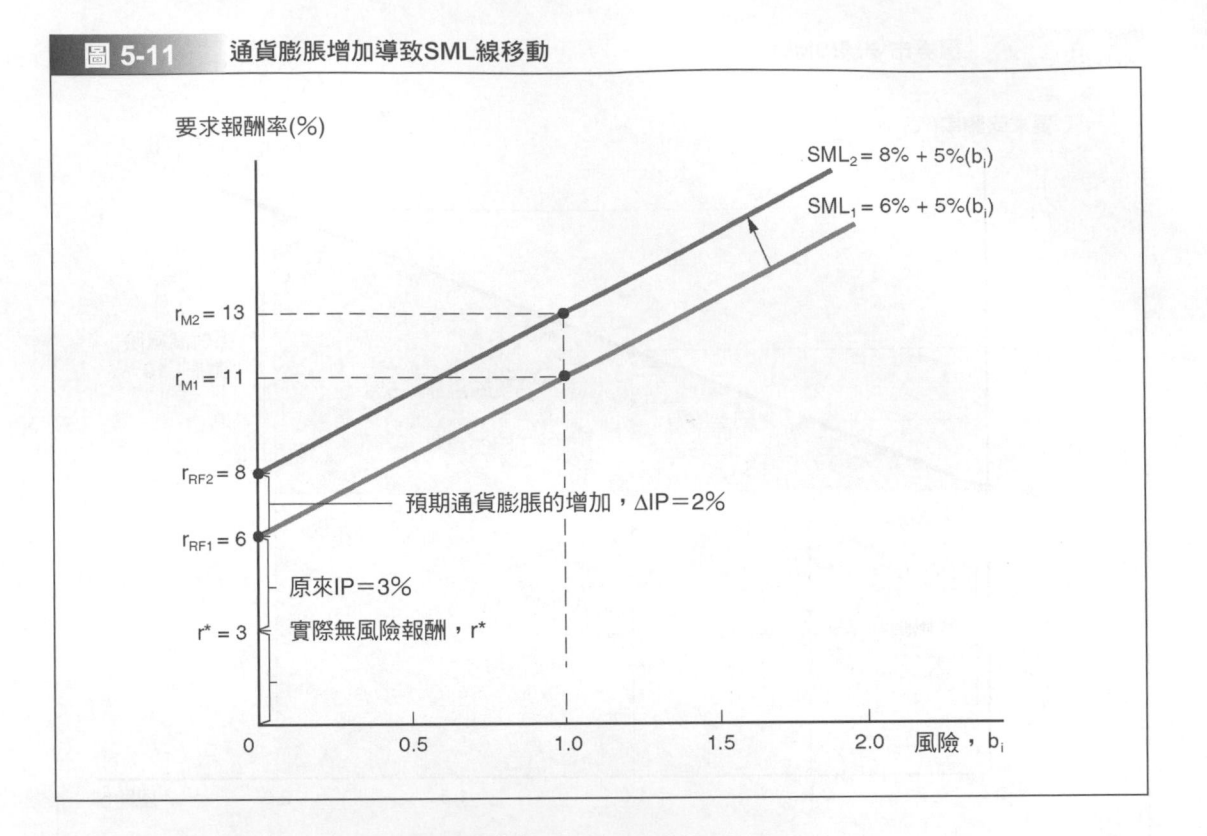

圖 5-11　通貨膨脹增加導致SML線移動

樣的一種變化顯示於圖5-11。在CAPM，r_{RF}的增加導致全部風險資產增加相等的報酬率，因為相同的通貨膨脹溢酬被加入無風險資產與風險資產的要求報酬率。例如，在一支平均股票r_M的報酬率，從11％增加到13％。其他風險的證券報酬也提升兩個百分點。

　　上面討論也適用於名目無風險利率的任何變化，不管是實際的利率或期望通貨膨脹的變化所引起。要記得的要點是，r_{RF}的變化不一定引起市場風險溢酬的變化，市場風險溢酬等於市場報酬減去無風險利率，換句話說，r_{RF}的變化也會使市場報酬變化，使市場風險溢酬維持相同水準。如同一艘船因潮流上下移動，但是從桅頂到海平面的距離保持一般相同。意思是說，在無風險利率方面的變化引起市場方面的變化報酬，導致相對穩定的市場風險溢酬。

▶▶ 在風險規避方面的變化

　　證券市場線(SML)的斜率反映出投資者對風險規避的程度，越陡的斜率平均投資者的風險規避越大。假設投資者對風險漠不關心，他們就不是規避風險。如果r_{RF}是6％，風險資產也將提供6％的期望報酬，因為如果沒有風險規避，將沒有風險溢酬，

而且SML 將被繪製成水平線。當風險規避增加,風險溢酬會引起SML的斜率變得更陡。

　　圖5-12說明風險規避的增加。市場風險溢酬上漲從5%到7.5%,引起r_{M1}從11%提升到$r_{M2}=13.5$%。其他風險資產報酬也提升,風險規避方面的變化對風險的證券更具影響。例如,一支$b_i=0.5$的股票報酬只以1.25個百分點增加,從8.5%到9.75%,而$b_i=1.5$的股票以3.75個百分點增加,從13.5%到17.25%。

▸▸┃ 股票β係數的變化

　　如我們在書後面所見,一家公司能影響它的市場風險,進而影響它的β,透過在它的資產組成方面的變化以及它對欠債的使用。公司β的改變也能由於外部因素,例如增加的競爭,專利的終止等等。當這樣的變化發生,要求報酬率也因此改變。

圖 5-12　風險趨避增加導致SML線移動

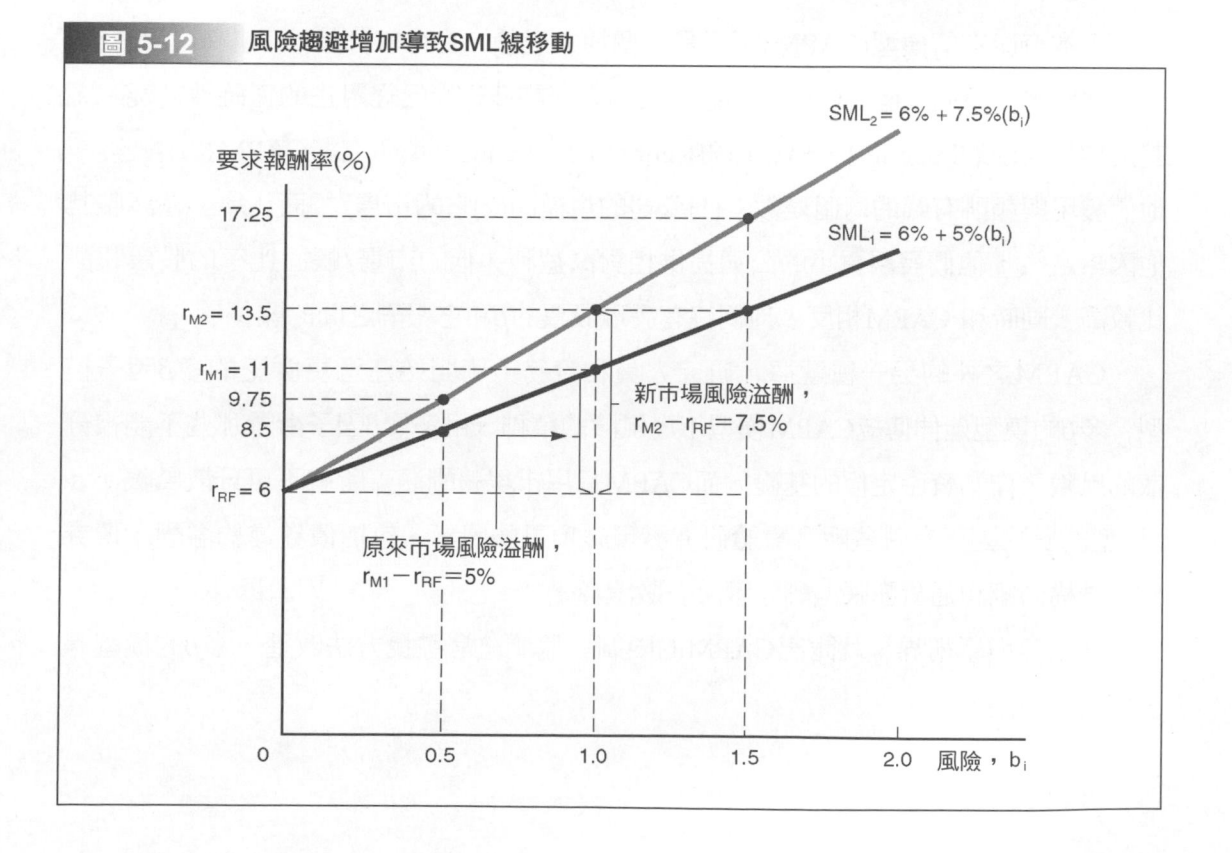

自我測驗

1. 區分期望報酬(r̂)與要求報酬(r)，以及已經實現，事後，報酬(r̄)。哪個是讓你決定買股票的報酬率？三者通常是否相等？

2. 產生β的相對變動圖(圖5-8)，以及使用β的SML圖(圖5-10)之間的差別為何，兩個圖是怎樣畫出和它們傳送的訊息是什麼。

3. 當通貨膨脹增加或減少時，圖5-10的SML發生什麼事？

4. 當風險規避增加或減少時，SML圖上發生什麼？如果投資者漠不關心風險，即零風險規避，SML線會變成怎樣？

5. 一家公司怎樣能影響反映在它的β上的市場風險？

關於β和CAPM的一些注意事項

　　資本資產定價模型(CAPM)不只是一個抽象理論，它也被分析師、投資者和公司廣泛地使用。不過，儘管CAPM的觀念吸引人，許多研究已經對它的正確性質疑。尤其芝加哥大學的Eugene Fama和耶魯Kenneth French的一項研究對CAPM提出懷疑。他們發現與報酬有關的兩個變數：(1)公司的規模和(2)它的市場/帳面比率。在調整其他因素之後，他們發現更小的公司提供相對高盈利，低的市場/帳面比率的股票報酬比較高。同時和CAPM相反，他們沒有發現股票的β和它報酬之間的關係。

　　CAPM之外的另一種選擇，研究人員和實務人士開始注意更廣泛的多β因子模型。多β的模型延伸傳統CAPM模型市場風險的精神，用多個β因子衡量那些不能被分散的風險，作為資產定價的基礎。而CAPM只用市場報酬涵蓋所有不可分散風險。多β模型的風險因子有哪些呢？實證研究發現幾項風險因素，包括債券違約溢酬，債券期間結構溢酬和通貨膨脹溢酬影響大多數證券。

　　實務界與學術界早就認出CAPM的限制，他們經常尋找方法改進，多β的模型是一個潛在方向。

自我測驗

1. CAPM的正確性為何？請解釋。

總結

　　本章討論風險與報酬間的權衡關係，首先我們討論怎樣計算個別的資產和投資組合風險與報酬。尤其是我們把獨立風險和投資組合風險區分開，我們解釋多角化的好處。最後我們發展CAPM，解釋風險怎樣影響報酬率。在隨後的章節，我們將給你為債券、優先股和普通股估計被要求的報酬率工具，我們將解釋公司使用這些報酬發展他們的資本成本。因為你將看見資本成本是資本預算過程一個重要的要素。這章的核心概念列舉如下：

- 風險可以被定義為一些不利的事件將發生的機會。
- 資產的風險可以在一個獨立基礎上被認定(每一個單獨的資產)或在投資組合裡認定，在那裡結合其他資產和它的風險被透過多角化降低。
- 大多數有理性的投資者持有資產的投資組合，與個別資產風險相比，而且他們更關心他們的投資組合風險。
- 期望報酬是報酬機率分配的平均值。
- 實際報酬低於期望的報酬的機率越大，與資產相關的獨立風險越大。
- 平均投資者是規避風險，這表示他或她必須被補償持有風險資產。因此與較少的風險資產相比較，風險的資產有更高的要求報酬。
- 資產的風險由下列組成：(1)可分散風險，可以因為多角化被消除，以及(2)市場風險不能因為多角化被消除。
- 個別資產的相關風險是它對一個充分多角化組合的風險貢獻，是資產的市場風險，因為市場風險不能因為多角化被消除，投資者必須被補償承擔它。
- 一個股票的β係數，b，是它的市場風險。β衡量股票報酬相對於市場變動的程度。
- 一支高β的股票比一支平均股票更不穩定，而一支低β的股票平均不如一支股票不穩定。一支平均股票有b＝1.0。
- 一個投資組合的β是在投資組合裡個別證券β的加權平均數。
- 證券市場線(SML)顯示一支股票的市場風險和它要求的報酬率之間的關係。任何證券i要求報酬等於無風險利率，加市場風險溢酬乘以證券的β：$r_i = r_{RF} + (RP_M)b_i$。

- 即使在股票上期望報酬率等於它要求報酬率，許多事情能引起被要求的報酬率改變：(1)無風險利率變動，起因於真正利率或預期通貨膨脹的變動，(2)股票的 β 變動，和(3)投資者的風險規避改變。

- 在不同國家的資產報酬不完全相關，全球多角化為跨國公司與全球多角化組合達成更低風險的結果。

問題

(5-1) 定義下列名詞，使用圖或公式說明你的答案：

　　　 a. 獨立風險；風險；機率分配

　　　 b. 期望報酬率，$\hat{r}$

　　　 c. 連續的機率分配

　　　 d. 標準差；變化；變異係數，CV

　　　 e. 風險規避；實現的報酬率，$\bar{r}$

　　　 f. 風險溢酬；市場風險溢酬

　　　 g. 資本資產定價模型(CAPM)

　　　 h. 期望投資組合報酬；市場投資組合

　　　 i. 相關係數，ρ；相互關係

　　　 j. 市場風險；可分散風險；相關風險

　　　 k. β 係數，b；平均 β

　　　 l. 證券市場線(SML)；SML 公式

　　　 m.SML斜率衡量風險規避

(5-2) 一個較低風險的報酬機率分配比更高風險達到更尖峰形狀。有什麼形狀的機率分配將適合(a)完全確定的報酬和(b)完全不確定的報酬嗎？

(5-3) 證券A的期望報酬7%，標準差35%，與市場的相關係數－0.3 和一個 β 係數－1.5。證券B有期望報酬12%，一個標準差10%，有0.7的市場相關係數和一個 β 係數1.0 何者比較風險？為什麼？

(5-4) 假設你擁有價值250,000美元的長期美國個政府公債。

　　　 a. 你的投資組合將是無風險的嗎？

b. 現在假設你持有投資組合(價值250,000美元的30天的短期國庫券組成)。每30天你的債券到期而且你再投資本金(250,000 美元)在一批新的債券裡。假設你靠投資收入來維持一個固定的生活標準,你的投資組合和那個生活。你的投資組合真的是無風險嗎?

c. 你能想到有何資產是完全無風險的嗎?我們可以發展這樣的資產嗎?請解釋。

(5-5) 如果投資者的風險規避增加,一支高β的股票的風險溢酬將增加更多還是更少,比起一支低β的股票溢酬增加?請解釋。

(5-6) 公司β加倍,它的期望報酬會加倍嗎?

(5-7) 可不可能建構一個投資組合,使它的期望報酬等於無風險利率?

自我測驗

(ST-1) 股票 A 和 B 歷史報酬率資料如下:

年	股票A報酬率,r_A	股票B報酬率,r_B
2001	(18%)	(24%)
2002	44	24
2003	(22)	(4)
2004	22	8
2005	34	56

a. 在5 年期間為每支股票計算平均報酬率。

假設某投資組合由50%股票A和50%股票B組成。投資組合每年的實現的報酬率是多少?投資組合平均報酬是多少?

b. 現在計算每支股票和投資組合報酬的標準差,使用公式5-3a。

c. 由兩支股票的每年利潤數據,你猜測兩支股票報酬之間的相關係數是接近－0.8還是更接近於0.8?

d. 假如對投資組合隨機增加更多的股票,如下內容中對σ_p的陳述何者最準確?

(1) σ_p將保持不變。

(2) σ_p將下降到20%附近。

(3) σ_p將下降到零，如果足夠的股票被包括在內。

(ST-2) ECRI 公司是4家主要子公司的一家控股公司。每個子公司的百分比和它們的β資料如下：

子公司	子公司的百分比	Beta
Electric utility	60%	0.70
Cable company	25	0.90
Real estate	10	1.30
International/special projects	5	1.50

a. 控股公司的β是什麼？

b. 假設無風險利率是6%並且市場風險溢酬是5%。控股公司要求的報酬率是多少？

c. ECRI正考慮變化它的戰略性：它將降低對電力公司的倚賴，因此這個子公司的百分比將是50。同時，ECRI 將增加它對國際/特別計畫的倚賴，因此哪個子公司的百分比將上升到15%。股東要求的報酬率將是什麼呢？

習題

(5-1) 一個股票的報酬率分配如下：

公司產品的需求	需求發生的機率	需求發生的報酬率
弱	0.1	(50%)
低於平均	0.2	(5)
平均	0.4	16
高於平均	0.2	25
強	0.1	60
	1.0	

計算期望的股票報酬、標準差和變異係數。

(5-2) 一個人有35,000 美元投資$\beta = 0.8$的股票和40,000 美元投資$\beta = 1.4$的股票。它的投資組合的β是什麼？

(5-3) 假設無風險利率是5％，而且市場風險溢酬是6％。市場期望報酬是什麼？
$\beta＝1.2$的一支股票被要求的報酬率是多少？

(5-4) 假設無風險利率是6％在市場上期望報酬是13％。$\beta＝0.7$的一支股票被要
求的報酬率是多少？

(5-5) 市場和股票 J 有下列機率分配：

機率	r_M	r_J
0.3	15%	20%
0.4	9	5
0.3	18	12

a. 為市場和股票 J 計算期望報酬率。

b. 為市場和股票 J 計算標準差。

c. 為市場和股票 J 計算變異係數

(5-6) 假設無風險利率＝5％，市場風險利率＝10％，以及A股票報酬率$r_A＝$
12％。

a. 計算股票A的β。

b. 如果股票A的β是2.0，A的新要求報酬率將是多少？

(5-7) 假設無風險利率$r_{RF}＝9\%$，市場風險利率$r_M＝14\%$，以及i股票的β，$b_i＝$
1.3。

a. r_i；i股票被要求報酬率是多少？

b. 現在假設無風險利率(1)增加到10％或(2)減少到8％。SML的斜率保持不
變。這將怎樣影響市場風險利率和股票報酬率？

c. 現在假設無風險利率以9％保持，但市場風險(1)增加到16％或(2)降到13
％。SML的斜率保持變。上述變化如何影響股票報酬率？

(5-8) 假設你持有一個多角化的投資組合(由每個投資7,500美元於20支普通股組
成)。投資組合β等於1.12。現在假設你已經決定用7,500美元出售一支股票
β等於1.0，使用這些收入為你的投資組合買另一支股票。假設新股份的β
等於1.75。計算新投資組合β。

(5-9) 假設你是400萬美元投資基金的資金管理人，基金是由4支股票組成如下和
β一起：

股票	投資	Beta
A	$ 400,000	1.50
B	600,000	(0.50)
C	1,000,000	1.25
D	2,000,000	0.75

如果市場要求報酬率是14%，無風險利率是6%，基金要求的報酬率是多少？

(5-10) 你有一個200萬美元的投資組合，由一個每個的投資100,000美元的20支股票組成。有等於1.1的β。你正考慮出售β等於0.9的股票，購買β等於1.4的的另一支股票。這筆交易之後你的投資組合的新β將是什麼？

(5-11) 股票R有1.5的β，股票S有0.75的β，一支平均股票被期望報酬率是13%，無風險報酬率是7%。較風險的股票要求報酬率多過於較低風險是多少？

(5-12) 股票A和B歷史報酬率資料如下：

年	股票A報酬率，r_A	股票B報酬率，r_B
2001	(18.00%)	(14.50%)
2002	33.00	21.80
2003	15.00	30.50
2004	(0.50)	(7.60)
2005	27.00	26.30

a. 為每支股票計算5 年的平均報酬率。

b. 假設有一投資組合由50%股票A和50%股票B組成。這個投資組合每年被實現的報酬率是多少？在這個時期投資組合的平均報酬是什麼？

c. 計算每支股票和投資組合報酬的標準差。

d. 為每支股票和投資組合計算變異係數。

e. 如果你是一位風險規避投資者，你喜歡擁有股票A、股票B，還是投資組合？為什麼？

(5-13) 你觀察下列報酬：

年	股票X	股票Y	市場
2001	14%	13%	12%
2002	19	7	10
2003	−16	−5	−12
2004	3	1	1
2005	20	11	15

假設無風險利率是6%，市場風險溢酬是5%。

a. 股票X 和Y的β是什麼？

b. 股票X 和Y被要求的報酬率是多少？

c. 由80%的X股票和20%的Y股票組成一個投資組合的要求報酬率是多少？

d. 如果股票X 期望報酬是22%，股票X 是低估還是高估？

Mini Case

以下是台積電、聯電與臺灣加權股價指數過去10年的歷史年報酬資料。

年	台積電 年報酬率	聯電 年報酬率	臺灣加權指數 年報酬率
2006	16%	13%	19%
2005	34%	1%	7%
2004	−8%	−24%	4%
2003	61%	43%	32%
2002	−46%	−52%	−20%
2001	56%	25%	17%
2000	−40%	−50%	−44%
1999	189%	220%	32%
1998	−8%	−19%	−22%
1997	197%	113%	18%

1. 請計算它們的期望報酬率、標準差與變異係數(CV)。

2. 假設以50%台積電和50%聯電形成一個投資組合P，請計算它的期望報酬率、標準差與變異係數(CV)。

3. 比較台積電、聯電與投資組合P的標準差，何者為低？

4. 比較台積電、聯電與投資組合P的CV，何者為低？

5. 請計算台積電、聯電與投資組合P的β。

6. 請問如果你是一個風險趨避者，只能從台積電、聯電與投資組合P選擇一個進行投資，你會選擇哪一個？為什麼？

第二部分
有價證券與它們的評價

第 6 章

債券與債券評價

本章討論如何衡量債券的風險與報酬率，它們將影響公司加權平均資金成本。

成長中的公司必須取得土地、大樓、設備、存貨和其他營運資產。債券市場是這樣購買的主要資金來源。因此，每位經理應該了解債券的類型，債券條件，債券投資者和發行者的風險，以及決定債券的價值和報酬率的程序。

誰發行債券？

債券(bond)是一個長期合約，借款人同意在具體的日期支付本息給債券的持有者。例如，在2006年1月5日，MicroDrive股份有限公司發行5,000萬美元的債券借入5,000萬美元，為了方便起見，我們以1,000美元一張債券的面值，共出售50,000張債券。無論如何，MicroDrive得到5,000萬美元作為交換，它承諾每年付息並且在一個指定的到期日期付還5,000萬美元。

投資者投資債券有很多選擇，債券主要分四種類型：聯邦政府、公司、市政府和外國。每種類型的期望報酬和風險程度都不同。

國庫券(treasury bonds)有時稱為政府公債，由美國聯邦政府所出具。聯邦政府承諾的本息支付應具良好信用，因此假設這些債券沒有風險是合理的。不過當利率上

漲時，國庫券債券價格下降，因此它們並不是全部沒風險。

　　公司債券(corporate bonds)正如名字暗示的，由公司所出具。與財政部不同，如果發行公司陷入麻煩，它可能不能支付被承諾的本息款項。不同的公司債券有不同的違約風險，取決於發行公司的特性和具體的債券條件。違約風險經常被稱為「信用風險」，以及違約或信用風險越大，發行者必須支付的利率越高。

　　市公債(municipal bonds)由州及地方政府所出具。像公司債券一樣有違約風險。不過它超越其他債券，提供一個主要的優勢：多數市公債上的利息可免除聯邦稅與州稅，因此市公債比同等風險的公司債券付出較低利率。

　　外國債券(foreign bonds)是由外國政府或外國公司所出具。外國公司債券當然是暴露在不履約風險下，一些外國政府公債也是。如果債券被以另一種貨幣計價，另外的風險就存在。例如，如果美國投資者購買用日圓計價的債券，後來日圓貶值，投資者將損失金錢，即使公司的債券不違約。

自我測驗

1. 什麼是債券？
2. 四類主要的債券是什麼？
3. 為什麼美國國庫券並非無風險？
4. 外國債券的投資者會暴露什麼類型的風險？

債券的主要特點

　　雖然所有債券有一些共同特點，卻有不同的契約條件，如下所述：

▸▸ 面值

　　面值(par value)是債券的票面價值；我們一般假設1,000美元，雖然1,000美元(例如,5,000美元)的任何倍數的面值可以被使用。面值一般代表公司借並且承諾在到期日期付還錢的數量。

▸▸ 票面利率

　　MicroDrive的債券要求公司每年(或通常是每 6 個月)支付固定金額的利息，這金

額是面值乘以**票面利率(coupon interest rate)**的結果。例如，MicroDrive的債券有 1,000 美元的面值，它們每年支付價值100美元的利息。債券息票利息是100 美元，因此它的票面利率是$100/$1,000＝10%。在債券有效期間，利息的支付是固定的且是強制。通常在債券發行時利息支付就訂定，使債券能夠在它的面值上或附近發行。有時候，債券利息支付將因時變化。對這些**浮動利率債券(floating-rate bonds)**來說，票面利率設定在最初6個月時期，在那之後，每6個月根據一些市場利率做調整。一些公司債券根據國庫券利率或根據其他利率，例如國際拆借利率(LIBOR)。很多附加條文可被加入浮動利率債券契約。例如，可轉換成固定利率，或有上、下限利率(caps 和 floors)。

浮動匯率債券受擔心利率上升的投資者歡迎，因為每當市場利率上漲的時候，這些債券的利息會增加。穩定債券的市價也提供機構投資人，例如銀行，很好的收入以支付他們的義務，如存戶的利息支出。儲蓄和貸款產業幾乎被摧毀，因為他們以前習慣做固定利率貸款，但在浮動利率條件上借錢。你賺得6％固定但是支付10％的浮動。你將很快破產。而且，浮動匯率債券吸引想要發行長期債券的公司，因為他們不想在整個債款期限內固定支付高利率。

一些債券沒有附息，但是在面值提供折扣，它們因此提供資本利得而不是利息收入。這些證券贖回**零息票債券(zero coupon bonds, zeros)**。通常以極低於它面值的價格發行任何債券被稱為**原始發行折價債券(original issue discount (OID) bond)**。公司於1981年初首先使用零息票債券(zeros)。在近年IBM、美國鋁業、JCPenney、ITT、市政服務、GMAC和洛克希德‧馬丁已經使用零息票債券(zeros)募集幾十億美元。

一些債券不支付現金利息，但支付另外債券(或一部分另外債券)組成的利息，這些**贖回支付債券(payment in kind bonds)**或**PIK債券(PIK bonds)**較實在。PIK 債券通常由有現金流量問題公司所出具使它們更具風險。

一些債券有增強條款：如果公司的債券等級被降低，那麼它必須增加債券的票面利率。與在美國相比，逐漸增強債券在歐洲更受歡迎，但情況已經開始改變。注意到從公司的觀點，逐漸增強債券十分風險。降級正表明它的債券服務有困難，且逐漸增加將加重問題。這已經導致許多公司破產。

▸▸ 到期日期

債券一般有一個到期面值必須償還的**到期日期(maturity date)**。MicroDrive的債券，在2006年1月5日發行，將在2021年1月5日到期。因此它們有 15 年的到期日期。大多數債券**到期日期(original maturities)**從10到40年，但是任何到期日期都合法。當然在它被發行之後，債券的到期日每年下降。因此MicroDrive的債券原先有15年的到期日，但是在2007年一年後，它們將有14年的到期日等等。

▸▸ 贖回或賣回債券條款

大多數公司債券包含**贖回條款(call provision)**，發行的公司有贖回債券的權利。贖回條款說明公司可以高於面值的價格買回債券，此高出價格的部分被稱為**贖回溢價(call premium)**，經常被設定等於一年利息，如債券被發行一年後贖回，且贖回溢價此後每年以INT/N的固定比率下降，INT＝年息和N＝原先的到期日。例如，1,000美元的面值，10年到期，10％票面利率。如果它在第一年被贖回，它的贖回溢價，將是100美元(1,000美元的10％)，第2年的90美元(降低100美元的10％)等等。不過，債券贖回須等幾年(普遍5到10年)才能被執行。這稱為**延遲贖回(deferred call)**，債券被稱有**贖回保護(call protection)**。

當利率比較高的時候，一家公司出售債券。如果利率下降，公司能出售一個低利率的證券。然後它能使用新的收入贖回高利率的債券，因此降低它的利息費用。這個過程被稱為**資金重置(refunding operation)**。

贖回條款對公司有價值但是對投資者潛在有害。如果利率上升公司將不打算贖回債券，且投資者將無法擺脫原先的票面利率，即使在利率已經明顯地上漲。但是如果利率下降，公司將贖回債券，並且投資者必須再投資在當今市場利率，這是低於他們原先債券的利率。換句話說，當比率下降，投資者損失。但當利率上升，卻得不到利益。為補償投資者這類風險，一個贖回債券必須提供一個較高利率。例如，太平洋木材公司發行債券產生9.5％利率；這些債券可立即贖回。在同一天，西北研磨公司出售相同風險和到期債券產生9.2％利率，但是這些債券是 10 年內不可贖回。投資者願意接受一0.3％利率的減少，讓西北債券保證至少 10 年9.2％的利率。但另一方面，太平洋木材公司付出一個比0.3％更高的利率，來獲得如果比率下降可贖回債券的選擇權利。

　　債券也存在另一種選擇權利，讓持有者按照**票面價格賣回(redeemable at par)**債券，以保護投資者在利率升高時的利益。因為如果利率上升，固定利率債券的價格下降。如果持有者有此賣回選擇權並且按照票面價格執行，他們就能防止上升比率的損失。這樣債券的例子：25 年的5,000萬美元面值，8.5%利息的債券。公司不贖回，持有者可在發行日之後 5 年能按照票面價格賣回。如果利率已經上漲，持有者將賣回債券，再以一個更高的利率再投資。這個條款讓公司以8.5%的利率出售那些債券，當時其他類似的債券利率是9%。

　　在1988年後期，公司的債券市場因為RJR Nabisco公司被融資買下(LBO)而騷動。RJR的債券在LBO公告的數天內在價值上下降20%，很多其他公司債券的價格也猛跌，投資者懼怕LBOs 的盛行將使很多公司增加過多的負債，導致降低債券等級和偏低債券價格。這種情形稱為**事件風險(event risk)**，因為一些突發事件，例如LBO，將發生並且增加公司的信用風險，因此降低公司的債券等級和它的未償付債券的價值。投資者對事件風險的關心意味著那些公司必須在借入新資本時付出高成本。試圖控制債券成本，使事件風險減到最小。一種保護條款被加入債券契約，稱為**超級毒藥賣權(super poison put)**。這使債券持有人能夠按照票面價格賣回債券給發行者，如果發生一次公司接管，合併或重大的資本調整。

　　實際上從1986年起就有毒藥賣權，當時LBO趨勢開始。不過，它們被證明幾乎沒有價值，因為它們允許投資者由不友善的公司接管及執行。幾乎所有敵對的公司合併最終以友好結束。此外，也不能保護投資者擋住自願性的資本調整，使公司得以出售大量債券，付給股東大筆股息或購回它自己的股票。RJR 的LBO事件後使用的「超級毒藥賣權」防止這兩種行動。這是一個好例子，說明金融社區如何迅速回應市場的變化。

　　最後，一些債券有一種**整體贖回條款(make-whole call provision)**。這允許一家公司贖回債券，但是它必須支付相等於類似的不可贖回債券的市價。為公司提供一種容易的方法，以購回債券作為資本重構，例如一次合併。

▸▸ 償債基金

　　一些債券也包括**償債基金條款(sinking fund provision)**，使債券發行者有規律地還款。很少公司被要求把錢寄放在受託人處，這筆投資資金到期時，使用被累積的總數收回債券。不過，償債基金每年用來回購發行一定的百分比。無法可贖回償債基金

要求將引起債券違約，如此可能強迫公司破產。因此一個償債基金能在公司形成顯著的現金流出。

多數情況下，公司用以下兩種模式中的任何一個處理償債基金：

1. 公司每年贖回(以面值)債券的某種百分比；例如，它以1,000美元的價格贖回總數的5%的問題數目。債券被順序編號，以抽籤決定被贖回的債券。
2. 公司可於公開市場買回被要求的債券數量。

公司將選擇這種最小成本的方法。如果利率已經上漲，引起債券價格下跌，它將在公開市場買回債券；如果利率已經下降，它將贖回債券。注意到為償債基金目的贖回十分不同於像在上面討論的融資贖回。償債基金贖回通常不要求贖回溢價，而且只有小部分債券被贖回。

雖然償債基金透過用規律還款模式保護債券持有人，你應該認識到償債基金的運作有可能損及債券持有人。例如，假設債券有10％利率，但是在相似債券掉到7.5％。償債基金贖回按照票面價格將要求一位投資者放棄100美元利息，然後在每年只支付75美元的債券方面再投資。顯而易見的，這危害那些債券持有人。不過整體來說，一個償債基金的債券被認為是比沒有這樣的條款安全，當他們發行償債基金債券時，它的票面利率將較低。

▸▸ 其他特性

其他幾個債券特性值得提出。首先，**可轉換債券(convertible bonds)**是能轉變為普通股的債券，公債券持有人以一個固定的價格將債券轉換成普通股。與不可轉換債券相比較，它有一個更低的票面利率，但是它們為給投資者提供一個機會獲得股票資本利得。搭配**認購權證(warrants)**發行的債券類似於轉換債券。認購權證允許持有者以一定的價格買股票，如果股票的價格上漲，因此它提供資本利益。與普通債券相比較，搭配認購權證發行的債券有更低的票面利率。

債券另一類型是**收益債券(income bond)**，只有收益被獲得才支付利息的債券。這種債券不能使公司破產，但是從投資者觀點而言，它們比一般債券危險。另一種債券是**指數(indexed)**或**購買力債券(purchasing power bond)**，在巴西、以色列和高通貨膨脹率困擾的一些國家變得受歡迎。這些債券支付的利率是根據一些像消費品物價指數那樣的通貨膨脹指數，當通貨膨脹率提升時，利息已付自動提升，因此保護那些

債券持有人以防止通貨膨脹。在1997年1月，美國財政廳開始發行指數債券，它們在過去支付大約是1%到4%加上通貨膨脹率的一個比率。

債券評價

任何金融資產的價值是預計其生產的未來現金流量的現值。

來自債券的現金流量像上面描述的那樣取決於它的合約特徵。對於一個標準付息的債券，例如由MicroDrive所出具的現金流量包括15年的利息與1,000美元的面值，這個情勢如下：

```
  0     r_d%    1        2        3        N
┤──────────┤────────┤────────┤──── ··· ───┤
債券價值    INT      INT      INT          INT
                                            M
```

其中

r_d = 債券市場利率10%。這是用來計算債券現金流量的現值折現率。它也贖回「殖利率」。注意到r_d不是票面利率。只有債券按照票面價格出售它才等於票面利率。通常大多數附息票債券按票面發行，暗示票面利率被定在r_d之後，利率透過r_d衡量將波動，但是票面利率被固定，因此r_d將偶然等於票面利率。我們使用 i 或 I 指定利率，這只在金融電算機上使用，但是 r，加下標 d 是為了證券指定利率，通常在金融方面被使用。

N = 在債券到期數＝15。注意到在債券被發行之後，N 每年下降。

> INT ＝ 票面利率×面值＝0.10(\$1,000)＝\$100。計算機專有名詞，INT＝PMT
> ＝100。如果債券是半年利息，每6個月就會支付50美元。如果
> MicroDrive發行無息票債券，支付將是零；如果是浮動債券，支付將是
> 隨時變化。
>
> M ＝ 債券的面值價值＝1,000 美元。這筆款項到期必須被還清。

以下一般的方程式將以幾個形式寫出，能用來找到任何債券，V_B的價值：

$$
\begin{aligned}
V_B &= \frac{INT}{(1 + r_d)^1} + \frac{INT}{(1 + r_d)^2} + \cdots + \frac{INT}{(1 + r_d)^N} + \frac{M}{(1 + r_d)^N} \\
&= \sum_{t=1}^{N} \frac{INT}{(1 + r_d)^t} + \frac{M}{(1 + r_d)^N} \\
&= INT\left(\frac{1 - \dfrac{1}{(1 + r_d)^N}}{r_d} \right) + \frac{M}{(1 + r_d)^N}
\end{aligned}
\tag{6-1}
$$

注意到現金流量包括一筆 N 年的年金和在N年度期末的一筆總額支付。三種方法可解這方程式(1)數量上，(2)一臺計算機，和(3)用一張電子試算表。參閱圖6-1。運用貨幣時間價值技巧(第二章討論)，此債券的價格等於1,000。

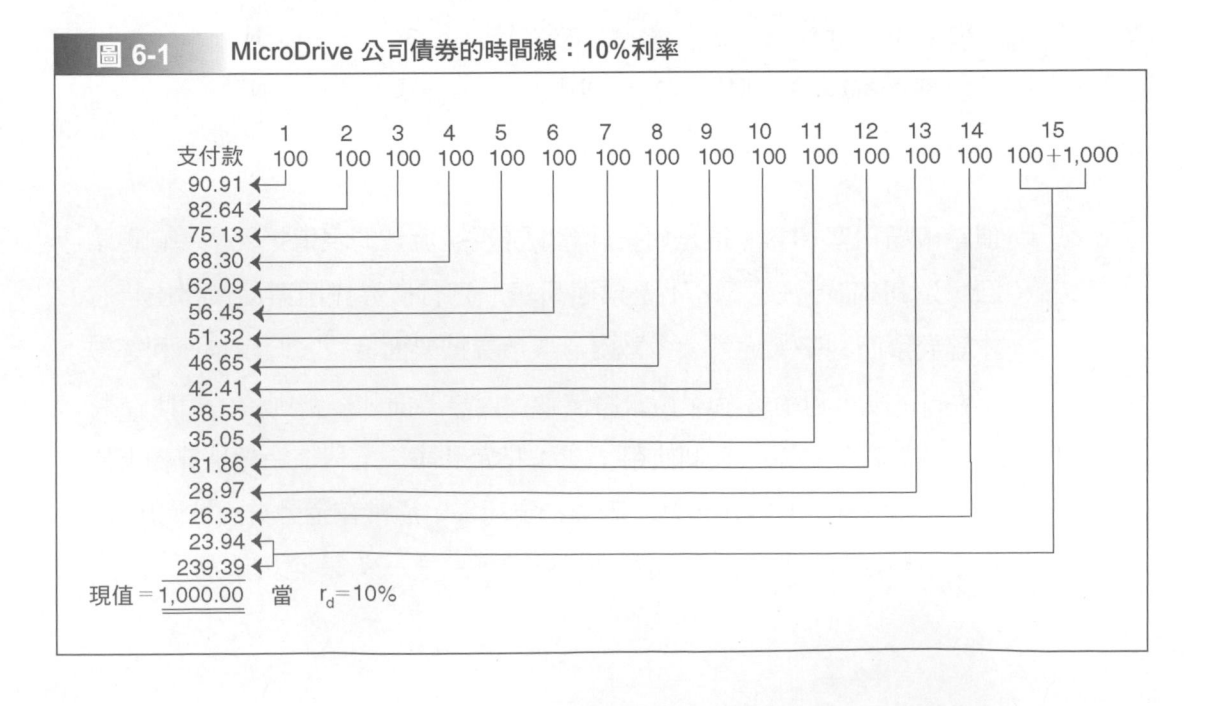

圖 6-1　　MicroDrive 公司債券的時間線：10%利率

▶▶ 債券價值隨時間的變化

在債券被發行時，附息一般決定在一個水準，能使債券的市場價格等於它的面值。如果公司決定一個更低的附息，投資者將不願意為債券支付1,000美元，如果決定一個更高附息，投資者將以高於1,000美元的價格投標。投資銀行家能十分確切判斷債券，以它1,000美元的面值出售票面利率。

MicroDrive債券以10%票面利率，按票面發行。r_d＝10%保持不變，在它被發行一年之後，債券的價值將是什麼？現在到期日只有14年，N＝14。再算債券價值，你將找到1,000美元的價值。如果我們繼續，N＝13，N＝12等等，我們只要確定殖利率以票面利率10%保持不變，債券的價值仍是1,000美元。

假設發行之後利率下降，因此r_d低於票面利率，減少從10%到5%。

付息和到期價值保持不變，但是公式6-1的PVIF 和PVIFA的r_d＝5%。在第一年末債券的價值將是1,494.93美元。因此如果r_d低於票面利率，債券將以高於票面價格出售或溢價發行：

$$V_B = \$100\left(\frac{1 - \dfrac{1}{(1.05)^{14}}}{0.05}\right) + \frac{\$1,000}{(1.05)^{14}}$$

$$= \$1,494.93$$

債券價值增加的邏輯是什麼，你有1,000美元投資，如果r_d＝5%，你能買像MicroDrive一樣的新債券(每天大約有10到12家公司出售新債券)，這些新債券將支付每年利息的50美元而不是100美元。自然你喜歡100美元勝過50美元，因此你將願意為MicroDrive債券支付超過1,000美元以獲得它更高的附息。其他投資者將做類似回應，因此，MicroDrive 債券在價格方面將被競出高價到1,494.93 美元，在那個點，他們將給一位潛在的投資者提供相同的報酬率5%。

如果利率以後14年中在5%保持不變，MicroDrive債券價值將發生什麼？隨著到期，它將逐漸從目前的1,494.93美元下降到1,000美元，到那時MicroDrive將履行每債券1,000美元的價值。當它有13 年到期時，這個點的債券的價值＝1,469.68美元。因此債券的價值可能從1,494.93美元掉到1,469.68美元，或掉25.25美元。如果你在其他將來的日期計算債券的價值，當到期日期接近時，價格將繼續下降。注意到如果

以1,494.93美元的價格購買債券,然後一年以後出售它,r_d 仍然維持在5%,你將有一個25.25美元的資本損失,或總利潤 $100.00－$25.25＝$74.75。你的百分比報酬率將由一筆利息收入(interest yield)【當期殖利率(current yield)】加上**資本利得(capital gains yield)**組成,計算如下:

利息收入＝$100/1,494.93　　　　＝0.0669　＝6.69%

資本利得＝－$25.25/$1,494.93＝－0.0169＝－1.69%

總報酬率＝$74.75/$1,494.93　　＝0.0500　＝<u>5.00</u>%

如果一年後利率從10%上漲到15%而不是下降到5%,債券價格將是713.78美元。這樣的話,債券將以低於它的面值出售,或**折價發行(discount)**。債券的總預期報酬率將再次由當期殖利率加上資本利得率組成,只是現在資本利得率是正的。總利潤將是15%。為了計算13年到期的債券,如果殖利率保持15%。得到債券的價值＝720.84 美元。

注意到這一年的資本利得是第二年的債券價值減去第一年的債券價值的差＝$720.84－$713.78＝$7.06,當期殖利率,資本利得率,總報酬計算如下:

利息收入＝$100/$713.78　　　＝0.1401＝14.01%

資本利得＝$7.06/$713.78　　＝0.0099＝0.99%

總報酬率＝$107.06/$713.78＝0.1500＝<u>15.00</u>%

圖6-2畫出那些債券的價值,假設利率(1)在10%保持不變,(2)降到5%然後保持不變,或(3)上升到15%且保持不變。當然,如果利率不保持固定,債券的價格將波動。但是不管將來的利率如何變動,當它接近到期日期(如果沒有破產)時,債券價格將接近1,000 美元。

圖6-2 說明下列要點:

1. 一旦殖利率,r_d,等於票面利率,一個固定利率,債券將以它的面值出售。通常票面利率設定等於殖利率,使債券最初發行時,以票面價格出售。

2. 利率會隨時改變,但是票面利率保持固定。當殖利率大於票面利率,債券價格將低於它的面值。這樣的債券被稱為**折價債券(discount bond)**。

3. 每當殖利率小於票面利率時,債券價格將高於它的面值。這樣的債券被稱為**溢價債券(premium bond)**。

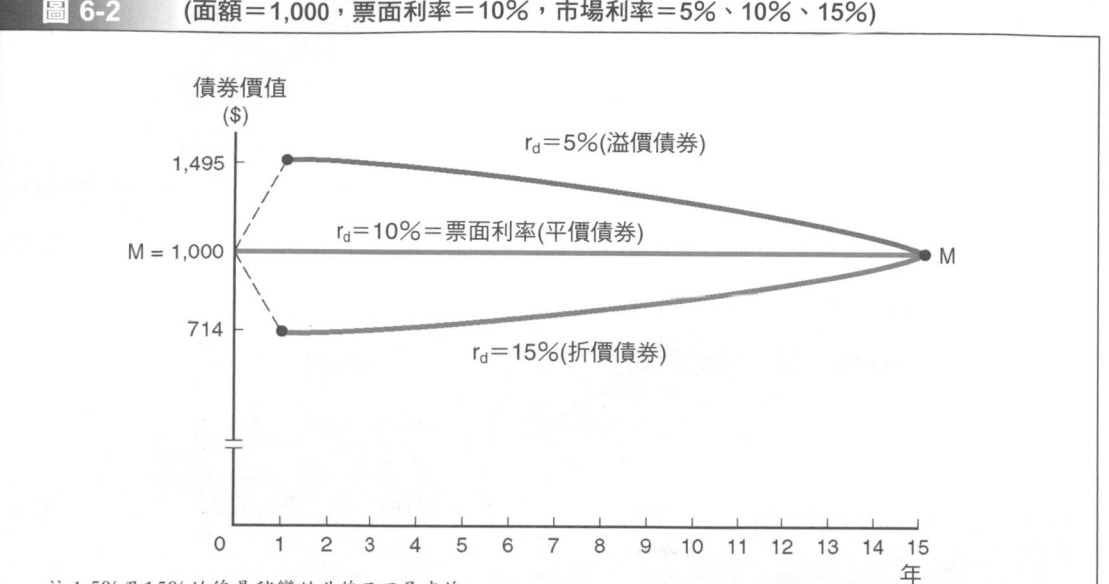

圖 6-2 債券價值的跨時變化路徑

(面額＝1,000，票面利率＝10%，市場利率＝5%、10%、15%)

債券價值
($)

1,495

M = 1,000

714

r_d＝5%(溢價債券)

r_d＝10%＝票面利率(平價債券)

M

r_d＝15%(折價債券)

0 1 2 3 4 5 6 7 8 9 10 11 12 13 14 15
年

註：5%及15%的線是稍彎的曲線而不是直線。

4. 因此利率的增加將引起債券的價格下跌，而利率的減少將引起債券價格上漲。

5. 如果公司沒有破產，當它的到期日期接近時，債券的市價永遠接近它的面值。

這些點非常重要，因為它們顯示債券持有人可能遭受資本損失或得到資本利益，其取決於債券被購買之後，利率上漲還是下降。

自我測驗

1. 解釋如何計算債券價值。

2. 解釋在固定匯率債券的價格上發生什麼？如果(1)殖利率大於債券的票面利率或(2)殖利率低於債券的票面利率。

3. 如果對通貨膨脹的期望上漲，固定匯率債券的價格為什麼下跌？

4. 什麼是「折價債券」？「溢價債券」？

債券殖利率

如果你檢視《華爾街日報》債券市場報價表或一張債券經銷商的價格表，你將看見債券到期日日期，價格和票面利率的訊息。你也將看見報告的債券殖利率。與票面

利率不同，債券殖利率每日改變取決於市場現況。而且殖利率可以分成三種不同的方式計算。這些不同殖利率將在下面的章節裡描述。

▸▸▸ 到期殖利率

假設有一個14年，10%年息，1,000 美元的面值債券，以1,494.93美元的價格出售。如果你買債券並且持有它到到期日，你將獲得什麼報酬利率？這個利率被稱為債券的**到期殖利率(yield to maturity, YTM)**，當他們談論報酬率時，這是一般由投資者討論的利率。到期殖利率一般與市場利率相同，r_d，並且找到它，你需要解方程式6-1的r_d：

$$V_B = \$1,494.93 = \frac{\$100}{(1 + r_d)^1} + \cdots + \frac{\$100}{(1 + r_d)^{14}} + \frac{\$1,000}{(1 + r_d)^{14}}$$

運用貨幣時間價值技巧，可得到$r_d = 5\%$。

到期殖利率與先前部分裡討論的總報酬率相同。到期殖利率也可當作債券承諾的報酬率，這是投資者將收到的報酬。不過，到期殖利率等於被期望的報酬率，只要(1)違約的可能性是零和(2)債券不能被贖回。如果有一些違約風險，債券可能被贖回，被承諾的到期支付將有可能不被收到，無論是在哪種情況下，計算到期殖利率將不同於期望報酬率。

按照票面價格出售的債券YTM完全由利息組成，但是如果債券以一個除了它的面值以外的其他價格出售，它的YTM將由利息加上正或負的資本利得率。也注意到債券的到期殖利率改變，每當在經濟體系中利率改變時，幾乎每天都是這樣。購買債券和持有它直到它到期，將收到購買日期時既存的YTM，但是在購買日期和到期日期之間計算的債券YTM經常改變。

▸▸▸ 贖回殖利率

如果你購買是可贖回的債券而且公司贖回它，你無法持有它直到它到期。因此，到期殖利率將不被賺到。例如，MicroDrive10%的附息票債券是可贖回的，利率從10%下降到5%，然後公司能收回10%的債券，用5%的債券替換它們，並且節省$100－$50＝$50每年債券利息。這將對公司有利，但不是對它的債券持有人。

如果當今的利率遠遠低於一個債券的票面利率，可贖回的債券很可能被贖回，投

資者將估計它期望的**可贖回殖利率(yield to call, YTC)**，而不是到期殖利率。為了計算YTC，解決這個方程式的r_d：

$$債券價值 = \sum_{t=1}^{N} \frac{INT}{(1 + r_d)^t} + \frac{贖回價格}{(1 + r_d)^N} \qquad (6\text{-}2)$$

這裡N是年的數量，直到公司能贖回債券；贖回價格是公司必須支付的價格(面值加一年利息)， r_d是YTC。

舉例說明，假設MicroDrive的債券有贖回條款，以一個1,100 美元的價格在發行日期之後10年贖回債券。更進一步假設利率已經下降，發行一年後殖利率下降，引起債券的價格上升到1,494.93美元。這裡是時間線：

YTC4.2％是你將賺的報酬率，你以一個1,494.93美元的價格買債券，9 年後它被稱為YTC。(債券直到在發行之後10年才被贖回，而且一年已經過去，因此有9年剩下直到第一個日期)

你認為MicroDrive將贖回債券，當他們變得可贖回時？MicroDrive 的行動將取決於可贖回時的殖利率。如r_d保持5％，然後MicroDrive能用新5％的債券替換10％的舊債券，節省10％－5％＝5％，或為年50美元。公司進行這些替換贖回將花費一些成本，但是利息節省或許值得這些費用，因此MicroDrive將贖回債券。因此你將賺得YTC＝4.21％而不是YTM＝5％。

▶▶ 當期殖利率

如果你檢視經紀人事務所報導有關債券的情況，你經常看見債券的**當期殖利率(current yield)**。當期殖利率是年息除以債券的時價。例如如果有一張10％附息的

MicroDrive的債券目前以985美元出售，債券的當期殖利率將是10.15％(100 美元／985 美元)。

　　與到期殖利率不同，當今殖利率不描述投資者在債券上期望的報酬率。當期殖利率提供關於債券將在當前年度產生的現金收入數量的訊息，不考慮債券被保管直到到期日(或贖回)，也不考慮資本利得或損失，所以不能衡量債券的期望報酬。

自我測驗

　　1. 解釋到期殖利率與可贖回殖利率的不同。

　　2. 債券的當期殖利率怎樣不同於它的總利潤？

　　3. 當期殖利率能超過總利潤嗎？

半年付息債券

　　一些債券支付年息，實際上多數債券處理半年利息。為了評價半年付息債券，我們必須修改評估模型如下：

　　1. 年息除以 2，得到每6個月付息金額。

　　2. 到期年數N乘以2，決定半年的期數。

　　3. 名目(報價)利率，r_d，除以2，確定期(半年)利率。

　　做這些改變，我們獲得下列方程式：

$$V_B = \sum_{t=1}^{2N} \frac{INT/2}{(1 + r_d/2)^t} + \frac{M}{(1 + r_d/2)^{2N}} \qquad \text{(6-3)}$$

為了說明，以為MicroDrive債券每6個月支付50美元利息而不是每年100美元。因此每次付息只是一半，但是有兩倍的次數。如此票面利率是10％，半年支付。這是名目上或被引用比率。

自我測驗

　　1. 每年付息債券的評價公式如何改成半年付息債券，寫出被修正的公式。

衡量債券風險

▶▶ 利率風險

　　利率隨時上下變動，而且利率的增加導致債券價值下降。因為利率上升使債券價格下降稱為**利率風險(interest rate risk)**。舉例說明，假設你買MicroDrive的債券，利率大約10％，價格1,000美元，次年利率上升為15％，債券的價格將降到713.78美元，你將有286.22美元的損失。利率確實能上漲債券持有人價值的損失。因此投資債

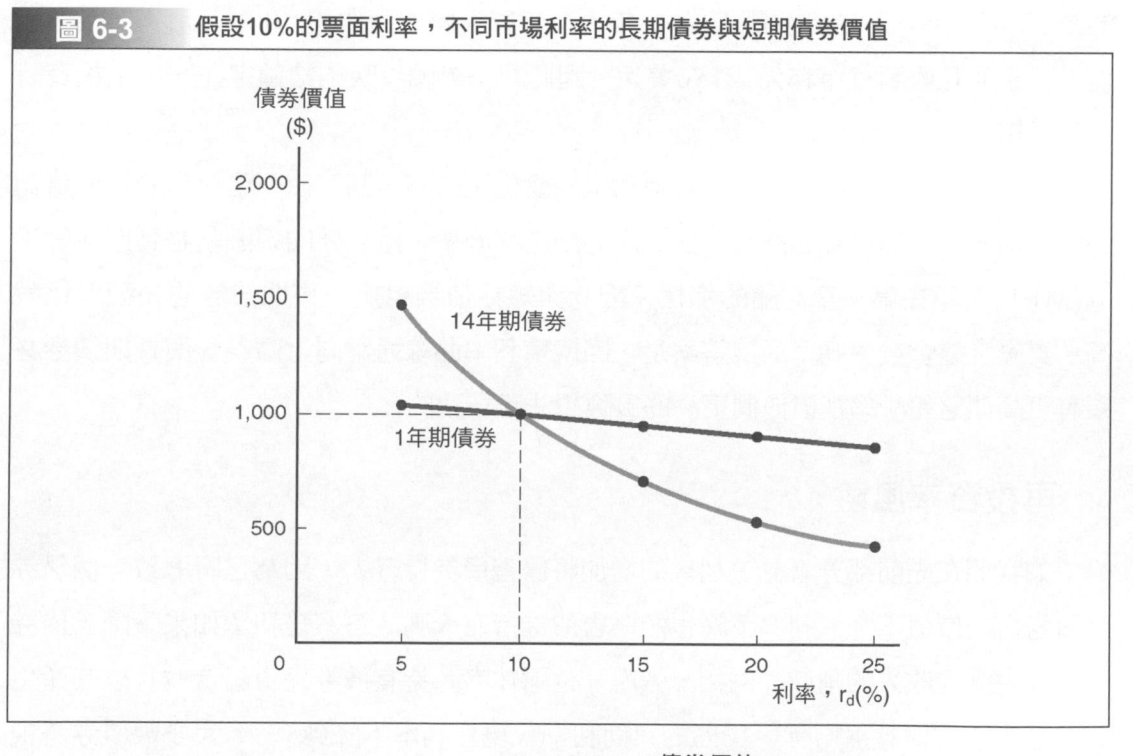

| 圖 **6-3** | 假設10%的票面利率，不同市場利率的長期債券與短期債券價值 |

	債券價值	
目前市場利率，r_d	1年期債券	14年期債券
5%	$1,047.62	$1,494.93
10	1,000.00	1,000.00
15	956.52	713.78
20	916.67	538.94
25	880.00	426.39

註：債券價值的計算是假設年複利。

券的人們或公司暴露於因利率變動的風險。

與短期債券相比，長期債券對利率風險的暴露更高。說明如下：比較1年期債券的價值與14年期債券價值怎樣隨r_d波動而變動，假設10%的票面利率，數值與變化圖列於圖6-3。

注意到14年期債券的價格是對在利率方面變化比較敏感。以一個10%的利率，14 年和1種年期債券都價值1,000美元。當比率上升到15%時，14 種年期債券降到713.78美元，但是1種年期債券只下跌到956.52美元。債券的到期日越長，它因利率變動引起的價格變動越大，它的利率風險越大。

對這利率風險的差別解釋是。假設你買那14年期債券每年10%利息(100美元)。現在利率上升到15%。你以後14年中都將只收到100美元利息。另一方面，如有你買的是1年期債券，你的低報酬僅僅 1 年。在年底你將取回你的1,000美元，然後你能再投資它並且收到每年15%或150美元。因此利率風險反映出被鎖定在一固定投資時間的長短。

如我們所見，長期債券的價格對利率的變化更敏感。為了使一位投資者承擔這額外的風險，長期的債券必須有一個更高的期望報酬率。這額外的報酬就是到期風險溢酬(MRP)，像在第一章討論的那樣。因此與短期債券相比，長期債券的報酬率比較高。實際上這會發生嗎？通常答案是。回憶殖利率曲線通常向上傾斜，與長期債券必須有更高期望報酬率補償他們更高的風險想法是一致的。

▶▶ 再投資率風險

如我們在先前部分看見，利率的增加將傷害債券持有人，因為它將導致一個債券投資組合的價值下降。利率下降也能傷害債券持有人嗎？答案是利率如果下降，債券持有人將遭受收入的削減。例如，考慮一位退休者，持有債券投資組合並且以其產生的收益生活。債券平均有一10%的票面利率。現在利率下降到5%。大多數債券將被贖回，那些債券持有人必須用5%的債券替換10%的債券。即使債券是不可贖回的，但它們將到期，而且當它們到期時，它們必須被以低產出的債券替換。因此我們的退休者將遭受收入的削減。

由於利率方的下降導致收入下降的風險被稱為**再投資率風險(reinvestment rate risk)**。可贖回債券的再投資率風險顯而易見的高。這也適用於短期債券，因為短期債券的到期日短，比較高的舊利率被獲得的時間較短，而且資金必須越快被以新的低利

率再投資。因此退休者主要持股是短期的證券，例如銀行定期存單CD和短期債券，被下降利率嚴重傷害，但是長期的債券持有者繼續享有他們高的舊利率。

▸▸ 比較利率風險和再投資率風險

注意到利率風險涉及一個債券投資組合的價值，而再投資率風險則與投資組合產生的收入有關。如果你持有長期的債券，你將面臨許多利率風險，因為你的債券的價值將下降，如果利率上漲的話，你將不會面對很多再投資率風險，因此你的收入將是穩定的。另一方面，如果你持有短期債券，你將不暴露於很多利率風險，因為你的投資組合價值將是穩定的，但是你將暴露於相當多的再投資率風險，因為你的收入將因利率方面的變化而波動。

我們看見沒有一種固定利率債券是無風險的，甚至大多數國庫券暴露於利率風險和再投資率風險。透過持有短期債券能使利率風險減到最小，持有長期債券能使再投資風險減到最小，但是降低某類風險就會增加另一類風險。債券投資組合經理努力平衡這兩種風險，可是一些風險仍然存在。

自我測驗

1. 定義利率風險和再投資風險。
2. 哪種類型的風險是長期債券持有者所暴露的？哪些類型是短期債券持有人所暴露的？

違約風險

如果發行者違約，投資者將收到少於被承諾的債券報酬。因此在購買之前，投資者需要確定債券的違約風險。從第一章那裡，名目利率包括違約風險溢酬，違約風險越高債券的到期殖利率越高。國庫債的違約風險是零，但是公司和市公債的違約風險是有的。

假設兩債券承諾相同的現金流量、票面利率、到期期間、流動性和通貨膨脹暴露，但是一支債券比另一支債券有更多的違約風險。投資者將自然支付較少的價格。因此高違約風險債券將有高利率：$r_d = r^* + IP + DRP + LP + MRP$。

如果它的違約風險改變，這將影響債券的價格。例如，如果MicroDrive債券的違約風險增加，債券價格將下降，到期殖利率(YTM＝r_d)將增加。

在這部分，我們考慮一些與違約風險有關的課題。首先，我們顯示公司能透過改變他們發行債券的類型，影響他們債券的違約風險。其次，我們討論債券評等，這用來衡量違約風險。第三，我們描述「垃圾債券市場」，這是發生違約可能性比較高的債券市場。最後，我們考慮破產和重整，如果違約發生，這會影響一位投資者將回收多少投資。

▶▶ 影響違約風險的債券契約條款

違約風險由發行者的財務力量與債券契約的條件影響，特別是否獲得抵押物作保證。以下是幾種債券契約條款：

債券契約 詳細說明債券持有人和發行公司的權利的一份法律文件，由一個**受託人(trustee)**(通常是一家銀行)代表那些債券持有人並且保證合約被履行。合約可能是幾百頁長，它將包括**限制條款(restrictive covenants)**。

受託人負責監控債券和在違約發生時，採取適當措施，所謂的「適當措施」視情形而變化。可能堅決要求立即改善或強迫破產清算。

證券交易委員會(1)批准契約和(2)在允許一家公司把新證券出售給公眾之前，全部合約條款需被符合。一家公司發行的每種債券都有不同類型的合約。

抵押債券 在**抵押債券(mortgage bond)**，公司設定資產作為債券償付的保證。舉例說明，在2005年 Billingham 公司需要1,000萬美元建造一個主要的地區分發中心。400萬美元以債券籌資，將財產按第一個順位抵押。(剩下的600萬美元被以普通股資本投資)如果Billingham債券違約，債券持有人能清算財產並且出售以滿足他們的索賠。

如果Billingham要的話，它能以相同的1,000萬美元資產發行的第二抵押債券。如果發生清算，這些抵押債券的持有者將向財產索賠，但是只在優先抵押債券持有人已經被完全償還之後。

全部的抵押債券以一份合約為準。很多主要公司的合約被寫於20、30、40年前或更早。這些合約通常意味著新債券可以在相同的合約下隨時發行。不過，發行數量被侷限於公司總財產的一定百分比。

信用債券 債券持有者一般不被設定財產保護。實際上，**信用債券(debenture)**

的發行端賴於公司的資產性質及它的信用強度。信用極其強大的公司經常使用信用債券，它們完全不需要為它們的債券增加財產作為抵押品。信用債券也可能由信用極差的公司所出具。在這種情況之下，債券有十分風險，因此它們得承擔一個高利率。

次級順位債券　次級的意思是「低於或較差」，如果公司發生破產，**次級順位債券(subordinated debentures)**的求償權是低於其他資深債券或指定的其他債券。只有其他債券被完全清償後才能獲得債務償還。如果發生清算或重整。

▶▶ 債券評等

從二十世紀早期，債券已經被分類以反映出它們的違約可能性。三項主要的債券評等公司是穆迪投資者服務(Moody's)、標準普爾的公司(S&P)，以及費奇投資者服務(Fitch)。Moody's和S&P的等級標記符號用表 6-1顯示。那些AAA和AA債券是非常安全。A和BBB債券也夠強而被稱為**投資等級債券(investment grade bonds)**，它們是法律所允許銀行和其他機構投資者能持有的最低評價的債券。BB和更低等級的債券是投機性或是**垃圾債券(junk bonds)**。這些債券有很高違約的可能性。後面部分會更詳細討論垃圾債券。

債券評等標準　債券評等是基於質性和量性因素，其中一些列舉如下：

1. 各種比率，包括債務比率、利息保障倍數比和EBITDA償債能力系數。比率越好等級越高。

2. 抵押情況：債券有擔保品抵押嗎？如果有，它的財產有高的價值，債券的等級就被提升。

3. 次級順位情況：債券順位次於其他債券嗎？如果是這樣的話，它將被評低一點的等級。相反，如果其他債券次於它，債券將有一個高一點的等級。

4. 保證情況：一些債券被其他公司保證。如果一家弱公司的債券被一家強的公司(通常是弱者公司的母公司)保證，債券將被評成強的公司等級。

表 6-1 ｜ Moody's和S&P 債券評等

	投資等級				垃圾債券			
Moody's	Aaa	Aa	A	Baa	Ba	B	Caa	C
S&P	AAA	AA	A	BBB	BB	B	CCC	D

註：Moody's和S&P在等級內部用附加符號再詳細分級，S&P用「＋」、「－」，Moody's用1、2、3。

5. 償債基金：債券有一個償債基金以保證有系統的償還嗎？這個特徵是等級公司的一個正面考量因素。

6. 到期：相同的其他事情，更短的到期期間的債券將被判斷不如長期債券風險，這將被反映在等級上。

7. 穩定性：發行者的銷售和收入是穩定的嗎？

8. 法規管制：發行者有被管制嗎？因為一種不利的規章會引起公司的經濟狀況下降嗎？法規管制特別是對公用設施和電話公司較重要。

9. 反壟斷：公司有無等待判決的反壟斷訴訟，傷害它的經濟能力？

10. 海外營運：公司的銷售、資產和利潤的多少百分比是從海外營運中得到，且在地國的政治氣候是什麼？

11. 環境因素：公司可能因為汙染控制設備而面對大量的支出嗎？

12. 產品責任：公司的產品是安全的嗎？菸草公司今天是在壓力下，而且它們的債券等級也是。

13. 退休金責任：公司有因未備齊基金退休金責任而造成將來的問題嗎？

14. 勞工紛亂的狀態：有即將出現潛在的勞動問題以致減弱公司的狀況嗎？許多的航空公司面臨這個問題，它已經引起他們的等級被降低。

15. 會計政策：如果公司使用相對保守會計政策，它的報告收入將具有「高品質」，因此保守的會計政策是債券評等的一個正面因素。

債券評等公司的代表常說沒有準確的公式用來確定一個公司的等級；全部因素都應該被考慮，但不是以一種數學上準確的模式。雖然如此，如我們在表6-2所見，在債券等級與大多數第四章描述的比率之間有強大的相互關係。不令人吃驚地是，有更低的債務比率，高現金流量、高資本報酬、高EBITDA 償債能力系數、高利息，EBIT保障倍數的公司，通常有更高債券等級。

債券評等的重要 債券的評等對公司、對投資者來說都重要。首先，因為一個債券的等級是它的違約風險的指標，等級對債券的利率和公司債券的成本有直接影響。第二，大多數債券購買者是機構投資者而不是個人，而且很多機構被限制於投資等級證券。因此，如果公司的債券低於BBB，它出售新債券將會費很大力氣，因為很多潛在的買主將不被允許買它們。另外，債券契約保護條款可能自動增加等級低於指定水準的債券利息。

表 6-2 | 債券評等標準：不同等級的財務比率中位數

比率	AAA	AA	A	BBB	BB	B	CCC
EBIT/利息	23.4×	13.3×	6.3×	3.9×	2.2×	1.0×	0.1×
EBITDA/利息	25.3×	16.9	8.5	5.4	3.2	1.7	0.7
來自營運資金/ 總負債	214.2%	65.7%	42.2%	30.6%	19.7%	10.4%	3.2%
自由營運現金流量/ 總負債	156.6	33.6	22.3	12.8	7.3	1.5	−2.8
資本報酬率	35.0	26.6	18.1	13.1	11.5	8.0	1.2
營運收入/銷貨	23.4	24.0	18.1	15.5	15.4	14.7	8.8
長期負債/長期資金	−1.1	21.1	33.8	40.3	53.6	72.6	78.3
總負債/總資金	5.0	35.9	42.6	47.0	57.7	75.1	91.7

資料來源：Standard & Poor's 2003 Corporate Ratings Criteria, September 8, 2003. For ratio definitions and updates, go to **http://www.standardandpoors.com**; select Fixed Income, then Industrials (under Browse by Sector), then Ratings Criteria.

由於更高的風險和更多的市場限制，與高等級的債券相比，低級債券有更高的要求報酬率，r_d。圖6-4說明這點。上面顯示的美國政府公債有最低的殖利率，AAAs是下一個，BBB債券有高殖利率。數字也顯示三類債券在殖利率之間的差距，註明每年成本差別或風險溢酬的波動。

表6-3報告幾年的殖利率與風險溢酬。第(4)欄顯示，AAA級債券的平均風險溢酬是1.0%，但是它的變化相當大，從1979年的0.2%到2001年的2.1%。至於BBB級債券，第(5)欄顯示的風險溢酬平均是2.1%，但是它從1978年的1.1%到2002年的3.2%。AAA級和BBB級債券的風險溢酬傾向於一同移動(它們的相互關係大約是0.66)，BBB債券殖利率平均為1.1個百分點多於AAA債券。不過，有時AAA債券與BBB債券風險溢酬的差變化很大。如第(6)欄顯示溢酬在1997年只有0.6%，在1982年卻是2.3%。

等級的變化 公司債券等級的改變影響借長期資金能力和資金的成本。評等公司在一個定期基礎上評價債外流通的債券，隨著它的發行者改變的情形進行升級或降級。

圖 6-4　長期債券的殖利率線圖(1977-2003年)

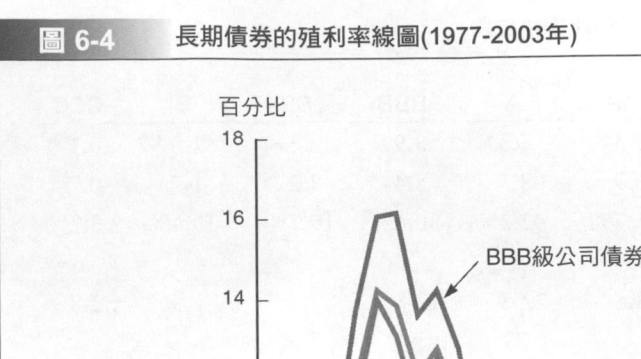

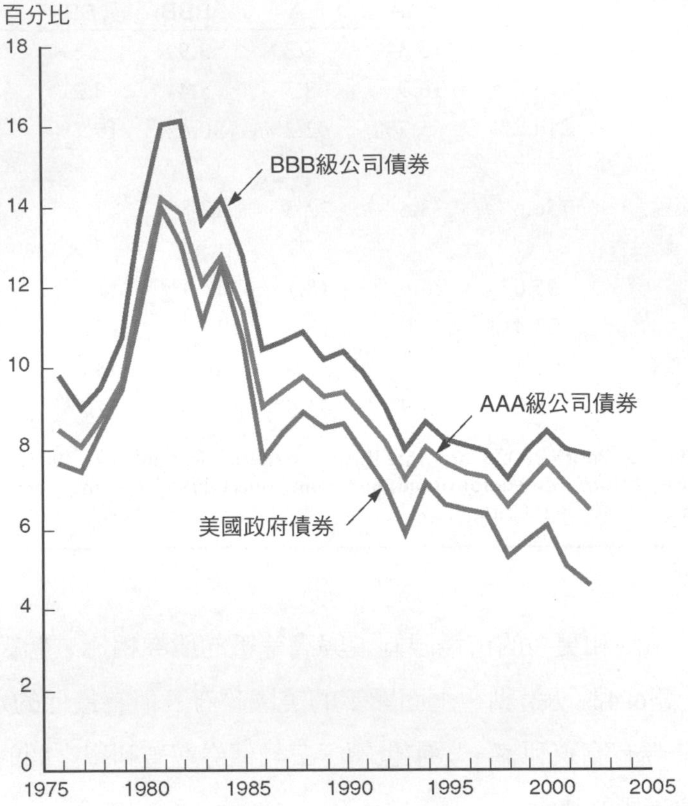

資料來源：Federal Reserve Board, **http://www.federalreserve.gov**.

表 6-3　債券殖利率與風險溢酬(1977-2003年)

	殖利率			風險溢酬		
	政府債券 (1)	AAA級 公司債券 (2)	BBB級 公司債券 (3)	AAA (4)＝(2)－(1)	BBB (5)＝(3)－(1)	BBB-AAA (6)＝(3)－(2)
1978	8.4%	8.7%	9.5%	0.3%	1.1%	0.8%
1979	9.4	9.6	10.7	0.2	1.3	1.1
1982	13.0	13.8	16.1	0.8	3.1	2.3
1997	6.4	7.3	7.9	0.9	1.5	0.6
2001	5.0	7.1	8.0	2.1	3.0	0.9
2002	4.6	6.5	7.8	1.9	3.2	1.3
2003	4.0	5.7	6.8	1.7	2.8	1.1
			27年平均：	1.0	2.1	1.1
			最大值：	2.1	3.2	2.3
			最小值：	0.2	1.1	0.6

資料來源：Federal Reserve Board, **http://www.federalreserve.gov**.

▶▶ 垃圾債券

在二十世紀80年代之前，固定收入投資者，例如退休基金和保險公司一般不願意買風險的債券，因此對於風險的公司來說，在公眾債券市場招募資本幾乎是不可能的。在二十世紀70年代後期，德雷克塞投資銀行業務公司的Michael Milken，根據歷史研究，顯示風險性債券提供夠多的報酬補償他們的風險，開始使機構投資者信服購買風險債券的優點。因此產生垃圾債券——一種高風險，高殖利率的債券用於融資買下(LBO)，合併或一家有麻煩的公司。例如。新罕布希爾的電力公司垃圾債券投資它的西布魯克核電廠的建設，並且Ted Turner使用了垃圾債券投資 CNN 和特納廣播的發展。在垃圾債券交易，債務比率一般都很高，因此那些債券持有人承受非常的風險。債券殖利率反映出這個事實——新罕布希爾垃圾債券承諾的報酬是25％年利率。

垃圾債券的出現是投資銀行業適應並且促進資本市場新發展的例子。垃圾債券的發展重新塑造美國的金融景象。這些證券的存在導致數百家公司的損失，但也引起一些重要公司的整頓。垃圾債券市場驚人發展給人深刻印象，且具爭議性。1989年，德雷克塞被迫破產，和「垃圾債券國王」Michael Milken，已經賺5億美元，他也被送進監獄。那些事件在二十世紀90年代初導致垃圾債券市場的崩潰。不過從那以後，垃圾債券市場已經回升，垃圾債券在這裡已經成為公司融資的一個重要形式。

▶▶ 破產和重整

在衰退期間破產通常會增加。一個破產的簡短討論如下。

當一個企業變得無法償債時，它沒有足夠的現金償付它的本息支付。此時必須做一個決定，是透過清算解散公司還是允許它改組重整，使它保持活著。這些課題規定在聯邦破產法的第七章和第十一章，由聯邦破產法庭做最後的判定。

一家公司被清算或被重整取決於它們公司的價值，如果公司重整的價值很可能比公司資產的清算價值大，那麼被判重整的可性性較高。在一個重整過程中，公司的債權人在改革的條件上與管理談判。重整計畫可能要求公司的債券架構改革，利率可能降低到期期間變長期，或一些債券可能被換成權益。架構改革的重點將把融資成本降低到公司的現金流量能支援的水準。當然，普通股東也必須放棄某些事情，他們經常看見他們的權益被稀釋，因為被迫以額外的股票給債權人交換被降低的債券本息。

實際上原先的普通股股東經常以一無所有結束。法庭常任命一受託人監督重整的進行，一般情況之下，現有管理者被允許保留控制權。

如果公司被認為清算比被重整解救有價值。破產法庭將命令公司清算，資產被賣掉，獲得的現金將依照第七章指定順序分發。以下是追索權優先順序：

1. 有擔保的債權人有資格得到用來支援他們債款的具體財產的銷售收入。
2. 監管破產執行的受託人的成本。
3. 申請破產後發生的費用。
4. 該付的工人薪資，每名工人2,000 美元的限制。
5. 未付的員工福利計畫貢獻。這筆金額，加上工資不能超過每名工人2,000美元。
6. 無擔保的客戶存入權益，每位客戶900 美元為上限。
7. 聯邦、州、地方的到期應納稅款。
8. 未備齊基金的退休金計畫責任，但有一些限制存在。
9. 一般無擔保的債權。
10. 優先股股東權益，上限到他們股票的面值。
11. 普通股股東最後得到報償。

你知道的要點是(1)聯邦破產章程管理重整和清算，(2)破產經常發生，和(3)分發清算的資產必須遵循一些優先順序。

 **自我測驗**

1. 定義抵押債券和信用債券的區別。
2. 列出主要的債券評等公司，和列舉影響債券等級的一些因素。
3. 區分第七章清算和第十一章重整。
4. 列舉清算公司資產的分發優先順序。

債券市場

債券主要交易於櫃檯市場而非公開市場，大多數債券被大型金融機構 (例如：保險公司、共同基金和退休基金)持有與交易，經銷商在櫃檯安排少數買賣雙方直接交易大量的債券是相對舒適的。

買賣雙方直接交易的訊息沒有被廣泛地出版，代表性的債券群組被列示與交易於紐約證券交易所債券部門及報導於《華爾街日報》的債券市場頁面。債券數據也可以從網際網路上得到，在http://www.bondsonline.com那樣的網站。圖6-5報告BellSouth公司的債券數據。注意到BellSouth實際上有更多債券，但是圖6-5報告只有六種債券的數據。

BellSouth和其他公司的債券能有各種面值，但是為了方便起見，通常認為每債券是有1,000美元的面值。不過，為交易與報告目的，債券價格被以面值的相同水準的百分比引用。看第四債券被列舉在圖6-5的數據裡，我們看見債券具有支付一張7%的利息，每年利息的70.00美元。半年付息，因此全部利率都是名目上的，並非有效年利率EAR。這債券在2025年10月1日到期並且必須被償還。最後一欄內顯示的價格是以面值的108.778%，翻譯成1,087.78美元。這債券有一筆6.251%的到期殖利率。這債券是不可以贖回，但是在圖6-5的最後一支債券有0.927%的贖回殖利率，與它的6.799%的到期殖利率相比較。

債券剛被發行時，票面利率一般定在反映出「殖利率」的水準。如果利率被定得更低，投資者將不以1,000美元的面值買債券，公司不能借它需要的錢。所以債券一般以它們的面值出售，但是它們此後的價格將隨著利率變化波動。

如圖6-6中所示，BellSouth債券最初按照票面價格出售，然後在1996年利率提升，使價格低於票面價格。在1997和1998年，當利率下降時，價格上升到票面價格以上，但是在1999和2000年，利率增加之後，價格再次下降。它在2001到2003年，

圖 6-5   債券市場資料

S&P 債券評等	發行公司	票面利率	到期日	到期殖利率	贖回殖利率	價格
A＋	BellSouth	6.500	6/15/2005	1.410	NC	105.715
A＋	BellSouth	5.000	10/15/2006	2.796	NC	105.223
A＋	BellSouth	6.000	10/15/2011	4.749	NC	107.790
A＋	BellSouth	7.000	10/1/2025	6.251	NC	108.778
A＋	BellSouth	6.875	10/15/2031	6.216	NC	108.626
A＋	BellSouth	7.625	5/15/2035C	6.799	0.927	110.625

註：NC＝不可贖回

資料來源：April 21, 2004: **http://www.bondsonline.com.** At the left of the Web page, select Corporate Bonds beneath Bond Search/Quote Center. When the bond-search dialog box appears, type in BellSouth for issue and click the Find Bonds button.

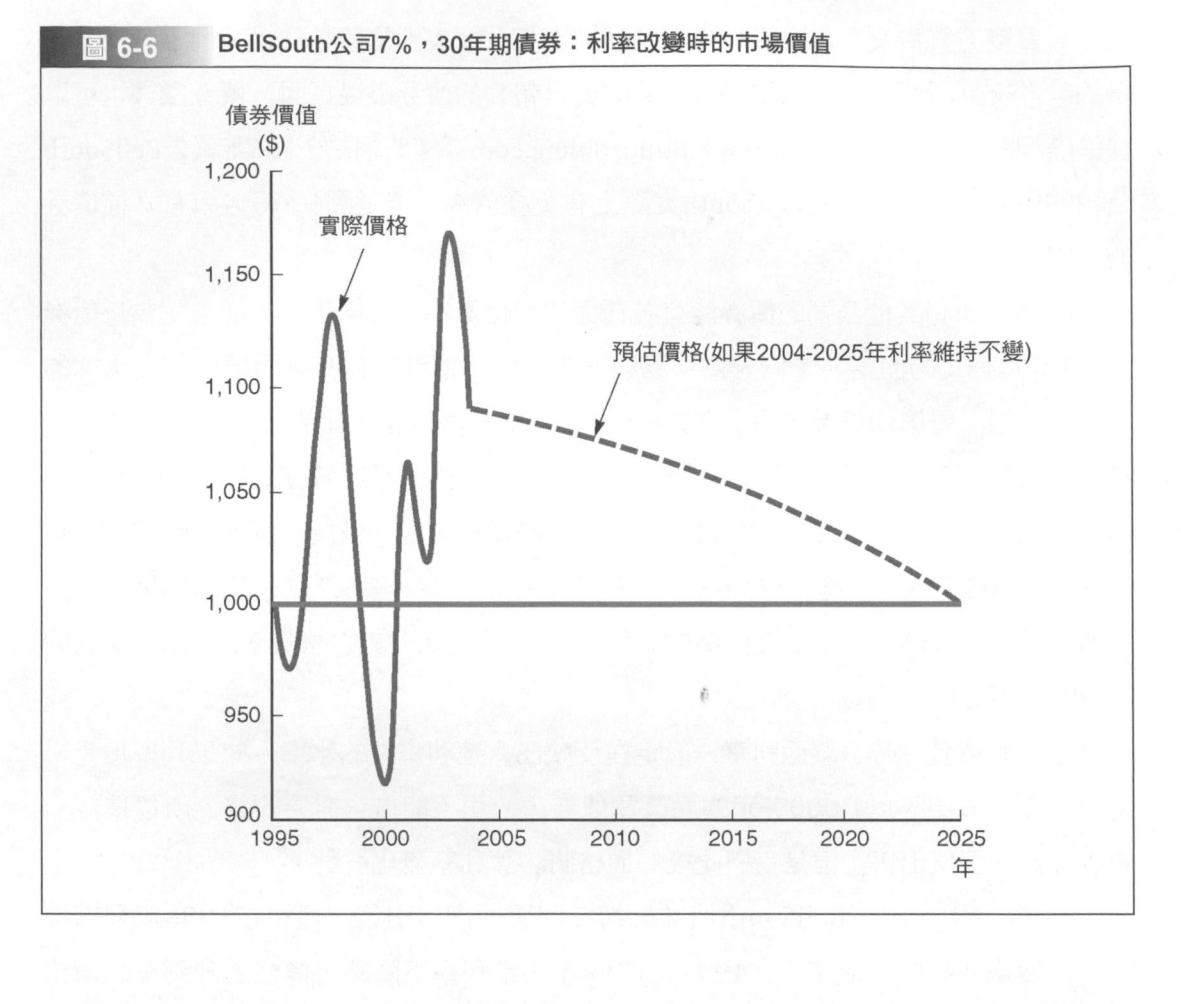

圖 6-6　　BellSouth公司7%，30年期債券：利率改變時的市場價值

當利率下降時再次提升。2004年由於預期利率上漲。再次下跌。在圖6-6的虛線顯示債券往後的預期價格，如果利率從2004到2025年保持不變。看這債券實際與預期的價格歷史，我們可以看見(1)在利率和債券價值之間的倒轉關係和(2)債券價值隨著到期日的接近，越接近它的面值。

自我測驗

1. 為什麼大部分的債券在櫃檯市場交易。
2. 如果一債券發行被按照票面價格出售，它的票面利率將怎樣被確定？

總結

　　這章描述不同類型的政府和公司債券，解釋債券價格是怎樣建立，並且討論投資者怎樣估計他們期望賺的報酬率。我們也討論當他們買債券時，投資者面臨的不同類型風險，包括核心概念在下面被總結。

- 債券是被一個企業或政府單位發行的一張長期期票。發行者得到錢交換承諾支付付息，並且在一個指定的將來日期付還本金。

- 在長期融資方面的一些新近的革新包括無息票債券，沒有支付年息，但是被折價發行；浮動匯率債券，其付息利率是波動的；以及垃圾債券是高風險公司所出具的高殖利率工具。

- 贖回條款發行在指定的條件下，以比面值大的一個價格(差額是一筆贖回溢酬)買回債券。如果市場利率低於票面利率，一家公司通常將贖回債券。

- 可賣回債券給投資者選擇權，以預定價格把債券賣回給發行公司。這是一個有用的特徵(對投資者來說)，當利率上漲或公司從事未預料的風險活動。

- 一個償債基金是要求公司每年收回債券發行的部分條款。償債基金的目的是為有秩序的償債作準備。一個償債基金通常不要求贖回溢酬。

- 債券的價值為一筆年金(付息)的現值加一筆本金總額的現值，以合適的利率折現。

- 附息票債券的定價公式如下：

$$V_B = \sum_{t=1}^{N} \frac{INT}{(1 + r_d)^t} + \frac{M}{(1 + r_d)^N}$$

- 如果半年付利息，調整公式：r_d 除以2，並且用2乘以N。

- 債券持有到期賺的報酬被定義為債券的到期殖利率(YTM)，如果債券在到期之前可以被買回，它是可以贖回的，和投資者收到報酬被定義為贖回殖利率(YTC)。YTC等於收到的利息現值，加上贖回價格(面值和一筆贖回溢酬)的現值。

- 越長期的債券，它的價格因利率變動越受影響，稱為利率風險。但是，短期的債券把投資者暴露在高投資率風險中，這是因為更低的利率導致一個債券投資組合的收入將下降風險。

- 公司債券和市公債有違約風險。如果發行者違約，投資者收到少於承諾的債券報酬。因此，投資者應該在購買商品之前，評估債券的違約風險。

- 不同類型的債券有很多不同的特徵。包括可轉換債券、認購權證債券、收益債券、指數債券、抵押債券、信用債券、次級順位債券、垃圾債券。每種債券類型的要求報酬依債券的風險決定。

- 債券被按照它們違約的可能性分等級。最高的等級是AAA級，直到D級。債券等級越高它的風險越低，因此它的利率也越低。

問題

(6-1) 定義下列名詞：

　　a. 債券；國庫券；公司債券；市公債；外國債券

　　b. 面值；到期日期；附單支付；附單利率

　　c. 浮動匯率債券；無息票債券；原先的問題還本時不付息債券(OID)

　　d. 提前兌回條款；可償債券；償債基金

　　e. 可兌現債券；保證；收入債券；索引，或購買力，債券

　　f. 溢價債券；折價債券

　　g. 當期殖利率(關於債券)；到期殖利率(YTM)；可贖回債券(YTC)

　　h. 再投資風險；利率風險；違約風險

　　i. 合約；抵押債券；公司債券；使公司債券屆從

　　j. 發展債券；市公債保險；垃圾債券；投資等級債券

(6-2) 「債券價值隨殖利率變化而變動，通常短期的利率比長期利率不穩定。因此短期的債券價格比長期的債券價格更對利率敏感。」這個陳述是真實還是錯誤的？請解釋。

(6-3) 你買債券並且把它持有到它的到期日，你所獲得報酬率稱為這債券的到期殖利率。如果利率上升，債券價格和它的YTM將怎樣，到期日的長短會如何影響在利率變化，造成債券價格變化的程度？

(6-4) 如果你買可贖回的債券且利率下降，你的債券價值將提升嗎，如果債券是不可贖回，它就會提升那麼多嗎？請解釋。

(6-5) 一個償債基金可以兩種模式建立:

(1) 公司每年支付一筆款項到受託帳戶(經常投資於政府公債)以及用累積的總額到期收回債券發行。

(2) 受託人使用每年支付每年收回一部分的債券,以抽籤方式決定贖回債券或於公開市場上買回債券,哪個更便宜?

從公司和它的債券持有人觀點討論每個模式的利弊。

自我測驗

(ST-1) 在1982年1月1日發行的彭寧頓公司新系列債券。債券被按照票面價格出售(1,000 美元),有12%的附息和30年到期,2011年12月31日。息票半年被支付一次(在6月30日和12月31日)。

a. 在1982年1月1日彭寧頓債券的YTM是什麼?

b. 在1987年1月1日債券價格是多少?5 年以後呢?假設利率的水準已經降到百分之10。

c. 在1987年1月1日債券當期殖利率與資本利益是多少?用b部分的價格資訊。

d. 在2005年7月1日,彭寧頓的債券售價是916.42 美元。當時YTM 是多少?

e. 在2005年7月1日的當期殖利率和資本利益是多少?

f. 現在,假設你在2005年3月1日購買一張彭寧頓的債券,當時殖利率是15.5%。完成交易你必須付出多少錢?

習題

(6-1) Callaghan Motors債券十年後到期,利息每年被支付,債券有1,000美元的面值,並且附單利率是8%。債券有一筆9%的到期殖利率。這些債券的現行市價是多少?

(6-2) 威爾遜奇蹟的債券12年到期。利息每年被支付，債券有1,000美元的面值，且票面利率是10%。債券以一個850美元的價格出售。它們的到期殖利率是多少？

(6-3) 撒切爾公司的債券將在 10 年後到期。債券有1,000美元和一個8%的票面利率的票面價值，半年支付。債券的價格是1,100美元。債券在5年內是可贖回的，以一個1,050美元的贖回價格。到期殖利率是多少？可贖回殖利率是多少？

(6-4) 荒地食品的債券有7年到期。債券有1,000美元的票面價值和一筆8%的到期殖利率。它們支付年息並且有一個9%的票面利率，它們的當期殖利率是多少？

(6-5) Nungesser 公司有債券，有一個9%的票面利率，半年付息。債券在8年內到期，有1,000 美元的票面價值，以及一筆8.5%的到期殖利率。債券價格是多少？

(6-6) Garraty公司有兩債券發行在外。兩債券支付年息100美元及到期支付1,000 美元面值。債券L 有15 年的到期日，債券S有 1 年的到期日。

a.當市場利率是(1)5%，(2)8%，和(3)12%時，這兩支債券價值是多少？假設債券S只有再一次利息。

b.為什麼長期(15年)債券比短期債券的(1年)，在利率改變時更波動？

(6-7) 海曼公司的債券有4年到到期。利息每年被支付；債券有1,000美元的面值；附單利率是9%。

a.當現行市價是(1)829 美元或(2)1,104美元時，到期殖利率是多少？

b.當你認為市場利率是12%時，你願意支付829 美元買這支債券嗎？解釋你的答案。

(6-8) 6年以前，孤牌公司用一個14%的年票面利率和一筆9%贖回溢酬出售一20年期的債券發行。今天，孤牌贖回債券。債券最初被以它們的1,000美元的票面價值出售。為當初買債券今天被贖回的投資者計算實現的報酬率。

(6-9) 一張10年期，12%的半年的附息票債券，帶有1,000美元的面值，4 年後可能被以1,060美元的贖回價格收回。債券售價1,100美元。(假設債券剛剛被發行)

a.債券的到期殖利率是多少？

b. 債券的當期殖利率是多少？

c. 債券的資本利得或損失是什麼？

d. 債券的可贖回殖利率是多少？

(6-10) 你剛剛購買5年期的債券。債券有1,000美元的票面價值，並且有一張8% 的年度附單。債券有8.21%的當期殖利率。債券的到期殖利率是多少？

(6-11) 在7年內到期的債券售價1,020 美元。債券有1,000美元的票面價值和一筆 10.5883%的到期殖利率。債券半年支付附息。債券的當期殖利率是多 少？

(6-12) 勞艾德公司的14%的票面利率，半年支付，1,000 美元的面值債券，在30 年內到期，5 年後以一個1,050 美元的價格可贖回。債券以一個1,353.54 美元的價格出售，並且收益曲線是平的。假設利率預計在它們的現時水準 保持，新債券的名目利率最好的估計是什麼？

(6-13) 假設福特汽車公司出售債券10年到期，1,000 美元的面值，一個10%的票 面利率和半年的付息。

a. 在債券被發行兩年之後，殖利率降到6%。債券價格是多少？

b. 在發行之後的2年，殖利率已經上升到12%。債券價格是多少？

c. 假設a部分的那些條件存在，在發行日期之後2年利率開始是6%。更進 一步假設利率以後8年中保持6%。福特汽車公司債券的價格往後8年將 如何變化？

(6-14) 一位證券商以一筆8%的到期殖利率購買下列債券。在她購買債券之後， 利率降到7%。在利率的下降之後，每支債券價格的百分比變動是什麼？ 填寫下述表格：

	價格 @ 8%	價格 @ 7%	百分比變動
10年，10%票面利率	_____	_____	_____
10年，零息票	_____	_____	_____
5年，零息票	_____	_____	_____
30年，零息票	_____	_____	_____
$100永續	_____	_____	_____

(6-15) 一位投資者在他的投資組合有兩支債券，每支債券在4年內到期，有1,000 美元的票面價值，且到期殖利率等於9.6%。債券C，支付10%的年度附 息。債券Z，是一張無息票債券。

a. 假設每支債券的到期殖利率在4年內維持9.6%，在下列時段的每支債券
價格將是多少？填寫下述表格：

t	債券價格 C	債券價格 Z
0	_____	_____
1	_____	_____
2	_____	_____
3	_____	_____
4	_____	_____

b. 繪製兩支債券不同時間的價格趨勢。

Mini Case

國汶是京元電子的財務經理，為籌購新設備，預計發行面額1千萬元為期5年，票面利率2%的公司債(每年底付息)。假設目前市場利率是3%，請幫國汶回答下列問題：

1. 如果它是一張單純債券，請問它的合理市價應該是多少？
2. 如果它是一張可轉換債券，它的合理市價會高於或低於第1題答案？
3. 如果同時它也是可贖回債券(贖回價格是面額的110%)，那麼它的合理市價會高於或低於第2題答案？
4. 假設2年後，市場利率降低成1%，債券的價格是多少，會比面額高或低？如果上升到5%，債券的價格又會是多少，會比面額高或低。
5. 如果贖回價格是面額的110%，2年後利率下降到多少公司才會贖回債券，被贖回債券的投資人所獲得的贖回殖利率是多少？

第7章

股票與股票評價

本章介紹如何衡量公司股東的風險與要求的報酬，它們影響公司的加權平均資金成本。同時也討論如何估計股票的價值，它是公司價值的重要部分。

在第六章我們檢查債券。現在我們比較轉向普通和特別股，從重要背景資料開始。

預估債券的現金流量一般是容易的，預估普通股的現金流量就比較難。不過，有兩個相當直接的模型可估計普通股的價值：(1)股利成長模型，和(2)我們在第十三章解釋的公司價值模型。

當我們在第九章估計資金成本時，這裡的概念和模型也將被使用。在隨後的章節裡，我們示範怎樣用資金成本來幫助做很多重要的決定，特別決定投資或不投資新資產。因此，你了解股票評價的基礎是非常重要的。

普通股股東法定的權利與特權

普通股股東為公司擁有人，且他們有某些權利和特權，討論如下。

▸▸ 對公司的控制

普通股股東有投票權選舉董事，進而選擇管理企業的公司主管。在小公司，最大的股東通常接任董事長的位置與董事會的主席。在大型公開擁有的公司，經理通常持有一些股票，但是他們的個人持股一般不足以讓他們控制公司。因此，許多公開擁有的公司經理如果管理不善，那些股東可能將他們除去。

法律也規定股東控制權將怎樣被行使。首先，公司必須週期性地舉行董事的選舉，通常一年一次。每年三分之一的董事被選出任職3年。每股份有一張選票，因此1,000張股票的擁有人有1,000張投票權。股東可能在年度會議親自出現和投票，但是通常他們透過一個**代理人(proxy)**把他們的選舉權轉讓。管理當局總是懇求當股東代理人且通常會得到。但是，如果公司盈餘是糟糕且使股東不滿，外面的組織可以懇求當代理人試圖推翻管理當局，並且控制住企業，這被稱為一個**委託書爭奪(proxy fight)**。

▸▸ 優先認股權

普通股股東經常有權利稱為**優先認股權(preemptive right)**，購買公司出售的任何額外股票。

優先認股權使現在的股東能夠保持控制並且防止財富的轉移，從現在的股東轉到新股東。要是沒有這項保護的話，總經理可以低價發行大量股票和自己購買這些股票。因此控制公司並且從現在的股東那裡偷取公司價值。例如，1,000股普通股，每個100美元的價格，有100,000美元的總市價。如果另外1,000股票以每股票50美元出售，收到50,000美元，這2000股的總價值是150,000美元。每股價值等於75美元。如此老股東每股虧損25美元，並且新股東有每股25美元的瞬間利潤。因此，在市價以下出售普通股將稀釋它的價格，並且把財富從目前的股東轉讓到那些新股份構買者。優先認股權防止這樣的事件發生。

自我測驗

1. 什麼是委託書爭奪？
2. 優先認股權存在的兩個主要原因是什麼？

普通股類型

　　雖然大多數公司只有一類普通股,在一些實例裡**分類股票(classified stock)**被用來滿足公司的特別需要。通常當特別的類別被使用時,一種類型被指定為A類,另一種就是B等等。小且新的公司經常使用不同類型的普通股,從外邊尋找資金。例如當Genetic Concepts 公司公開發行股票時,它的Λ級股票被出售給公眾並且支付股利,但是這份股票5年內沒有投票權利。它的B類股被公司的組織者保留,5年內有全部的投票權,但是法律規定,除非公司已經把保留盈餘增加到指定的水準,建立它的收益能力,B股才能支付股利。如此分類使公眾能夠以保守的立場投資成長的公司,而沒有犧牲盈餘,也使那些創始人在公司早期的成長期間保留絕對控制。這種B類股被叫做**創始人的股票(funder's shares)**。

　　注意到「A類」、「B類」等等,沒有標準的意思。大多數公司沒有分類的股票。有些其他公司為完全不同的目的使用股票類別。例如,當通用汽車併購價值50億美元的休斯飛機公司時,它用一種新H類股支付,叫GMH,它被限制部分投票選舉權,且其股利與休斯公司績效連結在一起。使用新類股票的原因:(1)通用汽車公司擔心可能被接管因此限制其投票權,和(2)休斯員工想被休斯自己的績效獎勵。

自我測驗

1. 哪些原因造成一家公司使用分類的股票?

普通股的市場

　　一些小公司太小以致於它們的普通股沒有被積極買賣,只有一些人,通常是公司的經理擁有它們。像這樣公司的股票被稱為**私下擁有股票(closely held)**。相反地,多數大公司的股票被很多投資者持有,大部分人在管理公司上並不積極,這樣的股票被叫**公開擁有股票(publicly held stock)**。

　　一項新近的研究發現,機構投資者擁有超過60%的全部公開持有普通股。包括是退休金計畫、共同基金、外國投資者、保險公司和經紀人事務所。這些機構相對積極

買賣，因此它們占大約75%的全部交易。因此機構投資者對個別的股票價格有重大的影響。

▸▸ 股票交易市場的類型

我們能把股票交易市場歸類成三種不同的類型：

1. **次級市場(secondary market)：**買賣已經上市公司在外流通的股票。當交易在這個市場發生時，公司沒有收到新資金。

2. **初級市場(primary market)：**買賣已經上市公司另外發行的股票。如果一家公司想增加新資本，額外發行新股票。當交易在這個市場發生時，公司有收到新資金。

3. **初次公開發行市場：**私下擁有的公司初次公開銷售它的股票。當一個私下擁有的公司第一次將股票提供給公眾時，公司被稱為**公開發行(going public)**(上市或上櫃)。首次被提供的股票的交易市場稱為**初次公開發行市場(initial public offering (IPO) market)**。

在2003年有81次股票初次發行，募資共135億美元。平均第一天報酬是11.87%，雖然一些公司有壯觀的第一天價格蜜月期。例如，Kintera企業第一天上市股價上升54%，且這一年它獲得超過77%。不過，並非全部公司進展都是如此好，Nitromed第一天下降15.5%，而且全年它損失34.7%。即使你能判斷「熱」發行，購買IPO股票經常是困難的。這些交易一般是超額認購，這表示股票的需求超過發行的股票數量。在這樣的情況下，承銷股票的投資銀行家喜歡賣給大型機構投資者(他們最好的客戶)，因此小的投資者很難一開始就買到IPO股票，如果可能也只能於事後的流通市場買股票，但是證據顯示，初次發行股票平均投資績效在長時間內是低於整個的市場。

自我測驗

1. 區分私下擁有股票與公開擁有的股票。
2. 區分初級和次級市場。
3. 什麼是IPO？

普通股評價

　　普通股提供一序列的未來現金流量，如同計算其他金融資產的價值一樣，股票的價值等於未來預期現金流量的現值。預期的現金流量由兩種元素組成：(1)每年預期股利和(2)出售股票時，投資者預期收到的價格。股票價格包括原先投資的報酬加上預期的資本利得。

▶▶ 股票評價模型的名詞定義

　　我們首先定義下列名詞：

D_t = 股東預期在 t 年度末收到的股利。D_0是最新近的股利，這已經被支付了；D_1，第一年股利，它在今年末將被支付；D_2是在第兩年末預期的股利等等。D_1描述一個股票的新買主將收到的第一個現金流量。注意到D_0，剛剛被支付的股利是已經知道的。不過，全部將來的股利是預期值，因此對D_t的評價，在投資者間可以是不同的。

P_0 = 今天股票的實際**市場價格(market price)**。

$\hat{P}_t$ = 在 t 年結束時預期的股票價格。$\hat{P}_0$ 是某投資人預期的今天股票價格；$\hat{P}_1$ 是一年末預期價格等等。注意到 P_0 是基於投資者對股票的股利和冒險的估計價格，因此，$\hat{P}_0$ 是確定的且對全部投資者來說都是相同，但 $\hat{P}_0$ 則是因投資人不同而有所不同。

　　　　因為在市場有很多投資者，$\hat{P}_0$ 可能有很多值。不過，我們可以想像成一群「平均」，或「邊際」，投資人決定市場價格。對這些邊際的投資者來說，P_0 必須等於 $\hat{P}_0$，否則不平衡將存在，在市場的買賣將改變 P_0 直到 $P_0 = \hat{P}_0$。

D_1/P_0 = 在來年預期**股利率(dividend yield)**。如果股票在未來12個月期間支付 D1＝1美元的股利，如果它的時價是P0＝10美元，預期的股利率是 $1/$10＝0.10＝10%。

$\dfrac{\hat{P}_1 - P_0}{P_0}$ = 在來年預期**資本利得率(capital gains yield)**。股票今天售價10 美元，它預計在一年末上升到10.50美元，預期的資本利得是$\hat{P}_1 - P0 = $10.50 - $10.00 = 0.50，預期的資本利得率是$0.50/$10＝0.05＝5%。

g = 股利預期**成長率(growth rate)**。如果股利預計以固定比率成長，盈餘和股價也以同等成長率成長。不同的投資者可能使用不同的 g 評價一支公司的股票。

r_s = 最小可接受，或**被要求股票的報酬率(required rate of return)**，考慮到它的冒險和其他關於投資可提供的報酬率。再者，這與一般與邊際的投資者有關。r 的主要決定因素包括實際的報酬率，預期的通貨膨脹和危險。

$\hat{r}_s$ = 一位投資者將來收到的**預期報酬率(expected rate of return)**，可能高於或低於 r_s，只有 $\hat{r}_s$ 等於或大於 r_s，投資者才會買股票，$\hat{r}_s$ 等於預期股利率(D_1/P_0)加上預期的資本利得率【$(\hat{P}_1 - P_0)/P_0$】。在我們的例子，$\hat{r}_s$ = 10% + 5% = 15%。

$\bar{r}_s$ = **實際或實現事後的報酬率(actual, or realized, after the fact rate of return)**，如果你今天買ExxonMobil，你可能預期獲得 $\bar{r}_s$ = 15%的利潤。但是如果市場下跌，你明年可能得到低於15%的報酬。

▶▶ 預期股利是股票價值的基礎

像全部金融資產一樣，均衡的股票價格是現金流量的現值。公司給它們的股東提供的現金流量是什麼？首先，假設你自己買一支股票並永遠持有。你(以及你的繼承人)將得到一連串的股利，今天的股票價格就是計算這一連串無限股利的現值：

$$\text{股票價值} = \hat{P}_0 = \text{預期未來股利的 PV}$$
$$= \frac{D_1}{(1 + r_s)^1} + \frac{D_2}{(1 + r_s)^2} + \cdots + \frac{D_\infty}{(1 + r_s)^\infty} \tag{7-1}$$
$$= \sum_{t=1}^{\infty} \frac{D_t}{(1 + r_s)^t}$$

比較典型的情況是，你持有股票一段時期然後出售它，在這個情況裡，$\hat{P}_0$ 的價值呢？除非公司被清算或出售，否則股票的價值再次可被公式7-1計算。為了解這點，注意預期的現金流量是由預期股利加預期的售價組成。不過，預期的售價將取決於一些未來的預期股利。因此，全部現在和將來的預期股利構成這一串預期的現金流量。換句

話說，除非一家公司被清算或出售到另一關心，否則它給它的股東提供的現金流量將只是由一連串股利所組成。因此它的一些股票價值一定是那串預期股利的現值。

公式7-1的正確性也能透過如下問題被確認：假設我買一支股票且預期持有它一年。我將得到當年股利和我在年底賣它的 $\hat{P}_1$ 價格。但是什麼決定 $\hat{P}_1$ 的價值？答案是預期未來在2年及以後股利的現值，以此類推，最後的結果是公式7-1。

自我測驗

1. 大多數股票的預期總報酬的兩個部分是什麼？
2. 怎樣計算資本利得率和股利率？

固定成長股票

公式7-1在一定意義上一般化股票的評價。時間線上的 D_t 可能上升、下降或隨機波動。用電腦的試算表，我們能容易用這個公式找到股利的任何模型，並計算股票的實際價值。實際上，最難的部分是如何得到準確將來股利估計值。不過，在許多情況下，股利預計是以固定比率成長。如果是這樣，公式7-1可能被重寫如下：

$$
\begin{aligned}
\hat{P}_0 &= \frac{D_0(1 + g)^1}{(1 + r_s)^1} + \frac{D_0(1 + g)^2}{(1 + r_s)^2} + \cdots + \frac{D_0(1 + g)^\infty}{(1 + r_s)^\infty} \\
&= D_0 \sum_{t=1}^{\infty} \frac{(1 + g)^t}{(1 + r_s)^t} \\
&= \frac{D_0(1 + g)}{r_s - g} = \frac{D_1}{r_s - g}
\end{aligned}
$$

(7-2)

公式7-2的最後式被稱為**固定成長模型(constant growth model)**，或戈登模型**(Gorden model)**，紀念它的發明者麥倫戈登(Myron J. Gordon)。公式7-2成立的必要條件是 $r_s > g$。如果 g 比 r_s 大，第二式的 $(1+g)^t /(1+r_s)^t$ 恆大於 1。這樣的話，公式的第2行將是無限數量的總合，變成一個無限大的數。因此，如果固定成長率比 r_s 大，將導致股票的價格是無限大！因為公司價格不可能變無限大。有時，學生在7-2的最後一式帶入大於 r_s 的g，結果得到負的股票價格。這是錯誤且無意義的，所以如果 $g > r_s$，就不能使用固定成長模型。

▶▶ 固定成長股票的例子

假設MicroDrive剛剛支付1.15 美元的股利(即$D_0 = 1.15$ 美元)。它的股票有一個要求的報酬率，r_s 在13.4％中，和投資者預期股利將來以一個固定的8％的比率成長。被估計的第一年股利將是$D_1 = \$1.15(1.08) = \$1.24$；$D_2$將是1.34美元；被估計第5年的股利因此將是1.69 美元：

$$D_t = D_0*(l+g)^t = \$\ 1.15(1.08)^5 = \$1.69$$

我們能使用這個程式估計將來每年的股利，然後使用公式7-1決定這股票現在價值，$\hat{P}_0$。換句話說，我們能找到每一個將來的股利，計算它的現值，以及加總全部現值得到股票的實際價值。

這樣的一個過程將是費時的，但是我們只要把例子的數據插入公式7-2中就能發現股票的實際價值23美元：

$$\hat{P}_0 = \frac{\$1.15(1.08)}{0.134 - 0.08} = \frac{\$1.242}{0.054} = \$23.00$$

固定成長模型的概念畫在圖7-1。股利成長率$g = 8\%$，但是因為$r_s > g$，每筆未來的股利的現值一路下降。例如，在第1年的股利是$D_1 = D_0(1+g)^1 = \$1.15(1.08) = \$1.242$。不過，以13.4％折現，這股利的現值是$PV(D_1) = \$1.242/(1.134)^1 = \$1.095$。在第2年預期股利成長到$\$1.242(1.08) = \$1.341$，但是這股利的現值掉到1.043美元。繼續下去$D_3 = \$1.449$和$PV(D_3) = \$0.993$等等。因此股利金額雖然成長，股利的現值卻下降，這是因為股利成長率(8％)低於它的折現率(13.4％)。

如果我們加總每筆未來股利的現值，得到的和將是股票價值，$\hat{P}_0$。當g是固定時，這和等於$D_1/(r_s-g)$，如公式7-2中所示。因此我們將圖7-1中的下方現值階梯部分延伸到無窮遠，且把每筆股利現值加起來求和，將與公式7-2給的價值23.00美元相同。

雖然公式7-2假設股利成長到無限，實際上大多數股票價值是由在一個相對短期間的股利所構成。在我們的例子裡，價值的70％歸因於前25年，91％於前50年和99.4％於前100年。因此使用戈登成長模式，公司不必永遠活著。

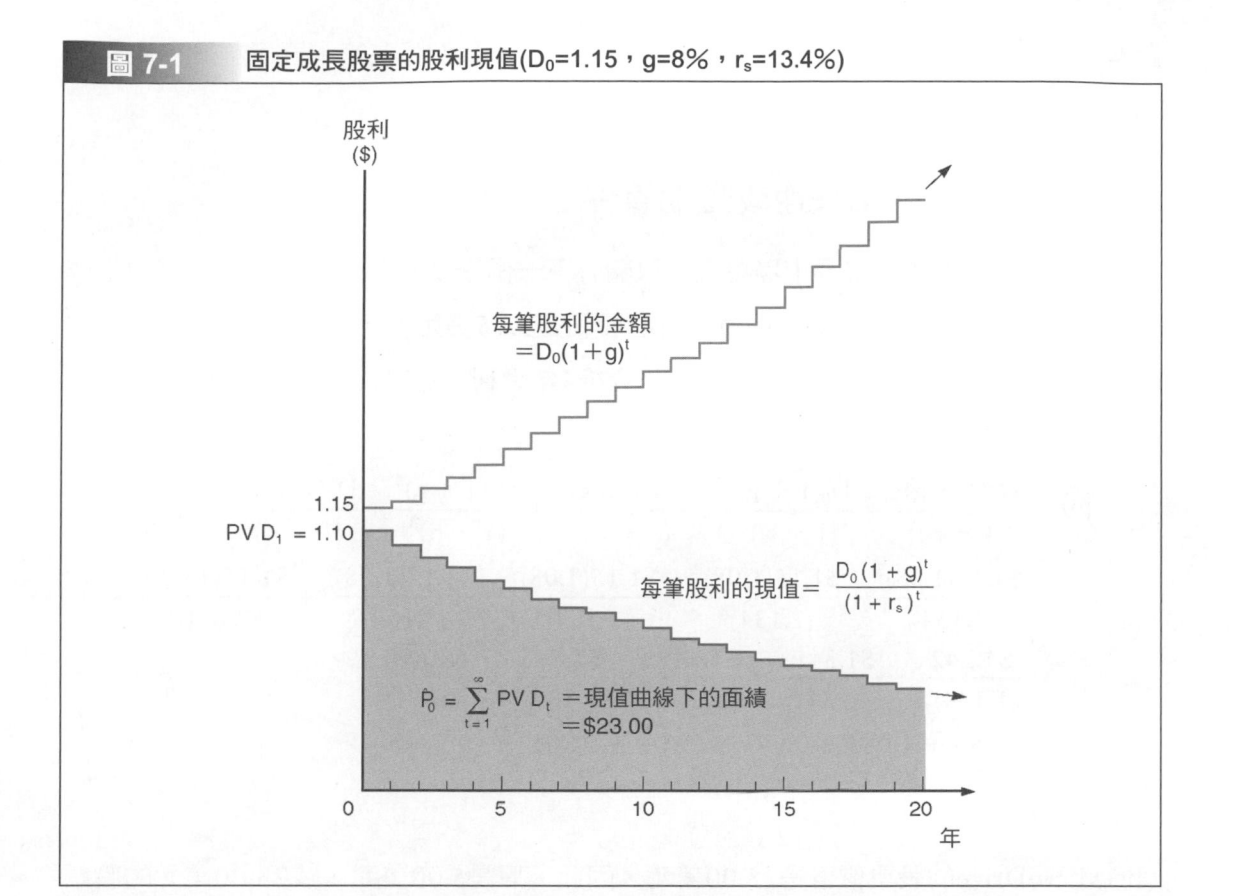

圖 7-1　固定成長股票的股利現值(D_0=1.15，g=8％，r_s=13.4％)

股利和盈餘成長

股利方面的成長主要由於在每股盈餘(EPS)方面的成長，因為許多因素，包括(1)通貨膨脹、(2)公司盈餘的保留和再投資的數量，(3)關於通貨膨脹，公司在它的股東權益上賺的報酬率如果產量(用單位計)穩定，但是售價和投入成本隨通貨膨脹率上漲而上漲，EPS也將以通貨膨脹率成長。即使沒有通貨膨脹，EPS 也將由於盈餘再投資，導致在盈餘和股利方面的成長。

股票的價值由預期的股利而來，這不一定意味著公司能以增加現在的股利來增加他們的股票價格。股東關心現在和將來預期的全部股利。而且在現在的股利和將來的股利之間會有取捨關係。現在支付高股利的公司一定保留較少的盈餘再投資，而且那會降低將來的盈餘和股利。因此問題的關鍵是：股東會以比較低的將來股利作為代價換取比較高的現在股利，還是沒有差別呢？這個問題沒有簡單的答案。股東喜歡讓公司保留收益，因此支付不怎麼高的現在股利，如果它有非常賺錢的投資機會，但是如果投資機會不夠的，他們想要公司付出較多盈餘。稅款也扮演重要角色，因為股利和

資本利得被課不同稅率，股利政策影響投資者稅款。我們將在第十五章詳細考慮股利政策。

▸▸ 股票價格反映出長期或短期事件？

經理經常抱怨股票交易市場短視，只關心下一個季度的績效。讓我們使用固定成長模型測試這抱怨。MicroDrive最新近的股利是1.15美元，它預計以每年8％的比率成長。因為我們知道成長率，我們能預估今後5年股利，然後找到它們的現值：

$$PV = \frac{D_0(1+g)^1}{(1+r_s)^1} + \frac{D_0(1+g)^2}{(1+r_s)^2} + \frac{D_0(1+g)^3}{(1+r_s)^3} + \frac{D_0(1+g)^4}{(1+r_s)^4} + \frac{D_0(1+g)^5}{(1+r_s)^5}$$

$$= \frac{\$1.15(1.08)^1}{(1.134)^1} + \frac{\$1.15(1.08)^2}{(1.134)^2} + \frac{\$1.15(1.08)^3}{(1.134)^3} + \frac{\$1.15(1.08)^4}{(1.134)^4} + \frac{\$1.15(1.08)^5}{(1.134)^5}$$

$$= \frac{\$1.242}{(1.134)^1} + \frac{\$1.341}{(1.134)^2} + \frac{\$1.449}{(1.134)^3} + \frac{\$1.565}{(1.134)^4} + \frac{\$1.690}{(1.134)^5}$$

$$= 1.095 + 1.043 + 0.993 + 0.946 + 0.901$$

$$\approx \$5.00$$

回憶MicroDrive的股票價格是23.00美元。因此，只是5.00美元，或23.00美元的股票價格的22％，可歸因於短期的現金流量。這表明如果他們努力增加長期的現金流量而不是短期的流量，MicroDrive的經理將對股票價格有大影響。大多數公司都是這種情況。的確，許多教授和顧問公司使用實際的公司數據研究，顯示超過80％的公司股票價格屬於將來超過5年的預期現金流量。

這裡提出一個有趣的問題。如果大多數股票的價值是由於長期的現金流量，經理和分析師為什麼那麼注意每季盈餘呢？答案是短期盈餘傳送的訊息。如果實際季度盈餘比預期低，不是因為出現了基本的問題，而只是因為一家公司已經增加它的研究與開發(R&D)支出，研究已經顯示股票價格或許不下降，實際上可能增加。這是有意義的，因為 R&D 應該增加將來的現金流量。另一方面，如果季度盈餘比預期低，是因為用戶不喜歡公司的新產品，這訊息將有 g，長期成長率的未來值是負的暗示。如在本章後面顯示，即使 g 的微小變動也能導致在股票價格方面大的變化。因此，季度盈餘本身可能非常不重要，但是關於他們公司前景傳送的訊息可能十分重要。

很多經理重視短期盈餘的另一個原因是，一些公司根據現在的盈餘支付經理的紅利，而非根據股票價格(反映出將來的盈餘)。這些經理關心季度盈餘是由於他們對紅

利的影響而非對股票價格的影響。

▸▸▸ 何時可使用固定成長模型？

固定的成長模型適用於到期，有穩定成長歷史的公司。股利成長率一般預期與名義上的國內生產總值(GDP實際的國內生產總值加通貨膨脹)幾乎一樣。在這基礎上，我們可以預期一家「正常」的公司的股利，以一年5％到8％的比率成長。

注意公式7-2可用於一支**零成長的股票(zero growth stock)**，即股利預計保持不變。如果g＝0，公式7-2變成公式7-3：

$$\hat{P}_0 = \frac{D}{r_s} \tag{7-3}$$

基本上這是永續年金的公式，僅僅是股利除以貼現率。

自我測驗

1. 寫下並且解釋固定成長股票的評價公式。
2. 股票價格被長期或短期事件何者影響較大？

固定成長股票的預期報酬率

我們用公式7-2解r_s的值，我們再次使用＾表示正處理一個預期的報酬率：

$$
\begin{array}{cccc}
\text{預期報酬率} & = \text{預期股利率} & + & \text{預期成長率或} \\
& & & \text{資本利得率} \\
\hat{r}_s & = \dfrac{D_1}{P_0} & + & g
\end{array} \tag{7-4}
$$

因此，如果你花$P_0＝23$美元買一支股票，你預期第一年股利$D_1＝1.242$美元，將來以固定比率$g＝8\%$成長，預期的報酬率將是13.4％：

$$\hat{r}_s = \frac{\$1.242}{\$23} + 8\% = 5.4\% + 8\% = 13.4\%$$

以這個形式，我們看見 $\hat{r}$ 預期報酬率是由一個預期的股利率，$D_1/P_0 = 5.4\%$，加預期的成長率或資本利得率 $g = 8\%$。

這樣分析中，與現行價格 $P_0 = 23$ 美元和第1年預期的股利，$D_1 = 1.242$ 美元。第一年期末預期的價格是什麼？(在付完 D_1 之後)，再次使用公式7-2，但是這次我們將使用第2年股利，$D_2 = D_1(1+g) = \$1.242(1.08) = \$1.3414$：

$$\hat{P}_1 = \frac{D_2}{r_s - g} = \frac{\$1.3414}{0.134 - 0.08} = \$24.84$$

現在，注意到 $P_1 = 24.84$ 美元比 $P_0 = 23$ 美元大 $8\% =$

$$\$23(1.08) = \$24.84$$

因此，我們預期得到的資本利得是 $\$24.84 - \$23.00 = \$1.84$，這將提供 8% 的資本利得率：

$$資本利得率 = \frac{資本利得}{開始價格} = \frac{\$1.84}{\$23.00} = 0.08 = 8\%$$

我們延長這分析，在將來的每一年，預期的資本利得率總是等於 g，預期的股利成長率。

第2年股利率可估計如下：

$$股利率 = \frac{D_2}{\hat{P}_1} = \frac{\$1.3414}{\$24.84} = 0.054 = 5.4\%$$

下一年股利率也能被計算，再次它將是 5.4%。因此，對一支固定成長的股票，下列條件必須成立：

1. 股利預計以固定比率，g，永遠成長。
2. 股票價格預計也以這個相同的比率成長。
3. 預期的股利率是固定的。
4. 預期的資本利得率也是固定，並且等於 g。
5. 預期的總報酬率，$\hat{r}$，等於預期的股利率加上預期的成長率是：$r_s = $ 股利率 $+ g$。

必須澄清「預期的」意指機率內預期的，為「統計預期」的結果。因此，如果我們

說，成長率預期在8％固定，我們的意思是在任何將來的每年成長率最好的預言是8％，不是我們預期成長率確實是在將來每年的8％。在這樣的意義下，很多大且到期的公司假設固定成長就合理了。

自我測驗

1. 如果一支股票使用固定的成長模型評價，什麼條件必須滿足？
2. 當我們說預期的成長率時，「預期的」意味著什麼嗎？

非固定成長率股票的評價

對很多公司來說，假設股利設成固定比率成長是不適當的。公司通常經歷生命週期。在它們早期，成長整體上比經濟快得多，然後它們與經濟的成長相仿，最後它們的成長比經濟的慢。20年代的9間汽車製造廠，90年代的電腦軟體公司如微軟公司，及二十一世紀的思科科技公司都是在這樣循環下的例子。這些公司叫**超常(supernormal)**，或**非固定成長(nonconstant growth)**公司。圖7-2說明非固定成長並把它與正常的成長、零成長和負成長相比較。

在圖裡，超常成長公司前3年股利預計是30％的比率，在那個之後，成長率預計變成8％，等於經濟平均水準。這公司的價值就像任何其他一樣，是它預期的未來股利現值，以公式7-1計算。當D_t以一固定比率成長時，我們簡化公式7-1成7-2 $\hat{P}_0 = D_1/(r_s - g)$。在超常成長例子中，預期的成長率不是固定的，它在超常的成長時期末下降。

因為公式7-2需要固定的成長率，我們顯然不能使用它來評價有非固定成長的股票。但是假設一家超常成長公司享受高成長後，最終將變成一支固定的成長股，我們就能結合公式7-1和7-2形成一個新公式，公式7-5來評價它。首先，我們假設股利將以非固定比率(通常是比較高的比率)成長N期後，將以固定比率 g 繼續成長。N經常被叫**末端日期(terminal date)**或**地平線日期(horizon date)**。

我們能使用固定成長公式。公式7-2確定股票的末端價值，將是N天後貨幣價值：

圖 **7-2**　股利成長率的例子

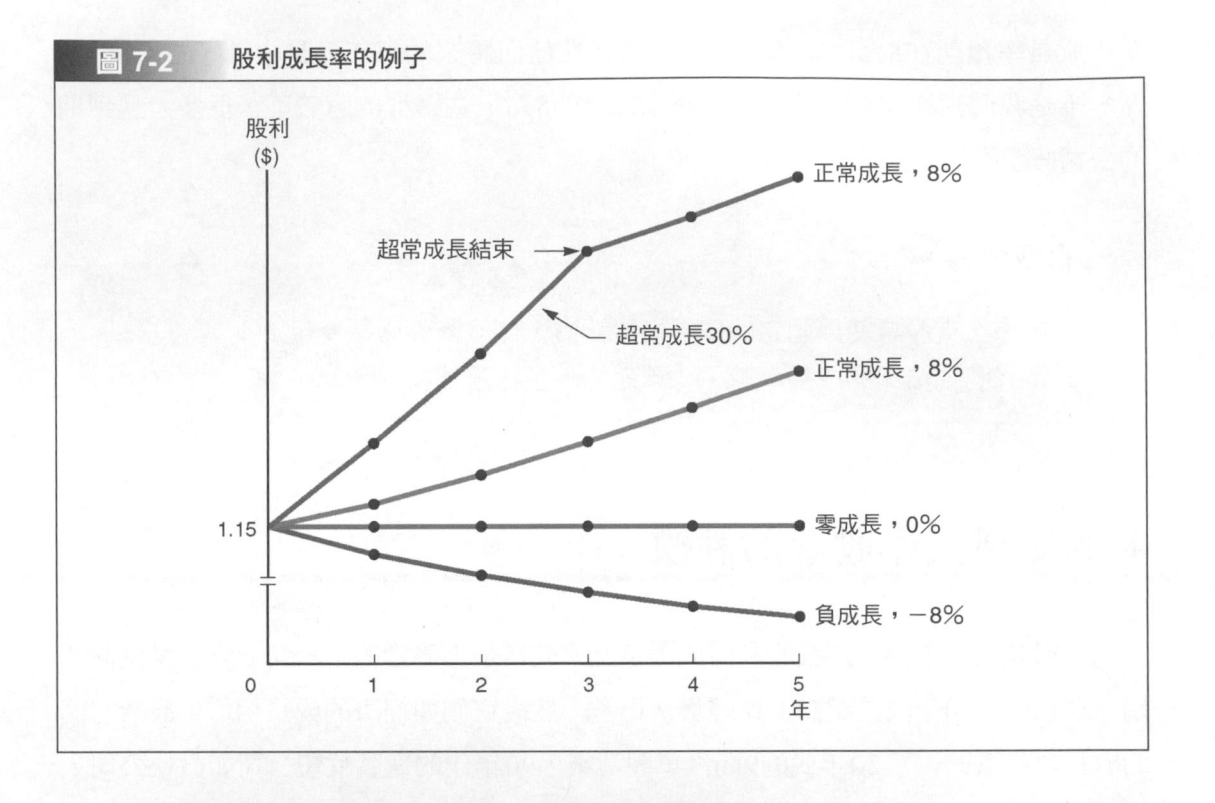

$$地平線價值 = \hat{P}_N = \frac{D_{N+1}}{r_s - g} = \frac{D_N(1 + g)}{r_s - g} \tag{7-2a}$$

股票的真實價值，$\hat{P}_0$，等於超常成長期間股利的現值加末端價值的現值：

$$\hat{P}_0 = \underbrace{\frac{D_1}{(1 + r_s)^1} + \frac{D_2}{(1 + r_s)^2} + \cdots + \frac{D_N}{(1 + r_s)^N}}_{\substack{\text{非固定成長期間股利的現值} \\ t = 1, \cdots N}} + \underbrace{\frac{D_{N+1}}{(1 + r_s)^{N+1}} + \cdots + \frac{D_\infty}{(1 + r_s)^\infty}}_{\substack{\text{固定成長期間股利的現值} \\ t = N + 1, \cdots \infty}}.$$

$$\hat{P}_0 = \underbrace{\frac{D_1}{(1 + r_s)^1} + \frac{D_2}{(1 + r_s)^2} + \cdots + \frac{D_N}{(1 + r_s)^N}}_{\substack{\text{非固定成長期間} \\ \text{股利的現值} \\ t = 1, \cdots N}} + \underbrace{\frac{\hat{P}_N}{(1 + r_s)^N}}_{\substack{\text{地平線價值的} \\ \text{現值} \\ \frac{[(D_{N+1})/(r_s - g)]}{(1 + r_s)^N}}}. \tag{7-5}$$

為了計算公式7-5，我們採取以下的三個步驟：

1. 估計超常成長期間每年的預期股利。

2. 在超常成長期期末找出股票的預期價格，就是末端價值，在那個時點後，它已經成為一支固定的成長股。

3. 計算1和2的現值，它們的總和就是股票現行價格，$\hat{P}_0$。

用圖7-3來說明評價非固定成長股的過程。這裡我們假設以下五項：

> $r_s =$ 股東要求報酬率＝13.4%，這個比率用於折扣現金流量。
>
> $N =$ 超常成長的年數＝3。
>
> $g_s =$ 在超常成長期間盈餘與股利的成長率＝30%。這個比率直接顯示在時間線上。(注意：在超常成長期間的成長率可能變化，可能有幾個不同的超常成長率。)
>
> $g_n =$ 在超常成長期之後的固定成長率＝8%，這個比率也在時間線上顯示，在時期3和4之間。
>
> $D_0 =$ 公司支付的上次股利＝1.15美元。

根據圖7.3的計算。超常的成長股票的價值是39.21美元。

✎ **自我測驗**

1. 怎麼評價超常成長的股票。
2. 解釋什麼是「末端日期」和「末端價值」。

圖 7-3　計算超常成長股票價值的程序

| 0 | $g_s = 30\%$ | 1 | 30% | 2 | 30% | 3 | $g_n = 8\%$ | 4 |

$D_1 = 1.4950$　　$D_2 = 1.9435$　　$D_3 = 2.5266$　　$D_4 = 2.7287$

1.3183 ← 13.4%

1.5113 ← 13.4%

1.7326 ← 13.4%

34.6512 ← 13.4% ← $\hat{P}_3 = 50.5310$

39.2134 = \$39.21 = $\hat{P}_0$

使用自由現金流量法評價股票

一開始，我們顯示企業的價值是它將來預期自由現金流量(FCFs)的現值，是用加權平均資金成本折現(WACC)。以下是說明這種股票評價方法的一個簡單例子。

假設一家公司最近一年有2億美元的自由現金流量，假設FCFs預計永遠以每年5%的固定比率成長。公司的WACC是9%。預期的將來自由現金流量的現值是一筆成長年金的PV，因此我們用一個公式7-2的變化式 7-6來計算：

$$V = \frac{FCF(1 + g)}{WACC - g} = \frac{\$200(1.05)}{0.09 - 0.05} = \$5,250 \text{ (百萬)} \tag{7-6}$$

FCFs是對所有公司的投資者可分發的自由現金流量，並非只有那些股東。WACC是所有公司的投資者需要的平均報酬率，並非只有股東。因此，V是整個公司的價值，並非只是它的股東權益的價值。如果公司有任何非營運資產，例如短期有價證券的投資，我們將把它們增加到V找到總值。在這個例子裡的公司沒有非營運資產，因此它的總值是52.5億美元。為了找到股東權益的價值，用它減去普通股股東以外其他全部請求權，例如債權人和特別股股東的價值。如果負債和特別股等於20億美元的價值，那麼公司的股東權益就有$5,250－$2,000＝$3,250(百萬) 億美元的價值。如果3.25億股份是已發行在外，每股股票價格是$3,250/325＝$10。這例子給你一個用自由現金流量計算股票價值的概念，但是一個比較完整的例子請參閱第十三章，該章節也包括自由現金流量以一個非固定比率成長的狀況。

自我測驗

1. 解釋如何使用自由現金流量法找出股票價格。

市場乘數分析

股票評價的另一種方法是**市場乘數分析(market multiple analysis)**，這是把市場決定的乘數應用到淨利、每股盈餘、銷售、帳面價值，或如有線電視或手機系統公司

的用戶的數量。比起股利折現模式評估股價客觀精準，市場乘數分析法則是比較主觀判斷。假設公司每股盈餘在7.70美元。市場上相似的公司每股價格除以每股盈餘(P/E)的比率平均是12。 即每股盈餘市場乘數就是12。

使用每股盈餘市場乘數估計公司股票價值，以12的市場乘數乘以7.70美元的每股盈餘獲得$7.70(12)＝$92.40。這就是估計的每股股票價格。

注意到除了淨利以外，其他衡量值都可以用於市場乘數法。例如，另一個常使用的是利息、稅款、折舊和攤還之前的盈餘(EBITDA)。EBITDA市場倍數是一家公司(股東權益和負債的市價)的總值除以EBITDA。因為EBITDA測量整個公司的表現，這倍數是基於總值。因此它被叫為**實體乘數(entity multiple)**。EBITDA市場乘數是市場上相似公司的平均EBITDA乘數。以市場乘數乘以公司的EBITDA可以得到公司總價值的估計值。為了估計公司的每股股票價格，將總值減去負債，然後除以股份的總數量。

如上面注意到，一些企業(例如有線電視和手機公司)在評估過程裡的一個重要因素是一家公司的用戶數量。例如，電話公司購併手機公司成本大約是每個用戶2,000美元。HMOs那樣的保險公司在購併過程中也使用相似的邏輯，把他們的評價建立在買保險的人數上。一些網際網路公司則用「點閱率」評價。

自我測驗

1. 什麼是市場乘數分析？
2. 實體乘數是什麼？

股票市場均衡

記得那 r_i 股票的要求報酬率，可用證券市場線(SML)公式求出：

$$r_i＝r_{RF}＋(RP_M)b_i$$

如果無風險報酬率是8％，市場風險溢酬，RP_M是4％和股票 i 有2的β，邊際投資者將要求股票 i 16％的報酬：

$$r_i = 8\% + (4\%)2.0$$
$$= 16\%$$

如果股票i預期的報酬率＞16%，**邊際投資者(marginal investor)**會想要買股票 i，如果預期的報酬率＜16%，她將想要出售它，如果預期的報酬率確實＝16%，她將是中立的，因此將不買或賣股票 i。現在假設投資者的投資組合包含股票 i，而且他或她分析股票的前景並且斷定它的盈餘，股利和價格預計成長，以每年5%的固定比率。上期股利$D_0 = \$2.8571$，因此下一年預期的股利是：

$$D_1 = \$2.8571(1.05) = \$3$$

我們的邊際投資者觀察股票i的價格，P_0是30美元。她應該購買多點股票 i，或出售股票，或不動？

計算股票 i 的預期報酬率如下：

$$\hat{r}_i = \frac{D_1}{P_0} + g = \frac{\$3}{\$30} + 5\% = 15\%$$

因為預期的報酬率少於16%要求的報酬，這位邊際的投資者想要出售股票，如同多數其他持有者一樣。但是很少人想要以30美元的價格買下，目前股票 i 擁有人將發現，沒有購買者，除非他們減少股票的價格。因此價格將下降，直到價格達到27.27美元，在那個點股票買賣將平衡，因為在這個價格預期報酬率等於被要求的報酬率 16%：

$$\hat{r}_i = \frac{\$3}{\$27.27} + 5\% = 11\% + 5\% = 16\% = r_i$$

如股票售價少於27.27美元，大約在25美元，情況將相反。投資者想要買股票，因為它預期的報酬率超過她要求的報酬率，並且買單可能追高股票價格到27.27美元。

總結來說，在市場平衡時，兩個條件必須成立：

1. 股票預期的報酬率等於邊際投資者要求的報酬率。
2. 股票的實際市場價格必須等於邊際投資者所估計的價值，$P_0 = \hat{P}_0$。

當然，一些個別投資者可能相信 $\hat{r}_i > r_i$；$\hat{P}_0 > P_0$，而投資買股票，而有相反意見的其他投資者出售股票。不過在市場上，是邊際投資者決定實際市場價格，對他們來說，$\hat{r}_i = r_i$；$P_0 = \hat{P}_0$，如果這些條件不成立，買賣交易就一直發生直到他們成立。

▶▶ 股票均衡價格的變化

　　股票價格不是固定不動的——它們隨時經歷激烈的變化。例如，在2001年9月17日，在9月11日恐怖分子攻擊之後交易的第一天，道瓊指數下降685點。這在道瓊指數歷史是最大的下降，但不是最大的百分比損失，它發生在1914年12月12日是－24.4%。近年來，道瓊指數在1987年10月19日下降22.6%。道瓊指數也已經有一些壯觀的上升了。實際上，它的第8大增幅是在2001年9月24日的368點，是在它最大下降不久之後。道瓊指數最大的增加是在2000年4月16日的499個點，它的15.4%的最大百分比增加是在1933年3月15日發生。可見股票市場是易變的。

　　為了看出這樣的變化如何發生，假設股票 i 現處於平衡狀態，以27.27美元的價格出售。如果全部預期確實被達到，在明年價格將逐漸上漲到28.63美元，或到5%。不過，很多不同事件的發生會引起均衡價格變化。為了說明，再次用股票i＝$27.27價格的例子，加入一組新設的變數：

	變數值	
	原先的	新的
無風險利率，r_{RF}	8%	7%
市場風險溢酬，$r_M － r_{RF}$	4%	3%
i 股票的 β 係數，b_i	2.0	1.0
i 股票的預期成長率，g_i	5%	6%
D_0	$2.8571	$2.8571
i 股票價格	$27.27	?

現在給你自己測驗一下：每個變數的變化如何影響股票價格？你猜猜股票價格是多少？

　　每個變數的改變單獨考慮的話，將導致價格的增加。但是前三種變數合起來卻使 r_i，從16%下降到10%：

$$原先的 r_i ＝ 8\% ＋ 4\%(2.0) ＝ 16\%$$
$$新的 r_i ＝ 7\% ＋ 3\%(1.0) ＝ 10\%$$

全部使用這些新值，我們發現$\hat{P}_0$從27.27 美元上升到75.71 美元：

$$原先的\ \hat{P}_0 = \frac{\$2.8571(1.05)}{0.16 - 0.05} = \frac{\$3}{0.11} = \$27.27$$

$$新的\ \hat{P}_0 = \frac{\$2.8571(1.06)}{0.10 - 0.06} = \frac{\$3.0285}{0.04} = \$75.71$$

在這新價格上，預期與要求報酬率是相等的：

$$\hat{r}_i = \frac{\$3.0285}{\$75.71} + 6\% = 10\% = r_i$$

這例子說明預期的未來股利些微改變也能引起股票價格的大變化。什麼原因可能引起投資者預期未來股利改變呢？這可能是公司的新訊息，例如一個R&D 計畫的初步結果，或一種新產品的潛在顧客購買，或來自現有產品有害副作用的發現，或影響很多公司的新資訊，例如利率的緊縮。有鑑於電腦和網路的存在，新訊息衝擊市場的頻率幾乎是連續性的，繼而引起股票價格的頻繁和巨大變化。換句話說，訊息的迅速可用引起股票價格易變動。

股票價格如果穩定，或許說明少有新訊息出現。但是如果你認為投資一支股價不穩定的股票是危險的，想像投資一家很少發布新訊息的公司將是多麼危險。看見你的股票價格暴漲暴跌可能是壞的，但是多數時間看見一個穩定的報價，然後在新訊息被發布的稀有日子看見巨大的變動，這將是壞得多。幸好在我們經濟過程中及時的訊息容易得到，證據顯示股票，尤其是特別大公司的迅速反應新訊息。因此，均衡通常存在於多數股票，且一般要求和預期報酬是相等的。有時候股票價格當然猛烈地迅速改變，但是這僅僅反映出條件和預期的改變。當然有些股票看起來對有利或不利的成長反應幾個月的時間。不過，這不表示調整時間太長。相反，它僅僅表示當新的訊息變得可用時，市場在反應它們。下一部分討論市場反應新訊息的能力。

▶▶ 效率市場假說

效率市場假說(Efficient Markets Hypothesis, EMH)理論認為：(1)股票總是維持平衡和(2)一位投資者不可能一直「打敗市場」。基本上相信EMH的那些人注意是由大約100,000，全職，高度訓練的，專業的分析師和交易商在市場操作，而只有少於

3,000支主要的股票在市場上。因此，每個分析師平均追蹤30支股票。更進一步，這些分析師為組織(例如花旗集團、美林、保德信保險等等)工作，提供幾十億美元用於收集分析新資訊。另外，由於證交會揭露規定和電子訊息網路，當一支股票的新訊息變得可得到時，這1,000位分析家幾乎在一樣的時間收到並且評價它。因此，股票的價格幾乎立即隨著任何新資訊調整。

▶▶ 各級市場效率

如果市場有效率，股票價格將迅速反映出全部可得到的相關資訊。這裡提出一個重要的問題：什麼類型的訊息是相關而被併入股票價格呢？財務理論學家已經討論出三種形式市場效率水準。

弱式效率　EMH的**弱式(weak form)**形式說明包含在「過去」價格變動裡的全部訊息被完全反映在現行市價上。如果這是真實的，股票價格近期趨勢的訊息在分析選擇股票上將無用。例如，一支已經上漲3天的股票，今天或明天將做什麼變動，我們沒有任何有用的線索。那些相信弱式效率存在的人們，認為「技術分析」是浪費時間的。

舉例說明，研究股票交易市場歷史後，線圖分析師可能「發現」下列圖形型態：如果一支股票連續3天下跌，它的第二天價格通常上升10%。技術分析師於是斷定投資者能靠購買價格已經連續下降3天的一支股票賺錢。

但是如果這種圖形真的存在，其他投資者也能發現，如果知道它的價格預計第二天增加10%，為什麼有人願意出售一支股票？換句話說，如果一支股票在連續下降3天之後，正以每股40美元出售，而且預期明天上漲到每股44美元，投資者為什麼要出售股票？相信弱式效率的那些人爭辯，如果股票明天真的可能上漲到44美元，它今天的價格實際上將立即上升在44美元附近，因此消除交易機會。弱式效率暗示任何由過去股票價格所得的訊息會迅速合併進現在的股票價格。

半強式效率　EMH的**半強式(semistrong form)**說明現行市價反映出全部「公開」可得到的訊息。因此如果半強式效率存在，仔細研讀年度報告或其他數據將是沒有用的，當這些報告裡的任何好或壞消息傳出時，市場價格已經包含它們了。由於半強式效率，投資者應該預期獲得如SML預測的利潤，但是他們不應該預期比較好，除非他們有好運氣或得到未公開的有用訊息。不過即使存在半強式效率，內線者(例如公司的總裁)擁有未公開訊息一直能贏得異常報酬(高於那些SML預測的)。所以內線交易一

直是法律嚴格禁止或嚴懲的。

半強式效率另一暗示是，當訊息被發布給公眾，股票價格將只反映不同於所預期的訊息。例如，如果一家公司宣布增加30%的盈餘。若這個增加是分析師一直預期的，宣告對公司的股票價格幾乎沒有影響。另一方面，如果分析家預期盈餘增加超過30%，股票價格或許將下跌，但是如果他們預期一個比較小的增加，它或許將上升。

強式效率　EMH的**強式(strong form)**說明現行市價反映出全部有關訊息，不管是公開有關的和私下擁有的。如果這個形式維持，即使了解內線消息者將發現在股票交易市場一直賺異常報酬是不可能的。

▶▶ 市場效率的啟示

EMH對於財務決策有何啟示？如果股票價格已經反映出全部公開可得到的訊息，並且因此被公平定價，持續打敗市場唯一可能是僥倖靠運氣，並且一直勝過市場平均數不是不可能，這是很難的。大部分實證研究支持弱式和半強式市場效率。不過有內線消息的公司主管比平均數做得好。

一些投資者對新訊息的回應可能比其他人迅速，而且這些投資者有越過其他人的暫時優勢，不過這些投資者的買賣行動迅速將市場價格帶到均衡水準。對於大多數股票來說，可以假設 $\hat{r}_i = r_i$，$\hat{P}_0 = P_0$，和股票可畫在SML線上。

市場效率對經理的決策也有重要啟示，特別是股票發行、股票回購和出價收購。如果市場公正地為股票定價，經理根據股票被低估或高估價值的決策將變得沒有意義。與外人相比較，經理可能有比較有利的公司訊息，但是他們不能使用這有優勢的訊息，他們也不能故意欺騙任何投資者。

自我測驗

1. 股票價格維持均衡，哪兩個條件必須成立？
2. 什麼是效率市場假說(EMH)？
3. 在EMH的三個形式中差別是什麼？
4. EMH對財務決策的啟示是什麼？

真實股價和報酬

　　曾經在股票交易市場投資的人都知道,實際的股價與報酬率和我們前面討論的預期股價與報酬率有很大的不同。圖7-4顯示近年股票交易市場波動情形。理論上一位邊際投資者估計的預期報酬總是正的,但是在一些年內,如圖7-4所示,股票價格下跌。當然即使在不好的年度,仍有一些個別公司做得好,因此證券分析的重點是挑中獲勝者。

▶▶ 投資國際股票

　　美國市場股票交易總計只達大約世界股票交易市場的40%,這正引起很多美國投資者也持有外國股票。分析師早就招攬海外投資,表明外國股票改進多樣化並且提供成長機會的好處。表7-1顯示在2003年在不同國家的股票怎樣表現。在右邊的數目註明每個國家的股票怎樣表現(就它的本地貨幣而言),左邊數目顯示它的美元計價表現。例如,在2003年瑞士股票上升19.38%,但是瑞士法郎對美元上升大約13.76

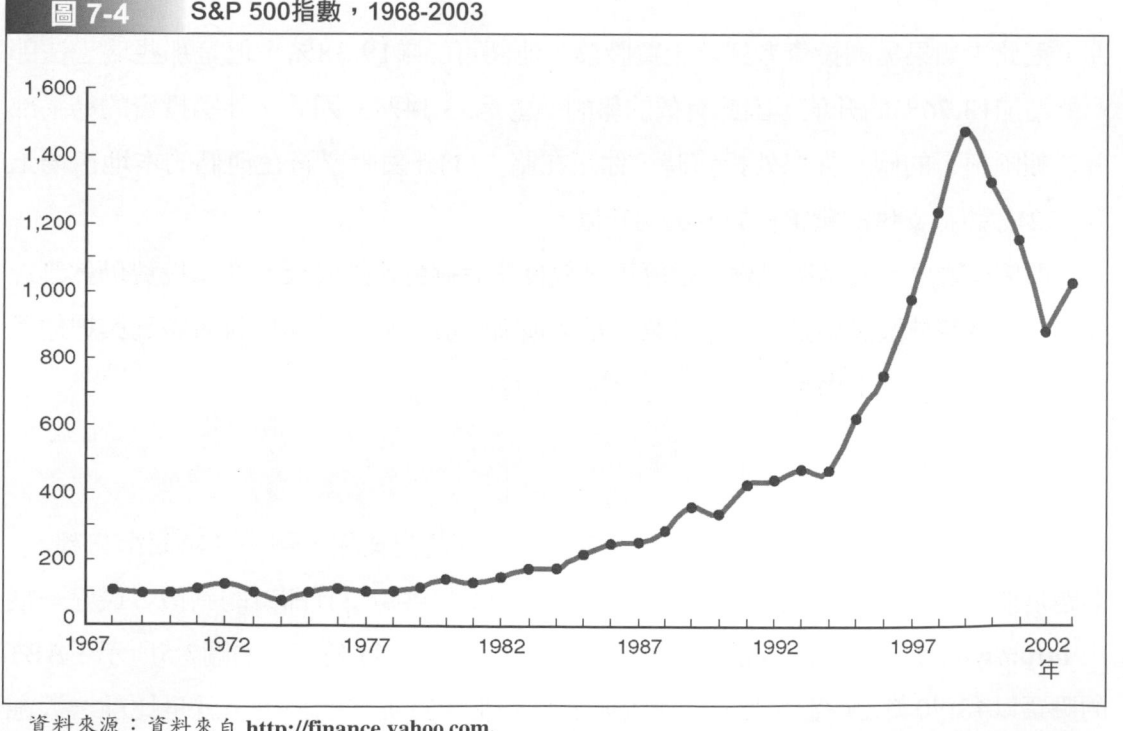

圖 7-4　　S&P 500指數,1968-2003

資料來源:資料來自 http://finance.yahoo.com.

表 7-1　道瓊全球股票指數2003年的績效(報酬率)

國家	美元	當地幣值	國家	美元	當地幣值
泰國	+138.70%	+119.29%	比利時	+40.78%	+17.26%
巴西	+131.40	+89.01	挪威	+40.62	+35.32
委內瑞拉	+119.88	+152.70	法國	+39.11	+15.87
智利	+83.53	+51.13	香港	+38.69	+38.07
印尼	+65.95	+56.17	葡萄牙	+38.53	+15.39
希臘	+65.08	+37.50	義大利	+38.35	+15.24
德國	+61.33	+34.37	日本	+37.61	+24.40
瑞典	+60.06	+32.63	臺灣	+36.63	+33.91
澳大利亞	+58.26	+31.82	新加坡	+36.27	+33.43
西班牙	+55.59	+29.59	瑞士	+33.14	+19.38
加拿大	+51.54	+25.15	墨西哥	+31.46	+42.50
紐西蘭	+50.85	+20.84	南韓	+31.45	+32.14
菲律賓	+49.62	+55.66	英國	+28.54	+15.82
丹麥	+49.35	+25.03	美國	+28.44	+28.44
澳洲	+45.95	+9.07	馬來西亞	+26.19	+26.18
愛爾蘭	+44.26	+20.16	荷蘭	+25.27	+4.34
南非	+41.78	+10.69	芬蘭	+17.33	−2.27

資料來源：*"The Year of the Bull," The Wall Street Journal*, January 2, 2004, R6.

%。因此，如果美國投資者到瑞士買股票，他們可能賺19.38%，但是那些瑞士法郎可能增加13.76%的升值，因此有效的報酬率會是33.14%。因此，外國投資的結果部分依賴匯率。的確當你海外投資時，你正在賭：(1)外國股票將在他們的本地市場上升和(2)你將被支付的貨幣相對於美元升值。

　　即使外國股票有匯率風險，這絕不是教投資者避免外國股票。外國投資仍然改進多樣化，有時外國股票勝過國內股票。當這種情形發生時，美國投資者將高興把他們的一些錢放在國外市場。

▶▶ 股票市場報導

　　早些年以前，股票報價最好的來源是一份日報的商業版，例如《華爾街日報》。問題是他們僅僅一天列印一次。現在多種網際網站提供隨時且即時的到價。最好一個由 **http://www.bloomberg.com** 所提供。圖7-5顯示適合ABT公司。如圖7-5所示，ABT的股票以43.90美元收盤，比前一個交易日有一個0.35美元的損失，就是比前一天減

少0.791%。數據也顯示當天ABT以44.00美元開盤，曾到達一個最高價44.32美元，與最低價43.77美元。在過去的一年，價格最高47.25美元和最低37.65美元。當天交易量超過370萬股。如果正在買賣交易時段，報價也將提供股票競價的買價和賣價。除了這些訊息之外，網頁也有連結提供更詳細的數據。

> **自我測驗**
>
> 1. 解釋金融市場如何調整使股價均衡。
> 2. 解釋為什麼預期要求的與實現的報酬經常不同。
> 3. 給一個投資組合增加外國股票的關鍵好處和風險是什麼？

特別股

特別股是一種混合型證券——某些方面類似債券，某些方面類似普通股，像債券一樣，特別股有面值和固定數額必須被支付的股利。但是，如果這特別股利不支付，並不能迫使公司破產。因此，雖然特別股有像債券一樣的固定支付，若沒有支付這個款項將不會導致破產。

圖 7-5　ABT公司股票報價，2004年4月23日

ABT：美國Abbott實驗室

More on ABT:US　Detailed Quote ▼

04/23　紐約　幣值：美元　產業：醫療藥品

價格43.900	變動 −0.350	變動百分比 −0.791	買價N.A.	賣價N.A.	開盤44.000	成交量3,758,200

| 最高值
44.320 | 最低價
43.770 | 52週內最高價
(01/05/04)
47.25 | 52週內最低價
(08/05/03)
37.65 | 一年報酬率13.792% | | |

資料來源：http://www.bloomberg.com.

一個特別股使它的持有人可以得到有規律，固定的股利支付。那些支付是永續年金，所以它的價值V_{ps}，計算如下：

$$V_{ps} = \frac{D_{ps}}{r_{ps}} \qquad (7\text{-}7)$$

V_{ps}是特別股的價值，D_{ps}是特別股利，且r_{ps}是要求的報酬率。MicroDrive有流通特別股，支付每年10美元的股利。如果被要求的報酬率是10%，然後它的價值是100美元，透過公式7-7如下：

$$V_{ps} = \frac{\$10.00}{0.10} = \$100.00$$

如果我們知道一個特別股的現價和它的股利，我們能求出報酬率如下：

$$r_{ps} = \frac{D_{ps}}{V_{ps}} \qquad (7\text{-}7a)$$

一些特別股有規定的到期日期，如50年。如果MicroDrive 特別股在50年內到期，支付每年股利10元，有一要求的8%的報酬，我們能找到它的價格$P_{ps} = \$100$。如果你知道價格，你能求出預期的報酬率$V_{ps}$。大多數特別股利按季發放。用MicroDrive做例子，我們發現它的特別股有效報酬率(永久或到期)如下：

$$\text{EFF\%} = \text{EAR}_p = \left(1 + \frac{r_{Nom}}{m}\right)^m - 1 = \left(1 + \frac{0.10}{4}\right)^4 - 1 = 10.38\%$$

如果一位投資者想要比較MicroDrive的債券和它的特別股報酬，最好將證券的名目報酬率轉換成有效報酬率，然後比較這些「有效年利率」。

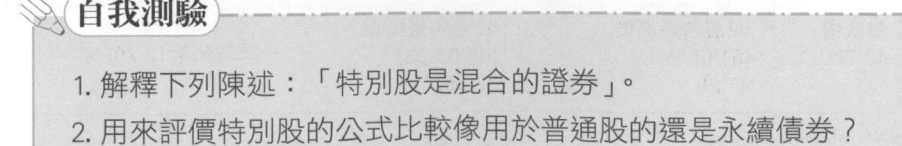

自我測驗

1. 解釋下列陳述：「特別股是混合的證券」。
2. 用來評價特別股的公式比較像用於普通股的還是永續債券？

總結

本章顯示股票價值怎樣被確定，以及投資者怎樣著手估計他們期望的報酬率。包括的核心概念如下。

- 委託書是一項文件，能讓一個人代表另一個人行使權力，通常是普通股的投票權力。委託書爭戰是一組外面的人懇求當股東的代理人，試圖投票讓一個新管理團隊進入公司。

- 當有人成功逐出一公司管理階層並且控制住公司時，一個接收購併發生。

- 股東經常有權購買由公司出售的另外股票，這叫優先認股權，保護股東和防止他們的價值稀釋。

- 雖然大多數公司只有一類普通股，在一些實例裡分類的股票用來滿足公司的特別需要。一種類型是創始人的股票。這是公司的創始人擁有唯一投票權的股票，但是限制股利發放的年度。

- 私下擁有股票通常是公司管理相關的一些個人所擁有。

- 公開擁有股票由許多個人擁有，但相當不積極介入公司的管理。

- 當一家私下擁有股票被第一次提供給公眾，公司被稱為是公開發行。首次被提供的股票稱為初次公開發行IPO。

- 股票的實際價值是計算股票將來提供的股利目前價值。

- 固定成長股的價值公式：

$$\hat{P}_0 = \frac{D_1}{r_s - g}$$

- 一支股票的總報酬率是預期的股利率加預期的資本利得率。對固定成長公司而言，預期股利率和預期的資本利得率是固定的。

- 一支固定成長股的報酬率，可以被表示如下：

$$\hat{r}_s = \frac{D_1}{P_0} + g$$

- 一支零成長股是將來的股利根本不能成長，而一支超常成長股是盈餘和股利預計在一些期間成長得比經濟快，之後成長到「正常」比率。

- 超常成長股的現值計算步驟：(1)在超常成長期預期股利，(2)超常成長期末股票的價格，(3)折現股利和期末價格，(4)加總股票的現值。

- 末端日期是指成長率不再超常成長的日期。

- 末端價值是自末端日期起全部將來股利的末端日期價值。

- 邊際投資者反映出目前正買賣一支股票那些人信仰的一位代表性投資者。是邊際投資者決定股票價格。

- 均衡是指預期報酬率等於要求報酬的市場狀態，同時股票實際價值一定等於它的市場價格。

- 效率市場假說(EMH)主張：(1)股票市場總是在均衡狀態、(2)沒有內部消息投資者不可能一直「打敗市場」。因此根據那些EMH，股票總是被公平定價，要求報酬率等於它預期報酬率，全部股票預期報酬率在SML上繪製。

- 股票和債券市場的預期報酬與實際報酬的確不同，但對短期、無風險資產、預期和實際報酬是相等的。

- 當美國投資者購買外國股票，他們希望(1)股票價格將在本地市場上升和(2)外幣將相對於美國美元上漲。

- 特別股是有負債的一些特性和一些股東權益的混合證券。

- 大多數特別股是永續，且特別股的價值等於股利除以被要求的報酬率：

$$V_{ps} = \frac{D_{ps}}{r_{ps}}$$

- 到期特別股以債券評價公式相似的一個公式評價。

問題

(7-1) 定義以下名詞：

　　a. 代理；爭奪委託書；接管；優先認股權；分類股票；創始人的股票

　　b. 私下擁有股票；公開擁有的股票

　　c. 二級市場；初級市場；公開發行；首次公開上市(股票初次發行 IPO)

　　d. 實際價值($\hat{P}_0$)；市場價格(P_0)

　　e. 要求報酬率，r_s；預期的報酬率，$\hat{r}_s$；實際或已實現報酬率，$\bar{r}_s$

f. 資本利得率；股利報酬率；預期總報酬

g. 正常，或固定，成長；超常，或非固定成長；零成長股票

h. 均衡；效率市場假說(EMH)；EMH的三個形式

i. 特別股

(7-2) 兩位投資者正評估購買AT&T的股票。他們同意D_1的預期值，以及預期的將來的股利成長率。進一步，他們同意股票的風險。不過，一位投資者通常擁有股票2年，而另一個通常擁有股票10年。根據在這章裡做的這類型分析，他們都應該願意為AT&T的股票支付相同的價格。真實還是錯誤？請解釋。

(7-3) 永續債券永遠付利息並且沒有到期日期。什麼特性使永續債券與零成長普通股和特別股相似？

自我測驗

(ST-1) Ewald公司現在的股票價格是36美元，它的上次股利是2.40美元。由於公司強大財務狀況和將來的低危險，它要求的報酬率只是12%。如果股利預計以固定比率成長，g，如果將來 r_s 預計保持在12%，Ewald公司預期5年後的股票價格是多少？

(ST-2) Snyder電腦公司正經歷迅速成長的一段時期。盈餘和股利預計在今後2年以15%的比率成長，在第3年在13%，和其後年度6%的固定比率。Snyder上次最後股利是1.15美元，股票要求報酬率是12%。

a. 計算股票今天的價值。

b. 計算$\hat{P}_1$和$\hat{P}_2$。

c. 計算1、2和3年的股利率和資本利得率。

習題

(7-1) Warr公司將發每股股利1.50美元($D_0 = \$1.50$)，股利預計以後3年中的一年

成長5%，以及其後年度10%。今後5年預期每年的每股股利是多少？

(7-2) Thomas兄弟在年底時候預計支付每股股利0.50美元(即$D_1 = \$0.50$)。股利預計以每年7%的固定比率成長。股票的要求報酬率，r_s是15%。公司股票的每股價值是多少？

(7-3) Harrison Clothiers股票目前售價每股20美元。那些股票剛剛支付股利每股票1.00美元(即$D_0 = \$1.00$)。股利預計以每年10%的固定比率成長。1年後股票價格是多少？公司股票要求報酬率是多少？

(7-4) Fee Founders特別股在每年末支付5美元的股利。特別股售價每股60美元。特別股要求的報酬率是多少？

(7-5) 公司目前支付股利是每股$D_0 = \$2$。估計公司股利以每年20%的比率在以後2年中成長，然後股利將以其7%的固定比率成長。公司的股票有等於1.2的β，無風險比率是7.5%，且市場風險溢酬是4%。你估計什麼是股票的時價？

(7-6) 一支股票正以每股80美元上市交易。股票預計有一個每股4美元($D_1 = 4$)的年終股利，預計在整個時間以一些固定比率g成長。股票要求的報酬率是14%。如果你是相信效率市場的一位分析家，你預測g是什麼？

(7-7) 你正考慮投資Keller公司的股票，預計在年底支付每股2美元的股利($D_1 = \$2.00$)。股票有等於0.9的β。無風險比率是5.6%，且市場風險溢酬是6%。股利預計以一些固定比率g成長。股票目前售價每股25美元。假設市場平衡，在3年末市場股票價格將是什麼？(即$\hat{P}_3$是什麼？)

(7-8) 100美元面值的一個特別股名義上的報酬率是多少？票面價值8%的規定股利，如果現行市價是(a)60美元，(b)80美元，(c)100美元，以及(d)140美元嗎？

(7-9) Martell採礦公司的礦石正被採盡，因此它的銷售正下降。此外，它的礦坑每年變得比較深，因此它的費用正上升。因此如果繼續做，公司的盈餘和股利正以每年5%的固定比率下降。如果 $D_0 = \$5$和$r_s = 15\%$，Martell採礦公司的股票價值是多少？

(7-10) 股票C的β係數是$b_C = 0.4$，而股票D是$b_D = -0.5$。(股票D是負的，註明每當大多數其他股票報酬率上漲的時候，它的報酬率下跌。)

a. 如果無風險比率平均是9%和預期的報酬率股票是13%，股票C和D被

要求的報酬率是多少？

b. 針對C股票，假設現價P_0是25美元；下一期的股利是1.50美元；且股票的固定成長率是4%。股票處於平衡嗎？如果股票不平衡，將發生什麼，請解釋，並描述。

(7-11) 假設在你公司的產業裡，一家平均公司預計有6%的固定比率成長，它的股利率是7%。你的公司與平均公司一樣危險，剛剛成功完成一些R&D 工作，那使你預期的盈餘和股利將以今年50%的比率成長 [$D_1 = D_0(1+g) = D_0(1.50)$]和次年25%，之後以6%的行業平均成長。最後一次股利是1 美元。現在你公司股票的每股價值是多少？

(7-12) Microtech公司正迅速擴大，它目前需要保留它的所有盈餘，因此它不支付任何股利。不過，投資者預期Microtech開始付股利，以今後3年每年1.00美元。之後股利應該迅速成長至第 4 和 5 年每年的50%的比率。在第5年之後，公司應該以每年8%的固定比率成長。股票要求報酬率如果是15%，今天的股票價值是什麼？

(7-13) Ezzell公司發行一特別股有10%的規定股利，同類型的特別股目前殖利率是8%，並且面值是100美元，Assume 股利每年被支付。

a. Ezzell的特別股的價值是什麼？

b. 假設利率水準上升使特別股殖利率變成12%。Ezzell特別股的價值將是多少？

(7-14) 你的經紀人把Bahnsen公司股票報價並打算出售給你，公司昨天發了股利2美元，你預期股利以每年5%的比率以後3年中成長，如果你買股票，你計畫持有它3 年然後出售它。

a. 找到今後3年預期的每年股利；即，計算D_1、D_2，以及D_3。注意$D_0 = \$2$。

b. 假使合適的貼現率是12%和計算D_1、D_2，以及D_3的現值，以及加總這些現值。

c. 你預期 3 年後股票價格成為34.73美元；即$\hat{P}_3 = 34.73$美元。以12%的比率折現，預期的將來股票價格現值是多少？換句話說，計算34.73美元的PV。

d. 如果你計畫買股票，保管它3 年，然後以34.73美元出售它，你應該為它

付出的最大價格是多少？

e. 使用公式7-2計算這支股票的現值。假設g＝5％，且它是固定的。

f. 這份股票的價值倚賴你計畫持有它多久嗎？換句話說，如果你計畫持有時期是2年或5年而不是3年，這會影響股票的今天價值嗎？

(7-15) 你買了一股Ludwig公司股票花21.40美元。你預期它在1、2 和3年的股利是1.07美元，1.1449美元和1.2250美元，在3年結束時以26.22美元的價格出售。

a. 計算股利成長率。

b. 計算預期的股利率。

c. 假設被計算的成長率預計繼續，這股票預期總報酬率是什麼？

(7-16) 投資者要求Levine公司的股票的報酬率是15％(r_s＝15％)上。

a. 什麼是Levine股票價格，如果上次股利是2美元，以及如果股利成長率是(1)－5％，(2)0％，(3)5％和(4)10％。

b. 使用來自a部分的數據，Levine股票的戈登(固定成長)模型價值是多少？如果被要求的報酬率是15％且預期的成長率是(1)15％或(2)20％這些是合理的結果嗎？請解釋。

c. 一支固定成長股的g＞r_s是合理的嗎？

(7-17) 韋恩－馬丁電力公司(WME)剛剛開發出太陽能電板，比任何在目前市場上太陽能電板可以增加200％電力。因此，WME 預計以後5年中經歷一個15％的年成長率。到5年底，其他公司可能推出可比較的技術，並且WME的成長率將變慢到每年5％。WME的股票要求報酬是12％的。最新近的年股利是每股1.75美元。

a. 計算t＝1，t＝2，t＝3，t＝4以及t＝5的預期股利。

b. 計算今天股票的價值，$\hat{P}_0$。

c. 計算預期的股利率，D_1/P_0，第一年預期資本利得率，以及第一年的總利潤率。此外計算第5年的這三個值(例如，D_6/P_5)。

(7-18) Taussig公司(TTC)一直在近年以20％的比率成長。這相同的成長率預計持續另外2 年。

a. 如果做 D_0＝\$1.60，r_s＝10％，以及g_n＝6％，今天TTC的股票值多少錢？在這個時期它預期的股利率和資本利得率各是多少？

b. 現在假設TTC的超常成長時期是加上額外5年而不是2年。這將怎樣影響它的價格，股利率和資本利得率？只須口頭回答。

c. 一旦它的超常的成長的時期結束，TTC的股利率和資本利得率會是什麼？(暗示：不管是2年還是5年超常成長的情況，這些價值將相同；計算非常容易)

d. 在不同時期的股利率和資本利得率之間關係的變化，對投資者有何意義？

(7-19) 無風險報酬率，r_{RF}，是11%；市場報酬率，r_M，是14%，且Upton公司股票有一個1.5的β係數。

a. 如果明年股利，D_1是2.25美元，如果g＝固定的5%，Upton的股票應該以什麼價格出售嗎？

b. 現在假設美國聯邦儲備委員會增加這個貨幣供應量，引起無風險利率降低到9%和r_M降到12%。這對股票的價格有什麼影響？

c. 除b部分變化之外，假設投資者的危險規避下降；這個事實加上在r_{RF}方面的下降，引起r_M降到11%。Upton的股票將以什麼價格出售？

d. 現在假設Upton在管理方面有變動。新管理團隊把固定成長率增加到6%。此外新管理使銷售和利潤穩定，因此引起β變異係數從1.5下降到1.3。在所有這些變化之後，Upton的新均衡價格是多少？

Mini Case

中鋼公司是一家績優的上市公司，每年股利穩定，深獲投資人肯定，家輝是一位財務分析師，替他回答下列問題：

1. 依據研究估計，中鋼公司成長率約穩定保持在每年5%水準，去年每股股利是4元，如果市場投資人要求報酬率是15%，其目前合理股價應該是多少？

2. 如果中鋼去年每股盈餘是2.5，根據上題的答案，中鋼的本益比是多少？

3. 如果無風險利率是3%，市場報酬率是16%，中鋼的β＝0.9，中鋼的股票預期酬率是多少？

4. 假設市場是效率的，根據CAPM，假設市場報酬＝16%，如果目前是30元股價是均衡價格嗎？如否，是低估還是高估？

5. 另外，中鋼有發行一特別股股利是每年2元，請問市場上合理的市價會是多少？

第 8 章

財務選擇權、評價及在公司理財之應用

本章討論選擇權的基本概念與評價模式，以及它們在公司理財決策的應用，包括風險的管理、資本預算的決策與薪酬計畫的制定。

每位經理應該了解選擇權定價的基本原理。首先，很多計畫隨著市場狀況變化允許經理彈性調整。這些「嵌入的選擇權」經常意味著計畫的成功和失敗，了解基本的財務選擇權有助於管理這些實質選擇權的價值。其次，很多公司使用衍生商品管理危險，因此，了解財務選擇權是必要的。第三，擇權定價理論提供對最佳負債/權益比的了解，特別是當可轉換證券被使用時。最後，了解財務選擇權將有助於了解員工認股權。

財務選擇權

選擇權(option)給它的持有者在指定的時期內以一個預先決定的價格買(或賣)一項資產。以下的章節解釋影響選擇權價值的一些特徵。

▶▶ 選擇權類型和市場

選擇權和期貨市場有很多類型。舉例說明選擇權怎樣運作，假定你擁有通用電腦

公司(GCC)的100股股票，在2005年1月9日，星期五，售價每股53.50美元。你能賣給某人一個選擇權，她可在2005年5月14日之前，隨時買你的100 股，價格是每股55美元。這叫**美式選擇權(American option)**。因為它可以在到期日之前隨時執行她買的權利。對比起來，**歐式選擇權(European option)**只能在它到期時間執行。55美元叫**執行價格(strike, or exercise, price)**。選擇權可以被執行的最後一天叫做**到期時間(expiration date)**。這樣的選擇權存在許多市場，芝加哥選擇權交易市場(CBOE)是最老和最大的。這類選擇權作為**買權(call option)**，因為那些購買者「買」100股。選擇權的賣方被叫做選擇權賣家。投資者持有股票「賣」出買權稱為**保護選擇權(covered options)**。如果他們沒有股票而賣出的選擇權被叫做**裸露選擇權(naked options)**。當執行價格超過目前的股票價格時，買權是**價外(out-of-the-money)**。當執行價格小於股票的時價時，稱**價內(in-the-money)**，如果相等，就叫價平。

你也能購買一個選擇權，有權利在未來一段時期內以一預定的價格賣股票，這稱**賣權(put option)**。例如，假定你認為GCC股票價格在未來4個月很可能下跌。在市場價格下降之後，賣權給你以一個固定的價格賣的權利。然後你就能在市場以更低的價格買股票，再以更高的固定價格賣出，賺得利潤。表8-1提供關於GCC選擇權的數據。5月到期賣權價值($218.75 = \$2\frac{3}{16} \times 100$)，那將給你一個以每股50美元的價格賣100股GCC的權利(50 美元是執行價格)，假定你買這份218.75美元的賣權合約，然後GCC的股票降到45美元。你在市場上先以45美元買股票，並執行賣權以50美元賣出。你的利潤將是$(\$50 - \$45)(100) = \$500$。減去選擇權成本218.75美元，你的利潤(在稅款和佣金之前)將是281.25美元。

表8-1列舉選擇權價目表的一個部分段落。Sport World 2月的55美元買權的售價是0.50美元。花$\$50 = (\$0.50 \times 100)$，你能買這個買權，那將給你一個權利，以每股55美元的價格在下月期間買100股Sport World股票。如果股票價格在那個時期低於55美元，你將損失50美元，但是如果漲起來到65美元，你的50美元在少於30天內投資將增值$(\$65 - \$55)(100) = \$1,000$。那是一個非常棒的年度化報酬率。如果股票價格確實上升，你實際上將不會執行你的選擇權並且買那些股票，你將賣出選擇權，這至少有1,000 美元以上的價值。

除了個別股票的選擇權之外，選擇權也在股票指數上，例如紐約證券交易所指數和標準普爾100指數上可提供。指數選擇權用於整個市場上下波動的避險(或投機賭注)。

表 8-1 │ 選擇權報價，2005年1月7日

		買權			賣權		
收盤價	履約價	2月	3月	5月	2月	3月	5月
General Computer Corporation (GCC)							
$53\frac{1}{2}$	50	$4\frac{1}{4}$	$4\frac{3}{4}$	$5\frac{1}{2}$	$\frac{5}{8}$	$1\frac{3}{8}$	$2\frac{3}{16}$
$53\frac{1}{2}$	55	$1\frac{5}{16}$	$2\frac{1}{16}$	$3\frac{1}{8}$	$2\frac{5}{8}$	r	$4\frac{1}{2}$
$53\frac{1}{2}$	60	$\frac{5}{16}$	$\frac{11}{16}$	$1\frac{1}{2}$	$6\frac{5}{8}$	r	8
U.S. Medical							
$56\frac{5}{8}$	55	$4\frac{1}{4}$	$5\frac{1}{8}$	7	$2\frac{1}{4}$	$3\frac{3}{4}$	r
Sport World							
$53\frac{1}{8}$	55	$\frac{1}{2}$	$1\frac{1}{8}$	r	$2\frac{1}{8}$	r	r

註：r 表示在1月7日沒交易。

選擇權交易是美國最熱門的財務活動之一。影響包含使得投機者以幾美元一夜致富。此外，有投資組合的投資者，能以持有的股票賣出選擇權，如果股票價格保持不變，就能賺取選擇權的價值。不過最重要就是選擇權能用來建立保護一支股票，或投資組合的價值的避險交易。

傳統的選擇權一般是6個月或更少，但是有一種選擇權稱為**長期權益預期證券(Long-term Equity AnticiPation Security, LEAPS)**。與傳統選擇權一樣，LEAPS被列在交易市場上且可提供個別股票和股價指數。主要的差別是LEAPS是長期的選擇權，最多2½年的到期。一年LEAPS的成本相當於3個月選擇權的兩倍，因為它們有長得多的到期時間，LEAPS為購買者提供更多的潛在獲利，並且更好的投資組合的長期保護。

選擇權目標股票的公司與選擇權市場無關。公司不在市場內籌款，也不做任何直接交易。而且選擇權持有者不投票選舉董事或得到股息。關於上市交易的選擇權使股票交易市場穩定還是不穩定，以及這項活動幫助還是妨礙了公司募集新資本，透過證交會和其他研究尚無定論，然而選擇權交易繼續留存，很多人認為這是最刺激的遊戲。

▶▶ 影響買權價值的因素

表8-1能提供一些對買權評價的了解。首先，我們看見至少有三個因素影響買權的價值：

1. 市場價格與執行價格的比。市場價格越高於執行價格，買權價格就越高。因此，Sport World的55美元2月買權售價0.50美元，而U.S. Medical的55美元2月選擇權售價4.25美元。這個差別是因為U.S. Medical目前股票價格56⅝美元比Sport World美元53⅛高。

2. 執行價格的水準。執行價格越高買權價格越低。因此，所有GCC的買權價格隨著執行價格增加逐漸下降。

3. 選擇權的長度。選擇權時期越長，選擇權價格越高。因為在到期之前有更長的時間，股票價格將高於執行價格的機會越大。因此，當到期時間被變長時，選擇權價格增加。

影響選擇權價值其他因素，特別是目標股票的不穩定性，在以下部分會討論。

▶▶ 執行價值與選擇權價格

我們定義買權的執行價格如下：

$$執行價值 = MAX\ [股票的現價 - 履約價格，0\ ]$$

執行價值(exercise value)是選擇權不管執行與否的價值。例如，如果一支股票售價50美元，你有一個選擇權20美元的執行價格。你只須支付20美元就擁有一支值50美元的股票。因此，如果你必須立即執行它，選擇權將值30美元。 最小執行價值是零，因為沒有人會執行一個價外選擇權。

圖8-1是關於Space Technology公司(STI)的一些數據，第3欄是STI的買權執行價值；第4欄為選擇權的實際市場價格；第5欄顯示它的實際選擇權價格大於執行價值的溢酬。

首先，當股票價格是零時，選擇權的市價是零。因為只有當公司沒有營運，股票價格才開始是零，選擇權將是沒有價值的。

其次，這些選擇權的市場價格總是大於執行價值。如果選擇權價格低於執行價值，你就能買那些選擇權和立即執行它得到無風險利潤。因為每個人將選擇權的價格抬高，直到它至少像執行價值一樣高。

第三，選擇權的市價比零大，即使當選擇權是價外時。例如，當股票價格只是10美元時，選擇權價格是2美元。因到期前和股票的不穩定性，股票價格仍有機會上升到20美元以上，因此選擇權有價值，即使它是價外。

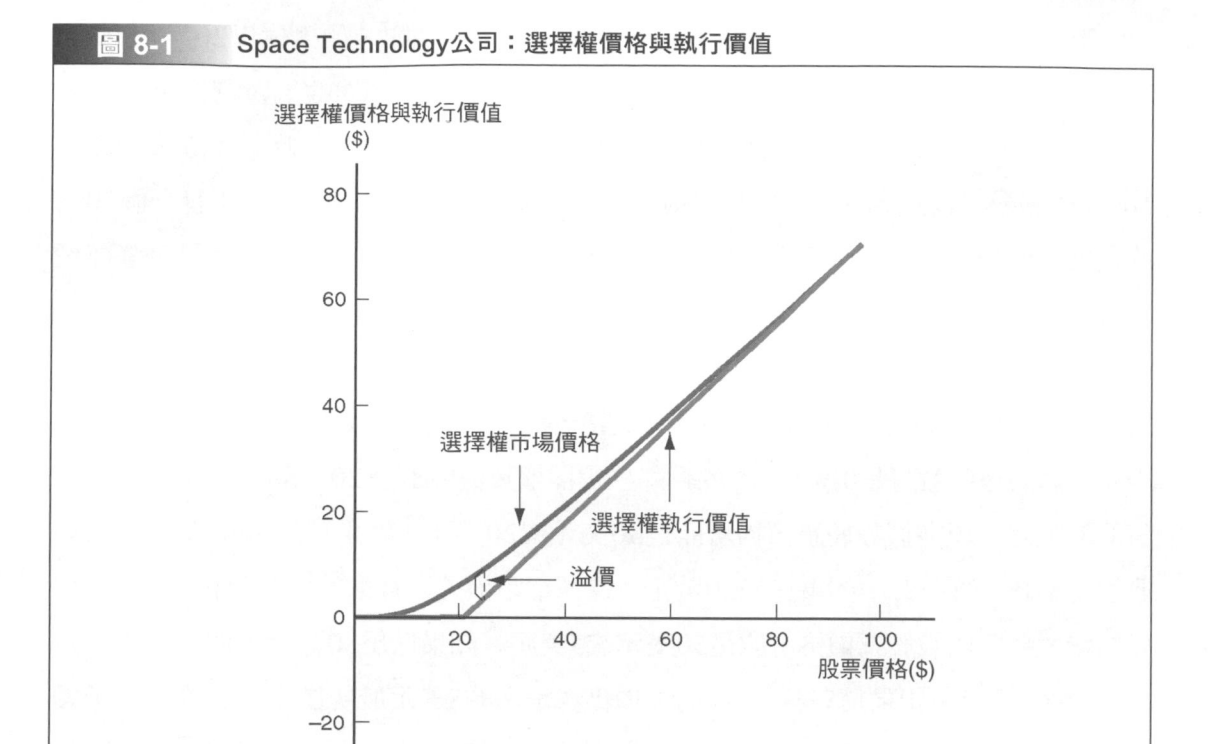

圖 8-1 Space Technology公司:選擇權價格與執行價值

股票價格 (1)	履約價格 (2)	選擇權執行價值 MAX【(1)−(2),0】=(3)	選擇權市場價值 (4)	溢價 (4)−(3)=(5)
$10.00	$20.00	$ 0.00	$ 2.00	$2.00
20.00	20.00	0.00	8.00	8.00
21.00	20.00	1.00	8.75	7.75
22.00	20.00	2.00	9.50	7.50
30.00	20.00	10.00	16.00	6.00
40.00	20.00	20.00	24.50	4.50
50.00	20.00	30.00	33.50	3.50
73.00	20.00	53.00	54.50	1.50
98.00	20.00	78.00	79.00	1.00

　　第四,圖8-1顯示隨著股票價格增加,選擇權的價值穩定增加。這應該不驚人,選擇權期望的價值跟著股票價格一起增加。但是當股票價格上升時,選擇權價格和執行價值開始會接近,引起溢價變得越來越小。因為如果股票價格非常高,股票變價外的機會幾乎是沒有。因此,持有選擇權看起來像擁有股票。雖然我們未顯示在圖8-1,接近到期時,選擇權的價格向執行價格接近。因為接近終期,沒有很多時間讓股票價格改變,因此市場價格曲線將非常接近於執行價值。

　　第五，與股票相比較，選擇權有更多的槓桿效果。例如，如果你以20美元買STI的股票並且賣30美元，你將有一個50%的報酬率。但是如果你改為買選擇權，它的價格將從8美元到16美元(當股票價格從20美元增加到30美元)。因此，在選擇權卻有100%的報酬。當然，這是一把雙刃劍：如果股票價格降到10美元，股票有一個50%的損失，但是選擇權價格將降到2美元，留給你一個75%的損失。換句話說，選擇權放大在股票上的報酬。

　　第六，選擇權通常有相當多上方獲利潛能但是限制下方危險。為了了解這點，假定當股票價格是20美元時，你花8美元買選擇權。如果選擇權到期時，股票價格是28美元，你的淨收益將是0美元：你執行那些選擇權獲得$28－$20＝$8，但是你原先投資的8 美元。現在假設股票價格可能是30美元或20美元。如果它是30美元，你的純收益是$10－$8＝$2。如果它是20美元，選擇權是價外，且你的損失是你投資的8美元的費用。又假設股票價格可能是50美元或5美元。如果它是50美元，你的純收益是$30－$8＝$22。如果是5美元，你的純損仍然是你的8美元最初投資。從這個例子顯示，來自選擇權的利損不對稱。你能失去的最多是8美元，這發生在到期時候的股票價格是20美元、10美元，或甚至是1美元。另一方面，股票價格高於20美元時，超過的美元將是多出的，超過28美元的每一美元都是一美元純利潤。

　　除了股票價格和執行價格之外，選擇權的價格取決於三個其他因素：(1)選擇權到期長短，(2)股票價格的變化性，和(3)無冒險利率。稍後我們將確切地解釋這些因素怎樣影響買權價格，但是現在，請注意下列三點：

1. 買權時間越長它的價值越大，溢價越大。如果一種選擇權在今天下午4點到期，沒有很多機會使股票價格大量上升，選擇權將是很小。另一方面，如果到期時間是一年後，股票價格上漲機會明顯地多，這就上拉選擇權的價值。

2. 一支極其不穩定的股票選擇權比穩定股票有較多價值。如果股票價格很少移動，在那些股票上很少上漲，因此，那些選擇權將不是很多。不過，如果股票非常不穩定，選擇權能容易變得非常有價值。同時，關於選擇權的損失有限——你能賺無限的數量，但是你最多只失去你支付的權利金。因此，股票價格一次大的下跌對選擇權持有者的壞影響沒有相應股票持有者。由於無限的上漲利益但是有限的下降損失，一支股票越不穩定，它的選擇權價值越高。

3. 選擇權未來將被執行，且買權價值部分取決於執行它的費用現值。如果利率是高的，要執行的費用現值是低的，這會增加選擇權的價值。

因為第1和2點，像圖8-1顯示選擇權期間越長，市場價格高於執行價格機會越高。與此類似，股票價格越波動，買權市場價格高於執行價格，機會也越高。當我們討論Black-Scholes模型，將確切地看見這些因素如何影響選擇權價值。

自我測驗

1. 什麼是選擇權？一個買權？一個賣權？
2. 定義買權執行價值。為什麼買權實際市場價格通常高於它的執行估價？
3. 影響買權價值的一些因素是什麼？

選擇權定價模型：二項式方法

　　全部的選擇權定價模型皆以**無風險避險(riskless hedge)**為基礎。這樣的一種避險交易的目的不是建立無風險證券，相反地，它是用於決定選擇權價值多少。假設一位投資者，我們叫她為避險交易者，買一些股份並且同時賣出股票的買權，我們的避險交易者結果：(1)從買權的買主接受權利金支付，和(2)如果被選擇權執行，她承擔一種滿足買主的義務。讓我們只集中於避險交易者的投資組合，包含股票和義務，如果股票價格漲起來，避險交易者將贏得在股票上的利潤。但是，選擇權持有者將執行選擇權，我們的避險交易者必須以執行價格(低於市場價格)把股份賣給選擇權持有者，那將降低我們避險交易者利潤。反之，如果股票下跌，我們避險交易者將在她股票投資上損失，但她不會損失選擇權義務。如果股票下跌很多，選擇權持有者將不執行選擇權，避險交易者將不欠什麼；如果股票稍微下跌，然後避險交易者仍然必須以一個低於市場的價格賣股票滿足選擇權持有者，買權市場價格將接近於執行價格，避險交易者損失較少。我們不久將展示避險交易者是可能建立無風險投資組合——不管股票價格做什麼變動，投資組合的價值將相同不變。

　　如果投資組合是無風險，為了平衡保持市場，那麼它的報酬一定等於無風險利率。如果與無風險利率相比較，投資組合提供一個更高的報酬率，套利者將買投資組合，在那些過程內，將使價格上升和報酬率下降。反之亦然，如果它提供少於無風險利率的話。知道了股票價格，它的不穩定性，執行價格，到期日，以及無風險利率，我們就能有一個選擇權價格滿足均衡狀態，也就是說投資組合將獲得無風險利率。

下列例子使用這種**二項式方法(binomial approach)**，因此命名是因為我們假設股票價格在每個時期末只能有兩個可能的價值。Western Cellular公司的股票，售價每股40美元。選擇權執行價格是35美元。這些選擇權在一年末將到期。這種二項式方法的步驟顯示如下。

步驟1：決定股票的可能期末價格。讓我們假設在年底可能有兩個價格，50美元或32美元。50美元有70%的機會，然後期望價格是0.7($50)＋0.3($32)＝$44.6。目前股票價格40美元，期望報酬是11.5%：($44.6－$40)/$ 40＝0.115＝11.5%。圖8-2 說明股票的可能價格路徑，且包含在下面解釋的附加訊息。

步驟2：找出到期價值的範圍。當選擇權到期時，Western Cellular的股票售價將是50美元或32美元，有$50－$32＝$18的範圍。如圖8-2中所示，如果股票是50美元，選擇權將支付15美元，因為這是高於執行價格的部分$35：$50－$35＝$15。如果股票價格是32美元，選擇權將什麼也沒支付，因為這是低於執行價格。選擇權支付的範圍是$15－$0＝$15。避險交易者的投資組合由股票和滿足選擇權持有者義務所組成，因此一年內投資組合的價值是股票價格減去選擇權支付。

步驟3：買足夠股票正好使股票的報酬範圍等於選擇權的報酬範圍。圖8-2顯示為股票與選擇權的範圍是18美元和15美元。要建造無風險投資組合，我們需要使股票的利潤正好補償選擇權的損失。如此我們須買$15/$18＝0.8333股，並且賣出一張買權(或買8,333股和賣10,000張選擇權)。這樣

圖 8-2 二項式方法

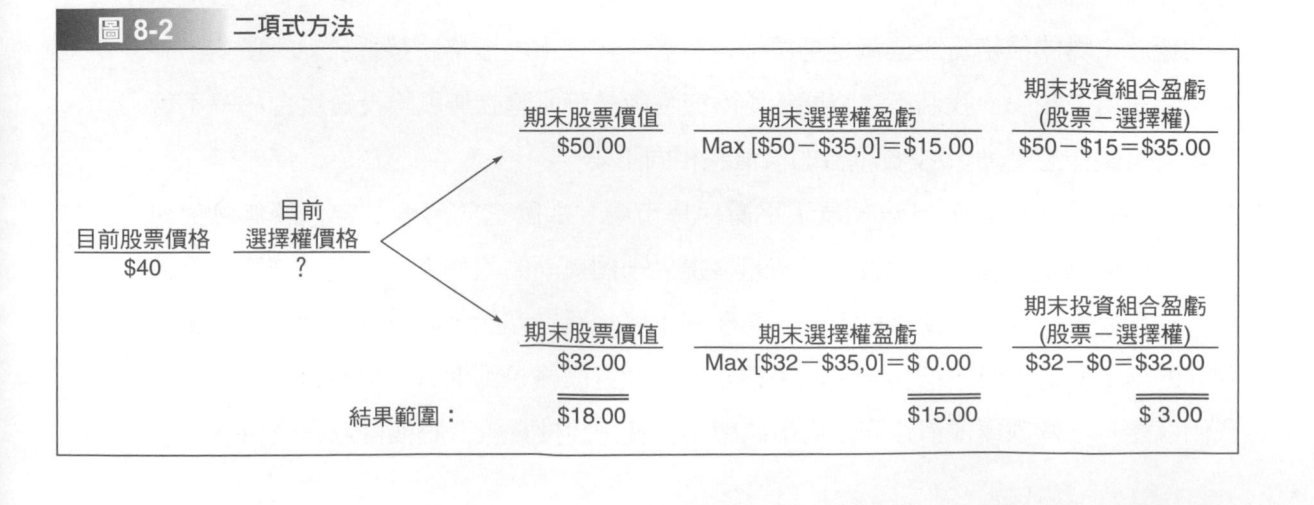

的話，在投資組合裡股票的現在價值是$40(0.8333)＝$33.33。在年底投資組合的股票價值將是兩者中的任一$50(0.8333)＝$41.67或$32(0.8333)＝$26.67。如圖8-3中所示，股票的結束價值的範圍現在是$41.67－$26.67＝$15。

步驟4： **建立無風險投資組合。** 如圖8-3中所示，我們透過買0.8333股股票並且賣一張買權，建立一個無風險投資組合。在投資組合方面的股票將有41.67美元或26.67美元的價值，取決於Western Cellular股票的期末價格。如果是32美元，被賣的買權將對投資組合的價值沒有影響，但是如果價格是50美元，選擇權的持有者將執行它，支付35美元的執行價格。選擇權持有者利潤＝選擇權賣家損失，選擇權將花費避險交易者15美元。現下注意，不管 Western Cellular的股票是否上升或下降，投資組合的價值都是26.67美元，因此投資組合是無風險。避險交易防止股票價格漲跌的風險。

步驟5： **找出買權的價格。** 創造無風險交易的買權公正，均衡價格是什麼？不管股票的期末價格是多少，投資組合的價值在年底將是26.67美元。這26.67美元是無風險，因此投資組合應該獲得無風險利率是8％。如果無風險利率每天複利，投資組合期末價值的現值是：

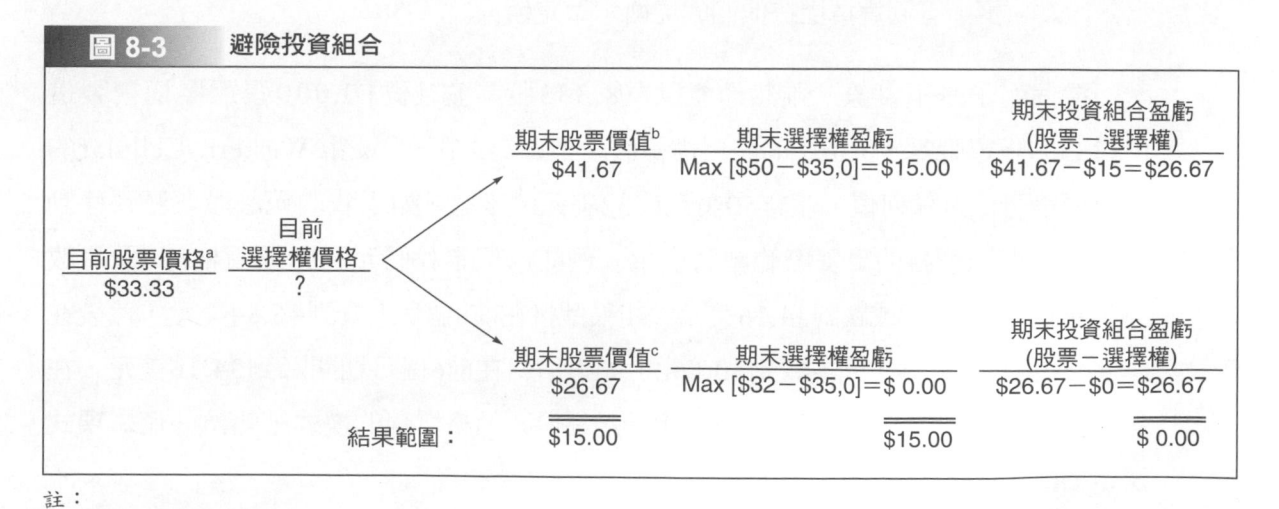

圖 8-3 避險投資組合

註：

[a]投資組合包含0.8333股的股票，每股$40，所以它的價格是0.8333($40)＝$33.33。

[b]期末股價是$50，所以價值是0.8333($50)＝$41.67。

[c]期末股價是$33，所以價值是0.8333($32)＝$26.67。

$$PV = \frac{\$26.67}{\left(1 + \dfrac{0.08}{365}\right)^{365}} = \$24.62$$

這表明投資組合的現值一定是保證它獲得無風險報酬率的24.62美元。投資組合的現值是等於股票的價值減去包括買權義務的價值。在買權被賣時，義務的價值等於選擇權的價格。因為Western Cellular的股票目前正售價40美元，且因為投資組合包含0.8333那部分，在投資組合方面的股票價值是0.8333($40)＝$33.33。什麼是選擇權價格：

投資組合的現值＝在投資組合的股票市價－現在選擇權價格

現在選擇權價格＝在投資組合的股票市價－投資組合的現值

＝$33.33－$24.62＝$8.71

如果這個選擇權被以比8.71美元高的價格賣出，其他投資者能像在上面描述的那樣建立無風險投資組合，並且賺得多於無風險利率。投資者(特別是大的投資銀行)將建立這樣的投資組合賣選擇權，直到它們的價格降到8.71美元，在那個點，市場將平衡。如果那些選擇權售價，相反地它少於8.71美元，投資者將創造一個「相反」的投資組合，透過買買權並賣空股票。導致買權價格上升到8.71美元。因此，投資者(或套利者)將在市場買賣，直到選擇權在他們的均衡水準定價。

這個例子是不實際。雖然你能以買8,333股票並且賣10,000張選擇權複製這0.8333的購買股票，例子中的股票價格假設不實際；在一年之後Western Cellular的股票價格可能是任何值，並非50美元或32美元。不過，如果我們允許股票漲跌移動更頻繁，期末價格的更實際範圍將產生。例如，假定我們允許股票價格每6個月改變，漲到46.84美元或跌到34.16美元。如果價格在前6個月上升到46.84美元，然後在年底將再漲到54.84美元或跌到40美元。如果價格在前6個月期間降到34.16美元，在年底它再漲到40美元或跌到29.17美元。這種股票價格變動的模式被叫做一個**二項式決策樹(binomial lattice)**，用圖8-4 顯示。

如果我們只集中在橢圓形裡面顯示的部分，這非常類似於我們剛剛在圖8-2和8-3解決的問題。我們能使用相同的求解步驟在6個月末找到選擇權的價值，假設已經知

道到6個月的股票價格是46.84美元。在6個月末選擇權的價值是13.21美元。把相同的方法用於圖8-4下面部分，在6個月結束時選擇權價值是2.83美元，假設已經知道到6個月的股票價格是34.16美元。這些價值畫在圖8-5。用圖8-5的數值和相同的方法，我們能計算選擇權現在價格是8.60美元。注意到透過解決三個二項式的問題，我們能找到目前的選擇權價格。

如果我們把一年分成更小的時期並且允許股票價格上或下更頻繁變動，決策樹將更實際的描繪股價變動的狀況。當然估計選擇權價格將需要解更多的二項式問題，但是每個問題都非常簡單，電腦能非常迅速解決它們。由於更多的結果，導致估計選擇權價格更準確。例如，如果我們把這一年分成10個時期，估價是8.38美元。增至100個時期，價格是8.41美元。即使1,000個時期，這仍然是8.41美元，顯示這個解決辦法有相對小的時期數量，解答將趨近於它的最後價值。實際上，當我們把一年分成更

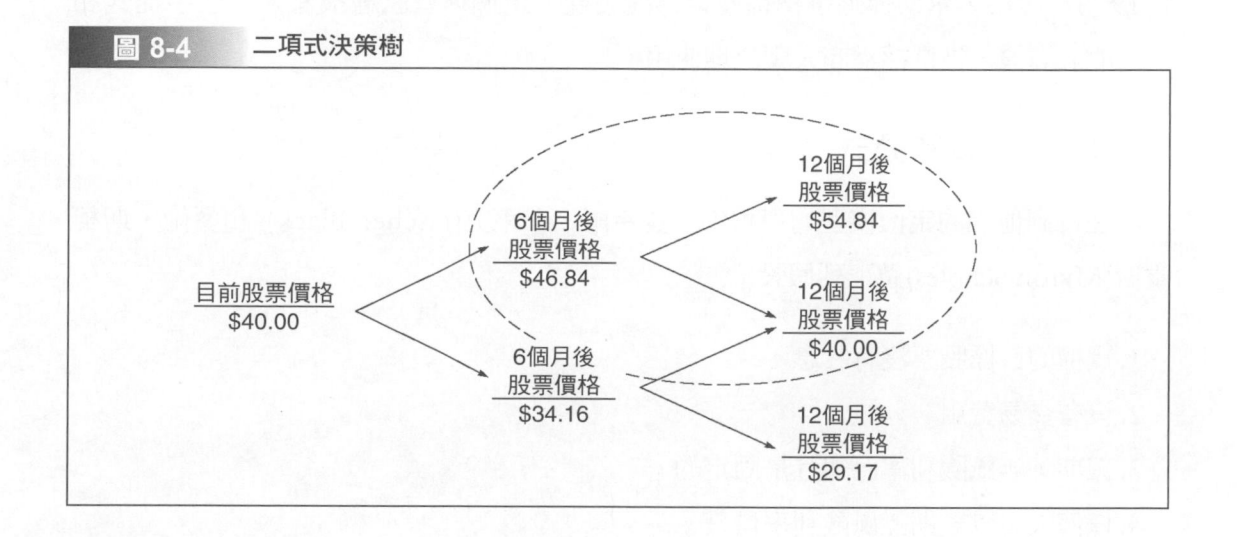

圖 8-4　　**二項式決策樹**

圖 8-5　　**6個月後的股票價格和選擇權價值**

小和極小(無限小)的時期時,這種二項式的解將趨近於Black-Scholes的解決辦法,我們將在下一節裡描述。

✎ **自我測驗**

1. 描述如何使用股票和選擇權建造無風險投資組合。
2. 這樣的一個投資組合能用來估計買權的價值嗎?

Black-Scholes選擇權定價模型

Black-Scholes選擇權定價模型(Black-Scholes Option Pricing Model (OPM)),在1973年發展,幫助促進選擇權交易迅速發展。這個模型已經被編入一些手提式和網上的計算機,被選擇權商人廣泛地使用。

▶▶ OPM 假設和公式

在得到他們的定價模型的過程中,費希爾・布萊克(Fischer Black) 和麥倫・斯柯爾斯(Myron Scholes)做下列假設:

1. 買權的目標股票沒有股息。
2. 沒有交易費用。
3. 短期,無風險利率已知且是固定的。
4. 任何人可以短期無風險利率借貸。
5. 賣空被允許,且賣空者將立即得到全部的現金。
6. 買權只可以在它的到期時間被執行。
7. 全部證券交易連續進行,且股票價格隨機移動。

Black-Scholes模型導出是根據無風險套利觀念,如同我們在上一部分裡提到的一樣。透過買一支股票且同時賣出買權,投資者能創造無風險投資部位,在那裡股票報酬正好補償選擇權上的損失。這個無風險套利組合必須贏得無風險利率的報酬率,否則將存在套利機會,利用這個機會的人們將驅動選擇權的價格,到像用Black-Scholes模型得到的均衡價格。

Black-Scholes模型由以下的三個公式組成：

$$V = P[N(d_1)] - Xe^{-r_{RF}t}[N(d_2)] \tag{8-1}$$

$$d_1 = \frac{\ln(P/X) + [r_{RF} + (\sigma^2/2)]t}{\sigma\sqrt{t}} \tag{8-2}$$

$$d_2 = d_1 - \sigma\sqrt{t} \tag{8-3}$$

其中

V = 買權的現在價值。

P = 標的股票的現在價格。

$N(d_i)$ = 在標準常態分配下，偏差值小於 d_i 的機率，如此，$N(d_1)$和$N(d_2)$代表一個標準常態分配函數下的區域面積。

X = 選擇權執行，或履約價格。

$e \approx 2.7183$。

r_{RF} = 無風險利率。

t = 選擇權到期前的時間(選擇權到期期間)。

$\ln(P/X)$ = P/X的自然對數。

σ^2 = 股票報酬率的變異數。

注意到選擇權的價值是一個我們討論過變數的函數：(1)P，股票價格；(2)t，選擇權到期的時間；(3)X，執行價格；(4)σ^2，目標股票的變化；(5)r_{RF}，無風險利率。我們不解釋Black-Scholes模型的推導細節出處——因為須用到極其錯綜複雜的數學技巧。不過，使用模型並不困難。如果選擇權價格不同於公式8-1會發現，這將提供給套利者機會，迫使選擇權價格回到模型所示的價格。Black-Scholes模型廣泛被交易商使用，真實的選擇權價格與模式的價值是頗合理地一致。

公式8-1第一項，P $[N(d_1)]$，可以認為是期末股票價格的期望現值，假使P＞X和選擇權將被執行的話。第2項，$Xe^{-r_{RF}t}$ $[N(d_2)]$，可以被認為是執行價格的現值，假使選擇權將被執行。讓我們代入一些變數的值，觀察如何影響選擇權的價值。

▶▶ 舉例說明OPM

假設下列訊息已經被獲得：

$P = \$20$

$X = \$20$

$t = 3$個月或0.25年

$r_{RF} = 6.4\% = 0.064$

$\sigma^2 = 0.16$注意如果$\sigma^2 = 0.16$，那麼$\sigma = \sqrt{0.16} = 0.4$

使用OPM解公式8-1、8-2、8-3。因為 d_1和d_2是公式8-1要求的輸入，我們先解公式8-2與8-3：

$$d_1 = \frac{\ln(\$20/\$20) + [0.064 + (0.16/2)](0.25)}{0.40(0.50)}$$

$$= \frac{0 + 0.036}{0.20} = 0.180$$

$$d_2 = d_1 - 0.4\sqrt{0.25} = 0.180 - 0.20 = -0.020$$

注意到$N(d_1)=N(0.180)$以及$N(d_2)=N(-0.020)$是指在一個標準常態分配下面代表區域。在附錄裡NORMSDIST表中，我們看見這價值$d_1 = 0.180$ 的機率區域是 $0.0714 + 0.5000 = 0.5714$，因此$N(d_1) = 0.5714$。因為d_2是負的，所以$N(d_2) = 0.500 - 0.0080 = 0.4920$。

我們用那些值解公式8-1：

$$V = \$20[N(d_1)] - \$20e^{-(0.064)(0.25)}[N(d_2)]$$

$$= \$20[N(0.180)] - \$20(0.9841)[N(-0.020)]$$

$$= \$20(0.5714) - \$19.68(0.4920)$$

$$= \$11.43 - \$9.69 = \$1.74$$

因此選擇權的價值是1.74美元。假定實際選擇權價格是2.25美元。套利者能同時賣選擇權，買目標股票，賺無風險利潤。這樣的交易將發生，直到選擇權的價格到1.74美元。如果選擇權售價低於1.74美元，相反交易將發生。因此投資者將不願意為選擇權支付超過1.74美元，因此1.74美元是選擇權的平衡值。

為了看出五個OPM因素怎樣影響選擇權的價值，在表8-2最上排是上面例子各變數的基礎輸入值，輸出V＝1.74美元。隨後各排內變化一個因素輸入值，其他四個保持不變時。買權的輸出值在最後一欄。現在讓我們考慮變化的影響：

1. 目前的股票價格。如果目前的股票價格，P，從20美元增加到25美元，選擇權估價從1.74美元增加到5.57美元，選擇權的價值隨股票價格增加而增加3.83美元，股票價格增加幅度不到5.00美元。不過注意到那增長百分數是($5.57－$1.74)/$1.74＝220％，超過股票價格的增長百分數，($25－$20)/$20＝25％。

2. 執行價格。如果執行價格，X，從20美元增加到25美元，選擇權的價值下降。再者，選擇權價值內的減少幅度不到執行價格增加幅度，但是在百分比變動，選擇權的($0.34－$1.74)/$ 1.74＝－78％，超過執行價格的($25－$20)/$ 20＝25％。

3. 選擇權時期。當到期的時間從3個月(或0.25 年)增加到 t＝6個月(或0.50 年)，選擇權的價值從1.74美元增加到2.54美元。這是因為選擇權的價值依靠目標股票價格增加的機會，且選擇權時期必須越長，股票價格才可以上升越高。因此，6個月的選擇權價值高於 3 個月的選擇權價值。

4. 無風險利率。當無風險利率從6.4％增加到9％時，選擇權的價值稍微地增加，從1.74美元到1.81美元。公式8-1，8-2與8-3顯示r_{RF}增加的主要效應將降低執行價格，$Xe^{-r_{RF}t}$目前的價值，因此增加選擇權價值。無風險利率也在標準常態的分配函數$N(d_1)$與$N(d_2)$起作用，但是這種影響不重要。的確，選擇權價格通常對利率不甚敏感。

表 8-2 | OPM輸入變數對買權價格的影響

| 狀況 | 輸入變數 | | | | | 輸出值 |
	P	X	t	r_{RF}	σ^2	V
基本狀況	$20	$20	0.25	6.4%	0.16	$1.74
P增加5	25	20	0.25	6.4	0.16	5.57
X增加5	20	25	0.25	6.4	0.16	0.34
t增加到6個月	20	20	0.50	6.4	0.16	2.54
r_{RF}增加到9%	20	20	0.25	9.0	0.16	1.81
σ^2增加到0.25	20	20	0.25	6.4	0.25	2.13

5. 變異數。當變化從0.16增加到0.25時，選擇權的價值從1.74美元增加到2.13美元。因此目標股票越危險，選擇權越有價值。這個結果是合乎邏輯的。首先，如果你購買一張買權，股票價格變異數＝0，股票上升機率是零的，因此在選擇權上賺錢的機率也是零。另一方面，如果你有一支高變化股票的買權，股票將有向上變動的更高可能性，因此你將在選擇權上獲得大的利益。當然一支高變化的股票可能向下變動，作為一個買權持有者，你的損失將侷限於支付選擇權的價格。換句話說，股票價格的增加幫助選擇權持有者多過股價下降傷害他們的程度，因此股價變化越大，選擇權的價值越大。這使危險股票的選擇權比安全，低變化股票的選擇權來得有價值。

Myron Scholes和Robert Merton獲得1997經濟學諾貝爾獎，如果Fischer Black仍然活著，他也是一名共同接受者。他們的工作被廣泛地用來解決財務問題，並非只有定價。的確，現代風險管理的整個領域主要是築基在他們的貢獻。雖然OPM只適用於到期才執行歐式選擇權，它也適用於在到期之前不支付任何股息的美式選擇權。

自我測驗

1. Black-Scholes 選擇權定價模型的目的是什麼？
2. 解釋什麼是「無風險套利」和怎樣的無風險套利概念如何使用於Black-Scholes 選擇權定價模型。
3. 描述一個買權的價值如何被下列因素變化所影響：
   (1)股票價格。
   (2)執行價格。
   (3)選擇權生命。
   (4)無風險利率。
   (5)股票價格變化，即股票風險。

賣權評價

賣權給持有人賣掉股票的權利，如果股票沒有支付股息且選擇權只能在它到期日期上執行，它的價值是多少？考慮兩個投資組合的付款，如表8-3中所示。第一個投

表 8-3 │ 投資組合盈虧

	到期股票價格	
	P < X	P ≥ X
賣權	X − P	0
股票	P	P
投資組合1	X	P
買權	0	P − X
現金	X	X
投資組合2	X	P

資組合由一個賣權和股票組成；第二個是有一個買權(有相同的執行價格和到期時間)以及一些現金，現金的數量等於執行價格的現值，在無風險利率連續複利的折現下，這是$Xe^{-r_{RF}t}$，這現金的到期價值將等於X。

當選擇權到期時，如果股票價格，P，低於執行價格，X，賣權的價值是X−P。因此，投資組合1的價值，等於X−P加P，就是X。對投資組合2來說，買權的價值是零(因為買權是價外)，加上現金的價值是X，等於X的總值。注意到如果股票價格低於執行價格，兩個投資組合有相同的付款。

如果股票價格比執行價格大呢？這樣的話，賣權是不值什麼的，因此投資組合的價值1等於股票價格P。買權價值＝P−X，加上現金值X，因此投資組合2的價值是P。因此，不管股票價格是高於執行價格還是低於執行價格，兩個投資組合的價值是相等的。

如果兩個投資組合有相同的付款，它們必須有相同的價值，這被稱為**買權賣權平價原則(put-call parity relationship)**：

$$賣權＋股票＝買權＋執行價格現值$$

如果V是買權的Black-Scholes價值，然後賣權的價值是：

$$賣權＝V−P+Xe^{-r_{RF}t} \tag{8-4}$$

例如，考慮以前部分內討論的股票賣權。如果有與買權相同的執行價格和到期時間，它的價格：

$$賣權 = \$ 1.74 - \$20 + \$20 \ e^{-0.0064(0.25)}$$
$$= \$ 1.74 - \$20 + \$19.68 = \$1.42$$

自我測驗

1. 什麼是買權賣權平價？

選擇權定價在公司理財上的應用

選擇權定價在公司財務裡有四個主要的地方使用：(1)專案評價和策略性決策的實質選擇權分析，(2)風險管理，(3)資本結構決策和(4)薪償計畫。

▶▶ 實質選擇權

假定一家公司有一張一年的專賣許可證，開發一個軟體供新一代無線手機使用。雇用程式員和完成銷售顧問計畫將花費3,000萬美元。好消息是如果消費者愛新手機，新軟體將有一個驚人的需求。壞消息是如果新手機的銷售是低的，軟體計畫將是一場災難。公司應該花費3,000萬美元並且開發軟體嗎？

因為公司有一張許可證，等待一年，在那時可能對市場需求有更好了解。如果，需求在一年內提高，然後公司就花費3,000萬美元並且開發軟體。如果需求是低的，它可以避免損失3,000萬美元的開發成本，僅僅讓許可證到期。注意到許可證與買權相似：給公司權利在明年以一個固定的價格(3,000萬美元)隨時買一項東西(在這個情況是新手機的軟體)。許可證給公司一種實質選擇權，因為目標資產(軟體)是實際的資產而並非財務資產。

實質選擇權有很多其他類型，包括選擇增加產能，擴展到新地區，介紹新產品，改變原料(例如氣體與油)，改變產品(例如產生轎車與休旅車)及放棄計畫。很多公司現在用類似本章裡描述的那些技術評價實質選擇權。

▶▶ 風險管理

假定公司計畫在6個月內發行4億美元債券，支付一項在建設中廠房的投資。如果利率保持在現時水準，此投資將是有利的。但是如果利率上升，它將是沒有利潤的。

為了防備比率上升，公司能購買一種國庫券賣權。如果利率上升，公司將「損失」，因為它的債券將帶一個高利率，但是此損失將由賣權的利得抵銷。相反地，如果利率下降，公司將新「獲利」因為發行較低利率的債券，但是它在賣權上有損失。透過購買賣權，公司可以避開由於利率改變造成的危險。

風險管理的另一個例子是：投標一個外國合約的一家公司。例如，假定得標，公司在9個月後將接受1,200萬歐元的支付。以一個每歐元1.04美元目前的匯率，計畫將是賺錢的。但是如果匯率降到每歐元0.80美元，計畫將是一個損失。為了避免匯率風險，公司能在歐元遠期契約裡作空頭交易，將允許它在9個月後以一個每歐元1.00美元的固定匯率把1,200萬歐元兌換成美元，保證一項賺錢的計畫。如果確定獲得那些合約將消除匯率危險。但是，如果那些公司失去合約，怎麼辦？它仍然有責任以每歐元1.00 美元的價格賣1,200萬歐元，那個可能是一個災難。例如，如果匯率上漲到每歐元1.25美元，公司必須花費1,500萬美元以一個1.25美元/歐元的價格購買1,200萬歐元，然後賣價值1,200萬美元的歐元＝(1.00美元/歐元)(1,200萬歐元)，一個300萬美元的損失。

為消除這個危險，公司也能購買一種貨幣買權，允許它以一個每歐元1.00美元固定的價格買1,200萬歐元。如果公司贏得投標，它將讓選擇權到期。但是如果公司投標失敗，它將執行買權，以每歐元1.00美元的比率購買1,200萬歐元。於是它將使用那些收入處理掉遠期契約。因此，如果它贏得投標，公司能鎖住將來的匯率。如果它失去投標，確實避免任何淨支出。這兩種情況總費用等於選擇權的成本。換句話說，選擇權的費用看起來像保證匯率的保險費。

風險管理有很多其他應用期貨契約和其他複雜衍生商品都有關，而不只是買權與賣權。不過，定價衍生商品的原則類似於這章定價選擇權的那些。因此財務選擇權和他們的評估技術在風險管理過程中扮演關鍵角色。

▶▶ 決定資本結構

負債和權益比率的決策十分重要。決定資本架構的一個有趣想法是基於選擇權定價原則。例如，有一家公司在1年後需要6,000萬美元支付負債。如果公司價值一年後是6,100萬美元，它能還清負債，留給股東100萬美元。如果公司的價值少於6,000萬美元，它可能破產並且向那些債權人移交它的資產，導致股東零的權益。換句話說，股東的權益價值與買權相似：持股人有權花6,000萬美元(是負債的票面價值)，在一

年後(當負債到期時)買公司資產。

假定公司的擁有人經理正考慮兩項計畫。一個幾乎沒有危險，它將產生5,900萬美元或6,100萬美元的資產價值。另一個有高的危險，它將產生2,000萬美元或1億美元的資產價值。注意到如果資產值少於6,000萬美元，權益價值為零，因此如果資產以2,000萬美元的5,900萬美元結束，那些股東將不再被傷害。另一方面，如資產值得1億美元而不是6,100萬美元，股東獲益更多。因此，擁有人經理有誘因選擇權危險計畫，此觀念與選擇權的價值一致，因為目標資產的危險上升，選擇權的價值也上升。債權人認出這情勢，他們在債券契約放進不得從事過分冒險投資的限制。

選擇權定價理論不僅幫助解釋為什麼經理可能想要選擇危險的計畫，以及債券持有人為什麼想要嚴格限制契約，但是選擇權也在資本結構產生直接作用。例如，一家公司可以選擇發行可轉換債券，這給債券持有人選擇權，把他們的負債兌換成股票，如果公司的價值結果比期望高。為交換這種選擇權，與非轉換債券比較，債券持有人願意收取一個更低的利率。因為擁有人經理必須與可轉換債券持有者分享財富，他們有較小的誘因採用高危險的計畫賭博。

▶▶ 薪償計畫

很多公司使用股票選擇權作為他們的薪償計畫的一部分。在把他們給予雇員之前，董事了解這些選擇權的價值真的很重要。如果FASB會計準則的2004提案：將股票選擇權費用化被實現，這很可能成為一個更重要的問題。

自我測驗

1. 描述選擇權定價用於公司財務裡的四種模式。

總結

本章討論選擇權定價包含如下：

- 財務選擇權權是：(1)被交易市場建立而不是公司，(2)主要被投資者買賣，和(3)對投資者和財務經理具有重要性。
- 兩類主要的財務選擇權是：(1)買權，持有者有權利購買指定價格的資產(那些執行，或執行，價格)於規定的時期內，和(2)賣權，這給持有者以一個規定的價格賣資產於規定的時期的權利。
- 買權執行價值是零或股票現價減執行價格差的最大者。
- Black-Scholes選擇權定價模型(OPM)能用來估計一種買權的價值。
- 對Black-Scholes模型的五個變數是：(1)P，目前的股票價格；(2)X，執行價格；(3)r_{RF}，無風險利率；(4)t，剩餘時間直到到期；(5)σ^2，股票報酬率的變化。
- 買權價值增加，如果：P增加，X減少，r_{RF}增加，t增加，或σ^2增加。
- 買權賣權平價原則：賣權價格＋股票價格＝買權價格＋執行價現值。

問題

(8-1) 定義以下名詞：

    a. 選擇權；買權；賣權

    b. 執行價值；執行價格

    c. Black-Scholes選擇權定價模型

(8-2) 與它們的執行價相比，為什麼選擇權以更高價格賣出？

(8-3) 描述對每個下列因素的增加引起的一個買權價格的影響：(1)股票價格，(2)執行價格，(3)到期時間，(4)無風險利率，和(5)股票報酬的變異數。

自我測驗

(ST-1) Bedrock Boulders股票的買權有一個7美元的市場價格。股票售價每股30美元，選擇權有25美元的執行價格。

　　　a. 買權的執行價值是多少？

　　　b. 選擇權溢酬是多少？

(ST-2) 下列事件中哪個很可能影響一支股票買權的市價？請解釋。

　　　a. 股票價格的增加。

　　　b. 股票價格的不穩定性的增加。

　　　c. 無風險利率的增加。

　　　d. 選擇權到期時間減少。

習題

(8-1) 假設你已經給Purcell Industry的下列訊息：

目前的股票價格＝15美元	選擇權的執行價格＝15美元
選擇權至到期日＝6個月	無風險利率＝6%
股票報酬變異數＝0.12	d_1＝0.24495
d_2＝0.00000	$N(d_1)$＝0.59675
$N(d_2)$＝0.50000	

　　　使用Black-Scholes選擇權定價模型，選擇權的價值將是多少？

(8-2) Flanagan公司股票的一支選擇權執行價格是15美元，它的執行價值是22美元，它的溢酬是5美元。選擇權的市價和股票的價格是多少？

(8-3) 使用Black-Scholes OPM算出一種買權價值，用下列輸入值：(1)目前的股票價格是30美元，(2)執行價格是35美元，(3)到期的時間是4個月，(4)年度化的無風險利率是5%，和(5)股票報酬變異數是0.25。

(8-4) 一支股票的現在價格是20美元。在1年後，價格將是26美元或16美元。年無風險利率是5%。有21美元執行價格的股票買權價格是多少？1年到期。

(暗示：使用每天複利)

(8-5) 一支股票的時價是15美元。在6個月後，價格將是18美元或13美元。年無風險利率是6%。14 美元執行價格的股票買權的價格，在6個月內到期。

(暗示：使用每天複利)

(8-6) 一支股票的時價是33 美元，年無風險利率是6%。一執行價格32美元買權，1年後到期有6.56美元的現價。相同執行價格和到期時間的賣權價值是多少？

Mini Case

　　偉軒對台股指數選擇權很有興趣，它是以臺灣加權股價指數為標的資產的歐式選擇權，最近(8/28)實地進場交易，他看好市場會上漲(目前指數是8,500點)，所以買了10口9,000點的買權(9/12日到期)，每口權利金100點，每點50元，請幫他回答下列問題：

1. 不考慮交易成本，它的成本支出(買權權利金)是多少？
2. 請畫出一口買權的到期時可能結算的盈虧價值圖，最低是多少？最高是多少？
3. 不考慮交易成本，到期結算時，台股指數必須是多少，偉軒才能不賠錢？
4. 如果他整理資料得知無風險利率是3%，指數波動率是30%，現行指數是8,500點，履約指數是9,000點，到期時間是半個月 (1/24年)，利用OPM模式計算此買權的理論價格為多少？
5. 請問理論價格與實際價格是否一樣？請評論其結果。

Note

第三部分
計畫與它們的評價

第9章

資金成本

本章介紹公司資金成本的構成要素：股票、債券與特別股等，討論它們個別的成本如何決定，以及合起來計算公司整體的加權平均資金成本。

大部分重要的營運決策都需要資金，例如，當Daimler-Benz決定產出Mercedes ML 320，並在美國阿拉巴馬州建造工廠來生產，Daimler必須估計它的投資報酬率可以用來填補資金的必要成本。假如投資報酬率大於資金成本，Daimler不用懷疑地會去執行這個專案，就像Microsoft決定生產Windows XP也必須經過這樣的決策。

合併與購併通常需要巨額的資金，例如Vodafone Group，英國一家巨大的電信公司，在1999年花了近600億美元來併購 AirTouch Communications一家美國通訊公司，結果這家公司以1.240億美元被德國一家公司Mannesmann所收購，Vodafone估計這個購併所造成的增額現金流量，並利用資金成本來折現這些現金流量，結果價值遠比目標市場價值還要來的高，所以Vodafone選擇執行購併。

最近調查的證據顯示，指出將近一半的大公司在營運專案上會利用第三章所提到EVA經濟附加價值的觀念，EVA是描述稅後淨盈餘跟資金成本的差，資金成本是資金成本率並乘上投資的資金金額，所以資金成本是營運專案上的一個重要性成分。

資金成本也是一家公司選擇負債或權益來融資的考慮因素，如上面例子所言，資金成本是營運決策上的一個關鍵要素。

加權平均資金成本意義

到底什麼是資金成本與加權平均資金成本的正確意義呢？開始前，注意一家公司完全用普通股來融資這是可能的，然而大部分的公司使用幾種方式來融資，稱為**資金構成要素(capital components)**：普通股、特別股跟負債是最常用的融資類型。所有資金要素都有一個共通的特性，那就是投資者在他們的投資金額上都要求一定的報酬率。

如果一家公司的投資者皆是普通股股東，那資金成本就會是權益的必要報酬率，然而，大部分的公司取源各式不同的資金，以至於可以分散風險，當然這些資金有各自所要求的報酬。來自各個資金成分的必要報酬率稱為**成分資金(component cost)**，而資金成本用來分析資金預算的決策必須是加權來自於各種類型的成分資金，我們稱這種加權平均為**加權平均資金成本(weighted average cost of capital, WACC)**。

大部分公司會設一定的目標比例來融資於各式各樣的資金來源。例如：National Computer Corporation(NCC)計畫行成30％的負債，10％的特別股以及60％的普通股的資金成本，稱為**目標資金結構(target capital structure)**，我們在第十四章對如何制定目標資金結構會有詳細討論。但現在，NCC的資金結構已經先給定了。接下來要討論的是每一個成分資金更詳細的內容，且示範如何計算加權平均資金成本。

自我測驗

1. 三個主要的資金構成要素是什麼？
2. 什麼是成分資金？
3. 什麼是目標資金結構？

負債成本，$r_d(1-T)$

決定負債成本的第一個步驟就是決定負債持有人的必要報酬率r_d。雖然估計r_d在觀念上是很直覺的，可是在實務上卻會產生一些問題，公司通常同時擁有固定跟浮動利率的負債、直接跟可轉換的負債、有償債基金跟沒有的負債，每一個負債都有不同

的成本。

財務經理人在計畫期間都確切的知道其負債資金的來源、種類與數量是不太可能的，負債的類型跟種類會隨著特定的資產融資和資金市場的情況而變化，即使如此，財務經理人必須知道公司所擁有的負債類型。例如：NCC發行商業本票來做為工作資金的短期資金需求，發行了30年期的公司債券來融資長期資金，以因應它的資金預算決策。然而WACC是用來決定資金預算決策的，所以NCC財務主管在WACC中採用30年期的負債成本來計算。

假定2006年1月，NCC的財務主管估計接下來一年的WACC，他如何估計負債成分的成本，大部分財務經理人會開始跟投資他們的銀行討論目前跟預期未來利率水準。假定現在NCC的銀行發行30年11%票面利率、不可贖回、半年付息一次面額為1,000美元的債券，因此r_d就是11%。

11%是新的、邊際的、負債(new, or marginal, debt)成本，它也許跟NCC先前所發行的負債有所不同，那些被稱為**歷史的、嵌進的負債成本(historical, or embedded, rate)**。嵌進的成本對某些決策而言是很重要的。例如：所有來自過去或現在仍然流通在外的資金的平均成本，仍然是管理者認為大眾可以接受的報酬依據。在財務管理中WACC主要是用來評估資金預算決策，而資金預算決策主要決定因素來自於它未來所產生的報酬以及新的、邊際的資金成本。因此為了更精準的衡量，相關的成本應該是為了這個計畫或專案所產生的邊際的、新的負債成本。

試想NCC之前已經發行過負債了，而且它的債券仍然在市場上交易流通，我們可以選用市場上債券的價格來尋找它們的到期收益率(或是贖回收益率如果債券提早贖回的話)，這個收益率可以認為是目前負債持有人願意且期望的預期報酬率，也是r_d的一個好的衡量方法。

假如NCC沒有公開交易的負債，則可以尋找市場上相似公司的負債成本，這提供一個合理的r_d估計。

負債持有人的必要報酬率，r_d，跟公司的負債成本是不同的，因為利息支付在政府規定之下是可以抵減的。因此公司的負債成本是低於負債持有人的必要報酬率。

稅後負債成本(after-tax cost of debt)，$r_d(1-T)$，被用來估計加權平均資金成本，是它的負債利率r_d，減掉它的抵稅率，這會是r_d乘以一個$(1-T)$，其中T是公司的邊際稅率。

$$稅後的負債成分成本 = 利率 - 抵稅率$$
$$= r_d - r_dT$$
$$= r_d(1-T)$$

(9-1)

因此，假如NCC可以以11%來借款，且假設它的邊際稅率為40%，因此它的稅後負債成本即是6.6%

$$r_d(1-T) = 11\%(1.0-0.4)$$
$$= 11\%(0.6)$$
$$= 6.6\%$$

發行成本對大部分的債券發行者通常是很小的，所以大部分分析者在估計負債成本時會省略考慮，往後的章節會討論到如何把發行成本給考慮進去。

自我測驗

1. 為什麼估計加權平均資金成本時，稅後的負債成本會比稅前的負債成本來的正確？
2. 適當的負債成本會是已經發行流通在外的負債或是新的負債？為什麼？

特別股成本，r_{ps}

有一部分的公司，包括NCC在內，使用特別股來作為融資來源，特別股的股利並非可以抵稅，所以公司承受特別股所有的成本。當計算特別股的成本時沒有稅後調整，值得注意的是特別股的發行往往沒有確定的到期日，今天大部分的特別股有償債基金有效限制特別股的期間。最後，雖然支付特別股股利並非強制的，公司仍然有很多目的必須這麼做，因為如不強制發放：(1)他們就不能支付普通股股利，(2)他們會發現從資金市場獲得額外的資金是相對困難的，(3)在某些例子特別股股東是會控制公司的經營權。

特別股成分成本(component cost of preferred stock)，r_{ps}，是用特別股股利，r_{ps}，除以淨發行價格，r_{ps}，淨發行價格是公司收到且已經扣除發行成本的價格。

$$特別股成分成本 = r_{ps} = \frac{D_{ps}}{P_n} \tag{9-2}$$

特別股發行成本通常比負債發行成本還要高，所以發行成本通常會列入計算特別股成分成本公式裡面。

如果有發行成本我們舉例說明怎麼計算，假定NCC有特別股且支付股利為10美元，且以100美元售出，假如NCC發行新的特別股股份，它必須支付2.5%的承銷費用(發行成本)，或是支付一股2.5美元，所以它的淨發行價格為一股97.5美元，因此，NCC的特別股成本為10.3%。

$$r_{ps} = \$10 / \$97.50 = 10.3\%$$

自我測驗

1. 特別股成分成本有無包括發行成本？請解釋。
2. 為什麼特別股成本沒有稅後調整？

普通股成本，r_s

公司可以增加普通股資金，經由兩個方法(1)直接的，發行新股，(2)間接的，從保留盈餘轉入。假如發行新股，公司必須要以多少的報酬率來滿足新的股東持有者，在第五章中的r_s，說明新投資者的必要報酬。一家公司必須以比r_s更多的報酬來支應額外增加的新普通股資金，因為發行這些新股還有佣金和手續費，通稱發行成本。

很少成熟的公司會發行新股，事實上比2%還少的新公司資金是來自外部的權益市場，這有三個理由：

1. 發行成本會相當地高，在本章的後面會詳述。
2. 投資者會發現發行新股是一個不好的訊號，意味著相對高的公司股價，投資者相信管理當局通常掌握較多關於公司未來的發展或方針的資訊，而且管理者通常會在目前股價比實際價值還要高時發行新股，因此這意味著只要公司宣布發行新股，公司股價就會跌。

3.增加股票的供給會給股價壓力，會讓公司出售股票比發行價格宣稱時還低的價格。

所以，我們假定公司在上面的例子不計畫發行新股。

那麼增加權益資金藉由保留盈餘需要成本嗎？答案是確定的，假如有些盈餘保留下來，那麼股東持有者就擁有**機會成本(opportunity cost)**，這些盈餘可以用來支付股利或是用來買回流通在外的股票，股東持有者也可以再投資其他地方。所以公司利用保留盈餘所獲得的報酬，至少必須比股東持有者自己選擇在相同風險下可以獲得的報酬還多。

股東持有者預期在相同的風險下可以獲得多少的報酬？答案是，因為他們預期藉由買一家公司的股票或相似公司獲得報酬，所以是普通股的資金成本。經由內部在投資盈餘所產生的。假如一家公司不能在投資盈餘上獲利少，那麼把盈餘分配給股東讓股東自己投資可以獲得的報酬。

負債跟特別股都是契約上的義務，所以可以很容易的估計它們的成本，但是普通股則不是，估計r_s就相對有難度了。然而我們可以利用在第五章跟第七章所描述的方法來估計合理的r_s，三個典型的方法有：(1)CAPM法，(2)現金流量折現法，(3)負債風險溢酬法。這些方法並不完全互斥，沒有任何方法勝過另一個方法，而且所有的方法在實務上都有誤差存在，因此，我們面臨怎麼估計普通股成本的任務。我們利用這三個方法，並從中選擇，根據我們的資料來選擇會具可信度的。

自我測驗

1. 權益資金有哪兩個來源？
2. 為什麼大部分已發行的公司不發行新普通股來融資？
3. 解釋為什麼使用保留盈餘會有成本，為什麼保留盈餘不是免費的成本？

CAPM法

在第五章已經討論過利用資本資產定價模型(CAPM)法來評估普通股成本，我們列舉步驟如下：

步驟 1： 估計無風險利率，r_{RF}。

步驟 2： 估計現行的風險溢酬，RP_M，是預期市場報酬減掉無風險報酬所獲得的。

步驟 3： 估計股票的 β 係數，並當它為一個股票的風險指標，其中 i 是指第 i 家公司的 β 係數。

步驟 4： 利用CAPM公式來計算股票的必要報酬率，如下：

$$r_s = r_{RF} + (RP_M)b_i \qquad \text{(9-3)}$$

公式9-3展示CAPM估計r_s，是無風險報酬加上市場風險溢酬乘以公司的風險指標β係數，下面詳述如何執行這四個步驟。

▶▶ 估計無風險利率

CAPM一開始就是要估計無風險利率r_{RF}，在美國經濟上並沒有真的這樣資產存在，國庫券是實質上沒有違約風險，但是非指數的長期債券可以承受因利率變動而造成的損失，一籃子的短期票券提供變動較大的盈餘流量，因為票券的報酬總是隨著時間改變。

如果在實務上找不到無風險利率，那我們要使用什麼樣的利率在CAPM上？最近的調查中有三分之二的公司使用長期國家債券利率來當作無風險利率，我們支持這樣的選擇，理由如下：

1. 普通股是長期證券，雖然有些股東並不長期投資，但大部分的股東仍然是長期持有，因此股票報酬包括長期的通貨膨脹預期是合理的，這反映在長期國家債券上，而短期國庫券則不是。

2. 短期國庫券利率比長期國家債券變異性要大，而且許多專家認為甚至大於 r_s。

3. 在理論上，CAPM是用來估計某個期間的預期報酬，當它用來估計某專案的權益成本，理論上持有期間為整個專案的期間，大部分專案都是長期的，所以CAPM也必須是長期的，其中無風險利率用長期的國家債券相對也合乎邏輯。

進一步討論，我們相信普通股成本跟國家債券的相關性比短期國庫券還高，這讓我們偏好選擇長期國家債券來作為無風險利率，在CAPM中。長期國家債券利率可以從《華爾街日報》或是《聯邦儲備公報》中取得，一般而言，我們採用10年期的國家

債券來作為無風險利率。

▶▶ 估計市場風險溢酬

市場風險溢酬，RP_M，是預期的市場報酬減掉其無風險利率，也稱為**權益的風險溢酬(equity risk premium)**，或**權益溢酬(equity premium)**，這是由於投資者趨避風險的原因，大部分的投資者都是風險趨避者，它們要求較高的報酬來投資於風險相對負債較高的權益資金，這些溢酬可藉由兩個方法：(1)歷史資料法，(2)前瞻法。

歷史風險溢酬 美國證券的歷史風險溢酬每年更新，由Ibbotson Associates所提供。它們的研究包括股票、票券、債券還有公司債，從1926年到最近年度所有的歷史資料。Ibbotson計算每一個證券的實質報酬，並且定義歷史市場風險溢酬是股票實質報酬減掉長期國家債券實質報酬。Ibbotson最近的研究顯示，利用算術平均數算出來的市場風險溢酬約 6.6%，利用幾何平均數所算出來約 5%。假如投資者風險趨避在這段期間是固定的，那麼算術平均所算出來的會是下一年市場風險溢酬好的估計值，而幾何平均算出來的會是長期的市場風險溢酬，如接下來的20年。

多年來，學術研究跟公司分析者使用Ibbotson歷史風險溢酬來估計目前權益風險溢酬，在這個假設下風險溢酬不隨著時間而改變。這個方法在2000、2001、2002年也不適用，那幾年的債券報酬比股票報酬還要高，這樣會造成負的風險溢酬，會降低歷史的平均風險溢酬。然而大部分的學者認為風險溢酬在2000-2002年間實際上是增加的，而且這些增加造成這幾年股價的跌幅，高的風險溢酬導致高的權益資金成本，低的股價，進而低的股票報酬率。這表示目前的風險溢酬增加會導致歷史平均的風險溢酬減少，所以投資者越高的風險趨避將導致Ibbotson中的歷史風險溢酬降低，這跟實情不符。所以許多專家相信，假如風險趨避程度隨著時間而一直改變，那無疑是對使用歷史風險溢酬的人潑一盆冷水。

前瞻式風險溢酬 另一個選擇是估計前瞻的，事前的風險溢酬。大部分最常用的方法是使用現金流量折現法來估計預期的市場報酬，然後計算，這個過程認為市場是均衡的，所以預期市場報酬會跟實際市場報酬相符，所以我們估計同等於估計，我們也用下列方式估計：

$$預期報酬率 = \hat{r}_M = \frac{D_1}{P_0} + g = r_{RF} + RP_M = r_M = 必要報酬率$$

換句話說，市場的必要報酬率會是所有預期股利率加上預期成長率，其中D_1/P_0可以

利用目前股利跟預期成長率＝D_1/P_0＝$D_0(1+g)/P_0$，所以要估計市場必要報酬率，你需要的只是估計目前的股利率跟預期的股利成長率，許多資料來源會有市場上股利率的資料，由普爾500所計算，例如：Yahoo！估計普爾500目前有1.98％的股利率。

　　獲得預期的股利成長率估計值是相對困難的，我們需要的只是邊際投資者在投資組合股票中預期獲得的實際長期股利成長率，我們無法認定邊際投資者，也不可能直接去估計恰當的成長率。面對受限的資料，分析者通常藉由兩種方法估計成長率，(1)歷史的股利成長率，(2)分析者預期的盈餘成長率可以約略當作預期的股利成長率。

　　例如，Yahoo!報告說普爾500在過去五年內每年的股利成長率約7.09％，利用目前股利率為1.98％來估計市場報酬。

$$r_M = \left[\frac{D_0}{P_0} (1 + g) \right] + g$$
$$= [0.0198 (1 + 0.0709)] + 0.0709$$
$$= 0.0921 = 9.21\%$$

　　假定現今的長期公債殖利率為4.4％，則估計的前瞻式風險溢酬大約為 9.21％ －4.4％＝4.81％，問題相似於遇到歷史風險溢酬，沒有令人信服的理由相信投資者預期未來成長率會跟過去成長率一致，而過去的成長率是非常敏感已經衡量的成長率。另外許多公司支付較少的股利，但是贖回流通在外的股票當作給投資者一個自由現金流量，我們在第十五章會有更詳細的討論，但隱含的就是歷史的股利成長率，並不真實地反映投資者現金分配。

　　第二個方法就是利用分析師或專家的預估來估計預期的股利成長率，不幸地，這樣的方法也有問題：(1)分析師通常分析盈餘成長率，並非股利成長率，通常不會分析超過五年的期間，(2)投資銀行工作的分析師正確性在近幾年備受質疑，在*Value Line*的分析也許還比在大投資銀行工作的分析師來的具有參考價值，(3)不一樣的分析師有不一樣的意見，也因此有不一樣的股利成長率。

　　Yahoo！估計普爾500在未來五年的預期盈餘成長率有10.76％，利用現金的股利率1.98％，估計的市場風險溢酬為：

$$r_M = \left[\frac{D_0}{P_0} (1 + g) \right] + g$$
$$= [0.0198 (1 + 0.1076)] + 0.1076$$
$$= 0.1295 = 12.95\%$$

在給定長期公債殖利率為4.4%之下，前瞻式的市場風險溢酬為12.95%－4.4%＝8.55%，這跟先前利用歷史股利成長率來估計有相當大的差異。

有些學術機構最近提議較低的市場風險溢酬，Eugene Fama跟Kenneth French估計盈餘跟股利成長率在1951年到2000年期間，發現前瞻式的市場風險溢酬只有2.55%，Jay Ritter認為前瞻式的市場風險溢酬須包括預期的通貨膨脹，甚至更低，將近1%。

我們對市場風險溢酬的觀點　在經由上述的討論後，你一定會對於估計正確的市場風險溢酬感到困惱，畢竟不一樣的方法會有不一樣的結果。我們的意見是，風險溢酬是取決於投資者對風險的態度，而且有很好的理由解釋現在的投資者跟50年前比起來比較沒風險趨避，退休計畫的到來跟社會政策、健康保險等皆說明現在的投資者有更多的投資機會，這會讓他們更不具風險趨避。許多家庭有較多的收入，也讓投資者有更多的機會去投資。最後，Ibbotson所估計的歷史平均市場報酬可能因為殘存的誤差而導致過高，將所有原因統整起來，我們認為2005年的真實風險溢酬是比長期歷史平均還要低。

但是有多低？我們認為風險溢酬大約5%，但我們也跟認為風險溢酬是介於3.5%~6.5%的人爭論很久，我們相信投資者的風險趨避是相對穩定但每年都不相同。當市場價值相對高的時候，投資者會感覺比較不具風險趨避，所以我們採用3.5%來當作風險溢酬。反之，當市場價格相對較低的時候，我們採用6.5%，沒有方法證明哪一個風險溢酬是對或錯，但我們對於所估計的風險溢酬若低於3.5%或高於6.5%是需要懷疑的。

▸▸ 估計β係數

回憶第五章中β係數是由回歸的斜率係數項所估計的，其中y軸是股票的報酬率，x軸是市場報酬率。結果產生的β係數是一種歷史的β係數，因為它是由歷史資料估計出來的，雖然估計在觀念上相當直觀，然而在實際估計是相當複雜的。

第一，沒有正確的理論顯示估計的期間應該是以多少為準，公司報酬可以是日報酬、週或月報酬等，結果估計出來的β係數都不一樣。β係數在回歸裡面對樣本數是相當敏感。如果樣本數太少，回歸就缺乏統計力量，但如果樣本數太多，真實的β係數就有可能在樣本期間內改變。實務上，比較常使用的是四到五年的月報酬率，或是一到二年的週報酬率。

第二，市場報酬。理論上應該反應所有資產，包括由學生所產生的人力資金等。實務上，我們通常採用股票指數來當作市場報酬，例如普爾500、NYSE Composite、Wilshire 5000。即使如此，這些股價指數雖然有很高的相關性，利用這些指數所做的回歸 β 係數還是因指數不同而有差異。

第三，有些機構修正估計歷史β係數來讓β係數更接近於實際上的β係數，實際的β係數反應邊際投資者對風險的看法，其中一項修正稱為調整β係數(adjusted beta)。試圖利用可能的統計偏差來調整歷史的β係數，讓其平均更接近於1。另一個修正稱為基本的β係數(fundamental beta)，結合關於公司的資訊，例如產品線的改變與資金結構的改變。

第四，即使對一家公司估計的最佳β係數，在統計上仍然是不精確的。平均公司的β係數為1，但是95%信賴區間為0.6到1.4。例如，如果你回歸所估計的β係數為1，你可以有95%確信你的真實β係數範圍介於0.6到1.4之間。

這些情況是用於美國或其他財務市場相對穩定且良好發展的國家，而且有資料可以取得。如果是在財務發展較不佳的國家，所估計的β係數就更不確定了。

當我們估計跨國公司的β係數時就更複雜，尤其是那些權益資金來自各地方的公司，我們會對於母國所估計的β係數較具信心，但對於其他地方所估計的β係數就相對缺乏。如此問題就產生，正確的估計β係數相對困難，當然越正確的估計，也會具較高的信心。

▸▸ CAPM法範例

利用CAPM法來估計NCC，假定$r_{RF} = 8\%$，$RP_M = 6\%$，還有$b_i = 1.1$，NCC是比平均還具風險的，所以NCC的權益資金成本為14.6%。

$$r_s = 8\% + (6\%)(1.1)$$
$$= 8\% + 6.6\%$$
$$= 14.6\%$$

值得注意的是，雖然CAPM法提供一個適當且正確的估計，它也很難知道其估計r_s的正確性，因為(1)要正確地估計投資者認為公司未來的β係數是困難的，(2)估計市場風險溢酬是不容易的，雖有這些困難，研究顯示多數仍偏好CAPM法。

股利殖利率加成長率，或現金流量折現法

在第七章中，我們提到假如股利如預期中是固定成長的話，則股票的價格如下：

$$P_0 = \frac{D_1}{r_s - g} \tag{9-4}$$

其中表示目前的股價，表示年底預期支付的股利為必要報酬率，我們可以計算來獲得普通股的必要報酬率，因為邊際投資者的要求跟預期報酬率是一樣的

$$r_s = \hat{r}_s = \frac{D_1}{P_0} + 預期g \tag{9-5}$$

所以投資者預期收到一個股利率，D_1/P_0，加上一個資金利得，g，會等於一個預期報酬率，$\hat{r}_s$，在均衡的時候預期報酬率跟必要報酬率是一樣的，r_s，這個估計權益成本的方法稱為**現金流量折現法(discounted cash flow (DCF) method)**，當然我們必須假定市場是均衡的。

▸▸ 估計DCF法的輸入值

在DCF法中有三個重要的輸入值，目前的股價、目前的股利，還有預期的股利成長率，這些輸入值中，以預期的股利成長率最難估算。下面敘述最常用的三個方法來估計股利成長率：(1)歷史成長率，(2)保留成長模型，(3)分析師的預期。

歷史成長率 第一，假如盈餘跟股利成長率在過去的資料顯示相當穩定，而且投資者相信這樣的趨勢會繼續，那麼利用過去的成長率來估計未來的成長率是一個好的估計值。

在本章網站附錄中解釋不一樣的估計歷史成長率的方法，檔案名稱是**CF2 Ch 09 Tool Kit.xls** 會顯示計算方法。以NCC來說，不一樣的方法來估算歷史成長率就有4.6%到11%的差距，最公平的估計則是落在接近7%。

如同**CF2 Ch 09 Tool Kit.xls**所顯示，我們可以找到歷史資料並且估算很多不一樣的成長率，但是記住我們計算成長率的目的，是尋找投資者預期的未來股利成長率。因為這個理由，假如過去的股利成長率是相當穩定的，那們投資者也許會預期未來的股利成長率跟過去一樣。不幸的是，我們很少發現過去的股利成長率是穩定的，所以利用歷史成長率來當作DCF法是需要配合主觀判斷的。

保留成長模型 大部分的公司從淨利中支付股利，剩餘部分就再投資，股利支付率就是公司從淨利中有多少比率是用來支付股利的，定義就是淨利中支付股利的百分比，第四章有更多詳細比率，保留比率就是股利支付率的補數，保留比率＝1－股利支付率，ROE代表股東權益報酬率，定義為給股東的淨利除以股東權益，雖然我們這邊不證明，不過你可以發現一家公司的成長率跟保留多少淨利跟保留盈餘獲利率有關是合理的。根據上述的邏輯，我們寫下**保留成長模型(retention growth model)**的公式：

成長率 g ＝ ROE ×(保留比率)	(9-6)

公式9-6表示一個固定的成長率，當我們使用它的時候，它隱含了四個重要的假設：(1)我們假設股利發放率，保留比率是固定不變的；(2)我們預期ROE在新的投資上仍維持不變；(3)公司不預期發行新股，或是以帳面價值售出新股；(4)未來專案的風險跟現今公司資產的風險一樣。

在過去15年NCC平均有14.5%的ROE，ROE也相對地穩定，但仍然有低到11%且高至17.6%。另外，NCC在過去15年裡的股利發放率為0.52，保留比率為1－0.52＝0.48，利用公式(9-6)我們估計成長率約是7%。

$$g ＝ 14.5\% \times 0.48 ＝ 7\%$$

分析師的預測 第三個方法是使用證券分析師的預測，分析師會預測大部分公開發行公司的盈餘成長率，例如*Value Line*提供近1,700家公司，而且大部分的經紀商提供類似的預測。然而這些預測通常包括非固定的成長率，例如，有些分析師分析NCC在未來五年將有每年10.4%的盈餘跟股利成長率，但在之後將是6.5%的成長率。

　　這些非固定的成長率預測可以發展一個粗略的成長率，電腦的模擬告訴我們50年後的股利對現在股價的貢獻非常非常小，甚至沒有。假如我們考慮50年的持有期間，我們可以發展出一個加權的成長率，並且用來估計資金成本的目的，以NCC的例子來說，我們假定五年內10.4%，往後45年6.5%，則短期五年的權重為5/50＝10%，長期的權重為45/50＝90%，這樣提供了平均成長率為0.10×10.4%＋0.90×6.5%＝6.9%。

　　不僅是把非固定的成長率轉換成大略的平均成長率，也可以把非固定的成長率直接估計普通股的必要報酬率，這樣的方法參考這個章節的網站附錄，計算檔案則在 **CF2 Ch 09 Tool Kit.xls**。

▶▶ 現金流量折現法範例

　　利用DCF方法，假定NCC公司股價售價為32美元，它預期發放股利為2.40美元，而且它的預期股利成長率為7%，那麼NCC的普通股預期跟必要報酬率將會是14.5%。

$$\hat{r}_s = r_s = \frac{\$2.40}{\$32.00} + 7.0\%$$
$$= 7.5\% + 7.0\%$$
$$= 14.5\%$$

▶▶ 評估各種方法估計成長率

　　注意DCF法是估計普通股成本以股利率(預期股利除以當期股價)加上一個成長率，其中股利率的估計比較具確定性，但是成長率的估計則相對地不確定。我們討論了幾個方法來估計成長率：(1)歷史成長率，(2)保留成長模型，(3)分析師的預期，這三個方法，研究顯示分析師的預測會是較好的估計方法。

> **自我測驗**
>
> 1. DCF法需要哪幾個輸入值？
> 2. 估計股利成長率有哪幾個方法？
> 3. 哪一個方法提供較好的估計值？

債券殖利率加風險溢酬法

一些分析師建議，在公司的長期負債利率加上3％到5％的風險溢酬是合乎邏輯的，普通股會比那些公司長期，高利率的負債還要具風險，根據這個方法，

$$r_s＝債券殖利率＋債券風險溢酬$$

例如NCC的債券殖利率為11％，債券風險溢酬為3.7％，則估計的權益成本為14.7％，

$$r_s＝11.0％＋3.7％＝14.7％$$

因為風險溢酬3.7％是一個主觀的數據，所以r_s也是一個主觀的估計值，實證上顯示一家公司的風險溢酬大約介於3％到5％，最近顯示接近3％。因為這麼大的差距，這個方法並不是精確估計權益成本的好方法，但仍是一個粗略的估計值。

自我測驗

1. 使用債券殖利率加上風險溢酬法的理由是什麼？

比較CAPM、DCF、債券殖利率加風險溢酬等方法

我們已經討論過三種估計普通股必要報酬的方法，以NCC來說，利用CAPM估計為14.6％，DCF法估計為14.5％，債券殖利率加上風險溢酬法估計為14.7％，平均下來為(14.6％ ＋ 14.5％ ＋ 14.7％)/ 3 ＝ 14.6％，這個結果通常並不一致，所以我們的決定也會有所差異。然而假如估計方法所得到的值有很大的差異，再考慮合理的情況下，分析者應該有一定的主觀判斷來選擇較適合的估計值。

最近調查顯示，CAPM方法是最常被使用的方法，雖然大部分的公司使用這個方法。在某一次的調查當中大約74％，另一次的調查則顯示85％，這比1982年調查時只有30％使用CAPM方法還高，而使用DCF法只有16％，比1982年時有31％還要低許多。債券殖利率加上風險溢酬法主要是用來估計未公開發行的公司。

自我測驗

1. 哪一個方法是最常被使用的？

加權平均資金成本

　　第十四章的時候我們會討論到，每一家公司都有它的最佳資金結構，定義為混合負債、特別股跟普通股讓股價最大化。所以以價值最大化為目標的公司會建立一個最適的資金結構，並且讓實質資金結構能一直最佳化。在這個章節，我們假定公司已經知道最適的資金結構，並且以這個結構為目標，公司進行融資來讓公司資金結構維持這個目標，至於如何制定最適資金結構會在第十四章中討論。

　　最適目標比例的負債、特別股跟普通股，跟資金成分成本，都被用來計算公司的加權平均資金成本(WACC)。舉例來說，NCC公司的目標資金結構其負債為30%，10%為特別股，60%為普通股，負債的稅前成本r_d為11%，稅後成本$r_d(1-T)$為11%×(0.6)＝6.6%，特別股的成本r_{ps}為10.3%，普通股的成本r_s為14.6%，它的邊際稅率為40%，所有它的新資金皆來自保留盈餘，我們可以計算NCC的WACC：

$$WACC = w_d r_d(1 - T) + w_{ps} r_{ps} + w_{ce} r_s \qquad (9\text{-}7)$$

$$= 0.3(11.0\%)(0.6) + 0.1(10.3\%) + 0.6(14.6\%)$$
$$= 11.76\% \approx 11.8\%$$

其中w_d，w_{ps}，w_{ce}分別代表負債，特別股，普通股的權重。

　　NCC所獲得的每一美元的新資金包括0.3美元的負債且稅後成本為6.6%，0.1美元的特別股且成本為10.3%，0.6美元的普通股且成本為14.6%，則平均每一美元的成本為WACC，11.8%。

　　兩點必須知道，第一，WACC是目前公司面對新的，邊際的，一美元資金的加權平均資金成本，它不代表過去的每一美元的加權平均資金成本，第二，這些資金成本的比例、權重，必須仰賴管理當局的目標資金結構，所以是估計可能的最佳資金結構，下面有這兩個觀點的說明。

　　投資者對這家公司的必要報酬率，不論是新投資者或是舊的投資者，都是邊際利

率。例如，一個股票持有人也許去年會投資這家公司，當無風險利率為6%且必要報酬率為12%的時候。假如無風險利率突然降低為4%，而權益的必要報酬率變為10%(假設其他不變的情形之下)，這也是新的權益者的必要報酬率，不論投資者是在次級市場買股票或初次發行時買股票。換句話說，不論股票持有者是舊有的或新入股的，其所要求的必要報酬率都相同，都是目前普通股的必要報酬率。同樣的原因也可以用來解釋債券持有者，所有的債券持有者。不論新、舊，隨著市場的情況對公司債券的債券殖利率都有一個要求的必要報酬率。

因為所有的投資者隨著市場的情況都有一個要求的必要報酬率，不論過去的市場情況是怎樣或是投資時間，成本只跟目前的情況有關。不是歷史或是過去的市場情況，所以資金成本應該是邊際的。它仰賴目前的市場情況，是公司增加新資金所需付出的成本(忽略發行成本，往後的章節會討論到)。

我們有聽到管理者(與學生們)說：「我們今年只有舉債，大約5%的稅後負債成本，所以我們必須使用這個成本，而非我們10%的WACC，來評價這個專案」。這裡我們來解釋這個說法的缺失，雖然有些投資者，比如說債券持有者，相對於其他投資者有較高的求償權，但所有投資者都對所有未來的現金流量有求償權。例如，一家公司舉債來支應一項專案，新的債券持有人並不求償於這項專案。事實上，新的債券持有人就跟舊債券持有人都對新的或已存的專案擁有求償的權利，所以一項新的專案必須能夠滿足所有投資者的要求，而不是只有新負債持有人，即使這項專案只有以舉債來支應。

一個投資者收到報酬，是以目前投資的市場價值來估算，所以計算WACC應該以市場價值，而不是帳面價值。在第六章曾經提到公司的風險，一家公司的風險跟公司的評比有關，也影響到公司的負債成本，負債評比則跟公司融資負債比例程度有關，在第十四章我們會提到，這也會影響權益成本。換句話說，負債成本跟權益成本是相關的。這些成本跟投資者預期未來公司的資金權重有關，也跟市場情況有關，所以用來計算WACC的資金權重應該是預期的未來權重，就是預期的公司目標權重。

自我測驗

1. 如何計算加權平均資金成本？寫下公式。

影響加權平均資金成本的因素

影響公司加權平均資金成本的因素很多，有些是公司無法去控制，有些則跟公司的投資與融資決策有關。

►► 公司無法控制的因素

有三個最主要的因素是公司無法直接去控制的(1)利率水準，(2)市場的風險溢酬，(3)稅率。

利率水準　假如經濟體利率水準上升，則公司的負債成本就會隨著上升，因為公司必須要付給債券持有人更高的利率來獲得負債資金。當然在CAPM中我們也提到，利率水準的上升也會造成普通股成本跟特別股成本的上升。在1990年的時候，美國的利率水準明顯地下降，減少所有公司的負債資金成本跟權益資金成本，也鼓勵額外的投資，低利率促使美國公司比日本或德國公司更有效率地競爭。

市場的風險溢酬　這個風險取決於投資者的風險趨避程度，個別公司是沒辦法去控制這個因素的，而且它會影響公司的權益資金成本，進而影響公司的WACC。

稅率　稅率也是個別公司無法去控制的因素(雖然大部分公司對議員游說來讓公司有更多稅率的優惠)，對公司的資金成本也有很大的影響，稅率在WACC裡用來計算負債成本，但是稅率的影響在資金成本並不是那麼明確。舉例來說，較低稅率讓公司能有更多的淨利，會讓公司個股價更優異，進而造成普通股資金成本的降低，相對於稅後負債成本因稅率減少的提高，在第十四章我們會提到公司的最適資金結構是偏向低負債較多權益的。

►► 公司可以控制的因素

一家公司可以控制公司資金成本經由：(1)資金結構政策，(2)股利政策，(3)投資(資金預算)政策。

資金結構政策　在這個章節，我們假定公司有一特定目標資金結構，而我們以這樣的基礎來計算公司的WACC，很明顯地，公司一旦改變其資金結構，公司的資金成本也會隨著改變。第一，β係數是財務槓桿的函數，所以資金結構影響權益的資金成本。第二，稅後負債成本比權益成本還要來的低，因此公司傾向於多舉債少普通股權

來改變WACC權重，讓公司WACC更低。然而增加負債也會增加公司普通股跟負債的風險，而且會增加這些成分的成本，進而抵銷改變權重的效果，在第十四章我們會有更詳細的討論，並且顯示公司的資金結構是讓公司資金成本最小化。

股利政策 在第十五章時我們會提到，股利支付率會影響到公司的必要報酬率，r_s，所以假如公司的股利支付率很高，以至於必須發行新股來融通新的資金預算，這會導致高的發行成本並且影響到資金成本，在第十五章時會詳細討論這樣的情形。

投資政策 當我們估計資金成本時，我們直覺利用公司流通在外的普通股跟負債的必要報酬率，這些利率隱含公司目前資產的風險。我們假定公司新的投資專案的風險會跟目前公司所存資產有相同的風險，這個假設廣泛而言是對的，因為公司通常投資與過去公司投資相似的專案。如果公司改變投資方向的話這個假設就會不對。例如，公司投資於一個新的生產線，它的邊際投資資金就必須反映這個生產線的風險。舉例，Time Warner's購併AOL無疑地增加風險且提高它的資金成本。

自我測驗

1. 哪三個因素引響資金成本且是公司無法控制的？
2. 哪三個政策引響資金成本且是公司可以控制的？
3. 解釋為什麼利率水準的改變會影響公司WACC成分的改變。

調整資金成本的風險

如同我們之前所計算的，公司的資金成本反映整個公司資金結構的平均風險，但如果公司分成好幾個風險不同的營運線呢？或是公司考慮一個專案是比現存專案風險還要來的高呢？如果用公司現存的資金成本來估計這些專案，想必是有點不合乎邏輯，下面解釋如何調整其資金成本來估算這樣的特別專案。

▶▶ 部門資金成本

考慮Starlight Sandwich Shops，一家公司分成兩個部分，麵包營運跟咖啡館部分，麵包營運部分比較不具風險且有10%的資金成本，咖啡館部分較具風險則有14%的資金成本。兩個部門的規模約略相同，所以Starlight的平均加權資金成本為

12%，今麵包部門有一預期報酬11%的專案，咖啡館部門有一預期報酬13%的專案，那麼這些專案該被接受或拒絕呢？Starlight可以增加它的價值，假如它接受麵包部門的專案，因為它的預期報酬大於它的資金成本(11% > 10%)，但是咖啡館的預期報酬則小於它的資金成本(13% < 14%)，所以該專案該被拒絕。如果Starlight以平均資金成本12%來評估兩項專案，則破壞價值的專案會被接受，增加價值的專案反而會被拒絕。

許多公司利用CAPM來估算公司的部門金成本，一開始利用證券市場線如下：

$$r_s = r_{RF} + (RP_M)b_i$$

例如，考慮到Huron Steel公司的例子，一家整合在Great Lakes地區的鋼鐵製造公司。假定Huron只有一個部門且只有使用權益資金，所以它的權益資金成本也是公司的資金成本或WACC，Huron的β係數 b ＝ 1.1，r_{RF}＝7%，RP_M＝6%，所以Huron的權益資金成本為13.6%：

$$r_s = 7\% + (6\%)\ 1.1 = 13.6\%$$

這表示投資者願意投資於Huron這家公司，如果這家公司投資於平均風險的專案且預期獲得13.6%或更多的報酬，平均風險的專案意指風險跟目前公司的專案風險相似。

現在Huron有一個新的運輸部門，是用船來運輸鋼鐵原料的，原本的1.1相比β係數為1.5跟b ＝1.5，所以這個運輸部門有16%的資金成本：

$$r_{Barge} = 7\% + (6\%)1.5 = 16.0\%$$

另一方面，假如Huron增加一個低風險的部門，分配中心部門且β係數為0.5，所以這個部門的資金成本只有10%：

$$r_{Center} = 7\% + (6\%)0.5 = 10.0\%$$

一家公司也許被當作一投資組合，而其β係數為投資組合β係數的加權平均，所以增加運輸跟分配部門會改變Huron的β係數。假如Huron的鋼鐵部門為70%，運輸部門為20%，10%為分配中心部門，那麼公司的新β係數為：

$$新\beta係數 = 0.7(1.1) + 0.2(1.5) + 0.1(0.5) = 1.12$$

則Huron股票投資者的必要報酬率為：

$$r_{Huron} = 7\% + (6\%)\ 1.12 = 13.72\%$$

即使投資者整體的必要報酬率為13.72%，他們仍要求鋼鐵部門要有13.6%，運輸部門要有16%，分配中心要有10%的報酬率。

圖9-1顯示Huron鋼鐵公司的這些觀念，注意以下幾點：

1. 假如預期報酬率的專案是在SML線之上的話，那麼這個專案的預期報酬率足夠補償它的風險，這個專案應該被接受。反之，如果這個專案落在SML線下方的話，則必須拒絕，如圖9-1中的M應該接受，N應該被拒絕，N比M有較高報酬率，但N的報酬率不足以補償它的風險。

2. 為了簡略，我們假設Huron並沒有以負債來融資，如此可以使用SML來畫公司的資金成本。當公司有負債的時候，部門的資金成本應該包括負債成本跟目標資金結構來獲得整體部門的資金成本。

圖 9-1　部門使用SML線

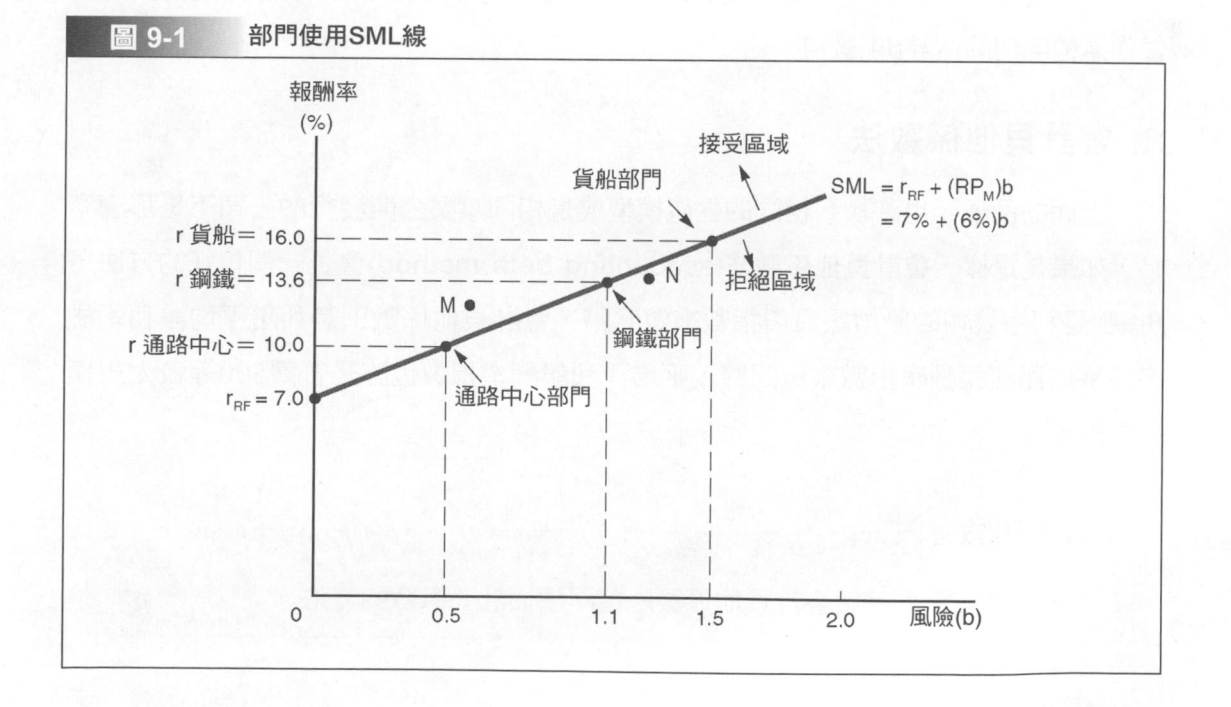

自我測驗

1. 依據CAPM，如何找出一個高風險部門跟低風險部門的資金成本？
2. 解釋為何接受一個專案，假如其預期報酬落在SML之上，若拒絕如果它落在SML之下？

衡量分散部門β係數的方法

在第五章我們討論到如何估計股票β係數跟估計的困難，估計分散部門的β係數則更加困難，這裡敘述兩種方法來估計：純遊戲方法跟會計貝他係數法。

▶▶ 純遊戲方法

在**純遊戲方法(pure play method)**裡面，公司可以試著尋找生產線一樣的單一產品公司，尋找類似的公司平均公司的β係數來衡量，例如Huron可以尋找運輸公司來當作運輸部門的估計β係數值。

▶▶ 會計貝他係數法

上面的例子，也許找到相同的生產模型或是相同事業公開發行的公司不是那麼容易，如果是這樣，**會計貝他係數法(accounting beta method)**會是一個較好的方法，β係數是利用公司的股價跟股價指數來做回歸，會計貝他係數則是利用平均淨利報酬率跟平均淨利報酬率指數來做回歸，平均淨利報酬率指數也許是普爾500等較大規模的指數。

自我測驗

1. 描述純遊戲方法跟會計貝他係數法這兩種估計 β 係數的方法。

估計單獨專案的資金成本

雖然很清楚知道高風險的單獨專案應該有較高的資金成本，估計專案的資金成本仍然困難。首先，注意三個分開可以區別的風險：

1. **單獨風險(stand-alone risk)**是主要影響專案的報酬率。
2. **公司或整體公司的風險(corporate, or within-firm risk)**是影響專案對公司的整體報酬率，一個專案只是公司投資組合資產的其中之一，其風險是可以被分散的。
3. **市場或β係數風險(Market, or beta, risk)**是一個擁有良好分散投資持有者所注重的風險，市場風險是衡量專案影響公司的β係數。

從事一項高單獨風險或公司風險的專案並一定會影響公司的β係數，如果從事一項報酬率高度不確定，或是這些報酬率跟公司現存資產或專案有高度的相關，或是跟市場情況有高度相關，那麼這個專案就有較高的所有種類的風險，例如；General Motors決定去從事電汽車生產，GM不確定它的生產結果會是如何，所以它是一個創新事業。它的單獨風險相當高，管理當局也估計這個專案在市場情況很好的時候會實行的很好，因為人們有錢去消費電氣車這項產品，這表示GM其他產品如果做的好的話這項專案就做的好；如果做的不好的話這項專案就做的不好。這表示這項專案有高的公司風險，因為這項專案跟GM有高度的相關，這個專案的β係數也很高，所以這個專案在三個情況的風險都很高。

在這三個衡量中，理論上市場風險是最具相關性的，因為它直接影響股價，不幸地是，一項專案的市場風險也是最難去估計的。實務上，大部分的管理者主觀地判斷這三種衡量的風險。

自我測驗

1. 這三種主要專案風險是什麼？
2. 哪一種風險最具重要性？為什麼？
3. 描述公司執行專案如何估算專案資金成本三個風險的步驟？

發行成本來調整資金成本

大部分的負債都是私募，大部分的資金權益來自內部的保留盈餘，在這些例子是沒有發行成本的，所以討論這些成分成本的資金成本相對就容易許多。如果公司發行負債或是發行新股，則發行成本就相當重要，下面幾段敘述解釋我們如何把發行成本考慮進去，如何影響邊際的資金成本。

Axis Goods國際公司，一家時尚的運動衣零售商，有目標資金結構45%的負債，2%的特別股，53%的普通股，它的普通股售出為23美元，預期發放的股利為1.24美元，預期固定的股利成長率為 8%，依照固定成長DCF模型，Axis的普通股資金成本為$r_s = 13.4\%$，當權益是來自保留盈餘的時候，Axis的特別股資金成本是10.3%，已經把發行成本包括在裡面，下面我們介紹怎麼把發行成本跟負債、普通股結合。

▶▶ 發行成本與負債成分成本

Axis發行30年期，面值1,000美元，利率為10%，每年付息的債券，T＝40%，所以稅後的負債成本為$r_d(1-T) = 10\%$ (1.0 － 0.4) ＝ 6.0%。如果Axis必須支付發行成本，F，1%的發行費用，那麼稅後負債成本的公式如下：

$$M(1 - F) = \sum_{t=1}^{N} \frac{INT(1 - T)}{[1 + r_d(1 - T)]^t} + \frac{M}{[1 + r_d(1 - T)]^N} \tag{9-8}$$

其中M表示面值，F表示發行成本的成本比例，N表示到期的時間，T表示公司的稅率，INT表示每期所需支付的利息，$r_d(1-T)$表示經過發行成本調整後的稅後負債成本，計算出來經過發行成本調整後的稅後負債成本大約是6.07%，跟原本的6%並無太大的差異。

如果發行成本更高，或是發行期間縮短的話，如F是10%而非原本的1%，經過發行成本調整後的稅後的負債成本約是6.79%。如果發行期間是1年而非原本的30年，則經過發行成本調整後的稅後負債成本是7.07%。如果F＝10%，N＝1，則經過發行成本調整後的稅後的負債成本則是17.78%，在這時候發行成本就高到沒辦法去忽視它的存在。

▶▶ 發行新股的成本或外部權益，r_e

發行新股的成本(cost of new common equity，r_e)，或外部權益，比從內部再投資盈餘的權益資金成本還要來的高，r_s，因為發行成本包括發行新普通股，那麼必須要有多少報酬才足以發行新的普通股？或是新普通股的成本是多少？這樣的答案可利用下面的公式：

$$r_e = \frac{D_1}{P_0(1-F)} + g \qquad (9\text{-}9)$$

在公式9-9，F是**發行成本(percentage flotation cost)**，所以$P_0(1-F)$是公司可以淨收入的價格。假定Axis的發行成本為10%，它的資金成本為：

$$r_e = \frac{\$1.24}{\$23(1-0.10)} + 8.0\%$$
$$= \frac{\$1.24}{\$20.70} + 8.0\%$$
$$= 6.0\% + 8.0\% = 14.0\%$$

投資者的必要報酬率為$r_s = 13.4\%$。然而，因為發行成本的關係，公司必須獲得比13.4%還要高的報酬。假如公司能獲得14%的報酬並且發行新股，這樣才可以維持每股盈餘於同樣的水準，股價才不會因此而下滑。如果公司沒能獲得14%的報酬，那麼公司的盈餘、股利、股利成長率都會低於預期，股價會因此而下跌。反之如果公司獲得比14%還要高的報酬，公司的股價則會上升。

如我們先前所提到的，許多分析師利用CAPM來估計公司的權益資金成本，假定利用CAPM估計Axis的權益資金成本為13.8%，那麼分析師如何結合發行成本呢？在上面的例子裡，利用DCF法的例子中，如果未考慮到發行成本時的權益資金成本為13.4%，如果考慮到發行成本時的資金成本為14%，所以發行成本增加0.6%的權益資金成本(14.0－13.4 ＝ 0.6)，為了結合發行成本於CAPM，你可以把增加的發行成本與CAPM所估計的成本相加為14.4%。另一種選擇，你可以平均CAPM法、DCF法、債券殖利率加風險溢酬法所估計的，未考慮發行成本權益資金成本，再加上所估計的發行成本0.6%。

▶▶ 發行外部資金的花費

表9-1表示在1990年美國公司發行負債或權益的平均發行成本,普通股發行成本並非初次公開發行,初次公開發行的成本更高大約17%。假如初次發行的金額低於一千萬美元,如果大於5億美元的話大約6%。

自我測驗

1. 什麼是發行成本?
2. 權益的發行成本較高還是負債呢?

資金成本的其他問題

仍有一些問題並未在本章節提到,列舉如下:

1. 私人擁有的公司。我們討論到的大部分皆是公開發行的公司,而我們注重的是大眾股票持有者對股票的預期報酬率。如果股票並非公開交易的,我們又如何去估算股票的必要報酬率,稅的問題也是一個問題,那些未公開發行公司的資料取得是相當不容易的。

表 9-1 │ 債券與權益的平均發行成本

籌募資金額度 (百萬美元)	普通股平均發行成本	新債平均發行成本
2 － 9.99	13.28	4.39
10 － 19.99	8.72	2.76
20 － 39.99	6.93	2.42
40 － 59.99	5.87	2.32
60 － 79.99	5.18	2.34
80 － 99.99	4.73	2.16
100 － 199.99	4.22	2.31
200 － 499.99	3.47	2.19
500以上	3.15	1.64

資料來源:Inmoo Lee, Scott Lochhead, Jay Ritter, and Quanshui Zhao, "The Costs of Raising Capital," *The Journal of Financial Research*, Vol XIX, no. 1, Spring 1996, 59-74. Reprinted with permission.

2. 小型公司。小型公司通常是未公開發行的，要估計其權益資金成本也相當不容易。

3. 估計的問題。我們必須強調在實務上估計的困難，要找到CAPM跟輸入值，跟當中的$r_s = D_1/P_0 + g$，$r_s = $債券殖利率＋債券風險溢酬中的債券風險溢酬，結果是，我們無法很確定的知道如何正確估計資金成本。

4. 不同風險專案的資金成本。在第十一章我們會提到，要衡量專案的風險不容易，進而利用調整後的專案資金成本來衡量適合該風險的專案。

5. 資金結構權重。在本章我們給定最適資金結構來計算WACC，第十四章我們會提到如何制定最適資金結構。

雖然這些問題是不容易克服的，但在本章中提到估計資金成本並非是無效的，這些問題只是讓估計資金成本更精細，在實務上本章中所提及的程序仍有充分正確性。

自我測驗

1. 解釋估計資金成本的問題，這些問題是否讓估計資金成本無效？

四個必須避免的錯誤

我們通常看到管理當局跟學生們估計資金成本時會有下列的錯誤，雖然前面我們有提到，但仍值得在這裡再重複一次：

1. 千萬別用票面利率來當作估計稅前的負債資金成本，稅前的負債成本應該是公司目前新發行負債應該支付的利率。

2. 當估計CAPM中的市場風險溢酬。不能用歷史的平均市場報酬率跟目前的無風險利率來相減，例如歷史的市場報酬率為12.4％，歷史的長期無風險利率為5.8％，則**歷史的市場風險溢酬(historical risk premium)**為6.6％，而目前的**市場風險溢酬(current risk premium)**應該是目前的市場預期報酬率跟目前的長期無風險利率的差異。舉例來說，如果目前預期股價報酬為10％，那麼公債的話則是4％，風險溢酬則是10％－4％＝6％。如果過去的市場平均報酬率是12.4％，用目前的公債殖利率4％來計算風險溢酬12.4％－4％＝8.4％就是錯誤的。

3. 當估計資金結構的權重時千萬別用帳面價值來計算WACC，第一個選擇是使用目標資金結構來計算WACC的權重。假如不知道目標資金結構的話，可以用目前帳面資金上的市價來估算WACC的權重。例如，在普爾500的股票平均市價為帳面價值的4.19倍，假如負債並未公開發行，則使用帳面價值來估計負債價值。總而言之，假如不知道目標資金結構，使用市場價值來估計權重。

4. 要記住資金成分皆是來自投資者，如果不是來自投資者，就不稱為資金成分，有時會爭論應付帳款跟應付費用也應該列入WACC計算內。這些帳目是因為交易而產生的，它們會因為投資而互相抵減，所以它們不應該包含在WACC裡面。它們在公司評價跟資金預算中不應該被忽略，在第三章我們曾經提到，流動負債產生現金流量，所以影響公司的價值。在第十一章，我們顯示它也會同樣影響資金預算，流動負債產生現金流量所以影響專案，但卻不是WACC。

自我測驗

1. 哪四個錯誤是估計WACC時常發生的？

總結

本章說明資金成本如何決定且用於資金預算決策，如下所述：

- 資金成本用來決定資金預算的平均成分是負債、特別股跟普通股。

- 負債成分成本的資金成本是稅後的新負債成本，它可以由乘以$(1-T)$獲得，其中T 表示公司的邊際稅率，$r_d(1-T)$。

- 特別股的成分成本是特別股股利除以淨發行價格，其中淨發行價格已扣除發行成本，$r_{ps}=D_{ps}/P_n$。

- 權益的資金成本，r_s，也稱普通股的資金成本，可以是公司投資者的必要報酬率，經由三個方法估計：(1)CAPM法，(2)DCF法，(3)債券殖利率加風險溢酬法。

- 使用CAPM法(1)估計β係數，(2)乘上市場風險溢酬來反映公司的風險程度，(3)加上無風險利率，來獲得普通股的資金成本，$r_s=r_{RF}+(RP_M)b_i$。

- 無風險利率的最好估計值是長期政府公債。

- 利用股利率加上成長率方法，又稱DCF現金流量折現法，利用預期的股利率加上公司的預期股利成長率，$r_s = D_1/P_0 + g$。

- 成長率可以藉由歷史盈餘或股利法，或是保留成長模型法，$g = (1 - 股利支付率) \times ROE$，或利用分析師預測法。

- 債券殖利率加風險溢酬法為功在長期債券殖利率加上3到5%的溢酬。

- 每一家公司都有目標資金結構，為混合負債、特別股跟普通股使得加權平均資金成本為最小。

- 許多因素影響公司的資金成本，有些是公司無法控制的，例如外在環境；有些是可以控制的，例如投資，融資，股利政策。

- 專案的資金成本必須反映專案本身的風險，而非現今公司的資金成本。

- 如不調整專案的不同風險，可能接受破壞價值的專案，而拒絕了可以增加價值的專案。

- 專案的單獨風險如果是公司的唯一專案，或投資者只持有這一家股票，單獨風險由專案的預期報酬率衡量。

- 公司或整體公司的風險，是影響專案對公司的整體報酬率，一個專案只是公司投資組合資產的其中之一，其風險是可以被分散的。

- 市場或 β 係數風險是一個擁有良好分散投資持有者所注重的風險，市場風險是衡量專案影響公司的 β 係數。

- 公司會利用CAPM法估計專案的資金成本，但是估計專案的 β 係數是困難的。

- 純遊戲法跟會計貝他係數法可以用來估計個別專案或部門的 β 係數。

- 公司通常聘請投資銀行來幫忙發行新股、特別股或負債，給投資銀行報酬，這些投資銀行則幫忙承銷，定價，出售等，支付給這些投資銀行費用統稱發行成本，公司的資金成本不僅包括投資者的必要報酬率，也應該包括這些發行成本在內。

- 當計算新發行普通股的成本，DCF法可以用來計算發行成本，在固定成長下，可以表示為$r_e = D_1/[P_0(1 - F)] + g$，其中包括發行成本的$r_e$會比$r_s$要高。

- 負債也應考慮發行成本調整，債券發行的價格扣除其發行成本可以用來計算出調整後負債發行成本。

- 三個估計權益成本的方法，在本章討論中用來估計小型公司時有嚴重的限制，這增加了管理者的主觀判斷。

本章討論資金成本可以用來評價資金預算,或決定公司的價值,我們也提供第十四章決定最適資金結構時的觀念。

問題

(9-1) 定義下列名詞:

a. 加權平均資金成本,WACC;稅後負債成本,$r_d(1-T)$

b. 特別股本,r_{ps};普通股成本,r_s

c. 目標資金結構

d. 發行成本,F;新增新股成本,r_e

(9-2) WACC是平均成本?或是邊際成本?

(9-3) 下面事項如何影響稅後負債成本,$r_d(1-T)$;權益成本,r_s;加權平均資金成本,WACC;增加用「＋」,減少用「－」,如果不變用「0」,且假設其他條件不變下,

	效果		
	$r_d(1-T)$	r_s	WACC
a. 公司稅率減少	――	――	――
b. Federal Reserve縮緊信用	――	――	――
c. 公司增加舉債	――	――	――
d. 公司增加一倍的權益資金	――	――	――
e. 公司擴充業務於一個新的風險地區	――	――	――
f. 投資者更具風險趨避	――	――	――

(9-4) 區別專案的 β 係數風險,整體公司風險跟個別單獨風險,哪一個最具攸關性,為什麼?

(9-5) 假定公司估計它接下來一年的資金成本會是10%,如何解釋對於平均風險、高風險、低風險的專案?

自我測驗

(ST-1) Longstreet Communication Inc. (LCI)有以下的最適資金結構，25%的負債，15%的特別股跟60%的普通股。LCI的稅率為40%，投資者預期股利固定有6%的成長，LCI在去年發放股利3.70美元(D_0)，目前股價為60美元，政府公債的殖利率為6%，市場的風險溢酬為5%，LCI的 β 係數為1.3，新發行證券的資訊如下；

特別股：新發行的特別股為每股100美元，支付股利9美元，發行成本為每股5美元。

負債：債券可以以9%的負債利率出售。

a. 假設LCI並額外發行新股，分別求普通股權益、負債、特別股的資金成本。

b. WACC是多少？

習題

(9-1) David Ortiz Motors有目標資金結構40%的負債，60%的權益資金，公司流通在外的負債殖利率為9%，公司稅率為40%，Ortiz的執行長估計其公司的WACC為9.96%，試求公司的權益資金成本為多少？

(9-2) Tunney Industries 可以發行永續特別股售價50美元，且預期發放股利一股3.80美元，發行成本是發行價格的5%，則公司的特別股資金成本為多少？

(9-3) Javits & Sons'股價目前為一股30美元，股票預期年底發放一股3.0美元的股利($D_1 = \$3.00$)，而預期股利成長率固定為每年5%，求普通股的資金成本？

(9-4) 計算下列稅後負債成本：

a. 利率13%，稅率0%。

b. 利率13%，稅率20%。

c. 利率13%，稅率35%。

(9-5) Heuser 公司流通在外票面利率為10%的債券殖利率為12%，Heuser相信它可以面額發行跟目前負債殖利率相同的債券，它的邊際稅率為35%，試求公司的稅後負債成本？

(9-6) Trivoli Industries 計畫發行100美元的特別股且支付11%的股利，市場上出售的價格為97美元，而且Trivoli必須支付市場價格5%的發行成本，試求該公司的特別股資金成本？

(9-7) 一家公司票面利率6%，半年支付一次利息，面額為1,000美元，30年期的債券，並出售515.16美元，公司的稅率為40%，則公司用來計算WACC的負債成本是多少？

(9-8) Carpetto Technologies的盈餘、股利跟股票價格都預期以未來7%固定成長，Carpetto目前的股價為23美元，去年發放股利為2.00美元，公司預期年底支付2.14美元。

　　a. 利用現金流量折現法，權益的資金成本為多少？

　　b. 假如公司的 β 係數為1.6，無風險利率為9%，預期市場報酬為13%，則利用CAPM法所估計的權益資金成本為多少？

　　c. 假如公司債券有12%的報酬，則利用債券殖利率加上風險溢酬法計算為多少？(提示：利用風險溢酬的中間點)

　　d. 按照c的結果，你認為Carpetto的權益資金成本應為多少？

(9-9) Bouchard 公司目前的EPS為6.5美元，五年前是4.42美元，公司的股利支付率為40%，目前股價為36美元。

　　a. 計算過去的盈餘成長率。(提示：五年固定成長)

　　b. 計算下一年的股利支付額，D_1，〔$D_0 = 0.4(\$6.50) = \$2.60$〕，假定過去的成長會持續下去。

　　c. Bouchard公司的權益資金成本會是多少，r_s？

(9-10) Sidman Product公司的股價目前為60美元，今年公司預期每股賺5.4美元，預期年底支付3.6美元為股利。

　　a. 假如投資者要求9%的報酬，則Sidman的成長率預期要多少？

　　b. 假如Sidman在投資盈餘專案所獲得的平均報酬跟股票的預期報酬一樣，那麼預期明年的EPS會是多少？(提示：$g = ROE \times$ 保留比率)

(9-11) 一月份，Tysseland公司的市場價值為6,000萬美元，今年預計再投資3,000
萬美元於新的專案，公司的資金結構如下，也是最適的資金結構，假定公
司沒有短期負債：

負債	$30,000,000
普通股	$30,000,000
總資金	$60,000,000

新債券有8%的票面利率，且以面值售出，普通股目前市價為30美元，股
票持有人的必要報酬率為12%，包括股利率為4%跟預期股利成長率為
8%，(下次預期股利為1.2美元，$1.2/$30 ＝ 4%)，邊際稅率為40%。

a.為了維持目前的資金結構，新的投資專案中有多少要從普通股權益來融
資？

b.假定有足夠的現金流量讓Tysseland不必發行新股仍可以維持它的目標資
金結構，則該公司的WACC是多少？

c.假定現在沒有足夠的內部現金流量以至於公司必須發行新股，簡要說明
公司的WACC會如何變動？

(9-12) 假定Schoof公司帳面價值的資產負債表如下：

流動資產	$30,000,000	流動負債	$10,000,000
固定資產	50,000,000	長期負債	30,000,000
		普通股權益	
		普通股(一百萬股)	1,000,000
		保留盈餘	39,000,000
總資產	$80,000,000	總負債與權益	$80,000,000

流動負債全是應付給銀行的票據，其利率為10%，跟銀行的貸款利率一
樣，長期負債包含30,000張的債券，每張面額為1,000美元，每年支付利
息6%，到期期間為20年，新發行的負債利率，r_d，則為10%，這也是目
前的債券殖利率，普通股目前市價為60美元，求公司市場價值的資金結
構。

(9-13) Travellers Inn Inc.(TII)的總括資產負債表如下(百萬美元)

Travellers Inn：2005年12月31日(百萬美元)

現金	$10	應付帳款	$10
應收帳款	20	應付費用	10
存貨	20	短期負債	5
流動資產	$50	流動負債	$25
淨固定資產	50	長期負債	30
		特別股	5
		股東權益	
		普通股	$10
		保留盈餘	30
		總股東權益	$40
總資產	$100	總負債與權益	$100

(1) 短期負債包括公司的貸款利息，目前利息10%，每季支付利息，這個貸款用來融資季節性的應收帳款跟存貨，所以季末銀行貸款為0。

(2) 長期貸款包含20年期，半年支付且票面利率為8%抵押債券，目前提供投資者$r_d=12\%$，假如新債券發行，投資者可以獲得12%的報酬。

(3) TII的永續特別股為每股100美元，每季支付股利2美元，並給投資者11%的報酬，新的特別股也提供給投資者同樣的報酬，但是公司必須多支付5%的發行成本來出售新特別股。

(4) 公司目前有流通在外4百萬股的普通股，$P_0=\$20$，但是目前股價交易於17美元至23美元之間，$D_0=\$1$，且$EPS_0=\$2$，ROE在2005年平均是24%，但是管理當局預期將增加為30%。然而證券分析師並未把管理當局的意見列入考慮。

(5) β係數，分析師報告指出介於1.3到1.7之間，政府公債的殖利率為10%，經由許多家經紀商的研究顯示介於4.5到5.5%之間，經紀商也研究在可預見的未來其成長率約介於10到15%之間。然而許多分析師並未精確的說明成長率為多少，但是他們指出TII的歷史成長趨勢將會持續下去。

(6) 最近的會議，TII的財務發言人指出，一些退休基金經理人認為他們願意買TII的股票勝於TII的公司債券，而此時債券提供12%的報酬，這個消息顯示債券的風險溢酬約為4到6%之間。

(7) TII的稅率為40%。

(8) TII的主要投資銀行，Henry、Kaufman & Company，預期利率將會降低，r_d約降至10%，而政府債券更降至8%，雖然Henry、Kaufman & Company知道預期通貨膨脹率的增加會導致利率的上升。

(9) 歷史的EPS跟DPS紀錄如下：

年	EPS	DPS	年	EPS	DPS
1991	$0.09	$0.00	1999	0.78	0.00
1992	−0.20	0.00	2000	0.80	0.00
1993	$0.40	$0.00	2001	$1.20	$0.20
1994	0.52	0.00	2002	0.95	0.40
1995	$0.10	$0.00	2003	1.30	0.60
1996	0.57	0.00	2004	1.60	0.80
1997	0.61	0.00	2005	2.00	1.00
1998	0.70	0.00			

假定你最近被雇用為一個財務分析師，你的老闆要求你估計這家公司的WACC，假定沒有新股會被發行，你的資金成本必須適合用來估計跟這家公司現存風險相同的專案。

(9-14) 在問題(9-3)，假定公司發行新股，股票將以30美元出售，且發行成本為10%，預期股利每股5美元跟成長率5%維持不變，試重作之。

(9-15) 假定一公司發行為期20年面額為1,000美元，票面利率為9%，每年支付，稅率為40%，且在過程中發行成本為2%，求稅後的負債成本為多少？

Mini Case

假設你是統一企業財務副總的助手，你的任務是估計公司的資金成本，你有下列的資料：

1. 公司的稅率為25%。

2. 目前公司債券的價格為1,100元，票面利率12%，年期15年且無法贖回，沒有其他負債。

3. 目前永續特別股為10%，面額100元，每年支付，目前價值為105元，發行新特別股的發行成本為每股2.0元。

4. 統一的普通股目前市價為35元，去年發放的股利為1.5元，而預期股利在未來以5%固定成長，β係數為1.2，且政府公債利率為3%，市場風險溢酬估計為6%，債券殖利率加上風險溢酬方法中，估計公司的風險溢酬為4%。

5. 統一企業的目標資本結構為30%的長期負債，10%的特別股，60%的普通股。

請回答下列的問題：

1. 統一企業的市場負債利率應該是多少，其負債成本又是多少？

2. 公司特別股的成本為多少？

3. 用CAPM法估算統一企業的權益資金成本？

4. 用DCF法估計的權益資金成本為多少？

5. 用債券殖利率加上風險溢酬法估算的權益資金成本為多少？

6. 三種估算權益資金成本的方法下，統一企業的加權平均資金成本(WACC)各為多少？請比較評論之。

第10章

資本預算的基礎：
評估現金流量

本章介紹資本預算的觀念與程序，討論評估計畫現金流量技巧與決策準則，對公司長期資本投資有重要意義。

你可以計算一個專案的自由現金流量，用同樣的方式來計算一家公司，當專案的自由現金流量用適合該專案的風險來折現，就會是該專案的價值，評價公司跟專案唯一不一樣的地方是，用來折現自由現金流量的利率是整體公司的加權平均資金成本，而用來計算專案的是風險調整資金成本。

扣除期初投資成本的話就是該專案的淨現值(NPV)，假如專案有正的淨現值，則對公司有增加價值的效果。事實上，市場附加價值是公司所有專案淨現值的加總，所以評價專案的過程稱為**資本預算(capital budgeting)**，是公司成功的一個重要關鍵。

資本預算評價一家公司潛在的投資跟決定哪一個應該接受的過程，這個章節提供資本預算全面的過程跟解釋評價潛在專案的基本方法，在假定預期的現金流量都已經被估計的情況下，第十一章會解釋如何估計專案的現金流量跟分析其風險。

資本預算

資本預算是管理者判斷哪些專案可以增加公司價值的決定過程，也是財務經理人

最重要的任務跟職責。第一，公司資本預算決策決定了策略方向，因為會導致更多新產品、服務，還有打入市場必須的資本花費。第二，資本預算決定的結果將會持續好幾個年頭，缺乏彈性。第三，不好的資本預算決策會有許多嚴重的財務情況，假如公司投資太多，會浪費投資者的投資並造成超額資本。換句話說，假如投資不足，設備跟電腦軟體也許不夠現代化來讓產品更具競爭力。所以有不適合的資本會讓公司的市場占有率下滑，而且重新拾回客戶必須花費很多如降價，產品促銷等很多成本。

　　一家公司的成長與如何保持競爭力且生存下來，仰賴一系列有關公司新產品創意，讓現存產品更好或是較低的製造成本。一家管理良好的公司會從員工那邊鼓勵並支持好的資本預算，假如公司有資本，且有想像力的員工主管，假如目的也很合適，那麼許多資本投資將被採用。有些主意會是好的，有些則否。所以，公司必須檢視哪些可以增加公司價值的專案，這是本章的主要目的。

自我測驗

1. 為什麼資本預算決定這麼重要？
2. 公司獲得資本專案的主意有哪些？

專案分類

　　分析資本花費的目的並不是一個無成本的動作，分析需要成本，有一些特定種類的專案，相對就需要較多、較仔細的分析；有一些則只需要簡單的過程。因此，公司分類專案並分析不同的各類專案：

1. 重置：維持營運，重置過舊的或受損的資產是必須的，假如公司決定繼續營運下去，所以這裡的問題是：(1)應該繼續營運下去？(2)用同樣的生產過程嗎？假如答案是確定的，繼續保持下去且不需複雜考慮就是最好的決策。

2. 重置：降低成本，這個專案降低勞工的成本，例如電之類的原料，藉由替換耐用但較不具效率的設備，這麼一來，這個專案無條件需要詳細的分析。

3. 擴充現存產品的市場：花費增加現存產品的產量，或增加零售販賣的地方，或稱為市場的便利性，這個決策會較複雜因為需要預測一個明顯的需求成長，所以較複雜的分析是必要的，通常最終的決定是由公司高層所決定。

4. 擴充新產品或市場：這個專案包括策略決定，且會改變公司基本的營運特色，通常需要投入大量的費用。毫無疑問地，詳細的分析是必要的，而最終的決定通常是公司最高層，例如董事會的策略組所決定。

5. 安全或環境專案：為了滿足政府的命令花費是必須的，員工契約或是保險政策通稱為「強制險」，它們通常為「非製造利潤的」專案，如何制定它們的規模，就像種類1的對待方式。

6. 研究或發展：R&D的預期現金流量通常是具有高度不確定，比起利用DCF法來分析，決策樹與實質選擇權反而比較常使用。

7. 長期契約：公司通常會制定長期契約協議來保護或提供商品跟服務給客戶，例如：IBM協議提供5到10年的電腦維修服務給一些公司，這也許不是最急的投資事項，但是成本跟利潤會持續好幾年，在合約簽訂之前至少需用DCF法分析。

　　專案是依成本費用來分類的，巨大的投資需要較詳細的分析且通常由公司高層所決定，所以一個地區的經理人通常批准授權最高限額10,000美元較不複雜的維修費用，但是董事會則決定超過100萬美元的擴充市場或新產品的計畫。

自我測驗

1. 分類主要的專案種類，並解釋如何被使用。

資本預算決策法則

　　六個主要的方法被用來排序專案的優先順序，決定資本預算中專案是否應該被接受：(1)回收期間法，(2)折現回收期間法，(3)淨現值法(NPV)，(4)內部報酬率法(IRR)，(5)修正內部報酬率法 (MIRR)，(6)獲利指數(PI)，我們解釋排序準則如何計算，並且說明這些方法如何辨識專案來讓公司股價最大化。

　　第一，最困難的部分，就是專案分析的步驟中估計相關的現金流量，在第十一章會解釋更清楚，目前我們聚焦在不一樣的決定法則，所以在這章節裡我們提供現金流量，開始於專案S和專案L的預期現金流量，如圖10-1所示這些專案有相同的風險，而且每一期的現金流量，反映購買成本，投資在工作資金、稅率、折舊跟殘值。最後，

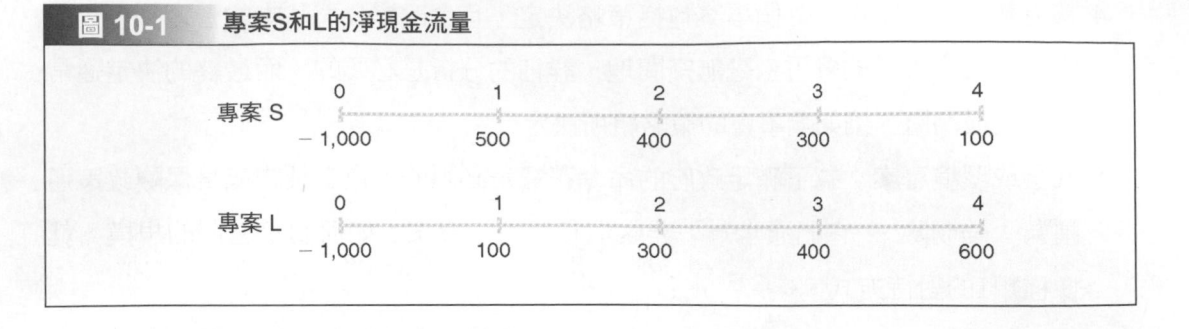

圖 10-1　專案S和L的淨現金流量

我們假設所有的現金流量發生在期末，專案S表示較短的專案，L則表較長，因為S的現金流量比L來的還要早。

▶▶ 回收期間法

回收期間法(payback period)定義為預期需要幾年才可以期初投資回本，是第一個用來評估資本預算專案的方法，回收期間法圖示如圖10-2，下面解釋專案S。

在t＝0時累積的專案淨現金流量為負1,000美元，在第一年累積的淨現金流量是之前所累積的負1,000美元加上第一年的現金流量$500：$-\$1,000+\$500=-\$500$。同樣地，在第二年累積的淨現金流量為之前的累積負500美元加上第二年的現金流入400美元，結果為負100美元。第三年底時，累積的現金流入可以填補期初的現金投資，所以回收期間發生在第三年的時候，假如300美元流入平均地發生在第三年，則確切的回收期間為：

$$回收期間＝\,全部回收前的整年數+\frac{年初未回收成本}{整年現金流量}$$

$$=2+\frac{\$100}{\$300}=2.33年$$

圖 10-2　專案S和L的回收期間法

專案S：	0	1	2	3	4
淨現金流量(NCF)	-1,000	500	400	300	100
累積淨現金流量	-1,000	-500	-100	200	300
S回收期間＝2.33年					

專案L	0	1	2	3	4
淨現金流量(NCF)	-1,000	100	300	400	600
累積淨現金流量	-1,000	-900	-600	-200	400
L回收期間＝3.33年					

運用同樣的方法在專案L，我們發現回收期間為3.33年。

如果公司的需要回收期間為三年內，越短回收期間越好，那麼專案S會被接受而專案L則被拒絕。如果專案彼此是**互相互斥(mutually exclusive)**的，那麼專案S的順序比專案L優先，因為專案S有較短的回收期間，互相互斥意指如果一個專案被接受，那麼另一個專案則應該被拒絕。**獨立專案(independent projects)**則是專案間不互相影響彼此的現金流量。

▶▶ 折現回收期間法

有些公司使用不同於回收期間的方法，**折現回收期間法(discounted payback period)**相似於回收期間法除了現金流量必須由專案的資金成本折現之外，折現回收期間法定義為需要幾年的專案折現後現金流量才可以把期初投資回本，圖10-3表示專案S跟專案L的折現後現金流量。假定兩個專案都有10%的資金成本，在圖10-3中，每個現金流入都是除以，其中t表示現金流量發生的年數，r表示專案的資金成本。三年後，專案S產生了1,011美元的折現後現金流入，因為它的期初投入成本為1,000美元，所以折現回收期間會在三年之內，或更正確的衡量，大約2＋($214/$225) ＝ 2.95年，專案L的折現回收期間為3.88年。

$$S折現回收期間 = 2.0 + \$214/\$225 = 2.95年$$

$$L折現回收期間 = 3.0 + \$360/\$410 = 3.88年$$

專案S跟專案L而言，其優先順序跟回收期間法一樣，專案S比專案L更優先考

圖 10-3 　專案S和L的折現後回收期間

專案S	0	1	2	3	4
淨現金流量	−1,000	500	400	300	100
折現後淨現金流量(10%)	−1,000	455	331	225	68
累積折現後現金流量	−1,000	−545	−214	11	79
S回收期間＝2.95年					

專案L	0	1	2	3	4
淨現金流量	−1,000	100	300	400	600
折現後淨現金流量(10%)	−1,000	91	248	301	410
累積折現後現金流量	−1,000	−909	−661	−360	50
L回收期間＝3.88年					

量，如果公司要求折現回收期間法為三年或三年之內，則專案S會被接受，有時候回收期間法跟折現回收期間法會有衝突。

▸▸ 評價回收期間與折現回收期間法

注意回收期間是一個損益兩平的計算觀念。假如現金流量如預期般回收直到回本的那一年，那麼專案就損益兩平了。然而，一般的回收期間法未考慮到資金成本的問題，在計算公司從事這項專案所使用的負債跟權益並沒有成本，折現回收期間法考慮到資金成本的問題，在考慮負債跟權益的成本後顯示損益兩平的時間點。

回收期間法跟折現回收期間法一個重要缺點就是忽略了回本年度後的現金流量。例如，假如專案L五年後有額外的現金流入5,000美元，就常識而言，專案L會比專案S還要具有價值。然而使用回收期間法跟折現回收期間法會錯過專案L。結果兩個回收期間法都有嚴重的缺點。

雖然回收期間法有決定專案優先順序的嚴重缺失，它們仍然提供關於專案何時回本的資訊，假設其他條件不變之下越短的回收期間代表專案的流動性越高，而且未來的現金流量通常比近期的現金流量還具風險，回收期間法也是評估專案一個好的風險指標。

▸▸ 淨現值法

了解回收期間法後，人們試著去尋找改善不具效率的專案評估法，一個方法就是**淨現值法(net present value, NPV method)**，它是仰賴**現金流量折現法(discounted cash flow (DCF) techniques)**的方法，執行這個方法有三個過程：

1. 尋找每一個現金流量的現值，包含流入跟流出的現金流量，用專案的成本來折現。
2. 將這些現金流量加總起來，這個加總就是淨現值(NPV)。
3. 假如NPV是正的，那麼專案就應該被執行。如果NPV是負的，那麼專案就該被拒絕。如果兩個正的NPV專案彼此是互相互斥的，那麼較大NPV的專案將被接受。淨現值(NPV)的公式如下：

$$NPV = CF_0 + \frac{CF_1}{(1 + r)^1} + \frac{CF_2}{(1 + r)^2} + \cdots + \frac{CF_n}{(1 + r)^n}$$

$$= \sum_{t=0}^{n} \frac{CF_t}{(1 + r)^t}$$

(10-1)

這裡CF_t表示第t期的現金流量，r表示專案的資金成本，n表示專案期間。現金流出(建造工廠或購買設備等支出)就是負的現金流量，在評估專案S跟專案L，只有CF_0是負的，許多其他大的專案如Alaska Pipeline、電力生產工廠，或新的波音噴射機，現金流出會是好幾年，直到開始營運才轉而會有正的現金流入。

在10%的資金成本下，專案S的淨現值會是78.82美元。

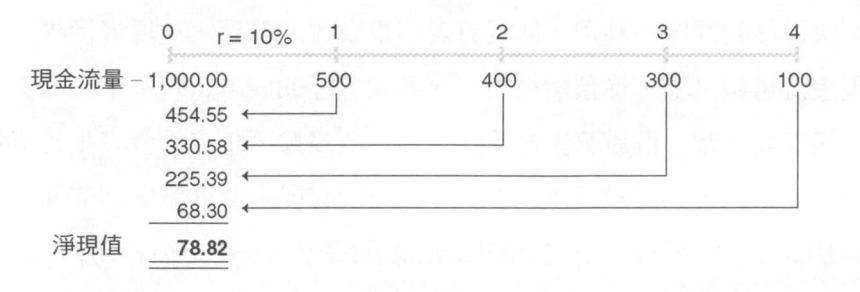

相似的過程，專案L的淨現值為49.18美元。在這個基礎下，假如兩個專案是獨立的話，兩個專案都應該被接受，但是如果是互斥的話，則專案S會被選擇。

只要使用公式10-1，計算NPV並不難，而且使用財務計算機的話效率更快。不一樣的計算機有不一樣的方法，不過通常會有「現金流量記入」的記憶功能。這是用來計算像專案S跟L(都是每年支付的現金流量)，像公式10-1都已經在財務計算機中格式化了，你需要輸入的只是每期的現金流量跟資金成本r，你可以利用你的計算機計算下面公式：

$$NPV_s = -1,000 + \frac{500}{(1.10)^1} + \frac{400}{(1.10)^2} + \frac{300}{(1.10)^3} + \frac{100}{(1.10)^4}$$

注意這個公式是計算NPV，你需要的只是要求你的計算機給你解答，你必須按下「NPV」的按鈕(有的計算機是 compute)讓計算機來計算你的答案，答案78.82美元就會顯示在你的計算機螢幕。

大部分的專案會比四年還久，在第十一章會討論，我們會經由許多步驟估計現金流量。為此財務分析師通常使用一個試算表，當我們決定資本預算的時候，專案S的

試算表如下(忽略第六列的IRR，在後面我們會討論)。

	A	B	C	D	E	F
1	專案S					
2	r =	10%				
3	時間	0	1	2	3	4
4	現金流量 =	−1000	500	400	300	100
5	NPV =	$78.82				
6	IRR =	14.5%				

在Excel，B5欄的計算公式為＝B4 ＋NPV(B2，C4：F4)，而且結果也是78.82美元，解決這樣的問題，利用一個試算表不是太大的問題。在現實世界中，會有很多數字在現金流量線之上，從預期銷售扣除各式各樣的成本還有稅率，如第四列的現金流量。不僅如此，當一個試算表被建立之後，改變輸入值來看會發生什麼情況是很容易的。例如，我們可以假設因為銷售不好導致所有現金流量都少15美元，或是資金成本提高為10.5%，使用Excel作這樣的改變來看NPV為多少是很容易的。

▶▶ 使用淨現值的合理性

使用NPV的合理性是很直覺的，專案NPV為0表示該專案的現金流量剛好足夠回收投入資本，並且滿足投入資本的必要報酬率。假如一個專案有正的淨現值，那表示它產生的現金比給負債跟股東的必要報酬還要多，且多的現金都給公司的股東。因此公司接受正NPV的專案，增加股東財富的價值。在我們的例子，如果公司接受了專案S，公司會增加股東財富78.82美元。如果接受專案L則增加49.18美元。從管理當局的觀點，很容易看出專案S優於專案L，NPV方法的邏輯也顯而易見。

NPV跟EVA(第三章有提到經濟附加價值)有直接的關聯，NPV等於專案未來EVA的現值，接受正的NPV意指一個正的EVA跟MVA(市場附加價值，或市場價值多於帳面價值的部分)，所以一個酬佣系統補償管理當局使用正的EVA，會促使他們在資本預算中使用NPV來做決策。

▶▶ 內部報酬率法

在第六章我們提到如何找出債券的殖利率或報酬率，假如你投資債券，並持有到

到期期間，收到所有承諾的現金流量可以YTM再投資。這些觀念在資本預算中被提及，當我們計算**內部報酬率法(internal rate of return, IRR)**時，IRR定義使NPV為0的折現率：

$$CF_0 + \frac{CF_1}{(1 + IRR)^1} + \frac{CF_2}{(1 + IRR)^2} + \cdots + \frac{CF_n}{(1 + IRR)^n} = 0$$

$$NPV = \sum_{t=0}^{n} \frac{CF_t}{(1 + IRR)^t} = 0$$

(10-2)

以專案S為例，以時間線表示：

$$-1,000 + \frac{500}{(1+IRR)^1} + \frac{400}{(1+IRR)^2} + \frac{300}{(1+IRR)^3} + \frac{100}{(1+IRR)^4} = 0$$

我們知道IRR的公式，所要做的就是找出IRR。

雖然沒有財務計算機要找出NPV也很容易，可是IRR則否。假如現金流量每一年都固定一樣，就像年金，我們有年金公式來計算IRR。然而假如現金流量並不固定，如資本預算中的例子，沒有財務計算機要計算IRR是困難的。沒有計算機，你就必須利用試誤法來解公式10-2，試用一利率讓公式的結果為0。如果不是，就試不一樣的利率，直到你找到公式的結果為0。讓NPV為0的折現率稱為IRR，現實中的長期專案，利用試誤法計算IRR是冗長乏味，而且是一項很耗時間的任務。

幸運地，財務計算機可以計算IRR，如同計算NPV一樣的步驟。第一步驟也是先把現金流量給輸入計算機。注意，我們不知道的是IRR，就是折現率讓等式為0，計算機已經有公式計算IRR，你只需要在計算機上按「IRR」這個指令，計算機就會顯現IRR於螢幕上。專案S跟專案L的IRR利用財務計算機就可以很容易地顯示出來：

$$IRR_s = 14.5\%$$
$$IRR_L = 11.8\%$$

利用計算NPV一樣的試算表計算IRR也同樣容易。在Excel中，我們只要在B6欄輸入公式：＝IRR(B4：F4)，以專案S而言，結果就是14.5%。

假如兩個專案有資金成本稱為**障礙利率(hurdle rate)**，10%，那麼內部報酬率法則意指假如專案是獨立的，那麼兩個專案都應該被接受，它們的預期報酬都能比資金成本所需還要高。假如它們是互斥的，那麼專案S會被接受，反之專案L會被拒絕，假如資金成本在14.5%之上，那麼兩個專案都應該被拒絕。

注意內部報酬率的公式，公式10-2是簡化自NPV公式10-1，找出特別的折現率讓NPV為0。所以兩個方法的基本公式是一樣的。但是在NPV裡，折現率r，是已知的且特定的，而IRR是讓NPV為0，然後找出其折現率(IRR)。

數學上來講，NPV跟IRR法在獨立專案上會導致同樣接受或拒絕的決策，這是因為當NPV為正的時候，IRR就會大於r。然而NPV跟IRR在互斥的專案上會有順序上的衝突，這個觀念我們等一下就會討論到。

▶▶ 使用內部報酬率法的合理性

為什麼要如此特別地計算一個專案的特別利率(IRR)？理由是邏輯所述：(1)專案的IRR代表它的預期報酬率，(2)假如IRR大於融資這項專案的資金成本，那麼剩餘的報酬可以分配給股東，(3)當IRR從事大於資金成本的專案可以增加股東財富。換句話說，假如IRR比資金成本還要來的小，接受專案會讓目前股東受損失，這是一種損益兩平的觀念，也讓IRR在評估資本專案的時候是這麼好用。

自我測驗

1. 在這個部分我們提到的四個決定資本預算排序的方法是什麼？
2. 詳述每一個方法，並說明如何合理的使用。
3. 哪兩個方法會導致在獨立的專案中有相同的決策？

比較淨現值法與內部報酬率法

在許多地方NPV方法會比IRR好，所以讓人很容易只用NPV。然而，IRR是許多公司熟悉執行的，在產業中廣泛被使用。可是它仍有一些優點，因此了解IRR也是同樣重要，這也解釋為什麼在互斥專案中一個較低的IRR專案會比較高IRR的專案還要占優勢。

▶▶ 淨現值剖面圖

一個畫出專案淨現值跟資金成本的圖，定義為專案的**NPV剖面圖(net present value profile)**。專案S跟專案L的剖面圖如圖10-4，建構NPV的剖面圖。首先注意沒有資金成本下的NPV，即為未折現的現金流量總和，所以零資金成本的NPV_S＝$300，$NPV_L$＝$400，這個值被標記在圖10-4中縱軸的截距，下一步我們計算5%、10%跟15%資金成本下的NPV，並標記這些價值，這四個點連成的圖就是我們要的圖。

回憶IRR是找一折現率讓NPV為0，所以NPV剖面圖中跟橫軸的交點表示專案的IRR，我們提供計算IRR_S跟IRR_L另一個更容易的方法，我們可以從圖看出它的正確性。

當我們將這些資料的點連起來，我們就畫出NPV剖面圖，NPV剖面圖在專案分析上非常好用，在往後的章節我們還會提到。

▶▶ 淨現值的順序決定自資金成本

如圖10-4所呈現的專案S跟專案L的NPV剖面圖會隨著資金成本增加而遞減。但注意專案L，當資金成本較低時有較高的NPV，而當資金成本比7.2%要高時，專案S有較高的NPV。對於資金成本的改變，專案L的NPV比專案S的NPV還要敏感，因為專案L的NPV剖面圖有較高的斜率，意指一單位的r變動會造成NPV_L變動比NPV_S要大。

回憶長期債券比短期債券對利率的敏感性還要大。同樣地，如果專案的大部分現金流量都發生在早期，那麼在資金成本增加時。專案NPV的減少就比較少，但是如果專案的現金流量都在後期發生，在高的資金成本下就會較不利；因此，專案L大部分

的現金流量發生在後期，如果資金成本較高就會較不利；反之專案S有較快的現金流量，受到高資金成本的影響就較小，所以專案L的NPV剖面圖會較陡峭。

▶▶ 評價獨立的專案

假如獨立專案要被評價，那麼NPV跟IRR會導致同樣的決策。如果NPV接受IRR也會接受。為什麼呢？假定專案L跟專案S是獨立的，看圖10-4，注意(1)IRR接受標準資金成本要比專案IRR來的低(或是在左邊)，(2)當專案的資金成本比IRR小，NPV會是正的。因此只要資金成本比11.8%要小，專案L不管用NPV或是IRR都會被接受，而如果資金成本大於11.8%，那麼兩個方法都會拒絕。專案S或是其他的獨立專案，都可以用同樣的方式分析，如果IRR接受，則NPV也會接受。

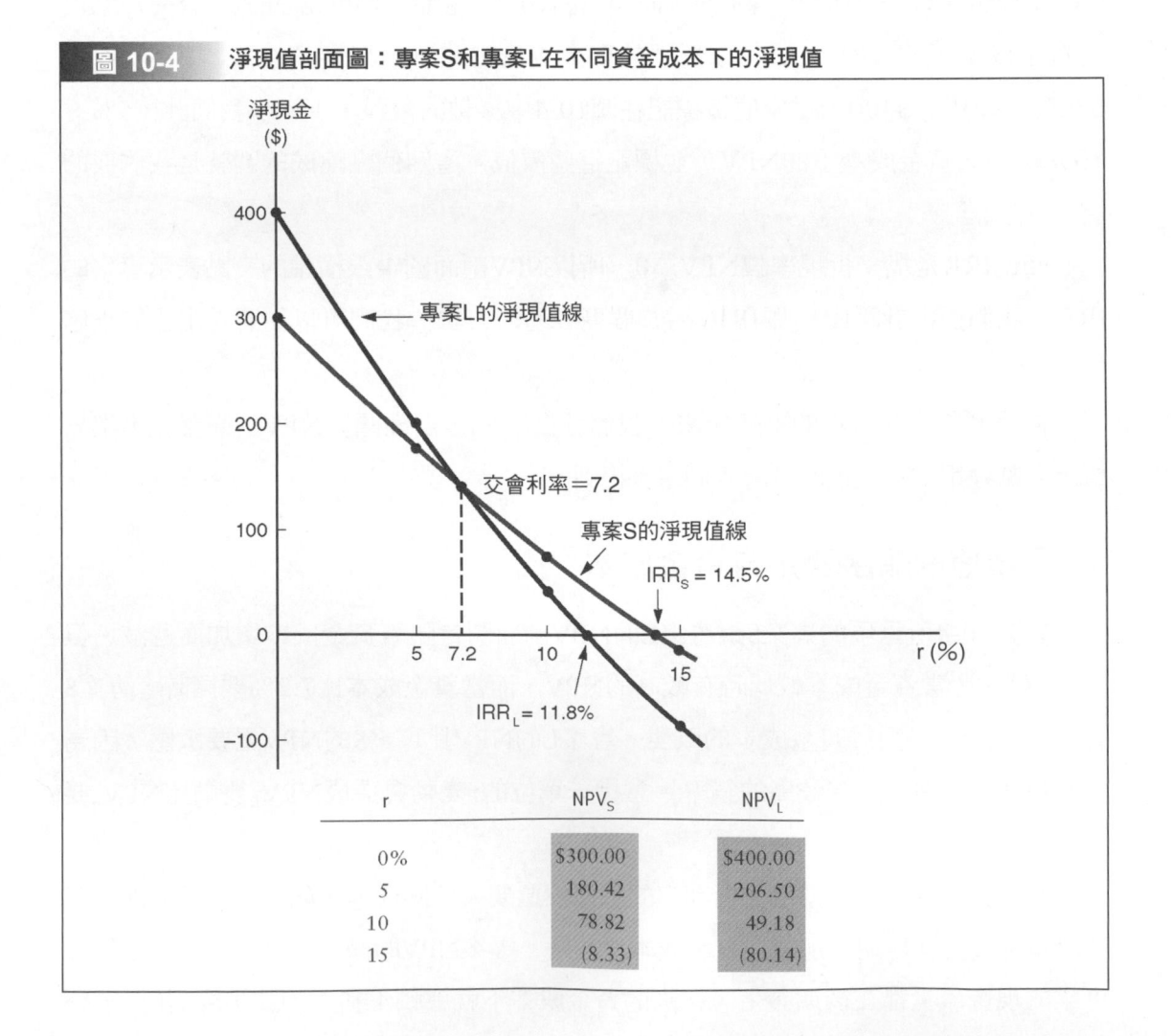

圖 10-4 淨現值剖面圖：專案S和專案L在不同資金成本下的淨現值

r	NPV$_S$	NPV$_L$
0%	$300.00	$400.00
5	180.42	206.50
10	78.82	49.18
15	(8.33)	(80.14)

▶▶ 評價互斥的專案

現在假定專案S跟專案L是互斥而非獨立，我們只能選擇專案S或專案L其中之一，無法兩個都接受。注意圖10-4，只要資金成本比7.2%高，(1)NPV$_S$要比NPV$_L$來的大，(2)IRR$_S$也超過IRR$_L$，假如r大於交叉值7.2%的話，那兩個方法都會偏向選擇專案S。如果資金成本小於交叉值的話，利用NPV方法的話專案L會較高，利用IRR方法的話專案S會較高，哪一個是正確的？邏輯說明NPV的方法是比較好的，因為它選擇專案讓股東財富增加最多的，但是是什麼導致衝突？

兩個基本的情況會造成NPV剖面圖交叉，所以會導致NPV跟IRR衝突：(1)當專案規模不相同，意指其中一個專案成本大於另一個，(2)時間差異性存在，意指兩個專案的現金流量發生點不相同，其中一個專案的現金流量發生在早期年數，而另一個現金流量發生在後期年數，如專案S跟專案L。

當規模或時間點有其中一個不同時，公司就會有不一樣的投資於不一樣的年度。兩個互斥的專案如何被選擇，假設一個專案成本比另一個要大，如果公司選擇另一個較小的專案，那麼公司會在t＝0時有較多的現金用於它處。同樣地，兩個規模相同的專案，如果其中之一的現金流入發生的較早，在我們的例子，專案S在早期提供比較多的現金流入，在這樣的情況下，不一樣的現金流量的再投資報酬率也是重要課題。

解決互斥專案衝突的關鍵是，現金流入早所帶來的好處有多少？早期現金流量的好處依賴於我們從這些現金流量可以獲得多少的利益，因為我們可以再投資獲得報酬。NPV方法隱含我們獲得的現金流量可以以資金成本利率再投資，而IRR方法假設可以以IRR的利率再投資。這個假設隱含在數學式折現過程上。

哪一個假設比較正確，是現金流量可以以資金成本再投資，或是專案的IRR？最好的假設是專案的現金流量可以以資金成本再投資，意指NPV方法比較具可信度。

我們重複說明，當專案是獨立的時候，NPV跟IRR會導致同樣的決策，然而當評價互斥專案的時候，尤其是那些規模或時間點不同的專案，NPV方法應該被採用。

▶▶ 多重內部報酬率

IRR方法也有一個不可靠的理由，當專案有不規則現金流量的時候。一個專案稱為**有規則的現金流量(normal cash flows)**，是指在一期或多期的現金流出後，緊接著一系列的現金流入。注意一般的現金流量只有一個符號轉折，從負的現金流量到正的

現金流量，之後則保持正的現金流量。**不規則的現金流量(nonnormal cash flows)**發生在不只一個符號轉折，例如專案一開始為負的現金流量，接著是正的現金流量，緊接著是負的現金流量。這樣的現金流量會有兩個符號轉折，從負到正的現金流量，又從正回到負的現金流量，所以它是不規則的現金流量，不規則現金流量的專案結果會有兩個或甚至更多的IRR，**多重內部報酬率(multiple IRRs)**。

考慮IRR的唯一公式：

$$\sum_{t=0}^{n} \frac{CF_t}{(1 + IRR)^t} = 0 \tag{10-2}$$

注意公式10-2是n的多次方，所以會有很多不一樣的根或解答，當投資專案是規則的現金流量時，除了一個根其他根都會是虛數(一期或多期的現金流出後，接著是一系列的現金流入)，所以會有唯一的IRR。然而多重實數根的機率升高，也就是多重IRR，當專案有不規則現金流量發生時(在營運的某一年度後發生負的現金流量)。

為了說明，假定一家公司考慮花費160萬美元去採礦(專案M)，礦坑會在第一年造成1,000萬美元的現金流入，接著第二年，1,000萬美元又必須花費來讓土地維持原來的情形，所以專案的預期現金流量如下(百萬美元為單位)：

預期淨現金流量

第0年	第1年底	第2年底
−$1.6	+$10	−$10

這個投資帶入公式10-2來計算IRR：

$$NPV = \frac{-\$160\ 百萬}{(1+IRR)^0} + \frac{\$1,000\ 百萬}{(1+IRR)^1} + \frac{-\$1,000\ 百萬}{(1+IRR)^2} = 0$$

當計算NPV＝0，我們獲得IRR＝25%跟IRR＝400%兩個答案。所以這個投資的IRR是25%也是400%。這個關係被顯示在圖10-5，注意到如果使用NPV法就不會有這種困境，我們利用公式10-1簡單計算NPV來評價這個專案。假設專案的資金成本為10%，那麼NPV為負0.77百萬美元，那麼專案應該被拒絕。但是如果r介於25%到400%之間，那麼NPV就會是正的。

這個例子說明多重IRR會產生在專案具有不規則現金流量時。反之，NPV方法可以簡單使用，這個方法在資本預算是正確的觀念。

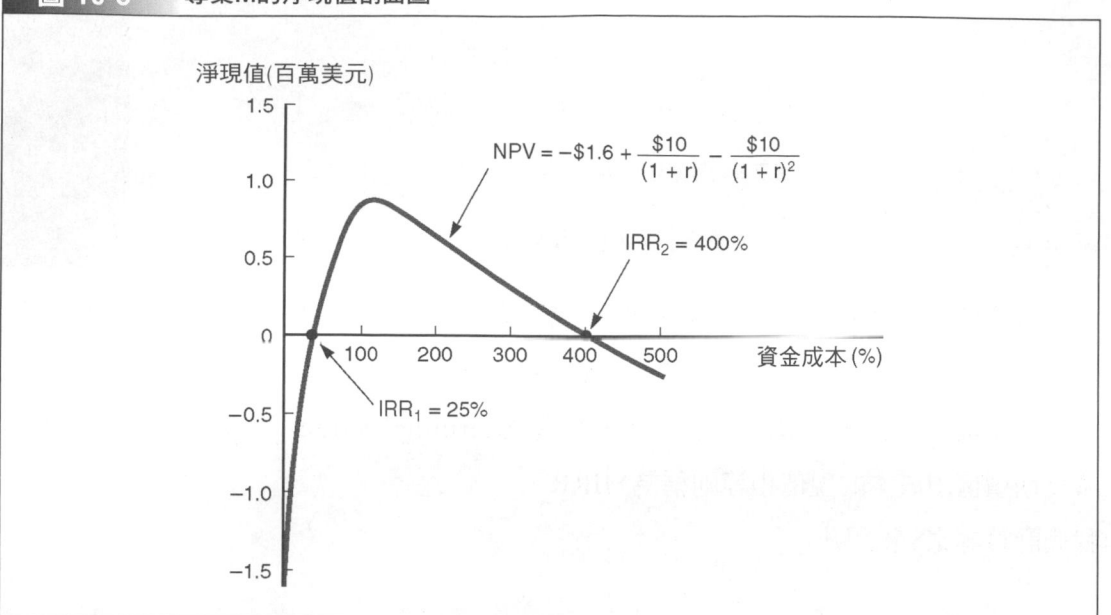

圖 **10-5** 專案M的淨現值剖面圖

1. 描述NPV剖面圖如何建立，並定義交叉利率。
2. NPV跟IRR方法在「再投資率」的假設中，有何差異？
3. 如果衝突存在，那麼應該以IRR或NPV為優先，為什麼？
4. 解釋規則跟不規則現金流量的差異，並指出它們跟多重IRR的關係。

修正內部報酬率法

　　不管學術如何偏好使用NPV，實際上研究仍顯示許多利用IRR勝於NPV。很明顯地，管理當局發現評價一個專案的報酬率比NPV所帶來的價值來的直觀。給定這個事實，我們可以設計一個比IRR規則要好的方法嗎？答案是肯定的。我們可以修正IRR並讓它成為一個獲利性的有力指標，由此更助於在資本預算中使用。這個新的方法稱為**修正內部報酬率法(modified IRR or MIRR)**，它定義如下：

$$\sum_{t=0}^{n} \frac{COF_t}{(1 + r)^t} = \frac{\sum_{t=0}^{n} CIF_t(1 + r)^{n-t}}{(1 + MIRR)^n}$$

$$成本的\ PV = \frac{終期價值}{(1 + MIRR)^n}$$

$$= 終期價值的\ PV$$

(10-2a)

這裡COF意指現金流出(負數)，或是專案的成本。CIF意指現金流入(正數)，r代表專案的資金成本，左邊項目是投資專案流出部分利用專案資金成本折現的現值，右邊項目是流入項目所計算的終值稱為終期價值(terminal value，或TV)。這個折現率讓終期價值跟成本的現值相等則稱為MIRR。

我們計算專案S來說明：

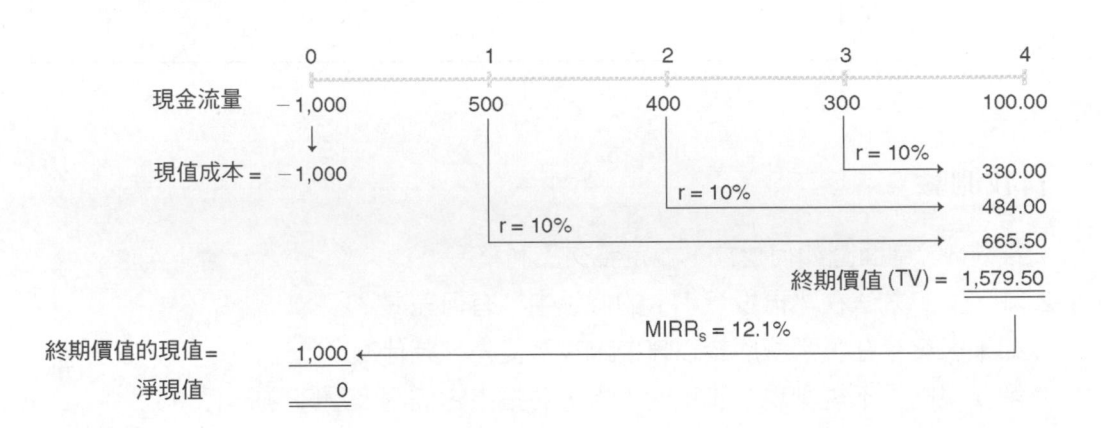

現金流量如時間線圖，第一把現金流入以資金成本10%計算終值。然後鍵入N＝4，PV＝－1000，PMT＝0，FV＝1579.5，然後鍵入 I 按鈕計算MIRR$_S$＝12.1%。同樣地，MIRR$_L$＝11.3%。

這個修正IRR的方法有明顯進步的改變，MIRR假設專案的現金流量可以以資金成本的利率再投資，而IRR是假定專案的現金流量可以以該專案的IRR再投資。因為以資金成本再投資一般而言是較正確的，修正內部報酬率法是一個顯示專案真實獲利性較好的指標，MIRR也消除多重IRR的問題。舉例說明，當r＝10%，專案M(採礦的專案)有MIRR＝5.6%，跟資金成本10%相比，應該被拒絕，這個跟利用NPV法的決策一樣，因為r＝10%時NPV＝－0.77百萬美元。

MIRR在互斥專案中的選擇會跟NPV一樣嗎？假如兩個專案有相同的規模跟同樣的專案期間，那麼兩個決策是一樣的，像專案S跟專案L的情形，假如NPV$_S$＞NPV$_L$，

那麼MIRR$_S$就會大於MIRR$_L$，像NPV跟一般IRR的衝突情況就不會發生。假如專案相同的規模，但是不一樣的專案期間，那麼MIRR會跟NPV導致相同的決策。假如兩個專案計算都是以最長期的專案年數來計算的話(短的專案就以現金流量0替代)，如果專案有不一樣的規模，那麼衝突仍然存在。假如我們在一個完全互斥的大專案跟小專案中做選擇，NPV$_L$＞NPV$_S$，但是MIRR$_S$＞MIRR$_L$。

我們的結論顯示，MIRR比一般的IRR更適合當一個專案的真實報酬率的指標，或是預期的長期報酬，但是NPV方法仍然是最好的方法，當我們在選擇專案時它提供了哪一個專案最好，且能帶給公司多少的價值。

✎ **自我測驗** ✎

1. 描述MIRR如何計算。
2. 說明MIRR跟一般IRR主要的不同之處。
3. 什麼情況會造成MIRR跟NPV方法的決策有所衝突？

獲利指數

另一個方法用來評價專案稱為**獲利指數(profitability index, PI)**：

$$PI = \frac{未來現金流量的現值}{期初投入成本} = \frac{\sum_{t=1}^{n} \frac{CF_t}{(1+r)^t}}{CF_0} \qquad (10\text{-}3)$$

這裡CF$_t$表示預期的未來現金流量，CF$_0$表示期初投入成本，PI表示專案的相對獲利性，或表示每一單位期初成本可獲得多少現值，專案S的PI，在10%的資金成本下，是1.079：

$$PI_S = \frac{\$1,078.82}{\$1,000} = 1.079$$

以現值的觀點而言，專案S每投資1美元的成本，就預期產生1.079美元的收益。專案L意指每一美元的投資會產生1.049美元。

如果專案的獲利指數PI比1還要大時應該被接受，越高代表專案的順序越優，所

以專案S跟專案L如果是獨立的話則兩個專案都會被接受。如果是互斥，那麼專案S的順序比專案L來的前面。

數學上來說，NPV、IRR、MIRR跟PI方法在獨立的專案下通常都會導致同樣的決策，假如一個專案有正的NPV，那麼IRR跟MIRR都會大於r，PI也會比1大。然而這個方法在互斥專案時會有衝突，在下一小節會討論更仔細。

自我測驗

1. 解釋PI如何被計算，它衡量什麼？

資本預算方法結論

我們已經討論六個資本預算決策的方法，比較彼此的優點與缺點。我們可能建立有經驗的公司在決策過程的印象只會使用一種方法NPV。然而事實上所有的資本預算決策都用電腦來分析，它是容易且可以計算所有的決策指標：回收期間法、折現回收期間法、NPV、IRR、MIRR、PI。在做接受或拒絕的決策，大部分大的且較有經驗的公司會考慮所有的衡量方法，因為每一個方法提供了不一樣的資訊。

回收期間法跟折現回收期間法提供一個關於專案風險跟流動性的指標，較長的回收期間意指：(1)投資成本會被套牢於好幾個年度，專案相對的則缺乏流動性，(2)專案的現金流量必須在較遠的未來被預測，因此專案可能具有相當風險的。一個好的比方是債券評價的過程，一個投資者不會比較兩個債券的殖利率。如果沒有考慮到它們的到期期間，因為債券的風險程度會受到期期間不同所影響。

因為NPV直接衡量專案能帶給股東多少的利益，所以它是重要的，因此我們認定NPV為最好的衡量獲利性指標。IRR也是衡量獲利性，它是表示報酬率形式，這也是許多決策者較喜歡的地方。更進一步，IRR隱含專案安全邊際(safety margin)的資訊。舉例說明，考慮下列兩個專案，專案S(比較小)成本為10,000美元預期一年後會有16,500美元的回收，而專案L(比較大)成本為100,000美元，且預期一年後會有115,000美元的回收，在資金成本為10%之下，兩個專案都有NPV為5,000美元，所以NPV法則顯示兩個專案並無不同。然而專案S有比較大的誤差邊際，假如它的實質現金流入是39%，低於預期的16,500美元，公司仍然可以回收其投資成本10,000美

元。如果專案L是13%於預期的115,500美元，那麼公司無法回收期初投資成本。進一步地說，如果未產生現金流入，專案S只會損失10,000美元，而專案L則會損失100,000美元。

NPV沒有提供關於安全邊際的資訊，隱含預期現金流量跟資本的風險。然而，IRR有提供安全邊際的資訊，專案S的IRR大至65%，而專案L的IRR只有15.5%。即使專案S的實質報酬降低相當大的部分，它仍然可以創造金錢。MIRR有IRR的所有優點，而且(1)它結合一個比較好的再投資報酬率假設，(2)它避免了多重報酬率的問題。

PI衡量專案相對於成本的獲利性。如同IRR，它也提供專案的風險指標，因為高的PI意指即時現金流量有相當大的減少，專案仍然可以保持獲利。

不一樣的衡量指標提供不一樣的資訊給決策制定者，即使計算很容易，在決策過程中都必須考慮。某些特定的決策，也許會偏好於某一種衡量指標，它忽略其他衡量指標的資訊仍然是愚蠢的。

忽略資本預算方法所提供的資訊是愚蠢的，做決策只依賴一種方法也會是愚蠢的。沒有人在t＝0時可以知道精準的現金流量，假如這個輸入值是錯誤的，被用來計算NPV跟IRR等也是錯誤的。所以數量方法提供有價值的資訊，但是在資本預算決策當中不應該被當作唯一的判斷準則。意指管理當局使用數量方法在決策過程中，也需要考慮所有實際情形可能與預測不符。質的因素，例如稅的增加或戰爭，都需要被考慮到。總結，像NPV跟IRR般的數量方法可以幫助決策過程，但是不能替代管理當局的判斷。

管理當局必須被質問關於專案有高的NPV，高的IRR跟高的獲利性的敏感問題。在完全競爭市場，並不會有正的NPV專案，所有公司有相同的機會，因為競爭會讓有正的NPV專案馬上被執行而消失。所以正的NPV通常被認定在資訊不完美的市場情況才有，而且專案的期間越長，不完美越存在。因此，管理當局必須認定不完美且在接受專案之前解釋為什麼堅持專案有正的NPV。有根據的解釋也許會包括像專利權或專利技術，就像製藥跟軟體公司如何創造正的NPV專案。就像Aventis's Allegra®過敏藥商跟Microsoft's windows XP®營運系統的例子。公司通常創造正的NPV，當第一次進入新市場或是製造新產品且面對先前未知的消費需求。3M創造Post-it®就是一個例子。同樣地，Dell發展微電腦的直接銷售製造流程，這個過程製造了巨大的NPV。如Southwest Airlines訓練跟刺激員工以勝過他們的競爭對手，也帶來正的NPV。在

這些例子，公司發展競爭優勢，而競爭優勢的結果也造成正的NPV專案。

這個討論支持了三件事情，(1)假如你無法發現一個理由證明專案有正的NPV，那麼也許實際NPV就不是正的；(2)正的NPV專案不會平白無故發生，它們發生在努力工作來發展競爭優勢；(3)一些競爭優勢可以延遲好幾年，因為其耐久性取決於競爭對手有無能力取代它。專利權、稀有資源的控制權，或是有經濟規模的大公司可以取得競爭力。然而取代沒有專利的產品特色是容易的，管理當局應該努力發展無法取代的競爭優勢，而且如果優勢無法具體化，就應該質問你的高NPV專案，尤其是那些有長時間的專案。

自我測驗

1. 描述本章中提及到六個資本預算方法的優缺點。
2. 資本預算決策可以單獨決定於專案的NPV嗎？
3. 專案具有高NPV的可能理由是什麼？

企業實務

於1993年調查《財富》雜誌(*Fortunes*) 500大產業公司的資本預算方法結果如下：

1. 許多公司使用某種程度的DCF方法。在1955年，相似的研究報告提出只有4%的公司使用DCF方法，因此，使用DCF法的公司逐漸地增加。

2. 在Bierman調查中顯示，回收期間法有84%的比例被公司所使用，然而沒有公司把它當作主要方法，大部分的公司把重心置於DCF方法。在1955年，類似的調查顯示回收期間為主要的方法。

3. 在1993年，《財富》500大公司有99%使用IRR方法，85%使用NPV法，大部分公司實際上兩個方法都使用。

4. 在Bierman調查中93%公司在資本預算過程中計算加權平均資金成本，少部分的公司以同樣的WACC計算所有的專案，但有73%調整公司的WACC來因應專案的風險，有23%做調整來反應部門風險。

5. 類似的調查讓Bierman證明有很大的趨勢，大家接受學術界的建議，至少大公司是如此。

另一個1993年的研究，Joe Walker、Richard Burns 跟Chad Denson (WBD)所做，注重在小型公司。WBD開始發現小型公司也有同樣的趨勢，但是只有21%的小型公司使用DCF方法，跟Bierman調查將近100%的大公司使用。在WBD它們的樣本中，越小公司使用DCF法的比例越低，WBD注重在為什麼小型公司比大型公司使用DCF法的頻率要來的低，調查顯示有三個主要的理由：(1)小型公司主要關注於流動性，最好的方法則是回收期間法；(2)缺乏對DCF法的熟悉；(3)相信小型規模的專案讓DCF法沒有那麼大的影響。

一般結論是你可以從研究發現，大型公司必須且使用我們建議的過程，而小型公司的管理者，尤其對未來成長有熱誠的管理者，必須至少了解DCF法的過程來讓決策過程有足夠的合理性，並當電腦技術讓小型公司使用DCF方法更容易且成本更低時，有越來越多的競爭者使用這個方法，剩下的管理者必須學習使用DCF的方法才行。

自我測驗

1. 從研究調查當中可以獲得哪幾個想法？

事後審核

在資本預算決策過程中一個重要的觀念是**事後審核(post-audit)**，包括：(1)比較實際結果跟那些由專案提倡者的預測，(2)解釋差異為什麼發生。例如，許多公司在專案執行之後，要求營運部門前六個月每個月要有報告，還有季報，直到專案結果如預期般。也因此，營運報告被視為審核一般營運的基礎。

事後審核有三個主要目的：

1. 改善預測。當決策者的預測跟實際結果相比時，傾向改善估計。有察覺到的或未察覺到的偏誤會被發現或消除。新的預測方法會被尋找出來。人們傾向把每一件事情做的更好，包括預測，假如他們知道他們的行動可以被預期。

2. 改善營運。事業是由人們所經營的，人們可以表現出高或低的效率。當一個部門團隊預測一項投資，它的成員們如果事後審核來評估，通常會努力改善營運。在這個討論的觀點，一個執行者描述「你們學者，通常關注於如何製造一個好的決定，但是在生意上，我們關注於如何讓決定做的更好。」

3.判斷終止的機會。雖然透過手上的資訊可以幫助我們決定從事這個專案也許是對的，但是事情通常不如預期。事後審核可以幫助我們判斷專案是否要終止，因為它們失去經濟的可行性。

事後審核的結果通常：(1)多數成本抵減專案的NPV通常會超過預期的專案NPV一點點；(2)擴充專案NPV通常會低於他們的預期NPV一點點；(3)新產品跟新市場專案通常會不合乎要求相對較大的數值。所以偏誤看似存在，而且許多公司了解後，進而修正跟設計更好的資本預算過程。觀察企業跟政府單位後，我們的建議是最好跟最成功的組織需非常強調事後審核。因此，我們認為事後審核也是一個資本預算系統中的重要因素。

自我測驗

1. 事後審核怎麼做？
2. 解釋許多事後審核的目的。

現金流量評價的特別方法

不使用NPV方法可能在互斥不同期間的專案中導致錯誤，但有一些情況是資產不一定會運作於整個期間，下面部分解釋如何評價這種情況。

▶▶ 比較不同期間的專案

注意重置的決定涉及比較兩個互斥的專案，保持現有舊的資產或買新的。當從兩個互斥且時間不相等的專案中選擇調整是必須的。例如，假定一個公司計劃讓製造更便利，考慮一個傳送帶系統(專案C)或一些起貨機卡車(專案F)來運輸。圖10-6顯示兩個互斥專案的預期淨現金流量跟專案的NPV，我們看專案C，當我們以公司11.5%的資金成本，會有比較高的NPV表示它是比較好的專案。

雖然圖10-6的NPV顯示專案C應該被選擇，這個分析卻是不完整的，而且實際上選擇專案C是錯誤的。假如我們選擇專案F，我們有機會在三年後做類似的投資，而且它的成本跟利潤會如圖10-6中情況一樣，第二次的投資也會是獲利的。有兩個不一

樣的方法可以正確地比較專案C跟專案F，第一個方法是**等值現金流量法(equivalent annual annuity, EAA approach)**，第二個是**重置鏈方法(共同的時間)，〔replacement chain(common life)approach〕**。關於未來通貨膨脹率跟效率利益，兩個方法理論上都正確，但是重置鏈方法在實務上是最被廣泛使用，因為它很容易應用於試算表且讓分析者結合各種假設。基於這些理由，這裡我們注重重置鏈方法。我們提供詳細描述關於EAA方法在本章的網站附錄中，同時還有**CF2 Ch10 Tool Kit.xls**說明這兩個方法。

重置鏈方法的關鍵是分析，讓兩個專案有相同的期間。在這個例子，我們可以找出六年期專案F的NPV，利用這個延伸的NPV跟專案同為六年期的專案C的NPV相互比較。專案C的NPV計算如圖10-6已經是六年期的。然而專案F我們必須增加第二個專案來延長專案的期間並且結合為六年，我們假定(1)專案F的成本跟每年的現金流入不會改變，假如專案在三年後被重新複製，(2)資金成本保持11.5%不變：

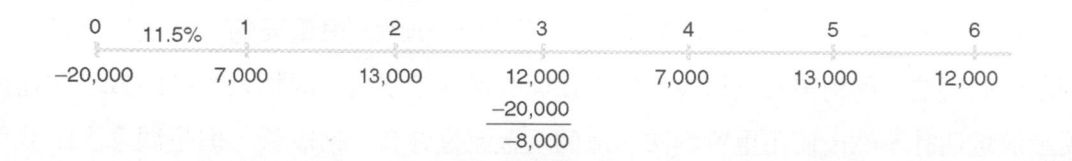

NPV在11.5%為$9,281；IRR為25.2%

延長專案F的NPV為9,281美元，而IRR為25.2%，(延長專案F的IRR跟原本專案F的IRR相同)，因此延長期間為六年的專案F的NPV比NPV為7,165美元的專案C還要高，專案F應該被選擇。

我們何時關注不同期間的分析？不同期間的課題：(1)不發生於獨立專案，(2)發生在完全互斥專案且專案期間明顯不同時。即時完全互斥的專案，將專案延長為相同期間的分析並不是那麼適用的。實際上這只會發生在很高的機率專案可以被複製的時候。

這樣的分析有一些潛在嚴重的缺點值得我們注意：(1)假如通貨膨脹率是預期的，那麼重置裝備應該會有較高的價格。進一步來說，銷售費用跟營運成本都會改變，所以在這種情況下分析就會是白費的。(2)重置發生不如預期，因為可能會使用新的技術，這也會改變現金流量。(3)一個專案的期間估計就有足夠的難度，更何況是一系列的專案期間。

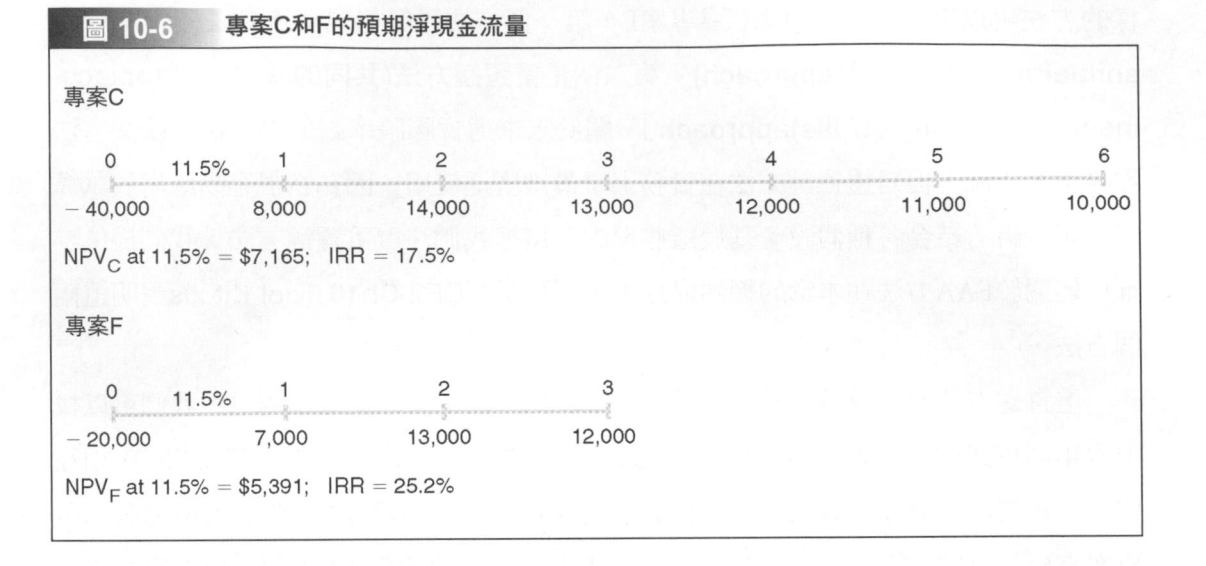

圖 10-6 專案C和F的預期淨現金流量

專案C

| 0 | 11.5% | 1 | 2 | 3 | 4 | 5 | 6 |

− 40,000   8,000   14,000   13,000   12,000   11,000   10,000

NPV$_C$ at 11.5% = $7,165;   IRR = 17.5%

專案F

| 0 | 11.5% | 1 | 2 | 3 |

− 20,000   7,000   13,000   12,000

NPV$_F$ at 11.5% = $5,391;   IRR = 25.2%

因為這些問題，有經驗的財務分析者不會特別比較兩個互斥的專案，可能是8年或10年的不同期間。給定估計過程的不確定性下，這兩個專案通常都會假設有相同的生命期間。但是關注互斥專案的專案期間明顯不同仍然是很重要的，當我們實際上遇到這樣的問題，利用電腦試算表來建立預期的通貨膨脹率，或加入可能的效率利益於現金流量估計，然後使用重置鏈法。這個現金流量會有一點複雜，但是觀念上跟我們的例子所包含意思卻是相同的。

▶▶ 經濟期間與實質期間

專案分析通常假設公司營運這個資產的所有實質期間，然而這也許不是最好的行動過程——公司也許終止專案於到期之前是最好的，這個機率可以實質地影響專案估計的獲利性。表10-1的情況說明這個觀念對資本預算的影響。殘值列於第三列是稅後，且在專案A的每一年都估計。

表 10-1 | 專案A：投資、營運和殘值現金流量

年度 (t)	原始投資(第0年)和 稅後、營運現金流量	淨殘值 (t年年末)
0	($4,800)	$4,800
1	2,000	3,000
2	2,000	1,650
3	1,750	0

用10%的資金成本，三年的營運現金流量跟0放棄價值(殘值)，預期的NPV是負14.12美元：

```
0        10%      1              2              3
|─────────────────|──────────────|──────────────|
($4,800)        $2,000         $2,000         $1,750
                                                  0
```

$$NPV = -\$4,800 + \$2,000/(1.10)^1 + \$2,000/(1.10)^2 + \$1,750/(1.10)^3$$
$$= -\$14.12$$

因此，如果假設在完全營運三年之下，專案A不會被接受。如果專案於營運兩年後終止的NPV是多少？在這個例子，我們會收到第一跟第二年的營運現金流量，加上第二年底的殘值，此時專案的NPV為34.71美元：

```
0        10%      1              2
|─────────────────|──────────────|
($4,800)        $2,000         $2,000
                                1,650
```

$$NPV = -\$4,800 + \$2,000/(1.10)^1 + \$2,000/(1.10)^2 + \$1,650/(1.10)^2$$
$$= \$34.71$$

所以，假如我們營運且在第二年就終止它，那麼專案A將具獲利性。為了讓分析更完整，注意假如專案在第一年就被終止，那麼專案的NPV會是負254.55美元，所以專案的最適時間為兩年。

這類分析用來決定專案的**經濟期間(economic life)**，就是讓專案NPV最大且讓股東價值最大。對專案A而言，經濟期間是兩年，而三年為其**實質期間(physical, or engineering life)**。注意這個分析依賴於預期現金流量跟預期殘值，通常在殘值很高的情況下這類的分析就會在資本預算中被考慮進去。

 **自我測驗**

1. 簡短說明重置鏈方法。
2. 定義專案的經濟期間(相對於實質期間)。

最適資本預算

最適資本預算(optimal capital budget)是讓專案可以使公司價值最大化。財務理論描述所有NPV為正的專案都應該被接受，最適資本預算包括所有正的NPV專案。然而在實務上兩個問題就產生了(1)遞增的邊際資金成本，(2)資本限額。

▶▶ 遞增的邊際資金成本

資金成本仰賴資本預算的規模。如第九章所描述的，發行新股跟公開舉債的發行成本都相當的高，這意指資金成本會提高，當公司投資完所有內部產生的現金且必須發行新股時。另外，投資者認為巨大的資本投資是較具風險的，當資本預算的規模增加的時候會提高資金成本。結果是一個專案也許在正常規模的資本預算下會有正的NPV，但是相同的專案在不平常的巨大資本預算時則會有負的NPV。幸運地，這個問題對大部分公司而言很少發生，對已經建立的公司發行新股也是不常發生的。在本章網站附錄中提供對於這個問題更詳細的討論，且說明如何處理遞增邊際資金成本的問題。

▶▶ 資本限額

Armbrister Pyrotechnics，一家爆竹煙火跟燈光雷射的製造商，找出了40個潛在的獨立專案，在公司資金成本12%下有15個專案有正的NPV。執行這15個專案的總成本為7,500萬美元。依據財務理論，最適資本預算為7,500萬美元。Armbrister必須接受這15個NPV為正的專案。然而Armbrister管理當局在接下來的一年有5,000萬美元的資本支出限制，因為這個限制，公司必須放棄一部分增加價值的專案，這是**資本限額(capital rationing)**的一個例子，定義為公司有資本限制而且小於最適資本預算的需要額度。這在實務上相當常見。

為什麼公司放棄增加價值的專案？這裡有一些可能的解釋、建議跟比較好的方法來處理這些情況：

1. 不願意發行新股。許多公司極端地反對發行新股，所以它的資本花費大多源自於內部產生的資金跟負債。而且許多公司試著保持在最適資本結構附近，所以會有權益限制。這個結果會限制許多投資於新專案的資金。

不願意發行新股可能有三個理由：(1)發行成本非常地高，(2)投資者會認為發行新股代表公司權益高估的訊號，(3)公司會顯露誘因策略資訊給投資者，這會降低它的競爭優勢。為了避免這些成本，公司會限制它的資本支出。

然而一家公司與其限制資本支出，不如將外部資金上升的成本加入其總資金成本，假如仍然有正的NPV，即使用高的資金成本，公司仍應執行這個專案。可以參見網站附錄有關於遞增邊際資金成本的項目。

2. 非現金項目的限制。有時候是公司沒有必要的管理、行銷或技術能力來立刻接受所有正的NPV專案。換句話說，實質上潛在的專案並非獨立，因為公司沒有辦法全部都接受。許多公司就會避免這種問題，有的公司限制資本預算到一定的規模是因為現有的人力無法容納。

一個好的解決方法是利用**線性規劃(linear programming)**，每一個潛在的專案有預期的NPV，而且每一個潛在的專案需要不同水準的支援，來自不同種類的員工。線性規劃可以辨識這些NPV最大化的專案，限制這些專案所需要的支援不會超過可用的支援。

3. 控制估計偏誤。當估計一個專案的現金流量時，許多管理者會變得過度樂觀。有些公司試著去控制估計偏誤，藉由要求管理當局使用一個不真實且高的資金成本。其他方法則試著藉由限制資本預算的規模來控制偏誤。當管理當局很快地學習這個遊戲方法，增加估計專案的現金流量，則這兩個方法仍是可以變得較有效率，畢竟偏誤一開始就有了。

最好的解決方法是執行事後審核，並連結預測的正確性到管理當局的薪酬計畫。

 **自我測驗**

1. 什麼因素導致遞增的邊際資金成本？如何影響資本預算？
2. 什麼是資本限額？
3. 三個資本限額的解釋是什麼？公司如何處理這種情況？

總結

這個章節描述了六個技巧用來從事資本預算分析：(回收期間法、折現回收期間法、NPV、IRR、MIRR、PI)每一個方法提供不一樣的資訊，因為這個世代的電腦容易計算，所以管理者在評價專案時通常會參考所有的方法。然而，NPV是最好的衡量指標，現在幾乎所有的公司使用NPV，本章要點列舉如下：

- 資本預算是分析潛在專案的過程，資本預算決策也是管理者最重要的事情。

- 回收期間法定義為需要多少年的現金流量才可以回本，一般的回收期間法未考慮到貨幣的時間價值，忽略回收期間後的現金流量，但是回收期間法仍然提供專案的風險跟流動性的指標。

- 折現回收期間法相似於回收期間法，除了利用專案的資金成本折現現金流量，它還考慮貨幣的時間價值，但也忽略回收期間後的現金流量。

- 淨現值法(NPV)以專案的資金成本折現所有的現金流量並且加總起來，當NPV為正時，專案應該被接受。

- 內部報酬率法(IRR)定義為一折現率讓專案的NPV為0，當專案的IRR大於專案的資金成本時應該接受。

- 獨立的專案NPV跟IRR法會有相同的決定，但是如果專案是互斥的，那麼衝突就會產生。假如衝突產生，那麼NPV法會被使用。NPV跟IRR都優於回收期間法，但是NPV優於IRR。

- NPV假定現金流量可以以專案的資金成本再投資，而IRR假定可以以專案的IRR再投資。以資金成本再投資一般而言會是一個比較好的假設。

- 修正內部報酬率法(MIRR)修正一般IRR的問題，MIRR包括現金流入的終期價值(TV)是以資金成本來計算，然後決定折現率讓終期價值現值跟現金流出的現值相同。

- 獲利指數(PI)證明獲利的現值除以期初投入成本，衡量相對的獲利性。

- 有經驗的管理當局會考慮所有的專案評價法，因為每一個評價法都提供有用的資訊。

- 事後審查法是資本預算的一個關鍵。藉由比較實際情況跟預測情況的結果來決定為什麼會不一樣，決策者可以改進營運跟專案預測的結果。

- 小型公司傾向使用回收期間法勝於現金流量折現法，這也許是合理的因為：(1)利用DCF分析的成本也許會超過目前專案所帶來的利益，(2)公司的資金成本無法正確地估計，(3)小型公司擁有者考慮非貨幣的目標。

- 假如互斥專案有不同的期間，那麼調整讓彼此的專案期間相同來分析就是必須的，這個方法叫做重置鏈法。

- 一個專案的真實價值也許會比實質期間的NPV還要高，假如專案終止於專案的經濟期間的話。

- 不平常大規模的資本預算計畫會隨著發行成本跟增加風險而讓邊際資金成本提高。

- 資本限額發生在當公司於某特地時期對公司的資本預算有限制時。

問題

(10-1) 定義下列名詞：

a. 資本預算；一般回收期間法；折現回收期間法

b. 獨立專案；彼此互斥專案

c. DCF技巧；淨現值法(NPV)；內部報酬率法(IRR)

d. 修正內部報酬率法(MIRR)；獲利指數(PI)

e. NPV剖面圖；交叉利率

f. 不規則現金流量；規則現金流量；多重IRR

g. 門檻利率；再投資利率假設；事後審核

h. 重置鏈；經濟期間；資本限額

(10-2) 專案分類計畫如何使用在資本預算過程？(舉例，重置，擴充於新市場等等)

(10-3) 解釋為什麼較長期專案的NPV，定義為現金流量有較高的比例是產生於後期的，會比短期專案的NPV較敏感於資金成本的改變？

(10-4) 假如兩個互斥專案相比，在資金成本較高的情況下，較短期的專案在NPV法下會有優先順序，但是在資金成本低下的長期專案會較優先，資金成本的改變也會影響IRR的判斷順序嗎，解釋為什麼？

(10-5) 關於NPV、IRR、MIRR中再投資假設有什麼觀念？什麼假設？

(10-6) 假定一家公司考慮兩個互斥的專案，一個有六年另一個有10年期長，利用重置鏈方法會讓NPV有偏誤嗎？請解釋。

自我測驗

(ST-1) 你是Hittle公司的財務分析師，董事會的資本預算要求你分析兩個資本投資：專案X跟Y。每一個專案需要10,000美元的成本，而且資金成本皆為12%，專案的預期淨現金流量如下：

年	預期淨現金流量	
	專案 X	專案 Y
0	($10,000)	($10,000)
1	6,500	3,500
2	3,000	3,500
3	3,000	3,500
4	1,000	3,500

a. 計算每一個專案的回收期間、NPV、IRR、MIRR。

b. 哪一個專案須被接受或拒絕，假設專案是獨立的。

c. 哪一個專案須被接受或拒絕，假設專案是互斥的。

d. 資金成本變動如何造成NPV跟IRR的衝突？這個衝突在$r=5\%$時會存在嗎？(提示：畫NPV跟IRR剖面圖)

e. 為什麼這個衝突會存在？

習題

(10-1) 專案K成本為52,125美元，預期淨現金流入為每年12,000美元且長達8年，資金成本為12%。

a. 資金成本的回收期間？(最接近的年)

b. 專案的折現回收期間？

c. 專案的NPV？

d. 專案的IRR？

e. 專案的MIRR？

(10-2) 你的部門考慮兩個投資專案，每一個預期花費1,500萬美元，你估計投資
會產生如下的淨現金流量：

年	專案 A	專案 B
1	$5,000,000	$20,000,000
2	10,000,000	10,000,000
3	20,000,000	6,000,000

假定資金成本為10%、5%、15%時，這兩個專案的淨現值分別為多少？

(10-3) Edelman Engineering在今年資本預算中考慮兩個設備，一輛卡車和滑輪系
統。專案是獨立的，卡車的現金支出為17,100美元，而滑輪系統為22,
430美元，公司的資金成本為14%。稅後的現金流量包括折舊如下：

年	卡車	滑輪
1	$5,100	$7,500
2	5,100	7,500
3	5,100	7,500
4	5,100	7,500
5	5,100	7,500

計算每一個專案的IRR、NPV跟MIRR，並做出正確的決定。

(10-4) Davis Industries必須選擇電力或瓦斯的起貨卡車來搬運工廠的原料，兩個
起貨卡車有相同特色，公司必須選其一。(它們是互斥的專案)，電力發動
的起貨卡車成本比較高，花費22,000美元，瓦斯動力的起貨卡車成本為
17,500美元，資金成本為12%，兩個卡車估計年限皆為6年，而且期間電
力動力會產生每年淨現金流量6,290美元，而瓦斯動力則會產生每年5,000
美元的淨現金流量。每年的淨現金流量包含折舊費用。計算兩個種類卡車
的NPV跟IRR，並決定哪一個應該被採用。

(10-5) 專案S成本為10,000美元，預期帶來現金流量每年3,000美元且持續五年。
專案L成本為25,000美元且每年產生現金流量7,400美元持續五年。假如資
金成本為12%，計算專案的NPV、IRR、MIRR、PI。假定專案彼此是互

斥的，則在每個方法下哪一個專案會被選擇？最正確的選擇為何？

(10-6) 你的公司考慮兩個互斥的專案：X跟Y，成本跟現金流量如下所述：

年	X	Y
0	($1,000)	($1,000)
1	100	1,000
2	300	100
3	400	50
4	700	50

專案有相同的風險，且資金成本為12％，你必須利用MIRR法做一個建議，哪一個專案在MIRR法下會比較好？

(10-7) 在Colorado山中發現新的金礦後，CTC Mining公司必須決定要開礦或保存。最花成本且最有效率的方法是硫酸萃取法，這個過程也會對環境造成傷害。從事這樣的萃取，CTC必須花費900,000美元的採礦設備，165,000美元的設置費用。而金礦會連續五年產生每年350,000美元的現金流量，假定CTC的資金成本為12％，為解決這樣的問題。假設現金流入發生在每年的期末。

a. 專案的NPV跟IRR為多少？

b. 專案應該被進行嗎？忽略環境因素的考量。

c. 當評估專案時環境因素如何被考慮？是會否影響b的答案。

(10-8) Cummings產品公司考慮兩個互斥的投資專案，專案的預期淨現金流量如下：

年	預期淨現金流量	
	專案 A	專案 B
0	($300)	($405)
1	(387)	134
2	(193)	134
3	(100)	134
4	600	134
5	600	134
6	850	134
7	(180)	0

a. 建立專案A跟專案B的NPV剖面圖。

b. 專案的IRR為多少？

c. 假如每個專案的資金成本為10%，哪個專案會被選擇？如果資金成本為17%，哪個選擇較適合？

d. 當資金成本為10%時專案的MIRR為多少？在17%時呢？

e. 交叉利率是多少，又象徵什麼？

(10-9) Ewert Exploration公司考慮兩個萃取石油資產的互斥計畫。兩個計畫需花費10,000,000美元的成本。在A計畫中，石油萃取一年並產生現金流入12,000,000 美元在t＝1時，B計畫中，每年1,750,000美元的現金流入並且持續20年。

a. 假如從事計畫B而非A，那麼每年會產生多少可運用的現金流量？

b. 假如公司接受計畫A，然後把額外的現金流入再投資，那麼再投資報酬率要多少才能讓產生的現金流量跟計畫B一樣？

c. 假定公司的資金成本為10%，接受所有可行的專案(平均風險)提供報酬率大於10%是合乎邏輯的嗎？假如所有專案都提供大於10%以上的報酬，那麼這是否意指從過去投資的現金流量其機會成本是資金成本10%？最後，資金成本是否會再投資報酬率好的假設？

d. 建立計畫A跟B的NPV剖面圖，並說明專案的IRR跟指出交叉利率。

(10-10) Pinkerton Publishing公司考慮兩個互斥擴充計畫。計畫A需花費5,000萬美元的大規模，預期會產生每年800萬美元的現金流量且持續20年。計畫B需要花費1,500萬美元，預期產生每年340萬美元也一樣持續20年。公司的資金成本為10%。

a. 計算每個專案的NPV跟IRR。

b. 劃出計畫A跟計畫B的NPV剖面圖。

c. 試給一個符合邏輯的解釋，為什麼在再投資率跟機會成本的基礎下，NPV法會比IRR法好，當公司的資金成本為10%。

(10-11) Ulmer Uranium公司決定是否繼續採礦，淨成本是440萬美元，在第一年底淨現金流入預期為2,770萬美元，第二年又必須花費成本2,500萬美元讓土地回復原狀。

a. 試做NPV剖面圖。

b. 如果r＝8％，r＝14％，專案是否應該被接受？解釋理由。

c. 你可以想想其他會造成多重IRR，在後期會發生負現金流量的其他資本預算情況？

d. 如果r＝8％，r＝14％，專案的MIRR？MIRR是否會跟NPV有相同的決策？

(10-12) Aubey Coffee公司評價內部的分配系統，選擇兩個其中一個：(1)一個傳輸系統且有較高的期初成本，但有較低的營運成本；(2)許多起推卡車，成本較低但是有較高的營運成本。在資金成本為8％之下，專案的預期淨成本如下表列：

	預期淨成本	
年	傳輸	起推卡車
0	($500,000)	($200,000)
1	(120,000)	(160,000)
2	(120,000)	(160,000)
3	(120,000)	(160,000)
4	(120,000)	(160,000)
5	(20,000)	(160,000)

a. 彼此的IRR為多少？

b. 每一個專案成本的現值為多少？哪一個方法會被選擇？

(10-13) 你的部門考慮兩個投資方案，每一個需花費成本2,500萬美元，你估計資金成本為10％，且投資會帶來如下的稅後淨現金流量(百萬美元為單位)：

年	專案 A	專案 B
1	5	20
2	10	10
3	15	8
4	20	6

a. 兩個專案的一般回收期間？

b. 專案的折現回收期間為？

c. 假如兩個專案是獨立且在資金成本為10％之下，哪一個專案會被公司執行？

d. 假如兩個專案是互斥且在資金成本為5％之下，哪一個專案會被公司執行？

e. 假如兩個專案是互斥且在資金成本為15%之下，哪一個專案會被公司執行？

f. 交叉利率為多少？

g. 假如資金成本為10%，MIRR各為多少？

(10-14) Shao Airlines考慮兩個計畫其中之一。計畫A有五年期長，成本為1億美元，且預期每年產生3,000萬美元的淨現金流量。計畫B為期十年，成本為1億3,200萬美元且預期每年產生2,500萬美元的淨現金流量。Shao決定計畫為十年，且預期票價、營運成本跟飛機成本的通貨膨脹率為0，公司的資金成本為12%，則公司會增加多少價值假如接受較佳的專案？

(10-15) Perez公司有機會投資兩個互斥機器其中之一。機器A花費成本為1,000萬美元，但產生每年400萬美元的稅後現金流入且持續4年，四年後機器可以重新購置。機器B計畫花費1,500萬美元，且會產生3.5美元的稅後現金流入且持續8年，之後也可以重置。假定機器價格不會因為通貨膨脹率增加，則資金成本為10%之下，哪一個機器會被公司使用？

(10-16) Filkins Fabric公司考慮取代舊的，完全折舊的編織機器。有兩種機器可以選擇，機器190-3，成本為190,000美元，為期三年的期間且預期每年產生稅後現金流量87,000美元；機器360-6，成本360,000美元，為期六年且每年產生稅後現金流量98,300美元。編織機器的價格不會上升，因為通貨膨脹率會跟便宜的成本(微電腦)相互抵銷。假定Filkins的資金成本為14%，那麼公司應該重置機器嗎？如果是，哪一個機器會被選擇？

(10-17) Scampini Supplies公司最近購買了一運送卡車，新卡車成本為22,500美元，預期產生淨稅後營運現金流量，包含折舊每年6,250美元。卡車預期有五年期間，預期稅後調整殘值如下表，公司的資金成本為10%。

年	每年營運現金流量	殘值
0	($22,500)	$22,500
1	6,250	17,500
2	6,250	14,000
3	6,250	11,000
4	6,250	5,000
5	6,250	0

a. 公司是否運作卡車直到五年的實質期間，如果不是，最適的經濟期間為何？

b. 殘值是否減少專案的NPV或IRR？

Mini Case

　　佳佳預計投資100萬元經營一家速食店，估計時間約為3年，3年後她就會結束。她有兩個選擇：(1)A計畫(2)B計畫。三年的淨現金流量包括第三年她出售經營權所帶來的現金流入如下表：

	0	1	2	3
A	(100)	10	60	80
B	(100)	70	50	20

　　折舊、殘值和淨營運資金支出，還有稅的效果都包括於現金流量。假設資金成本為10%，她必須決定採用哪個計畫(兩者是互斥)，或是都不接受。

1. 回收期間各為多少？假如以接受最大的回收期間為兩年，決策為何？

2. 淨現值各為多少？根據NPV法，哪一個計畫會被接受？

3. 各計畫IRR為多少？根據IRR法，哪一個計畫會被接受？

4. NPV跟IRR決策有衝突嗎？

5. 劃出兩計畫的NPV剖面圖，計算其交會利率，並解釋其意義。

6. 造成NPV法和IRR法衝突的原因？

　(1) 什麼是再投資利率的假設，如何造成NPV和IRR的衝突？

　(2) 哪一個方法比較好，為什麼？

7. 找出兩計畫的MIRR。

　(1) MIRR法和IRR法相比的優點是什麼？

　(2) MIRR法和NPV法的優缺點又是什麼？

第11章

現金流量估計與
風險分析

本章討論如何估計計畫的現金流量與其風險程度。

基本的資本預算原則在第十章已經提到，給定一個專案的預期現金流量，計算回收期間、折現回收期間、NPV、IRR、MIRR、PI是容易的。不幸地，現金流量幾乎不會給定，管理當局蒐集內部跟外部的資訊來估計，更進一步地，現金流量估計是不確定性的，而且有些專案還比較具風險。在本章前面，我們發展資本預算專案中估計現金流量的過程。進而我們討論衡量跟計算專案風險的技巧。

估計現金流量

這是最重要也是最困難的，在資本預算的步驟裡就是估計專案的現金流量——投資支出跟專案進行營運後每年產生的淨現金流量。有許多變數跟部分包括在過程裡面，例如，預測銷售量跟銷售價格通常由市場團隊制定，依賴它們對價格彈性的，廣告效果，經濟狀況，競爭者的反應跟消費者趨勢的了解。同樣地，一個新產品的資本通常由工程跟產品研發部門支出，營運成本由成本會計部門支出，產品專家，購買代理商估計等等。

一個適合的分析包括：(1)從各種部門獲得資訊如工程跟市場行銷，(2)確保每一

個進行預測的人都有同樣的經濟情況假設，(3)確保在預測中沒有隱含誤差。最後一點是非常重要的，因為一些經理人在進行自己的專案很容易變得情緒化。這個問題造成預測現金流量有偏誤，且會讓壞的專案在字面報告上看起來很好。

自我測驗

1. 資本預算分析中最重要的步驟是什麼？
2. 估計專案現金流量會包括哪些部門？

確認攸關的現金流量

資本預算的第一步驟就是確認**攸關的現金流量**(relevant cash flows)，定義為在決策上必須考慮進去的現金流量。分析師通常在估計現金流量會有誤差，但是主要的兩個法則可以幫助你讓錯誤最小：(1)資本預算決策必須仰賴現金流量，而非會計收入；(2)只有增額的現金流量是攸關的。

自由現金流量(free cash flow, FCF)是可以分配給投資者的。假如執行專案的話，專案攸關的現金流量是公司可以預期的自由現金流量。但是更仔細，假如公司不執行專案的話，就不是可以預期的現金流量。下面段落更詳細討論攸關現金流量。

▸▸ 專案現金流量與會計收入

自由現金流量計算如下：

$$\begin{aligned}\text{自由現金流量} &= \text{稅後淨營業利潤(NOPAT)} + \text{折舊} - \text{毛固定資產支出} - \text{淨營運資金改變} \\ &= \text{EBIT}(1-T) + \text{折舊} - \text{毛固定資產支出} - \begin{bmatrix} \Delta\ \text{營運流動資產改變量} \\ \Delta\ \text{營運流動負債改變量} \end{bmatrix}\end{aligned}$$

一家公司的價值依賴自由現金流量，專案的價值也是如此。我們在本章後面會以一個比較複雜的例子說明估計專案現金流量，讓你了解專案現金流量跟會計收入不同是很重要的。

固定資產的成本　大部分專案需要資產，購買資產表示負的現金流量。即使購置

資產結果為現金流出，在會計上不會在會計收入上把購買固定資產當成減項。相反地，它們在資產的所有期間每年扣減其折舊花費。

注意固定資產的所有成本包括運送跟安裝費用。當一家公司購置固定資產，它一定會產生大量的運送跟安裝費用。當專案的成本已經被決定時，這個花費被加在設備的價格。然後裝備的所有成本，包括運送跟安裝成本都會以**折舊基礎(depreciable basis)**來計算折舊。假如一家公司買一臺電腦100,000美元，另外支付運送跟安裝費用10,000美元，電腦的所有成本為110,000美元(折舊基礎)。注意固定資產在專案結束時也可以被出售。以這個例子，稅後現金表示為正的現金流量。在本章後面我們會說明從資產銷售中的現金流量跟折舊。

非現金支出　計算淨收入會計人員通常把折舊從收入中扣除。所以會計人員不把購買固定資產的價格扣除，而是扣除每年計算的折舊費用。折舊抵稅是從稅來的，這也是一個具有影響力的現金流量，但是折舊本身不是現金流量。所以當估計現金流量的時候折舊必須被加回於NOPAT。

淨營運資金的變動　為了支應新的營運額外的存貨會被要求，而且擴充銷售會在應收帳款中綁住一部分資金。然而應付帳款跟應付費用會因為擴充而增加，這減少存貨跟應收帳款必須的融資，必要營運流動資產的增加跟必要營運流動負債的增加之間的差異，就稱為**淨營運資金的變動(change in net operating working capital)**。假如這個改變是正的，通常發生於擴充專案，那麼就需要額外融資，成本就會被需要。

面對專案期間的末期，存貨會被使用而非重購，應收帳款會被收回而沒有新增。隨著這些改變發生，公司會收到現金流入。結果是投資於淨營運營運資金在專案末期就會被回收。

利息費用不包括在專案的現金流量　回憶第十章中我們利用資金成本折現專案的現金流量，資金成本就是加權平均於負債，特別股跟普通股因為專案風險而調整的資金成本(WACC)，這個WACC是滿足投資人的必要報酬率，債務人跟股東。一般許多學生跟財務經理人常犯的錯誤是，在估計現金流量時會把利息費用扣除。這個錯誤是因為負債的成本已經包含在WACC裡，所以在扣除利息費用會造成雙重計算利息成本。

假如某人在專案的現金流量中扣除利息，那麼他們計算的是可以給股東的現金流量，所以應該用權益的資金成本來折現。這個方法會提供一個正確的答案，但是你必須仔細調整每年流通在外的負債來保持風險，讓權益的現金流量固定。這個過程是複

雜的我們並不推薦。這裡有最後一個警告：假如某人扣除利息，那麼他用WACC來折現就是錯誤的，而且沒有方法可以改正這個錯誤。

注意這跟計算會計收入的過程不同，會計人員衡量可以給股東的利潤，所以利息費用會被扣除。然而專案的現金流量是給所有投資人、債務人跟股東，這跟在第十三章中公司評價模型有完全相似的過程，公司的自由現金流量也是用WACC折現。所以當估計專案的現金流量時不要扣除利息費用。

▶▶ 增額的現金流量

在評價專案，我們注重在那些唯有接受專案才產生的現金流量，這些現金流量稱為**增額的現金流量(incremental cash flows)**，公司因為接受這個專案而造成公司現金流量的改變。在決定增額的現金流量會有三個特別的問題，如下討論：

沉沒成本 沉沒成本**(sunk cost)**是已經發生的支出，所以不會影響決策考量。由於沉沒成本不是增額的成本，它們不應該被包括在分析裡面。舉例說明，在2005年，Northeast BankCorp考慮在波士頓發展地區新建造一個辦公室，為了幫助評價，Northeast在2004年雇用諮詢公司來幫忙分析，成本為100,000美元，而這個花費在2004年。那麼在2005年的資本預算中2004年的支出會是攸關的成本嗎？答案是否定的，100,000美元是沉沒成本，不管Northeast建立辦公室與否都不會影響Northeast未來的現金流量。假如考慮沉沒成本的話，通常也會讓特定的專案有負的NPV。如果未來有很大的增額現金流量且帶來正的NPV，在增額為基礎下專案會是好的。

機會成本 第二潛在的問題是**機會成本(opportunity costs)**，如果沒有進行專案的話公司原本可以產生的現金流量。舉例說明，Northeast BankCorp已經有一土地可以提供做分行辦公室的地點。當評價時，土地的成本應該被忽略，因為沒有被要求額外的支出嗎？這個答案是否定的，因為這個財產有隱含的機會成本存在。在這個例子，土地可以以稅後150,000美元出售。如果分行專案進行，150,000美元必須為機會成本。注意合適的土地成本為市場決定的價值150,000美元，不管Northeast原來是用50,000美元或500,000美元購買。(當然Northeast付出的還要稅的效果，所以會是稅後的機會成本)

影響公司其他部分：外部性 第三個潛在的問題包括專案影響公司其他的部分，經濟學家稱為**外部性(externalities)**。例如，一些Northeast的客戶如果轉去分行，貸款、存款跟利潤都會從主辦公室轉向分行辦公室，那麼客戶所產生的現金流量就不應

該視為增額的現金流量。換句話說，在郊區設立分行會帶給市區的主辦公室一些新的生意，因為有些人喜歡跟在自己家或營運地點附近的銀行往來。在這個例子，分行所帶來的額外收益會發生，雖然通常量化不容易，外部性還是必須被考慮。(可以正也可以負)

當一個專案從現有的產品取出既有的銷售業績，這種情形稱為「**分食**」(cannibalization)。一般公司不會想要分食既存的產品，但是通常會發生，如果不這麼做，別人也會。舉例，有好幾年IBM困擾要提供PC電腦零件的全部服務，因為它不想離開它高額獲利的完整主機生意。因此造成嚴重的策略錯誤，因為它讓Intel、Microsoft、Dell，或其他公司有能力主導電腦產業其他領域。所以考慮到外部性，新專案的所有影響都必須被考慮進去。

一些年輕的公司，包括Dell電腦在內都成功的在網路上銷售產品。許多公司，在網路盛行之前建立了零售頻道。對這些公司而言，決定直接經由網路銷售給投資者並不簡單。例如，Nautica Enterprises Inc.是一家設計市場的服裝國際公司。Natuica利用傳統的零售方法出售它的產品，像是Saks Fifth Avenue跟Parisian，藉此銷售給消費者。假如Nautica開它的專門網路線上商店，那會潛在增加邊際收益，避免零售商的加價。然而，網路銷售可能會分食那些零售商的作業，甚至更糟，零售商會反感於Nautica的網路銷售而有所動作，所以Nautica跟許多製造者都必須考慮從網路銷售獲得的利益能否補償從傳統方法的損失。Nautica決定維持現狀。

在考慮專案時，分析師也必須預期專案影響其他公司，這需要想像力跟創造力。例如IBM跟Nautica的例子，當評價一個專案時要判斷跟算出所有的外部性是很關鍵性。

重置專案　假如一個專案是買新的取代既有的現存資產，那我們仍須以增額的基礎來估計現金流量。假定一個較有效率的機器成本為100,000美元，它會增加產量，更高的銷售量跟較低的成本。更進一步地，公司能從出售舊有的機器收到稅後40,000美元，所以減少增額的投資支出為60,000美元。新的機器會造成每年40,000美元取代舊有的25,000美元，增額的現金流量為15,000美元，而新成本為每年10,000美元取代舊成本15,000美元，增額的成本為負5,000美元，意指省下來的部分。最後，舊機器每年的折舊是8,000美元，但新機器每年的折舊為20,000美元，所以增額的折舊會是＋12,000美元。基於上述所指，假定新機器跟舊機器同樣有五年的期間，增額的現金流量如表11-1。

表 11-1 增額現金流量和專案分析

	新		舊		增額
原始投資	$100,000	–	$40,000	=	$60,000
年度收入與成本					
銷貨收入	$ 40,000	–	$25,000	=	$15,000
營業成本	−10,000	–	−15,000	=	5,000
折舊	−20,000	–	−8,000	=	−12,000
可稅所得	$ 10,000	–	$ 2,000	=	$ 8,000
稅(40%)	$ 4,000	–	$ 800	=	$ 3,200
淨利	$ 6,000	–	$ 1,200	=	$ 4,800
加回折舊	$ 20,000	–	$ 8,000	=	$12,000
淨現金流量	$ 26,000	–	$ 9,200	=	$16,800
WACC＝10%					
年限＝5年					
NPV＝	−$ 1,440				$ 3,685
IRR＝	9.4%				12.4%

　　假如我們只考慮重置機器的現金流量而未考慮舊的機器，可能會導致NPV是負的，而且IRR比WACC還小。假如我們適當的考慮增額的現金流量，我們會發現增額投資的NPV是正的，所以舊的機器會被取代。這個例子說明重置分析的原則是注重在增額的現金流量上。

▸▸ 現金流量的時間點

　　我們必須合適的計算現金流量的時間點。會計收入描述的期間通常為年或月，所以它們不反映正確的現金收益或花費是在哪一個期間發生的。因為貨幣具有時間價值，資本預算現金流量理論在分析時必須考慮正確的發生時間。當然，必須從正確性跟可行性中妥協。以日記時間當然是最正確的，但是日記的現金流量很花成本，不方便使用；而用年的時間來估計現金流量可能沒那麼準確。對一些專案而言，假定現金流量發生在年中，季節或是月的可能會比較好。

自我測驗

1. 為什麼當計算專案的NPV使用的是公司的現金流量而非會計收入？
2. 運送跟安裝成本如何影響折舊基礎？
3. 當計算專案的現金流量時，哪些是最常見且必須加回來的非現金支出？
4. 什麼是淨營運營運資金？如何在資本預算中影響專案的現金流量？
5. 解釋下列項目：增額現金流量、沉沒成本、機會成本、外部性跟分食。

稅的效果

稅對現金流量有很大的影響，在許多例子，稅的影響甚至會破壞一個專案，因此正確的稅的處理是很重要的。我們的稅是極端地複雜，而且很難解釋跟改變。你可以從你的公司會計人員或稅務法規者取得幫助，即使如此，你仍然要了解有關於目前稅務法則跟他們如何影響現金流量。

▶▶ 折舊複習

假定公司買了一個製造機器100,000美元而且可以使用5年，之後將不能用了。由機器所製造的商品成本必須包括機器本身的使用費用，這個費用就叫做**折舊(depreciation)**。下列我們檢視幾個在會計上關於折舊的觀念。

公司通常會用一個方法折舊，當用於稅的處理時，給投資者的報告則用其他方法折舊：許多使用**直線折舊法(straight-line)**，在給股東的投資報告中，它們為了稅的目的也使用合於法規的更快方法。在股東報告書中的直線折舊法，通常使用資產的成本扣除估計的殘值，除以資產使用的經濟期間。如一個資產有五年的期間，成本為100,000美元且有12,500美元的殘值，那麼直線折舊法的折舊為($100,000－$12,500)/5 ＝$17,500。在後面我們會討論到，殘值不會被考慮於稅的折舊目的。

為了稅的目的，隨著時間改變而變化可允許的稅的折舊方法。在1954年之前，直線折舊法為了稅的關係而被要求，但是在1954年，**加速折舊法(accelerated)**(雙倍遞減)則被使用。在1981年加速折舊法又被簡單的Accelerated Cost Recovery System(ACRS)所取代。ACRS系統在1986年又改變一次稱為**修正的ACRS(Modified**

Accelerated Cost Recovery System, MACRS)；1993年稅的法則在某些地區也進階改變。

注意美國稅法規非常複雜，在這裡我們提供MACRS的概要幫助你在資本預算時了解基礎的折舊。通常稅經常改變，所以當我們處理實際情況的時候，應該要諮詢Internal Revenue Service(IRS)所提供的稅的相關資訊。

▸▸▸ 稅的折舊期間

為了稅的目的，資產的成本完全散布在整個**折舊期間(depreciable life)**。歷史上，一個資產的折舊期間會跟估計使用的經濟期間一樣，這意指資產會在經濟使用期間末期完全地被折舊完。然而，MACRS放棄且設立許多資產層級，每一個都有比較大或小的規定期間稱為「層級的回收期間」。MACRS層級的期間只跟資產的預期使用經濟期間有關。

MACRS系統者要影響是縮短資產的折舊期間，在資產早期會有大量的稅的抵減，因此會增加現金流量的現值。表11-2說明不同層級期間的資產種類。表11-3說明四個MACRS的折舊比率。

考慮表11-2，顯示MACRS的層級期間跟資產種類。財產介於27.5年到39年的種類，如實體地產必須以直線折舊法折舊，但是3到5到7跟10年的財產(個人財產)可以折舊、藉由表11-3或直線折舊法。

如我們在本章先前所說的，高的折舊費用早期會導致低的稅，所以會有較高的現金流量現值。因此很多公司使用加速折舊如表11-3或直線折舊法，大部分會選擇加速折舊。

表 11-2 ｜ MACRS主要層級和資產使用年限

層級	財產類型
3年	某些特殊製造機具
5年	汽車、輕型卡車、電腦、某些特殊製造設備
7年	大部分工業設備、辦公室家具及維修品
10年	某些長期使用的設備
27.5年	居住租用不動產(如公寓建築)
39年	非住用的不動產(如商業辦公大樓)

表 11-3 | 個人財產回收額度比例

擁有年限	投資層級			
	3年	5年	7年	10年
1	33%	20%	14%	10%
2	45	32	25	18
3	15	19	17	14
4	7	12	13	12
5		11	9	9
6		6	9	7
7			9	7
8			4	7
9				7
10				6
11				3
	100%	100%	100%	100%

　　每年的回收允許或折舊費用,是決定於每一個資產的折舊基礎乘以回收比率,如表11-3,計算如下。

　　年中常規　在MACRS下,假設一般財產於第一年的中間。所以三年層級的財產,回收期間開始於第一年的中間並於三年後結束,所以三年層級的財產會有四個年度,五年層級的財產會折舊六年。這個常規結合於表11-3的折舊比例。

　　折舊基礎　折舊基礎是MACRS的關鍵因素,因為每年的折舊費用完全依賴折舊基礎跟MCARS的層級期間。折舊基礎在MACRS就是等同於財產的價格加上任何的運輸跟安裝成本。這個基礎不會因殘值而調整(經濟年限結束估計的市場價值),不管是使用加速或直線折舊法來折舊。

　　出售折舊的資產　假如一個折舊的資產被出售,出售價格(實際殘值)減掉現存折舊的帳面價值會增加營運收入且被公司的邊際稅率課稅。假如一家公司購買——五年期層級資產100,000美元並且在第四年底時以25,000美元出售。資產的帳面價值為$100,000(0.11 + 0.06) = $17,000。所以,$25,000−$17,000 = $8,000會增加營運的收入且被課稅。

　　折舊範例　假定Stango Food Products購買一150,000美元的機器,為MACRS中五年層級期間且服務於2006年10月15日。Stango必須支付額外30,000美元的運送跟安裝費用。殘值沒有被考慮,所以機器的折舊基礎為180,000美元(運送跟安裝費用包

括在折舊基礎)，每一個年回復津貼(稅的折舊花費)決定於折舊基礎乘以折舊比率。所以，2006年的折舊費用是0.2($180,000) ＝ $36,000，2007年為0.32($180,000) ＝ $57,600。同樣地，2008年的折舊費用為34,200美元，2009年為21,600美元；2010年為19,800美元；2011年為10,800美元。所有折舊花費在這回復期間六年為180,000美元，這跟機器的折舊基礎一樣。

注意，大部分公司在股東報告書上使用直線折舊法，而在稅務上使用MACRS方法。在這個例子，為了資本預算目的我們必須使用MACRS法，在資本預算裡，我們關心現金流量，並非會計報告。因為MACRS折舊適合用在稅務上，這類型的折舊必須被用來課稅。唯有折舊方法是以稅為目的方法被使用，資本預算分析才能獲得較正確的現金流量估計。

自我測驗

1. 字母縮寫ACRS跟MACRS分別代表什麼？
2. 簡短描述MACRS下的稅的折舊系統。
3. 出售折舊的資產如何影響現金流量。

評價資本預算專案

至今為止，我們在現金流量分析中討論許多重要的觀點，但我們還沒看出它們如何影響資本預算決定。觀念上資本預算是直接的。如果該專案所產生的增額現金流量的淨現值為正的，潛在的專案會為公司股東創造價值。在實務上，估計這些現金流量是困難的。

不管是擴充專案或是重置專案增額現金流量皆會受影響。一個新的**擴充專案 (new expansion project)**定義為，當公司投資在新資產來增加銷售量。這時候增額的現金流量就是專案的現金流入跟現金流出。實際上，公司會比較這個價值是多少，跟如果沒有這個專案時相比。相反地，一個**重置專案(replacement project)**發生在公司，是把目前已經存在的資產換新的。在這樣的案子，增額的現金流量就是公司因為這項投資所產生的額外現金流入跟現金流出。在重置專案分析中，如果公司比較從事新的專案價值跟繼續用現存資產的價值。

評價重置跟擴充專案的原則是一樣的。在每一個案例，典型地現金流量包含下列項目：

1. 期初投資的支出。這個包括跟專案有關的固定資產的支出跟期初投資的淨營運營運資金(NOWC)。

2. 專案每年的現金流量。營運現金流量是淨稅後營運利潤加上折舊。回想起(1)折舊必須加回，因為它並非現金花費，(2)融資成本(包括利息費用)不應該扣除，因為它們被計算在資金成本折現現金流量。另外，在專案的期間許多專案有某種程度的NOWC的改變。例如，銷售的增加，使更多的NOWC被需要，或是銷售的減少，則有較少的NOWC被需要。當計算專案的每年現金流量時，現金流量必須包括NOWC的增加或減少。

3. 終期的現金流量。在專案的末期，同樣地額外現金流量通常是固定資產的殘值，假如資產沒有以帳面價值出售還需要調整稅率。任何淨營運營運資金的回流。

現金流量的分類總是不如我們所指的那樣明顯。例如，在某些專案中購買固定資產它是在專案期間中逐步買進的，而有些專案的某些固定資產會在終期前就出售出去。最重要的事情就是，在你的分析中包含所有現金流量，不管你怎麼分類它們。

每一個專案的期間，淨現金流量是決定於把所有每個種類的現金流量加總。每年的淨現金流量畫於時間線來計算專案的NPV跟IRR。

藉由RIC我們將舉例說明資本預算分析的原則，一家Nashville-based的科技公司。目前考慮新的專案。RIC的研究跟發展部門利用它的微處理器專門技術來發展一個小型電腦設計用來控制家庭應用。藉由程式，電腦會自動化地控制暖氣跟空調系統、安全系統、熱水器跟一些很小的應用如咖啡機等。藉由增加家庭機器的效率，電腦在幾年內減少的成本足夠來支付它。發展已經進入是否要大規模生產進行的階段。

RIC的市場行銷副總裁相信每年的銷售額會是20,000單位，假如他定價為每單位3,000美元，所以每年的銷售額會是6,000萬美元。RIC預期不會有銷售成長，但是每年的價格會以2%攀升。工程設計部報告說這個專案需要額外的製造空間，RIC目前有購買現存建築物的選擇，成本為1,200萬美元，且可以滿足需要。這個建築會被購入且支付於2006年12月31日，為了折舊目的它會落於MACRS的39年層級。

必要的設備將會在2006年購入跟安裝，也就是在2006年12月31日。這些裝備會落入MACRS五年層級，並且花費800萬美元，包括運送跟安裝成本。

專案估計經濟期間為四年。在四年後，建築物將會以預期市場價值750萬美元出售，且帳面價值為1,090.8萬美元，設備市場價值為200萬美元而帳面價值為136萬美元。

產品部門估計製造成本為一單位2,100美元，固定經常費用，不包括折舊，會是每年800萬美元，他們預期變動成本每年以2%上升，固定成本為1%上升。折舊則根據MACRS的折舊率。

RIC的邊際稅率為40%，資金成本為12%，為了資本預算的目的，公司政策假定營運現金流量發生在每一年的年末。因為這間工廠開始營運於2007年1月1日，第一筆的營運現金流量發生在2007年12月31日。

許多其他觀點必須注意：(1)RIC是一家相當大的公司，銷售額超過40億美元，而且每年投資許多項目。所以假如電腦控制的專案並沒有好的結果，這不會導致公司破產，管理當局可以負擔嘗試這個專案的機會。(2)假如專案是接受的，公司契約上義務要營運滿四年。(3)這個專案的報酬會跟RIC其他專案有正相關性且股票市場也是如此——專案會表現好如果公司其他部分或是經濟情況很強勢。

假定你被分配來引導這個資本預算分析。現在，假定這個專案跟平均專案有相同的風險，利用公司的加權平均資金成本12%。

▶▶ 現金流量分析

資本預算可以利用計算機、紙、筆，或是Excel的試算表來分析。不管是哪一個方法，你必須如表11-4分析並且從事表中1到5的步驟。為了考試問題，你可能以計算機來解決問題。然而，當你在進行本章時，很多理由會讓情況變得複雜，在實務上試算表是最常使用的。資本預算包括的步驟不管你使用計算機或電腦計算都是相同的。

表11-4，電腦檔案**CF2 Ch11 Tool Kit.xls**所輸出的資料表，分成五個部分：(1)輸入資料，(2)折舊計畫表，(3)淨殘值價值，(4)專案淨現金流量，(5)關鍵輸出。這裡也有延伸的部分，第六跟第七部分，處理本章後面討論的風險分析，敏感度分析跟情境分析。注意表格是以行跟列指示，所以表中的欄列都有稱號如「欄 D77」，位於建築物的成本在第一部分，輸入資料。第一列展現於75列；先前的列包括一些模型跟我們省略的資訊。最後，這些數值都是來自試算表的實際數值。

第一部分，輸入資料的部分，在分析中提供資本的資料使用。這個輸入就是實際地「假設」——所以，在分析中我們假設可以出售20,000單位，且每單位可以出售3

表 11-4 | 新專案的分析：第一和第二部分

	A	B	C	D	E	F	G	H	I
75	Part 1. Input Data (in thousands of dollars)								
76							Key Output: NPV	=	$5,809
77	Building cost (= Depreciable basis)			$12,000					
78	Equipment cost (= Depreciable basis)			$8,000		Market value of building in 2010			$7,500
79	Net Operating WC/Sales			10%		Market value of equip. in 2010			$2,000
80	First year sales (in units)			20,000		Tax rate			40%
81	Growth rate in units sold			0.0%		WACC			12%
82	Sales price per unit			$3.00		Inflation: growth in sales price			2.0%
83	Variable cost per unit			$2.10		Inflation: growth in VC per unit			2.0%
84	Fixed costs			$8,000		Inflation: growth in fixed costs			1.0%
85									
86	Part 2. Depreciation Schedule[a]				Years				Cumulative Depr'n
87					1	2	3	4	
88	Building Depr'n Rate				1.3%	2.6%	2.6%	2.6%	
89	Building Depr'n				$156	$312	$312	$312	$1,092
90	Ending Book Val: Cost – Cum. Depr'n				11,844	11,532	11,220	$10,908	
91									
92	Equipment Depr'n Rate				20.0%	32.0%	19.0%	12.0%	
93	Equipment Depr'n				$1,600	$2,560	$1,520	$960	$6,640
94	Ending Book Val: Cost – Cum. Depr'n				6,400	3,840	2,320	$1,360	
95									
96	[a]The depreciation rates are multiplied by the depreciable basis ($12,000 for the building and $8,000 for the equipment) to determine the yearly depreciation expense. The correct depreciation percentages for the building depend upon the month that the building is put in service. Because this analysis assumes that all cash flows occur at the end of the year, and to prevent unnecessary complexity, we have rounded the depreciation percentages for the building. See the Tab named Depreciation for more details.								
97									

美元(千元為單位)。一些輸入是已經知道且近乎確定的——例如，稅率40%是不會變的。其他輸入則是更不確定的——銷售量跟變動成本比例。很明顯地，假如銷售跟成本在假設中不一樣，那麼利潤跟現金流量，甚至NPV跟IRR都會改變。在本章後面，討論改變輸入如何影響結果。

第二部分，計算專案四年來的折舊分成兩個部分，一為建築物另一為設備。第一列在每一個部分(88列跟92列)給了每一年從表11-3的折舊率。第二列在每一個部分(89列跟93列)說明折舊費用，是折舊率乘以折舊基礎，這個例子就是期初投資。第三列(90列跟94列)展現第四年底的帳面價值，是由折舊基礎扣除累積折舊所得來的。

第三部分估計當公司處置資產會實現的現金流量。101列顯示殘值，公司預期出售的價格。102列顯示預期獲利或損失，定義為出售價格跟帳面價值的差。如表11-4

表 11-4(續) | 新專案的分析：第三部分

	A	B	C	D	E	F	G	H	I
99	Part 3 of Table 11-4. Net Salvage Values in 2010								
100					Building	Equipment	Total		
101	Estimated Market Value in 2010				$7,500	$2,000			
102	Book Value in 2010[b]				10,908	1,360			
103	Expected Gain or Loss[c]				–3,408	640			
104	Taxes paid or tax credit				–1,363	256			
105	Net cash flow from salvage[d]				$8,863	$1,744	$10,607		
106									
107	[b]Book value equals depreciable basis (initial cost in this case) minus accumulated MACRS depreciation. For the building, accumulated								
108	depreciation equals $1,092, so book value equals $12,000 − $1,092 = $10,908. For the equipment, accumulated depreciation equals $6,640, so								
109	book value equals $8,000 − $6,640 = $1,360.								
110									
111	[c]Building: $7,500 market value − $10,908 book value = –$3,408, a loss. This represents a shortfall in depreciation taken versus true								
112	depreciation, and it is treated as an operating expense for 2010. Equipment: $2,000 market value −$1,360 book value = $640 profit. Here the								
113	depreciation charge exceeds the true depreciation, and the difference is called depreciation recapture. It is taxed as ordinary income in 2010.								
114	The actual book value at the time of disposition depends on the month of disposition. We have simplified the analysis and assumed that there will be a full year of depreciation in 2010.								
115									
116	[d]Net cash flow from salvage equals salvage (market) value minus taxes. For the building, the loss results in a tax credit, so net salvage value =								
117	$7,500 − (–$1,363) = $8,863.								

中 c 跟 d 附註所解釋的，獲利跟損失如同平常的會計收入，並非資本淨入或損失。所以獲利會有稅的負債，損失會有稅的賒欠，同等於損失或獲利乘以稅率40%。稅的支付跟賒欠在104列。105列顯示公司預期處置資產的現金流量，是為預期售價減掉稅的負債或賒欠。所以公司預期出售建築物有淨8,863美元跟設備1,744美元總共10,607美元。

接下來，第四部分使用第一、二、三部分所產生的資訊來找出專案的現金流量。五個期間都顯示出來，從第0年(2006)到第4年(2010)。現金支出在第0年的2006年E欄，總共為負26,000美元，顯示於欄列 E149。接下來的四欄，我們計算營運現金流量。我們開始銷售利潤，它是由銷售量跟銷售價格而來。下一步，我們扣除變動成本，每單位2.1美元(千元單位)。我們接著扣除營運成本跟折舊來計算需要被課稅的營業淨利，EBIT。當稅率(為40%)扣除後，我們剩下淨稅後淨營業利潤，NOPAT。注意，我們要找的是現金流量，而非會計收入。所以折舊應該被加回來。

RIC必須購買稀有的材料和補充供他們每年使用。在第一部分我們假定，接下來年度的銷售額，RIC必須有NOWC在手上同等於10%。例如，第一年的銷售額為

表 11-4 (續) | 新專案的分析：第四部分

	A	B	C	D	E	F	G	H	I
119	Part 4 of Table 11-4. Projected Net Cash				**Years**				
120	Flows (Time line of annual cash flows)				**0**	**1**	**2**	**3**	**4**
121					**2006**	**2007**	**2008**	**2009**	**2010**
122	*Investment Outlays: Long-Term Assets*								
123	Building				($12,000)				
124	Equipment				(8,000)				
125									
126	*Operating Cash Flows over the Project's Life*								
127	Units sold					20,000	20,000	20,000	20,000
128	Sales price					$3.00	$3.06	$3.12	$3.18
129	Sales revenue					$60,000	$61,200	$62,424	$63,672
130	Variable costs					42,000	42,840	43,697	44,571
131	Fixed operating costs					8,000	8,080	8,161	8,242
132	Depreciation (building)					156	312	312	312
133	Depreciation (equipment)					1,600	2,560	1,520	960
134	Oper. income before taxes (EBIT)					8,244	7,408	8,734	9,587
135	Taxes on operating income (40%)					3,298	2,963	3,494	3,835
136	Net Operating Profit After Taxes (NOPAT)					4,946	4,445	5,241	5,752
137	Add back depreciation					1,756	2,872	1,832	1,272
138	Operating cash flow					$6,702	$7,317	$7,073	$7,024
139									
140	*Cash Flows Due to Net Operating Working Capital*								
141	Net Operating Working Capital (based on sales)				$6,000	$6,120	$6,242	$6,367	$0
142	Cash flow due to investment in NOWC				($6,000)	($120)	($122)	($125)	$6,367
143									
144	*Salvage Cash Flows: Long-Term Assets*								
145	Net salvage cash flow: Building								$8,863
146	Net salvage cash flow: Equipment								1,744
147	Total salvage cash flows								$10,607
148									
149	Net Cash Flow (Time line of cash flows)				($26,000)	$6,582	$7,194	$6,948	$23,999
150									

60,000美元，所以RIC必須在第0年有NOWC為6,000美元顯示於E141欄。因為RIC在第0年之前沒有NOWC，所以必須在第0年時投資6,000美元在NOWC上，顯示於E142欄。第二年銷售增加到61,200美元，所以RIC必須在第二年有NOWC 6,120美元。因為已經有6,000美元的NOWC在手上，所以第一年淨投資在NOWC上只有120美元，位於欄列 F142。注意RIC 於4年後就沒有銷售量了，所以第四年也就沒有NOWC的需求。由於營運資金的出售且不重置，所以第4年會有正的現金流入6,367美元。

　　當專案結束，公司會收到殘值的現金流量。當公司處置建築物跟設備的第四年，它會收到第三部分表估計的現金流量。所以殘值總額10,607美元顯示於147列，當我們在第四部分加總不完整，我們獲得淨現金流量，顯示於149列。這些現金流量組成一個現金流量時間線，而它們在表11-4的第五部分中評價。

▶▶ 做決策

　　第五部分的表顯示標準的評價準則：NPV、IRR、MIRR跟回收期間法，利用149列的現金流量。NPV為正的，IRR跟MIRR兩個都超過資金成本12%，回收期間法指出專案在3.22年時會回收投入基金。在這些分析的基礎下，專案應該被接受。注意，我們假定專案有跟公司平均專案相同的風險。假如專案判斷比平均專案還具風險，那麼增加資金成本就是必須的，可能會在成NPV為負，IRR跟MIRR低於新的WACC。所以，我們無法做出最後決定直到我們評估專案的風險，下一個部分我們會提到。

表 11-4 (續) | 新專案的分析：第五部分

	A	B	C	D	E	F	G	H	I
151	Part 5 of Table 11-4. Key Output and Appraisal of the Proposed Project								
152									
153	Net Present Value (at 12%)			$5,809					
154	IRR			20.12%					
155	MIRR			17.79%				Years	
156					0	1	2	3	4
157	Cumulative cash flow for payback				(26,000)	(19,418)	(12,223)	(5,275)	18,723
158	Cum. CF > 0, hence Payback Year:				FALSE	FALSE	FALSE	FALSE	3.22
159	Payback found with Excel function =			3.22	See note below for an explanation of the Excel calculation.				
160	Check: Payback = 3 + 5,275/23,999 =			3.22	Manual calculation for the base case.				
161									
162									
163	The Excel payback calculation is based on the logical IF function. Returns FALSE if the cumulative CF is negative or the actual payback if the cumulative CF is positive. Then, we use the MIN (minimum) function to find first year when payback is positive.								
164									
165									

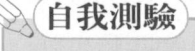

自我測驗

1. 哪三個類型的現金流量在評估專案時要被考慮？

調整通貨膨脹

通貨膨脹在美國或其他國家是一個存在的事實，所以在資本預算裡面應該被考慮進去。

▶▶ 通貨膨脹導致偏誤

注意如果沒有通貨膨脹，實質的利率，r_r，會同等於名目利率，r_n。然而，實質跟名目的預期淨現金流量——RCF_t 跟 NCF_t——將會相等。記住實質利率跟實質現金流量不包括通貨膨脹的效果，名目利率跟名目現金流量則會受通貨膨脹影響。在某些時候，一個通貨膨脹溢酬，IP，會產生於所有名目市場利率。

假定預期通貨膨脹率是正的，而且我們預期所有專案的現金流量，包括那些折舊，都會隨著i上升。進一步來說，假定相同的通貨膨脹率，i，被建立於市場的資金成本當成是一種通貨膨脹溢酬，IP ＝ i。在這種情況之下，名目淨現金流量，NCF_t，每年將會增加 i 百分比，產生下列結果：

$$NCF_t = RCF_t(1+i)^t$$

例如，假如預期我們第五年有淨現金流量100美元並未包含通貨膨脹，然而每年的通貨膨脹為5%，$NCF_5 = \$100(1.05)^5 = \$127.63$。

一般而言，資本預算分析中用來折現的資金成本是依賴市場決定的負債跟權益成本，所以是名目利率。要讓實質利率，r_r，轉變成名目利率，r_n，在通貨膨脹率為 i 下，我們使用下面公式：

$$(1+r_n) = (1+r_r)(1+i)$$

例如，假如實質的資金成本為7%，通貨膨脹率為5%，那麼$1+r_n = (1.07)(1.05) = 1.1235$，所以$r_n = 12.35\%$。

現在淨現金流量每年增加 i 百分比，假如這個通貨膨脹風險溢酬建立於公司的資金成本，那麼NPV計算如下：

$$\text{NPV (通貨膨脹)} = \sum_{t=0}^{n} \frac{\text{NCF}_t}{(1 + r_n)^t} = \sum_{t=0}^{n} \frac{\text{RCF}_t(1 + i)^t}{(1 + r_r)^t(1 + i)^t} \qquad \textbf{(11-1)}$$

所以$(1+i)^t$分子分母互相消除，我們留下：

$$\text{NPV} = \sum_{t=0}^{n} \frac{\text{RCF}_t}{(1 + r_r)^t}$$

　　所以，假如所有成本跟銷售價格，甚至每年的現金流量都預期會跟通貨膨脹率同樣上升，投資者會把它建立於資金成本上，所以通貨膨脹調整(決定於公式11-1) 等於不管你用名目現金流量以名目利率折現，或是實質現金流量以實質利率折現。例如，第五年的實質100美元的現值在實質利率7％下為\$71.30 ＝ \$100/(1.07)^5。第五年名目127.63美元的現值在名目利率12.35％下也是\$71.3 ＝ \$127.63/(1.1235)^5。

　　然而，一些分析師錯誤使用基礎年，或固定的(未調整的)美元來分析整個專案——在分析中2006年的美元就該在2006年使用——由市場來決定資金成本，我們曾在第九章描述。這是錯誤的：假如資金成本包含通貨膨脹溢酬，但現金流量是固定的美元(未調整的)，然後計算NPV會低於真實的NPV。分母反應通貨膨脹，但分子沒有，這會低估NPV。

▸▸ 做出通貨膨脹率調整

　　兩個方法做通貨膨脹調整。第一，所有專案的現金流量可以表示成實質(未調整的)現金流量，沒有考慮通貨膨脹，藉由移除通貨膨脹溢酬因素，然後資金成本可以調整為實質。這個方法理論上很簡單，但產生的NPV有偏誤因為：(1)所有的現金流量，包括折舊，會同樣地受通貨膨脹率影響。(2)利率的增加會同等於投資者在必要報酬率裡建立的通貨膨脹率。因為這些假設在實務上並不是一定要存在，所以這個方法並不廣泛被使用。

　　第二個方法包括讓資金成本保持原來的名目形式，然後調整個別的現金流量來反應通貨膨脹率。這是我們在表11-4做RIC例子中所用的方法。我們假定銷售價格跟變動成本每年會以2％增加，固定成本為增加1％，而折舊費用不會被通貨膨脹影響。在現金流量分析中把通貨膨脹率加進去是必要的。利用試算表做這種調整是很容易的。

關於通貨膨脹的結論我們摘要如下。第一，通貨膨脹是非常重要的，它對營運有主要的影響。所以必須認清跟處理。第二，在資本預算分析中處理通貨膨脹會有效率的方法就是，在給每一個估計的現金流量因素中加入通貨膨脹，使用在每一個因素看它最好的資訊如何被影響。第三，由於我們無法正確的估計未來的通貨膨脹率，錯誤會產生。所以通貨膨脹增加不確定性跟風險，在資本預算中增加複雜性。

✎ **自我測驗**

　　1. 處理通貨膨脹率最好的方法是什麼？這個過程如何減低潛在的誤差？

專案風險分析：衡量獨立風險的技巧

　　回憶第九章所提及三個風險種類的區分：獨立風險、公司風險跟市場風險。為什麼專案的獨立風險這麼重要？理論上，這類型的風險應該是最小的，然而，它確實有很大的重要性，因為下面兩個理由：

1. 估計專案的獨立風險比估計公司風險來的容易，它也比估計市場風險來的容易。
2. 在主要巨大的案子裡，所有三種類型的風險是高度相關的——假如一般經濟情況表現良好，公司也會如此，而如果公司表現良好，大部分都是因為專案。因為有這麼高的相關性，獨立風險比一個難以估計的公司風險跟市場風險而言它是較好的。

　　分析專案的獨立風險包括決定不確定的固有現金流量。舉例說明包括哪些在內。考慮我們上面討論的RIC公司利用電腦控制專案，許多輸入關鍵顯示於表11-4的第一部分都是不確定的。例如，銷售量為20,000單位且售價每單位為3,000美元。然而，實際銷售量幾乎確定會高於或低於20,000單位，而銷售價格也可能會完全不同於3,000美元。事實上，銷售量跟銷售價格是機率分配上的預期數值，如同表11-4第一部分的許多數值。分配如果相對緊縮，代表比較小的標準差跟較低的風險，或如果比較寬，那代表數值比較高的不確定跟比較高程度的獨立風險。

　　個別現金流量的分配，它們之間互相的相關性決定NPV的機率分配，跟專案的獨立風險。下列我們討論三個評估專案獨立風險的方法：(1)敏感度分析，(2)情境分析，(3)蒙地卡羅分析。

⋙ 敏感度分析

　　直覺地，我們知道許多決定專案現金流量的變數在分析中可以改變。我們也知道改變輸入值的變數，例如銷售量會造成NPV的改變。**敏感度分析(sensitivity analysis)**是一個方法，指出專案NPV會如何隨著輸入變數改變而改變，假設其他條件不變的情況之下。

　　敏感度分析開始於基本案例的情況，也就是每個預期輸入值下開始發展。舉例說明，考慮之前表11-4的資料，RIC電腦專案的現金流量。這些數值包括銷售量、銷售價格、固定成本跟變動成本，都在基本案例下，造成NPV580.9萬美元的結果，表11-4的NPV稱為**基本案例的NPV(based-case NPV)**。現在我們要求一系列「如果」的問題：「如果銷售量低於原先最可能的水準15％」，「如果每單位變動成本從預期的2.10美元變為2.50美元」，敏感度分析用來幫助決策者處理這樣類似的問題。

　　在敏感度分析中，每一個變數都以變動百分比於預期數值之上或之下，並假設其他不變。然後一個新的NPV則隨著變數變動而被計算。最終，一系列的NPV會被畫出圖來，表示NPV如何受每一個變數變動的敏感度。圖11-1顯示電腦專案的敏感度分析在六個輸入變數之下。下面的表是用來畫圖所計算的。圖中線的斜率代表NPV於變數的改變如何敏感：越陡的斜率，NPV就越敏感於變數的改變。從圖跟表我們看到專案的NPV非常敏感於銷售價格跟變動成本，其次敏感於成長率跟銷售量，最不敏感於固定成本跟資金成本。

　　假如我們比較兩個專案，一個有陡的敏感線會是較具風險的，因為專案會因相對較小估計變數的誤差，例如銷售量，而產生專案預期NPV的巨大錯誤。所以分析專案風險中敏感度分析可以提供很好的見解。

　　在繼續之前，我們使用Excel試算表來做敏感度分析，檔案**CF2 Ch11 Tool Kit.xls**產生資料作圖，如圖11-1。用手處理這樣的分析是相當花時間的。

⋙ 情境分析

　　雖然敏感度分析可能是最廣泛使用的風險分析技巧，但它有所限制。例如，我們看之前電腦專案的NPV是很敏感於銷售價格跟變動成本的改變。這個敏感度顯示專案是具風險的。然而，Home Depot跟Circuit City對獲得新電腦產品感到渴望，所以簽訂一個購買20,000單位且每單位3,000美元的契約。更進一步地，假定Intel同意於一

個價格提供主要零件確保變動成本不會超過2,100美元。在這樣的情況之下，有較高或較低的銷售價格跟變動成本就會有比較低的機率，所以專案不會跟敏感度分析中一樣具風險。

我們需要延伸敏感度分析來處理輸入變數的機率分配。另外，讓多於一個變數改變在一個時間點上會是有幫助的，讓我們看看變數改變的結合效果。**情境分析(scenario analysis)**提供這個延伸——它允許同一時間點多於一個變數的改變。在情境分析中，財務分析師也是開始於**基本案例(base case)**，或是那些最可能出現的數值。然後他或她會詢問市場、工程、其他營運部門的管理者來認定**最壞的情況(worst-**

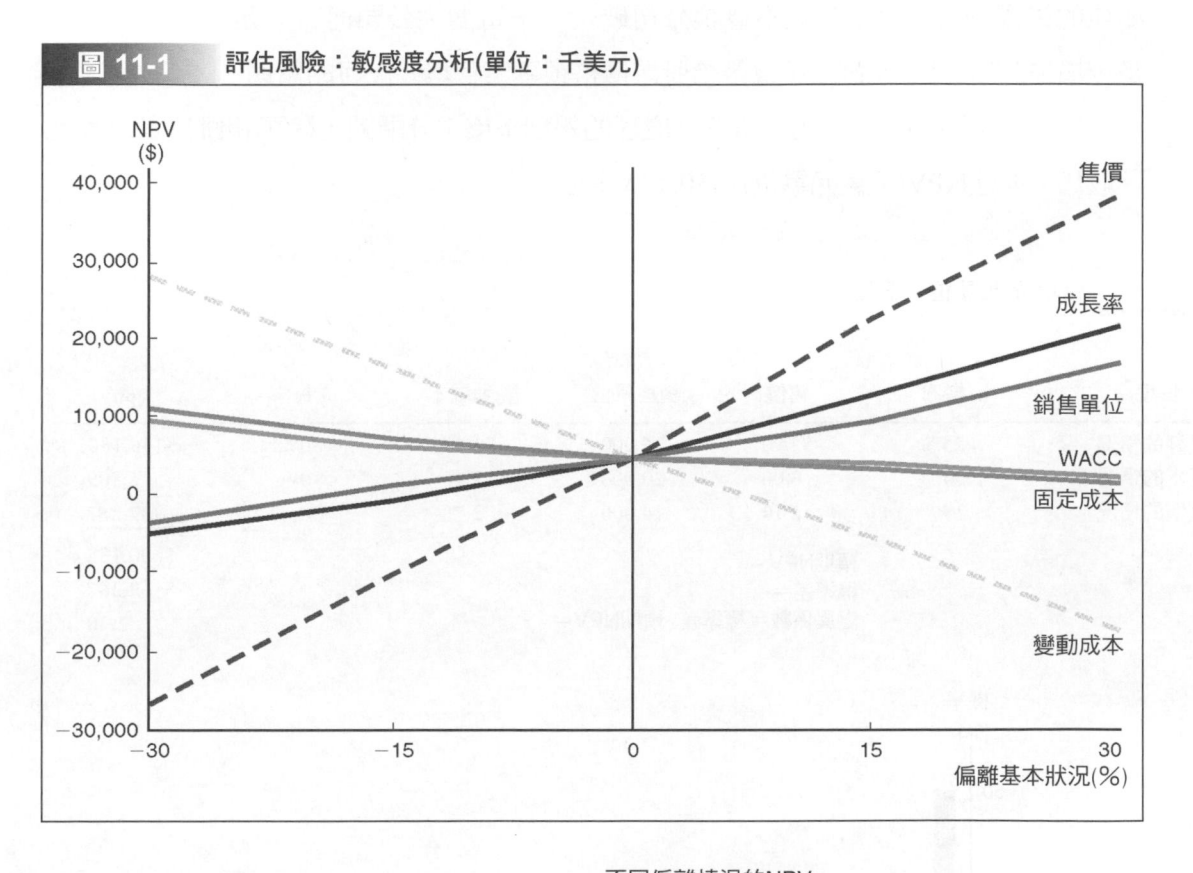

圖 **11-1**　評估風險：敏感度分析(單位：千美元)

		不同偏離情況的NPV				
偏離基本狀況	售價	變動成本	成長率	首年銷售單位	固定成本	WACC
−30%	($27,223)	$29,404	($ 4,923)	($ 3,628)	$10,243	$9,030
−15	(10,707)	17,607	(115)	1,091	8,026	7,362
0	5,809	5,809	5,809	5,809	5,809	5,809
15	22,326	(5,988)	12,987	10,528	3,593	4,363
30	38,842	(17,785)	21,556	15,247	1,376	3,014
範圍	$66,064	$47,189	$26,479	$18,875	$ 8,867	$6,016

case scenario)(低銷售量、低銷售價格、高變動成本等等)跟**最好的情況(best-case scenario)**。通常，最好的情況跟最壞的情況有25%的機率情況，50%的情況於基本案例的情形。明顯地，情況依賴於數值的改變，但這也讓人們開始注重主要的風險分析。

最好、基本跟最壞案例的數值以RIC的電腦專案為例子顯示於表11-5。假如產品是相當成功的，那麼結合高的價售價格，低的產品成本，高的銷售量跟強的未來銷售成長率會造成高的NPV，1億4,600萬美元。然而假如事情轉壞，那麼NPV將會是負3,700萬美元。圖顯示非常寬距的機率，真實的顯示這個專案是非常具有風險的。假如壞的情況真的發生了，並不會讓公司破產──這對大公司而言只是一個專案。但是，損失3,700萬美元確定不會帶給股票價格跟專案管理人任何的幫助。

情境機率跟NPV建構出如第五章處理的報酬率機率分配圖，除了報酬率是以美元計取代。期望NPV(千美元單位)為30,135美元。

表 11-5 | 情境分析(單位：千美元)

情境	機率	售價	銷售單位	變動成本	成長率	NPV
最好的情況	25%	$3.90	26,000	$1.47	30%	$146,180
基本的情況	50	3.00	20,000	2.10	0	5,809
最壞的情況	25	2.10	14,000	2.73	−30	(37,257)
			預期NPV＝			$ 30,135
			標準差＝			$ 69,267
			變異係數＝標準差/預期NPV＝			2.30

註：情境分析的計算見CF2 ch11 Tool kit-xls 的Excell模型。

$$期望\ NPV = \sum_{i=1}^{n} P_i(NPV_i)$$
$$= 0.25(\$146,180) + 0.50(\$5,809) + 0.25(-\$37,257)$$
$$= \$30,135$$

NPV標準差為69,297美元(千美元為單位)

$$\sigma_{NPV} = \sqrt{\sum_{i=1}^{n} P_i(NPV_i - 期望\ NPV)^2}$$
$$= \sqrt{\begin{array}{l}0.25(\$146,180 - \$30,135)^2 + 0.50(\$5,809 - \$30,135)^2 \\ + 0.25(-\$37,257 - \$30,135)^2\end{array}}$$
$$= \$69,267$$

最後,專案的變異係數為:

$$CV_{NPV} = \frac{\sigma_{NPV}}{E(NPV)} = \frac{\$69,267}{\$30,135} = 2.30$$

專案的變異係數可以跟RIC平均專案的變異係數來比較相對專案的風險。平均而言,RIC現存的專案,變異係數大約為1.0,所以在這個基礎下衡量單獨風險,我們認定專案是比平均專案而言來的具風險。

情境分析提供關於專案單獨風險有用的資訊。然而它受限於只提供幾個離散的NPV結果,即時有無限可能的結果。在下一個部分,我們描述評估專案單獨風險一個比較完整的方法。

▶▶ 蒙地卡羅模擬

蒙地卡羅模擬(Monte Carlo simulation)結合敏感度跟機率分配。它始於Manhattan建立第一個原子炸彈,並且因此而命名。雖然蒙地卡羅模擬考慮的比情境分析還複雜,但是模擬軟體封包讓這個過程是可管理的。許多封包都有包含如Microsoft Excel。

在模擬分析中,電腦開始產生隨機的數值給每一個變數,例如銷售量、銷售價格、變動成本等等。然後這些數值再結合,然後NPV會被計算跟儲存在電腦的記憶體。接下來,電腦又開始第二次隨機輸入數值,第二次的NPV會被計算。這樣的過程重複大約1,000次,產生1,000個NPV。NPV的平均值跟標準差都會被記算。平均值是用來衡量專案的預期NPV,而標準差(或變異係數)是用來衡量風險。

　　使用這個過程，我們考慮RIC專案的模擬分析。如我們在情境分析中，我們簡化說明了只有四個關鍵變數的分配：(1)銷售價格，(2)變動成本，(3)第一年的銷售量，(4)成長率。

　　我們假定銷售價格可以藉由連續的常態分配來表示，其期望值為3.00美元，標準差為0.35美元。回憶第五章我們提及大約68%的機會實質價格會落於期望價格加上一個標準差，結果是介於2.65美元到3.35美元。從另一方面來說，有32%的機會價格會落於範圍之外。注意的是，只有小於1%的機率實際價格會落於預期價格三個標準差之外，範圍為1.95美元到4.05美元。所以銷售價格不太可能低於1.95美元或高於4.05美元。

　　RIC有現存的勞工契約跟供應商密切的關係，因此會讓變動成本有較小的不確定。在模擬中我們假定變動成本可以表示為三角形分配，最低為1.40美元，最有可能為2.10美元，而最高界限為2.50美元。注意這非對稱的分配，最低低於最可能出現的值0.7美元，但最高只高出0.4美元。這是因為RIC有風險行動管理計畫，利用它的生產過程負責從事避險來對抗商品價格上升。RIC的避險效果會減少暴露於價格上升，但在價格下降時仍然保持利益。

　　基於跟主要客戶的初步購買協議，RIC確定第一年至少有15,000的銷售量。市場部門相信最可能的銷售量是20,000單位，但是也有可能需求更大。在第一年工廠最大可以生產30,000單位，雖然產量可以在接下來的年度擴大，假如需求比預期還要高。因此，我們把第一年的銷售量表示成三角形分配，最低銷售量為15,000單位，最可能為20,000單位，最高為30,000單位。

　　市場部門預期一年後沒有銷售成長，但認為實際銷售成長率有可能是正也有可能是負。更進一步，實際銷售成長率很有可能跟第一年的銷售量有很正的相關性，意指如果第一年的需求比預期還要大，那麼下一年的銷售成長率很有可能也會高於預期。我們表示銷售成長率是一個常態分配圖，期望值為0且標準差為0.15。我們也設定第一年的銷售量跟銷售成長率的相關係數為0.65。將這些機率分配顯示於圖11-2。

　　我們使用這些輸入值跟模型從**CF2 Ch11 Tool Kit.xls**來建立這個模擬分析。假如你要自己做模擬，你必須先讀介紹檔案**Explanation of Simulation.doc**。這個解釋如何安裝**Simtools.xla**封包於Excel，在跑模擬時是必須的。當你安裝完**Simtools.xla**後，你就可以進行模擬分析，是一個分開的試算表，**CF2 Ch11 Tool Kit Simulation.xls**。所有三個檔案都包括在附錄網站。使用這個模型，我們模擬1,000個結果，表11-6顯示模擬的結果。

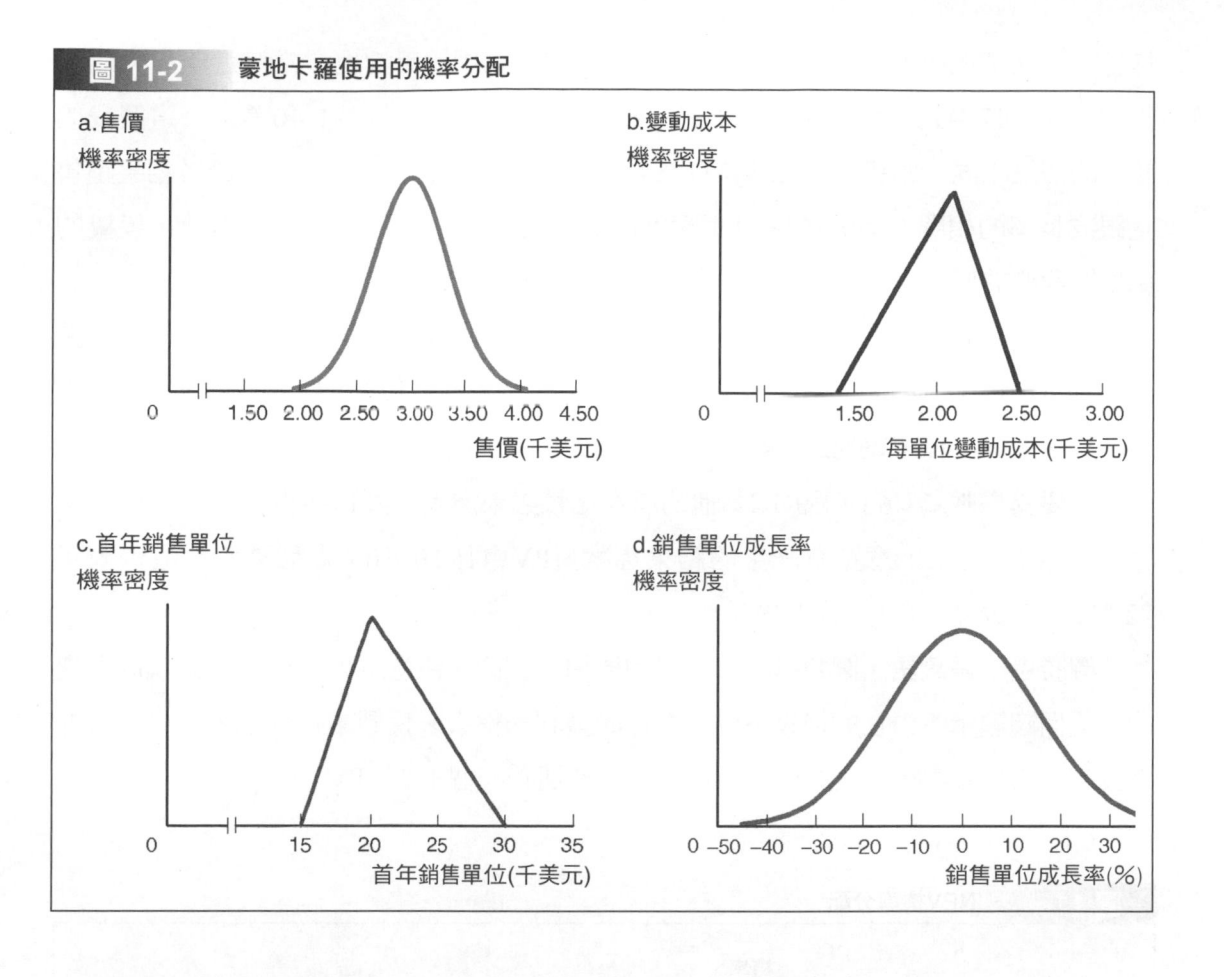

圖 11-2　　蒙地卡羅使用的機率分配

表 11-6 ｜ 模擬結果摘要(單位：千美元)

	輸入值				輸出值
	售價	變動成本	銷售單位	成長率	NPV
平均值	$3.01	$2.00	21,662	−0.4%	$ 13,867
標準差	0.35	0.23	3,201	14.8	22,643
最大值	4.00	2.47	29,741	42.7	124,091
最小值	1.92	1.40	15,149	−51.5	−49,550
中位數					10,607
NPV＞0的機率					72.8%
變異係數					1.63

　　進行完模擬後，第一件要做的事情就是確保結果跟我們的假設一致。結果顯示銷售價格的平均值跟標準差分別為3.01美元跟0.35美元，這跟我們假設的價格一致。同

樣地，成長率的平均值為−0.4而標準差為14.8跟我們的假設也非常接近。最大的變動成本為2.47美元，剛好在我們認定的2.5美元下面，而最低為1.40美元，這跟我們認定的假設相同。銷售量最大29,741跟最少15,149兩個都跟假設一致。最後結果銷售量跟成長率的相關性為0.664，這跟我們假設的相關性0.65非常接近。因此，模擬的結果跟我們的假設一致。

表11-6顯示專案NPV的摘要統計值。平均值為13,867美元，支持專案是該被接受的。然而專案的範圍非常大，從損失49,550美元到獲利124,091美元，所以專案是相當具風險的。標準差為22,643美元顯示損失很容易發生，而這跟範圍很大的結果也一致。變異係數為1.63，跟RIC其他的專案比較起來還大。表11-6也顯示NPV的中位數為10,607美元，意指有一半的結果專案NPV會比10,607美元還大。這也表示72.8%的次數專案會有正的NPV。

圖勝過千言萬語，圖11-3說明結果的機率分配圖。注意結果的分配圖是偏向右邊的。這個圖顯示，潛在的損失不會跟潛在的獲利一樣大。我們的結論是，這是一個非常具有風險的專案，如變異係數所示，但它預期有一個正的NPV。

圖 11-3　NPV機率分配

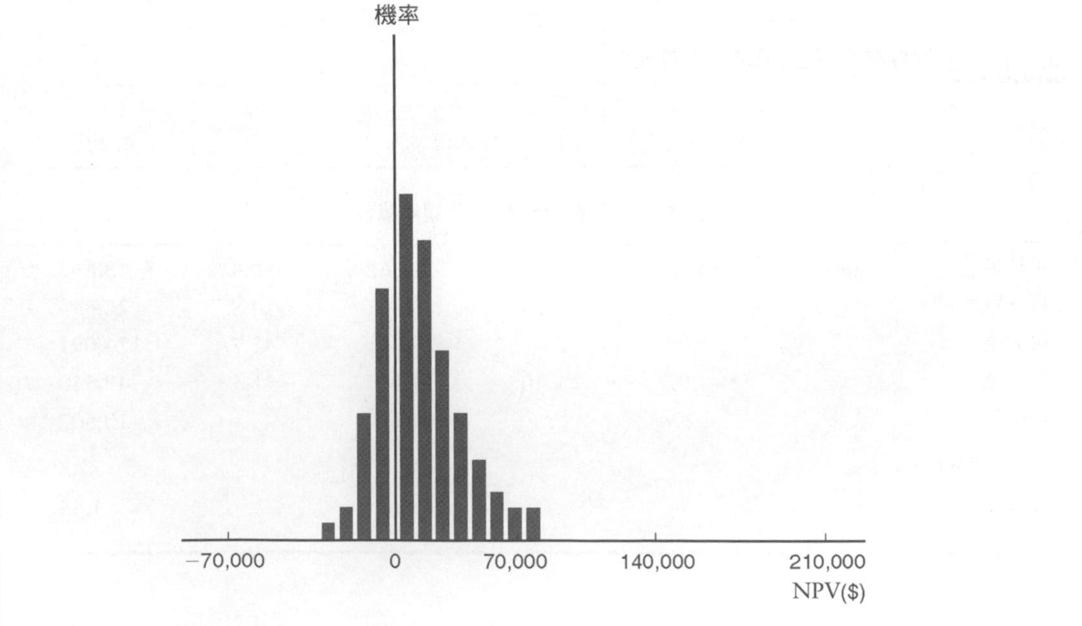

✎ **自我測驗**

1. 列出兩個理由，為什麼實務上單獨風險是重要的？
2. 區分敏感度跟情境分析，情境分析比敏感度分析有什麼優點？
3. 什麼是蒙地卡羅分析？

專案風險的結論

　　我們已經討論三種類型風險在資本分析中：獨立風險、公司風險跟市場風險，而且我們也討論評估方法。然而兩個重要的問題仍然存在：(1)公司應該在資本預算中關心單獨風險或公司風險嗎？(2)當單獨風險、公司風險或市場風險導致不一樣的結論時，我們要怎麼做？

　　這些問題的答案並不容易。從理論的觀點，有良好分散的投資者只會關心市場風險，管理當局必須關心股票價格最大化，所以會導致結論在資本預算中應該完全注重市場風險。假如投資者不是良好分散的，假如CAPM不像理論上所運作的，或假如在資本預算中衡量問題讓管理當局對CAPM方法缺乏信心，給獨立風險或公司風險較多的權重就會比較合適。注意CAPM忽略破產成本，這樣的成本是重要的，破產的機率仰賴公司的風險而非它的 β 風險。所以即使良好分散的投資者必須讓管理當局考慮一些專案的公司風險，而非只是完全注重市場風險。

　　雖然把這些問題協調跟衡量專案風險於某些絕對規模是很少的，可是我們在實務上最好的估計專案風險會有點含糊。例如，我們可以公平的說一個特別專案有較高或較低於公司平均風險的專案。然後，假定單獨跟公司風險是高度相關(一般而言)，專案的風險會是衡量公司風險好的估計值。最後，假定市場風險跟公司風險有高度相關(大部分公司是如此)，一個專案於平均值，有較多公司風險也會有較大的市場風險，那些較低公司風險的專案相反也是。

✎ **自我測驗**

1. 理論上，公司必須注重獨立或公司風險嗎？在實務上公司需要注重嗎？
2. 假如一個專案的單獨、公司、市場風險有高度相關，這會讓衡量風險的任務變簡單或困難？請解釋。

結合專案風險於資本預算

如第九章所提，許多公司計算每一個部門的資金成本，依賴於部門的市場風險跟資本結構。這是結合風險分析於資本預算的第一個步驟，但是因為它只包含市場風險所以受限制。取代直接估計專案的市場風險，公司風險管理部門衡量公司整體的財務危機的可能性，仰賴於目前跟計畫的專案。換句話說，藉由專案的投資組合他們評估公司的風險。這個審查過程將會認定那些明顯增加公司的專案。假定一個計畫專案不會明顯影響公司可能的財務危機，但它跟一般的專案比起來有很大的單獨風險。兩個方法用來結合專案風險於資本預算。一個稱為確定等值法(certainty equivalent)。這裡每一個現金流入都是不確定的，越具風險的現金流量確定等值的價值就越低。另一個方法，也是我們這裡要注意的，**風險調整折現率法(risk-adjusted discount rate)**，不一樣專案的風險就改變它的折現率。平均風險專案可以用公司資金成本來折現，高風險的專案就以高資金成本折現，低風險專案就以低於公司的資金成本折現。不幸地是，沒有好方法來認定高的折現率跟低的折現率確切是多少？所以如前所描述，風險調整會是主觀且任意的。

自我測驗

1. 風險調整折現率如何結合專案風險於資本預算決策過程？

經由階段決策管理風險：決策樹

直到剛剛我們主要注重估計專案單獨風險的技巧。雖然這在資本預算中是不可或缺的部分，管理當局一般會感興趣於減少風險勝於衡量風險。例如，一些專案的花費不需要在一個時間點完成，可以分成好幾個階段。這會藉由利用新的資訊，重新評估決策，在決定投資或終止投資而降低風險。這樣的專案可以使用決策樹來評價。

▸▸ 基本的決策樹

假定United Robotics考慮生產機器於電視製造產業。專案的淨投資如下步驟，如圖11-4：

圖 11-4　United Robotics：決策樹分析(千美元)

時間						聯合機率	NPV	乘積 機率× NPV
t＝0	t＝1	t＝2	t＝3	t＝4	t＝5			
			$18,000	$18,000	$18,000	0.144	$25,635	$ 3,691
		($10,000)	8,000	$8,000	$8,000	0.192	$6,149	$ 1,181
	($1,000)		($2,000)	Stop		0.144	($10,883)	($ 1,567)
($500)		Stop				0.320	($1,397)	($ 447)
	Stop					0.200	($500)	($ 100)
						1.000	期望NPV ＝ $ 2,758
							σ ＝ $10,584	

步驟 1：在t＝0，引導500,000美元市場潛在電視機器生產線的研究。

步驟 2：假如相當大的市場確實存在，t＝1花費1,000,000美元來設計跟建造標準機器。這個機器會由電視工程跟公司其他相關所評估。

步驟 3：假如標準機器的反應良好，t＝2建立一個生產工廠成本為10,000,000美元。假如這個步驟達到，專案會產生高、中或低的淨現金流量在接下來的四年。

步驟 4：在t＝3市場接受度就會知道。假如需求低，公司會終止專案，避免第四、第五年的負現金流量產生。

　　一個**決策樹(decision tree)**如圖11-4可以用來分析多階段的決策。這裡我們假定每一年間可以做決策。每一個循環過程稱為**決策點(decision node)**。每個決策點左邊的美元價值表示決策點上要求的淨投資，在t＝3跟t＝5的現金流量表示，假如專案進行的現金流量。每一個斜的線表示決策樹的**分支(branch)**，每一個分支都有估計的機率。例如，假如公司決定從事這個專案於決策點1，他需花費500,000美元的市場研究。管理當局估計有0.8的機率研究會有好的結果，導致讓決策前往步驟二，而有0.2的機率會有不好的結果，則專案在步驟一後就會被終止掉。假如專案被取消，那麼市場研究500,000美元就會是損失。

　　假如市場研究產生正的結果，然後United Robotics將花費100萬美元在決策點2於標準機器。管理當局估計有60％的機率電視工程會發現機器很好用，而有40％的機率他們會不喜歡。

假如工程師喜歡這個機器，公司最後還會花費1,000萬美元來建立一間工廠並且進行生產。假如工程師不喜歡這個標準機器，那麼專案就會取消。假如公司進行生產，營運現金流量在專案四年期間依賴在市場接受產品的滿意度如何？有30%的機率市場認為相當好，而淨現金流量每年1,800萬美元，而有40%的機率每年800萬美元，有30%的機率每年損失200萬美元。這些獻金流量顯示於第3年到第5年。

總之，圖11-4的決策樹有決策點跟分支。有兩種類型的點：決策點跟結果點。決策點是管理當局反映新資訊的點。第一個決策點在t＝1，在公司完成市場研究後(圖11-4的決策點1)。第二個決策點在t＝2，公司完成標準機器研究後(圖11-4的決策點2)。結果點為可能的結果。有一相關的結果點(圖11-4的決策點3)，發生在t＝3，而它的分支表現公司進行專案可能的現金流量。決策點4，也是結果點，假如接受度很低的話United Robotics終止專案。注意決策樹顯示出每個分支的機率。

圖11-4的聯合機率欄給每個分支發生的機率，甚至每個NPV。每一個聯合機率是由一個特別分析的所有機率相乘而得。例如，假如步驟1進行，經由步驟2跟3，有強烈需求產生每年1,800萬美元現金流入，機率是：(0.8)(0.6)(0.3) ＝0.144 ＝14.4%。

公司有11.5%的資金成本，而管理當局認定專案是屬於平均風險。最上面分支的NPV(最好的)為25,635美元(千元為單位)。

$$NPV = -\$500 - \frac{\$1,000}{(1.115)^1} - \frac{\$10,000}{(1.115)^2} + \frac{\$18,000}{(1.115)^3} + \frac{\$18,000}{(1.115)^4} + \frac{\$18,000}{(1.115)^5}$$

$$= \$25,635$$

其他分支的NPV計算則相似。

圖11-4最後一列給所有分支的NPV乘以其機率，加總起來就是專案預期的NPV。在資金成本為11.5%之下，專案的預期NPV為275.8萬美元。

如這個例子所示，決策樹分析要求管理當局明確地分類專案風險的類型跟發展潛在情境的因應。注意我們的例子可以延伸出許多類型的決定，且可以結合於模擬分析中。總括來說，決策樹在分析專案風險而言是個有用的工具。

✍ **自我測驗**

1. 什麼是決策樹？分支？決策點？

介紹實質選擇權

根據傳統的資本預算理論，專案的NPV是未來預期現金流量的現值，折現率反應預期現金流量的風險。然而傳統的資本預算理論假定專案像一個滾輪盤。你可以睹輪盤中的任一個數字，但是當輪盤開始運轉後，你無法做什麼事情。當遊戲開始時，結果完全靠機會，沒有任何技巧。

不像轉輪盤的其他遊戲，例如撲克牌。撲克牌可以反應對手的行動，所以有技巧的玩家通常會贏。

資本預算決定觀念上比較像撲克牌遊戲，而非轉輪盤遊戲因為：(1)在專案中總是有機會做主，(2)管理當局可以反映市場情況跟競爭者的行動。有機會來反應改變的情況稱為**管理選擇(managerial options)**，因為它們給管理當局一個機會來影響專案的結果。它們也稱為**策略選擇(strategic options)**因為它們通常隨著大的，策略的專案而非一般的運作的專案。最後它們稱為**實質選擇權(real options)**，不同於財務的選擇權因為它包含實質的資產，而非財務的資產。下面部分描述許多**嵌入選擇權(embedded options)**的專案種類。

▶▶ 投資時間選擇權

傳統的NPV分析隱含假定專案只能接受或拒絕其中選擇一個，它們必須現在從事或絕不從事。然而事實上，公司有時候有第三個選擇──延遲決定到以後，當有更多資訊可用的時候。像這樣的**投資時間選擇權(investment timing options)**可以戲劇化地影響專案估計的獲利性跟風險。

例如，假定Sony計畫生產DVD-TV的轉換系統，而你的軟體公司有兩種選擇：(1)立刻開始大規模的生產DVD遊戲軟體給新的系統，或(2)延遲投資直到你發現市場對DVD有很大的反應。你也許會偏好延遲執行。記住，延遲選擇權是具有價值的，唯有延遲的利益比延遲所帶來的損失還大時。如果你延遲，其他公司也許因此而掌有客戶群，以至於你以後很難進入市場。延遲選擇權通常最有價值的是那些有專利權，高科技或有進入障礙的公司，因為它們受競爭者影響因素較低。延遲選擇權是具有價值的，當市場需求不確定，但在利率變動期間也是具有價值的，因為等到利率低時再執行專案。

成長選擇權

成長選擇權**(growth options)**允許一家公司增加資本,假如市場情況比預期中還好。有許多類型的成長選擇權。一個是讓公司增加目前產品線的資本。一個「頂峰單位」電廠說明這類的成長率。當需求跟價格很高時,它有高變動成本並且用來生產額外的電力。

第二類型的成長選擇權允許公司擴充於新地理位置的市場。許多公司投資於東歐、俄羅斯跟中國地區。即使標準的NPV分析產生負的NPV。然而,如果市場發展起來,這個發展更多便利性的選擇權將會具有相當的價值。

第三類型的成長選擇權是增加新產品的機會,包括互補的產品跟成功世代的原始產品。Toshiba可能損失很多錢在它的第一代輕便型手提電腦,但是在製造技巧跟消費者知名度上它獲得很大的幫助在接下的生產。另外,Toshiba利用它在手提電腦的經驗跟知名度也開始打入桌上型電腦市場。

拋棄選擇權

許多專案包括**拋棄選擇權(abandonment options)**。當評價一個潛在的專案,標準的DCF分析假定這個資產會用於特定的經濟期間。然而有些專案必須營運所有的經濟期間,即使市場情況衰退並且產生很低的預期現金流量。例如,介於汽車製造商跟供應商指定某些部分的量跟價格,且必須運送的契約。假如供應商的勞動成本增加,那麼供應商在運送時必然會造成損失。包括在這個契約的拋棄選擇權必定有相當的價值。

注意一些專案可以提供選擇權來減低資本或暫時性延遲營運。像這樣的選擇權一般如自然資源產業,包括採礦、石油,而且它們必須反映在估計NPV的分析中。

彈性選擇權

許多專案提供**彈性選擇權(flexibility options)**允許公司選擇營運與否,仰賴於專案期間情況如何改變。典型的說,即使輸入跟輸出都可以改變,BMW's Spartanburg、South Carolina,聚集提供產出彈性的好案例。BMW需要工廠來生產運動雙門小轎車。假如建立工廠來生產這種車輛建造成本會最低。然而公司想之後轉換生產其他的車輛類型,但假如公司只設計這類型的車(雙門小轎車)會是困難的。所

以BMW決定花額外的費用來建立一間有彈性的工廠──可以生產許多種類的車輛。當雙門小轎車的需求真的降低了，而運動型車輛上升。但是BMW已經準類好了，Spartanburg工廠已經開始生產熱賣的SUVs。這工廠的現金流量會較高於它們之前沒彈性選擇權時，BMW還要再建造一間新的工廠時。

▶▶▶ 評價實質選擇權

　　完整描述實質選擇權評價超過本書的範圍，但是仍有許多我們可以提及。第一，假如你的專案有嵌入選擇權，你必須至少了解且表明它的存在。第二，我們知道財務選擇權是更具有價值的，假如它有較長的時間，或它的資產較具風險。假如任一這些特質可應用到你的實質選擇權，你就知道它的價值是相當高的。第三，你可以用決策樹來為實質選擇權建立模型。這會給你大約的價值，但記住你也許不會有一個好的折現率估計值，因為實質選擇權改變風險跟必要報酬率，甚至整個專案。

自我測驗

　　1. 指出不一樣類型的實質選擇權。

總結

　　本書指出任何資產價值依賴於現金流量金額、時間點跟它的風險。本章中，我們發展分析專案現金流量跟風險的框架。主要觀念列如下：

- 在分析資本預算中最重要(最困難)的步驟就是估計專案產生的增額現金流量。

- 專案現金流量不同於會計收入。專案現金流量反應：(1)固定資產的現金流出，(2)折舊產生的稅盾，(3)淨營運營運資金改變造成的現金流量。專案的現金流量不包括利息支出。

- 在決定增額現金流量時，機會成本(使用資產忽略的現金流量)必須包括，但是沉沒成本(已經支出不會且不能回覆)不應包括。任何外部性(影響公司其他部分)都必須反映於分析中。

- 分食發生於新專案導致現存產品銷售量的減少。

- 稅務法規在兩個方面影響現金流量分析：(1)它們減少營運現金流量，(2)它們影響每一年的折舊費用。

- 資本專案通常需要額外投資於淨營運營運資金(NOWC)。

- 一個典型的增額現金流量可以分成三類：(1)期初投資支出，(2)專案期間的營運現金流量，(3)終期的現金流量。

- 通貨膨脹效果必須被考慮在專案分析裡，最好的過程是建立預期通貨膨脹率於現金流量估計。

- 因為股東通常會分散風險，所以市場風險理論上是最攸關衡量的風險。市場或β風險影響資金成本，進而影響股票價格。

- 公司風險是很重要的，因為它影響公司使用低成本負債，保持平順營運，避免會耗費管理當局精力跟中斷員工、客戶、供應商的危機等等的能力。

- 敏感度分析是顯示專案NPV如何受給定輸入變數改變而影響，例如銷售量，假設其他條件不變下。

- 情境分析是風險分析技巧，描述最好、最壞跟基本情況的NPV互相比較。

- 蒙地卡羅分析法式，是用電腦來模擬未來事件跟獲利性與專案的風險。

- 風險調整折現率或專案的資金成本，是用來評估特定的專案。它依賴公司的WACC，如果專案的風險大於公司平均的專案則增加，如果小於則減少。

- 決策樹顯示在專案期間不一樣的決策如何影響它的價值。

- 有機會來反應改變的情況稱為管理選擇，因為它們給管理當局一個機會來影響專案的結果。它們也稱為策略選擇(strategic options)因為它們通常隨著大的，策略的專案而非一般的運作專案。最後，它們稱為實質選擇權，不同於財務的選擇權因為它包含實質的資產，而非財務的資產。下面部分描述許多嵌入選擇權的專案種類。

- 投資時間選擇權包括不只決策是否要執行，還有專案何時進行。這個機會會影響專案的時間點，也會明顯地影響它的估計價值。

- 成長選擇權發生於假如投資創造機會來獲得潛在的利益或其他的可能，這包括(1)擴充產出的選擇權，(2)進入新地理市場，(3)生產互補或成功世代的產品。

- 拋棄選擇權是假如專案的現金流量跟拋棄價值變得低於預期時，它減少專案的風險跟增加它的價值。取代完全的拋棄，有些選擇權允許公司減少資本或暫時的延遲營運。

- 彈性選擇權是在專案期間，視發展情況修正營運。

問題

(11-1) 定義下列名詞：

a. 現金流量；會計收入

b. 增額現金流量；沉沒成本；機會成本

c. 淨營運營運資金改變；殘值

d. 實質利率，r_r；名目利率，r_n

e. 敏感度分析；情境分析；蒙地卡羅模擬分析

f. 風險調整折現率；專案資金成本

g. 實質選擇權；管理選擇權；策略選擇權；嵌入選擇權

h. 投資時間選擇權；成長選擇權；拋棄選擇權；彈性選擇權

(11-2) 營運現金流量，而非會計利潤，列於表11-4。強調現金流量對於會計收入的基礎是什麼？

(11-3) 為什麼是真的，一般而言，為了預期通貨膨脹率而調整預期現金流量而偏誤了計算的NPV(低估)？

(11-4) 解釋為什麼沉沒成本不能包含於資本預算分析中，但是機會成本跟外部性應該包括。

(11-5) 解釋淨營運營運資金於專案末期如何回收，而且為什麼它必須考慮於資本預算分析中。

(11-6) 定義(a)模擬分析，(b)情境分析，(c)敏感度分析。

自我測驗

(ST-1) 你被Farr Construction公司總裁要求評估購買一家新的當地搬場公司。基本價格為50,000美元，而且會有額外10,000美元的成本來修正一些特別支出。假定搬場公司落入MACRS三年層級，三年後可以出售20,000美元。還會有增加的淨營運營運資金(存貨等) 2,000美元。當地搬場公司沒有影響利潤，但他預期節省公司每年20,000美元的稅前營運成本，主要是勞

力。公司的邊際稅率為40%。

a. 當地搬場公司的淨成本為多少？(第0年的現金流出)

b. 第1、2、3年的營運現金流量？

c. 第3年的額外現金流量(非營運)為多少？

d. 假如專案的資金成本為10%，當地搬場公司會被購買嗎？

(ST-2) Porter製造公司的員工估計下列淨稅後現金流量跟機率於新的製造過程：

年	淨稅後現金流量		
	P＝0.2	P＝0.6	P＝0.2
0	($100,000)	($100,000)	($100,000)
1	20,000	30,000	40,000
2	20,000	30,000	40,000
3	20,000	30,000	40,000
4	20,000	30,000	40,000
5	20,000	30,000	40,000
5*	0	20,000	30,000

第0線給定成本，第1到5線給營運現金流量，第5*線包括估計的殘值，Porter平均專案風險的資金成本為10%。

a. 假定專案是平均風險。尋找專案預期NPV。(提示：計算每年的期望淨現金流量)

b. 尋找最好跟最壞情況的NPV。最糟情況發生的機率為多少？假如現金流量是隨著時間完全相依的(完全正相關)？假如它們是隨著時間獨立的？

c 假定所有現金流量是完全正相關的，那麼有三種可能的現金流量：(1)最壞的例子；(2)最可能，基本的例子，(3)最好的例子，機率分別為0.2、0.6跟0.2。尋找預期的NPV，標準差跟變異係數。

習題

(11-1) Johnson Industries考慮一個擴充專案。必要的設備花費900萬美元，專案要求期初300萬美元投資於淨營運營運資金。公司的稅率為40%，專案的期初投資支出為多少？

(11-2) Nixon通訊公司試著估計專案第一年的營運現金流量(t＝1)。財務員工蒐集下列資訊：

專案售價	1,000萬美元
營運成本(不包括折舊)	700萬美元
折舊	200萬美元
利息費用	200萬美元

公司的稅率為40%，專案第一年的營運現金流量為多少(t＝1)？

(11-3) Carter Air Line現在是專案的末年，設備成本為2,000萬美元，80%已經被折舊。Carter可以出售設備給另一家航空公司500萬美元，而稅率為40%，設備的稅後淨殘值為多少？

(11-4) Campbell公司評價購併專案於新採礦設備。機器價格為108,000美元，並且需要12,500美元額外的成本來支應其他特別支出。機器落於MACRS三年層級，三年後會以65,000美元出售。機器要求淨營運營運資金增加5,500美元。採礦機器沒有利潤效果，但預期每年節省公司44,000美元的稅前營運成本，主要是勞力。公司的邊際稅率為35%。

a. 機器的淨成本為多少？(第0年的現金流出)

b. 第1、2、3年的營運現金流量為多少？

c. 第3年的額外的現金流量為多少？(稅後殘值跟回收營運資金)

d. 假如專案的資金成本為12%，機器會被購買嗎？

(11-5) 總裁要求你評估購買新的光譜儀用於公司R&D部門。這個裝備要價70,000美元，需要15,000美元額外的成本來支應其他特別支出。機器光譜儀落於MACRS三年層級，三年後會以30,000美元出售。使用這個機器被要求淨營運營運資金增加4,000美元(大部分是存貨)。光譜儀沒有利潤效果，但預期每年節省公司25,000美元的稅前營運成本，主要是勞力。公司的邊際稅率為40%。

a. 機器的淨成本為多少？(第0年的現金流出)

b. 第1、2、3年的營運現金流量為多少？

c. 第3年的額外現金流量(非營運)為多少？

d. 假如專案的資金成本為10%，光譜儀會被購買嗎？

(11-6) Rodriguez公司考慮平均風險投資於挖探礦泉水專案成本為150,000美元。

專案每年產生1,000單位的礦泉水，目前一單位售價138美元，成本為105美元(所有變動)。公司稅率為34%。價格跟成本兩者都預期以每年6%成長，公司只使用權益資本，資金成本為15%。假定現金流量組成只有稅後利潤，即時挖探具有不確定的期間也不會折舊。

a. 公司應該接受專案嗎？(專案是永續的，所以你必須使用公式計算NPV)

b. 假如總成本包括固定成本每年10,000美元跟變動成本每單位95美元，而且只有變動成本會隨著預期通貨膨脹而增加，這會讓專案變好或變差？繼續我們的假設且讓售價也隨著預期通貨膨脹而增加。

(11-7) Shao Industries考慮一個資本預算專案，公司估計專案的NPV為1,200萬美元，這個估計假定經濟跟市場情況會平均地在接下來幾年內。公司的CFO，預測只有50%的機率經濟會是平均水準。認清這個不確定性，他也完成下列的情境分析：

經濟情境	結果機率	NPV
衰退	0.05	($7,000百萬)
低於平均	0.20	(2,500百萬)
平均	0.50	1,200百萬
高於平均	0.20	2,000百萬
繁榮	0.05	3,000百萬

專案的預期NPV為多少？標準差跟變異係數？

(11-8) Bartram-Pulley Company(BPC)必須介於兩個互斥投資專案中做決定。每一個專案成本為6,750美元且預期期間為3年。每年的淨現金流量開始於第一年在期初投資進行之後並有下列的機率分配：

專案 A		專案 B	
機率	淨現金流量	機率	淨現金流量
0.2	$6,000	0.2	$ 0
0.6	6,750	0.6	6,750
0.2	7,500	0.2	18,000

BPC評價較高風險的專案資金成本為12%，較低風險為10%。

a. 各個專案預期每年淨現金流量各為多少？變異係數各為多少？(CV)(提

示：$\sigma_B = \$5,798$ 和 $CV_B = 0.76$)

b. 每個專案的風險調整NPV為多少？

c. 假如專案B跟公司的現金流量有負的相關性，而專案A有正的相關性，這樣會影響專案的決定嗎？假如專案的現金流量跟GDP成負相關，這會影響你評估專案的風險嗎？

(11-9) Singleton Supplies Corporation(SSC)為醫院、診所，製造藥物產品。SSC也許會引入一種新型X光掃描器用來判斷早期的癌症種類。對於這個專案具有不確定性，但下列的資料是合理估計的：

	機率	價值	隨機數
開發成本	0.3	$2,000,000	00-29
	0.4	4,000,000	30-69
	0.3	6,000,000	70-99
專案壽命	0.2	3年	00-19
	0.6	8年	20-79
	0.2	13年	80-99
銷售單位	0.2	100	00-19
	0.6	200	20-79
	0.2	300	80-99
銷售價格	0.1	$13,000	00-09
	0.8	13,500	10-89
	0.1	14,000	90-99
每單位成本(開發成本除外)			
	0.3	$5,000	00-29
	0.4	6,000	30-69
	0.3	7,000	70-99

SSC使用資金成本15%來分析平均風險的專案，12%給比較低的風險，18%對於比較高的風險專案。這些風險調整主要反應不確定性於專案的NPV跟IRR，衡量NPV跟IRR的變異係數。SSC的稅率為40%。

a. X光掃描器專案的預期IRR為多少？你的答案依賴於預期的數值。同樣，假定稅後利潤同等於每年的現金流量。折舊可以忽略。你可以決定利用模擬或複雜的統計分析嗎？

b. 假定SSC使用15%資金成本來評估這個專案。專案的NPV為多少？你可以估計利用模擬或複雜的統計方法嗎？

c 顯示利用電腦模擬分析專案的過程。使用隨機數字44，17，16，58，1；79，83，86；跟19，62，6來舉例說明這個過程電腦第一次跑。實際上計算第一次跑的NPV跟IRR。假定所有現金流量每一年都是獨立於其他年。同樣，假定電腦運作如下：(1)成本跟專案期間用來第一次估計使用第一個兩個隨機變數。(2)接下來，銷售量、銷售價格，每單位的成本估計使用接下的三個隨機變數，用來產生第一年的現金流量。(3)接下來的三個隨機變數用來估計第二年的銷售量、銷售價格，跟每單位的成本產生第二年的現金流量。(4)其他年的現金流量都相似地發展，跑完第一次的估計期間。(5)隨著發展的成本跟現金流量才剛建立，NPV跟IRR第一次跑出來儲存在電腦記憶體裡。(6)這個過程重複並產生500個NPV跟IRR。(7)NPV跟IRR的頻率分配利用電腦畫出來，計算分配的平均值跟標準差。

(11-10) Yoran Yacht Company (YYC)，一家知名的帆船製造公司位於Newport，也許設計一艘30英呎帆船，且為「有翼的」船。

第一，YYC必須投資1萬美元在t＝0於設計跟模型任務來測試新的船。YYC的管理當局相信有60%的機率會成功而專案會繼續。假如第一步驟不成功，那專案就會被拋棄且沒有殘值。

下一步驟，假如從事會組成模型跟產生兩個標準的船。產生成本50萬美元在t＝1。假如船測試成功，YYC會繼續生產。假如沒有，模型跟標準船會以10萬美元出售。管理當局估計80%的機率船會通過測試，然後第三步驟會從事。

第三步驟包括轉換生產線來生產這個新設計，這會花費100萬美元於t＝2。假如經濟情況很強，那麼淨銷售價值為300萬美元，假如經濟是弱勢的，那麼淨銷售價值為150萬美元。兩個都發生在t＝3，每一個經濟情況機率各為0.5。YYC的公司資金成本為12%。

a. 假定專案是平均風險的，建立決策樹跟決定專案的預期NPV。

b. 找專案NPV的標準差跟變異係數(CV)。假如YYC的平均專案CV介於1.0到2.0，這個專案是高、低或平均的單獨風險？

Mini Case

鴻海電子考慮增加一條新的生產線,機器的成本大約為200萬元,運送費用為10萬元,另外還需要花費額外的3萬元來安裝機器。機器的經濟期間為四年,機器採直線平均折舊。四年後機器預期沒有殘值。新生產線每年會增加額外的1,250的銷售單位,第一年一單位的增額成本為1,000元,不包括折舊。第一年每單位售價2,000元。銷售價格和成本預期因為通貨膨脹率每年增加3%。進一步地,新的生產線需要12%的銷售利潤來當作淨營運工作資金。公司稅率為40%,且其加權平均資金成本為10%。

1. 每年的折舊費用為多少?
2. 每年的銷售利潤和成本(包括通貨膨脹)?
3. 建立每年的增額現金流量表。
4. 估計每年的必要淨營運工作資金,以及每年投資於淨營運工作資金的現金流量。
5. 計算稅後殘值的現金流量。
6. 計算每年的淨現金流量。並以這些現金流量為基礎,計算專案的NPV、IRR、MIRR和回收期間,這些指標顯示專案會被接受嗎?
7. 假定有25%的機率產品接受度很差,銷售量每年將只有900單位且每單位售價為1,600元;25%的機率有很強的消費者反應會產生1,600的銷售單位和2,400元的價格。50%的機率平均接受度1,250的銷售單位和2,000元的價格。
   (1)情況糟時的NPV為多少?情況好時為多少?
   (2)利用最糟、最好和平均基礎的NPV與機率來尋找專案的預期NPV、標準差和變異係數。

Note

第四部分
公司評價

第12章

財務規劃和
預估財務報表

本章介紹如何預估將來的財務報表，並藉以計算期望的未來現金流量。

經理人會利用**預估財務報表(pro forma, or projected, financial statements)**去做下列四件事：(1)評估公司未來的目標和股東的期望。(2)判斷未來營運的改變，作一些假設情況的分析。(3)預期公司未來的財務需求。(4)藉以評估在未來不同營運計畫下的自由現金流量，未來的資金需求和選擇股東價值極大化的計畫，再作敏感度分析其未來盈餘、現金流量和股價。

綜觀財務規劃

這本書主要是解釋經理人該怎麼做，才能增加公司的價值。但前提是要對未來有清楚的計畫。

▶▶ 策略性計畫

通常公司在作策略性計畫時，會以追求股東價值極大化為目標。舉一家美國公司Varian為例，公司在1990年將重心放在科技的研發，然而股價不升卻反降，因此管理當局面臨被併購的威脅。於是在1991年，公司改變營運策略，將重心放在許多其他

方面，不單只是放在科技的研發。結果盈餘出現戲劇性的變化，股價在未來四年中由原先的6.75美元增至60美元。

股東財富極大化的目標會隨著國情而有所不同，舉例來說，Veba是一家德國的公司，當公司管理當局宣布盈餘的分配將以全部的股東為主，這樣的做法與一般其他德國公司不同。因為德國董事會中，員工占有重要的席位。也因此Veba公司的股價比一般德國公司表現來得好。於是許多跨國公司皆採取Veba公司對股東的方式。

可口可樂雖然只賣汽水飲料，但服務的範圍遍布全球。百事可樂最近依照可口可樂經營的模式，將其產品服務事業賣掉。很多研究都顯示，市場對於專心致力於本業公司的評價，會高於多角化經營的公司。

公司的經營哲學並不能提供經理人營運的目標。公司會制定目標，好比市場占有率達50%、ROE達20%、盈餘成長率達10%，或是EVA達1億美元。公司的策略包括很多方法，而不是既定的計畫。好比說有些航空公司只提供簡單樸素的服務，但有些則會提供較優渥的服務。

▶▶ 營運計畫

營運計畫的年限通常為五年，且第一年的計畫會比後幾年來的詳細。計畫中會解釋什麼能夠促使公司達成某些目標，好比銷售和利潤的目標。大體上來說，跨國公司會把營運部門分成許多分支，然而每個分支都有自己的營運目標，以符合公司整體的目標。

▶▶ 財務計畫

財務計畫包括以下五個步驟：

1. 分析營運計畫對預估財務報表的影響，像是利潤和財務比率。
2. 決定五年期計畫的資金需求。
3. 預估內部資金和外部融資的需求，同時考量一些借款的限制，好比負債比率、流動比率或是利息涵蓋倍數。
4. 建立績效管理的報酬制度，給予員工創造股東價值的報酬。
5. 事後監督計畫的進行，找出與當初預期不同的地方，採取正確的行動。

在本章末將解釋如何去做財務規劃，包括下列三個重要部分：(1)銷貨預測，(2)預估的財務報表，(3)外部融資計畫。我們將於十三章討論員工補償計畫的問題。

1. 經理人預估財務報表時可用哪四個方法？
2. 簡單解釋下列名詞：(1)公司目的，(2)公司領域，(3)公司目標和(4)公司策略。
3. 簡單敘述一個營運計畫的組成。
4. 財務規劃的步驟為何？

銷貨預測

銷貨預測(sales forecast)通常會先參考過去五到十年的銷貨狀況，如圖12-1所示。第一個表是MicroDrive過去五年的銷貨。本來是可以參考過去十年的資料，但管理當局認為銷貨與現況比較有關係，因此排除較早年度的資料。

圖 12-1 MicroDrive公司：歷史銷貨(百萬美元)

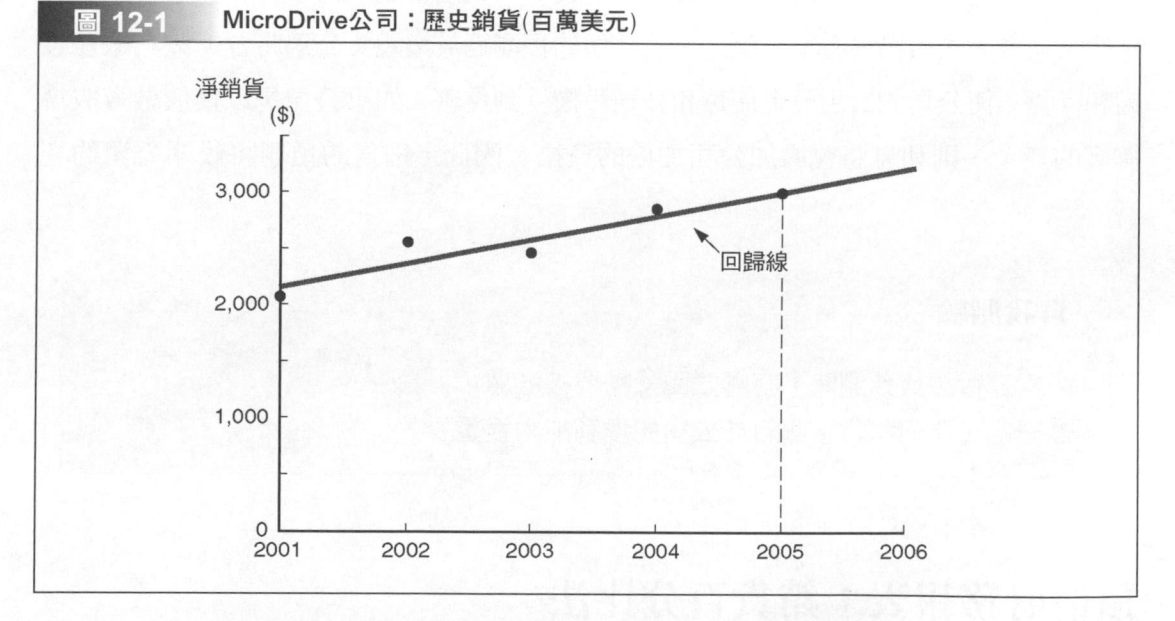

年度	銷貨	年成長率
2001	$2,058	
2002	2,534	23.1%
2003	2,472	－2.4
2004	2,850	15.3
2005	3,000	5.3
		平均＝10.3%

然而，未來銷貨預測需要參考過去的資料。舉例來說，MicroDrive每年的銷貨成長率為10.3%，從2001年到2005年的複利銷貨成長率如下：

$$\$2,058\ (1+g)^4 = \$3,000$$

經由計算可知 $g = 9.9\%$

通常，算術平均計算的成長率會偏高。為了解釋原因，假設銷貨第一年成長100%，次年度下滑 50%。事實上，公司的成長率為零，但算術平均計算出來的成長率為 25%。這樣點對點的方式可能不太可靠，原因在於離均值的影響，如圖12-1所示。為了解決這個問題，可以使用回歸方法，則斜率即為成長率。假設我們預估成長率為固定，應將銷貨取自然對數。以EXCEL計算即可得到答案。將年度和銷貨計入EXCEL表，選擇統計函數LOGEST，計算後得到的成長率為9.1%。

計算完過去的成長率之後，回到預測未來的成長率。未來的銷貨會受許多因素影響，好比經濟情況、產業未來的預測、公司的生產線、線上的產品和行銷計畫等。考慮這些因素之後，公司預期未來的成長率為10%。倘若市場的需求大於公司的預測，那麼公司會失去市場占有率。反之，若公司的預測過於樂觀，公司將會縮減其廠房設備和存貨，使公司的自由現金流量和公司股價受到傷害。如果公司是以負債融資取得擴廠的資金，則利息將會增加公司加倍的負擔。因此，銷貨的預測將攸關公司的利益。

✎ **自我測驗**

1. 當進行銷貨預測時，有哪些因素需要被考慮？
2. 請解釋為何銷貨預測對於公司的獲利能力很重要？

預估財務報表：銷貨百分比法

除了銷貨預測外，另外還需要預測資產負債表和損益表。常用的方法為**銷貨百分比法(percent of sales method)**，以銷貨收入成長率的方式表示。我們會假設在資產負債表和損益表中，很多項目隨著一定的比率成長，且選取一個基礎的年度。損益表中有些項目並不會隨著銷貨而變動，而是依賴公司的股利政策或是融資政策而改變。

接著我們將使用銷貨百分比法去估計MicroDrive的財務報表。

▶▶ 步驟1：分析歷史比率

第一步是分析歷史比率。這和第四章所提到的不同點在於，現在是估計未來的財務報表。銷貨百分比法假設成本會占當年度銷貨的一定百分比。表12-1為兩年度的比率，2004年的銷貨成本占銷貨收入的87.6%，2005年這個比率降至87.2%。歷史平均水準即為這兩年的平均值。最後一欄為產業的平均值。由表可知，公司的表現優於整體產業的平均值。

表中另外計算折舊占淨廠房設備的比率，因為折舊費用是由廠房設備所造成，因此與銷貨無關。

有很多其他的項目會隨著銷貨而變動。公司每天支付的現金沒辦法天天都反應在資產負債表上。因此公司會保留一定額度的現金在帳面上，以備不時之需。我們將在十六章探討現金管理的問題。在這我們先假設公司的現金需求為銷貨收入的一定百分比。表12-1計算公司現金占銷貨的百分比，同時也有過去兩年的歷史平均值和產業平均值。其他項目占銷貨的百分比也列於表中。

除非公司有改變信用政策或是顧客群有變動，否則應收帳款應為銷貨的一定百分比。此外，當銷貨增加，公司的存貨量也會增加。第十六章會討論存貨管理，在這我們先假設存貨占銷貨收入的一定百分比。

現金、應收帳款、存貨和銷貨收入之間呈現固定比率是個合理的說法。但淨廠房設備會不會和銷貨收入呈現一定百分比則不一定。因為規模經濟的原因，當公司新增

表 12-1 | MicroDrive公司的歷史比率

	2004實際	2005實際	歷史平均	產業平均
成本/銷貨	87.6%	87.2%	87.4%	87.1%
折舊/淨廠房設備	10.3	10.0	10.2	10.2
現金/銷售	0.5	0.3	0.4	1.0
應收帳款/銷貨	11.1	12.5	11.8	10.0
存貨/銷貨	14.6	20.5	17.5	11.1
淨廠房設備/銷貨	30.5	33.3	31.9	33.3
應付帳款/銷貨	1.1	2.0	1.5	1.0
應計負債/銷貨	4.6	4.7	4.6	2.0

廠房設備時，會投入比現在需求更多的產能。然而，即使公司的產能利用率達到最大，公司還是可以藉由減少停工、增加機器運轉速度增加產量。因此就短期而言，銷貨收入和淨廠房設備之間並不存在緊密的關係。

然而，有些公司的銷貨儘管是在短期，還是會與淨廠房設備呈現固定比率關係。舉例來說，很多連鎖店新增的家數，所創造的銷貨與原先存在的家數相同。因此，此連鎖店的銷貨是跟著家數增加呈現一個比率關係，因此銷貨收入就會和淨廠房設備有緊密的比率關係。

最後，長期而言對所有的公司，銷貨會和淨廠房設備呈現高度的相關性。很少公司可以增加銷貨卻不擴充廠房設備。因此就長期而言，銷貨會和淨廠房設備呈現固定比率。

第一年的時候，經理人會採用廠房設備實際的支出，但如果沒有實際資料可以使用，則假設其支出占銷貨固定的比率。

資產負債表負債的部分也有一些項目會隨著銷貨呈現一定比率的變化。典型的項目即是應付帳款和應付款項。當公司的銷貨增加時，原料、材料的進貨自然而然會跟著增加，因此應付帳款就會隨著銷貨而增加。同樣地，銷貨增加會帶動人力投入和稅負的增加，應付薪資和應付所得稅也就跟著增加。

所有的歷史比率都在表12-1中呈現。根據這些比率，經理人會考量產業比率和公司的營運計畫及產業趨勢去預估未來的財務報表。

▶▶ 步驟2：預估損益表

在評估資料時會參考前一年的數據，且資料之間會彼此牽動。舉例來說，損益表中的折舊費用就和資產負債表中的淨廠房設備有關。資產負債表中的保留盈餘就與損益表中預估的淨利、公司的股利政策有關。

預估銷貨　表12-2為未來預估的損益表。管理當局認為其銷貨成長率為10%。

預估EBIT　成本占銷貨的比率如表12-1所示為87.2%。為了創造一美元的銷貨，必須付出87.2分美元的成本。所以我們假設成本占銷貨的比率為87.2%。如表12-2的第二列。

最近一期折舊占淨廠房設備的比率為10%，管理當局認為這是一個適合的比率。因此在表12-3預估的淨廠房設備為1,100美元。因此，預估的折舊費用為0.10 ($1,000) = $110(百萬)。由此可見，資產負債表上的項目——淨廠房設備，會影響損

表 12-2 | MicroDrive公司：實際和預測損益表(百萬美元)

	2005實際(1)	預測基礎(2)	2006年預測(3)
1. 銷貨	$3,000.0	110%×2005 銷貨收入＝	$3,300.0
2. 成本(除外折舊)	2,616.2	87.2%×2006 銷貨收入＝	2,877.6
3. 折舊費用	100.0	10%×2006淨廠房＝	110.0
4. 總營運成本	$2,716.2		$2,987.6
5. EBIT	$ 283.8		$ 312.4
6. 減利息	88.0	(解釋見內文)	92.8
7. 稅前盈餘(EBT)	$ 195.8		$ 219.6
8. 稅	78.3		87.8
9. 淨利(優先股利前)	$ 117.5		$ 131.8
10. 優先股利	4.0	股利率×2005優先股利＝	4.0
11. 淨利(普通股)	$ 113.5		$ 127.8
12. 普通股數	50.0		50.0
13. 每股股利	$ 1.15	108%×2005 DPS＝	$ 1.25
14. 普通股利	$ 57.5	2006 DPS×股數＝	$ 62.5
15. 保留盈餘增加	$ 56.0		$ 65.3

益表上的項目——折舊費用。

預估的總營業成本在第四列，為銷貨成本和折舊的加總。

預估利息費用 淨利息費用為每天的利息支出扣掉利息收入，但公司的負債總類或許相當繁雜，且分為固定利率和浮動利率。此外，銀行貸款利率會隨著整個市場利率作調整。所以要預估公司實際的淨利息費用幾乎是不可能的事情。在此提出兩個簡單的假設。

假設1：利用資產負債表上的負債計算利息費用

利息的費用每日計算，隨著每次在外流通的負債總額而變動。倘若公司整年的負債皆無增加，可以利用期初的負債總額，也就是去年期末負債總額去計算利息費用。但大部分公司的負債會變動，那麼利息費用該怎麼預估呢？有一個方法就是根據資產負債表上負債的期末餘額去估算，但這有兩個缺點。第一，由增加的負債去計算利息費用，表示增加的負債都是從年初開始，這通常不是事實，如此會有高估負債的嫌疑。第二，公司增加的負債會減少保留盈餘，公司需要更高的負債水準，增加更多的利息費用，如此不斷地循環下去。

我們利用去年底的負債餘額計算利息費用，決定以大於預期的利率0.5%。這個

方法提供比較合理準確的方式去估計利息費用。然而這樣的方式並不適用於所有情況。

假設2：考量利率

利率隨著負債的種類而有差異。我們通常將利率分為長期和短期兩類。短期利率多為浮動，因此現在的利率是對未來利率的最佳估計值，也比較適合用作短期利率。對MicroDrive公司而言，適用的利率 8.5%，但我們預估負債會增加，因此調高利率為 9%。

公司長期負債隨著種類也有不同的利率。在一年當中，公司會清償和增加負債，與計算每個負債的利息費用，不如用一種利率表達所有的負債。這個利率是所有負債利率的平均值。MicroDrive公司現在的長期負債利率為 10%，新負債利率為10.5%。因此綜合新舊負債的利率將坐落於10%~10.5%，但考量到負債會增加，因此我們調高利率至 11%。

計算利息費用

預估的利息費用為長短期負債利息的加總。計算短期負債產生的利息費用時，我們將預付帳款的利息費用扣除短期投資產生的利息收入。計算的基礎為年初的短期負債總額(也就是去年底的短期負債餘額)，且MicroDrive沒有短期投資。因此MicroDrive的短期利息費用為0.09(\$110)－0.09(\$0)＝\$9.9(百萬)。長期利息費用0.11(\$754.0)＝\$82.94，約為8,294萬美元。總利息費用為\$9.9＋\$82.9＝\$92.8(百萬)。

完成損益表　EBT＝EBIT－利息費用，假設稅率為 40%。則2006年特別股股利前的淨利為1億3,180萬美元，如表12-2第九列。MicroDrive特別股股利率為10%。根據期初的特別股權益，特別股股利為0.10(\$40)＝\$4(百萬)。因此MicroDrive預估屬於普通股的淨利為1億2,780萬美元，如第十一列。

第十二列為普通股股數，第十三列為最近的每股股利1.15美元。MicroDrive並不打算發行新股，但計畫增加股利 8%，預估股利為1.08(\$1.15)＝\$1.242，約為每股1.25美元。根據5,000萬的股數，總預估股利為50(\$1.25)＝\$62.5(百萬)。保留盈餘估計為屬於普通股的淨利扣除總股利：\$127.8－\$62.5＝\$65.3(百萬)，如第十五列。

▶▶ 步驟3：預估資產負債表

理論上，銷貨增加資產會增加，公司會運用新增的資金於購買新資產上。資金需

求除了來自於內部資金外，還可以藉由外部融資取得，好比出售短期資產、借款、發行新債、新股。以下是評估的步驟：(1)決定需要支持預估銷貨的新資產。(2)決定手頭上的內部資金金額。(3)計算其他的融資。

首先來看能夠對銷貨有助益的資產。其中包括流動和長期的營運資產。銷貨百分比法告訴我們有些資產項目會和銷貨呈現固定比率，因此我們來估計MicroDrive資產負債表上的資產項目，但不包括短期投資。公司通常持有短期投資是為了臨時的現金短缺，即時提供公司需要的資金藉以周轉使用。現在我們假設MicroDrive的短期投資將維持現在的水準。

至於資產負債表上負債的部分則顯得比較弔詭。因為其項目不僅受到銷貨收入成本的影響，還受到公司融資政策的影響。然而在銷貨百分比法下，我們假設應付帳款和其他應付款和銷貨呈現一定比率的消長。

首先，成熟的公司幾乎不使用權益融資，因此我們可以假設其普通股權益和去年相同。

其次，多數的公司股利政策較穩定，第十五章將討論股利政策，因此我們可以計算公司的股利支付。淨利轉入保留盈餘後，再扣除股利支付，則整個普通股權益就可以被計算出來。

再者，多數公司不使用特別股融資，因次我們假設特別股權益與去年相同。

此外，發行長期負債對於公司而言是項重要政策，且須經過董事會的同意。第十五章將討論長期負債的融資，但在此我們假設MicroDrive將不使用任何的長期負債融資。

另外，許多公司會使用短期銀行借款。當公司需要資金時，信用政策將受到鬆綁，應付票據隨著增加達到一個無法預期的水準。因此公司開始採用長期負債，利用長期負債支付短期負債。爾後，我們將討論應付項目的預估，但現在我們假設MicroDrive的應付票據維持在固定的水準。

到目前為止，負債和權益的部分皆已考慮。倘若很幸運的，所有的融資將可應付所需的資金。但往往事與願違，因此我們將融資不足的部分定義為**額外資金需求(additional funds needed, AFN)**，也就是所需的資金扣除所有融資總額。且將此金額增加至資產負債表的「應付票據」中。舉例來說，假設公司所需資金為25億美元，但所有融資金額僅有24億美元，則額外資金需求為$2,500－$2,400＝$100(百萬)。我們假設公司將以增加應付票據的方式籌措這1億美元的資金，因此，應付票據將增加1億美元。

倘若額外資金需求為負數，則表示公司有多餘的資金可利用。因此我們假設公司多餘的資金都拿去做短期投資，所以資產負債表上短期投資科目的金額將增加。舉例來說，假設公司資金需求為22億美元，但融資得到的金額為24億美元。額外資金需求則為$2,200－$2,400＝－$200(百萬)。則多餘的2億美元將投入短期投資中，總資產總額為$2,200＋$200＝$2,400。

在將這個模型套入MicroDrive使用之前，有些點是值得注意的，好比融資政策是富有彈性的。倘若公司的資金需求相當龐大，則會使用長期負債融資，而不使用短期負債融資。同樣地，當公司額外資金需求有可能會拿去發放股利、清償負債或購回公司股票。經理人會按照融資計畫，不斷地修正、分析每次的結果。

再者，假設額外資金需求為負數，我們假設公司將增加應付帳款，但短期投資將保持不變；同樣的情況下，公司也有可能增加短期投資，但此時要假設應付帳款不變。所以應付帳款和短期投資不能同時增加。

預估營運資產 如同前面所提，MicroDrive的資產將隨著銷貨增加而增加。公司目前的現金對銷貨比率約為0.33%($10/$3,000＝0.003333)，且管理當局認為這個比率將固定不變。因此預估的現金餘額如表12-3的第一欄所示，(0.003333×$3,300)＝$11(百萬)。

應收帳款對銷貨的比率為$375/$3,000＝0.125＝12.5%。假設公司的信用政策和顧客付款條件都不變，預估的應收帳款為0.125×$3,300＝$412.5(百萬)，如第三欄所示。

存貨對銷貨的比率為$615/$3,000＝0.205＝20.5%。假設MicroDrive的存貨政策沒有改變，則預估的存貨為0.205($3,300)＝$676.5(百萬)，如第四欄。

淨廠房設備對銷貨的比率為$1,000/$3,000＝0.3333＝33.33%。MicroDrive過去的淨廠房設備成長很穩定，因此管理者預估其未來將穩定成長。因此，未來的淨廠房設備0.3333($3,300)＝$1,100(百萬)。

其次，我們假設公司短期投資將維持目前的水準。

預估營運流動負債 如前所提，營運流動負債又稱為**自發性資金(spontaneously generated funds)**，因為它們會自動產生且增加銷貨。MicroDrive最近的應付帳款對銷貨比率為$60/$3,000＝0.02＝2%。假設應付帳款政策沒有改變，預估的應付帳款為0.02($3,300)＝$66(百萬)，如第八欄所示。應付款項對銷貨的比率為$140/$3,000＝0.0467＝4.67%。未來的應付款項為0.0467($3,300)＝$154(百萬)。

表 12-3 | MicroDrive公司：實際與預測資產負債表(百萬美元)

	2005年實際(1)	預測基礎(2)	2006年預測(3)
資產			
1. 現金	$10.0	0.33％×2006銷貨＝	$11.0
2. 短期投資	0.0	前期數字加上本期調整數字，如有必要	0.0
3. 應收帳款	375.0	12.5％×2006 銷貨收入＝	412.5
4. 存貨	615.0	20.50％×2006 銷貨收入＝	676.5
5. 總流動資產	$1,000.0		$1,100.0
6. 淨廠房與設備	1,000.0	33.33％×2006 銷貨收入＝	1,100.0
7. 總資產	$2,000.0		$2,200.0
負債與權益			
8. 應付帳款	$60.0	2.00％×2006 銷貨收入＝	$66.0
9. 應計負債	140.0	4.67％×2006 銷貨收入＝	154.0
10. 應付票據	110.0	前期數字加上本期調整數字，如有必要	224.7
11. 總流動負債	$310.0		$444.7
12. 長期債券	754.0	相同：沒新發行	754.0
13. 總負債	$1,064.0		$1,198.7
14. 優先股	40.0	相同：沒新發行	40.0
15. 普通股	130.0	相同：沒新發行	130.0
16. 保留盈餘	766.0	2005 PE＋2006 RE增加＝	831.3
17. 總普通股權益	896.0		961.3
18. 總負債與權益	$2,000.0		$2,200.0
19. 要求的資產[a]			$2,200.0
20. 指定的融資來源[b]			2,085.3
21. 額外資金需求(AFN)			$114.7
22. 要求的應付票據			$114.7
23. 額外短期投資			0.0

[a] 要求的資產包括所有預測的營運資產，加前期的短期投資。
[b] 融通資金的特定來源包括預測的營運流動負債，預測的長期債券，預測的優先股，預測的普通股與前期的應付票據。

　　預估融資政策會影響的項目　MicroDrive將使用之前的融資計畫，長期負債維持在2005年的水準，如第十二欄。假設公司不發行任何的特別股和普通股。因此，其預估的數字如十四、十五欄。MicroDrive預估將其每股股利增加為 8％。如表12-2第十五欄即為這項政策對淨利造成的影響，保留盈餘為6,530萬美元。資產負債表上預估的保留盈餘等於2005年的保留盈餘加上6,530萬美元，即$766.0＋$65.3＝$831.3(百萬)。此外，注意應付票據將維持2005年的水準。

▸▸ 步驟4：募集額外資金需求

　　根據預估的資產負債表，MicroDrive需要22億美元的營運資產去創造33億美元的銷貨。我們定義所需的資產為預估的營運資產加上之前的短期投資。但MicroDrive在2005年並無任何的短期投資，其所需的資產為22億美元，如同表12-3第十九欄所示。

　　我們定義所融資的金額為營運流動負債、長期負債、特別股、普通股和應付票據去年至今年的金額加總。

應付帳款	$ 66.0
應計負債	154.0
應付票據(展延)	110.0
長期債券	754.0
優先股	40.0
普通股	130.0
保留盈餘	831.3
總計	$2,085.3

　　根據所需的資產和融資總額，MicroDrive的額外資金需求為$2,200－$2085.3＝$114.7(百萬)，如表12-3的第十九、二十、二十一欄。因為額外資金需求為正數，因此MicroDrive需要額外的融資，而公司希望藉由增加應付票據的方式。因此，我們在應付票據(表12-3第十欄)增加了1億1,470萬美元。因為應付票據已增加，故不增加短期投資。

▸▸ 預估的分析

　　除了以上的預估外，我們還須注意預估的財務報表是否符合公司的財務目標，倘若不符合則需進一步修正及調整。

　　表12-4為MicroDrive最近實際的、預估的和產業平均最新的比率(第三欄有修正的預期，爾後將討論，目前先忽略)。公司在2005年的狀況不理想，很多比率皆在產業平均水準以下，好比流動比率為 3.2，不如產業平均的 4.2。

　　在「輸入資料」的部分，表中前三列分別為預估的主角：(1)成本對銷貨的比率，(2)應收帳款對銷貨的比率，(3)存貨對銷貨的比率。第二欄是假設所有的比率皆保持不變。MicroDrive的成本對銷貨比率略遜於同業，但應收帳款對銷貨的比率及存貨對銷貨的比率都比同業來得高。公司的存貨和應收帳款太高，造成資產報酬率、股

東權益報酬率和投入資本報酬率皆偏低。因此，MicroDrive將計畫降低流動資產。

在「比率」的部分，表12-4透露公司更多的訊息，說明公司表現比同業差。MicroDrive資產管理比率表現劣於同業。舉例來說，資產周轉率1.5低於同業的 1.8，投入資本報酬率 9.5%低於同業的 11.4%。公司必須舉更多的債去支撐過多的資產。此外公司的額外利息費用使邊際利潤率減少 3.9%，同業為 5.0%。多數的債務為短期負債，造成流動比率為 2.5，低於同業的 4.2。這些問題在管理者不採取適當措施前會持續存在。

表 12-4 │ 模型輸入、AFN和主要比率(百萬美元)

	2005年 實際(1)	2006年 原始預測(2)	2006年 修正後預測(3)	2005年 產業平均(4)
模型輸入				
成本(不包括折舊)	87.2%	87.2%	86.0%	87.1%
應收帳款	12.5	12.5	11.8	10.0
存貨	20.5	20.5	16.7	11.1
模型輸出				
NOPAT[a]	$170.3	$187.4	$211.2	
淨營運資金[b]	$800.0	$880.0	$731.5	
總營運資金[c]	$1,800.0	$1,980.0	$1,831.5	
自由現金流量[d]	($174.7)	$7.4	$179.7	
AFN		$114.7	($57.5)	
比率				
流動比率	3.2×	2.5×	3.1×	4.2×
存貨周轉率	4.9×	4.9×	6.0×	9.0×
銷貨天數	45.6×	45.6×	43.1×	36.0×
總資產周轉率	1.5×	1.5×	1.6×	1.8×
負債比率	53.2%	54.5%	51.4%	40.0%
利潤邊際	3.8%	3.9%	4.6%	5.0%
資產報酬率	5.7%	5.8%	7.2%	9.0%
權益報酬率	12.7%	13.3%	15.4%	15.0%
投入資本報酬率 (NOPAT/總營運資本)	9.5%	9.5%	11.5%	11.4%

[a] 來自表12-2的NOPAT＝EBIT(1-T)。
[b] 淨營運資金＝現金＋應收帳款－存資－應付帳款－應計負債(來自表12-3)。
[c] 總營運資金＝淨營運資金＋淨廠房與設備(來自表12-3)。
[d] 自由現金流量＝NOPAT－總營運資本投資。

　　於是MicroDrive計畫採取下列措施改善公司財務狀況：(1)資遣部分員工和關閉一些營運部門。此舉將使營運成本占銷貨比率由87.2%降至 86%，如表12-4的第三欄。(2)加強信用政策，嚴格控管應收帳款，此舉將可使應收帳款對銷貨的比率由12.5%降至11.8%。(3)最後，管理當局認為運用更嚴格的存貨政策將可使存貨對銷貨的比率由20.5%降至16.7%。

　　以上政策對營運的改變將使2006年預估項目受到調整和修正。我們不重編財務報表，但將修正過後的比率列在表12-4的第三欄。以下是修正預估資料後的重點：

1. 營運成本的減少使NOPAT增加2,380萬美元。此外，存貨和應收帳款的政策將減少存貨及應收帳款達1億4,850萬美元之多。以上的改變使公司的自由現金流量由原本的740萬美元增加至1億7,970萬美元。

2. 邊際利潤率將改善至 4.6%，但還是低於同業平均，原因在於過多的負債，利息負擔仍重所致。

3. 邊際利潤的改善會使保留盈餘增加。最重要的是嚴格的存貨控管和應收帳款的管理，公司的存貨和應收帳款會減少。使得額外資金需求變成負5,750萬美元。也就是公司將有多餘的資金去增加資產。根據公司目前的融資政策，將有1億1千萬美元的應付票據和5,750萬美元的短期投資。此淨效果將會降低負債比率，但還是高於同業平均。

4. 這些政策會使資產報酬率由5.8%增至7.2%，股東權益報酬率由13.3%增至15.4%，都比產業平均來得高。

　　雖然管理當局認為修正後的預估是可行的，但卻不能百分之百的確定事實必是如此。因此運用了敏感度分析，在不同的銷貨成長率下去看變動帶來的影響。如果銷貨成長率由10%增至20%，額外資金需求會由5,750萬美元變為負$8,980萬美元，因為需要更多的資產去支撐銷貨成長。

　　在股利政策方面，如果MicroDrive決定降低股利成長率，額外資金將會增加，可投入在廠房、設備和存貨。甚至是減少負債和股票購回。

　　預估是一項很複雜的過程，需要考量到過去的政策和未來的趨勢。此外，還需要進一步作修正，最後進行敏感度分析，結果將有助於股利政策和資本結構決策，甚至是評估不同計畫下的股票價格。這就是所謂的價值管理，將於第十三章詳細討論。

1. 何為額外資金需求？為何能使用銷貨百分比法評估它？
2. 為什麼應付帳款和應付款項可以提供「自發性資金」給公司？

額外資金需求公式

大多數的公司在評估資金需求時，會參考預估損益表和預估資產負債表。以下我們將套用公式去評估資金需求，使用的資料為2005年未經過修正的資料。

額外資金需求	=	要求的資產增加	−	立即的負債增加	−	保留盈餘的增加	(12-1)
AFN	=	$(A^*/S_0)\Delta S$	−	$(L^*/S_0)\Delta S$	−	$MS_1(RR)$	

將數字套用至公式12-1中，得出額外資金需求為1億1,800萬美元。

外部資本需求＝需要增加的資產－自發性增加的資產－增加的保留盈餘
$$= 0.667(\Delta S) - 0.067(\Delta S) - 0.038(S_1)(0.491)$$
$$= 0.667(\$300) - 0.067(\$300) - 0.038(\$3,300)(0.491)$$
$$= \$200 - \$20 - \$62$$
$$= \$118(百萬)$$

當銷貨增加3億美元，MicroDrive預估資產將增加2億美元。而這2億美元將如何取得，其中2千萬美元將來自負債所產生的自發性資金，6,200萬來自於保留盈餘的增加，其餘的1億1,800萬美元將藉由外部融資取得。得出的數值1億1,470萬與之前表12-3所求的差不多。

額外資金需求公式說明外部融資需求依賴下列五項關鍵因素：

- **銷貨成長(ΔS)**：快速成長的公司需要大量資產的投入，在其他情況不變之下需要更多的外部融資。
- **資本強度(A^*/S_0)**：當銷貨增加一美元需要多少資產去創造，即為資產強度。當公司的資產對銷貨的比率越大，則需要更多的外部融資。

- **自發性資金比率(L*/S₀)**：當公司的自發性資金越多，則公司外部融資的需求將越少。

- **邊際利潤(M)**：當邊際利潤越高表示有更多的淨利可支持資產的增加，外部融資需求相對較低。

- **盈餘保留率(RR)**：當公司的盈餘多數留在公司內部使用，而不是發放給股東，則外部融資需求將下降。

注意公式12-1是成立在假設比率皆預期保持不變的情況下。這個等式可以提供給沒有固定比率的公司作為調整的基礎，但實際的額外資金需求仍需倚靠預估財務報表的方式求得。

自我測驗

1. 如果所有比率皆呈固定成長，那麼額外資金需求的計算公式為何，請簡單解釋。
2. 以下的因素將如何影響資金需求：(1)盈餘保留率，(2)資本密集度，(3)邊際利潤？

在資產負債表比率易變動的情況下預估財務需求

在額外資金需求公式和預估財務報表法下，我們假設比率呈固定成長。也就是自發性資產和負債項目和銷貨呈等比率的變動。如圖12-2的a所示，彼此的關係呈(1)線性關係，(2)通過原點。在這種情況下，當銷貨從2億美元增加至4億美元時，即增加100%；存貨也會從1億美元增至2億美元，呈現100%的比率成長。

固定成長比率的假設在某些情況下是成立的，但有時候卻不成立。以下三種情況即是如此。

▶▶ 規模經濟

很多資產都會發生規模經濟的情況，舉例而言，假設公司會對不同商品保留存貨，且目前的銷貨較低。當銷貨擴張時，存貨對銷貨的比率就會下降。這種情況就如

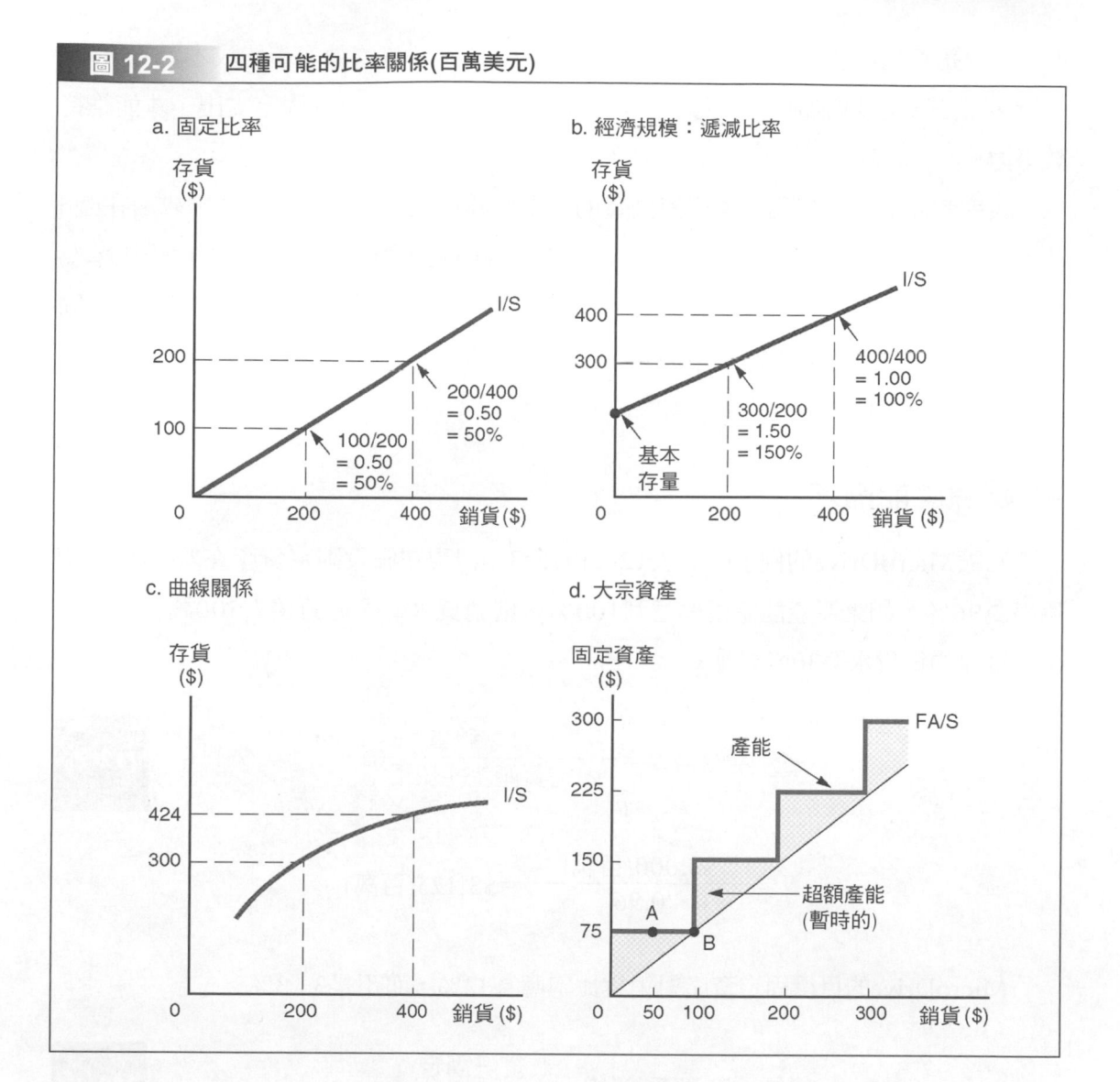

圖 12-2　四種可能的比率關係(百萬美元)

同圖12-2的b。原本的存貨對銷貨比為 1.5，此時的銷貨為2億美元，當銷貨增加至4億美元時，存貨對銷貨的比降至 1.0。

　　圖12-2的b是屬於線性關係，但也有非線性的情況。當公司採用EOQ模型估計存貨水準時，會如c圖。呈現曲線且斜率隨著銷貨的增加而減少。在這樣的情況下，很大的銷貨成長只需要少量的存貨即可。

▸▸ 大宗資產

　　在很多產業像是技術性的產業會投資大筆的固定資產，有形的資產投入，這些都稱為**大宗資產(lumpy assets)**。舉例來說，當造紙工業擴充產能的時候，會購買大筆

的設備。這種情況就如同圖12-2的d，我們假設公司最小經濟效率產能成本為7,500萬美元，當公司需要增加銷貨1億美元時，則必須再投入7,500萬的固定支出，才能維持競爭力。

大宗資產的投入對固定資產對銷貨的比率影響很大，同時影響財務需求。在圖d的A點，銷貨為5千萬美元，固定資產為7,500萬美元，則固定資產對銷貨的比率為1.5。當銷貨增加5千萬美元，變成1億美元時，此時並沒有任何的增額固定支出，固定資產對銷貨的比率為0.75。然而，當公司的銷貨成長至1億億美元時，固定支出將呈現倍數成長，造成很大的資金需求。

▶▶ 超額產能需求

回顧MicroDrive的例子，如表12-2和12-3，但現在假設固定資產在2005年的使用率為96%，如果要產能使用率達到100%，則銷貨水準應為31億2,500萬美元，而不是實際的銷貨水準30億美元。

$$充分產能銷貨 = \frac{實際銷貨}{固定資產產能使用率} \qquad (12\text{-}2)$$

$$= \frac{\$3,000(百萬)}{0.96} = \$3,125(百萬)$$

MicroDrive的目標固定資產對銷貨比率應為32%，而不是33.3%。

$$目標固定資產/銷貨 = \frac{實際固定資產}{充分產能銷貨} \qquad (12\text{-}3)$$

$$= \frac{\$1,000}{\$3,125} = 0.32 = 32\%$$

因此，當銷貨增加至33億美元時，固定資產會增加至10億5,600萬美元。

$$所需的固定資產 = (目標固定資產/銷貨)(預期銷貨) \qquad (12\text{-}4)$$

$$= 0.32(\$3,300) = \$1,056 (百萬)$$

我們先前預估MicroDrive的固定資產和銷貨呈現同比率10%的變動。意味著應由10億美元增至11億美元，增加幅度為1億美元。但實際上需要增加的幅度僅為5,600萬美元，由10億美元增至10億5,600萬美元。所以經過產能調整後的預測值比先前的預測值少了$100－$56＝$44(百萬)。較小的固定資產需求使得額外資金需求將由預估的1億1,800萬美元降至7,400萬美元〔$118－$44＝$74(百萬)〕。

如果考慮超額產能的存在，銷貨成長不一定伴隨著固定資產的增加。這樣的情況也可能會發生在存貨身上。

自我測驗

1. 請解釋倘若在超額產能存在的情況下，規模經濟和大宗資產如何影響財務預測，且會如何影響額外資金需求？

總結

重要觀念如下：

- 財務預測通常由銷貨預測開始，包括數量和價格的預測。

- 預測公司的資金需求，可以藉由預估財務報表法或額外資金需求公式法，而預估財務報表法通常比較可信，且適用於其他公司的計畫。

- 公司可利用額外資金需求法預估支撐新增銷貨所需的資產，其次再減除由營運產生的自發性資金。協助公司去擬定更有效率的募集資金計畫。

- 公司的銷貨成長率越高，額外的融資需求就越大。同樣地，盈餘保留率越小額外資金需求會越大。

- 當有規模經濟、超額產能或是大宗資產影響銷貨增加時，都需要作適當的調整。

- 線性回歸和超額產能調整是用在某些項目的變動，不與銷貨呈一定比率時。

問題

(12-1) 定義下列名詞：

　　　a. 營運計畫；融資計畫；銷貨預測

　　　b. 預估財務報表；銷貨百分比法

　　　c. 自發性資金

　　　d. 額外資金需求；額外資金需求公式；資本密集比率

　　　e. 大宗資產

(12-2) 特定的負債會隨著銷貨的增加而增加，以下項目哪些是屬於這類型負債，請打勾：

應付帳款	＿＿＿＿＿	抵押債券	＿＿＿＿＿
對銀行的應付票據	＿＿＿＿＿	普通股	＿＿＿＿＿
應付薪資	＿＿＿＿＿	保留盈餘	＿＿＿＿＿
應付所得稅	＿＿＿＿＿		

(12-3) 根據額外資金需求的公式，哪些情況下此公式能夠被完美的使用，哪些情況下卻不能？

$$AFN = (A^*/S_0)(\Delta S) - (L^*/S_0)(\Delta S) - MS_1(RR)$$

(12-4) 假設公司將做下列的決策，倘若決策改變會使外部資金，非自發性資金需求增加，則註明（＋）；會減少則註明（－）；若無影響，則註明（0）。請以短期的觀點去思考公司的資金需求。

　　　a. 股利支付率增加。

　　　b. 公司對供應商採取及時付款，而不是三十天後付款，達到快速付款的目的。

　　　c. 原本公司的銷貨皆為現金銷貨，現在改成賒銷。

　　　d. 因為市場競爭激烈，公司的邊際利潤受到侵蝕，銷貨表現平穩。

自我測驗

(ST-1) W公司的比率如下：資產對銷貨比1.6；負債對銷貨比0.4；邊際利潤率 0.1；股利支付率0.45。去年銷貨為1億美元。假設這些比率將維持不變，利用額外資金需求公式去決定W公司在不考慮非自發性外部資金時的最大成長率。

(ST-2) W公司的財務分析報告為：(1)存貨周轉率為 3，產業平均為 4。(2)W公司

(ST-3) 將減少存貨，增加其周轉率至4，且不影響銷貨、邊際利潤或其他的資產周轉率。在這樣的情況下，試利用額外資金需求公式決定未來兩年，倘若每年銷貨呈現20%成長下的資金需求。

V公司2005年的財務報表如下：

V公司資產負債表，2005年12月31日(千美元)

現金	$ 1,800	應付帳款	$ 7,200
應收帳款	10,800	應付票據	3,472
存貨	12,600	其他應付款	2,520
總流動資產	$25,200	總流動負債	$13,192
淨固定資產	21,600	抵押債券	5,000
		普通股	2,000
		保留盈餘	26,608
總資產	$46,800	總負債和權益	$46,800

V公司損益表，2005年12月31日(千美元)

銷貨收入	$36,000
營運成本	30,783
稅前息前盈餘	$ 5,217
利息	1,017
稅前盈餘	$ 4,200
稅(40%)	1,680
淨利	$ 2,520
股利(60%)	$ 1,512
保留盈餘增額	$ 1,008

a. 假設公司在2005年的營運除了固定資產外，產能利用率為100%，固定資產利用率僅為75%。倘若固定資產沒有增加，則2006年銷貨將比2005年增加多少百分比？

b. 假設2006年的銷貨比2005年增加25%，則有多少的增額外部資金需求？假設融資的形式為應付票據。假設年初借款利率為12%，利用預估損益表去決定保留盈餘的增額？

習題

C公司的銷貨由2005年的500萬美元增加至2006年的600萬美元，增加了20%。2005年底的總資產為300萬美元。假設公司產能利用率100%，因此資產將與銷貨呈同比率的成長。2005年底的流動負債為100萬美元，包括25萬美元的應付帳款，50萬美元應付票據及25萬美元應付款項。稅後邊際利潤預估為5%，預估的股利發放率為70%。利用以上的資訊回答12-1、12-2和12-3。

(12-1) 利用額外資金需求公式預估C公司未來一年的額外資金需求。

(12-2) 如果公司2005年底的資產為400萬美元，則額外資金需求為多少？

(12-3) 回到2005年底公司資產為300萬美元的假設，且假設公司不發放股利。在這些假設下，公司未來一年的額外資金需求為何？這個額外資金需求與12-1問題有何差異？

(12-4) P公司2005年的營收為200萬美元，年底總資產為150萬美元。2005年底流動負債50萬美元，包括20萬美元應付票據和20萬美元應付帳款，及10萬美元的應付款項。公司預估2006年的資產將使每一美元銷貨增加75分。邊際利潤率為5%，股利支付率為60%。則公司的銷貨需成長多少，才不需要由外部融資獲得資金？

(12-5) U公司2005年12月31日的資產負債表如下：(百萬美元)

現金	$ 3.5	應付帳款	$ 9.0
應收帳款	26.0	應付票據	18.0
存貨	58.0	其他應付款	8.5
總流動資產	$ 87.5	總流動負債	$ 35.5
淨固定資產	35.0	抵押借款	6.0
		普通股	15.0
		保留盈餘	66.0
總資產	$122.5	總負債及權益	$122.5

2005年的銷貨為3億5千萬美元，淨利為1,050萬美元。U公司支付420萬美元的股利給股東。公司產能利用率為100%。假設所有的比率為固定。

a. 如果銷貨將成長7千萬美元，即 20%，利用額外資金需求公式去估計公司2006年的額外資金需求。

b. 編製2006年12月31日的預估資產負債表。假設外部資金需求將反應在銀行借款和應付票據。假設公司的邊際利潤和股利支付率為固定。

(12-6) S公司2005年的財務報表如下：

S公司資產負債表，2005年12月31日(千美元)

現金	$ 1,080	應付帳款	$ 4,320
應收款項	6,480	其他應付款	2,880
存貨	9,000	應付票據	2,100
總流動資產	$16,560	總流動負債	$ 9,300
淨固定資產	12,600	抵押債券	3,500
		普通股	3,500
		保留盈餘	12,860
總資產	$29,160	總負債和權益	$29,160

S公司損益表，2005年12月31日(千美元)

銷貨收入	$36,000
營運成本	32,440
稅前息前盈餘	$ 3,560
利息	460
稅前盈餘	$ 3,100
稅 (40%)	1,240
淨利	$ 1,860
股利 (45%)	$837
轉入保留盈餘	$ 1,023

假設2006年比2005年的銷貨成長了15%，計算額外資金需求。假設公司在2005年的產能利用率為100%，且公司不能出售任何資產，融資的形式為應付票據。假設資產、自發性負債和營運成本皆和銷貨呈一定比率關係。利用銷貨百分比法編製2006年12月31日的資產負債表和損益表。利用期初的資產負債表餘額按10%去計算。利用預估損益表決定轉入保留盈餘的金額。

(12-7) G公司2005年的財務報表如下：

G公司資產負債表，2005年12月31日

現金	$ 180,000	應付帳款	$ 360,000
應收款項	360,000	應付票據	156,000
存貨	720,000	其他應付款	180,000
總流動資產	$1,260,000	總流動負債	$ 696,000
固定資產	1,440,000	普通股	1,800,000
		保留盈餘	204,000
總資產	$2,700,000	總負債和權益	$2,700,000

G公司損益表，2005年12月31日

銷貨收入	$3,600,000
營運成本	3,279,720
稅前息前盈餘	$ 320,280
利息	18,280
稅前盈餘	$ 302,000
稅 (40%)	120,800
淨利	$ 181,200
股利	$ 108,000

假設2006年比2005年的銷貨成長了10%，股利成長至112,000美元。利用銷貨百分比法編製預估財務報表。假設公司2005年的產能利用率為100%。利用期初的資產負債表餘額按13%計算。假設額外資金需求的形式為應付票據。

(12-8) B公司2005年底的總資產為120萬美元，應付帳款為375,000美元。2005年的銷貨為250萬美元，2006年將成長25%。總資產和應付帳款與銷貨的比率固定。公司的流動負債只有應付帳款。2005年的普通股為425,000美元，保留盈餘為295,000美元，公司決定賣掉普通股75,000美元。公司的邊際利潤為6%，股利支付率為40%。

a. 公司2005年的總負債？

b. 2006年需融資多少新的長期負債？不考慮任何融資的回饋效應。

(12-9) B公司的銷貨由2005年的1,000美元增加至2006年的2,000美元。2005年的資產負債表如下：

現金	$ 100	應付帳款		$ 50
應收款項	200	應付票據		150
存貨	200	其他應付款		50
淨固定資產	500	長期負債		400
		普通股		100
		保留盈餘		250
總資產	$1,000	總負債和權益		$1,000

2005年B公司的固定資產的產能使用率只有50%，但流動資產維持在最適水準。所有資產當中除了固定資產之外，其他資產皆與銷貨呈相同比率，此為超額產能不存在的情況下。B公司的邊際利潤預估為5%，股利支付率為60%，則試計算未來一年的額外資金需求為何？

Mini Case

2006年底台塑企業總資產大約是3,000億元，總負債1,000億元，總業主權益2,000億元，2006年度營業收入800億元，營業成本是650億元，盈餘150億元，股利發放50億元，預計2007年銷售成長率是10%，假設所有成本、資產、負債都與銷售保持固定比率，目前股利支付率25%，資本結構是最適水準，請問：

1. 為支應10%的成長，台塑企業需增加多少資產？
2. 因為銷售成長而自動內生資金有多少？
3. 不足資金而須向外募集是多少(AFN)？
4. 向外募集不足資金時，仍須維持最適資本結構、負債與權益分別多少？

Note

第 13 章

公司評價、以價值為基礎的
管理和公司治理

本章介紹如何用自由現金流量法(FCF)計算公司的價值，以及如何使用這種評價模型來選擇公司策略與經營戰術。

之前曾提到，極大化股東價值是經營者主要的目標。在本文，我們介紹一項提供給經理人作公司評價的工具——**公司評價模型(corporate valuation model)**，也就是未來的現金流量按加權平均資金成本的折現值。這個模型參考許多攸關的因素，像是財務報表、現金流量和財務計畫、貨幣的時間價值及資金成本。公司在實務上會藉由這項**以價值為基礎的管理(value-based manegement)**技術作為決策的依據。

綜觀公司評價

如同先前所提，經理人在計算公司價值時，必須評估替代方案的影響。也就是要預估每個方案的財務報表，在每期的現金流量下找出具有最大價值的方案。財務報表的預估和程序於十二章已經討論過。在第九章，我們討論過折現率為經過風險調整的資金成本。但經理人該用什麼模型去對現金流量做折現呢？其中有一個選擇為第七章所提到的股利折現模型。然而，這個模型並不符合管理目標。舉例來說，假設一家剛起步的公司，需要發展和行銷一項新產品。管理者會致力於產品發展、行銷和籌措資

金。在籌措資金方面，很有可能採取初次公開發行的方式，或把自己賣給大公司，好比Cisco、微軟、英特爾和IBM，或是其他在一年內成功併購許多公司的大企業。在此種情況下，經理人在預估未來股利發放會有困難。因此，股利折現模型並不適用於評價剛起步的公司。

此外，很多公司並沒有發放股利，股東無法得知公司如何發股利，及會發放多少股利。只要有更具吸引力的併購或投資機會產生時，發放股利的時間將會延後，此時運用股利折現模式將無用武之地。就連微軟這樣成功的企業，也只在2003年發放第一次微薄的股利。

因此，在管理上股利折現模式有其限制所在，即使是對於一家正在發放股利的公司而言。除非一家公司只有一個很大的資產，而這個資產創造了公司所有的現金流量，且公司將所有的現金流量拿去發放股利，在此種情況下，替代方案的選擇就適用股利折現模式。然而實際上，公司通常具有許多資產，現金流量也由許多資產分別創造而來，對於經理人來說，在股利折現模式不實用下，極需要一個方法去計算公司價值。

很幸運地，公司評價模型並不需要股利，且適用於每個部門各自計算其價值，進而計算整體公司的價值。

另一個對以價值為基礎的管理很重要的因素是公司管理階層的部分。公司評價模型對於每個方案的選擇都攸關股東的價值，然而弔詭之處公司為股東所有，但決策的權力掌握在經理人手上，經理人和股東所追求的目標顯然有衝突。所以經理人的管理是否以極大化股東權益為目標是一項關鍵因素。

關於經理人管理公司方面，攸關兩個機制：「棒子」和「胡蘿蔔」。棒子會讓表現不好的CEO下臺。其包括了(1)公司章程影響接管的可能性。(2)董事會的組成。公司章程可能會促使接管的可能性提高，如此一來能夠換掉不適任的CEO。但也有可能保護公司不被他人接管，如此一來會使表現不好的CEO更加墮落。董事會的組成可能包括有利的外部人士，監督CEO的表現且於CEO表現不佳時，適時的做更換調整。胡蘿蔔則和公司所採用對於管理階層的酬勞計畫有關。如果酬勞計畫計算基礎與公司股價或其他衡量方法(如EVA)，這樣的酬勞方式與固定薪資來比較，管理階層將較致力於股東價值極大化。

本章將討論公司評價模型、價值管理和公司治理。

公司評價模型

公司資產可分為兩類：**營業類(operating)**和**非營業類(nonoperating)**。營業類資產分為兩種形式：**實質資產(assets-in-place)**和**成長選擇權(growth options)**。實質資產包括有形資產，好比土地、建築物、機器設備和存貨，再加上無形資產，如專利權、商譽和專門技術等。成長選擇權則為公司現有營業能力、經驗和其他資源的成長機會。實質資產和成長選擇權皆有一段現金流量期間。以Wal-Mart為例，它有店面、存貨和其他有形資產，同時也有商譽和屬於自己的專門技術等無形資產。這些資產能夠創造收入和現金流量，同時也能提供未來的投資機會，創造額外的現金流量。同樣地，Merck也擁有自己的廠房設備、專利權和其他實質資產，以及一些製藥的特別專業技術，藉此創造現金流量。

除了營業類資產，幾乎所有的公司皆有非營業類資產。其包括兩種形式：首先是短期投資。以福特汽車公司為例，至2003年6月為止，帳面上有17億美元的短期投資，其中有7億美元是以現金方式持有。此外，還有2.5億美元為轉投資，列為資產負債表的資產項目。因此，福特公司共有19.5億美元的非營業資產，與其113億美元的資產總額來比較，占了15%。對多數公司而言，這項比例會更低，像是Wal-Mart的非營業項目才占資產總額的1%。

我們知道，多數公司的營業資產比非營業資產來的重要。公司可以掌控營業資產的價值，但非營業資產的價值往往無法直接掌握。因此本章將把重點放在營業資產上。

▶▶ 估計營運的價值

表13-1和13-2為MagnaVision公司2005年實際，以及2006年到2009年預估的財

務報表，此家公司主要在生產醫學攝影術上所使用的光學系統(如何預估其財務報表詳見十二章)。公司受到市場飽和的影響，成長率大不如前，由2006年的21%降至2009年的5%。但邊際利潤預期將比過去來的高，此為生產技術的提升和不再投入行銷成本所造成。報表上所有項目在2009年之後的成長率估計為5%。注意其在2008年之前皆不發放股利，2008年之後將開始把盈餘的75%發放股利(第十五章將詳述公司如何決定發放股利的多寡)。

還記得自由現金流量即是由營運所創造，隨時能夠分配給投資人的金額。投資人包括普通股股東、債權人和特別股股東。營運的價值即為未來每期的自由現金流量折現而來。因此，MagnaVision的價值可以由營運自由現金流量的現值和非營業資產的價值加總來表示，其中營運自由現金流量的折現因子為加權平均資金成本。公式13-1即為在公司繼續經營的假設下，營運部分的價值計算。

表 13-1 | **MagnaVision：損益表(百萬美元，每股資料除外)**

	實際	預測		
	2005	2006	2007[b]	2008	2009
淨銷貨	$700.0	$850.0	$1,000.0	$1,100.0	$1,155.0
成本(折舊除外)	599.0	734.0	911.0	935.0	982.0
折舊	28.0	31.0	34.0	36.0	38.0
總營運成本	$627.0	$765.0	$ 945.0	$ 971.0	$1,020.0
EBIT	$ 73.0	$ 85.0	$ 55.0	$ 129.0	$ 135.0
減：淨利息[a]	13.0	15.0	16.0	17.0	19.0
EBT	$ 60.0	$ 70.0	$ 39.0	$ 112.0	$ 116.0
稅(40%)	24.0	28.0	15.6	44.8	46.4
淨利(優先股前)	$ 36.0	$ 42.0	$ 23.4	$ 67.2	$ 69.6
優先股利	6.0	7.0	7.4	8.0	8.3
淨利(普通股)	$ 30.0	$ 35.0	$ 16.0	$ 59.2	$ 61.3
普通股利	—	—	—	$ 44.2	$ 45.3
保留盈餘增加	$ 30.0	$ 35.0	$ 16.0	$ 15.0	$ 16.0
股數	100	100	100	100	100
每股股利	—	—	—	$ 0.442	$ 0.453

註：
[a] 淨利息是短期投資證券賺得的利息減去付出的債息，兩者可能分開顯示於損益表，在此例我們把它們合在一起以淨利息顯示，MagnaVision公司付出多於賺得，所以它被減去。
[b] 淨利預計在2007年下降，這是因為該年作一次市場行銷推廣的計劃預計成本。

$$
\begin{aligned}
\text{營運價值} = V_{op} &= \text{預期未來自由現金流量} \\
&= \frac{FCF_1}{(1 + WACC)^1} + \frac{FCF_2}{(1 + WACC)^2} + \cdots + \frac{FCF_\infty}{(1 + WACC)^\infty} \quad \textbf{(13-1)} \\
&= \sum_{t=1}^{\infty} \frac{FCF_t}{(1 + WACC)^t}
\end{aligned}
$$

MagnaVision的資金成本為10.84%。為了算出其營運部分的價值，我們使用在第七章提過的非固定股利折現模型，步驟如下：

1. 假設公司將於未來N年呈現不固定的成長，N年之後將維持固定的成長。
2. 計算N年內每期的預期自由現金流量。
3. 因為N年之後的成長假設為固定，所以我們使用固定成長公式去計算N年之後的現金流量，經過折現到第N年的價值。
4. 計算出N年內的自由現金流量折現值，和N年之後折現至第N年的現值。
5. 最後將第N年的現值折現再加上非固定現金流量的折現值，即為整體營運部分的價值。

表13-3利用第三章所提到的步驟去計算每年的自由現金流量。表13-3的第一列為2005年的淨營運資金，計算如表13-2的第一行，由營運流動資產減去營運流動負債得到。表13-3的第二列為淨固定資產，第三列為第一列和第二列的加總，得到淨營運資產，也叫做淨營運資本，或是直接稱作營運資本。對於2005年來說，營運資本為$212＋$279＝$491(百萬)。

$$
\text{要求的淨營運資本} = \begin{pmatrix} \text{現金} + \\ \text{應收帳款} + \text{存貨} \end{pmatrix} - \begin{pmatrix} \text{應付帳款} \\ + \text{應計負債} \end{pmatrix}
$$

$$
\begin{aligned}
&= (\$17.00 + \$85.00 + \$170.00) - (\$17.00 + \$43.00) \\
&= \$212.00
\end{aligned}
$$

第四列為營運資本每年新增的部分，對2006年而言，營運資本的投資為$560－$491＝$69(百萬)。

第五列為稅後淨營業利潤。EBIT為稅前盈餘，NOPAT為稅後盈餘。2006年的

財務管理
Corporate Finance: A Focused Approach

表 13-2 | MagnaVision 公司：資產負債表(百萬美元)

	實際	預測			
	2005	2006	2007	2008	2009
資產					
現金	$ 17.0	$ 20.0	$ 22.0	$ 23.0	$ 24.0
短期投資[a]	63.0	70.0	80.0	84.0	88.0
應收帳款	85.0	100.0	110.0	116.0	121.0
存貨	170.0	200.0	220.0	231.0	243.0
總流動資產	$ 335.0	$ 390.0	$ 432.0	$ 454.0	$ 476.0
淨廠房設備	279.0	310.0	341.0	358.0	376.0
總資產	$ 614.0	$ 700.0	$ 773.0	$ 812.0	$ 852.0
負債與權益					
應付帳款	$ 17.0	$ 20.0	$ 22.0	$ 23.0	$ 24.0
應付票據	123.0	140.0	160.0	168.0	176.0
應計負債	43.0	50.0	55.0	58.0	61.0
總流動負債	$ 183.0	$ 210.0	$ 237.0	$ 249.0	$ 261.0
長期債券	124.0	140.0	160.0	168.0	176.0
優先股	62.0	70.0	80.0	84.0	88.0
普通股[b]	200.0	200.0	200.0	200.0	200.0
保留盈餘	45.0	80.0	96.0	111.0	127.0
權益	$ 245.0	$ 280.0	$ 296.0	$ 311.0	$ 327.0
總負債與權益	$ 614.0	$ 700.0	$ 773.0	$ 812.0	$ 852.0

註：
[a] 除了短期投資證券之外的所有資產都是應銷貨所需的營運資產，短期投資證券是財務性資產，不需用於營運。
[b] 面值加股本溢價。

EBIT為8,500萬美元，如表13-1，在稅率40%下，2006年的NOPAT為5,100萬美元。

$$NOPAT = EBIT(1 - T) = \$85(1.0 - 0.4) = \$51 \text{ (百萬)}$$

雖然2006年的稅後盈餘有5,100萬美元，但公司需要投資6,900萬美元在新的營運資本去支應成長計畫。因此，2006年的自由現金流量如第七列所示，為負的1,800萬美元。

$$\text{自由現金流量 (FCF)} = \$51 - \$69 = -\$18 \text{ (百萬)}$$

負的自由現金流量在年輕、高成長的公司很常見。即使稅後盈餘(NOPAT)是正數，自由現金流量也會因為投資而變成負數。負的自由現金流量代表公司需要去募集

表 13-3 | 計算MagnaVision預期自由現金流量(百萬美元)

	實際	預測			
	2005	2006	2007	2008	2009
自由現金流量的計算					
1. 要求的淨營運資金	$212.00	$250.00	$275.00	$289.00	$303.00
2. 要求的淨廠房設備	279.00	310.00	341.00	358.00	376.00
3. 要求的總淨營運資金[a]	$491.00	$560.00	$616.00	$647.00	$679.00
4. 要求的新淨營運資金投資 ＝總淨營運資金與去年的差		$ 69.00	$ 56.00	$ 31.00	$ 32.00
5. NOPAT[(稅後淨營運利潤) ＝EBIT×(1－稅率)][b]		$ 51.00	$ 33.00	$ 77.40	$ 81.00
6. 減：要求的營運資金的投資		69.00	56.00	31.00	32.00
7. 自由現金流量		($ 18.00)	($ 23.00)	$ 46.40	$ 49.00

註：
[a] 「總淨營運資金」,「營運資金」,「淨營運資金」這些名詞都指同樣的東西。
[b] NOPAT在2007年下降,因為一個市場行銷推廣費用見表13-1的附註。

新的資金,因此在表13-2的應付帳款、長期公司債和特別股於2005至2006年都有增加。股東對於公司的成長也有貢獻,因為股東們在2008年以前,沒有收到任何的股利,所以2006年和2007年的淨利皆由公司拿去進行再投資。然而當成長趨緩時,自由現金流量將變成正數,且從2008年開始,公司將會把部分自由現金流量拿去發放股利。

固定股利折現模式的公式如公式13-2。這個式子用於計算第N年的折現值,因為在N年後公司保持固定的成長。也就是在2009年的價值。將2009年4,900萬美元的現金流量以10.84%的資金成本和5%的成長率折現之後,可算出2009年12月31日的營運價值預估為8億8,099萬美元。

$$V_{op(\text{at time } N)} = \sum_{t=N+1}^{\infty} \frac{FCF_t}{(1 + WACC)^{t-N}}$$

$$= \frac{FCF_N(1 + g)}{WACC - g} = \frac{FCF_{N+1}}{WACC - g}$$

(13-2)

這個數字又稱為**公司的終值(terminal, or horizon, value)**,因為這是最後一段現金流量的預期期間所計算出的價值,也可稱為公司**持續經營的價值(continuing**

value)。從某個方面來看,可將這個金額視為在2005年12月31日把公司營運資產全部出售後得到的價值。

$$V_{op(12/31/09)} = \frac{FCF_{12/31/09}(1 + g)}{WACC - g} = \frac{FCF_{12/31/10}}{WACC - g} \tag{13-2a}$$

$$= \frac{\$49(1 + 0.05)}{0.1084 - 0.05} = \frac{\$51.45}{0.1084 - 0.05} = \$880.99$$

由圖13-1可看出,在非固定成長期間的自由現金流量。為了求出現值,我們將每期的現金流量以10.84%的資金成本率折現。折現值的總額約為6億1,500萬美元,這也代表在2005年12月31日將公司出售所得到的估計價值。

▸▸ 估計每股價值

公司的整體價值為營運部分及非營運部分的價值加總。由表13-2的資產負債表得到公司在2005年12月31日有6,300萬美元的金融資產。短期投資的評價是以市價為基礎,不像營運資產可以直接計算價值。因此2005年12月31日的公司總價值為$615.27＋$63＝$678.27(百萬)。

如果公司的價值為6億7,827萬美元,那麼股東股權益為何?首先,注意到應付票據和長期負債為$123＋$124＝$247(百萬),這些是剩餘財產分配的優先請求項目。應付帳款和應收款的淨額在計算自由現金流量時已求出。特別股的總額為6,200萬美元,其受償順序也是排在普通股之前。因此,普通股的價值為$678.27－$247－$62＝$369.27(百萬)。

圖 13-1 計算非固定成長公司營運價值的過程

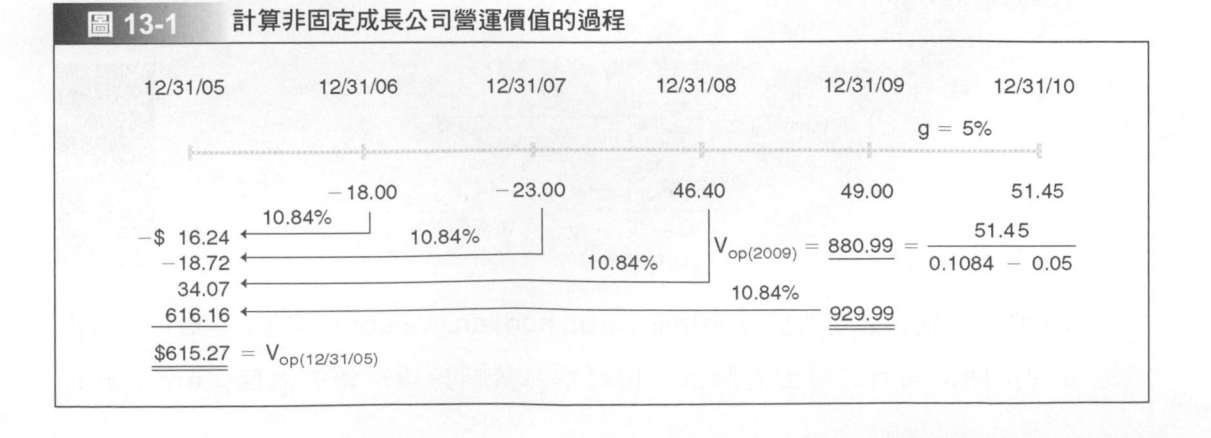

　　圖13-2用長條圖的方式表現公司的價值。左邊的長條圖顯示公司的價值為非營運資產和繼續經營價值的加總。中間的圖為投資人對公司價值的請求權。債權人擁有第一請求順序，且公司有1,230萬美元的應付票據和1,240萬美元的長期公司債，總計2,470萬美元。特別股為第二請求順序，總計620萬美元。剩餘價值則為普通股的價值，共計$678.27－$247－$62＝$369.27(百萬)。最後看到右邊的圖將公司價值由權益總市值分解為帳面價值，包括股東的權益帳面價值和因為管理而增加的附加價值(MVA)。

　　表13-4彙總所有公司價值的計算。將公司總價值3億6,927萬美元除以一億股的流通在外股數，得到每股價值為3.69美元。

▶▶ 應用股利折現模型

　　表13-1預估2008年的每股股利為0.442美元，且以2.5%的成長率至2009年，爾後將以固定5%的成長率繼續成長。公司的資金成本為14%。這種情況下，我們可以應用在第七章學過的非固定股利折現模型。圖13-3顯示根據這個模型，公司每股價值為3.7美元，與公司評價法所計算的結果相同。

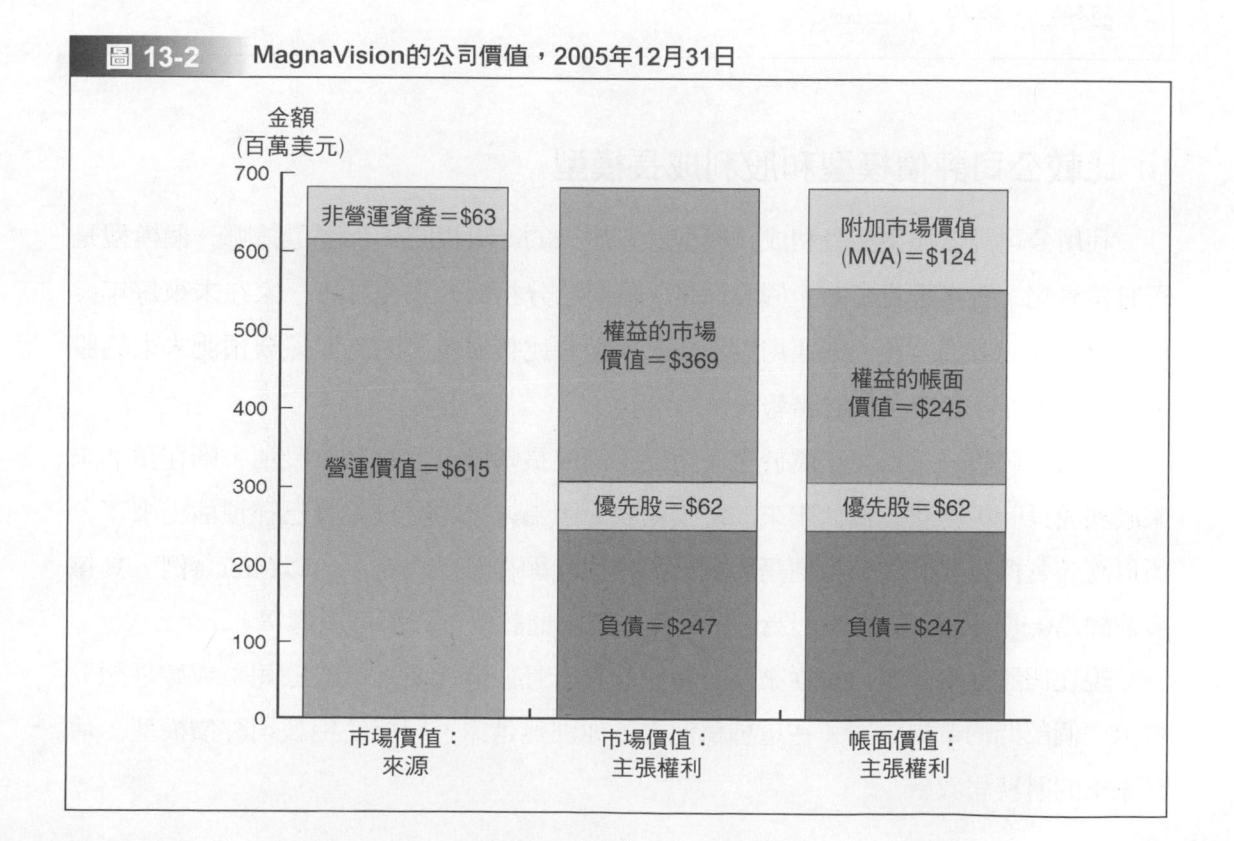

圖 13-2　MagnaVision的公司價值，2005年12月31日

表 13-4 計算MagnaVision股票的價值(百萬美元，每股資料除外)

1. 營運的價值(自由現金流量的現值)	$615.27
2. 加：非營運資產的價值	63.00
3. 公司總市場價值	$678.27
4. 減：負債的價值	247.00
優先股的價值	62.00
5. 普通股權益的價值	$369.27
6. 除以：股票數量	100.00
7. 每股價值	$ 3.69

圖 13-3 使用DCF股利模型計算MagnaVision股票價值

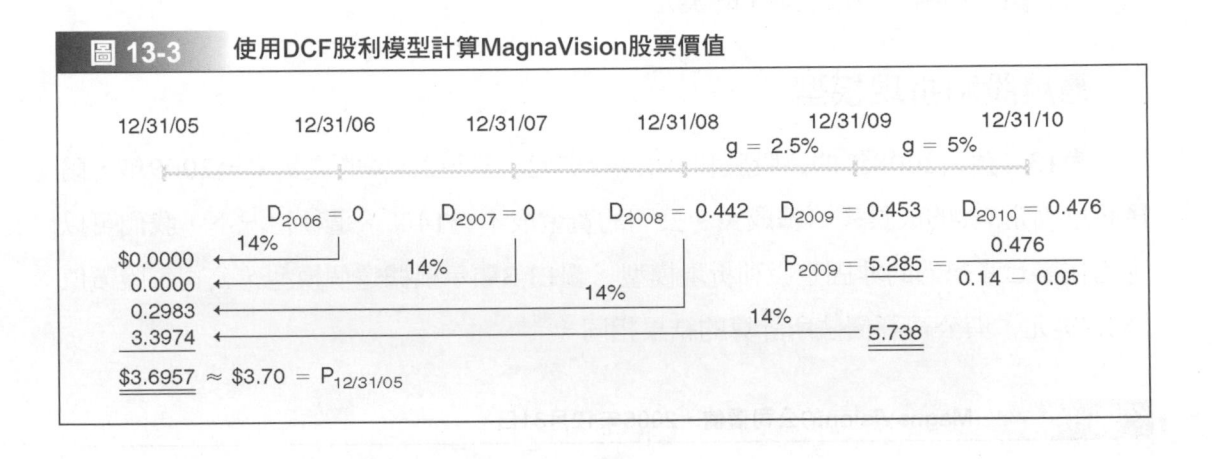

▶▶ 比較公司評價模型和股利成長模型

利用公司評價模型和股利成長模型計算出來的結果相同，那麼選擇哪一個模型是否有差異呢？答案是肯定的。假設你是一個財務分析師，正在計算一家在未來每年發放穩定股利的成熟公司，則運用股利成長模型會比較方便。因為你只要預測未來的股利成長率，而不需要預估財務報表。

然而，假設一家公司正處於生命週期中高成長階段，且有發放股利，則在預估未來股利成長時，應該先預估未來的財務報表。因為未來的財務報表已經預估出來了，所以應該選擇公司評價模型還是股利成長模型就顯得難以決定了。以Intel為例，其每股盈餘為0.97美元，每股股利為0.16美元，則兩種評價方式都可以選擇。

現在假設你要評價一家從來沒有發放股利，且於最近要上市的公司；或像是想要賣掉一個部門的奇異公司。在這種情況之下你別無選擇，只能使用公司評價模型，估計未來的財務報表。

實際上即使一家公司發放穩定的現金股利，現今一般分析師仍使用公司評價模型去計算每一種類下的公司價值。在預估財務報表的過程中，會透露一些有關公司未來的營運狀況和財務需求。如此的分析提供給公司作決策參考，甚至有機會增加公司的價值。這就是以價值為基礎的管理方式，將於下一節討論。

自我測驗

1. 提供一些關於實質資產、成長選擇權和非營運資產的例子。
2. 寫出營運價值計算的公式。
3. 什麼是終值？為什麼也稱作繼續經營的價值。
4. 請解釋如何運用公司評價模型去預估每股價值。

以價值為基礎的管理

Bell電子公司有兩個部門：記憶體部門和設備部門，出售價值為15億美元，其中營運資本占10.7億美元。手上的股票和公司債總市值為12.15億元，管理附加價值為1.45億美元，$1.215－$1.07＝$0.145(十億)＝$145(百萬)。管理附加價值為正數，表示公司有為投資人創造價值，但Bell公司還是不斷地思考新的策略去增加公司的價值。所有的公司資產皆為營運使用。

記憶體部門主要生產掌上型電腦、手機和PDAs的記憶體晶片。設備部門則主要生產測量和控制污水的儀器設備，以及水療設施。表13-5為公司的財務狀況。

表 13-5 | Bell Electronics 公司的財務結果(百萬美元，百分比除外)

	部門1 Bell Memory	部門2 Bell Instruments	公司總計
銷貨	$1,000.0	$500.0	$1,500.0
營運資金	870.0	200.0	1,070.0
EBIT	131.0	60.0	191.0
NOPAT	78.6	36.0	114.6
營運利潤率(NOPAT/EBIT)	7.9%	7.2%	7.6%

如表13-5所示，相較於設備部門，記憶體部分占較大的部分，擁有較高的營收和營運資本。同時獲利也較好，淨利率為7.9%比設備部門的7.2%來得高。近幾年來，公司的策略計畫主要放在記憶體部門。由於消費性電子產品的高成長，使得記憶體部門成長迅速。雖然這樣的成長率有逐漸變小的趨勢，但公司管理階層仍認為要將公司主要的資源和注意力放在記憶體部門，因為其獲利性較高，規模較大。畢竟記憶體部門主要生產與熱門的個人電子產品，和設備部門有很大的不同。

表13-6和13-7顯示未來的財務預測，根據公司一開始的策略計畫，每個部門在未來五年的年成長率為5%。這個策略計畫假設從2005年開始的成本結構不變。表13-6和13-7只顯示部分的財務報表，當管理當局要做最後決策時，會將整張財務報表的各項目清楚列出，第十二章會有詳細介紹。

為了評估這個計畫，公司採用公司評價模型，也就是現金流量法去計算。每個部門的加權平均資金成本為10.5%，見表13-8。三個關鍵因子為營業淨利、營運資本的必要投資和每年的現金流量。此外，預估時間至2010年，且利用公式13-2去計算。2005年的公司價值即以加權平均資金成本折現後的現金流量的現值。如我們所預期的記憶體部門的營運部門價值為7.096億美元，超過設備部門的5.055億美元。但經理人很訝異的是，記憶體部門的管理附加價值為負數：$709.6－$870＝－$160.4(百萬)；相反地是，設備部門的管理附加價值為$505.5－$200＝$305.5(百萬)。

在第二次的策略計畫會議當中，要討論這個令人驚訝的結果。記憶體部門的經理斥資2,000萬美元作為行銷成本去提高營收成長率從5%到6%。令人驚異的是，營運部門的價值將低至6.915億美元，管理附加價值也從－1.604降低至－1.785億美元。即使記憶體部門獲利高，但增加其營收成長反而會降低它的價值。

為了更了解這個結果，我們使用四個因子去解釋公司價值。

g＝ 銷貨的成長

OP＝ 營運利潤(OP)＝NOPAT/銷貨

CR＝ 資金需求(CR)＝營運資金/銷貨

$WACC$＝ 加權平均資產成本

這些因子會如何影響公司呢？第一，通常營收成長率對於公司價值有正面效果。然而當資本需求很大且資金成本很高的時候，反而會有反效果。第二，營業能力會帶給價值正效果。第三，資金需求率為衡量創造一單位營收需要多少營運資本的投入，

表 13-6 | Bell Memory部門的原始預測(百萬美元，百分比除外)

	實際	預測[a]				
	2005	2006	2007	2008	2009	2010
A區：輸入						
銷貨成長率		5%	5%	5%	5%	5%
成本/銷貨	81%	81	81	81	81	81
折舊/淨廠房	10	10	10	10	10	10
現金/銷貨	1	1	1	1	1	1
應收帳款/銷貨	8	8	8	8	8	8
存貨/銷貨	30	30	30	30	30	30
淨廠房/銷貨	59	59	59	59	59	59
應付帳款/銷貨	5	5	5	5	5	5
應計負債/銷貨	6	6	6	6	6	6
稅率	40	40	40	40	40	40
B區：部分損益表						
淨銷貨	$1,000.0	$1,050.0	$1,102.5	$1,157.6	$1,215.5	$1,276.3
成本(折舊除外)	810.0	850.5	893.0	937.7	984.6	1,033.8
折舊	59.0	62.0	65.0	68.3	71.7	75.3
總營運成本	$ 869.0	$ 912.5	$ 958.1	$1,006.0	$1,056.3	$1,109.1
EBIT	$ 131.0	$ 137.6	$ 144.4	$ 151.6	$ 159.2	$ 167.2
C區：部分資產負債表						
營運資產						
現金	$ 10.0	$ 10.5	$ 11.0	$ 11.6	$ 12.2	$ 12.8
應收帳款	80.0	84.0	88.2	92.6	97.2	102.1
存貨	300.0	315.0	330.8	347.3	364.7	382.9
營運流動資產	$ 390.0	$ 409.5	$ 430.0	$ 451.5	$ 474.0	$ 497.7
淨廠房設備	$ 590.0	$ 619.5	$ 650.5	$ 683.0	$ 717.1	$ 753.0
營運負債						
應付帳款	$ 50.0	$ 52.5	$ 55.1	$ 57.9	$ 60.8	$ 63.8
應計負債	60.0	63.0	66.2	69.5	72.9	76.6
營運流動負債	$ 110.0	$ 115.5	$ 121.3	$ 127.3	$ 133.7	$ 140.4

註：
[a] 預測的數字可能無法加總精確，因為四捨五入的關係。

CR越低價值越高，彼此成反向效果。最後第四個因子WACC，同樣也是與價值呈現反向效果。

$$\text{EROIC}_{2010} = \frac{\text{NOPAT}_{2011}}{\text{Capital}_{2010}} = \frac{\$100.3(1.05)}{\$1,110.4} = 9.5\%$$

表 13-7 | Bell Instruments部門的原始預測(百萬美元，百分比除外)

	實際	預測[a]				
	2005	2006	2007	2008	2009	2010
A區：輸入						
銷貨成長率		5%	5%	5%	5%	5%
成本/銷貨	85%	85	85	85	85	85
折舊/淨廠房	10	10	10	10	10	10
現金/銷貨	1	1	1	1	1	1
應收帳款/銷貨	5	5	5	5	5	5
存貨/銷貨	15	15	15	15	15	15
淨廠房/銷貨	30	30	30	30	30	30
應付帳款/銷貨	5	5	5	5	5	5
應計負債/銷貨	6	6	6	6	6	6
稅率	40	40	40	40	40	40
B區：部分損益表						
淨銷貨	$500.0	$525.0	$551.3	$578.8	$607.8	$638.1
成本(折舊除外)	$425.0	$446.3	$468.6	$492.0	$516.6	$542.4
折舊	15.0	15.8	16.5	17.4	18.2	19.1
總營運成本	$440.0	$462.0	$485.1	$509.4	$534.8	$561.6
EBIT	$ 60.0	$ 63.0	$ 66.2	$ 69.5	$ 72.9	$ 76.6
C區：部分資產負債表						
營運資產						
現金	$ 5.0	$ 5.3	$ 5.5	$ 5.8	$ 6.1	$ 6.4
應收帳款	25.0	26.3	27.6	28.9	30.4	31.9
存貨	75.0	78.8	82.7	86.8	91.2	95.7
營運流動資產	$105.0	$110.3	$115.8	$121.6	$127.6	$134.0
淨廠房設備	$150.0	$157.5	$165.4	$173.6	$182.3	$191.4
營運負債						
應付帳款	$ 25.0	$ 26.3	$ 27.6	$ 28.9	$ 30.4	$ 31.9
應計負債	30.0	31.5	33.1	34.7	36.5	38.3
營運流動負債	$ 55.0	$ 57.8	$ 60.6	$ 63.7	$ 66.9	$ 70.2

註：
[a] 預測的數字可能無法加總精確，因為四捨五入的關係。

　　另外一個重要因子為投入資本的預期報酬(EROIC)，由下一期的營業淨利除以下一期期初的營運資本(也就是本期期末的營運資本)。EROIC代表著已投入資本未來的預期報酬率。2010年的EROIC如下：

　　為了了解四個因子如何影響公司價值，可由公式13-2算出，

表 13-8 | 每個部門的原始FCF評價(百萬美元，百分比除外)

	實際	預測				
	2005	2006	2007	2008	2009	2010
A區：Bell Memory部門的FCF評價						
FCF的計算						
淨營運工作資金	$280.0	$294.0	$308.7	$ 324.1	$ 340.3	$ 357.4
淨廠房	590.0	619.5	650.5	683.0	717.1	753.0
淨營運資金	$870.0	$913.5	$959.2	$1,007.1	$1,057.5	$1,110.4
營運資金的投資		$ 43.5	$ 45.7	$ 48.0	$ 50.4	$ 52.9
NOPAT	$ 78.6	$ 82.5	$ 86.7	$ 91.0	$ 95.5	$ 100.3
自由現金流量		$ 39.0	$ 41.0	$ 43.0	$ 45.2	$ 47.4
FCF的成長率			5.0%	5.0%	5.0%	5.0%
營運的價值						
水平價值						$ 905.7
營運的價值	$709.6					
部門MVA(營運價值－資本)	($160.4)					
B區：Bell Instruments部門的FCF評價						
FCF的計算						
淨營運工作資金	$ 50.0	$ 52.5	$ 55.1	$ 57.9	$ 60.8	$ 63.8
淨廠房	150.0	157.5	165.4	173.6	182.3	191.4
淨營運資金	$200.0	$210.0	$220.5	$231.5	$243.1	$255.3
營運資金的投資		$ 10.0	$ 10.5	$ 11.0	$ 11.6	$ 12.2
NOPAT	$ 36.0	$ 37.8	$ 39.7	$ 41.7	$ 43.8	$ 45.9
自由現金流量		$ 27.8	$ 29.2	$ 30.6	$ 32.2	$ 33.8
FCF的成長率			5.0%	5.0%	5.0%	5.0%
營運的價值						
水平價值						$645.1
營運的價值	$505.5					
部門MVA(營運價值－資本)	$305.5					

註：
每部門的WACC是10.5%，2010年的水平線價值(HV)是用公式13-2計算，自由現金流的固定成長公式是HV$_{2010}$＝[FCF$_{2010}$×(1＋g)](WACC－g)。營運的價值等於水平線價值加上自由現金流量用WACC拆現的現值，計算方式類似圖13-1所示，預測的數字可能無法加總精確，因為四捨五入的關係，詳情見教科書網站CF2 ch13 Tool kit.xls檔案。

$$V_{op(at\ time\ N)} = \frac{FCF_{N+1}}{WACC - g} \qquad \textbf{(13-2)}$$

且改寫為下列形式：

$$V_{op(at\ time\ N)} = 資本_N + \left[\frac{銷貨_N(1+g)}{WACC-g}\right]\left[OP - WACC\left(\frac{CR}{1+g}\right)\right] \qquad \textbf{(13-3)}$$

公式13-3將營運部分的價值拆解為兩個組成：(1)投資人所提供的營運資本金額，(2)管理附加價值(EVA)。

公式13-3的第一個括弧代表著成長的營收以WACC折現後的價值，也就是公司不需要任何成本和投入任何資本的管理附加價值。但在第二個括弧中，公司就必須投入資本和成本，當g固定下，OP增加、CP減少、WACC減少，會導致MVA增加。

注意g的增加並不一定會增加價值。如果CP太高，表示營收背後需要的投入資本很大，因此帶給價值負效果。在這種情況下，g值會讓第一個括弧價值增加，但會讓第二個括弧中的價值呈現負數，加總效果使得MVA為負數。

我們可以將公式13-2改寫：

$$V_{op(at\ time\ N)} = 資本_N + \frac{資本_N\ (EROIC_N - WACC)}{WACC - g} \qquad \textbf{(13-4)}$$

公式13-4也將價值分為兩個部分，資本的價值和MVA。MVA的價值來自於EROIC和WACC之間的差距。如果EROIC大於WACC，資本的報酬率大於投資人的預期報酬，管理就會有價值。倘若WACC等於EROIC，則公司達到損益兩平的情況，公司即有正的現金流量，但只剛好滿足投資人的預期報酬。如果EROIC小於WACC，則管理將會侵蝕公司價值，成長具有殺傷力，成長率越高公司價值越低。

我們要注意到公式13-3和13-4只能適用於成長相對穩定的公司，即以固定成長率成長的公司。舉例來說，Home Depot公司過去幾年皆以接近20%的成長率成長，不是用公式13-3和13-4。它的淨利率為5.6%，在同業中表現突出，但是現金流量卻是負的。這是因為它正處於高成長階段，有大量的投資需求。爾後市場接近飽和後，公司成長趨緩時，現金流量會呈現大幅度的增加。且Home Depot的預期ROIC為22%，遠比WACC的10.5%來得高。如此的差距使得MVA高達50億美元。

表13-9說明了兩個部門有相同的成長率和WACC。記憶體部門有較高的獲利能

力,但投資需求也相對較大。預期的ROIC為9.5%,低於WACC的10.5%。因此並沒有增加記憶體部門的價值。

根據這樣的分析結果,記憶體部門並沒有放棄行銷計畫,但卻降低其投資需求。此外,此部門購買了價值5,000萬美元的整合供應鏈資訊系統,且降低資產占營收的比率,從59%降至50%。表13-10說明這項計畫的結果。結果公司的價值由7.096億美元增加到11.574億美元,增加4.478億美元。此利益大於計畫的投入成本5,000萬美元,因此公司決定接受此計畫。另外,MVA也增為2.874億美元,ROIC增為13%,大過WACC的10.5%。

設備部門也採用這項評估技術去作決策。因為此部門的ROIC很高,因此部門決定:(1)投入大量的行銷成本。(2)增加存貨量預防缺貨。這樣的改變會使成長率從5%

表 13-9 | 2010年Bell Electronics的預測價值的影響因素

	部門1 Bell Memory	部門2 Bell Instruments
成長率,g	5.0%	5.0%
利潤率(NOPAT$_{2010}$/銷貨$_{2010}$)	7.9	7.2
資本要求(資金$_{2010}$/銷貨$_{2010}$)	87.0	40.0
WACC	10.5	10.5
投入資本的預期報酬率,EROIC [NOPAT$_{2010}$(1+g)/資本$_{2010}$]	9.5	18.9

表 13-10 | 原始與最後計畫的比較(百萬美元,百分比除外)

	Bell Memory		Bell Instruments	
	原始	最後	原始	最後
輸入				
銷貨成長率,g	5%	5%	5%	6%
存貨/銷貨	30	20	15	16
淨廠房/銷貨	59	50	30	30
結果				
EROIC(2010)[a]	9.5%	13.0%	18.9%	18.6%
投入的(營運)資金(2010)[a]	$1,110.4	$867.9	$255.3	$274.3
營運的現在價值(2005)[b]	$709.6	$1,157.4	$505.5	$570.1
現在的MVA(2005)[b]	($160.4)	$287.4	$305.5	$370.1

註:
[a] 我們報告預測期末的EROIC和資金,因為如果預測期間輸入值改變,其比率也會改變。
[b] 我們報告目前2005的營運價值和MVA,因為我們想看到提議的計畫對目前部門價值的影響。

增加至6%。關於這項計畫投入的直接成本共2,000萬美元,加上龐大的存貨持有成本,屬於間接成本。存貨占營收的比率預估將由15%提高至16%。

然而公司將接受這項計畫嗎?表13-10說明結果。

對於增加存貨的資金需求將使ROIC由18.9%降至18.6%,但(1)18.6%仍遠大於WACC的10.5%。(2)18.6%和10.55%之間的差距增加公司的價值,由5.055億美元增至5.701億美元,增加幅度為6,460萬美元。18.6%下的2.743億美元資本會比18.9%下的2.553億美元資本來得有價值。如果你是公司股東,寧可投資1,000美元拿去創造50%的利潤,而不是投資1美元去創造100%的利潤。因此,此項計畫應該被接受,即使它的ROIC下降。

有時公司會把注意力集中在獲利能力和成長率,而忽略了投入資本的大小。這是一個很嚴重的錯誤,評估時應將所有攸關的因素一併考慮,不單只是成長率。還好Bell公司的投資人接受了這項計畫。然而,這個例子告訴我們不僅要關心公司的獲利能力和成長率,另外像是投資需求和WACC也是非常重要考量的因素。價值管理包括所有攸關因子的影響,因為它們皆是評價模型中重要考量的項目。

自我測驗

1. 四個決定公司價值的因素為何?
2. 銷售成長如何降低一家有獲利的公司?

公司治理與股東財富

股東聘請有才幹的經理為其財富極大化努力,但如果經理利益與股東利益不一致,公司價值就無法極大化,因此以價值為基礎的管理一項重要關鍵是激勵經理實際執行價值管理的必要行動。

本節討論**公司治理(corporate governance)**,定義為一套規則促使經理確實遵行價值管理的原則,以達極大化股東財富為目標。公司治理法則有兩種形式:棍子與蘿蔔,棍子是解職的威脅,公司價值因不良管理而變差,經理面臨不滿意的股東或敵意的併購者,將有失去工作的危險。蘿蔔則是薪酬計畫,與公司價值連結一起的薪酬計畫較單純薪資計畫能激勵經理努力奮鬥。

▸▸ 預防經理越軌的條款

如公司董事會弱勢與反併購條款強硬，經理就會認為不易被解職，而容易越軌遂行自身利益，因此公司就被不良管理。例如經理大肆浪費公帑用於私人享受。越軌的經理人常做出決策不合理，不願意認錯，因為私人情緒與利益的考量而決策，結果損及股東真正利益。如果董事會強硬或併購條款稍弱，這些經理越軌導致的公司價值降低就不容易發生。

敵意接管的障礙 當經理無意或無能極大化公司價值，另一家公司就能以低價(因經營不善)收購接管，更換經理，增加自由現金流量，改善公司市場附加價值。下面列出一些公司章程規定如何防止經理越軌。

禁止**目標性的股票購回條款(targeted share repurchases)**，目標性的股票購回是指以高價購回敵意購併者(只以他們為目標)手中的持股，經理以此犧牲公司利益的高價購回股票以保自身高位，故也稱**賄絡(greenmail)**。章程中有禁止此手段的條款，如此將令不良經理無法逃避解職威脅。

另一條款稱為**毒藥丸(poison pill)**，它讓股東能以極低價購買公司股票，如果外來購併者已經取得優勢或接管公司，此條款將稀釋侵略者的持股優勢。因此，如同一顆毒藥丸嚇阻侵略者的吞食購併公司，它將增加敵意購併的難度。

第三條是**限制投票權條款(restricted voting rights)**，它在某股東持股超過特定量時自動喪失投票權。

強勢股東會的有效監控 因為股票擁有權的變化，股東會的董事已經漸漸由以前個人出任，轉變成大型機構投資人擔任，如退休金與共同基金，股東會董事約束經理的力量也因此越來越強勢，因此對經理就能形成有效的監管。

▸▸ 使用薪酬將經理與股東利益結合一起

現在的經理薪酬通常是一固定薪資加上額外分紅，分紅是與經理績效結合在一起，如此設計的目的是讓經理追求其分紅利益時(透過提高公司價值)，也同時增加股東利益。常見的工具有股票選擇權與員工股票分紅計畫(ESOPs)。

股票選擇權 假設IBM公司給經理一個**股票選擇權(stock options)**，可以在3年後以100美元(現在價格)買IBM股票，10年後過期無效。如果5年後股價升至134美元，經理就可以執行選擇權以100美元買入股票，再以134美元賣出，獲利34美元。

經理就可以獲得額外利益。由此可見,股票選擇權會激勵經理將公司價值(股價)往上推升,希望獲取薪資之外更高的額外利益,結果也使股東利益增加。

員工股票分紅計畫 (ESOPs) 為鼓勵員工更努力工作,很多公司都設立**員工股票分紅計畫(Employee Stock Ownership Plans, ESOPs)**,讓他們享受股價成長的利益。員工股票分紅計畫就是公司替員工成立一機構(股東由全部股東構成),向銀行借錢(低利息且由公司擔保)購買公司股票,此機構擁有公司股票,將來會於員工退休後分配其經營利得(來自公司股價成長)。因此,員工就更願意奮力投入使公司價值增加,股價上升,期望退休能領更多退休金。公司執行此計畫也有五項誘因:

1. 公司經營更有效率。
2. 員工獲得激勵與保障。
3. 留住優秀員工。
4. 因政府鼓勵,故有稅的抵減誘因。
5. 因員工股票分紅計畫持有公司股票,在購併爭戰中讓管理當局(也是員工)較有力量對抗。

總結

- 公司資產包括營業、財務、非營業資產。
- 營業資產分為兩個形式:實質資產和成長選擇權。
- 實質資產包括土地、建築物、機器和存貨,也就是公司正常營運下出售產品和服務所使用的。
- 成長選擇權即是公司未來營收成長的機會,包括研究發展支出的機會,顧客關係等。
- 財務或是非營業資產最大的不同在於其包括證券投資和轉投資其他公司,非具有控制力的股權。
- 非營業資產的價值通常和資產負債表上所列的很接近。
- 營運的價值即為未來各期現金流量,以WACC折現後的價值。

- 終值又稱為繼續經營價值，也就是計算在營運價值後的期間，利用WACC折現後的價值。

- 公司評價模型用來計算公司營運價值和非營業資產的價值。

- 權益的價值為公司總價值扣除負債和特別股的價值。每股價值為總價值除以總股數。

- 價值管理利用公司評價模型去評估公司潛在的計畫或決策。

- 影響價值的四個因子：(1)營收成長率(g)，(2)獲利能力(OP)，由NOPAT除以營收，(3)資金需求(CR)由營運資本除以營收，(4)加權平均資金成本(WACC)。

- 投入資本的預期報酬率(EROIC)，由預期的NOPAT除以期初資本總額獲得。

- 當EROIC－WACC＞0，則公司可以創造價值。

- 公司治理涉及股東目標，同時反映公司的政策。

- 公司治理的主要兩個機制：(1)表現差的CEO被撤換的威脅，(2)管理階層的酬勞計畫。

- 表現差的CEO會由接管和董事會的運作而被撤換。公司章程的規定影響這兩項的運作。

- 自我鞏固職位常發生在董事會的職能薄弱，且公司章程有設立反接管的條款去保護董事會。

- 非金錢的利益像是奢華的辦公室，俱樂部的開銷等，這些成本的支出有些是必要的，有些則不必要且會侵蝕公司利潤。這些肥水將會在公司被接管後刪減。

- 目標公司的股票購回通常發生在公司即將被有意人士併購，於是在市場上購回自家的股票保住控制權。

- 毒藥丸指的是公司允許現有股東以低於市場價格的方式購買自家的股票，防止控制權外流，是預防被接管的方式。

- 限制股東投票權即是手中握有一定股數的股東，剝奪其參與投票時的權利。

- 董事交叉職務指的是A公司的董事同時擔任B公司的董事。

- 股票選擇權為可於未來某一時點後可用一定的價格(履約價格)去購買公司的股票，然而此權利具有到期日。

- 員工選擇權計劃(ESOP)是一項對員工工作的報酬計畫，使其成為公司股東。

問題

(13-1) 定義下列名詞：

　　a. 實質資產；成長選擇權；非營業資產

　　b. 淨營運資金；營運資本；NOPAT；自由現金流量

　　c. 營運的價值；終值；公司評價模型

　　d. 價值管理；影響價值的四個因子；ROIC

　　e. 自我鞏固職位；非現金的利益

　　f. 賄賂；毒藥丸；限制投票權

　　g. 股票選擇權；ESOP

(13-2) 解釋如何運用公司評價模型去計算每股價值。

(13-3) 解釋一家營收持續成長的公司為何價值會下降？

(13-4) 自我鞏固的管理階層會採取哪些手段傷害股東權益？

(13-5) 即使公司股價沒有達到股東的預期，那麼股東選擇權為何仍具有價值？

自我測驗

(ST-1) Watkins公司從來不發放股利，什麼時候會發放也不得而知。最近一期的現金流量為100,000美元，且維持7%的成長率，WACC＝11%，非營業的證券投資325,000美元，長期負債為1,000,000美元，但從未發放特別股股利。

　　1. 計算營運價值。

　　2. 計算公司總價值。

　　3. 計算普通股的價值。

習題

(13-1) 利用下面的損益表和資產負債表計算Garnet公司2006年的自由現金流量：

Garnet 公司

	2006	2005
損益表		
淨銷貨	$530.0	$500.0
成本(折舊除外)	400.0	380.0
折舊	30.0	25.0
總營運成本	$430.0	$405.0
稅前息前盈餘	100.0	95.0
減利息	23.0	21.0
稅前盈餘	77.0	74.0
稅 (40%)	30.8	29.6
淨利	$ 46.2	$ 44.4
資產負債表		
資產		
現金	$ 28.0	$ 27.0
短期投資證券	69.0	66.0
應收帳款	84.0	80.0
存貨	112.0	106.0
總流動資產	$293.0	$279.0
淨廠房設備	281.0	265.0
總資產	$574.0	$544.0

(13-2) EMC公司從未發放股利，當期的自由現金流量為400,000美元，且預估維持5%的成長率，WACC＝12%，計算其營運的價值。

(13-3) Brooks公司從未發放股利，未來兩年的現金流量預估分別為80,000美元和100,000美元，二年後將維持每年8%的固定成長，WACC＝12%。

1.終值為何？

2.計算營運的價值。

(13-4) Dozier公司是一家快速成長的公司，主要生產辦公用品，分析師預測其未來三年的自由現金流量，之後預估其維持7%的固定成長，WACC＝13%。

時間	1	2	3
自由現金流量(百萬)	－$20	$30	$40

1. 計算終值。

2. 計算當期的營運價值？

3. 假設公司投資1,000萬美元有價證券，1億美元的負債和1,000萬的股數，則每股價值為何？

(13-5) Radell Global公司的當期與預估現金流量如下。2007年後的成長率預期將固定成長。WACC＝11%，計算其2007年後的終值？

	實際	預測		
	2005	2006	2007	2008
自由現金流量(百萬)	$606.82	$667.50	$707.55	$750.00

(13-6) 一家公司資本額2億美元，預期ROIC＝9%，成長率預估為5%，WACC＝10%，試求營運的價值？MVA？

(13-7) 2009年的預估資料如下：營收3億美元營業獲利(OP)＝6%，資本需求(CR)＝43%，成長率(g)＝5%，WACC＝9.8%，如果這些數據維持不變，則終值為何？

(13-8) Hutter公司的資產負債表如下：如果2005年12月31日營運的價值為7.56億美元，那麼2005年12月31日的權益價值為何？

資產負債表，2005年12月31日(百萬美元)

資產		負債與業主權益	
現金	$ 20.0	應付帳款	$ 19.0
短期投資證券	77.0	應付票據	151.0
應收帳款	100.0	應計負債	51.0
存貨	200.0	總流動負債	$221.0
總流動資產	$397.0	長期債券	190.0
淨廠房與設備	279.0	優先股	76.0
		普通股(面值加股本溢價)	100.0
		保留盈餘	89.0
		普通股權益	$189.0
總資產	$676.0	總負債與業主權益	$676.0

(13-9) Roop公司的資產負債表如下：2005年12月31日營運的價值為6.51億美元，且普通股數為1,000萬股，其每股價為何？

資產負債表，2005年12月31日(百萬美元)

資產		負債與業主權益	
現金	$ 20.0	應付帳款	$ 19.0
短期投資證券	47.0	應付票據	65.0
應收帳款	100.0	應計負債	51.0
存貨	200.0	總流動負債	$135.0
總流動資產	$367.0	長期債券	131.0
淨廠房與設備	279.0	優先股	33.0
		普通股(面值加股本溢價)	160.0
		保留盈餘	187.0
		普通股權益	$347.0
總資產	$646.0	總負債與業主權益	$646.0

(13-10) Lioi公司的財務報表如下，自由現金流量預計將以6%固定成長，WACC ＝11%。

1. 2006年12月31日的終值為何？

2. 2005年12月31日的營運價值為何？

3. 公司在2005年12月31日的總價值為何？

4. 2005年12月31日的每股價值為何？

損益表，12月31日年末
(百萬美元，每股資料除外)

	實際 2005	預測 2006
淨銷貨	$500.0	$530.0
成本(折舊除外)	360.0	381.6
拆舊	37.5	39.8
總營運成本	$397.5	$421.4
稅前息前盈餘	$102.5	108.6
減利息	13.9	16.0
稅前盈餘	$ 88.6	$ 92.6
稅(40%)	35.4	37.0
優先股利前淨利	$ 53.2	$ 55.6

	實際 2005	預測 2006
優先股利	6.0	7.4
可提供普通股利淨利	$ 47.2	$ 48.2
普通股利	$ 40.8	$ 29.7
保留盈餘增加	$ 6.4	$ 18.5
股票數量	10	10
每股盈餘	$ 4.08	$ 2.97

資產負債表，12月31日(百萬美元)

	實際 2005	預測 2006
資產		
現金	$ 5.3	$ 5.6
短期投資證券	49.9	51.9
應收帳款	53.0	56.2
存貨	106.0	112.4
總流動資產	$214.2	$226.1
淨廠房與設備	375.0	397.5
總資產	$589.2	$623.6
負債與業主權益		
應付帳款	$ 9.6	$ 11.2
應付票據	69.9	74.1
應計負債	27.5	28.1
總流動負債	$107.0	$113.4
長期債券	140.8	148.2
優先股	35.0	37.1
普通股(面值加股本溢價)	160.0	160.0
保留盈餘	146.4	164.9
普通股權益	$306.4	$324.9
總負債與業主權益	$589.2	$623.6

Mini Case

　　宏碁公司正在考慮評估併購一家私有公司以增加集團的完整性，因為非上市公司，所以無公平市價參考，請用下列資料協助計算這家公司的合理價值：

　　亞力公司目前自由現金流量是2000萬，WACC＝10%，預計往後以固定成長率5%成長，公司擁有短期投資1億元，帳面資本結構是2億元負債，5,000萬優先股，2億1,000萬普通股，請問：

1. 營業價值是多少？
2. 公司總價值是多少？業主權益價值是多少？
3. 公司的MVA是多少？(公司總價值－帳面總價值)
4. 如果以現金收購，最低宏碁需付出多少元？(不考慮其他成本與效益)
5. 如果亞力公司的普通股股東(1,000萬股)希望以股換股方式進行合併，宏碁股票目前股價是60元，總股數是3億8,000萬股，請問換股比率是多少？

Note

第五部分
策略性財務決策

第14章

資本結構決策

本章討論負債與權益比率的決策，以及它對公司價值的影響。

依照第十二章、十三章的介紹，我們可以發現，所有的公司都需要營運資金來供給它們的銷售，為了購買營運資本，我們通常利用權益和負債的結合來融資。負債和權益的混合使用方式稱做**資本結構(capital structure)**，雖然負債和權益的使用程度常常在變化，但是多數的公司都會儘量保持它們的融資狀況維持在**目標的資本結構(target capital structure)**。而所謂的**資本結構決策(capital structure decisions)**包含了公司選擇的目標資本結構、負債的平均到期日、和它們在特殊時點所使用的融資方式，在營運決策之下，經理人應該做出使公司價值極大化的資本結構方式。

資本結構議題的預習

回顧第十三章，公司的現值是利用該公司的自由現金流量以它的加權平均資金成本折現而得：

$$V = \sum_{t=1}^{\infty} \frac{FCF_t}{(1 + WACC)^t}$$

(14-1)

而加權平均資金成本是依據負債和權益的比率、負債成本、權益成本和公司稅率：

$$\text{WACC} = w_d (1 - T)r_d + w_e r_s \qquad \text{(14-2)}$$

而依據上述公式，唯一可以影響公司價值的方法是透過影響自由現金流量或資金成本，接下來我們將討論幾個可以透過負債來影響加權平均資金成本，或自由現金流量的方法。

▸▸ 負債增加股票的成本，r_s

債券持有者對於公司的自由現金流量有優先的受償權，而股東則是對於剩下的現金流量有求償權。接下來我們可以利用實際帶有數字的例子來分析，有固定求償權的債權人會影響股東對於剩下現金流量的求償權，這會增加權益的資金成本，r_s。

▸▸ 負債減少公司的應付稅額

想像一家公司的現金流量是一個派，而現在有三個不同的團體來瓜分這個派，第一個團體是要分給政府的稅收，第二個團體是給債權人的，而第三個是股東，公司可以在計算應扣所得時減掉利息支出，使得給政府部分減少，而增加債權人及投資者的部分，這樣稅負的減少會降低稅後的負債成本，可以從公式14-2看出來。

▸▸ 破產風險增加負債成本，r_d

負債的增加會使得財務危機及破產成本上升，而較高的破產成本會使得債權人要求更高的報酬，這會增加稅前負債成本r_d。

▸▸ WACC的淨效果

由公式14-2可以看出，加權平均資金成本是由較低的負債成本和較高的權益成本所組成。如果我們增加負債的比率，較低的負債權重會增加，而較高的權益權重會降低，如果其他條件不變，加權平均資金成本會而依公式14-1降低，公司的價值會增加。在之前的段落有說，這些其他條件不會保持不變，r_d和r_s會增加，我們必須很清楚地知道改變資本結構會影響加權平均資金成本公式當中的變數。這並不容易判斷，

這些改變是否會增加，加權平均資金成本會減少，我們之後在討論資本結構理論時，會再回到這類議題的探討。

⏭️ 破產風險減少自由現金流量

當破產成本增加時，顧客會轉向另一家公司，如此會損害公司的銷售額。因而減少NOPAT，連帶影響FCF。財務危機也會影響員工和經理人的生產力，間接降低NOPAT和FCF。最後，供應商會緊縮信用條件，減少公司的應付帳款及增加NOPAT，因而減少FCF。總之，破產風險的增加會降低FCF和公司價值。

⏭️ 破產風險影響代理成本

高負債會在以下兩方面影響經理人的行為。首先，當景氣好時，經理人會濫用FCF在一些無意義的投資和花費上。這也是十三章所談到的代理成本。另外就是當破產風險增加時，經理人會減少無意義的投資增加FCF。但此種舉動有可能會錯失一些NPV為正但風險較高的投資機會。但在股東手上的投資組合，有些公司高風險投資非常成功，因此放棄高風險投資對股東來說是不利的。也就是說，股東可以藉由分散投資，把公司投資的高風險投資所增加的風險分散掉。

不過站在經理人的角度，為了聲譽和財富的考量，會犧牲掉高風險但NPV為正的投資機會。所以在高負債的情況下，經理人會有**投資不足問題(underinvestment problem)**產生，屬於一種代理成本。由此可見，負債可以帶來增加代理成本(投資不足)，也可以減少代理成本(濫用支出)，其淨效果不得而知。

⏭️ 發行權益所帶來的市場訊息

經理人會比股東更了解現金流量的預測，此為**資訊不對稱(informational asymmetry)**。舉例來說，如果經理人想以50美元的價格發行新股，表示經理人認為公司的真實股價低於或等於50美元，因此投資人會視這項發行為負面訊號，導致股價下跌。

✎ **自我測驗**

1. 簡要描述資本結構決策如何影響WACC和FCF的一些方式。

營運和財務風險

　　在第五章我們討論過市場風險和公司獨特風險，公司的風險可以由多角化投資分散掉。在此，我們要介紹兩種風險：(1)企業風險，也就是公司在無舉債下的股票風險。(2)財務風險，對股東而言當公司有舉債時所增加的額外風險。

　　依照我們的認知，每一家公司都有其固有的營運風險，也就是所謂的企業風險。超過財務風險的部分，也就是在公司有舉債的情況下，普通股股東要額外承擔的風險就稱為財務風險。舉例來說，假設一家公司資金來源一半為負債，一半為普通股權益，那麼普通股股東要承擔的風險是為普通股權益融資情況下的兩倍。因此，為了補償普通股股東額外承擔的風險，普通股股東的必要報酬率相對就會比沒有舉債時增加。換句話說，舉債越多普通股股東承擔的風險就越大，相對應的必要報酬率就越高。在此章，我們將站在單一風險的立場去討論企業風險和財務風險，也就是不考慮多角化投資的情況。後面我們將討論多角化的影響。

▶▶ 企業風險

　　企業風險(business risk)就是在公司沒有舉債的情況下，普通股股東承擔的風險。企業風險會受到公司的預期現金流量影響，也就是受到營業利潤和資金需求的不確定所影響。我們不知道未來將產生多少的營業利潤，將花費多少資金去研發新產品和蓋新廠房。ROIC和這兩項不確定因素息息相關，同時在單一風險的基礎上，其波動性可以去衡量公司的企業風險。

$$\text{ROIC} = \frac{\text{NOPAT}}{\text{資本}} = \frac{\text{EBIT}(1-T)}{\text{資本}}$$

$$= \frac{\text{付給普通股股東淨利} + \text{稅後利息支付}}{\text{資本}}$$

　　在此，NOPAT代表的是稅後淨利，必要的營運資本就是負債和普通股權益的加總。企業風險可以由ROIC的標準差去衡量。如果公司的資本需求很穩定，我們可以使用EBIT的標準差為替代指標去衡量公司的企業風險。

　　影響企業風險的因素如下：

1. 需求波動性：在其他情況不變之下，公司產品的需求越穩定企業風險越低。

2. 銷售價格波動性：產品於高度變動市場的企業風險會比在穩定市場來的高。

3. 投入成本波動性：投入的原料成本越不穩定，企業風險越高。

4. 配合投入成本調整售價的能力：當投入成本增加時，公司調整售價的能力越好，企業風險越低。

5. 產品創新能力：高科技產業如製藥和電腦產業產品容易被淘汰，因此產品被淘汰的速度越快，面臨的企業風險越大。

6. 海外風險：倘若公司主要獲利在海外且匯率變動大；或是公司處於政治環境不穩定的國家，都會增加企業風險。此於第十七章會有更深入的討論。

7. 固定成本(營運槓桿)：當公司的固定成本比例越大，且需求下降時，將面臨較大的企業風險。固定成本的影響為營運槓桿，將於下節深入討論。

　　這些因素有些來自於產業本身的特性，有些則能夠被管理當局所掌控。舉例來說，公司可以透過行銷策略穩定銷售量和價格。然而這個過程中可能會需要大筆的廣告支出，以及給客戶折扣，使客戶可以在未來用固定的價格購買一定的數量。同樣地，公司可以跟供應商協調降低原料價格的波動性。有些企業也會靠著一些避險工具去降低營運風險。

▸▸ 營運槓桿

　　在物理學上，槓桿的意思是以很輕的力量去舉起很重的物品。在政治界裡，槓桿的意思則為政治人物的小舉動或是發言都有可能造成很大的影響。在其他情況不變之下，一般企業若具有高度槓桿，則表示銷售額的小變動會造成EBIT巨幅的變動。

　　在其他情況不變之下，企業的固定成本越大**營運槓桿(operating leverage)**也越大。高固定成本常發生在高度自動化和資本密集的產業。儘管是景氣不好，公司的固定支出仍然持續發生，也就是企業會有很大的產品發展成本，其中設備的攤銷成本也是固定成本之一。

　　Strasburg Electronics是一家未舉債的公司。表14-1是公司在不同營運槓桿程度下的比較。在計畫A中，因為公司並不具有龐大的自動化設備，因此其折舊、維修費用和稅的支出很低，固定成本僅為20,000美元。因此營運成本支出線的斜率較陡，公司會使用營運槓桿，每單位的變動成本也較高。相反地，計畫B的固定成本較大，因為

其自動化設備支出，也就是當EBIT＝0時，我們可以算出**營運損益(operating breakeven)**兩平點。

$$EBIT = PQ - VQ - F = 0 \qquad (14\text{-}3)$$

這裡的P是平均售價，Q是產量，V是單位變動成本，F是固定成本。如果我們算出損益兩平銷售量。

$$Q_{BE} = \frac{F}{P - V} \qquad (14\text{-}3a)$$

營運槓桿如何影響營運風險呢？當其他情況不變之下，營運槓桿越大營運風險越大。圖14-1說明這個道理。

計畫A的營運槓桿較低，導致EBIT的範圍較小，從－20,000美元到80,000美元，標準差為24,698美元。而計畫B的EBIT範圍較大，從－60,000美元到140,000美元，標準差為49,396美元。計畫A的ROIC範圍較小，從－6.0％到24.0％，標準差為7.4％；相對於計畫B的ROIC範圍從－18到42％，標準差為14.8％，幾乎是計畫A的兩倍之多。

即使計畫B的風險較高40,000美元和12％，但其有較高的預期EBIT和ROIC，相對於計畫A的30,000美元和9％。因此，公司必須在兩個方案之間作決策，假設公司可以承擔風險而選擇B方案。

一般而言，高營運槓桿常發生在科技產業，好比能源產業、電信業者、航空業、鋼鐵業和生技公司。因為它們投入大量的固定成本在投資上，同樣地，像是製藥業、電腦業或其他公司會投入較大的固定成本在研發新產品上，因此它們的營運槓桿會較其他產業，譬如是零售商就會顯得比較高。雖然營運槓桿的高低與產業特性有關，但也和管理者的計畫有關。好比一家能源產業正在考慮要投資以燃燒天然氣發電為主的廠房，或是以燃燒煤炭為主的廠房，煤炭廠房的投資成本相對於天然氣廠房來得高，營運槓桿也較高，但其營運變動成本相對較低。因此像這樣的決策就會影響到公司營運槓桿的高低。

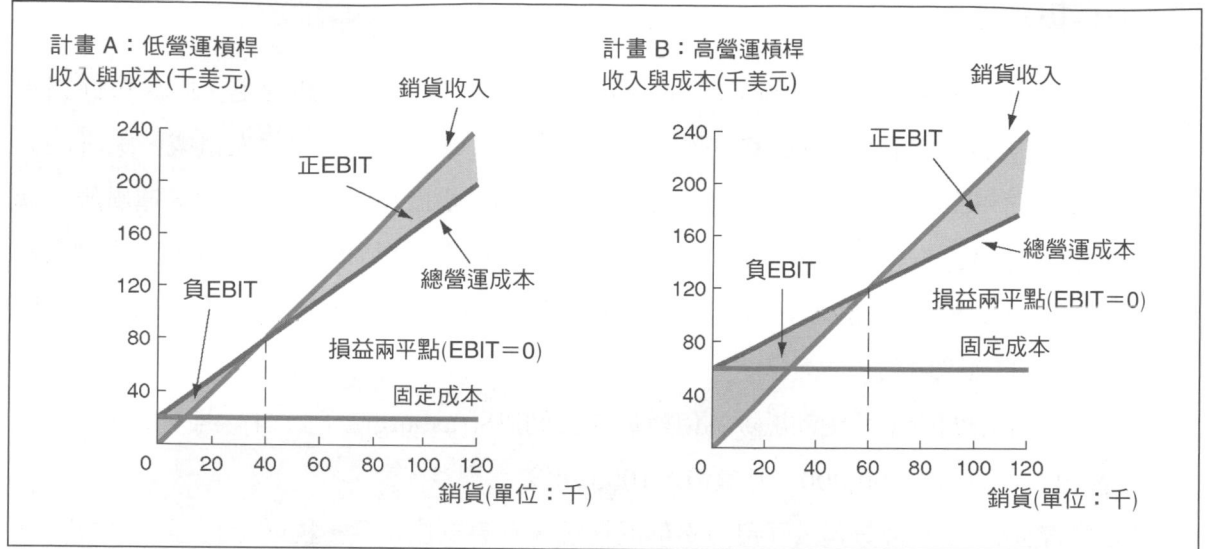

圖 14-1　營運槓桿的範例

		計畫 A	計畫 B
價格		$2.00	$2.00
變動成本		$1.50	$1.00
固定成本		$20,000	$60,000
資金		$200,000	$200,000
稅率		40%	40%

				計畫 A				計畫 B			
需求	機率	銷貨 單位	銷貨 金額	營運 成本	稅前營運 利潤 (EBIT)	稅後淨營 運利潤 (NOPAT)	ROIC	營運 成本	稅前營運 利潤 (EBIT)	稅後淨營 運利潤 (NOPAT)	ROIC
極差	0.05	0	$　0	$ 20,000	($20,000)	($12,000)	-6.0%	$ 60,000	($ 60,000)	($36,000)	-18.0%
差	0.20	40,000	80,000	80,000	0	0	0.0	100,000	(20,000)	(12,000)	-6.0
普通	0.50	100,000	200,000	170,000	30,000	18,000	9.0	160,000	40,000	24,000	12.0
好	0.20	160,000	320,000	260,000	60,000	36,000	18.0	220,000	100,000	60,000	30.0
極好	0.05	200,000	400,000	320,000	80,000	48,000	24.0%	260,000	140,000	84,000	42.0
期望值		100,000	$200,000	$170,000	$30,000	$18,000	9.0%	$160,000	$ 40,000	$24,000	12.0%
標準差					$24,698		7.4%		$ 49,396		14.8%
變異係數					0.82		0.82		1.23		1.23

註：

　a.營業成本＝變動成本＋固定成本。

　b.聯邦及州稅率是40%，所以NOPAT＝EBIT×(1－稅率)＝EBIT×(0.6)。

　c.ROIC＝NOPAT/資本

　d.B計畫的損益兩平的銷貨水準並沒有顯示在表上，但它是 $60,000或 $120,000。

　e.期望值、標準差和變異係數可用第5章的程序算出。

▶▶ 財務風險

　　財務風險(financial risk)為公司舉債後額外增加的風險。觀念上，股東會面對企業風險，也就是對未來ROIC不確定性所承受的風險。假設由10個人組成一家專門製造光碟片的公司，沒有舉債，且每個人出資10%，那麼每個人平均分擔營運風險。倘若今天十個人當中有五個人是債權人，五個人是股東，那麼營運風險將由五位股東平均分擔。另外，因為公司有舉債，所以額外增加的財務風險會由股東來承擔，使得股東承受的風險變大。

　　為了說明股東承受的風險為何增加，我們以Strasburg電子公司為例子，討論兩種情況：零負債和100,000美元負債、100,000美元權益。

　　表14-1第一部分是公司沒有舉債的情況，利息支出為零，稅前淨利等於EBIT，在40%的稅率、權益帳面價值為200,000美元下計算ROE。當市場需求低迷時，公司的淨利為負數，會有稅盾的效果。在此，我們假設公司的損失不能由前幾年的盈餘所抵消。經由每年的銷貨水準乘以其機率計算預期ROE為12%，這個結果和圖14-1一樣，表示在沒有舉債的情況下，ROE會等於ROIC。

　　讓我們討論另一種情況，假設公司舉債100,000美元，如表14-1第二部分所示，負債成本為10%，所以公司的利息支出為10,000美元。假設市場需求和零負債的情況下相同。倘偌公司付不出利息，將面臨破產的可能。第四欄顯示利息支出在每種需求情況下都一樣。第五欄為稅前淨利，第六欄為稅負，第七欄為淨利。因此我們可以算出每種需求下的ROE，當景氣不佳時，ROE會大幅降至－42%；當景氣好時，ROE攀升至78.0%。加權平均之後的ROE為18.0%。

　　原則上，舉債會增加公司的預期投資報酬率，但也相對增加股東所承擔的風險。這個例子告訴我們，財務槓桿使預期ROE由12%增至18%，但標準差也從14.8%增加到29.6%，變異係數從1.23增加到1.65。

　　由此可見，運用財務槓桿有好有壞：高度的財務槓桿會增加預期ROE，但也增加風險。在下一節當中我們會討論報酬和風險間的抵換關係對公司價值的影響。

表 14-1 | 財務槓桿的效果：Strasburg Electronics公司零負債或$100,000負債

I區：零負債
負債　　　　　　0
帳面權益$200,000

商品需求 (1)	機率 (2)	EBIT (3)	利息 (4)	稅前收入 (5)	稅(40%) (6)	淨利 (7)	ROE (8)
極差	0.05	($ 60,000)	$0	($ 60,000)	($24,000)	($36,000)	−18.0%
差	0.20	(20,000)	0	(20,000)	(8,000)	(12,000)	−6.0
普通	0.50	40,000	0	40,000	16,000	24,000	12.0
好	0.20	100,000	0	100,000	40,000	60,000	30.0
極好	0.05	140,000	0	140,000	56,000	84,000	42.0
期望值＝		$ 40,000	$0	$ 40,000	$16,000	$24,000	12.0%
標準差＝							14.8%
變異係數＝							1.23

II區：$100,000負債
負債　　　$100,000
帳面權益$100,000
利率　　　　10%

商品需求 (1)	機率 (2)	EBIT (3)	利息 (4)	稅前收入 (5)	稅(40%) (6)	淨利 (7)	ROE (8)
極差	0.05	($ 60,000)	$10,000	($ 70,000)	($28,000)	($42,000)	−42.0%
差	0.20	(20,000)	10,000	(30,000)	(12,000)	(18,000)	−18.0
普通	0.50	40,000	10,000	30,000	12,000	18,000	18.0
好	0.20	100,000	10,000	90,000	36,000	54,000	54.0
極好	0.05	140,000	10,000	130,000	52,000	78,000	78.0
期望值＝		$ 40,000	$10,000	$ 30,000	$12,000	$18,000	18.0%
標準差＝							29.6%
變異係數＝							1.65

假設：
1. 就營運槓桿而論，Strasburg選擇B計畫。機率分配和EBIT取自圖14-1。
2. 銷售和營運成本，進而EBIT，並不受財務決策影響，因此，在兩種財務計畫下的EBIT是相同的，而它取自圖14-1B 計畫的EBIT欄。
3. 所有的損失都能往前遞延而抵銷前面年度的淨利。

自我測驗

1. 什麼是事業風險？它如何衡量？
2. 事量風險的決定因素有哪些？
3. 營運槓桿如何影響事業風險？
4. 什麼是財務風險？它是如何產生？
5. 解釋此敘述「使用負債槓桿有好和壞的效果」。

資本結構理論

在前一節的討論中，我們知道資本結構如何影響公司的ROE和風險，同時了解到預期的資本結構會隨著產業而有所不同。好比製藥公司和航空公司的資本結構有天壤之別。然而，公司處於相同的產業也會有不同的資本結構。什麼因素可以解釋這樣的結果呢？為了回答這個問題，許多學者和實務界的人士發展了許多理論，討論如下：

▶▶ Modigliani 和 Miller：沒有稅

近代的資本結構理論起源於1958年Franco Modigliani與Merton Miller兩位教授(以下簡稱MM)所發表的一篇論文，被譽為是最有影響力的理論。然而其理論包括以下假設：

1. 不考慮佣金。
2. 不考慮稅負。
3. 不考慮破產成本。
4. 投資人和公司的借款利率相同。
5. 所有的投資人對未來公司投資機會的預期和管理階層相同。
6. EBIT不受舉債影響。

如果這些假設成立，MM主張公司的價值不會受到資本結構的影響。如下等式：

$$V_L = V_U = S_L = D \tag{14-4}$$

在此V_L表示舉債公司的價值會等於V_U：未舉債的公司價值。S_L為舉債公司的權益

價值、D則表示公司負債。

我們知道，WACC是由負債成本和較高的權益成本所組成。因此若財務槓桿增加，則負債的權重會增加、權益風險增加，r_s也就跟著增加。在MM的假設之下，r_s的增加並不會影響WACC。也就是說在MM的理論下，公司的資本結構決策對公司價值毫無影響。

即使MM理論的許多假設不符合實際狀況，但其主張非常重要。雖然MM認為資本結構不會影響公司價值，但MM給我們很多線索去找出會影響公司價值的資本結構因素。後來許多論文皆循著MM的腳步，去發展更貼近事實的理論。

MM另外一個很大的貢獻是其思考的過程。為了簡化過程，MM只考慮兩種投資組合，一種是全部權益融資，未舉債的公司，所以現金流量皆以股利的方式持有；另一種是權益和負債融資的公司，現金流量以股利和利息的方式持有。MM主張在兩種情況下帶給投資人的結果是相同的。根據第八章所學，選擇權和衍生性商品的發展只是一個小想法，但卻能改變整個財務世界。

▸▸ Modigliani 和 Miller：公司稅的影響

MM在1963年發表第二篇論文，放寬了基本假設，假設公司稅率為零。利息費用對公司有節稅效果，但股利卻沒有。這表示公司會傾向舉債，因為利息會帶來稅盾的效果。

如同前一篇論文，MM提供另一個角度去思考公司結構的影響。舉債公司的價值會等於未舉債公司的價值再加上「附加效果」。而這個附加效果即為稅盾效果。

$$V_L = V_U + 附加效果價值 = V_U + PV \text{ 稅值效果} \tag{14-5}$$

在這樣的假設下，稅盾效果可以由T×D來表示。

$$V_L = V_U + TD \tag{14-6}$$

倘若稅率為40%，則舉債一美元將會增加公司40分美元的價值，也就是說，公司最佳的資本結構為100%的舉債。MM同時認為權益成本會隨著舉債的增加而增加，但這是在稅率不為零的假設下才成立。因此，舉債增加會使WACC變小。

▷▷ Miller：公司稅和個人稅的影響

爾後MM討論個人所得稅的影響。債權人的所得為利息，稅率為38.6%，股東的所得可分為股利和資本利得兩個部分。長期資本利得稅率為20%，且可遞延到股票賣出後才課稅，倘若股票持有至死亡，則資本利得免稅。平均來說，股票報酬的有效稅率比負債報酬來的低。

依照稅的考量，投資人會比較傾向持有股票。舉例來說，在稅率相同的情況下，投資人對公司債的要求報酬率為10%，但對股票的要求報酬率則為16%，因為股票承擔較高的風險。然而在稅的考量下，投資人對於股票要求的報酬率可能只有14%。

因此在MM的觀點下：(1)公司傾向舉債；(2)股票的必要報酬率會下降。

MM將公司稅率和個人稅率的淨影響以下列式子表達：

$$V_L = V_U + \left[1 - \frac{(1 - T_c)(1 - T_s)}{(1 - T_d)} \right] D \qquad \text{(14-7)}$$

這裡的T_c是公司稅率，T_s是個人股票所得稅率，T_d是利息所得稅率。MM把個人和公司的邊際稅率表達如公式14-7的中括弧。舉例來說，若公司邊際稅率為40%，負債的邊際稅率為30%，股票的邊際稅率為12%，則負債融資的好處如下：

$$V_L = V_U + \left[1 - \frac{(1 - 0.40)(1 - 0.12)}{(1 - 0.30)} \right] D$$
$$= V_U + 0.25D \qquad \text{(14-7a)}$$

因此，當個人稅率減少時，並不會完全抵消負債的好處。

▷▷ 抵換理論

MM理論假設破產成本為零。然而在現實世界中，**破產成本(bankruptcy costs)**是很可觀的，往往要賠上很高的法律和會計費用，同時會流失一些客戶、供應商和員工。此外，破產公司有可能會進行清算，以低價賣掉自有資產，但這些資產通常流動性很低也很難出售。

當公司面臨破產時，員工會跳槽、供應商不再給折扣、顧客會離開，因此借款利率和限制都會增加。

　　當公司負債很多時，會引發很多破產相關問題。因此若公司考量破產成本，則比較不會過度舉債。

　　破產相關成本包括兩種組成：(1)財務危機的可能性，(2)財務危機引發的成本。在其他情況不變之下，當公司盈餘的變異性較大時，破產成本相對較高，對一家穩定的公司來說，其舉債應該較小。如同我們之前談到，公司營運槓桿會增加營運風險，進而增加財務風險。

　　抵換理論主要探討舉債的好處和壞處之間的權衡。好處為舉債的稅盾效果，壞處則是較高的稅率和破產成本。因此，抵換理論認為舉債公司的價值會等於未舉債公司的價值加上附加效果的價值，其中包括稅盾和預期的財務危機成本。圖14-2說明抵換理論的關係。以下為其說明：

1. 在考量公司稅率的MM理論假設下，公司會藉由100%的舉債極大化公司價值，如綠色線所示。
2. 若舉債水準如D_1，破產成本不大，但超過D_1之後的破產成本越顯重要，而且加速減少稅盾帶來的利益，在D_1和D_2的區間內，破產成本幾乎要抵銷稅盾的利益。當舉債水準超過D_2時，破產成本大於稅盾利益，減少公司的價值。然而D_1

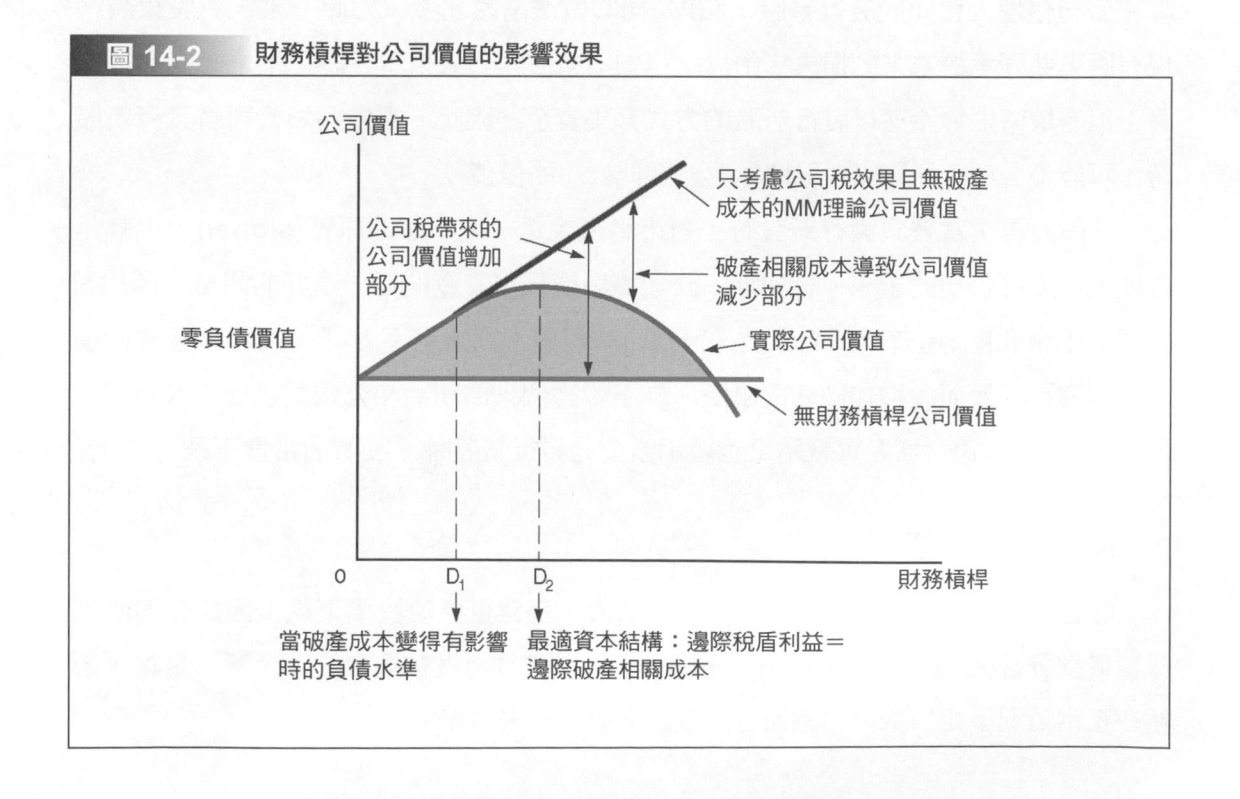

圖 14-2　財務槓桿對公司價值的影響效果

和D_2隨著公司而有所不同,要視公司的企業風險和破產成本而定。

3. 理論和實證都支持圖14-2的結果,但並不是一個特定的函數,只能描述其關係。

▸▸ 訊號理論

MM認為投資人對於公司的未來具有同質性的預期,也就是彼此的**資訊對稱(symmetric information)**。然而事實上公司內部人獲得的資訊會比外部人來的好,這對最適資本結構會有很大的影響。為了解釋這個道理,在此舉兩個情況說明,一種是公司經理人對公司未來看好(公司P),另一種是對未來不看好(公司N)。公司P研發一種對抗感冒的新藥,但是為了不讓競爭者知道,公司隱藏這項資訊。為了研發新藥,公司必須投入大筆資金,然而資金該如何募集呢?倘若公司藉由發行新股募集資金,則未來的現金流量會因為這項技術而增加,新股東也因此而獲利。現有股東(包括經理人)也跟著獲利。但事實上,現有股東(包括經理人)不希望新股東共同分享這項獲利。所以經理人會採取其他募集資金的方式,好比舉債,如此一來會偏離正常的目標資本結構。

至於N公司的經理人看壞公司未來,是因為競爭對手擁有一項新的技術,使得產品品質變好,影響到N公司未來的獲利。因此公司會擴充產能,使得資本報酬率下降。公司經理人會傾向發行新股,和P公司的做法南轅北轍。如此一來,新股東將與現有股東共同承擔未來的損失。由以上可知,當公司對未來看好時,不會傾向發行新股;但看壞時則會希望以發行新股的方式募集資金。因此,當您獲知公司將發行新股時,可能是一項不好警訊,促使你重新調低公司的價值。

一般而言,當公司發行新股時,對市場來說是一項不好的**訊號(signal)**,也就是經理人不看好公司的未來。相對地,公司靠舉債募集資金則是一項好的訊號。所以N公司並不會和P公司有相同的作為。N公司的經理人對未來不看好,倘若靠著發行債券募集資金,反而會增加破產的風險。為了維護個人的利益和公司的名聲,N公司的做法不會和P公司一樣。實證結果也顯示當公司發行新股時,股價通常會下跌。

▸▸ 保留借款彈性

儘管公司未來前景看好,但只要發行新股,通常就會使股價下跌。因此公司必須**保留借款彈性(reserve borrowing capacity)**,以備其他投資機會使用。意思是說,公司在正常情況下相對抵換理論而言,應該多發行新股少舉債。

▸▸ 融資順位假說

公司的**融資順位(pecking order)**會受到發行成本和資訊不對稱的影響。當公司需要資金時，會先使用內部資金，好比淨利再投資和出售短期投資。其次才會使用外部資金，好比舉債和發行特別股。最後才會選擇發行普通股。

▸▸ 利用負債融資來限制經理人

代理問題之所以會產生是因為股東和經理人目標不一致，此問題特別會發生在經理人手頭上的自由現金太多的時候。當經理人掌握的現金流量過多時，可能會把多餘的現金拿去做對極大化股價幾乎沒有幫助的事情，好比打造更奢華的辦公環境、建造運動設施、或是購買公司專屬的飛機等。甚至有些經理人會拿錢去進行併購，嚴重耗損公司資金。因此，經理人應該限制其超額現金流量以避免浪費。

公司可以藉由很多方式降低其超額現金流量。好比發放高額股利或是進行股票買回。其次還可以藉由舉債的方式，因為負債需要利息的支出，倘若經理人不付利息，公司可能會面臨破產的命運，使得經理人受到失業的威脅。因此，舉債能夠使得公司現金流量引發的代理問題受到控制。

融資買入也是一項控制現金流量的方式。所謂融資買入是去買下市企業的股份。這樣的情況在1980年後期很流行，目的就是要減少公司的浪費。高額的利息支出會使經理人保留現金，減少不必要的支出。

當然，增加負債、減少可使用的現金也是有缺點。舉債會使公司的破產風險增加，有學者指出增加舉債就好像在車輪裡放一個危險物一樣。儘管你開車很小心，但當別人撞上你的時候，還是會受傷。這個比喻告訴我們以下事情：高負債能夠使經理人更小心使用股東的投資，但同時會面臨更高的破產風險，好比戰爭、地震或經濟不景氣等。因此，藏在車輪裡的危險物，其大小好比公司的資本結構需要好好的決定。

太多的負債會限制經理人的一些作為。因為經理人的大部分財富和名聲與公司緊緊繫在一起，並不是完全分散的。當遇到NPV為正的投資方案，股東可能認為可以接受，但經理人卻有可能拒絕，因而引發**投資不足的問題(underinvestment problem)**。越高的負債會加大公司的財務危機成本，間接使得經理人拒絕一些NPV為正的投資方案。

▶▶ 投資機會組合和保留借款資本

　　財務危機和破產成本相當可觀，所以會促使經理人拒絕高風險方案。如此反而使得公司面臨二度傷害，因為公司不僅面臨較高的破產風險，還損失方案所帶來的利潤。但從另外一個角度來看，當公司手上好的投資方案很少時，經理人會捨棄掉那些比較不具獲利性的投資方案，如此一來公司的價值反而會增加。

　　因此，除了前面所提到的稅負、訊號理論、破產成本和管理限制效果，公司最適資本結構仍與公司的投資機會息息相關。擁有很多投資獲利機會的公司，應該少舉債，保留一些借款資本。相反地，沒有什麼投資獲利機會的公司要多舉債，進而促使經理人選擇適合公司的投資方案。

▶▶ 機會視窗

　　如果市場具有效率性，公司股價並不會有高估和低估的疑慮，因為價格反應所有資訊。機會視窗理論的涵義是說明經理人認為公司的股價或多或少會偏離公司的基本價值。因此經理人應該在公司股價偏高的時候發行新股；偏低的時候舉債。因此，這個理論和訊號理論背道而馳，原因在於市場具有效率性，並沒有資訊不對稱的情形發生。經理人並不擁有內部私有資訊，和一般投資人不一樣的只有對市場未來不同的看法而已。

自我測驗

1. 為什麼MM理論主張在考慮公司稅率下應100%舉債？
2. 請解釋資訊不對稱和訊號理論對資本結構的影響。
3. 什麼是保留借款資本，為何它對公司具有意義？
4. 如何利用舉債限制經理人的行為？

資本結構證據與啟示

　　有許多論文都在驗證前面所說的資本結構理論，在此無法一一敘述。

▶▶ 實證結果

研究顯示當公司每多舉債一美元，公司價值會因為利息稅盾效果而增加0.1美元。這遠遠低於公司稅率，此結果支持米勒模型(考慮個人稅)更甚於MM模型(只考慮公司稅)。最近的實證顯示，公司的破產成本大約占公司價值的10%到20%之間。這項結果證實稅負利益和財務危機成本的存在，同時也支持抵換理論。

在許多研究當中有份有趣且關於企業分家的研究，顯示獲利性愈高和資本愈密集的公司，負債水準相對較高，這項研究支持抵換理論。

然而也有一些實證結果和抵換理論所描述的目標資本結構不一致。舉例來說，當公司股價波動性愈高，會導致以市價為基礎計算的負債比率常常偏離其目標比率。因此這樣的變化並不會使公司在偏離情況下馬上進行發行新股或股票購回。也就是說，公司並不會完全依照抵換理論所呈現的最適目標資本結構去做調整。

事實上，當股價大幅攀升時，負債比率會下降，依據抵換理論會建議公司增加負債。

然而公司通常會反其道而行，在股價上升後發行新股，因為經理人認為公司的股價被高估，這與機會視窗理論相同。此外，當股價和利率偏低時，公司會選擇發行債券而不是股票。且利率期間結構顯示正斜率時，公司會傾向發行短期債券，當正斜率偏低時會傾向發行長期債券。這些結果限制經理人的行為符合機會視窗理論。

相對於發行新股，基本上公司較常已發行債券的方式募集資金。此種現象與訊號理論和融資順位理論一致。融資順位理論認為資訊不對稱的情況嚴重存在，公司為了節省成本，在發行新股前會先考慮發行債券的方式。但我們常看到相反的情形發生，高成長的公司反而傾向發行新股，而不是舉債。而且獲利很高的企業會選擇舉債的方式。倘若從訊號發射理論的觀點來看這樣的公司，則盈餘的增加並不會被市場所預期。如果經理人擁有更好的資訊且看好未來，則會選擇分批舉債的方式，這並不具有特別的經濟意義。

很多公司的舉債不如預期的多，也有許多公司有大量的短期投資。這樣的行為應證前面所談過的理論，也就是投資機會會影響保留借款資本的大小。這種情況和低成長公司偏好舉債享受稅盾效果一致。但與融資順位理論不一致，在融資順位考量下，低成長公司的自由現金流量較多，會先考慮使用內部資金。

▸▸▸ 對經理人的啟示

　　經理人在決定公司資本結構的時候會考慮稅的利益。越高的稅率稅的利益越大。對於營收穩定的公司而言，稅的利益會較具有價值。因為營收穩定的公司其營運風險較低，較能承受較高的財務風險，支付負債的固定支出。

　　另外，經理人要考慮財務危機成本，考慮其發生的機率和成本。營收穩定的公司具有較低的營運槓桿，同時其破產機率也較低。財務危機成本也有可能來自於投資機會的減少。公司會因為要替投資專案融資而保留更好的借款能力。以下是一個財務主管寫給作者的一段話。

　　我們的公司大部分賺錢的原因來自於資本預算和營運決策，而不是好的融資決策。事實上，我們並不知道融資決策會如何影響公司的股價，但我們知道如果因為手上的資金不夠而失去投資機會，會影響到公司長期的獲利。

　　另外一個財務危機成本是需要資金時，資產是否能夠及時的出售，也就是資產的流動性。公司一般會持有資產流動性，會比拿去抵押資產流動性來的好。因此，房地產公司是高度槓桿的公司，與一般作技術性研究的公司不同。

　　資訊不對稱也會影響資本結構決策。舉例來說，倘若一家公司剛完成一項研究計畫，預期未來營收將有很好的表現，但這項預期並不被投資人知道。於是公司會先以負債融資，等到盈餘成長反應在股價上的時候，再發行普通股回到目標資本結構。

　　然而股債市場的狀況也會影響公司的資本結構決策。舉例來說，如果債券市場流通的債權品質都在BBB以上，垃圾債券幾乎沒有，因此評等較低的公司會傾向在股票市場融資，或是短期債券市場，而不管其目標資本結構為何。等到情況緩和之後，公司會繼續發行債券，回到其目標資本結構。

　　最後，評等機構對公司的評等也會影響公司的資本結構。倘若標準普爾公司調低某間公司的債信評等，則該公司會傾向轉為權益融資，但這並不表示管理當局會減少發行債券，而是會把評等列入決策考慮。

✎ 自我測驗

1. 實證結果較支持哪一個資本結構理論？
2. 當經理人在決定公司融資結構時，應該注意哪些議題？

估計最適資本結構

經理人會選擇一個極大化股東財富的資本結構。因此我們可以利用一個方法去測試在不同的資本結構下，哪一個可以創造最大的股東財富。分析的步驟分為以下五點：(1)估計公司支付的利率。(2)估計權益成本。(3)估計加權平均資金成本。(4)估計未來的現金流量和現值。(5)將公司價值減去負債，得出股東權益的價值。以下將分段解釋每一個步驟，公司為之前所討論過的Strasburg Electronics。

▶▶ 1.估計負債成本

財務長請公司的投資顧問估計在不同資本結構下的負債成本。投資顧問依照公司產業的狀況和前景去做進一步的分析。在衡量公司的營運風險時，會參考過去的財務報表、最近的技術發展狀況。同時預估公司未來的財務報表，觀察一些關鍵比率，好比流動比率和利息涵蓋比率。最後，會考量現在融資市場的狀況，包括同產業其他公司支付的利息水準。

依照如此的分析和判斷後，他們估計在不同的資本結構下的負債成本，如表14-2。負債成本將隨舉債而成正相關，也代表著破產威脅的增加。

表 14-2 | **Strasburg Electronics公司不同資本結構下的負債成本**

負債融資比率(W_d)	負債成本(r_d)
0%	8.0%
10	8.0
20	8.1
30	8.5
40	9.0
50	11.0
60	14.0

註：資本結構權重是根據市場價值。

▶▶ 2.估計權益成本，r_s

負債比率的增加會增加權益成本，同時增加股東承擔的風險。如同第五章所提

到，股票的β值是衡量投資人分散風險的指標。然而β值會隨著財務槓桿的增加而增加。以下的哈瑪達公式說明了財務槓桿如何影響β值。

$$b = b_U[1 + (1 - T)(D/S)] \qquad \textbf{(14-8)}$$

公式裡的D是負債市值、S為權益市值，哈瑪達公式說明負債權益比如何影響β值。而b_U則是未舉債公司的β值，也就是公司基本的「營運風險」。β值是再計算CAPM時的唯一變數，無風險利率和市場風險溢酬都是公司無法控制的因素。然而β值會受到公司營運決策的影響，還有資本結構中的負債權益比影響。

公司可以藉由公式14-8去計算**未舉債的β值(unlevered beta, b_U)**。

$$b_U = b/[1 + (1 - T)(D/S)] \qquad \textbf{(14-8a)}$$

當b_U被決定後，哈瑪達公式將會決定β值，接著權益成本就會被計算出來。將計算方式運用在Strasburg Electronics，首先無風險利率為6%，市場風險溢酬為6%。接著計算未舉債的β值，因為公司的負債權益比為0。因此公司現有的β值1同時也是未舉債的β值。所以，公司的權益成本為12%。

$$權益成本＝無風險利率＋風險溢酬$$
$$＝6\%＋(6\%)(1.0)$$
$$＝6\%＋6\%＝12\%$$

如果公司有舉債，則會增加股東所承擔的風險，也就是增加額外的風險溢酬，觀念上會如同以下等式：

$$權益成本＝無風險利率＋營運風險溢酬＋財務風險溢酬$$

表14-3的第四欄即是在不同的資本結構下，所估計出來的β值。圖14-3(利用表14-3的第五欄)繪出在不同的負債比率下的權益要求報酬率。如同圖所示，權益成本包含6%的無風險利率和6%的營運風險溢酬。此外，財務風險溢酬會隨著負債比率的增加而增加。

表 14-3 | Strasburg的最適資本結構

負債融資比率 W_d (1)	市場負債/權益比率D/S (2)[a]	稅後負債成本 $(1-T)r_d$ (3)[b]	估計b (4)[c]	權益成本r_s (5)[d]	WACC (6)[e]	公司價值V (7)[f]
0%	0.00%	4.80%	1.00	12.0%	12.00%	$200,000
10	11.11	4.80	1.07	12.4	11.64	206,186
20	25.00	4.86	1.15	12.9	11.29	212,540
30	42.86	5.10	1.26	13.5	11.01	217,984
40	**66.67**	5.40	**1.40**	14.4	10.80	**222,222**
50	100.00	6.60	1.60	15.6	11.10	216,216
60	150.00	8.40	1.90	17.4	12.00	200,000

註：
a. D/S比率計算為$D/S=W_d/(1-W_d)$。
b. 利率顯示在表14-2，稅率是40%。
c. beta是用公式14-8 Hamada公式估計的。
d. 權益的成本是用CAPM公式：$r_s=r_{RF}+(R_{PM})b$估計，$r_{RF}=6\%$，$R_{PM}=6\%$。
e. 加權平均資金成本是用公式14-2：$WACC=W_e r_s+W_d r_d(1-1)$計算，$We=(1-W_d)$。
f. 公司價值是用公式14-1自由現金流量評價公式計算，因為Strasburg公司零成長，公式修正為$V=FCF/WACC$。所以公司不須投資新資本，且它的FCF等於它NOPAT。
使用表14-1的EBIT：FCF＝NOPAT－資本投資
　　　　　　　　＝EBIT(1－T)－0
　　　　　　　　＝$40,000(1－0.4)＝$24,000

圖 14-3 不同負債水準下Strasburg的權益要求報酬率

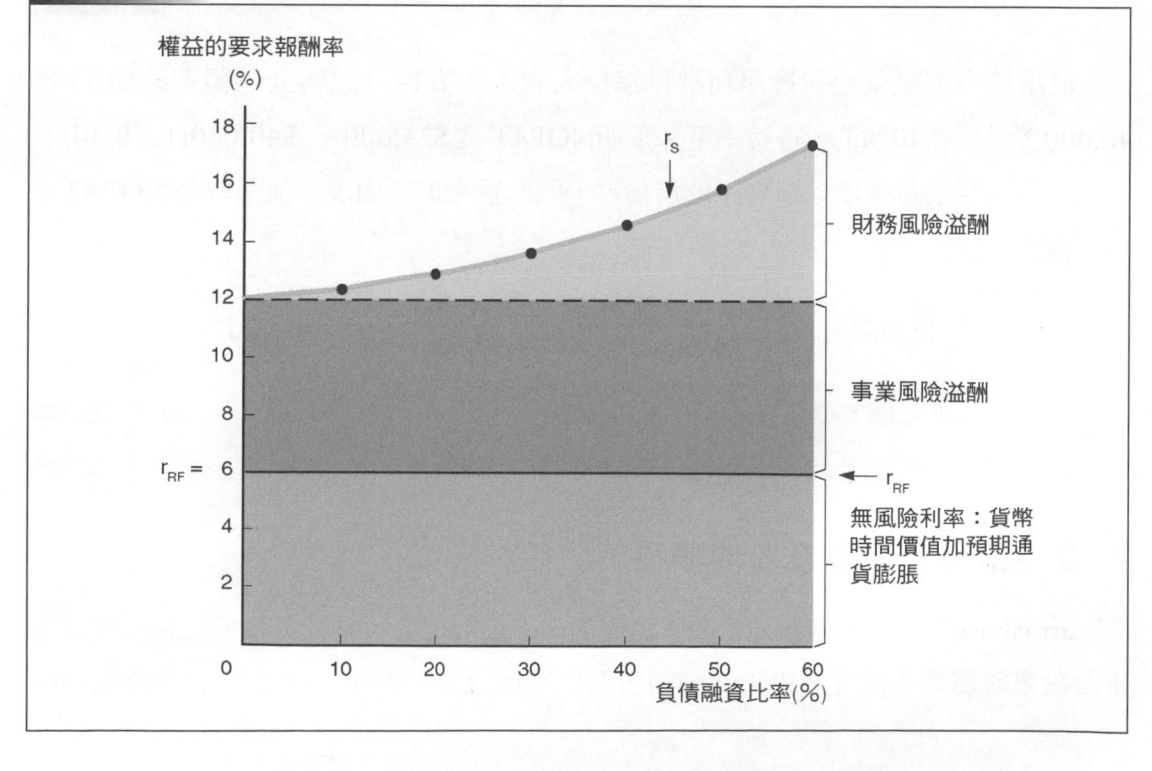

▶▶ 3.估計加權平均資金成本

表14-3的第六欄為公司在不同資本結構下的WACC。目前公司的負債為0，由100%的權益組成，所以WACC＝權益成本＝12%。當公司使用低成本的負債，則WACC會下降。但如果公司增加負債比率，負債成本和權益成本都會增加，剛開始會緩慢的增加，但後來會迅速的增加。當公司的資本結構有40%為負債時，WACC居最小值10.8%，然後將隨著負債比率增加而增加。

雖然權益成本比負債成本高，但一味使用低負債也不會極大化公司價值，因為舉債會使負債成本和權益成本都增加。如果公司負債超過40%，會傾向使用低成本的負債，但持續使用低成本的負債仍然會使負債成本和權益成本都增加，使低成本負債的好處被負債成本和權益成本的增加所抵銷掉。

▶▶ 4.估計公司價值

我們可以藉由公式14-1去估計公司的價值。因為公司為零成長，我們可以使用公式14-1的固定成長模型。

$$公司價值 = \frac{自由現金流量}{WACC} \qquad \text{(14-1a)}$$

自由現金流量就是稅後淨利減掉淨投入資本。表14-1說明公司預期的EBIT為40,000美元。在40%的所得稅率下，預期NOPAT 是$24,000＝ $40,000(1－0.40)。因為公司為零成長，所以未來淨投資為零，因此預期的自由現金流量等於NOPAT。公司價值計算如下：

$$公司價值 = \frac{自由現金流量}{WACC} = \frac{\$24,000}{0.12} = \$200,000$$

表14-3的第七欄為公司在不同的資本結構下，公司價值的計算值。公司價值最大值是在負債為40%的時候，同時也是WACC最小的時候。

▶▶ 5.估計股東財富及股票價格

Strasburg公司目前應該進行股票**再買回(recapitalize)**和發行負債。計算這種情況下的股東財富時，應先將股東從公司再買回時所收到的現金，加上目前對公司的持

股。要計算股東目前對公司的持股可以利用目前的資本結構和負債比例得出，如下公式：

$$負債＝負債權重×公司價值$$

舉例來說，40%負債下的資本結構，負債的金額為$88,889＝0.40($222,222)。

公司的權益價值即為公司價值減掉負債的價值。在最適資本結構下，股東的價值為$133,333＝$222,222－$88,889。

表14-4的第四欄為不同資本結構下的權益價值。注意到權益價值會隨著負債增加而下降。乍看之下，財務槓桿對股東不利，但發行新債和股票購回時，股東都可以收到現金。

$$發行債券募集的資金＝D－D_o$$

此時的D_o為股票購回前的負債水準，對Strasburg來說為0。

在最適資本結構下，Strasburg將發行88,889美元的負債，且運用這筆錢去做股票購回。因此，股東的總財富為股票購回的收入88,889美元加上對公司剩餘的持股133,333美元，加總為222,222美元，利得為22,222美元。

在每股價值計算方面，先來計算在股票購回之前的每股價值，先前的公司權益市值為200,000美元，在外流通股數為10,000股，因此每股股價為$20($200,000/10,000＝$20)。

為了計算股票購回後的每股價值，必須考量以下幾點：(1)公司發行新債且進行股票購回。(2)公司利用發行新債的收入去做股票購回。這兩件事並非同時發生，因此要分開討論。

發行新債　公司宣告資本重構時發行新債，但此時並沒有真正進行購回的動作。因此發行債券的錢會先拿去做短期投資。利用第十三章所提到的公司評價模型，可以得到下列式子：

表 14-4 | Strasburg的股價與每股盈餘

負債融資比率 W_d (1)	公司價值 V (2)[a]	負債的市場價值 D (3)[b]	權益的市場價值 S (4)[c]	股價 P (5)[d]	股票購回後的股票數量 n (6)[e]	淨利 NI (7)[f]	每股盈餘 EPS (8)[g]
0%	$200,000	$ 0	$200,000	$20.00	10,000	$24,000	$2.40
10	206,186	20,619	185,567	20.62	9,000	23,010	2.56
20	212,540	42,508	170,032	21.25	8,000	21,934	2.74
30	217,984	65,395	152,589	21.80	7,000	20,665	2.95
40	222,222	88,889	133,333	22.22	6,000	19,200	3.20
50	216,216	108,108	108,108	21.62	5,000	16,865	3.37
60	200,000	120,000	80,000	20.00	4,000	13,920	3.48

註：
a. 公司價值來自表14-3。
b. 負債的價值是欄1的負債比率乘以欄2的公司價值。
c. 權益的價值是欄2的公司價值減去欄3的負債價值。
d. 再買回前的股票流通數量是 $n_0 = 10,000$，股票價格是 $P = [S+(D-D_0)]/n_0 [S+D]/10,000$。
e. 再買回後的股票數旺是 $n = S/P$。
f. $NI = (EBIT - r_d D)(1-T)$、$EBIT = $40,000$(取自表14-1) r_d 來自表14-2，而 $T = 40\%$。
g. $EPS = NI/n$。

$$公司總價值＝營運價值＋短期投資的價值$$
$$＝\$222,222＋\$88,889＝\$311,111$$

此外，公司權益價值為公司總價值減去負債總值，因此權益價值在發行債券後、股票購回前的計算如下：

$$權益價值＝發行債券後、股票購回的價值$$
$$＝公司總價值－負債總值$$
$$＝\$311,111－\$88,889＝\$222,222$$

即使公司評價模型提供一個正確的計算方式，但有一個更直覺的方式去決定權益價值。因為權益價值反應股東的財富，在股票購回後，股東的財富計算為股票購回收到的現金加上對公司剩餘的持股。因此權益價值計算如下：

$$權益價值＝S+(D-D_o)$$
$$＝\$133,333＋(\$88,8890－\$0)＝\$222,222$$

所以在發行新債和股票購回前的每股價值計算如下：

$$每股價值 = \frac{公司價值}{在外流通股數}(發行新債和股票購回前)$$

$$= \$22,222/10,000 = \$22.22$$

股票購回 股票購回對公司的股價有什麼影響呢？答案是沒有影響。因為公司宣告股票購回時，對市場是一種訊息，但這個訊息不會影響投資人對公司未來自由現金流量的預期和WACC，因此對公司股價而言並無影響。計算如下：

$$P = S_p/n_0$$
$$= [S + (D - D_0)]/n_0 \tag{14-9}$$

表14-4第五欄為在不同資本結構下的公司每股市價。公司發行新債的總額全數拿去做股票購回，因此股票購回後剩餘股數的計算如下：

$$n = 股票購回後剩餘的股數$$
$$= n_0 - (D/P)$$

在最適資本結構下，公司會再買回\$88,889/\$22.22 = 4,000股的股票，剩餘股數為6,000股(請見表14-4的第六欄)。此外，表14-4第七欄及第八欄分別計算出淨利和每股盈餘。

▶▶ 分析結果

以圖的方式表現我們計算出的結果，如圖14-4。

注意到權益成本和負債成本都會隨著舉債的增加而增加。WACC在債40%前呈現緩慢下降，但之後則呈現上升。如同前面所說，WACC最小值和公司價值最大值會發生在相同的資本結構下。

另外注意到公司在價值最大化的情況與沒有舉債的情況相比較，會相差大約10%。且在舉債20%~50%間的公司價值變動很小。

在第十三章曾經提過價值管理，說明公司營運的改善可以大幅提高公司的價值，但有時候公司營運很難改善，尤其當公司的管理已經相當好的時候。

當你發現公司價值可以藉由資本結構而改變時，這同時反映出好的一面和壞的一

圖 14-4　　資本結構對公司價值、資金成本、股價與EPS的影響

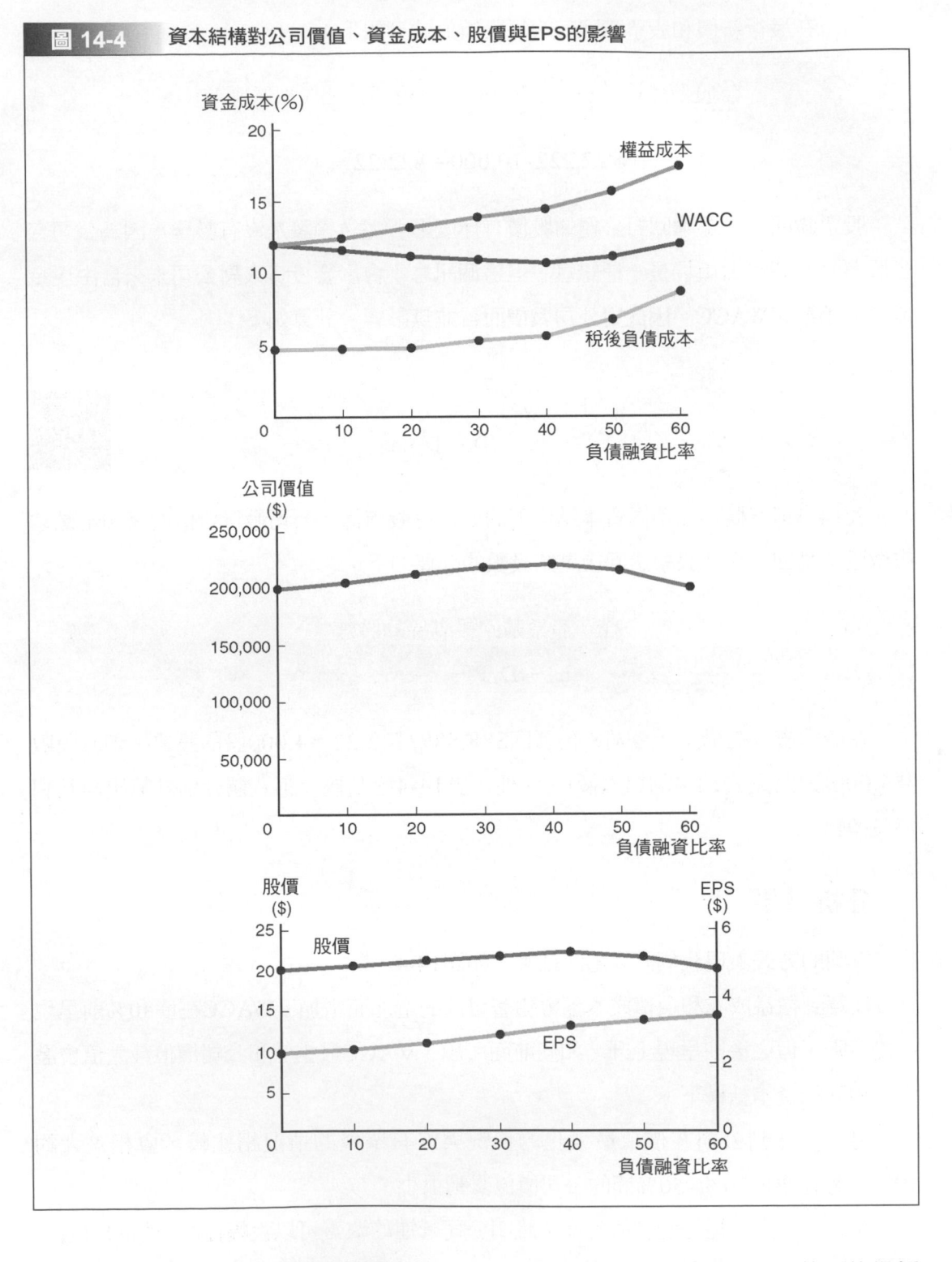

面。好的地方是改變資本結構相當簡單，只要發行債券即可。壞處則是舉債只能微幅的增加公司價值。所以有時候我們很難想像有些成熟的公司，竟然沒有任何舉債。

最後，我們觀察到圖14-4中EPS會隨著槓桿增加而穩定的增加，但股價會達到一個最大值而開始下滑。因此，EPS最大值發生的時候並不一定是股價最大值一致，這也是為什麼我們要觀察公司的自由現金流量而不是只看盈餘。

自我測驗

1. 請解釋當槓桿增加時，對負債和權益成本各有什麼影響？
2. 利用哈瑪達公式，說明財務槓桿對β值的影響。
3. 利用某一圖表去指出在不同負債水準下，財務風險和營運風險溢酬。請解釋這些溢酬會因為負債水準不同而改變嗎？
4. 預期最大的EPS會發生在最適資本結構嗎？

總結

本章主要探討財務槓桿對股價、每股盈餘和資金成本的影響。主要觀念如下：

- 一家公司的最適資本結構發生在使股價最大的狀態下。每家公司都有自己的目標資本結構，且會隨著時間而改變。

- 影響資本結構的因素如下：(1)營運風險，(2)稅，(3)財務彈性的需求，(4)保守或積極的管理，(5)成長機會。

- 營運風險是指公司在未舉債的情況下，因營運所導致的風險。一家公司的產品需求穩定、投入元素和產出的價格穩定、或是價格控制力強，營運風險會相對較低。當其他情況不變之下，公司的營運風險越小，最適負債比率越高。

- 財務槓桿是指公司使用固定收益證券和特別股融資的程度。槓桿風險會增加股東所承擔的風險。

- 營運槓桿是指公司使用固定成本的程度。當其他情況不變之下，高度營運槓桿表示公司每增加一單位營收，將會導致ROIC很大的增加。

- 哈瑪達公式是根據CAPM發展而來，說明財務槓桿對β值的影響，公式如下：

$$b = b_U [1 + (1-T)(D/S)]$$

公司可以由目前的 β 值、稅率和負債權益比去計算未舉債的 β 值：

$$b_U = b/\left[1+(1-T)(D/S)\right]$$

- MM和他們的追隨者發展出資本結構抵換理論。他們認為負債可以帶來稅的利益，但也增加破產成本。最適的資本結構必須在兩者之間取得平衡。

- 另一個資本結構理論是與公司利用權益或負債融資，對市場投資人透露的訊號有關。因為利用權益融資對市場是種負面的訊息，因此公司會傾向不採取權益融資，為自己保留借款的能力。

- 公司股東會希望利用舉債去限制經理人使用公司資金。高負債比率會增加破產風險，但也會減少經理人浪費股東所投資公司的錢。最近許多接管和融資買下的案件都是為了增加公司資金使用的效率。

- 儘管理論上可以計算出最適的資本結構，但實務上財務主管很難去準確地預估資本結構。因此，財務主管會傾向找出一個區間，好比負債在40%到50%。本章內容告訴管理者在設定目標資本結構時，應該考量哪些因素。

問題

(14-1) 定義下列名詞：

    a. 資本結構；營運風險；財務風險

    b. 營運槓桿；財務槓桿；損益兩平點

    c. 保留借款能力

(14-2) 投資專案未來的ROIC會受什麼不確定的因素影響？

(14-3) 公司若有很高的非財務固定成本，則稱公司具有很高的什麼槓桿？

(14-4) 「有一種槓桿會影響EBIT和EPS，另一種槓桿只會影響EPS。」解釋這段敘述。

(14-5) 為何下列敘述是對的？「其他情況不變之下，較穩定的營收會有較高的負債比率。」

(14-6) 為何公營水電事業和一般零售商的資本結構會有所不同？

(14-7) 為什麼EBIT在財務槓桿中被視為是獨立因素？為什麼EBIT會受高負債水

準，即高財務槓桿的影響？

(14-8) 當一家公司從零負債成功到高舉債狀況，你會如何預測其股價走勢？

自我測驗

(ST-1) 以下為A公司的資料：(1)EBIT＝470萬美元；(2)稅率，T＝40%；(3)負債價值，D＝200萬美元；(4)r_d＝10%；(5)r_s＝15%；(6)流通在外股數n_0＝600,000；股價P_0＝\$30。公司經營穩定，且預期無成長，所有盈餘皆拿去發放股利。負債為永續債券。

a. 計算公司股票市值，S，還有公司總價值？

b. 計算公司的WACC？

c. 假設根據市值基礎，公司資本結構為負債50%，在這樣的負債水準下，權益成本為18.5%。負債成本增加為12%，在這樣的資本結構下，試計算WACC？公司總價值？該發行多少債券？在股票購回後的每股市價為何？股票購回後的剩餘流通在外股數為何？

(ST-2) L公司計畫進行一項資本結構調整。目前公司的資本結構為25%的負債和75%的權益。公司正計畫將負債提升至60%，權益降至40%。普通股的β值是1.5，無風險利率為6%，市場風險溢酬為4%，稅率為40%。

a. 公司目前的權益成本？

b. 未舉債的β值？

c. 在資本結構重新調整後，新的β值和權益成本為何？

習題

(14-1) S公司的產品每個賣100,000美元。固定成本，F，200萬美元；每年銷售數量為50，利潤總額為500,000美元，公司資產為500萬美元。公司即將花400萬美元投資在生產過程，還有500,000美元在固定成本上。這個改變將會：(1)每個產品的變動成本減少10,000美元，(2)每年增加20個銷售

量，(3)額外增加的單位價格為95,000美元。公司的稅率為零，權益成本為15%，且沒有舉債。

a. 公司應該做這樣的改變嗎？

b. 如果做這樣的改變，公司的營運槓桿會增加還是減少？

c. 這樣的改變會使公司曝露更多的營運風險嗎？

(14-2) 以下是A、B、C三家公司估計的ROE：

	機率				
	0.1	0.2	0.4	0.2	0.1
A公司：ROE_A	0.0%	5.0%	10.0%	15.0%	20.0%
B公司：ROE_B	(2.0)	5.0	12.0	19.0	26.0
B公司：ROE_C	(5.0)	5.0	15.0	25.0	35.0

a. 計算C公司預期的價值和ROE的標準差。$ROE_A = 10.0\%$，$\sigma_A = 5.5\%$，$ROE_B = 12\%$，$\sigma_B = 7.7\%$。

b. 討論這三家公司報酬的相關風險。

c. 假設三家公司的(EBIT/總資產)有相同的標準差，且都等於5.5%。那麼三家的財務風險為何？

(14-3) R公司沒有負債，財務狀況如下：

資產(帳面價值＝市值)	$3,000,000
EBIT	$500,000
權益成本	10%
股價	$15
在外流通股數	200,000
稅率 T	40%

公司正打算要發行債券，將股票購回。當負債30%時，權益成本增為11%。負債成本為7%。且R公司為零成長公司，所有的盈餘皆拿去發放股利，盈餘很穩定。

a. 這樣的槓桿操作對公司價值有何影響？

b. R公司的股價為何？

c. 這樣的槓桿操作後，對公司的EPS有何影響？

d. 預期的EBIT及機率如下表，計算每個機率下的利息涵蓋倍數。在30%負債下，利息付不出來的機率為何？

機率	EBIT
0.10	($ 100,000)
0.20	200,000
0.40	500,000
0.20	800,000
0.10	1,100,000

(14-4) P公司總市值為1億美元，其中包括100萬的股份，每股價格50美元，還有5千萬美元、利率為10%的永續債券，目前以面額發行。公司的EBIT為1,324萬美元，稅率為15%。P公司想改變其資本結構，不是將負債增加至70%，就是降至30%。如果提高其財務槓桿，則需贖回舊債券，發行新的債券，票息12%。如果要降低財務槓桿，則須以8%的新債券取代原本的舊債券。公司將進行股票購回改變其資本結構。

公司將所有的盈餘拿去發放股利。股票為零成長的股票。目前的權益成本為14%，如果增加財務槓桿，權益成本將增為16%；如果降低財務槓桿，權益成本將降至13%。計算在不同資本結構下，公司的WACC和公司總價值？

(14-5) BEA公司正在計畫改變資本結構。BEA目前有2千萬美元的負債，利率為8%，每股股價為40美元，流通在外股數為200萬。BEA為一家零成長的公司且所有的盈餘皆拿去發放股利。EBIT為1,493.3萬美元，稅率為40%。市場風險溢酬為4%，無風險利率為6%。在市值基礎下，BEA打算增加負債占資本結構40%，且利用剩餘的錢進行股票購回。公司即將結清舊負債，發行新債，新債利率為9%，BEA的 β 值為1.0。

a. 計算BEA未舉債的 β 值？利用未舉債時的市值找出D/S。

b. 計算BEA的新 β 值及在負債40%下的權益成本？

c. 計算BEA在40%負債下的WACC及總價值？

(14-6) E公司正在決定其資本結構。公司只有負債和普通股。公司目前不打算以特別股融資，將來也不會。為了找出最適合的負債水準，以下為投資顧問的分析：

負債市價/公司 價值比率(w_d)	權益市價/公司 價值比率(W_e)	負債市價/權益 市價比率(D/S)	債券評等	稅前負債 成本(r_d)
0.0	1.0	0.00	A	7.0%
0.2	0.8	0.25	BBB	8.0
0.4	0.6	0.67	BB	10.0
0.6	0.4	1.50	C	12.0
0.8	0.2	4.00	D	15.0

E公司利用CAPM計算其權益成本。公司估計其無風險利率為5%，市場溢酬為6%，稅率為40%。

公司自己估計其未舉債β值為1.2。請找出公司最適資本結構，且在最適資本結構下的WACC。

Mini Case

　　光陽機車公司一直是一家全部使用權益資金的家族企業，它的董事長最近參加大學裡高階主管碩士班EMBA的進修，了解負債的使用不只成本低，而且能產生節稅效果，決定在資本結構裡增加負債的使用，但不知有何利弊得失，請你幫忙解答下列疑惑：

1. 為何負債的成本比權益成本低？
2. 永遠都低嗎？有沒有一些情況會提高權益成本？如有，請舉一例子說明。
3. 節稅效果是如何產生？
4. 負債使用越多，節稅就越多嗎？即使公司虧損也有此效果嗎？
5. 有沒有可能產生政府補貼？即政府反而補貼稅金給公司？
6. 使用負債有哪些壞處？
7. 光陽公司一直是很賺錢公司，自有資金非常充裕，不使用負債資金也能經營，你覺得它有必要舉債嗎？如有，為什麼？

第15章

盈餘分配：
股利及股票購回

本章討論公司股利政策，以及它與公司融資政策如何相關，最後討論股利的訊息對市場投資人的影響。

公司所創造的NOPAT，經過資本預算和融資計畫，也就是扣除必要資本投入後，得到的自由現金流量有五種方式分配給投資人：(1)支付利息費用，(2)支付負債本金，(3)支付股利，(4)股票購回，(5)買非營運資產，好比國庫券或其他證券投資。資本結構政策決定支付負債的本金和利息，營運資金政策決定投入多少在證券投資。剩下的FCF就分配給股東，形式分為股利發放和股票購回。

公司將(1)根據銷貨和資產成長去決定是否維持現在的股利政策，(2)暫時調整融資政策去應付現今市場狀況，(3)利用短期投資去吸收短期現金流量的波動。該發放多少股利給股東和公司的營運計畫、融資計畫和營運資金計畫息息相關。

盈餘分配和公司價值

盈餘分配的政策會影響資金成本和股東對公司未來自由現金流量的預期。因此，**盈餘分配政策(distribution policy)**決定分配的型式(現金股利或股票購回)、分配是否穩定和分配的金額是否會影響公司的價值？

這個答案和股東對於股利殖利率的偏好及資本利得有關。衡量的指標為**目標分配比率(target distribution ratio)**，也就是發放現金股利及股票購回占淨利的比例。而**目標股利支付比率(target payout ratio)**則為現金股利占淨利的百分比。注意股利支付比率會比目標分配比率來的低，因為目標分配股利包括股票購回和現金股利。

高分配比率和高股利支付比率代表著公司會有較多的現金股利，股票購回相對較少。在這種情況下，股利殖利率會相對較高，預期的資本利得較低。如果公司有較高的分配比率和較低的股利支付比率，則公司支付較少的股利，但有較穩定的股票購回，因此股利殖利率較低，但資本利得相對較高。所以，公司**最適的分配股利政策(optimal distribution policy)**將在現金股利及資本利得間取得平衡點，力求股價最大化。

在這部分，我們將討論三種理論，關於股東對股利殖利率和資本利得的偏好：(1)股利無關論，(2)一鳥在手理論，(3)稅負偏好理論。

▸▸ 股利無關論

MM股利無關論(dividend irrelevance theory)主張公司的價值由基本盈餘能力及企業風險決定，與股利政策無關。也就是說，公司價值和資產所產生的淨利有關，與淨利如何分配無關。

同時股東可以自製股利政策。如果公司不發放股利，股東若想要有5%的股利，則可以將5%的持股賣掉。此時股利政策將變得不重要。但當稅負效果和破產成本存在時，股利政策將變得有關。

MM在建構股利無關論時，特別忽略稅負效果和仲介費用。之後我們將簡短討論MM的實證結果。

▸▸ 一鳥在手理論：投資人偏好股利

股利無關論主張股利政策不影響投資人所要求的權益資金成本，但Myron Gordon和John Lintner認為當股利支付率增加時，會減少權益資金成本。股東認為一美元的預期股利價值將高於一美元的預期資本利得，因為前者負擔的風險較低。然而這樣的觀點MM並不認同，因為他們認為股東會把股利拿去再投資同樣或類似的公司，長期而言，風險將由公司營運現金流量決定，而不是股利支付政策。

▶▶ 稅務偏好理論：投資人偏好資本利得

2003年以前，股利收入課的稅比長期投資的資本利得所課的稅來的多。但2003年Jobs and Growth Act公布後，兩者所課的稅負相同。但實際上資本利得所課的稅會比股利收入課的稅來的少。因為資本利得是未來的某一時點出售時課稅，但股利政策是發放時就要課稅。倘若股東持有股票至死亡，則也課不到任何的稅負。

因此投資人將比較偏好資本利得，傾向偏好公司發放較低的股利。投資人將投資低股利發放的公司甚於高股利發放的公司。

▶▶ 實證結果和股東分配水隼

由圖15-1可以看出三種理論相互矛盾。最合理檢視的方法即為實證。然而很多實證的結果並不清楚。有兩個原因：(1)一個有效的統計測試，除了盈餘分配水準之外

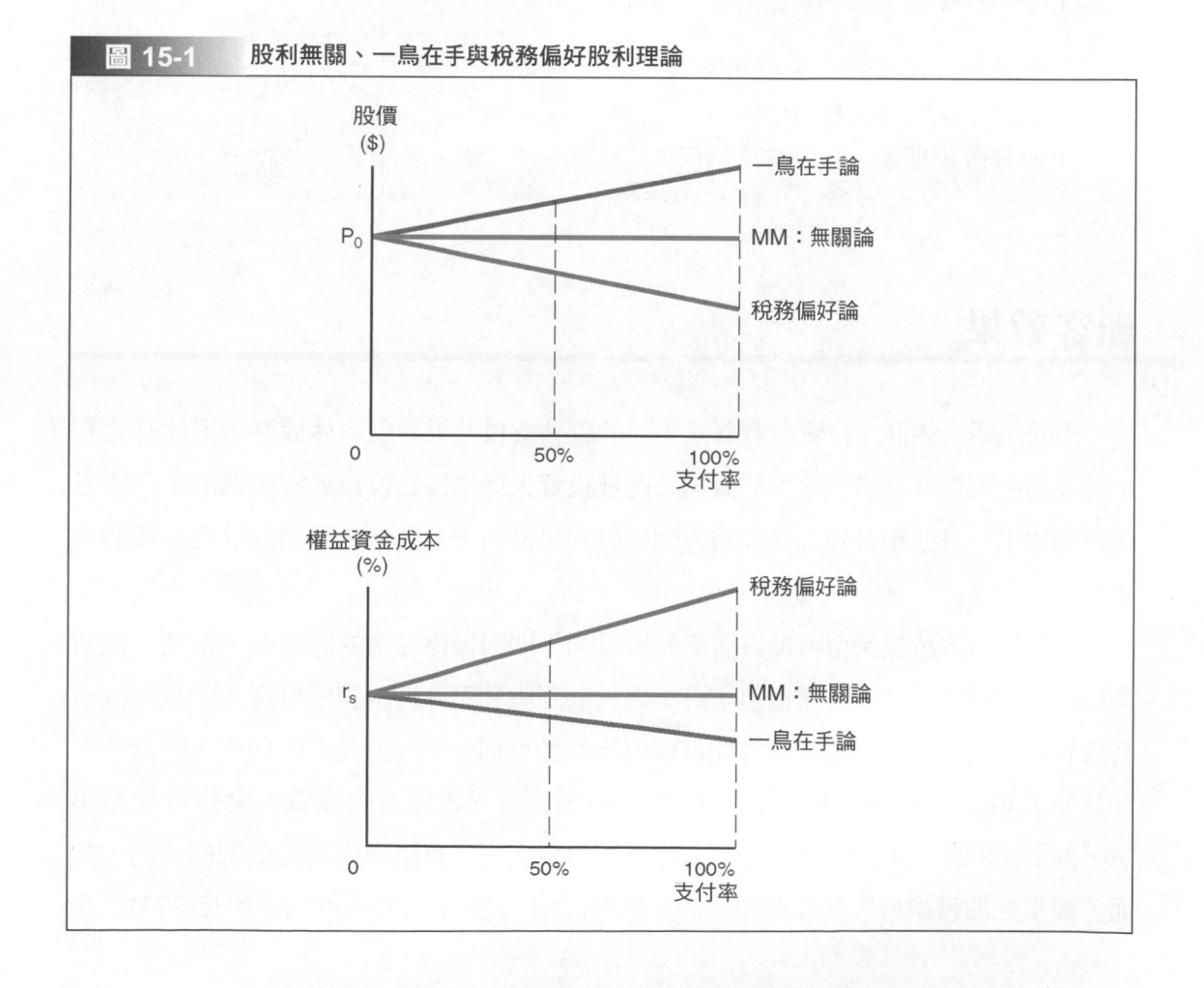

| 圖 15-1 | 股利無關、一鳥在手與稅務偏好股利理論 |

的因素都要假設固定，也就是說樣本之間的差異只會在盈餘分配的水準上。(2)我們必須精確的衡量公司的權益資金成本。因此，至目前為止，還沒有一個理論可以清楚的解釋盈餘分配水準公司價值間的關係。

以下是實證結果：首先，過去三十年來的股利支付水準不斷降低。在1978年的NYSE、AMEX和Nasdaq中，約有66.5%的公司發放股利。在1999年，約有20.8%的公司發放股利。在平均股利支付率方面，從1974年的22.3%降至1998年的13.8%。再者，平均股票購回比率從3.7%升至13.6%，導致整體盈餘分配比率保持穩定的狀態，約在26%~28%之間。也就是說，盈餘分配的形式變化值得討論。

然而，從數據中並不能看出股東較偏好高的還是低的盈餘分配水準。但可以看出投資人偏好穩定且可以預測的股利支付。同時認為股利發放代表公司前景看好的訊號。

自我測驗

1. 關於稅負和破產成本，MM在建構股利無關論時，對其有何假設？
2. 為何要稱為一鳥在手理論？
3. 股利政策理論的實證結果為何？

顧客效果

不同的顧客族群、投資人會喜愛不同的股利支付政策。已退休族群、退休基金和全球性基金將偏好高股利政策的公司。此種投資人通常為低稅負或零稅負的，不需考慮稅的效果。且此種投資人傾向將收到的股利再投資，尤其是在公司盈餘達顛峰的幾年間。

如果公司將盈餘保留再投資而不發放股利，則對需要現金的股東較為不利。投資人傾向出售持股，造成公司價值下降。對於收到股利不會再投資的投資人，傾向投資低股利政策的公司。想要收到當期投資收入的股東則會傾向投資高股利政策的公司，好比電力事業，2004年的股利支付率達55%，喜愛再投資的投資人會投資軟體事業，同期間的股利支付率僅為12%。然而，投資人可以藉由轉換持股去選擇公司，然而，經常性的轉換持股是沒有效率的，因為(1)仲介費用，(2)資本利得稅負，(3)很少

人喜愛公司新採行的股利政策。因此管理當局對於變更股利政策會顯得猶豫，深怕會失去投資人，造成股價下跌，甚至產生永久性的下跌。當然也有改變後吸引更多的投資人，使股票上漲。

很多實證研究顯示**顧客效果(clientele effect)**的存在。

自我測驗

1. 定義顧客效果和解釋如何影響股利政策？

內含資訊和訊號假說

MM無關論中，假設投資人對公司未來具備同質性的預期，然而現實生活中並不然。經理人將擁有比一般投資大眾更好的資訊。

通常股利支付增加會使股票上漲，反之下跌。有些人認為因此投資人喜愛股利優於資本利得。MM認為高於預期的股利支付對投資人而言，是對公司未來盈餘看好的訊號。且認為投資人對股利政策的反應並不表示投資人偏好股利。進一步質疑股利政策改變對股價的變化，只能夠說是股利宣布隱含著某種重要**資訊或訊號(information, or signaling, content)**罷了。

假設公司的股利無預期的增加或減少，會發生什麼事情？早期的研究顯示，無預期的增加或減少並不算是種對公司未來盈餘的訊號。但近期的研究卻有不同的解釋，平均而言，公司減少股利後的幾年盈餘會有改善。公司若增加股利，後幾年的盈餘卻沒有成長的情況。

總之，股利宣告的確隱含著一些資訊。當股利減少時，股價傾向下跌；但股利增加時，股價卻沒有明顯的上漲。因此，很難去驗證假說的有效性，因為股價變動的原因有可能來自於股利偏好或是訊號效果，甚至兩種都有。

自我測驗

1. 定義資訊內含，並解釋它如何影響股利政策。

股利政策穩定性

顧客效果和資訊內涵透露出投資人喜歡穩定的股利政策還是波動性大的股利政策。如果投資人需支付固定的費用，則需要穩定的股利政策去支撐。因此，減少股利對此類投資人而言是負面的訊息，會造成股價下跌。穩定的股利政策同時表示公司銷貨和盈餘穩定的成長。

自我測驗

1. 為什麼顧客效果和資訊內涵假說暗示投資人偏好穩定的股利政策？

設定目標股利政策：剩餘股利模型

決定該分配多少現金給股東時要注意下列兩件事情：(1)極大化股東價值是最高指標。(2)在同樣的風險下，如果發放給股東的利益小於將盈餘拿去再投資，就應該保留盈餘再投資。這將鼓勵公司使用內部資金而不去發行新股。

有些公司創造很多現金流量但擁有很少的投資機會，像是很多成熟公司會發放較高額的股利。有些公司創造較少現金流量，但致力於增加盈餘和股價，於是會吸引到喜愛資本利得的投資人。

如表15-1，股利支付率和股利殖利率對大型公司而言變動很劇烈。一般而言，現金流量較穩定的公司，好比公營事業、金融服務業和菸草事業會配發較高額的股利；反之成長快速的公司，如電腦軟體業則會傾向發放較低的股利。

對一家公司而言，盈餘分配率與下列四項因素有關：(1)投資人對股利和資本利得的偏好，(2)公司的投資機會，(3)目標資本結構，(4)外部資金成本和其使用便利程度。以上四個組成要素就是所謂的**剩餘股利模型(residual distribution model)**。公司根據下列四種做法去建構目標盈餘分配率：(1)決定最適資本預算；(2)決定目標資本結構下所需的權益資金；(3)運用再投資的保留盈餘去支應權益資金需求；(4)只有當盈餘足夠去應付最適資本預算下的資金需求，才會發放股利或股票購回。

分配的公式如下：

表 15-1 | 股利支付率

公司	產業	股利支付率	股利殖利率
I：高股利公司			
WD-40公司(WDFC)	家居產品	50%	2.6%
Empire District Electric(EDE)	電力公司	117	6.4
Rayonier Inc(RYN)	森林產品	52	5.6
R.J. Reynolds Tobacco(RJR)	香菸公司	NM[a]	6.6
Union Planters Corp.(UPC)	地區銀行	59	4.6
Ingles Markets Inc.(IMKTA)	零售業	73	6.1
II區：低或零股利公司			
Tiffany and Company(TIF)	特殊零售	13%	0.7%
Harley-Davidson Inc.(HDI)	休閒產品	9	0.7
Aaron Rents Inc.(RNT)	租賃業	2	0.1
Delta Air Lines Inc.(DAL)	航空業	0.0	0.0
Papa John's Intl. Inc.(PZZA)	餐館	0.0	0.0
Microsoft Corp.(MSFT)	軟體程式	23	0.6

[a] 報告損失，所以它的股利支付率不具意義。

註：**http://yahoo.investor.reuters.com**, May 2004.

$$分配額＝淨利－保留盈餘中融資新方案需要的資金需求$$
$$＝淨利－目標權益比率 \times 總資本預算$$

$$(15\text{-}1)$$

　　舉例來說，假設目標權益比率是60％，公司預計將投入5千萬美元至資本計畫中。因此需要$50(0.6)＝\$30$(百萬)的普通股權益。此外淨利為1億美元，則分配金額為$\$100－\$30＝\$70$(百萬)。所以如果公司有1億美元的盈餘和5千萬美元的資本預算，則需要保留盈餘中的3千萬美元加上額外新增的舉債$\$50－\$30＝\$20$(百萬)，才能維持目標資本結構。注意所需的權益資金需求必須超過淨利，也就是當資本預算達2億美元時就可以使用。在這個例子裡，沒有任何的股利分配，公司會發行新股去維持它的目標資本結構。

　　每個公司都有目標資本結構，當公司追求的過程中，會採權益融資和負債融資，且之後僅使用保留盈餘新增的部分，也就是內部資金，則公司的邊際資金成本將會達最小。但如果內部創造的資金不足使用時，就必須倚賴發行新股。則會造成權益資金成本和邊際資金成本上升。

　　為了解釋以上的觀點，以下就Texas and Western(T&W)公司的例子作說明。

T&W公司的資金成本為10%，這是在融資來源全部為保留盈餘時的資金成本。如果公司發行新股融資，則資金成本會更高。T&W公司目前有6千萬美元的淨利和目標資本結構為60%權益和40%負債。公司不作任何股利分配，淨投資為1億美元，其中6千萬美元來自於再投資盈餘，4千萬美元新負債。假設邊際資金成本為10%。如果資本預算超過1億美元，則所需要的權益將超過淨利。在這個例子中，T&W公司必須發行新股，資金成本將超過10%。

在計畫期間，管理當局考量許多投資方案，當預估報酬率大於風險調整後的資金成本，則會接受此方案。倘若為互斥方案，則選擇NPV為正的方案。資本預算即為所有接受方案所需的資金總額。倘若公司採用剩餘股利政策，則盈餘分配比率將會有所改變，如表15-2。

假設公司未來的投資機會欠佳，資本預算僅為4千萬美元。為了維持目標資本結構，1,600萬美元為負債，2,400萬美元為權益。如果採用剩餘股利政策，公司將保留6千萬美元保留盈餘中的2,400萬美元，去融資新的方案。剩下的3,600萬美元則分配給股東。公司的盈餘分配比率為60%。

假設公司未來投資機會普通，資本預算為7千萬美元，則需要4,200萬美元的保留盈餘，分配給股東的金額為$60－$42＝$18(百萬)，盈餘分配比率為30%。假設公司未來投資機會良好，則需要0.6($150)＝$90(百萬)的權益。T&W公司將保留所有的盈餘，不會分配股利給股東。

每年的投資機會和盈餘都會變動，當投資機會情況好的時候，會分配較多的盈餘，反之則分配較少的盈餘。同樣地，當盈餘表現好的時候，會分配較多的盈餘。以下將討論不同盈餘分配的形式和其優缺點。

表 15-2 | 當面臨不同投資機會時，T&W公司的股利分配 (假設有6,000萬美元的淨利收益，單位：百萬美元)

	投資機會		
	差	平均	好
資本預算	$40	$70	$150
淨利	60	60	60
要求的權益資金(0.6×資本預算)	<u>24</u>	<u>42</u>	<u>90</u>
股利分配	$36	$18	－$30[a]
分配比率	60%	30%	0%

[a] 資本預算有1億5千萬美元，T&W公司將保留所有的盈餘，並且發行3千萬美元的新股票。

✎ **自我測驗**

1. 請解釋剩餘股利模型和公司該如何運作該模型。

盈餘分配——現金股利

▶▶ 股利和剩餘股利模型

剩餘股利模型的股利分配較不穩定，投資人若不喜愛缺乏穩定的股利，則權益資金成本會上升，股價會下跌，因此公司必須：

1. 預估未來數年(如五年)的平均盈餘和投資機會。
2. 在剩餘股利政策下，利用預估的數字和目標資本結構去決定平均的股利分配。
3. 設定平均目標股利支付比率。

因此，公司應該使用剩餘股利政策去設定長期目標盈餘分配比率，而不只是單單預估某一年而已。

公司會先預估未來的財務報表，好比銷貨預測、邊際利潤和營運資金的預測等。利用這些資料去預估未來的現金流量。其次，再根據公司的目標資本結構去決定資本預算金額，最後考量股利政策。所以越高的股利支付比率表示內部資金越充足。

有些公司的股利水準設定較低，等待時機好的時候再發放多一點的股利。這些公司平常會發放正常規律的股利，以維持股利的穩定性。等到公司盈餘變好的時候，會發放多一點的股利，因此，股東將不會認為公司發放股利為一個好的訊號，也不會持負面的看法。

2000年10月，科技產業面臨激烈的競爭，很多公司的債信評等被調降，Xerox公司減少每季的股利，從每股0.2美元降至0.05美元。這樣的股利調降是從1966年以來第一次發生過。此訊息一發布後，立刻造成股價嚴重下跌，自每股15美元降至8美元。然而有些分析師認為公司減少股利是為了保留更多的現金去支應Xerox公司的負債。

▶▶ 股利發放過程

　　股利正常而言是每季發放，每年增加。舉例來說，Katz公司在2005年每季發放0.5美元股利，也就是每年2美元股利。財務上的說法是，公司每季正常股利為0.5美元，每年股利為2美元。實際的股利發放過程如下：

1. **宣告日(declaration date)**。11月8日董事會決議如下：2005年11月8日，Katz公司董事會決定發放每股0.5美元的股利，12月9日為最後過戶日，將於2006年1月3日發放股利。就會計而言，宣告日當天就算是一項實際的負債。因此在資產負債表上，流動資產為($0.5)×在外流通股數，保留盈餘隨著減少。

2. **最後過戶日(holder-of-record date)**。股東名冊將於12月9日確定，也就是最後過戶日。若在12月9日之前買進的股票，都可以參與股利的分配。然而12月10日過後買進的股票，將無法參與股利的分配。

3. **除息除權日(ex-dividend date)**。假設 J 先生在12月6日買了100張股票。因此，證券業規定在最後過戶日的前兩天為除息除權日，也就是在12月7日以前過戶的股票，皆由新股東取得股利分配資格，12月7日開始過戶的股票，仍舊由股東擁有分配股利的權利。通常我們會預期股價會在除息除權日下降與股利分配金額幾乎一樣的幅度。也就是說，若12月6日的Katz公司的收盤價為30.50美元，則12月7日的開盤價理論上應是30美元。

4. **發放日(payment date)**。公司實際發放股利的日子為1月3日。

自我測驗

1. 為何股利模型較適用於計算長期股利支付目標，而不是計算每年實際的股利支付比率？
2. 公司如何運用模型去設定股利政策？
3. 請解釋公司實際發放股利的程序。
4. 為何除息除權日對投資人很重要。

股利分配——股票購回

股票購回(stock repurchases)是指公司至公開市場買回自家的股票。1998年有81%的企業用股票購回取代現金股利，此比率遠高於1973年的27%。自1998年開始，股票購回成為一種股利分配的形式，取代實際的股利發放。

下列三種情況公司會進行股票購回。第一，增加財務槓桿，利用舉新債去買回自家股票，如同十四章所討論。第二，很多公司會發行員工選擇權，因此需要購回自家股票供員工執行，因此在員工執行選擇權後，公司流通在外的股份會恢復。第三，公司擁有過多的自由現金流量。

股票購回透過下列三種方式達成：(1)自公開市場透過經紀商買回自家股票。(2)利用公開收購的方式，讓股東可以用特定的價格出售手中的持股，通常是有期限的(好比兩個星期)。(3)和大股東協議買回自家股票。

▶▶ 股票購回的影響

公司有時會出售一些資產，獲得一些額外的資金進行股票購回。舉例來說，我們假設公司沒有負債，目前股價為20美元(P_o)，在外流通股數為200萬股，(n_o)，普通股權益總額為4千萬美元。公司目前出售一些證券投資，手上有500萬美元的現金。

如十三章所說的公司評價模型，營運部門的價值，V_{op}是預期未來自由現金流量在WACC折現後的折現值。注意股票購回並不會影響FCFs和WACC，所以股票購回不影響公司價值。由以下公式可以求出股價：

$$P_o = \frac{V_{op} + 額外現金}{n_o} \tag{15-2}$$

$V_{op} = \$40 - \$5 = \$35$(百萬)。

現在考慮股票購回。n表示股票購回後的在外流通股數，公式如下：

$$P(n_o - n) = 額外現金 \tag{15-3}$$

$$P = \frac{V_{op}}{n} \tag{15-4}$$

$P = P_o = \$20$，也就是說股票購回並不會改變股價。但是會改變在外流通股數。

$$n = \frac{V_{op}}{p} = \frac{\$35(百萬)}{\$20} = 1.75(百萬) \tag{15-5}$$

股票購回前的普通股權益為4千萬美元，500萬美元拿去做股票購回，因此股票購回後的普通股權益總額為$\$35(百萬) = P(n) = \$20(1.75)(百萬)$。500萬美元從公司資產流到股東手上，但總權益是不變的。

▶▶ 股利vs.股票購回

假設公司目前的盈餘為4億美元，股數為4,000萬，50%的盈餘分配給股東。盈餘成長率固定為5%。權益成本為10%。目前的每股股利為$0.50(\$400/\$40) = \$5$。利用股利成長模型，目前股價為105美元。隨著時間的經過，股價會上升10%至115.5美元，但因為第一年發上的股利($\$5.25$)而使股價降至110.25美元。這樣的過程會不斷地重複，如圖15-2。股東每年會有10%的報酬，包括5%的股利殖利率和5%的資本利得率。此外，總權益市值在股利分配後為：

$$S_1 = \$110.25(40百萬) = \$4,410(百萬)$$

假設公司決定每年利用盈餘的50%去做股票購回，藉以取代現金股利。為了求得每股股價，會將所有支付給股東的總額折現，再除以總股數。在不考慮稅和訊號效果的情況下，兩種股利政策算出來的股價會一樣。那年底的時候會怎樣呢？因為現金股利的關係，股價會成長至115.50美元。如果沒有現金股利，股價會下降同一幅度，但如果是股票購回，則對股價無影響。這表示股票購回下的股東要求報酬率為10%，股利殖利率為0，資本利得為10%。第一年的盈餘是$\$400(1.05) = \$420(百萬)$，拿去股票購回的總現金為$0.50(\$420) = \$210(百萬)$。利用公式15-3，我們可以求出剩餘的股數。

$$P(n_o - n) = 購回支付的現金$$
$$\$115.50(40 - n) = \$210(百萬)$$
$$n = 【\$115.50(40) - \$210】 / \$115.50 = 38.182(百萬)$$

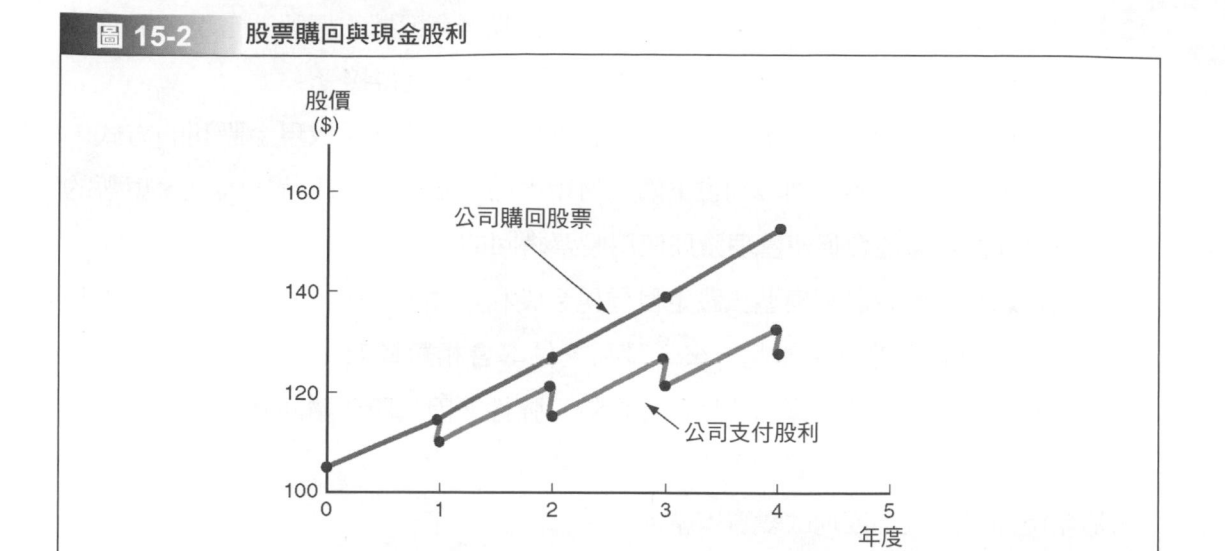

圖 15-2　股票購回與現金股利

第一年的權益總市值為：

$$S_1 = \$115.5(38.182百萬) = \$4,410(百萬)$$

這和支付現金股利情況下的權益總市值相同。

以上例子告訴我們如下結果：(1)在不考慮稅和訊號效果的情況下，股票購回和支付現金股利下所計算的權益總市值相同。(2)股票購回不影響股價，但會減少在外流通股數。(3)股票購回會使股價上升，但股東的總報酬不變。

自我測驗

　1. 請解釋為何股票購回不會影響股票，但會改變總股數。

比較股票購回和現金股利

股票購回有以下優點：

1.股票購回對市場是正面的訊號，因為投資人會認為管理當局目前認為公司股價被低估。

2. 股票購回下，股東可以選擇是否出售手中的持股，有選擇的權利。有現金需求的就會出售，沒有的就會保留股票。不像現金股利就一定得接受。

3. 如果公司目前的營運良好是暫時性的，則管理當局不希望採取現金股利的方式，因倘若未來營運變差，則股利會下降，對市場而言是負面的訊號。因此，短暫的營運良好表現可能會促使管理當局使用股票購回的方式支付股利。

4. 公司可以利用剩餘股利模型去設定目標現金股利水準，然後將其分割為現金股利部分和股票購回部分。如此一來，股利支付率會相對較低，但股利本身卻較安全。股票購回下，管理當局使用盈餘會較具彈性，因為股票購回數量每年都會變動，也不會帶給市場負面的訊號。

5. 股票購回可以大幅度地改變資本結構。

6. 公司可以將股票購回的股票，供員工執行員工選擇權時所需。這樣的做法與發行新股比較起來，不會稀釋每股盈餘。微軟和其他高科技公司目前都採取這樣的做法。

股票購回有以下缺點：

1. 股東可能不會特別偏愛現金股利或股票購回，因此現金股利對於股價的幫助將會優於股票購回。

2. 股東並不清楚公司為何實行股票購回，且對公司現在和未來的營運並不了解。

3. 公司進行過多的股票購回會對剩餘股東不利。因為等到股票購回結束後，股價可能先攀高再下降。

在分析過現金股利和股票購回的優缺點後，以下是結論：

1. 因為資本利得有延後課稅的好處，因此股票購回在稅賦上將優於現金股利。當股東急需用錢時，將較喜愛股票購回；但是對於想要有穩定收入的投資人而言，會較喜愛現金股利。

2. 由於訊號效果使然，公司不願意支付波動性大的股利，會衝擊權益資金成本和股價表現。因此公司會採取低股利政策，等到盈餘表現良好的時候，再搭配股票購回使用，如此一來，股利比較穩定。

3. 股票購回可使公司的資本結構作大幅變動，也可供員工認購使用。

其他影響盈餘分配的因素

以下將討論影響盈餘分配的因素，分為兩類：(1)股利支付的限制，(2)其他資金來源的成本和便利性。

▶▶ 限制

1. 債券契約：債券契約通常會限制股利的支付。有時會限制當流動比率、利息涵蓋倍數和其他安全比率超過一定比率時，才可發放股利。

2. 特別股限制：特別股分配股利的順序在普通股之前，因此要等到特別股股利分配後才輪到普通股分配股利。

3. 資本保護條款：法律規定股利的支付不得超過保留盈餘，藉以保障債權人。

4. 現金取得性：當銀行存款短缺時，會限制股利的發放。

5. 累積盈餘的稅法限制：為了維護健全的股利制度，股利政策不得淪為公司藉以故意發放股利，實際上是幫助股東逃避個人所得稅。

▶▶ 其他資金來源

1. 發行新股成本：如果發行成本很高，則$r_e > r_s$，公司會設定較低的股利支付水準，改用保留盈餘取代發行新股。也就是說，發行成本低會導致較高的股利支付率。然而，發行成本因公司而異，小公司的發行成本通常較高，因此股利支付率也較低。

2. 以負債取代權益的能力：倘若公司負債融資的成本不會因為負債增加而大幅增加，那麼公司有能力靠借錢維持一定的股利發放水準。

3. 控制：如果管理當局想擁有控制權，較不傾向發行新股。

自我測驗

1. 什麼限制會影響股利政策？
2. 外部融資成本和便利性如何影響股利政策？

綜觀盈餘分配政策

我們介紹一些影響盈餘分配的因素，但沒有想出一套供經理人遵循的規矩。因為股利政策是一種觀念的判斷，而不是光靠數學模型可以算出來的。

實際上，股利政策和資本結構及資本預算政策是相互結合的。以下是在結合過程中資訊不對稱的原因，這將影響經理人在兩方面的決策。

1. 通常，經理人不喜歡發行新股。首先，因為發行新股要發行成本，佣金費用，這些成本可以藉由使用內部資金而避免。其次，如十四章所說，發行新股對於投資人而言為負面訊號，將不看好公司未來導致股價下跌。因此，就發行成本和資訊不對稱的角度來說，經理人傾向使用保留盈餘而不是發行新股。
2. 因為降低股利對於市場而言是種負面的訊息，因此經理人會設定較低的股利水準，以防止未來股利下降的可能性。

資訊不對稱的問題會導致股價下跌，因此經理人會避免發行新股和降低股利。因此在制定股利政策時，公司會考量未來的內部資金是否足夠支應投資機會。因為最適目標資本結構是一個範圍，可能每年都會有所變動。站在長期的基礎下，經理人應該利用剩餘股利模型去設定股利水準。

公司的股利政策受到未來投資機會和營運現金流量的影響。因此，每年的股利支付率都有可能高於或低於長期股利支付水準。公司要致力於維持股利的穩定性，消除投資人心中的負面心理。

如果公司有很好的投資機會，則會降低股利支付率，保留更多的盈餘去投資。倘若未來投資機會的不確定性很大，則公司應該採取保守策略，發放較低的股利。另外，如果公司舉新債並不會大幅增加整體資金成本，則公司適合發放高股利，因為投資機會可以利用新債作融資。

公司的股利政策會受到過去政策的影響，因此未來五年的股利政策會考量到現在狀況。儘管我們談了很多股利政策合理的制定過程，但最後的政策制定還是在經理人手上。通常股利政策最後的決策機關為董事會。

股票分割和股票股利

股票分割和股票股利都會影響股利政策，以下舉一個例子說明其理由。Porter公司的盈餘和股價最近幾年都有所成長，因為其股價過高，因此公司CFO決定在不變動總市值的情況下進行股票分割。

▶▶ 股票分割

雖然很少實證去支持，但在財務界大家深信股票存在著最適的價格範圍。很多市場觀察者，包括Porter公司都認為其合理的股價範圍在20~80美元之間。因此公司股價若達到80美元，就會進行**股票分割(stock split)**，增加流通在外的股數。然而分割的形式有一分為二、一分為三等等。

另外，還有所謂的**反分割(reverse spilt)**。好比一家股票原本是每股市價為0.20美元，但受到Nasdaq的規定每股不得小於1美元，因此公司進行反分割，把每股股價提升為1.46美元。然而，反分割對於市場而言是種負面的訊息。

▶▶ 股票股利

公司分配5%的**股票股利(stock dividends)**即若股東手上有100張股票，則會分配到5張的股票。因此，流通在外的總股數會增加，盈餘、股利和每股市價會下跌。

如果公司想要降低每股市價，則應採用「股票分割」還是「股票股利」？股票分割會使股價上漲，然後再下跌。舉例來說，如果一家公司的盈餘和股利每年成長10%，則股價將會依照這樣的比率成長。最後股價會超過最適的價格範圍，此時公司會採取股票分割，而不是股票股利。

▶▶ 對股價的影響

倘若公司宣布股票分割或是股票股利時，股價會因此而上漲嗎？以下是相關實證的結論整理。

1. 平均而言，在公司宣布股票分割和股票股利的時候，股價會有短暫的上漲。

2. 股價上漲的原因在於投資人認為，股票分割和股票股利是對未來盈餘和股利看好的訊號。

3. 公司宣布股票股利和股票分割，股價會上漲，然而如果五個月後宣布盈餘和股利並沒有增加，則股價又會下跌。

4. 低股價公司的仲介商佣金會較高，也就是說，交易低股價公司的股票會比高股價公司的股票較貴。此外股票分割會減少流動性。

自我測驗

1. 什麼是股票分割和股票股利？
2. 股票分割和股票股利如何影響股價？
3. 什麼情況下經理人會考慮進行股票分割？
4. 什麼情況下經理人會考慮發放股票股利？

股利再投資計畫

在1970年代，很多大公司都提出**股利再投資計畫(dividend reinvestment plans, DRIPs)**。也就是股東可以把收到的股利再投資回公司。大約有25％的股東參與 DRIPs。DRIPs有下列兩種形式：(1)只有舊有股東可以參與。(2)新股東可以參與。不管是哪種形式，股東都要支付所得稅。

在第一個形式，股東會將股利交給銀行，到公開市場買同一公司的股票。如此的形式因為是大批購買，所以成本較低，這個計畫很適合不需要現金股利去消費的股東。

第二種形式，投資的標的是新發行的股票。股東將不會負擔任何費用，且會得到

與實際股價3~5％的折價。這減少銀行收取的發行費用，改用此計畫直接讓投資人認股。

DRIPs可以促使公司重新檢視股利政策。如果計畫的參與率越高，則股東將不喜歡現金股利，可能是稅賦因此減少。有些公司會進行股東偏好的調查，如果公司改變股利政策股東將有何反應。公司採取或不採取DRIPs，會視公司是否有資金需求而定。

有些公司提供「公開登記」的方式去推廣DRIPs，使投資人不需要經過經紀商就能參與。U.S.公司允許參與者按週或月去投資，而不是每季的投資。根據芝加哥第一信託表示，1,300萬個DRIPs股東帳戶中，至少有一半的DRIPs會提供公開登記的服務。

自我測驗

1. 什麼是股利再投資計畫？
2. 站在公司和股東的立場，再投資計畫有何優缺點？

總結

以下為本章的主要概念：

- 股利政策涉及下列三點：(1)盈餘哪個部分要被分配？(2)分配形式為現金股利還是股票購回。(3)公司需要穩定的股利成長率？

- 最適股利政策要在目前股利和未來成長間取得平衡，追求股價最大。

- MM提出股利無關論，認為股利政策和公司股價及資金成本無關。

- 一鳥在手理論認為越高的股利支付率，公司價值越高，因為投資人認為現金股利比潛在的資本利得風險來的小。

- 稅賦偏好理論認為長期資本利得的課稅較現金股利低，投資人會比較喜愛公司將盈餘保留在公司，而不是發放現金股利。

- 實證結果並不能為三種理論下結論。因此，學術論文並不能告訴經理人哪種股利政策可以影響股價和資金成本。

- 股利政策需考慮資訊內涵效果和顧客效果。資訊內涵效果是指投資人會認為，公司無預期的改變股利政策是對未來的一種預測。顧客效果是指公司能夠吸引喜愛公司股利政策的投資人。

- 實務上，股利穩定成長的公司提供投資人穩定固定的收入，此政策並不能給投資人任何訊號。

- 在股票購回計畫中，公司會買回流通在外的股票，減少流通在外的股份，但股價不會改變。

- 當公司制定股利政策時，會考慮合法限制、投資機會、其他資金來源成本和便利性以及稅賦。

- 股票分割會增加流通在外的股數，且會使股價下跌。公司會在下列情況下進行股票分割：(1)股價太高，(2)管理當局看好未來。因此，股價分割被認為是個正面訊號。

- 股票股利是股利支付不使用現金，而是用股票。股票分割和股票股利都是為了讓股價維持在「最適交易範圍」內。

- 股利再投資計畫(DRIPs)允許股東將收到的股利再投資回公司。受到歡迎的原因是可以節省經紀商佣金。

問題

(15-1)　定義下列名詞：

　　　　a. 最適盈餘分配政策

　　　　b. 股利無關論；一鳥在手理論；稅賦偏好理論

　　　　c. 資訊內涵假說；顧客效果

　　　　d. 剩餘股利模型；剩餘股利

　　　　e. 宣告日；最後過戶日；除息除權日；支付日

　　　　f. 股利再投資計畫(DRIPs)

　　　　g. 股票分割；股票股利；股票購回

(15-2)　其他情況不變之下，下列各項將如何影響股利支付率，請解釋你的答案。

　　　　a. 個人所得稅增加

b. 稅賦自由化

c. 利率上升

d. 營業利潤上升

e. 投資機會減少

f. 為了稅的考量減少股利

g. 稅法改變，實現和未實現的資本利得每年都和股利課徵同樣的稅率

(15-3) 股票股利和股票分割有何不同？身為一個股東，你較喜愛100%的股票股利還是一分為二的股票分割？

(15-4) 關於剩餘股利：

a. 請解釋何謂剩餘股利政策，利用表格陳述你的答案，說明不同的投資機會導致不同的股利支付比率。

b. 回顧第十四章，我們探討過資本結構和資金成本的關係。如果WACC和負債比率圖呈現V字形，在利用剩餘股利政策設定股利水準時，是否與U字形有差？

(15-5) 以下敘述如果是對的，標示T，錯的標示F，且說明錯誤的原因。

a. 如果公司自公開市場買回自家的股票，則股東會受到資本利得的課稅。

b. 如果你有100張某公司的股票，當公司進行股票分割一分為二時，手中的股票將變成200張。

c. 一些股利再投資計畫會增加權益資本。

d. 稅法鼓勵公司發放較高的股利。

e. 如果某一公司的股東較偏愛股利，則公司不傾向使用剩餘股利政策。

f. 倘若公司採取剩餘股利政策，在其他情況不變之下，公司的投資機會越多，股利支付率越高。

自我測驗

(ST-1) CMC公司的資本結構全為普通股權益。擁有200,000張股票，面額每股2美元。當CMC的創立者，同時也是研發部門經理和成功的投資企業家，在2005年底無預警的辭職。留下公司較低的成長預期和不好的投資機會。

之前公司利用盈餘去支持成長，每年約12%。未來成長率為5%，將造成股利支付率上升。此外，對於目前新的投資計畫，股東要求的投資計畫報酬率為14%，新的投資計畫在2006年為80萬美元，淨利為200萬美元。倘若要維持目前20%的股利支付比率，2006年的保留盈餘為160萬美元。80萬美元的投資資金成本為14%。管理當局開始檢視其股利政策。

a. 假設2006年的投資將由保留盈餘支應，公司採取剩餘股利模型去分配股利，計算2006年的DPS。

b. 2006年的股利支付率有何涵義？

c. 如果未來將維持60%的股利支付率，目前普通股的市場價格預估將是多少？當創立者辭職後對股價有何影響？如果兩者的股價不同，請解釋原因。

習題

(15-1) Axel公司目標資本結構為70%負債和30%權益。公司預估未來一年的資本預算為300萬美元。如果淨利為200萬美元，且公司採取剩餘股利政策發放股利，則股利支付比率為何？

(15-2) Gamma公司每股市價90美元。公司正考慮二分為三的股票分割。假設股票分割不影響股票總市值，則股票分割後公司的股價為何？

(15-3) Northern公司為了達到某項計畫，開始擴充產能40%，投資1千萬美元在廠房設備。公司想要維持40%的負債比，股利政策為上一年淨利的45%。2005年中，淨利為500萬美元。2006年公司將尋求多少外部資金去支持這個計畫？

(15-4) Petersen公司資本預算為120萬美元。目標資本結構為60%的負債和40%的權益。今年淨利預估為60萬美元。如果公司採取剩餘股利政策發放股利，則股利支付比率為何？

(15-5) Wei公司預估明年的淨利為1,500萬美元。負債比目前為40%。公司有1,200萬美元的可獲利投資機會，且希望維持目前的負債比。根據股利折現模型，明年的股利支付比率為何？

(15-6) 在一分為五的股票分割後，Strasburg支付每股0.75美元的股利，相當於去年股票分割前股利的9%成長。則去年每股股利為何？

(15-7) Welch公司正在考慮三個獨立計畫，每一個皆需要500萬美元的投資。預估的IRR和資金成本如下：

計畫H(高風險)：　　　　資金成本＝16%；IRR＝20%
計畫M(中度風險)：　　　資金成本＝12%；IRR＝10%
計畫L(低風險)：　　　　資金成本＝8%；IRR＝9%

資金成本不同是因為每個計畫所承擔的風險不同。公司最適資本結構為50%負債和50%權益。預估淨利為7,287,500美元。如果公司採取剩餘股利模型，則股利支付率為何？

(15-8) Keenan公司2005年淨利為1,080萬美元，股利總額360萬美元。過去十年公司盈餘按照10%成長。2006年盈餘預期成長至1,440萬美元，公司預期可獲利的投資機會為840萬美元。2006年超乎預期的盈餘是來自於一項可獲利的計畫。目標負債比率為40%。

a. 計算在下列政策中，2006年公司的總股利：

(1)2006年的股利按照過去長期盈餘成長率去發放。

(2)延續2005年的股利支付率。

(3)使用剩餘股利政策模型。(40%的840萬美元投資是用負債融資取得)

(4)採用固定股利加剩餘股利政策，固定股利按照長期成長率，剩餘股利則使用剩餘股利政策。

b. 你建議公司採取上述哪項股利政策？請選擇一個，並說明理由。

c. 2006年900萬美元的股利較適合用a還是b的答案去解釋？如果沒有任何答案可解釋，則股利偏高還是偏低？

(15-9) Buena公司過去幾年的DPS為3.0美元，股東希望未來幾年維持這樣的股利水準。公司目標資本結構為60%權益和40%的負債，在外流通的普通股權益為1,000,000，淨利為800萬美元。公司預估未來一年需要的投資計畫資金為1千萬美元。

a. 如果公司採取剩餘股利模型去發放股利，則需要多少保留盈餘去支持資本預算？

b. 如果公司採取剩餘股利模型去發放股利，則明年公司的每股股利和股利支付率為何？

c. 如果公司明年維持目前的DPS3.0美元，則有多少保留盈餘可以支持資本預算？

d. 倘若公司不發行新股，則能夠維持目前資本結構，DPS為3.0美元和1千萬美元的資本預算嗎？

e. 假設公司堅持要減少股利，但希望明年股利仍是3.0美元，且不放棄任何投資計畫，不舉任何新債支持資本預算。假設資本結構的改變對於資金成本的影響非常小，以至於資本預算仍為1千萬美元。則資本預算中有多少比例需要負債融資？

f. 假設公司管理當局想維持3.0美元的DPS，想維持60%權益和40%負債的目標資本結構，和1千萬美元的資本預算，則公司將發行多少新股？

g. 假設管理當局想要維持3.0美元的DPS和目標資本結構，但不想發行新股。公司想要刪減資本預算去達到這樣的目標。假設資本預算是可分割的，則公司明年的資本預算為何？

h. 當預估的保留盈餘小於資本預算所需的保留盈餘時，在剩餘股利政策下公司將有何作為？

Mini Case

聯發科一向以高股利聞名於臺灣股票市場，假設它的股利政策是採剩餘股利政策，預計明年資本預算100億元。今年淨利70億元，目標資本結構是40%負債和60%權益。在外流通股票數量是1億股。目前股價是500元。請回答下列問題：

1. 為因應明年資本預算50億，需舉債多少？

2. 需準備多少股東權益？

3. 可供現金股利支出的餘額是多少？

4. 預計每股股利是多少？

5. 股利發放後，除息後股價變成多少？

6. 如果今年還計畫由盈餘提撥一部分多發放5元現金股利，1元的股票股利，除權除息後股價又將變成多少？(註：股票股利1元即無償配股10%)

第六部分
特別專題

第16章

營運資金管理

本章討論公司短期資產與負債的管理，優良的營運資金管理將大幅降低公司的投入資金，進而產生自由現金流量，增加公司價值。

營運資金管理涉及到兩個問題：(1)最適營運資金為何，個別項目和總數應該為多少。(2)營運資金該如何融資取得。營運資金管理的改善牽扯到許多層面，好比一家公司的營運部門裡和資訊科技部門經理會一起和行銷部門經理討論如何行銷公司產品。融資的目的就是為了能夠讓公司獲利的方案被執行。財務經理決定公司手上應握有多少現金，需要多少短期融資。

在討論營運資金管理前，先複習以下基本觀念與定義：

1. **營運資本(working capital)**通常指毛營運資本，也就是供營業上使用的流動資產。
2. **淨營運資本(net working capital)**是指流動資產扣除流動負債後的淨額。
3. **營業用的營運資本(net operating working capital, NOWC)**營業用的流動資產扣除營業用的流動負債。通常計算的方式為現金、應收帳款和存貨相加，再扣除應付帳款和應付款項後的餘額。

以下將討論營運資本將如何影響現金流量。

現金轉換週期

現金轉換週期為公司由購買存貨、賒銷，到最後收到貨款的期間。

▶▶ 範例說明

RTC公司在2005年推出迷你電腦，一臺叫價250,000美元，預期第一年會銷售40臺。分析此對公司營運資金部位的影響如以下五個步驟：

1. 假設公司為了取得這40臺電腦的原物料，採取賒購的方式，因此對現金流量並無影響。
2. 生產電腦需要人工的投入，直到產品生產完成才支付薪資，因此應付薪資會增加。
3. 生產完的產品採用賒銷的方式，因此應收帳款會增加，現金並受到影響。
4. 在收到銷售款項時，公司必須支付應付帳款和薪資費用，此部分需要融資。
5. 當貨款全部收齊時，公司能夠解決融資的部分，繼續下一次生產循環。

以下是與**現金轉換週期模型(cash conversion cycle model)**相關的專有名詞：

1. **存貨周轉期間(inventory conversion period)**指公司從原料取得到產品製造完成，然後銷售出去的期間。假設平均存貨為200萬美元，銷貨為1千萬美元，則存貨周轉期間為73天。

$$存貨周轉期間 = \frac{存貨}{每日銷貨} \tag{16-1}$$

$$= \frac{\$2,000,000}{\$10,000,000/365}$$
$$= 73天$$

2. **應收帳款收現期間(receivables collection period)**即應收帳款自開始到收到款項的期間，通常稱為DSO。假設應收帳款為657,534美元，銷貨為1千萬美元，則應收帳款收現期間為24天。

$$應收帳款收現期間 = DSO = \frac{應收帳款}{銷貨/365} \quad \text{(16-2)}$$

$$= \frac{\$657,534}{\$10,000,000/365} = 24 \text{ 天}$$

3. **應付帳款期間(payables deferral period)**是指平均應付帳款的期間。好比公司平均要花30天去支付應付帳款，銷貨成本每年為800萬美元，平均應付帳款為657,534美元，則應付帳款期間為30天，如下所示：

$$應付帳款期間 = \frac{應付帳款}{每日採購} = \frac{應付帳款}{銷貨商品成本/365} \quad \text{(16-3)}$$

$$= \frac{\$657,534}{\$8,000,000/365}$$
$$= 30 \text{ 天}$$

4. **現金轉換期間(cash conversion cycle)**指現金實際支付給供應商和實際收到顧客貨款的期間。

我們可以利用這些定義去分析現金轉換期間。如圖16-1。倘若RTC公司從買原料到出售產品平均共花73天，收到應收帳款花24天，從買原料到實際支付貨款花30天。因此現金轉換期間為73＋24－30＝67天。

(1) 存貨周轉 期間	+	(2) 應收帳款 收現期間	−	(3) 應付帳款 期間	=	(4) 現金轉換 期間	(16-4)

▶▶ 縮短現金轉換期間

根據以上資料，RTC公司製造一臺電腦要花67天去融資製造成本。然而若公司可以在不傷害營運的情況下縮短現金轉換期間，則有助於提升公司價值，降低所需的淨營運資本，擁有較多的自由現金流量。

現金轉換期間可由下列做法縮短：(1)靠著更快速的製造和銷貨商品，減少存貨

圖 16-1   現金轉換週期模型

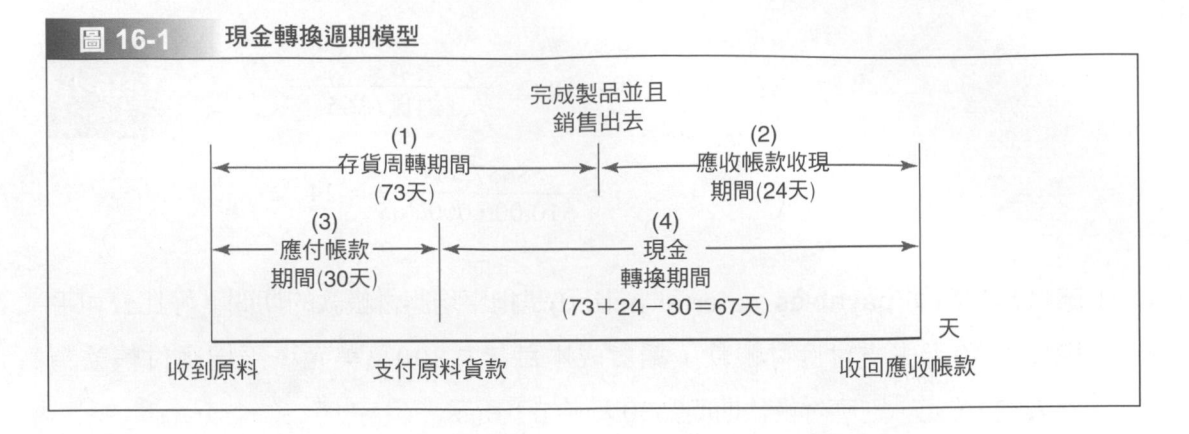

周轉期間。(2)減少應收帳款收現期間，(3)拉長應付帳款的期間。這些方法都沒有增加或減少銷貨收入和銷貨成本。

▸▸ 利益

現在來看減少現金轉換期間的利益。如表16-1，RTC目前淨營運資本為200萬美元。假設RTC可以藉由改善生產流程增加存貨周轉期間到65天，應收帳款的期間也減少至23天。最後公司增加應付帳款期間。由表16-1可知，現金轉換期間減少10天，淨營運資本減少268,493美元。

還記得FCF＝NOPAT－淨營運資本的投資。因此營運資本減少的金額和FCF增加的相同。公司現金轉換期間的減少將造成FCF增加268,493美元。如果銷貨維持在相同水準，則營運資本的減少只是某一時期的現金流入。然而假設銷貨成長，營運資本會受到改善，通常會維持在改善後的水準。如果NOWC/銷貨比率維持在新的水準，需要支持未來銷貨的營運資本就會比較少，FCF會增加。

舉例來說，假設RTC明年的銷貨收入和成本都成長10%，NOWC也增加10%。在正常的營運資本情況下，預期的NOWC為1.10($2,000,000)＝$2,200,000。也就是說新營運資本的投資為$2,200,000－$2,000,000＝$200,000。在改善後的情況下，預期的NOWC為$1,904,658－$1,731,507＝$173,151，比原本正常情況少268,493美元。由此可見，營運資本的改善不僅會是當年度的自由現金流量增加268,493美元，也會使下年度FCF增加26,849美元。此外，也會增加往後年度的FCF。因此，營運資金的管理效果影響是延續的。

當期和長期的FCF改善都會增加公司的價值。Hyun-Han Shin和Luc Soenen兩位教授研究2,900家公司在最近20年期間，公司的表現與現金轉換期間有密切的關係。

表 16-1 改善現金轉換期間的好處

	原來狀況	改善的狀況
年銷貨	$10,000,000	$10,000,000
銷貨成本(COGS)	8,000,000	8,000,000
存貨轉換期間	73	65
應收帳款收現期間	24	23
應付帳款期間	(30)	(31)
現金轉換週期	67	57
存貨[a]	$ 2,000,000	$ 1,780,822
應收帳款[b]	657,534	630,137
應付帳款[c]	(657,534)	(679,452)
淨營運工作資金(NOWC)	$ 2,000,000	$ 1,731,507
自由現金流量改善＝原來的NOWC－改善的NOWC		$ 268,493

註：
[a] 存貨＝(存貨轉換期間)(銷貨/365)。
[b] 應收帳款＝(應收帳款收現期間)(銷貨/365)。
[c] 應付帳款＝(應付帳款收現期間)(COGS/365)。

倘若現金轉換期間改善10天，平均而言營運邊際利潤會增加12.76%到13.02%。同時發現股價將多出1.7%的報酬。也因為如此，公司開始致力於營運資金管理。

 **自我測驗**

1. 定義下列名詞：存貨周轉期間、應收帳款收現期間、應付帳款期間。請寫出公式。
2. 什麼是現金轉換週期？計算公式為何？
3. 關於現金轉換週期公司有何目標？請解釋你的答案。
4. 公司如何縮短期現金轉換期間？

其他淨營運資金的政策

　　寬鬆的營運資金政策(relaxed working capital policy)是指公司保留較多的現金和存貨，採取比較寬鬆的信用政策，維持較高水準的應收帳款，公司並沒有利用應付

帳款和應付款項信用的好處。相反地，**緊縮的營運資金政策(restricted working capital policy)**則與其相反。然而**最適的營運資金政策(moderate working capital policy)**將介於兩者之間。

　　當銷貨收入、成本、應付帳款期間都確定的情況下，公司會維持最低的營運資金水準。當利潤沒有增加時，只能藉由外部融資取得資金。當手頭上資金較少會比較晚支付給供應商貨款，存貨短缺和緊縮信用政策會失去銷貨。

　　應收帳款受到信用政策影響，緊縮的信用政策會導致較低水準的應收帳款。公司會持有較低的現金和存貨水準。緊縮的營運資金政策會提供較高的預期投資報酬率，相對會增加風險。營運資金管理對公司營運是必要的，維持越高水準的營運資金，公司的風險相對較小，降低公司的營運風險。然而營運資金耗費成本會減少公司的ROIC，自由現金流量和價值。以下部分將討論NOWC的各項組成。

自我測驗

1. 説明且解釋三種其他的營運資金政策。
2. 淨營運資金的主要組成為何？
3. 請説明不該持有過少或過多營運資金的理由？

現金管理

　　平均而言，公司資產中有1.5％的比例為現金。現金通常被稱為非營利資產，拿去支付員工的薪資、原物料和買固定資產及支付所得稅、發放股利等等。然而，現金本身並不能創造利息。經理人對於現金管理的目標為在維持公司正常營運下，極小化公司的現金部分。(1)銷貨折扣、(2)維持信用評等、(3)符合非預期的現金需求。

▸▸ 持有現金的理由

　　公司持有現金的理由如下：

1. **交易動機**。現金支應公司營運所需。每天的收支都需要現金，產生每日的現金結餘。但現金流入和流出皆無法預期，因此公司必須保有一定金額的現金去支應非

預期的現金波動。安全現金存量即為預防性餘額，當公司的現金流量較無法預期時，所需的**預防性餘額(precautionary balances)**則較多。

2. 銀行補償性存款需求和服務。銀行在貸款給公司時，會要求公司保留一些存款部分。或是當銀行提供某些服務給公司時，要求公司維持一定水準的存款餘額。這兩項都稱為**補償性存款(compensating balances)**。一項在1979年的調查顯示，有84.7%的公司表示其需要保留補償性存款給銀行提供服務。只有13.3%的公司表示會直接支付費用給銀行。但在1996年時這項調查被修正，只有28%的公司保留補償性存款，83%的公司會直接支付費用。也因此公司會持有較多的現金。

除了交易、預防動機和補償性存款之外，為了**銷貨折扣(trade discounts)**公司也必須保留現金。供應商通常會給客戶提早付款的折扣。當公司不享受此項折扣時所負擔的成本會很高。

最後，公司會持有短期投資取代現金藉以維持營運，我們將於下章討論。

自我測驗

1. 為何現金管理很重要？
2. 請舉出兩種持有現金的動機？

現金預算

現金預算(cash budget)是指公司在一段期間內的預期現金流出和流入。一般而言，公司會為未來一年編製每月的現金預算，甚至是每天和每週的現金預算。

回顧第十二章，MicroDrive的預期銷貨為33億美元，由營運產生的淨現金流量為1億6,300萬美元。當考慮所有費用支出和融資流出和流入，現金部位將增加100萬美元。這表示說公司不用擔心現金短缺的問題？為了回答這個問題，我們必須編製現金預算。

為了簡化問題，我們只考慮後半年。我們將不會列出所有的現金流量，只關心營運現金流量。關於九月的銷貨，如果公司在10天內付款，則可以享受2%的折扣，且40天以內必須將款項付清。但MicroDrive發現部分客戶會延後至90天付款。依據過

去的經驗，有20%的客戶會享受此銷貨折扣，70%的客戶會在銷貨當月付款，10%的客戶會在銷貨第二月付款。

平均銷貨成本率為70％。在公司賣出貨品的前一個月交易會成交，但MicroDrive和供應商協議可延後30天付款。倘若七月份的銷貨預計為3億美元，六月共進貨2億1,000萬美元，此款項於七月實際支付。

其他現金支付好比薪資和租賃款都將列入現金預算中。9月15日預估的稅賦支出為3千萬美元，12月15日為2千萬美元。此外，10月份將花1億美元購買新廠房。假設**目標現金餘額(target cash balance)**為1千萬美元，且2006年7月1日手頭上必須有1,500萬美元的現金，那麼7月至12月的每月現金預算為何？

每月的現金流量如表16-2。第一部分為銷貨收現和進貨付款的計算表。第一行是5月至12月的銷貨預測。其次，第二行到第五行為收現情況。由第二行可看出收現為銷貨的20%。

如果客戶在第一個月付款，那麼公司的現金收現會減少2%。舉例來說，假設7月的銷貨為3億美元，則當月收現金額為(0.2)($300)(0.98)≈ $59(百萬)。第三行顯示前一個月的收現金額，也就是2億5千萬美元的70%，即1億7,500萬美元。第四行為兩個月前的銷貨收現金額，也就是5月份的銷貨在7月份收現的金額為(0.10)($200)＝$20(百萬)。收現金額的加總如第五行。7月份收現的金額為7月份20%的銷貨加上6月70%的銷貨，再加上5月份10%的銷貨，共計2億5,400萬美元。

7月的銷貨3億美元，所以MicroDrive購買原物料2億1千萬美元(如第六行)，且7月份支付貨款。同樣地7月進貨2億8,000萬美元是為了8月的銷貨4億美元。

現金收現如第八行、第九行到第十四行為每個月的支付款項，第十五行為加總。7月份有淨現金損失1,100萬美元，如第十六行所示。

第三部分我們計算出每個月初的現金餘額，假設沒有任何的借款，如第十七行所示。MicroDrive 7月1日的手頭上現金有1,500萬美元。第十七行加上當月的淨現金餘額(第十六行)，會得到第十八行累積的現金餘額。7月底累積的現金餘額為400萬美元。

目標現金餘額1千萬美元扣除累積現金餘額後，剩下的就是借款需求。所以公司需要600萬美元的借款需求。假設借款後7月底的借款餘額為600萬美元(假設7月初餘額為零)。注意第二十行的現金餘額或借款需求是一項累積的金額。MicroDrive在8月的現金短缺3,700萬美元，如第十六行，所以8月底前的總借款需求為$6＋$37＝

表 16-2 | **MicroDrive公司：現金預算(百萬美元)**

	5月	6月	7月	8月	9月	10月	11月	12月
I. 收款與付款								
(1) 銷貨(毛額)[a]	$200	$250	$300	$400	$500	$350	$250	$200
收款								
(2) 當月銷貨：								
(0.2) (0.98)(當月銷貨)			59	78	98	69	49	39
(3) 上個月銷貨								
0.7(上個月銷貨)			175	210	280	350	245	175
(4) 上兩個月銷貨								
0.1(上兩個月銷貨)			20	25	30	40	50	35
(5) 總收款(2＋3＋4)			$254	$313	$408	$459	$344	$249
付款								
(6) 0.7(下個月銷貨)		$210	$280	$350	$245	$175	$140	
(7) 上個月貨款			$210	$280	$350	$245	$175	$140
II. 當月盈虧								
(8) 收款(來自I部分)			$254	$313	$408	$459	$344	$249
(9) 付款(來自I部分)			$210	$280	$350	$245	$175	$140
(10) 工資與薪酬			30	40	50	40	30	30
(11) 租賃支付			15	15	15	15	15	15
(12) 其他費用			10	15	20	15	10	10
(13) 稅					30			20
(14) 廠房建造支出						100		
(15) 總付款			$265	$350	$465	$415	$230	$215
(16) 當月淨盈(或虧)[(8)—(15)]			($ 11)	($ 37)	($ 57)	$ 44	$114	$ 34
III. 借款需求或多餘現金								
(17) 月初現金(無借款)[b]			$ 15	$ 4	($ 33)	($ 90)	($ 46)	$ 68
(18) 累積現金 [(16)＋(17)]			$ 4	($ 33)	($ 90)	($ 46)	$ 68	$102
(19) 目標現金餘額			10	10	10	10	10	10
(20) 現金不足(借款需求)								
或多餘現金 [(18)—(19)][c]			($ 6)	($ 43)	($100)	($ 56)	$ 58	$ 92

註：

[a] 雖然預算期間是從7月到12月，5月和6月的銷貨與進貨金額必須知道才能決定7月和8月的收款和付款。

[b] 17行的金額是7月初餘額，手頭上有$15。17行上其他月份的金額等於18行上個月的累積金額，例如：17行上的8月份的$4是來自18行的7月份數值。

[c] 當18行累積現金餘額減去19行的目標現金餘額$10產生負的數值列在20行(以括號表示)，這代表需要一筆借款。如果產生正的數值，代表有多餘現金。7月到10月需要借款，11、12月則預計有多餘現金。也注意公司可以每日借入或償還借款，所以7月借入的$6是每日計算，而在10月的$100借款是月初就存在。每日降低到期末的$56餘錢，直到11月間完全付清。

$43，如第二十行所示。MicroDrive打算利用銀行借款補足現金短缺的情形。

9月的總借款需求到達1億美元的顛峰，因為9月赤字5,700萬美元，加上8月底的累積餘額4,300萬美元，共計1億美元。

MicroDrive在11月有現金盈餘，用以償還借款。預計11月底有5,800萬美元的現金餘額，12月底有9,200萬美元的現金餘額。因此公司打算將多於的現金投資付息證券和其他方面。

以上我們簡化現金預算考量的項目，以下項目也和現金預算息息相關：(1)股利支付、發行新股、新債、利息收入和支出。(2)編製每週或每天的現金需求。(3)模擬現金需求的估計機率分配。(4)配合每季的銷售狀況和營運情形去改變目標現金餘額。

自我測驗

1. 現金預算的目的為何？
2. 現金預算包括哪三大部分？

現金管理技術

有很多公司營運不僅是區域性或是全國性，甚至是跨國性。像是IBM和General Motors在全世界都有營運據點。因此公司的現金帳戶成千上百，根據不同的據點會設置所需的現金帳戶，需要一個系統去做現金管理的整合，告訴公司何時該周轉資金、安排貸款或是利用多餘的現金作投資。接著將討論如何運用技術去處理這些困難。

▶▶ 現金流量同步性

如果你是一個需要固定現金支出的人，則銀行內的現金餘額必須維持在一定的水平。反之若沒有固定現金需求的人，對於現金餘額會持較寬鬆的態度。

公司希望現金收入和現金需求在時間點上彼此能夠互相配合，極小化現金交易的餘額。有鑑於此，公營事業、石油產業和信用卡公司會要求顧客定期支付應繳款項。**現金流量時間點(synchronization of cash flows)**彼此如果能夠同步發生，則會提供

足夠的現金,降低公司的現金部位。

▶▶ 票據交換過程

當**票據交換**(checking-clearing)過程完成後,客戶所簽的支票才會兌現。在支付款項給公司之前,銀行必須確定票據有效且有足夠資金。實務上票據交換很費時,必須經過郵寄和電腦票據交換系統的處理,尤其對於偏遠地區更是耗時。舉例來說,當客戶開票給公司時,公司必須先把票據存到銀行,再由銀行交給開票銀行。當開票銀行撥款給前者銀行時,公司才會拿到錢。票據清算通常經由聯邦準備系統或是票據交換所進行。經由普通私人交換所進行的票據清算,大約耗時一至三天,聯邦準備系統約需兩天的時間。

▶▶ 浮動金額

公司帳上的現金餘額和銀行帳戶的現金餘額之間的差額即為「浮動金額」。假設某公司平均每天簽一張5,000美元的票據,且票據清算過程約為六天。公司帳上金額為30,000美元,小於銀行的帳面餘額,中間的差額稱為**支付浮動**(disbursement float)。同樣地,當公司平均每天收到5,000美元的應收票據,但在票據交換和清算過程中延遲四天,則**收入浮動**(collections float)為20,000美元。整體而言,公司**淨浮動**(net float)為10,000美元。

票據延遲會使得浮動增加,以下過程將耗費時日:(1)郵寄過程,(2)收到票據的公司處理過程,(3)銀行系統清算。基本上,淨浮動的大小與公司加速應收票據收現及延遲應付票據付款的能力有關。有效率的公司會加速應收帳款收現的時間,和拉長應付帳款付款的時間。

▶▶ 加速收現

有兩種技術可以增加收現的速度,使公司快速獲得資金:(1)鎖箱計畫,(2)倚賴電子系統。

鎖箱計畫 鎖箱計畫(lockbox plan)是一項古老的現金管理工具。在此系統中,應收票據將不直接寄到公司總部,而是寄到郵局信箱。舉例來說,若公司的總部在紐約,但加州及東岸的客戶可將他們應付款項的票據直接送到當地銀行。

如此一來,可以減少公司從收到票據,將支票存入銀行,再將票據拿去銀行系統

清算的時間。通常這樣的方式能夠減少兩至五天的時間。

　　倚賴電子系統　公司可以藉由電子系統的方式直接將某一帳戶的金額移轉至另一帳戶。電腦技術使這樣的過程更加有效率，儘管只是零星的交易。

✎　**自我測驗**

　　1. 什麼是「浮動」？公司如何運用「浮動」增加現金管理效率？
　　2. 加速應收票據兌現的方法有哪些？

存貨

　　存貨管理的目的主要有兩個：(1)確定目前存貨足以供營運使用，(2)降低訂購和持有成本。改善現金轉換期間可以增加現金流量。降低存貨水準可以減少持有成本、保險、財產稅、損壞和陳廢的成本。

　　Trane是一家製造冷氣的公司，過去公司會為了訂單先囤積一些存貨備用，但因為儲備的存貨過多，數量幾乎可以擺滿三座足球場。嚴重影響公司的營運。因此公司採用新的存貨政策——及時存貨政策，由訂單拉動生產。如此一來存貨降低40%，銷貨增加30%。

　　然而，倘若囤積的存貨不足會增加訂購次數，訂購成本因而增加。此外存貨短缺的情形也會影響公司的商譽，所以保留足夠的存貨供應消費者是很重要的事情。

✎　**自我測驗**

　　1. 存貨過多會涉及哪些成本？存貨過低呢？

應收帳款管理

　　當客戶支付**應收帳款(account receivable)**時，對公司而言：(1)會收到現金，(2)應收帳款下降。持有應收帳款會引發直接和間接成本，但主要利益在於增加銷貨。應收帳款管理是由信用政策開始，但監督系統也很重要。

▸▸ 信用政策

通常公司的成敗關鍵在於產品的需求，當銷貨收入高時，利潤就會增加股價會上升。與產品需求相關的決定因素包括產品售價、產品品質、廣告和公司的**信用政策** (credit policy)。信用政策包括以下變數：

1. 信用期間：客戶支付款項的期限。好比2/10，淨30就表示最晚須在30天付款。
2. 折價：公司給予客戶提早付款的折價。好比2/10，淨30就表示客戶若在10天內付款，將享有2%的折扣。
3. 信用標準：公司制定的信用標準，如果較寬鬆將可以提高銷貨。
4. 收現政策：對於一些可能成為呆帳的客戶進行收現的動作。較嚴格的收現政策會加速收現，但有可能會惹惱客戶造成彼此的不愉快。

信用部經理必須對公司的信用政策負責，通常會召開主管會議，邀請財務經理、行銷經理和生產部門的經理。

▸▸ 應收帳款的累積

流通在外的應收帳款會受到下列兩項因素影響：(1)賒銷的金額，(2)銷貨和收現之間的時間。舉例來說，Boston公司於1月1日開始營業，每天銷貨1,000美元，假設所有銷貨為賒銷，客戶必須在十天內付款。則至1月10日止，公司的銷貨達 $10(\$10,000) = \$10,000$。1月11日當天會增加1,000美元的銷貨，但應收帳款會減少 1,000美元，最終應收帳款會維持10,000美元。當營運穩定時，這樣的情況會存在：

$$\text{應收帳款} = \text{每日的賒銷} \times \text{收現期間} \qquad (16\text{-}5)$$

$$= \quad \$1,000 \quad \times \quad 10\text{天} \quad = \$10,000$$

▸▸ 監督應收帳款部分

投資人和銀行經理都會很關注公司的信用政策。當公司信用政策決定後，會發生以下事情：

(1)存貨因為銷貨成本而減少，(2)應收帳款因為售價而增加，(3)利潤會有差，增加保留盈餘。以下的做法將可以偵查哪些應收帳款出了狀況，提早做防範減少損失。

　　每日銷貨額(DSO)　假設Super是一家電視製造商,每年銷售200,000臺電視,售價198美元。假設所有銷售皆為賒銷,銷售條件如下:如果客戶在十天內付款,則享有2%的折扣,且需要在30天內將款項付清。假設有70%的客戶享有此折扣,剩下的30%皆於30天內付款,但未享有折扣。

　　公司的**每日銷貨額(days sales outstanding, DSO)**,通常稱為平均收現期間(ACP)為16天,計算如下:

$$DSO＝ACP＝0.7(10天)＋0.3(30天)＝16天$$

$$ADS ＝ \frac{每年銷貨}{365} ＝ \frac{(單位銷貨)(銷貨價格)}{365} \qquad \text{(16-6)}$$

$$＝ \frac{200,000(\$198)}{365} ＝ \frac{\$39,600,000}{365} ＝ \$108,493$$

假設公司整年的銷貨呈固定比率,則應收帳款為:

$$應收帳款＝(ADS)(DSO) \qquad \text{(16-7)}$$

$$＝(\$108,493)(16)＝\$1,735,888$$

DSO通常會和產業平均的DSO做比較,如果產業平均DSO為25天,公司為16天,表示有可能提早付款的客戶比較多,或是信用部門催款的能力較高。

　　倘若公司每年的銷貨和應收帳款餘額相同,則DSO可以計算如下:

$$DSO＝\frac{應收帳款}{每日銷貨}＝\frac{\$1,735,888}{\$108,493}＝16天$$

　　DSO可以和公司的信用條件互相比較。假設公司平均DSO為35天,假設多數的客戶都是在10天內付款,可見部分顧客付款的期間都超過35天。此部分的可能性不妨運用帳齡分析法。

　　帳齡分析表　表16-3為Super和Wonder兩家電視製造廠商的**帳齡分析表(aging schedule)**。注意兩家的銷貨條件和應收帳款總額都相同。Super公司的客戶皆在期限內付款,70%在十天內付款,剩下30%也於三十天內付款。反觀Wonder的客戶有27%延遲付款。

　　一家營運良好的公司會將客戶付款的情形紀錄下來,方便公司去了解每項產品的

表 16-3 | 帳齡分析表

	SUPER SETS公司		WONDER VISION公司	
帳款年齡(天)	帳款價值	占總值百分比	帳款價值	占總值百分比
0-10	$1,215,122	70%	$ 815,867	47%
11-30	520,766	30	451,331	26
31-45	0	0	260,383	15
46-60	0	0	173,589	10
超過60	0	0	34,718	2
總應收帳款	$1,735,888	100%	$1,735,888	100%

付款情況。管理者應該定期監督DSO以及帳齡分析表，藉以了解趨勢，去決定更有效率的銷貨條件。倘若DSO開始增加，帳齡分析表顯示延遲付款的客戶增加，此時公司就應該採取較嚴格的信用政策。

　　儘管DSO和帳齡分析表對公司而言都能作為信用政策的參考，但並不能指出公司的信用政策是否出了問題。實際上，假設一家公司的銷貨具有季節性，或是成長快速的公司，這兩項指標恐怕無用武之地。

$$DSO = \frac{應付帳款}{銷貨/365}$$

自我測驗

1. 請解釋公司應收帳款是如何隨時間經過計算出來的。
2. 定義DSO。有何涵義？銷貨波動如何影響DSO？
3. 什麼是帳齡分析表？有何涵義？銷貨波動如何影響帳齡分析表？

應付款項和應付帳款

　　接著討論淨營運流動負債的兩種形式：應付帳款和應付款項。

▶▶ 應付款項

　　公司通常會按週、隔週或是按月支付員工的薪資。因此在資產負債表上會有應付

薪資產生的應付所得稅。應付薪資通常與經濟環境、傳統產業有很大的關係,公司對其控制力並不大。

應付帳款

公司賒購原物料會產生**應付帳款(trade credit)**,通常在非金融業,銷貨折扣約占流動負債的40%,且小公司所占的比例會更大。

假設公司每日平均賒購2,000美元,30天內要付款。因此30天公司共欠供應商60,000美元的貨款。如果銷貨成長一倍,則應付帳款同理也成長一倍,即120,000美元。公司將自發性需額外融資60,000美元。同樣地,假設付款條件由原來的30天增加至40天,應付帳款將為80,000美元。因此增加賒購或銷貨,會產生額外的融資需求。

銷貨折扣的成本

信用政策包括信用條件。舉例來說,Microchip公司給客戶的信用條件為2/10,淨30,這表示公司如在10日內付款,則享有2%的折扣,且需在30天內付清款項。現在PCC公司,向Microchip公司購買記憶體。假設記憶體單位售價為100美元,則實際價格對PCC公司而言會比較想要每個98美元。因此100美元的單位售價可分解如下:

$$售價 = \$98實際價格 + \$2融資成本$$

PCC會想說是否能夠利用更好的融資條件借到比2美元更低的融資成本,好比跟銀行借款,因而要求Microchip給予2美元的折價。

PCC平均每年支付給Microchip 11,923,333美元的記憶體成本,也就是每天$11,923,333/365 = \$32,666.67。假設Microchip是PCC唯一一個供應商,假設PCC在10天內付款,則應付帳款平均為10($32,666.67) = \$326,667。

現在如果PCC延後至第30天付款,則應付帳款將增加至30($32,666.67) = \$980,000。Microchip必須額外給PCC$980,000 - $326,667 = \$653,333的信用,PCC可以利用這些金額去增加現金帳戶、清償負債、擴充存貨,甚至是給客戶更好的信用條件,因此增加應收帳款。

PCC支付11,923,333美元的成本,倘若沒有接受折價優惠,則支付$11,923,333/

$0.98＝\$12,166,666$。融資成本為$\$12,166,666－\$11,923,333＝\$243,333$。利率約為$37.2\%$。

$$名目年成本＝\frac{\$243,333}{\$653,333}＝37.2\%$$

倘若PCC公司可以經由銀行取得比37.2%更好的利率，就不會接受折價優惠，放棄額外的信用。以下的公式可以用來計算年名目成本：

$$名目年成本＝\frac{折價百分比}{100－折價百分比}×\frac{365天}{每日信用－信用期間} \qquad \text{(16-8)}$$

$$＝\frac{2}{98}×\frac{365}{20}＝2.04\%×18.25＝37.2\%$$

以上並沒有考慮複利效果，否則成本將更高。考慮的結果如下：

$$有效年利率＝(1.0204)^{18.25}－1.0＝1.4459－1.0＝44.6\%$$

倘若公司延後至60天付款，則有效年利率為：$(1.0204)^{7.3}－1.0＝1.1589－1.0＝15.9\%$。

在超額產能的期間，公司會故意延遲付款或是**增加應付帳款(stretching accounts payable)**。下表為在不同的信用條件下放棄折價的整理表：

信用條件	如果放棄現金折價，額外折價的成本	
	名目成本	有效成本
1/10，淨20	36.9%	44.3%
1/10，淨30	18.4	20.1
2/10，淨20	74.5	109.0
3/15，淨45	37.6	44.9

這些數字是假設於折扣期間的最後一天付款。倘若付款條件為2/10，淨30，則在第五天和第二十天付款是不智之舉。根據前面的討論，信用交易可以分為兩個組成：(1)**免費銷貨折扣(free-trade credit)**，也就是在折扣期間內付款，(2)**耗費成本信用交易(costly trade credit)**，因為放棄折扣而產生的融資成本。公司在確定不能放棄折扣，而使用更低的成本去融資時，才會考慮接受折扣。在許多產業中，放棄折扣的成本很昂貴，所以有能力的公司通常會選擇接受折扣。

其他短期融資政策

很多公司都會有季節性的波動。當景氣好的時候，公司會建立多一點的 NOWC；當景氣下滑時會減少存貨和應收帳款。然而公司手頭上會維持最低水準的 NOWC，稱為**永久性的NOWC(permanent NOWC)**。當銷貨增加時，NOWC增加的部分就稱為**暫時性的NOWC(temporary NOWC)**。不論是為了永久性NOWC或是暫時性的NOWC融資，都稱為公司短期融資政策。

▸▸ 配合到期日法或「自我清算」法

這兩種方法都是為了讓資產與負債的到期日彼此配合，如圖16-2。這個策略可以極小化清償負債所面臨的風險。假設公司借款建新廠房，一年到期。但廠房所創造的收入來不及清償負債，因此借款不能更新。公司可以考慮利用長期負債融資，使得現金流量彼此能夠配合，廠房創造的利潤能夠支付負債和折舊。

為了讓資產和負債彼此互相配合，倘若存貨預期30天內會賣出，則必須融資30天期的銀行借款。機器設備預期使用五年，則可使用五年期的銀行借款。實務上，公司不會對每一項資產做特別的融資。然而多數公司通常會以短期借款融資短期資產，長期借款融資長期資產。

▸▸ 積極的方法

圖16-2的b顯示一家積極的公司藉由長期資本融資固定資產，和部分的短期負債融資永久性NOWC。然而還要考慮到公司積極成長的程度，好比圖b的虛線有可能會降至固定資產，導致部分固定資產是由短期借款融資。這樣積極的公司比較容易受到

圖 **16-2** 短期融資政策的選擇方案

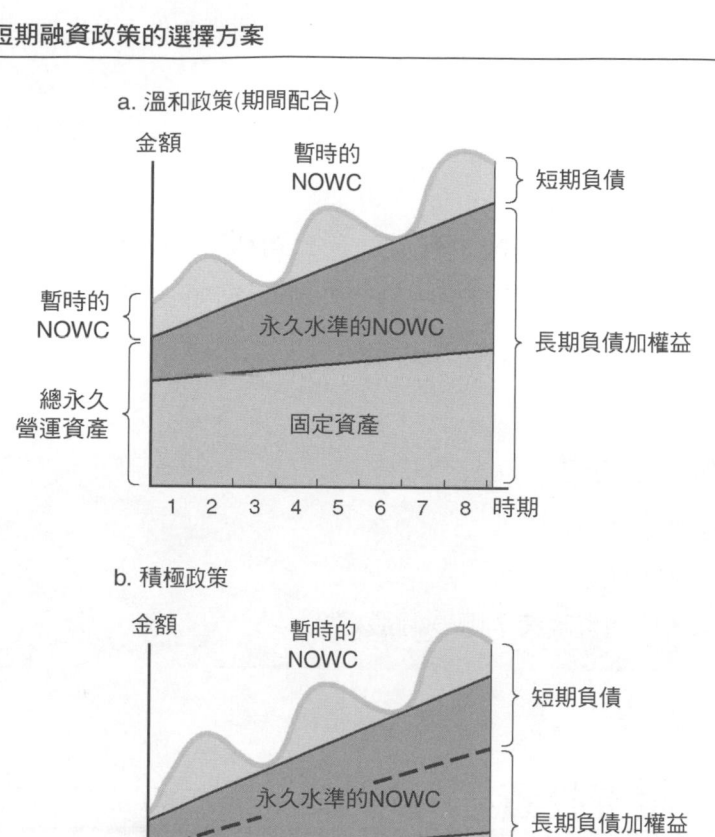

a. 溫和政策(期間配合)

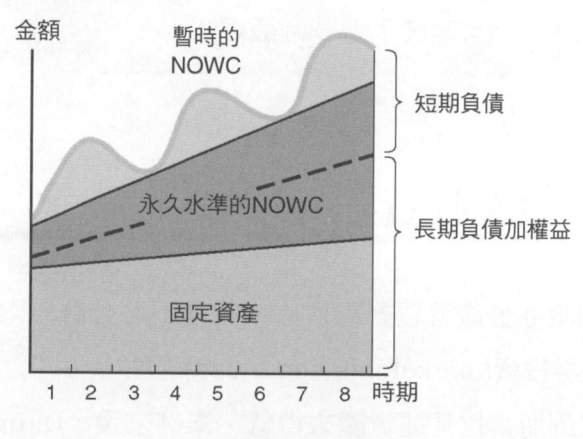

b. 積極政策

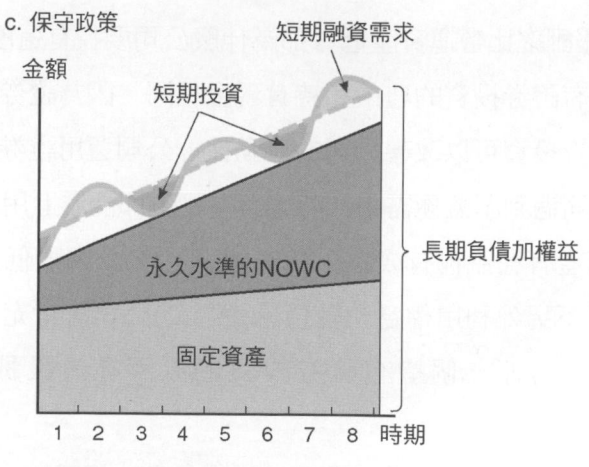

c. 保守政策

利率風險的影響。然而短期負債的成本會比長期負債來的低，因此有些公司會承擔較高的風險以換取較好的利潤。

▶▶ 保守的方法

圖16-2的c虛線是在永久性NOWC之上，公司利用長期融資去支持所有的永久性營運資產。且以很小的短期負債金額去融資公司顛峰時的資金需求，強化流動性。圖c的公司運用較安全、保守的流動資產政策。

自我測驗

1. 何謂永久性NOWC？
2. 何謂暫時性NOWC？
3. 舉出三個短期融資政策？哪一個最好？

短期投資：證券投資

現金管理和證券資產管理對經理人來說是不可分離的兩項工作。談完了現金管理，現在來看**證券投資(marketable securities)**管理。

證券投資報酬通常比營運資產來得低。舉例來說，DaimlerChrysler公司短期投資為7億美元，報酬率比營運資產低，那為什麼公司要持有這麼大筆的短期投資呢？

通常公司持有證券投資的理由和持有現金相同。因為證券投資可以藉由一通電話轉換成現金，證券投資可以改善公司的流動性。公司運用證券投資作為交易或是預防性需求，好比公司遇到困難極需用錢時，證券投資即能派上用場。

擁有證券資產有利益也有成本。利益如下：(1)公司降低風險和交易成本，靠證券投資公司可以不另外利用權益和負債融資。(2)公司擁有充裕的資金去應付成長機會和議價籌碼。另外一個持有證券投資的原因在於**投機動機(speculative balances)**。

高成長公司需要較多的現金以及證券投資部分。相反地，信用評等較高的公司具有較快且便宜的管道，自資本市場取得資金，因此需要的現金和證券投資部分相對較小。當然也有特例，好比Ford是一家大型的公司，但還是擁有龐大的現金與證券投資部分。

1. 當公司可以利用營運資產創造較高報酬時，為何還會持有較低報酬的證券投資？

短期融資

積極的公司會需要較多的短期融資，但保守的公司需求則較少。儘管短期融資的風險比長期融資來得高，但仍有其優點所在。以下將分析短期融資的優缺點。

▶▶ 短期融資的優點

首先，短期融資較長期融資容易取得。出借人對於長期融資會要求借款人提供借款更多的動機及相關細節。因為在長時間下很多事情會發生。因此如果公司急需要錢，會傾向短期融資。

其次，倘若公司的借款需求為季節性或週期性的，比較不傾向長期融資：(1)長期融資的發行成本高於短期融資。(2)長期負債中附有提前償還的條款，所承擔的成本較大。(3)長期負債通常附有提前贖回的條款，或是其他限制條款，因而限制公司未來的行動。

第三，正常而言殖利率曲線為正斜率，所以短期負債的利率會較低。因此公司利用短期負債借款的成本會相對較低。

▶▶ 短期負債的缺點

儘管短期負債的利率較低，但其承擔較多的風險：(1)如果使用長期負債融資，利率相對較短期負債來得穩定。(2)如果公司大幅利用短期負債，則當經濟不景氣時，公司很難支付債務，提高財務危機的風險。

1. 短期和長期負債融資有何優缺點？

短期銀行借款

來自商業銀行的借款通常在資產負債表上為應付票據。銀行提供非自發性資金具有影響力。當公司對銀行的融資需求增加時，公司可以獲得額外的資金；但當銀行拒絕借款給公司時，公司就必須放棄成長機會。銀行借款的特色將於下段討論。

▶▶ 到期日

儘管銀行會採用長期負債融資，但多數仍為短期融資。有三分之二的負債融資到期日為一年或更短。公司通常會利用90天期的短期借款作融資。當公司狀況不佳時，可能會影響銀行的放款。

▶▶ 本票

公司為了借款會開據**本票(promissory note)**，本票上包括：(1)借款金額、(2)利率、(3)償還期間、(4)擔保品、(5)其他條件。當開出本票後，公司的現金和應付帳款會增加。

▶▶ 補償性餘額

銀行通常會要求公司在其存款帳戶保留10%~20%的**補償性餘額(compensating balance)**，因而增加借款有效利率。舉例而言，如果一家公司需要8萬美元，但必須保留20%的補償性餘額，則必須舉借10萬美元支應。如果年利率為8%，則實際有效利率為10%。

最近的研究顯示補償性餘額相較於20年前降低許多。在美國很多州，補償性餘額甚至是違法的。

▶▶ 非常規借款

信用交易額度(line of credit)是銀行和借款人彼此之間簽訂的合約。舉例來說，12月31日銀行認為公司前景看好，因此借給公司8萬美元，但公司只需要在1月10日簽發一張15,000美元的本票，就可以借到8萬美元的資金。

►► 週期性的借款合約

週期性的借款合約(revolving credit agreement)發生在銀行與大公司之間。2004年德州Petroleum公司向很多家銀行借1億美元。銀行同意在四年內借給公司1億美元的資金。公司每年支付1/4的費用和1%的未使用資金成本。如果公司一年內都沒有使用借款，則必須支付250,000美元，平均每個月支付20,833.33美元。倘若在第一天就使用5千萬美元的借款，則平均一年要支付125,000美元。通常合約會跟著基本利率、國庫券利率或是其他市場利率變動。而德州Petroleum公司的利率設定為基本利率加0.5%。

週期性的借款合約和一般合約的不同點在於需要支付費用，以及銀行需要背負合法的義務去借款給公司。通常在週期性的借款合約中會附帶**清空條款(cleanup clause)**，要求公司在一年內把所有的借款提光。

自我測驗

1. 公司該如何確定明年的資金需求將能夠安然取得。

商業本票

商業本票(commercial paper)是公司所發行的未擔保本票，接受對象通常為保險公司、退休基金和共同基金等。在2004年中約有13,460億美元在外流通的商業本票，商業或企業銀行貸款約為8,760億美元。多數的商業本票為金融機構所發行。

►► 到期日和成本

商業本票的到期日小為1天，大至9個月，平均到期日為5個月。商業本票的利率會隨著供需和市場環境每日變動。最近商業本票的利率約高於基本利率1.5%～3.5%，低於國庫券約0.5%。舉例而言，2004年的三個月期商業本票平均利率為1.22%，當時的基本利率為4%，三個月期的國庫券為1.06%。

▸▸ 商業本票的使用

商業本票的使用與公司的信用風險有很大的關係。通常使用商業本票是因為度過短期的財務困難。交易商較喜歡淨值在1億美元以上，和每年借款超過1千萬美元的公司。公司會比較喜愛幫助一個正在度過困難的公司，而不是商業本票的交易商。

自我測驗

1. 什麼是商業本票？
2. 什麼型態的公司會使用商業本票去支應短期融資需求？
3. 商業本票和短期銀行借款的成本有何差別？與國庫券成本差別呢？

短期融資的擔保

在其他情況不變之下**擔保借款(secured loans)**的成本很高。公司會發現在擔保借款下，會有較低的借款利率。擔保品包括證券、存貨、廠房設備等。不動產是一個很好的擔保品，通常用在長期借款而不是營運資本的借款。多數公司會利用應收帳款和存貨作為短期融資的擔保品。

芝加哥的一家硬體交易商，需要向銀行借20萬美元，銀行在調查過公司財務狀況後，願意借給公司10萬美元，有效利率為12.1%。公司手上有價值30萬美元的股票投資，願意作為借款擔保，因此銀行願意借給公司20萬美元，基本利率為9.5%。

自我測驗

1. 什麼是擔保借款？
2. 有哪些流動資產可以作為短期借款的擔保品？

總結

本章主要談論營運資金管理和短期融資，列舉如下：

- 營運資本為流動資產，淨營運資本為流動資產扣除流動負債。淨營業的營運資本為營業的流動資產扣除營業的流動負債。

- 現金轉換期間為公司支付貨款至收到客戶貨款的時間。

- 存貨周轉期間為將原物料加工至製成品且賣出去的時間。

$$存貨轉換期間＝存貨/每日銷貨$$

- 應收帳款收現期間為公司將應收帳款轉換成現金的期間。

$$應收帳款收現期間＝DSO＝應收帳款/(銷貨/365)$$

- 應付帳款期間為購買原物料到支付貨款給供應商的期間

$$應付帳款期間＝應付帳款/每日進貨$$

- 現金轉換週期為支付給供應商貨款到收到客戶貨款的期間。

$$現金轉換週期＝存貨周轉期間＋應收帳款收現期間－應付帳款期間$$

- 在寬鬆的營運資金政策下，公司會持有較大比例的流動資產。若是緊縮的營運資金政策，則會持有流動資產的最小金額。

- 現金管理的目標就是將公司營運所需現金最小化。

- 「交易餘額」是指公司每日的交易餘額，「預防性餘額」預留未來可能的現金需求，「補償性餘額」是指銀行要求公司在銀行帳戶維持的補償性存款。

- 「現金預算表」中包括某一時期的現金流入及流出，用以預測未來現金盈餘或是赤字，是現金管理的一項工具。

- 存貨管理的兩項目標：(1)確定存貨能夠支撐公司營運，(2)將訂購和持有成本維持在最低水準。

- 存貨成本分為三種型式：持有成本、訂購成本和短缺成本。通常持有成本與存貨量成正比，但訂購成本和短缺成本則與存貨量成反比。

- 當公司賒銷貨品應收帳款會增加。

- 公司可以利用帳齡分析表和DSO去追蹤應收帳款的部位及避免壞帳的增加。

- 公司的信用政策包括四個面向：(1)信用期間，(2)提早付款的折扣，(3)信用標準，(4)收現政策。

- 永久性的營運資金是公司在最蕭條的時候必須持有的營運資金。暫時性的營運資金則是公司面臨景氣好的時候所需要的營運資金增量，同時也稱為公司短期融資。

- 合適的短期融資政策必須考量資產和負債的到期日能夠彼此配合。所以暫時性的NOWC將以短期負債融資，永久性的NOWC和固定資產必須以長期負債和權益融資。在積極的公司做法中，會將部分的暫時性NOWC或是固定資產，利用短期負債融資。一個保守的做法是利用長期融資去支應所有的永久性NOWC，以及部分的暫時性NOWC。

- 短期信用的優點：(1)取得的速度最快，(2)增加彈性，(3)利率較長期信用為低。短期信用的缺點是借款人必須承擔額外的風險，好比：(1)出借人短期需要現金(2)當利率上升時借款成本會增加。

- 若公司賒購，則應付帳款和信用銷貨會自然發生。當能夠使用更好利率時，公司會使用免費信用銷貨。若不行，則不會接受公司的折扣。

- 銀行借款是短期融資的重要來源。本票包括：(1)借款金額，(2)利率，(3)償還期間，(4)擔保品，(5)其他條件。

- 銀行通常會要求公司在其存款帳戶保留10%~20%的補償性餘額，因而增加借款有效利率。

- 正常銷貨條件是一般銀行和借款人達成的協議，是銀行提供給客戶最大的用。

- 週期性的借款合約發生在銀行與大公司之間。

- 商業本票的使用與公司的信用風險有很大的關係，通常使用商業本票是因為度過短期的財務困難。

問題

(16-1) 定義下列名詞：

　　a. 營運資本；淨營運資本；營業用的淨營運資本

　　b. 存貨轉換期間；應收帳款收現期間；應付帳款期間；現金轉換週期

　　c. 寬鬆NOWC政策；緊縮NOWC政策；合適的NOWC政策

　　d. 交易餘額；補償性餘額；預防性餘額

　　e. 現金預算；目標現金餘額

　　f. 銷貨折扣

　　g. 應收帳款；DSO；帳齡分析表

　　h. 信用政策；信用期間；信用標準；收現政策；現金折扣

　　i. 永久性NOWC；暫時性NOWC

　　j. 合適的短期融資政策；積極的短期融資政策；保守的短期融資政策

　　k. 到期日配合法；自我清算法

　　l. 應付帳款；應付款項

　　m. 信用銷貨；增加應付帳款；免費信用銷貨；耗費成本的信用銷貨

　　n. 本票；信用條件；週期性的信用合約

　　o. 商業本票；擔保借款

(16-2) 持有現金的兩個理由？公司是否可以藉由兩種原因所需的現金加總，而求出目標現金餘額？

(16-3) 當公司賒銷貨品時，買方會產生應付帳款，賣方會產生應收帳款，則應收帳款的利潤大於應付帳款的利潤？

(16-4) 信用政策包括哪四個組成？公司該如何設定信用政策以對抗競爭？

(16-5) 讓資產與負債的到期日相配合有何優缺點？

(16-6) 試著解釋站在借款人的立場，長期信用和短期信用何者較具風險？如果短期利率高於長期利率，則借短期負債是否有道理？

(16-7) 公司可以在很多限制之下控制它的應付款項，請說明此話的含義。

(16-8) 多數的公司會接受免費信用銷貨，且額外的銷貨折扣垂手可得但具有成本，此話是否正確？請解釋。

(16-9) 什麼樣的公司會使用商業本票？

自我測驗

(ST-1) Calgary正在考慮流動資產政策。固定資產60萬美元，公司要維持負債比50%，公司沒有任何營業的流動負債。負債利率為10%。有三個流動資產政策供參考：40%、50%、60%占預期銷貨的比率。銷貨為300萬美元，公司想要賺15%的稅前息前報酬。有效的聯邦稅率為40%。請問在每個方案下的權益預期報酬？

(ST-2) V公司和H公司2005年12月31日資產負債表如下：

	V公司	H公司
流動資產	$100,000	$ 80,000
固定資產淨額	$100,000	$120,000
總資產	$200,000	$200,000
流動負債	$20,000	$80,000
長期負債	$80,000	$20,000
普通股	$50,000	$50,000
保留盈餘	$50,000	$50,000
總負債和權益	$200,000	$200,000

兩家公司稅前息前盈餘皆為3千萬美元，有效聯邦利率為40%。

a. 如果流動資產的利率為10%，且長期負債利率為13%，則兩家公司的權益報酬為何？

b. 假設短期利率增加至20%。如果新的長期負債比率增加至16%，現有的長期負債比率不變，則兩家公司的權益報酬為何？

c. 哪一家公司的部分較具風險？為什麼？

習題

(16-1) W公司的銷貨為1千萬美元，存貨周轉率為2。公司正在採取新的存貨系統。如果新的存貨系統可以降低公司的存貨水準和增加存貨周轉率至5，為了維持相同水準的銷貨，需要增加多少現金？

(16-2) M公司DSO為17天。每日平均賒銷為3,500美元,公司平均應收帳款為何?

(16-3) 倘若賒銷條件為3/15,淨30,名目和有效成本為何?

(16-4) 一家零售商賒購貨品,賒購條件為1/15,淨45,但平均60天付清款項。假設這家零售商是一位重要的客戶,所以供應商願意放寬信用條件,則零售商賒購的有效成本為何?

(16-5) 連鎖商店APP每日購貨50萬美元。賒購條件為2/15,淨40。APP公司通常在第15天付款,則平均應付帳款為何?

(16-6) M公司賒銷條件為3/10,淨30。全年總銷貨為912,500美元。有40%的客戶會在第十天付款,享受折扣;另外60%的客戶平均付款天數為40天,那麼:

a. DSO為何?

b. 平均應收帳款為何?

c. 如果M公司緊縮收現政策,使每個顧客都在30天內付款,對平均應收帳款有何影響?

(16-7) 計算以下的名目成本。假設付款會在折扣最後一天和最終期。

a. 1/15,淨20

b. 2/10,淨60

c. 3/10,淨45

d. 2/10,淨45

e. 2/15,淨40

(16-8) A. 某公司賒購條件為3/15,淨45,但總是在第20天付款而且還是獲得折扣,則免費信用銷貨的名目成本為何?

B. 與在第15天付款來比較,公司是否取得較多或較少的折扣?

(16-9) G公司的賒銷條件為2/10,淨40。去年毛收入為4,562,500美元,平均應收帳款為437,500美元。一半的顧客在第十天付款,享受折扣。對於沒有享受折扣的顧客而言,信用銷貨的名目和有效成本為何?

(16-10) M公司某一年需要50萬美元的營運資金去開一家新的商店。賒購條件為3/10,淨90,且在第10天付款享受折扣,但現在公司想在第90天付款,有效年利率為何?

(16-11) 公司的存貨周轉期間為75天，應收帳款收現期間為38天，應付帳款期間為3天。

　　a. 如果公司年銷貨為3,421,875美元，皆為賒銷，應收帳款的投資為何？

　　b. 存貨周轉率為何？

(16-12) C公司去年銷貨為15萬美元，淨利潤為6%或9,000美元。存貨周轉率為5，DSO為36.5天。公司固定資產總額為35,000美元。應付帳款期間為40天。

　　a. 計算現金轉換週期。

　　b. 假設忽略公司的現金和證券投資，計算總資產周轉率。

　　c. 假設C公司的經理人認為存貨周轉率可以提高至7.3，現金轉換週期、總資產周轉率和ROA各為多少？

(16-13) R公司預期銷貨將增加至200萬美元。總固定資產為100萬美元，且公司希望維持60%的負債比。長期和短期負債的利息成本皆為8%。有三個流動資產水準供公司參考。(1)緊縮政策：流動資產占銷貨的45%，(2)中庸的政策：流動資產占銷貨50%，(3)寬鬆政策：流動資產占銷貨的60%。公司預期稅前息前盈餘為銷貨的12%。

　　a. 請問在每個流動資產水準下的權益報酬率？(假設聯邦稅率為40%)

　　b. 我們假設預期銷貨水準和流動資產政策是互相獨立的，這是一項有效的假設嗎？

(16-14) D公司最近現金短缺。對供應商的貨款開始有延遲付款的現象。於是公司開始計畫向銀行借款，請為公司編製現金預算表。

　　公司的銷貨都是現銷，購貨必須在第二月付清款項。每月的薪資費用為4,800美元，租金為2,000美元。此外，12月的稅賦為12,000美元。現在手頭上的現金為400美元(12月1日)，但公司想維持現金帳戶至6,000美元，也就是目標現金餘額。

　　預期的銷貨和購貨如下，11月的購貨為140,000美元。

	銷貨	進貨
12月	$160,000	$40,000
1月	40,000	40,000
2月	60,000	40,000

a. 編製12、1、2月的現金預算表。

b. 假設12月1日開始賒銷商品，且給顧客30天的付款期限。所有的客戶都在此期限內付款，那麼12月的借款需求為何？

(16-15) 假設公司每年購貨365萬美元，購貨條件為2/10，淨30。且接受折扣。

a. 折扣後的平均應付帳款為何？(假設365萬美元是折扣後的進貨金額，毛進貨金額為3,724,490美元，折扣為74,490美元)

b. 公司是否有利用銷貨折扣？

c. 假設公司不享有折扣，等到最後一天才付清款項，平均應付帳款和免費銷貨折扣的成本為何？

d. 假設購貨條件延長到40天，不享有折扣的成本為何？

(16-16) T公司假設銷貨從150萬美元增加至200萬美元，但需要額外30萬美元的流動資產去支應。公司從不接受銷貨折扣，且利用應付帳款融資。購貨條件為2/10，淨30，但公司可以額外延長付款時間35天，也就是65天內付款，不受到任何懲罰。則有效年成本為何？

(16-17) R公司去年銷貨為350萬美元，稅後報酬為5%。最近公司的應付帳款嚴重落後，雖然購貨期間為30天，應付帳款期間為60天。資產負債表如下：

現金	$ 100	應付帳款	$ 600
應收帳款	300	銀行借款	700
存貨	1,400	應付款項	200
流動資產	$1,800	流動負債	$1,500
土地和建築物	600	房地產抵押	700
設備	600	普通股，每股$0.1	300
		保留盈餘	500
總資產	$3,000	總負債和權益	$3,000

a. 減少應付帳款期間公司應融資多少？

b. 如果你是銀行貸款經理，你會貸款給公司嗎？請說明原因。

Mini Case

　　聯強國際股份有限公司是臺灣最大的3C通路商,在全國各地都有經銷據點。商品的進貨與出貨流通速度關係公司的經營效率,同時貨款的支付與帳款的回收也嚴重影響它的財務周轉靈活度,已知應收款項周轉率(次)是6,存貨周轉率(次)是8,應付款項周轉率(次)是9,假設一年有360個工作天,請回答下列問題:

1. 應收款項收現天數是多少?
2. 存貨周轉天數是多少?
3. 應付款項周轉天數是多少?
4. 現金轉換週期是多少?

第17章

國際財務管理

本章將討論國際企業的財務管理，比較跨國經營和本國經營的差別。

跨國或全球性公司

跨國公司不論在產品原物料、生產製造到行銷賣商品給顧客，面臨國際性的問題，包括一國的經濟和政治之間的牽動關係。一般而言，公司會想跨國經營有以下六個原因：

1. **拓展市場**：當公司的產品愈趨複雜時，投入的成本就會越大，為了補足投資則需要拓展銷售市場，於是走向國際化。好比可口可樂和麥當勞公司。

2. **尋找原物料**：公司會到國外去尋找原物料，支持生產線的經營。

3. **尋找新技術**：公司會經由國際化尋找銷售點子或技術，好比Xerox公司到了日本尋找出新的影印技術。

4. **尋找生產效率**：公司會由高成本國家移轉至低成本國家。好比奇異公司本來在墨西哥、南韓、新加坡等地設廠。但後來因為成本考量，後來轉向一些太平洋週邊的國家發展。

5. **避免政治和法規的限制**：美國有些公司將生產線移至美國，就是看上美國法律上

的優惠。有些公司會尋找政治較安定、經濟較穩定的國家發展事業，拓展版圖。

6. **分散投資**：當一家跨國企業同時在兩個國家發展時，倘若其中一國經濟不景氣，造成公司銷售不佳時，另一個國家的經濟卻能夠保持平穩，藉以降低損失。這就好比投資人分散投資標的一樣，能夠分散風險。

在過去10~15年來，有許多外國公司至美國投資，也有很多美國公司到國外投資發展成為跨國企業。

自我測驗

1. 什麼是跨國企業？
2. 為何企業要走向國際化？

跨國 vs. 本國財務管理

本國經營的企業和跨國經營的企業，在營運上主要有下列六點不同：

1. **貨幣不同**：不同國家會牽涉到貨幣計價不同的問題，因此在進行財務分析時要考慮貨幣的因素。

2. **經濟和法律面的不同**：每個國家都有自己的經濟和法律系統，因此對於公司財務的影響也不同，採用不同的法律制度有可能會產生衝突。因此企業拓展業務到國外時，需要考量這些差異。

3. **語言差異**：因為英語為國際性語言，因此東方國家進入歐美國家會比較困難。

4. **文化的差異**：在界定適當的公司目標、承擔風險的態度、處理員工問題及削減獲利不佳之營運單位的經費等事項上，會因為在不同國家而有不同處理方法。

5. **政府的角色**：在競爭的環境中，政府扮演著制定遊戲規則的角色。因此跨國企業必須和政府建立溝通的橋樑，了解什麼事情可以做，什麼事情不可以做。

6. **政治風險**：政治風險並不能經由協議消除，隨著國家而有所不同。好比美國的政治風險就在於恐怖主義。

這六個因素會使跨國企業面臨更多的風險，但是因為跨國經營可以帶來更高的報酬和風險分散的利益，因此公司願意承擔且管理跨國經營產生的風險。

1. 簡單說明跨國企業會面臨的財務管理問題？

匯率

匯率(exchange rate)是指一國商品用另一國貨幣購買時，需要多少本國貨幣。網站和報紙每天都會刊登各國最新的匯率。表17-1第一欄就是一元外國貨幣可以兌換多少美元。**直接報價(direct quotation)**下的一歐元可以兌換1.2290美元。

第二欄顯示的是**間接報價(indirect quotation)**也就是一元本國貨幣可以兌換多少外國貨幣。所以歐元的間接報價為0.8137歐元，表示一美元可以兌換0.8137歐元。

我們可以運用表17-1去看匯率如何運作。假設一位觀光客從紐約飛到倫敦，然後到巴黎，再到日內瓦，接著飛到蒙特婁，最後飛回紐約。當他到紐約機場時，先拿3,000美元去銀行兌換英磅，當時匯率為1.8401美元，表示一英磅價值1.8401美元。因此他可以換得：

$$\$3,000 = \frac{\$3,000}{\$1.8401(每英磅)} = 1630.35英磅$$

表 17-1 | 一些匯率例子

	直接報價： 一單位外幣兌換 多少美元(1)	間接報價： 一美元兌換 多少外幣(2)
加拿大幣	$0.7401	1.3512
日圓	0.0090	111.0371
墨西哥披索	0.0876	11.4181
瑞士法郎	0.8070	1.2392
英磅	1.8401	0.5434
歐元	1.2290	0.8137

註：英磅和歐元以直接報價表示，所以欄2等於1.0除以欄1其他貨幣則以間接報價表示，所以欄1等於1.0除以欄2。

資料來源：*The Wall Street Journal*, **http://online.wsj.com;** quotes for June 4, 2004.

經過一個禮拜的倫敦之旅，只剩1,000英磅。

到法國的時候，他發現匯率看板上寫著一英磅兌換多少美元，以及一歐元兌換多少美元。這樣的匯率稱為**交叉匯率(cross rate)**。所以英磅和歐元的交叉匯率為：

$$每英磅對歐元的交叉匯率 = \frac{\$1.8401(每英磅)}{\$1.2290(每歐元)} = 1.4972歐元(每英磅)$$

因此，他可以換得1.4972(1,000) = 1,497.20歐元。

法國之旅結束後，到了日內瓦，身上還有800歐元。此時又得面對交叉匯率，即歐元和瑞士法郎的兌換關係。如表17-1所示，歐元的直接報價1.2290(每歐元)和間接報價1.2392瑞士法郎(每美元)。

$$每歐元對瑞士法郎的交叉匯率 = \left(\frac{瑞士法郎}{美元}\right)\left(\frac{美元}{歐元}\right)$$

$$= 1.2392 \times 1.2290 = 1.5230瑞士法郎(每歐元)$$

因此，觀光客可以獲得1.5230(800) = 1,218.40瑞士法郎。

日內瓦之旅結束後到達了蒙特羅，身上還剩500瑞士法郎。於是又面對交叉匯率，如表17-1，1.2392瑞士法郎(每加幣)和1.3512加幣(每美元)，因此1法郎可以兌換多少加幣呢？如下：

$$每法郎兌換加幣的交叉匯率 = \frac{1.3512}{1.2392} = 1.0904加幣(每瑞士法郎)$$

因此，可收到1.0904(500) = 545.20加幣。

在離開蒙特羅回到紐約時，身上還剩100加幣，於是兌換成美元，

$$100加幣 = \frac{100}{1.3512} = 74.01$$

在這個例子裡我們做了以下假設。首先，假設我們需要去計算所有的交叉匯率，但實際上匯率板上都寫好了。再者，我們假設匯率保持不變，但事實上匯率每天都會改變。最後，我們忽略交易成本，事實上需要5%甚至更多的交易費用。然而，信用卡兌換外幣可以節省交易費用。

表 17-2 | 主要貨幣的交叉匯率

	美元	歐元	英磅	瑞士法郎	披索	日圓	加拿大幣
加拿大	1.3512	1.6606	2.4863	1.0904	0.1183	0.0122	—
日本	111.0371	136.4646	204.3194	89.6039	9.7247	—	82.1767
墨西哥	11.4181	14.0328	21.0104	9.2141	—	0.1028	8.4503
瑞士	1.2392	1.5230	2.2803	—	0.1085	0.0112	0.9171
英國	0.5434	0.6679	—	0.4385	0.0476	0.0049	0.4022
歐元	0.8137	—	1.4972	0.6566	0.0713	0.0073	0.6022
美國	—	1.2290	1.8401	0.8070	0.0876	0.0090	0.7401

資料來源：Derived from Table 17-1; quotes for June 4, 2004.

有一些網站和刊物會記載每日的匯率，好比**http://www.bloomberg.com**，顯示的匯率如表17-2。注意以下幾點：

1. 第一欄是美元的間接報價。好比一美元可以兌換0.8137歐元。

2. 其他欄位為其他國家貨幣之間的轉換。好比一歐元可以換1.6606加幣。

3. 行列表示的匯率為直接報價。最後一列和第一欄互相呼應。

4. 最後一列和第一欄表達的意義相同。好比英國那列的第一欄顯示一美元對0.5434英磅，英磅那欄的最後一列顯示為一英磅可以換1/0.5434＝$1.8401。

5. 注意歐元那一欄，一歐元兌換1.5230瑞士法郎，這與前述的例子使用的匯率相同。

如果匯率不符合上述第四點所說，則存在套利，但終究會達成均衡狀態。

自我測驗

1. 什麼是匯率？

2. 直接報價和間接報價的差異？

3. 什麼是交叉匯率？

國際貨幣系統

　　兩國之間貿易餘額會影響貨幣需求。假設美國進口商需要以日圓進口日本商品，日本進口商需要美元去進口美國商品。如果美國對日本的進口大於出口，那麼美國對日本有**貿易逆差(trade deficit)**，因此日圓的需求大於美元。資本移動也會影響貨幣，假設美國利率高於日本利率，投資人會拿日圓兌換美元，然後投資美國證券。這會增加美元的需求。

　　假設沒有政府的干預，美元和日圓的相對變動會與消費財的供需變動相同。舉例來說，美國消費者會增加對日本電子商品的需求，因此對於日圓的需求會增加，強勢的日圓成為基本的經濟力量。

　　然而政府可能干預外匯，會在公開市場購買自己國家的貨幣。人為的干預造成本國貨幣需求上升，使得本國貨幣升值。

　　一國的貨幣貶值會造成什麼問題呢？當一國貨幣的價值相對其他國家較低時，商品價格相對會比較便宜。人為干預的貨幣貶值會造成進口成本和通貨膨脹率的增加。此外，進口商品相對於國內商品價格較高，使得本國商品受到競爭而調升價格，進一步造成通貨膨脹的問題。當政府印鈔票賣至公開市場時，則貨幣供給上升，引發通貨膨脹。因此，當一國貨幣貶值時會刺激出口，造成經濟過熱及通貨膨脹的現象。有些國家的經濟會因此衰弱，因為本國商品無法與低價的外國商品彼此競爭，因此調高關稅或設立其他限制條款。

　　舉例來說，中國大陸靠著人為干預降低人民幣價值。這使得其出口名列世界第一，刺激國內經濟成長。然而到了2004年，國內通貨膨脹迅速攀升，各國開始對中國施壓，促使人民幣升值。

　　當一國貨幣價值相對較高時，會有以下影響：通貨膨脹低，對於進口商品感覺較便宜，但出口商卻因此受到傷害。因此政府開始利用黃金或是外匯存底購買本國貨幣。以下將討論政府如何處理貨幣需求的變動。

▶▶ 固定匯率制度

　　從第二次世界大戰至1971年8月，各國主要採取IMF提倡的**固定匯率制度(fixed exchange rate system)**。美元價格連結黃金至每盎司35美元，其他國家則連結美

元。央行會控制一盎司對美元維持在35美元附近。當英磅的需求下降時，英國銀行會購買英磅，提高英磅的價格。美國聯邦準備銀行也採取相同的措施。如此的做法會使得匯率比較穩定。

▶▶ 現代匯率制度

許多國家認為固定匯率制度難以維持，因此1971年8月之後開始被放棄使用，直到1973年底完全消聲匿跡。以下為最新的匯率制度。

浮動匯率 1970年代早期，美國和其他許多國家開始採用**浮動匯率制度(floating exchange rates)**。政府只有在匯率波動很離譜的時候才會干預。假設一英磅對美元1.8401，如表17-1。因為美國對英國的貿易逆差，使得英磅產生超額需求，英磅價格升至2美元。這稱為英磅**升值(current appreciation)**，也就是一英磅可以兌換更多的美元。反之稱為**貶值(current depreciation)**。

匯率波動對企業利潤影響很大，舉例來說，1985年Honda汽車一部在日本價值2,380,000日圓。同樣一部車在美國賣12,000美元。因為一美元對238日圓，所以折合日圓約 (238)($12,000)＝2,856,000。幾乎比日本賣的貴上20%。然而三年後，美元貶值至一美元對128日圓，因此美國一部車只能賣 (128)($12,000)＝1,536,000日圓，損失高達35%。因此美元的貶值使得公司遭受很大的損失。所以公司決定調高汽車在美國20%的售價，即每部賣2,856,000/128＝$22,312.50。

浮動匯率制度會增加跨國公司現金流量的不確定性。因為現金流量來自於不同的國家，不同貨幣的計價。舉例來說，Toyota公司預估日圓平均下降一元，會造成年淨利減少約10億日圓，這就稱為**匯率風險(exchange rate risk)**。

根據IMF的調查，全球共由36種貨幣採取浮動匯率制度，包括歐元、美元、英磅和日圓。

其他匯率制度 很少國家會沒有屬於自己的法定貨幣，好比厄瓜多爾自2000年9月開始採用美元。其他好比12個國家共同使用歐元作為國家貨幣。歐元採取浮動制度，但其他國家會釘住某些貨幣。好比加勒比海幣會釘住美元，CFA法郎會釘住歐元。

採取**釘住匯率制度(pegged exchange rates)**的國家會建立一個與其他國家或是一籃子貨幣的固定匯率關係。當一國政府調低目標匯率時，這稱為**貶值(devaluation)**，當提高目標匯率時稱為**升值(revaluation)**。舉例來說，阿根廷在1991

年至2002年初，採取固定匯率制度，一美元兌換一披索。因為進口大於出口，因此阿根廷政府必須靠著融資購買大量的披索提高匯率。到最後阿根廷政府放棄釘住匯率。2002年初一美元對1.4披索，很明顯披索走弱，原本一披索對一美元，後來一披索只能兌換71分美元。披索貶值有助於出口，但不利於進口。那些沒有出口商的產業失業率開始攀升，對阿根廷的衝擊很大。因為很多阿根廷公司與個人皆持有以美元計價的債券，使得情況更加嚴重。這解釋採取固定匯率的國家，直到經濟情況很惡劣的時候，政府才會採取必要的措施。

很多國家開始放棄釘住匯率制度，讓本國貨幣浮動。墨西哥1994年以前採取釘住匯率制度，但現在和阿根廷一樣採取浮動匯率制度。

除非政府降低對本國貨幣的評價，否則釘住匯率制度並不能阻擋外國對本國的直接投資。所以在固定匯率時代，那些國家的貨幣都是**可轉換的(convertible)**。浮動匯率下的貨幣又稱為**硬式貨幣(hard currencies)**，也就是「可轉換型貨幣」。

但有些國家雖然釘住其他國家的匯率，並允許自己國家的貨幣在世界外匯市場中交易。好比人民幣釘住美元，一美元對8.3人民幣。但中國政府限制人民幣在海外交易，對於將人民幣匯出和匯出中國的人進行嚴格的管制，稱為**非轉換型貨幣(non-covertible currency)**，也稱為**軟式貨幣(soft currency)**。當政府制定的匯率與市場匯率不相符，給予過多的限制時，外匯黑市就會開始盛行。好比委內瑞拉在2004年中期與美元兌換的比例為一美元對1,900委內瑞拉銀幣，但黑市價格已經喊到一美元對3,200委內瑞拉銀幣。

非轉換型貨幣會影響國外直接投資。舉例來說，Pizza Hut想要在前蘇聯開分店，但盧布是非轉換型貨幣，因此公司在蘇聯的盈餘並不能靠著外匯機制轉換成美元。對於美國總公司而言，在蘇聯賺的錢顯得沒有意義。因此非轉換型貨幣國家會影響外國人的投資意願。

 **自我測驗**

1. 固定匯率制度和浮動匯率制度的差別？
2. 什麼是釘住匯率？
3. 什麼叫做美元相對於歐元貶值？對一個購買歐洲商品的美國消費者而言，這是個好消息還是壞消息？消費如何改變能夠遏止美元的貶值？
4. 什麼是可轉換型貨幣？

外匯交易

進出口商、觀光客和政府都會在外匯市場進行買賣。好比美國進口日本的汽車，就需要用日圓支付貨款。然而股票和商品市場都有專屬的平臺，外匯交易也有很多聯合網路縱橫紐約、倫敦、東京和其他金融中心。大多數人可以藉由電話和網路進行交易。

▶▶ 即期匯率和遠期匯率

表17-1和表17-2中的匯率為**即期匯率(spot rates)**，也就是在交易當下的市場匯率。而有時候交易會產生在未來的某個時點，因此有30、90、180天後的匯率，稱為**遠期匯率(forward exchange rate)**。

舉例來說，一家美國公司要在30天後支付一家日本公司500百萬日圓，即期匯率為一美元對111.0371日圓。除非即期匯率有變動，否則美國公司將支付450.3萬美元給日本公司。倘若匯率變成一美元對100日圓，則美國公司將支付500萬美元。然而美國公司可以藉由買30天期的遠期匯率合約去避免匯率波動風險。遠期合約簽定的當下並不需要支付任何現金，但美國公司必須支付保證金，避免違約。如果遠期合約簽定為一美元對110.9262日圓，則可以固定支付金額在450.8萬美元，這種動作稱為「避險」。

表 17-3 | 一些即期與遠期匯率例子；間接報價：1美元兌換外幣數量

| | 即期匯率 | 遠期匯率[a] | | | 溢價或折價[b] |
		30天	90天	180天	
英磅	0.5434	0.5449	0.5479	0.5521	折價
加拿大幣	1.3512	1.3523	1.3537	1.3554	折價
日圓	111.0371	110.9262	110.6317	110.0837	溢價
瑞士法郎	1.2392	1.2382	1.2359	1.2318	溢價

註：
[a] 這些是紐約銀行提供的一些代表性的報價，其他貨幣和其他期間的遠期匯率常是可議價的。
[b] 當未來買一美元需付出較多外幣，讓外幣的價值在遠期市場是低於在即期市場，因為遠期匯率是即期匯率的折價。

資料來源：*The Wall Street Journal*, http://online.wsj.com; quotes for June 4, 2004.

30、90、180天期的遠期匯率如表17-3所示。如果按照遠期匯率計算一美元兌換的外國貨幣，大於按照即期匯率計算一美元兌換的外國貨幣，則稱為**折價 (discount)**。換句話說，如果外國貨幣貶值，則即期匯率為折價。反之，稱為**溢價 (premium)**。

自我測驗

1. 即期匯率和遠期匯率的差別為何？
2. 貨幣以遠期折價賣出和溢價賣出的意思各是什麼？

利率平價原則

用以解釋遠期匯率和即期匯率之間關係的理論為**利率平價原則(interest rate parity)**。利率平價原則認為投資人在每個國家投資證券時，所面對的風險調整後的報酬皆相等。當你投資國外時，會面對投資本身的報酬和匯率的變動。當你投資國家的幣值上漲時，整體投資報酬會因此而增加。

為了解釋利率平價原則，假設一個美國投資人買了一個180天期的瑞士債券，名目年利率為4%。無風險利率為4%，則180天期的無風險利率為2%。即期匯率為一美元對1.2392瑞士法郎，如表17-3。假設180天期的遠期匯率為一美元對1.2318瑞士法郎。

假設美國投資人最終將在美國消費商品，因此瑞士法郎必須轉換成美元。投資人可以利用賣遠期匯率，鎖住美元的報酬。方法如下：

1. 在即期市場將1,000美元轉換成1,239.20瑞士法郎。
2. 投資180天期遠期合約，將於180天後收到1,263.98瑞士法郎。
3. 約定按照目前的即期匯率將1,263.98瑞士法郎轉換成1,026.12美元。

因此180天期的投資報酬率為$26.12/$1,000＝2.612%，轉換成名目年利率為5.22%。4%的報酬來自於債券本身，1.22%的報酬來自於瑞士法郎的升值。由此可見，利用遠期合約鎖住今天的匯率，能夠減少投資人所面臨的匯率風險。假設瑞士債券是無信用風險，則5.22%年利率是確定的報酬。

利率平價原則公式如下：

$$\frac{遠期匯率}{即期匯率} = \frac{(1+r_h)}{(1+r_f)} \tag{17-1}$$

這裡的r_h是國內固定期間的利率，r_f是國外固定期間的利率，報價方式為直接報價。

利用表17-3，一瑞士法郎對0.80697美元，180天期的遠期匯率為0.81182美元。利用公式17-1，我們可以算出r_h：

$$\frac{遠期匯率}{即期匯率} = \frac{(1+r_h)}{(1+f_f)} = \frac{(1+r_h)}{(1+0.02)} = \frac{0.81182}{0.80697} \tag{17-1a}$$

解出$r_h = 2.612\%$，年利率為5.22%，和上述的利率相等。

在利率平價原則下，國內和國外債券的有效利率會相等。如果某一國家的債券報酬高於另一個國家，投資人會賣掉較低報酬的債券，而買進報酬較高的債券。這會造成低報酬債券價格下跌，高報酬債券價格上漲，直到兩個債券提供相同報酬為止。

利率平價原則解釋為何一國貨幣會是有遠期折價和溢價的情形。當貨幣是遠期溢價時，國內利率將高於國外利率。在其他情況不變之下，套利會很快的使兩國的利率符合利率平價原則。

自我測驗

1. 簡單的解釋利率平價原則，請舉例說明。

購買力平價原則

什麼因素決定每個國家的即期匯率水準？購買力平價原則認為相同的商品在不同國家應被賦予相同的價格。假設美國一雙鞋賣150美元，英國賣100英磅，則一英磅應該兌換1.5美元。假設沒有交易和運輸成本，消費者可以花100英磅在英國買一雙鞋，或在美國花150美元買一雙鞋。購買力平價原則等式如下：

$$P_h = (P_f)(即期匯率) \tag{17-2}$$

或

$$即期匯率 = \frac{P_h}{P_f}$$ (17-2a)

其中

P_h ＝本國商品價格

P_f ＝外國商品價格

購買力平價原則(purchasing power parity, PPP)認為市場力量會消除相同商品，以不同的價格在不同國家中交易。舉例來說，美國一雙鞋成本140美元，則進出口商可以用140美元在美國買一雙鞋，然後在英國賣100英磅，再把100英磅拿到外匯市場兌換成150美元，每雙鞋會因此賺10美元利潤。這樣的動作，會使美國鞋子的需求增加，P_h因而上升，造成英國鞋子的供給會增加，P_f下降。外匯市場會增加美元的需求，即期匯率下降。

注意PPP忽略交易和運輸成本，還有進口限制。然而這樣的假設並不符合實際狀況，這可以用來解釋為何PPP總是很難成立。另外一個實證PPP的問題在於每個國家販賣的商品不會完全相同，且品質上也有所差異。

但PPP理論在預測未來狀況時，好比匯率、利率、通貨膨脹率等，仍具有一定的重要性。

自我測驗

1. 什麼是購買力平價原則，請解釋。

通貨膨脹率、利率和匯率

相對通貨膨脹率對於跨國性的財務決策有重要影響。相對通貨膨脹率會影響生產成本、相對匯率、相對利率和外國投資。通貨膨脹率相對於美國較高的國家其貨幣傾向於貶值，好比墨西哥和一些南美的國家。而瑞士和日本相對於美國的通貨膨脹率較低，因此貨幣傾向升值。事實上，一國貨幣升值或貶值的幅度會等於通貨膨脹率和利率之間的差。

　　一國利率主要受到通貨膨脹率的影響。通貨膨脹率高的國家利率也會相對較高。然而跨國企業都希望在利率低的國家籌措資金。然而這並不是一成不變的道理，舉例來說，倘若瑞士的利率低是因為通貨膨脹率低的緣故，因此一家美國公司在瑞士舉借資金。由於相對通貨膨脹率的關係，瑞士法郎將來將升值。造成在瑞士舉借的資金成本越來越高。低利率的好處逐漸被匯率的損失所抵銷。所以跨國企業並不會拒絕在高利率的國家舉借資金，好比巴西，因為將來匯率的變化會抵銷利率的差異。

自我測驗

1. 相對通貨膨脹率會如何影響相對利率？
2. 通貨膨脹率高的國家幣值會如何變動？低通貨膨脹的國家呢？
3. 為何跨國企業會選擇在巴西這種高利率的國家籌措資金，而不是在低利率國家，如瑞士舉借資金呢？

國際貨幣和資本市場

　　美國公司會藉著投資跨國企業股票的方式，間接投資國際市場。另一個方法是購買外國公司發行的股票、債券或是貨幣市場工具，稱為「投資組合」的投資，與一般企業的「直接投資」不同。

　　自從第二次世界大戰後，美國資本市場主導著全球市場。如今美國證券的價值相當於所有證券價值的四分之一。因此，多一分對全球市場的了解，對經理人和投資人而言非常重要。在國際市場中可以用更好的成本舉借到資金。

▶▶ 歐洲美元市場

　　歐洲美元(Eurodollar)是指將美元存放在美國以外的銀行。存放的銀行並不一定為美國籍的銀行，也可為倫敦銀行或是美國花旗銀行的分公司。大部分的歐洲美元存款金額為50萬美元或是更多，到期日為隔天至一年。

　　歐洲美元和美元的主要差異在地理區域。且歐洲美元不受美國貨幣管理當局的控制，好比銀行的限制、包括存款準備和FDIC的保險都不被要求。因此少了這些成本，歐洲美元的利率會比美元高。

除了歐洲美元以外，英磅、歐元、瑞士法郎和日圓都會在本國以外地方流通，稱為「歐洲貨幣」，形式與歐洲美元相同。

通常持有歐洲美元的目的在於支付從美國進口商品的貨款和投資美國證券市場。歐洲美元是在1946年由前蘇聯人發明。因為國際商人對蘇聯的盧布不具信心，因此蘇聯人會買美元，存放在巴黎銀行，然後利用美元去交易商品。他們發現美元很好用，歐洲美元因而盛行。

歐洲美元帳戶通常為付息帳戶。支付利息會依靠：(1)銀行借款利率，(2)美國貨幣市場的報酬率。假設美國貨幣市場利率高於歐洲貨幣市場利率，則美元會流向美國貨幣市場，但一般情形為歐洲貨幣市場利率較高。

歐洲美元的利息會與LIBOR連結，LIBOR是英國倫敦銀行間的同業拆款利率。2004年6月，LIBOR略低於美國銀行存款利率，三月期的CDs為1.36％，LIBOR三個月期的CDs為1.33％。

▶▶ 國際債券市場

所有在國外發行的債券都稱為**國際債券(foreign bonds)**。分為外國債券和歐洲債券。外國債券是由外國發行，由外幣計價的債券。假設一家加拿大公司要替其在美國的子公司融資，則會請美國投資銀行協助發行債券。因為是外國公司發行的債券，所以稱為外國債券。然而因為此債券是在美國發行，且受到SEC的約束，也稱為**洋基債券(Yankee bond)**。但是如果在墨西哥發行，不是以美元計價，則不是所謂的洋基債券。

歐洲債券(Eurobond)是指在某一國家發行債券，卻以其他國家的貨幣計價的債券。好比福特汽車發行以美元計價，但在德國發行的債券。政府對於此類的債券限制較少，因為會買此種債券的投資人通常非常專業。歐洲債券的交易成本較低，因此資訊揭露的項目也較少。

歐洲債券吸引投資人的原因主要有幾個。一般而言，歐洲債券為不記名債券，因此投資人的國籍和姓名並不會被紀錄。有些人為了稅賦考量而選擇不記名的歐洲債券。如果投資人想要10％的有效利率，假設歐洲債券需要課徵30％的稅，則投資人想要的票面利率會達14.3％。

超過一半的歐洲債券都是以美元計價，其次為日圓、德國馬克。債券銷售的對象遍布全世界，是個國際性的債券。好幾年前歐洲債券都是跨國公司或是政府在發行，如今美國當地公司也會發行歐洲債券，舉借到更便宜的資金。

▸▸▸ 國際股票市場

在國際市場發行新股有很多原因。舉例來說，一家非美國公司在美國地區發行權益，為了就是取得更多的資金。美國公司也會進入其他國家的市場發行權益。很多跨國公司會在許多國家發行新股。

除了新股的發行之外，大型跨國公司的股票會在很多國際性的交易所上市。好比可口可樂公司在美國六個交易所上市，在瑞士的四個交易所上市，還有德國的法蘭克福交易所。美國投資人可以透過美國存託憑證(American Depository Receipts, ADRs)投資外國公司，ADRs是一種表彰國外證券的憑證。美國共有約1,700家ADRs，大部分是在店頭市場(OTC)交易，且有越來越多的ADRs在紐約證交所掛牌，包括英國航空、日本Honda汽車等。

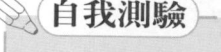

自我測驗

1. 國外投資組合和外國直接投資有何差別？
2. 什麼是歐洲美元？
3. 歐洲美元市場的發展使得聯邦準備銀行更容易，還是更困難去控制美國利率？
4. 外國債券和歐洲債券有何差別？
5. 為何歐洲美元會吸引投資人？

跨國資本預算

國際性因素如何影響跨國公司的資本預算呢？本國公司和跨國公司的資本預算有一些不同點，包括公司面臨的風險，現金流量的預估和專案分析。

▸▸▸ 面臨的風險

高風險的國外專案主要受兩個因素影響：(1)匯率風險，(2)政治風險。但跨國投資可以分散風險。

匯率風險(exchange rate risk)會影響母公司的現金流量。外國公司產生的現金流

量會匯回母公司。此外,匯率風險溢酬應加入母公司的資金成本。通常匯率風險可以經由避險減少,但不能完全消除,尤其是長期的專案計畫。如果運用避險,則專案的營運現金流量必須扣除掉此項成本。

　　政治風險是外國政府的某些政策會影響國外公司的價值。包括國外政府對國外子公司資產的徵收,因此造成母公司減少對子公司投資的金額。政治風險還包括高額的稅率、匯回母公司資金的限制,或是價格上的限制等。徵收的風險在一些較友善且穩定的國家會比較少見,好比英國和瑞士。但在拉丁美洲、非洲和東亞就會比較常見。

　　公司可以靠著以下的做法減少徵收帶來的鉅額損失。

1. 大部分資金使用當地資本融資。
2. 營運部分的建立使得子公司只為母公司整體公司運作系統的一部分而已。
3. 向某些公司購買保險對抗徵收損失。好比海外私人投資公司(OPIC)。

　　如果向OPIC購買此類保險,則此部分的溢酬要加入專案成本中。

　　有些機構會對國家進行風險評比。好比國家透明度排名(TI指標)就是政治風險衡量的重要指標。如表17-4。TI指標認為芬蘭是最誠實的國家。美國排名第18。

表 17-4　國家透明度指標(CPI)

高排名國家			低排名國家		
排名	國家	2003CPI分數	排名	國家	2003CPI分數
1	芬蘭	9.7	118(平手)	象牙海岸	2.1
2	冰島	9.6		吉爾吉斯坦	2.1
3(平手)	丹麥	9.5		利比亞	2.1
	紐西蘭	9.5		新幾內亞	
5	新加坡	9.4		幾內亞	2.1
6	瑞典	9.3	124(平手)	安哥拉	1.8
7	荷蘭	8.9		亞塞拜然	1.8
8(平手)	澳大利亞	8.8		喀麥隆	1.8
	挪威	8.8		喬治亞	1.8
	瑞士	8.8		塔吉干斯坦	1.8
11(平手)	加拿大	8.7	129(平手)	緬甸	1.6
	盧森堡	8.7		巴拉圭	1.6
	英國	8.7	131	海地	1.5
			132	奈及利亞	1.4
			133	巴格達	1.3

資料來源:**http://www.transparency.org/**

▶▶ 預估現金流量

對跨國公司而言，母公司攸關現金流量主要為股利和權利金。這兩項在本國及外國都需要被課稅。此外外國政府還可能限制子公司**匯回(repatriated)**母公司的現金。好比限制淨利的某一比例可以作為股利發放匯回母公司，或是設定一個上限。這樣的限制會使得跨國公司將盈餘再投資回子公司，也會傷害到匯率。

對母公司而言，攸關的現金流量就是子公司能夠匯回多少現金。如果外國投資的報酬率很吸引人，且未來現金流量可能無法匯回母公司，這就不會是個壞消息。

有些公司會利用**移轉定價(transfer price)**的方式，對抗現金匯回母公司的限制。舉例來說，假設一家公司的子公司必須向母公司進口原物料，則子公司支付給母公司的價格稱為移轉價格。倘若移轉價格設定很高，則子公司的利潤就會很少，甚至沒有。因此母公司會以移轉定價的方式將現金匯回母公司，取代以往股利發放的方式。移轉定價也被使用在從高稅率國家移轉至低稅率國家。因此政府開始注意到移轉定價的問題，且防止其發生。

▶▶ 專案分析

首先，假設一家本國公司需要向外國公司進口原料，且做好的產品要在國外市場銷售。因為營運以美國當地的公司為主，所以所有的收入和成本都將轉換成美元。短期內的現金流量轉換並不是個大問題，但長期的現金流量轉換會受到匯率波動而嚴重影響母公司。因為超過180天的遠期匯率並不能從市場上獲得。然而長期的遠期匯率可以經由公式17-1的利率平價原則求得。舉例來說，假設公司來自外國的現金流量將於一年後發生，一年的遠期匯率可以由本國和外國的政府債券估計而得。因此，來自國外的現金流量可以轉換成現金，且併入其他專案的預期現金流量，在專案的資金成本折現下求得NPV。

現在考慮一個國外的專案，其所有的預期未來現金流量都是以外國貨幣計價。有兩種方法可以估計此專案的NPV：兩者都需要估計未來現金流量，且以外國貨幣計價，並決定每年匯回母公司的現金，以外國貨幣計價。在第一個方法之下，我們把預期匯回母公司的現金轉換成美元，然後利用專案的資金成本求得NPV。在第二個方法之下，我們把預期匯回母公司的現金，先利用外國的資金成本折現，反應國外利率和攸關的風險溢酬。最後在利用即期匯率將NPV轉換成以美元計價的NPV。

以下用一個例子解釋第一個方法。一家美國公司在英國租用一個製造設備達三年。公司將花20百萬英磅去更新這個設備。預期未來三年的淨現金流量為$CF_1 = 7$英磅，$CF_2 = 9$英磅，$CF_3 = 11$英磅。在美國相同的專案，經過風險調整後的資金成本為10%。第一步先預估第一、二、三年底的預期匯率，運用利率平價原則：

$$預期遠期匯率 = 即期匯率 \left(\frac{1 + r_h}{1 + r_f} \right) \qquad \text{(17-1b)}$$

這裡的匯率是直接報價。我們利用利率平價原則去計算遠期利率，因為市場上無法觀察到一年以上的遠期利率。

假設即期匯率為1.8000對一英磅。美國和英國利率如下，包括由公式17-1b計算出來的預期利率。

到期日 (年)	r_h	r_f	即期匯率	利用公式17-1b 計算的遠期匯率
1	2.0%	4.6%	1.8000	1.7553
2	2.8	5.0	1.8000	1.7623
3	3.5	5.2	1.8000	1.7709

最新的專案成本為20英磅(1.8000) = \$36(百萬)。第一年的現金流量為7英磅(1.7553\$/£) = \$12.29(百萬)。表17-5為完整的時間表，其淨現值292萬美元。

表 17-5 | 國際投資的淨現值

	年度			
	0	1	2	3
現金流量(英磅計價)	−£20	£7	£9	£11
預期匯率	1.8000	1.7553	1.7623	1.7709
現金流量(美元計價)	−\$36.00	\$12.29	\$15.86	\$19.48
專案資金成本	10%			
NPV=	\$ 2.92			

✎ 自我測驗

1. 考慮國內和國外的資本預算有何差別？
2. 跨國投資的收關現金流量是什麼，是子公司產生的現金流量還是匯回母公司的現金流量？
3. 外國專案和本國專案的資金成本有何不同？外國專案會比較低嗎？
4. 當考慮外國投資時，在面臨匯率風險和政治風險下，應對本國專案的資金成本作什麼調整？

國際資本結構

公司的資本結構隨著國家而異。OECD最近的研究指出，平均而言日本公司負債比約85%，德國公司64%，美國公司55%。因為每個國家使用的會計轉換基礎不同。好比(1)利用歷史成本或重置成本報導資產。(2)租賃資產的處理方式，(3)退休金計畫，(4)R&D資本化或費用化。這些差異都會影響公司的資本結構。

芝加哥大學所屬的一個研究機構計畫對各國間的會計差異進行控制，於是展開一個研究，樣本比OECD來得少，但對財報提供更詳細的分析。研究結果認為，會計差異會影響資本結構。

此研究的結果如表17-6。有很多方法可以衡量資本結構。其中一項就是負債對資產的比率，這和OECD使用的衡量指標相同，如表中的第一欄。根據這項標準去看，日本公司的槓桿程度高於美國公司。第二欄是使用付息債務對總資產的比率去衡量，德國公司的槓桿程度高於美國及日本公司。這樣的差異該如何解釋呢？研究機構表示，其差異主要受到德國對退休金負債處理方式採用總額記載，但其他國家(如美國)是將退休金資產和負債抵銷後，用淨額列示在財報上。

此外，研究機構使用其他調整項目去控制各國間的會計差異，如第三欄和第四欄。實證顯示，公司在德國和英國會有較低的槓桿，在加拿大則較高。資料的結論如最後一欄所示，為平均利息涵蓋比率。這個指標衡量公司有多少現金去支應利息費用。

表 17-6 　大型工業化國家的資本結構中位數(以帳面價值衡量)

國家	總負債/ 總資產 (未調整 會計差異) (1)	付息負債/ 總資產 (未調整 會計差異) (2)	總負債/ 總資產 (已調整 會計差異) (3)	付息負債/ 總資產 (已調整 會計差異) (4)	利息保障 倍數比 (5)
加拿大	56%	32%	48%	32%	1.55×
法國	71	25	69	18	2.64
德國	73	16	50	11	3.20
義大利	70	27	68	21	1.81
日本	69	35	62	21	2.46
英國	54	18	47	10	4.79
美國	<u>58</u>	<u>27</u>	<u>52</u>	<u>25</u>	<u>2.41</u>
平均值	64%	26%	57%	20%	2.69×
標準差	8%	7%	10%	8%	1.07×

資料來源：Raghuram Rajan and Luigi Zingales, "What Do We Know about Capital Structure? Some Evidence from International Data," *The Journal of Finance*, Vol. 50, no. 5, December 1995, 1421–1460. Published by Blackwell Publishing.

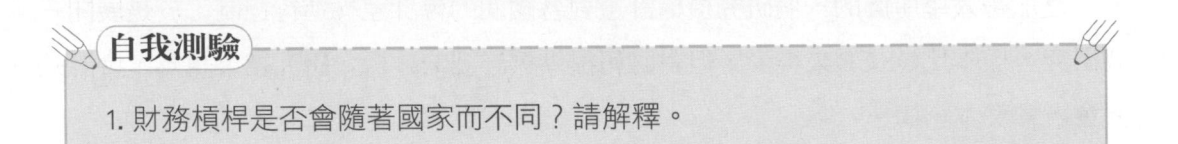

自我測驗

1. 財務槓桿是否會隨著國家而不同？請解釋。

跨國營運資金管理

▶▶ 現金管理

　　跨國公司和本國公司的現金管理大同小異：(1)加速收現時間，縮減付款的時間，(2)將現金快速從不需要現金的部門移轉至需要現金的部門。(3)極大化暫時性的現金餘額的風險調整後的報酬率。因為跨國公司受到距離的影響，電子資金移轉系統顯得很重要。

　　雖然跨國公司和本國公司在面對現金管理的目標一致，但跨國公司面臨一個更困難的挑戰。因為外國政府可能會對資金移轉的部分做限制，好比IBM公司將資金從鹽

湖城移轉至紐約銀行，雖然只需要按幾個鈕就可以完成，但同樣的金額從阿根廷首都布宜匯到紐約銀行就是一件大工程。因為在匯進紐約銀行之前必須轉換成美元。如果阿根廷的美元短缺，則這項資金移轉可能被政府擋下。儘管美元沒有短缺，阿根廷政府可能也會阻擋下這筆資金移轉，因為這筆資金是公司的盈餘而不是進口商品或設備。因為在很多未開發完全的國家中，需要很多的盈餘在國內投資刺激經濟成長。

除了考慮什麼資金需要移轉之外，移轉資金的報酬率也值得關注。跨國公司會考慮到全世界的投資，不像本國公司只考慮本國的投資，藉以取得更好的利率。

▶▶ 信用管理

考慮一家進口至美國的進口商的現金轉換週期。當下完訂單，貨物運送之後，進口商會產生應付帳款，出口商會有應收帳款。然後進口商會把貨物銷售出去。然而進口商支付貨款的時間會在銷貨收入之前，因此這其中的時間差進口商必須進行融資。很多開發未完全的國家，資本市場並不能夠應付這樣的現金週期融資。因此對於出口商的信用政策造成一股壓力，而給予很長的付款期間。

站在出口商的立場，要對國外顧客作信用分析很困難，會擔心銷貨時點和收現時點的匯率波動。舉例來說，IBM賣給日本商一臺價值90百萬日圓的電腦，當時的匯率為一美元對90日圓，則IBM將收到100萬美元。如果銷貨條件是必須在六個月內付清款項，六個月後的匯率為一美元換112.5日圓，則IBM將收到80萬美元。利用遠期合約可以對匯率風險作避險，但是信用風險呢？

另外一個可能是進口商會向銀行取得信用狀，也就是銀行擔保公司會支付應付款。但進口商需支付給銀行一筆大額的費用，這在發展中國家很常見。

另一種選擇是進口商在購買貨物時開票給出口商，但在應付帳款期限到期時並不能支付款項。如果銀行可以對進口商作擔保，保證進口商的資金雖然並不足夠，但應付帳款期限到時仍能夠支付款項，這就稱為**銀行承兌匯票(banker's acceptance)**。如果銀行夠強大，則能夠消除出口商的信用風險。而且出口商可以在次級市場出售銀行承兌匯票先取得資金。銀行承兌匯票就好像短期融資證券並不付息，形式很像國庫券。

第三個方法是出口商會購買出口信用保險。儘管進口商違約，保險公司還是會支付貨款。大型的保險公司會進行跨國公司的信用分析，然後從一群顧客中賺取報酬。然而出口信用保險已經成為主流商品。

▶▶ 存貨管理

　　跨國公司的存貨管理比本國公司複雜得多。首先，牽涉到擺放實體存貨的地方。舉例來說，ExxonMobil公司如何存放原油和進行提煉呢？它具有全球提煉和行銷的中心，及時運輸到需要的地方。如此一來節省不少存貨成本和存貨的投資。但運輸到世界各地的據點必須耗費一點時間。營運存貨和安全存貨都會放在每個營運據點，以及策略儲存中心。

　　匯率也會影響存貨政策，假設預期丹麥的克羅納相對於美元升值，則美國公司在丹麥經營的據點會存放較多的存貨。

　　另外一個考量的重點是進出口的配額和關稅。舉例來說，蘋果電腦以協議的價格從日本進口記憶體晶片。蘋果電腦告日本商美國市場的晶片價格太低，因此要求日本商提高售價。這會使蘋果電腦增加晶片的存貨。銷貨下降，大量的供給過時的晶片。結果蘋果電腦的獲利被侵蝕，且股價下跌。

　　如前面所提，徵收的威脅在某些國家也是另外一項危險因子。如果徵收威脅很大，則持有的存貨應該要最小化。有些生產原物料的公司，好比石油和礦產，生產設備不妨設在海外，而不要靠近產區。

　　稅對跨國公司的存貨管理有兩項影響：首先，公司會被課財產稅，包存貨，且課稅時點為特定日期，好比1月1日、或3月1日。這對跨國公司有好處：(1)規劃生產使得特定日期的存貨水準較低，(2)如果特定日期隨著國家而不同，則當年度在不同國家的不同時間點持有安全存貨。

　　最後，跨國公司會考慮在海上儲存。像是油、化學工業或是農產品，會把存貨放在儲油槽等適合儲存的地方。如果耗費許多土地成本，可以考慮放在輪船上，即儲存在海上。如此可以減少徵收的威脅、財產課稅問題和極大化運輸彈性。

自我測驗

1. 跨國公司的現金管理主要受到哪些因素影響？
2. 跨國公司的信用風險特別大，為什麼？
3. 跨國公司的存貨管理為何特別重要？

總結

跨國公司相較於本國公司面臨許多的風險。本章主要探討影響全球市場的重要趨勢，同時比較本國企業和跨國企業之間的差異。重要觀念如下：

跨國公司對國家經濟的影響越來越重要。

- 公司走向國際化有以下原因：(1)拓展市場，(2)尋找原物料，(3)尋找新技術，(4)降低生產成本，(5)避免貿易障礙，(6)分散風險。

- 跨國公司的財務管理和本國公司主要有以下的不同：(1)貨幣計價單位不同，(2)經濟和政治結構不同，(3)語言，(4)文化差異，(5)政府角色，(6)政治風險。

- 當討論到匯率時，一單位外國貨幣換算成本國貨幣的方式稱為直接報價，反之為間接報價。

- 匯率波動使海外營運的現金預估更加困難。

- 1971年8月以前，世界通用固定匯率系統，美元連結黃金，其他國家連結美元。1971年之後，世界改用浮動匯率系統。

- 歐洲市場的整合對於歐洲匯率有著深遠的影響。每個參與的國家都釘住歐元。

- 釘住匯率制度發生在一國的固定匯率釘住某一國家的貨幣。

- 可轉換貨幣可以轉換成其他國家的貨幣。

- 即期匯率是指當下的匯率，遠期匯率是指未來某個特定時點的預期匯率，好比30、90、180天期的遠期匯率。遠期匯率相對於即期匯率可能是折價或是溢價。

- 利率平價原則認為投資在每個國家調整風險後的無風險報酬率會相等。

- 購買力平價原則認為相同的商品在不同國家經過匯率的轉換後的價格會相等。

- 跨國公司的信用合約，除了信用風險之外，還會擔心匯率風險。

- 跨國公司的信用政策很重要，有以下兩個原因：(1)多數交易發生在未開發國家，且信用合約在這些國家很重要。(2)有些國家的出口對經濟影響很大，好比日本，因此和國外客戶的信用合約就顯得很重要。

- 跨國公司需要考慮政治風險，也就是外國政府會採取某些行動降低公司價值的風險。另外還需注意到匯率風險。

- 跨國資本計畫使公司暴露在匯率風險和政治風險。跨國公司的資本預算攸關的現金流量就是匯回母公司的現金。

- 歐洲美元是指美國以外的存款。歐洲美元的利率通常會連結LIBOR。
- 美國企業通常會經由發行海外債券募集更便宜的資本。國際債券分為外國債券和歐洲債券。

問題

(17-1) 定義下列名詞：

　　　　a. 跨國公司

　　　　b. 匯率；固定匯率制度；浮動匯率制度

　　　　c. 貿易逆差；貶值；重新評價

　　　　d. 匯率風險；可轉換貨幣；釘住匯率

　　　　e. 利率平價原則；購買力平價原則

　　　　f. 即期匯率；遠期匯率的折價；遠期匯率的溢價

　　　　g. 匯回母公司的盈餘；政治風險

　　　　h. 歐洲美元；歐洲債券；國際債券；外國債券

　　　　i. 歐元

(17-2) 在固定匯率制度之下，本國貨幣如何經由外國貨幣定價？為什麼？

(17-3) 匯率在固定匯率制度下和浮動匯率制度下都會波動，這兩種系統有何差異？

(17-4) 如果瑞士法郎相對於美元貶值，則一美元可以買更多或是更少瑞士法郎？

(17-5) 如果美國進口大於出口，外國人會有美元的順差，則美元價值相對於其他貨幣有何影響？如果是外國投資，有何影響？

(17-6) 為什麼美國公司要去海外設廠，而不是在國內？

(17-7) 當考慮外國計畫時，是否會比考慮本國計畫要求更高的報酬率，請解釋。

(17-8) 什麼是歐洲美元？如果一個法國公民存了10,000美元至紐約曼哈頓銀行，則有多少歐洲美元被創造？如果這個存款是在倫敦的Barclay銀行呢？曼哈頓銀行的巴黎分行呢？歐洲美元的存在使得美國聯邦準備銀行更容易還是更難去控制美國利率？請解釋。

(17-9) 利率平價原則是否認為每個國家的利率都相等？

(17-10) 為什麼購買力平價原則很難成立？

自我測驗

(ST-1) 假設一美元對0.98歐元，一美元對1.5加幣，歐元對加幣的交叉匯率為何？

習題

(17-1) 一美元換9墨西哥披索，一美元對111.23日圓，日圓和披索的交叉匯率為何？一披索換多少日圓？

(17-2) 六月期的國庫券名目利率為7%，無風險的日本六個月期的債券，名目利率為5.5%。即期市場中，一日圓對0.009美元。如果利率平價原則成立，則六月期的遠期匯率為何？

(17-3) 美國一臺電視機賣500美元，法國一臺賣550歐元。倘若購買力平價原則成立，則歐元和美元的即期匯率應為多少？

(17-4) 一英磅對1.50美元，則一美元對多少英磅？

(17-5) 假設一瑞士法郎對60分美元。假設明天法郎升值10%，則明天一美元可以兌換多少法郎？

(17-6) 假設一美元對法郎r＝1.6，一英磅對1.5美元，則法郎和英磅的匯率為何？

(17-7) 你是一家國際公司的副總經理，總部在芝加哥，所有的股東都是在美國。月初你在多倫多的銀行借款5百萬加幣，用以興建新廠房。當時的一加幣對75分美元。到了月底，匯率非預期降至一加幣對70分美元，則貴公司將面臨多少虧損或是利益？

(17-8) 1983年9月，一美元對245日圓。20年後一美元對108日圓。假設日本汽車在1983年9月一臺價值8,000美元，售價隨著匯率作同方向變動。請問：

a. 汽車價格在這20年中增加或減少？

b. 汽車現金價格應為多少，假設價格只受匯率影響？

(17-9) B公司進口15,000隻瑞士手錶，按照目前的即期匯率，共花了1百萬法郎。這家公司的經理觀察到市場上的即期和遠期匯率：

	美元/法郎	法郎/美元
即期匯率	1.6590	0.6028
30天期的遠期匯率	1.6540	0.6046
90天期的遠期匯率	1.6460	0.6075
180天期的遠期匯率	1.6400	0.6098

當天公司決定在3個月後再購買15,000隻手錶，也是花費1百萬法郎。

a. 以今天的即時匯率計算，以美元計價的手錶價值為何？

b. 假設15,000隻手錶的貨款可以到第90天付款，成本為何？假設第90天的即期匯率與第90天的遠期匯率相同。

c. 假設90天後一美元對0.50法郎，公司應付多少貨款？

(17-10) 假設利率平價原則成立，90天期的美國無風險證券報酬率為5%，德國為5.3%。在即期市場中，一歐元對0.8美元。則：

a. 90天期的遠期匯率相對於即期匯率是折價還是溢價？

b. 90天期的遠期匯率為何？

(17-11) 假設利率平價原則成立，即期市場和90天期的遠期市場都是一日圓對0.0086美元。日本90天期的無風險證券報酬率為4.6%，美國90天期無風險證券的報酬率為何？

(17-12) 即期匯率下，一美元對7.8披索，美國一片CD成本15美元。如果購買力平價原則成立，則相同的CD在墨西哥要賣多少錢？

Mini Case

　　華碩電腦的「巨獅計畫」向國際市場進軍，打算將品牌推向全球，身為總經理特別助理的你，必須協助分析匯率避險的策略，尤其是美元與新臺幣之間的匯率。目前即期匯率是一美元換33元新臺幣，公司接了一筆訂單，預計6個月後將賣出一批筆記型電腦，收到100萬美元的貨款，為了避免6個月後匯率的不確定風險，請你回答下列情況問題，提出避險建議：

1. 假設臺灣與美國6個月市場利率是2%與3%，根據利率平價原則IRP，6個月遠期匯率應該是多少？

2. 如果目前市場上遠期匯率是32元，市場上存在套利機會，請問你要如何操作？舉例說明。

3. 如果匯率理性預期理論成立，即遠期匯率是未來即期匯率的不偏估計，你要用遠期匯率避險嗎？為什麼？

4. 如果公司要求6個月後的100萬美元的貨款必須保證能以現在即期匯率33元以上兌換，請問你會做何建議？

數值表

表 1 | 標準常態分配曲線下的面積價值

Z	0.00	0.01	0.02	0.03	0.04	0.05	0.06	0.07	0.08	0.09
0.0	.0000	.0040	.0080	.0120	.0160	.0199	.0239	.0279	.0319	.0359
0.1	.0398	.0438	.0478	.0517	.0557	.0596	.0636	.0675	.0714	.0753
0.2	.0793	.0832	.0871	.0910	.0948	.0987	.1026	.1064	.1103	.1141
0.3	.1179	.1217	.1255	.1293	.1331	.1368	.1406	.1443	.1480	.1517
0.4	.1554	.1591	.1628	.1664	.1700	.1736	.1772	.1808	.1844	.1879
0.5	.1915	.1950	.1985	.2019	.2054	.2088	.2123	.2157	.2190	.2224
0.6	.2257	.2291	.2324	.2357	.2389	.2422	.2454	.2486	.2517	.2549
0.7	.2580	.2611	.2642	.2673	.2704	.2734	.2764	.2794	.2823	.2852
0.8	.2881	.2910	.2939	.2967	.2995	.3023	.3051	.3078	.3106	.3133
0.9	.3159	.3186	.3212	.3238	.3264	.3289	.3315	.3340	.3365	.3389
1.0	.3413	.3438	.3461	.3485	.3508	.3531	.3554	.3577	.3599	.3621
1.1	.3643	.3665	.3686	.3708	.3729	.3749	.3770	.3790	.3810	.3830
1.2	.3849	.3869	.3888	.3907	.3925	.3944	.3962	.3980	.3997	.4015
1.3	.4032	.4049	.4066	.4082	.4099	.4115	.4131	.4147	.4162	.4177
1.4	.4192	.4207	.4222	.4236	.4251	.4265	.4279	.4292	.4306	.4319
1.5	.4332	.4345	.4357	.4370	.4382	.4394	.4406	.4418	.4429	.4441
1.6	.4452	.4463	.4474	.4484	.4495	.4505	.4515	.4525	.4535	.4545
1.7	.4554	.4564	.4573	.4582	.4591	.4599	.4608	.4616	.4625	.4633
1.8	.4641	.4649	.4656	.4664	.4671	.4678	.4686	.4693	.4699	.4706
1.9	.4713	.4719	.4726	.4732	.4738	.4744	.4750	.4756	.4761	.4767
2.0	.4773	.4778	.4783	.4788	.4793	.4798	.4803	.4808	.4812	.4817
2.1	.4821	.4826	.4830	.4834	.4838	.4842	.4846	.4850	.4854	.4857
2.2	.4861	.4864	.4868	.4871	.4875	.4878	.4881	.4884	.4887	.4890
2.3	.4893	.4896	.4898	.4901	.4904	.4906	.4909	.4911	.4913	.4916
2.4	.4918	.4920	.4922	.4925	.4927	.4929	.4931	.4932	.4934	.4936
2.5	.4938	.4940	.4941	.4943	.4945	.4946	.4948	.4949	.4951	.4952
2.6	.4953	.4955	.4956	.4957	.4959	.4960	.4961	.4962	.4963	.4964
2.7	.4965	.4966	.4967	.4968	.4969	.4970	.4971	.4972	.4973	.4974
2.8	.4974	.4975	.4976	.4977	.4977	.4978	.4979	.4979	.4980	.4981
2.9	.4981	.4982	.4982	.4982	.4984	.4984	.4985	.4985	.4986	.4986
3.0	.4987	.4987	.4987	.4988	.4988	.4989	.4989	.4989	.4990	.4990

Note

Note